# 島根 核 発電所
# 原発 その光と影

一般財団法人 人間自然科学研究所

三和書籍

## 発刊にあたって

　ニュークリアプラント（Nuclear Plant）を直訳すれば核プラントとなり核爆弾が連想されます。政府はメディアを通じて、安全平和を連想する原子力発電所と呼ぶよう誘導し今日に至っています。(2015年4月19日毎日新聞掲載、共同通信　村上春樹氏インタビュー参照)。
　国連を表すユナイテッドネイション（United Nations）を直訳すれば、日本が枢軸国として戦った連合国になります。朝鮮戦争中に結ばれたサンフランシスコ講和条約の発効（1952年）により独立した後、東西冷戦が深刻化するなか、"連合国加盟"活動を、"国連加盟による国際社会復帰"と言い換え、国民に抵抗が無いよう誘導されました。日本は1956年、80番目に加盟しましたが、今でも敵国として位置づけられています。
　こうした言い換え文化による集団の誤謬が、世論が理解できない本質的な国際摩擦の原因になるおそれが高まっています。
　明治の日本は和魂洋才ではなく、脱亜入欧を選択し、欧米の技術を短期間で吸収、アジアで最も早く産業革命を成し遂げました。しかし、本質の追求と、論理的な議論を避ける、受け身の文化が蔓延し、近隣諸国との軋轢の遠因にもなっています。
　松江の文化を「日本の面影」と捉え、初めて近代日本を西洋に伝えた小泉八雲は、日清戦争の勝利を祝う提灯行列を見て、国民が傲慢になっていく姿を感じ取り、未来の悲惨を案じ、開かれた精神「オープンマインド」の重要性を指摘しています。
　その後、国内外に惨禍をもたらす軍国主義が蔓延、戦争の時代が続き原爆投下を経て、1945年8月15日無条件降伏しました。東西冷戦下、繁栄の時代もありましたが、2011年3月、閉塞感が漂う中、東日本大震災と福島原発事故が起きました。4年を経た今でも、崩壊した核燃料を回収する見通しが立たず、住民避難、広範囲に及ぶ健康不安など困難な状態が続いています。
　大国間の緊張と日本を巡る歴史問題が深刻化する極東において、日本が世界に果たす役割を模索するなか、本年は特に憲法と、原子力発電所のあり方が活発に議論されています。東洋のベニスとも称される国際文化観光都市、県庁所在地松江市は福島原発事故を契機に、原発国産1号、普及機の2号、日本最大出力の3号の、3機の15キロ圏内にある現実を認識せざるを得ません。こうした状況のなか松江城が、神魂神社、出雲大社に続き、島根県で三つ目の国宝建造物に指定されました。
　原爆投下を命令したトルーマン大統領は、原子力を「太陽から引き出された力」と発表しました。宍道湖の夕日が美しいこの街で、人類がつくった「三つの太陽」は、停止しています。歴史は、太陽が沈んだ夜つくられるといいます。出雲は南方・北方・大陸・半島からの出会いを生かし、悠久の昔から困難な状況を受け止め、新たな価値を創造する縁結びの地といわれています。
　2015年は戦後70年の節目にあたります。本書は「悠久の河　周藤彌兵衛物語（村尾靖子著）」と同じ9月2日に発行しました。この日を、アメリカ、ロシアなどでは、第二次世界大戦の対日戦勝記念日（V-JDay）と呼び、中国は翌日の9月3日を「抗日戦争勝利記念日」としました。いまこそ八雲立つ出雲でラフカディオ・ハーンの精神を甦らせ、共感、対立、統合、発展が循環する「新しい和の文化」を生みだし、地方創生の先駆けを務めようではありませんか。

2015年終戦記念日8月15日<br>
一般財団法人　人間自然科学研究所<br>
理事長　小　松　昭　夫

# 目　次

発刊にあたって　　一般財団法人 人間自然科学研究所理事長　小松　昭夫 …………………… 1

島根原子力発電所

はじめに　　山本　謙 ……………………………………………………………………………… 9

島根原子力発電所　全景 ………………………………………………………………………… 10

第1章　島根原子力発電所
  1.　島根原子力発電所候補地調査 ………………………………………………………… 12
  2.　島根県議会の同意取り付け …………………………………………………………… 12
  3.　島根原子力発電所調査委員会の規則及び経過等 …………………………………… 16
  4.　中国電力から県に対し建設計画の申し入れ ………………………………………… 23
  5.　鹿島町の受け入れ態勢 ………………………………………………………………… 23
  6.　建設予定地鹿島町輪谷地区 …………………………………………………………… 23
  7.　反対運動 ………………………………………………………………………………… 24
  8.　田部長右衛門知事4選不出馬表明 …………………………………………………… 24
  9.　鹿島町輪谷地区を1号炉建設地 ……………………………………………………… 26
 10.　伊達慎一郎知事誕生 …………………………………………………………………… 26
 11.　若い世代や革新議員誕生 ……………………………………………………………… 26
 12.　島根原発公害対策会議 ………………………………………………………………… 27
 13.　恒松制治知事誕生 ……………………………………………………………………… 27

第2章　島根原子力発電所と地方行政
  1.　厚生部に公害係新設 …………………………………………………………………… 29
  2.　原子力行政と地方自治体 ……………………………………………………………… 29
  3.　体制の強化 ……………………………………………………………………………… 30

第3章　田部県政以降の出来事と業務
　　1. 用地買収と漁業補償 ……………………………………………… 32
　　2. 統一地方選挙と県知事選挙 ……………………………………… 32
　　3. 環境放射能調査 …………………………………………………… 34
　　4. 島根原子力発電所環境放射能等測定技術会 …………………… 64
　　　（1）島根原子力発電所環境放射能等測定技術会規定 ………… 64
　　　（2）島根原子力発電所環境放射能等測定技術会構成 ………… 65
　　　（3）島根原子力発電所周辺の環境放射能調査計画 …………… 66
　　5. 島根原子力発電所環境放射能等測定測定結果報告書 ………… 68

第4章　島根原子力発電所安全協定締結経過及び新燃料輸送計画
　　1. 島根原子力発電所に関する安全協定の申し入れと確認事項 … 72
　　2. 安全協定締結理由と協議状況 …………………………………… 76
　　3. 県議会の状況 ……………………………………………………… 76
　　4. 島根原子力発電所周辺地域住民の安全確保等に関する協定 … 91
　　5. 島根原子力発電所用新燃料輸送計画 …………………………… 93

第5章　国行政と中国電力の基本構想と経過概要
　　1. 基本計画構想とその変遷 ………………………………………… 100
　　2. 敷地の各種調査 …………………………………………………… 101
　　3. 国産技術の採用 …………………………………………………… 103
　　4. 用地の取得と補償 ………………………………………………… 105
　　5. 準備工事 …………………………………………………………… 107
　　6. 官庁許認可関係 …………………………………………………… 108
　　7. 設備の概要及び特徴 ……………………………………………… 109
　　8. 建設工事 …………………………………………………………… 116
　　9. 核燃料 ……………………………………………………………… 117
　　10. 環境問題対策 ……………………………………………………… 120

第6章　島根原子力発電所周辺の環境対策及び試運転開始
　　1．『島根原子力発電所周辺の放射能対策のあらまし』発刊 ……………………… 121
　　　　用語解説 ……………………………………………………………………… 124
　　2．島根原子力発電所周辺環境安全対策協議会 …………………………………… 125
　　3．原発への立入調査及び安全協定改訂申し入れ ………………………………… 127
　　4．島根県議会及び全員協議会 ……………………………………………………… 133
　　5．安全確保及び駐在官配置 ………………………………………………………… 134

第7章　島根原子力発電所周辺地域住民の安全確保等に関する協定改訂交渉
　　1．中国電力に改訂申し入れ ………………………………………………………… 136
　　2．島根県と中国電力との改訂交渉 ………………………………………………… 137
　　3．平成18年の安全協定書 …………………………………………………………… 140

第8章　鹿島町長選挙と原発2号機増設に伴う騒動
　　1．鹿島町長選挙 ……………………………………………………………………… 144
　　2．反原発団体の核燃料輸送妨害 …………………………………………………… 145
　　3．2号機増設と動向 ………………………………………………………………… 146
　　4．2号機増設に伴う安全協定に基づく申し入れ ………………………………… 161
　　5．公開ヒアリング …………………………………………………………………… 162
　　6．鹿島町原発対策協議会が中国電力から3200万円受領 ………………………… 162
　　7．県議会原発対策特別委員会へ機動隊 …………………………………………… 163
　　8．島根県議会　名越原発特別委員長の報告 ……………………………………… 166
　　9．2号機増設に伴う用地買収と補償 ……………………………………………… 210

第9章　3号機増設
　　1．3号機増設推進開始 ……………………………………………………………… 211
　　2．3号機増設申し入れと準備工事 ………………………………………………… 226
　　3．公開ヒアリング …………………………………………………………………… 227
　　4．本工事着工と営業運転開始時期変更 …………………………………………… 227

第10章　未来のために
　　1．既存施設の安全保存 …………………………………………………… 229
　　2．クリーンエネルギー博物館建設 ……………………………………… 229
　　3．世界（日本）遺産として登録 ………………………………………… 229

資料
　　島根原子力発電所設備概要……………………………………………… 231


資料1　原発のないふるさとを
はじめに……………………………………………………………………… 235
　　講演1（要旨）
　　原子力発電を考える　　久米三四郎（大阪大学理学部）……………… 241
　　講演2（要旨）
　　原子力発電の安全性　　小出裕章（京都大学原子炉実験所）………… 265
　　講演3（要旨）
　　原子力発電の経済性　　平井孝治（九州大学工学部）………………… 283


資料2　日本の改革は司法改革から
　　金権弁護士を法で縛れ　　中坊公平……………………………………… 341
　　日中、信頼回復への道　　太陽の國IZUMOより ……………………… 350


資料3　新聞記事及び核エネルギー年表

あとがき　　古浦　義己……………………………………………………… 376

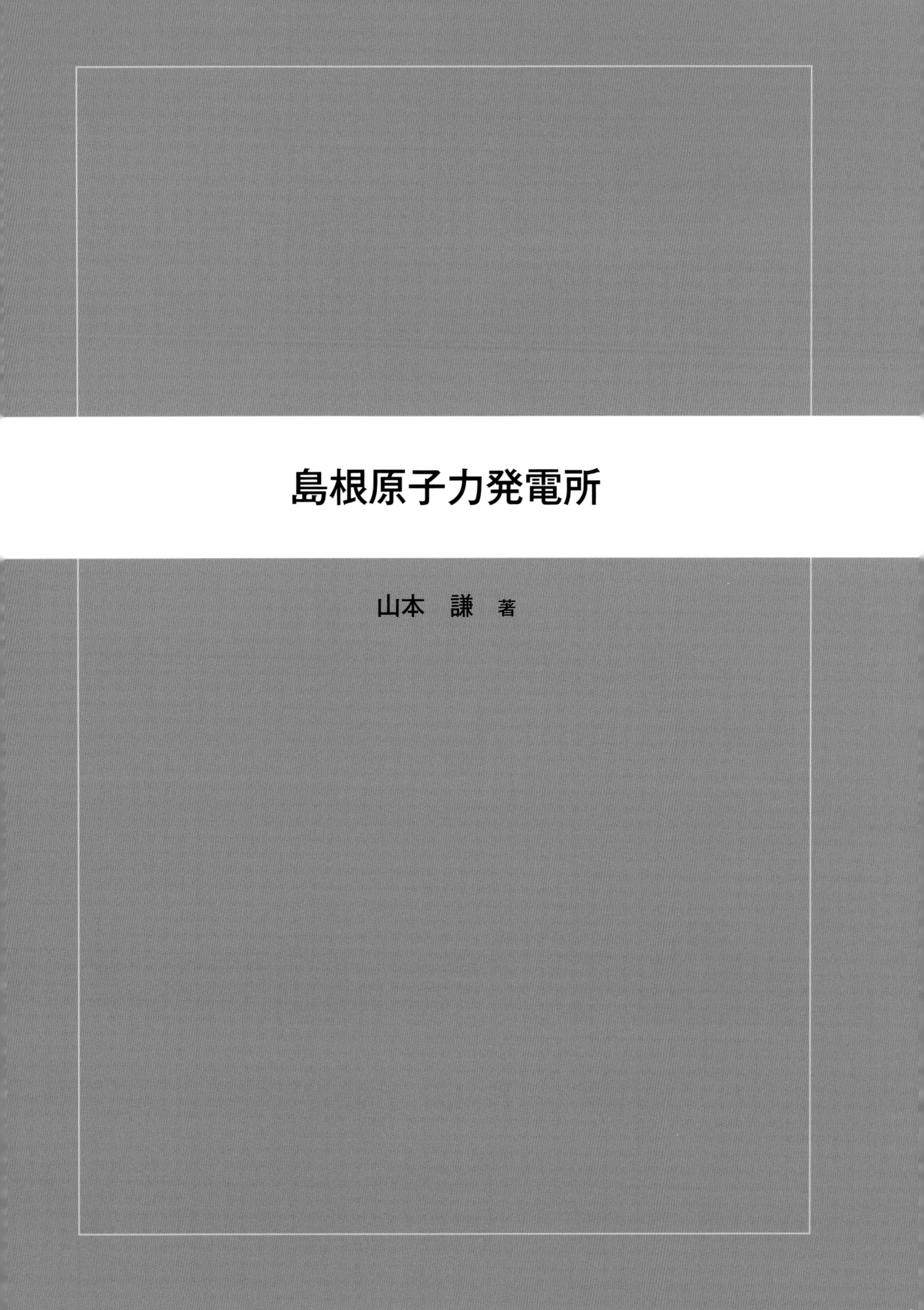

# 島根原子力発電所

山本　謙　著

著者略歴

## 山本　謙（やまもと　けん）

　昭和4年1月7日（1929）、島根県八束郡出雲郷村今宮に生まれる。

　島根県立松江農林学校を卒業後、昭和21年に島根県職員となり、経済部、土木部、総務部を経て、厚生部薬務環境衛生課公害係長、環境保健部公害課主幹及び課長補佐として勤務し、一貫して島根原子力発電所の立地と放射能対策等に関する業務を担当する。

　以後、企画部、商工労働部、島根県人事委員会事務局局長として昭和61年3月まで勤務し、40年間に及ぶ県庁職員としての業務を終えて退職する。

　退職後、島根県中小企業振興公社、しまね技術振興協会の常務理事を兼ねて務めた、この両社を合併し、現在の島根産業振興財団（ソフトビジネスパーク島根）を設立し退職、その間に山本行政書士事務所を開設し、傍ら民間企業の顧問をつとめる。

　平成15年12月から平成27年3月まで、NPO法人まちづくりネットワーク島根の理事長として業務にあたる。

# はじめに

　平成23年３月11日は、日本人にとって忘れることの出来ない日となった。
　宮城県牡鹿半島の東南東沖130キロ、仙台市東方沖70キロの太平洋海底を震源とする東北地方太平洋沖地震が発生した。日本周辺における観測史上最大の地震である。
　地震とそれに伴う津波、およびその後の余震によって引き起こされた大規模地震災害と、地震による福島第一原子力発電所事故が起こった。かつて、私は島根県厚生部業務課環境衛生課の公害係長として島根原子力発電所を担当したことがあり、遠い東北での災害ではあるものの、まるで我がことのようにも思えた。
　公害係長の時、関係メンバー８名を主体に「四七会」を立ち上げた。以来、地域住民の安全を確保するための「島根原子力発電所地域住民の安全確保に関する協定書の作成・環境放射能および温排水に関する調査計画の策定」等で、油を絞られた苦労話などを毎年の集いでの酒の肴にさせられてきている。
　そのようなこともあって、人間自然科学研究所（HNS）の小松昭夫理事長から、島根原子力発電所を担当してきた生き字引として、その記録を残すよう要請された。このことについては、今から半世紀にもなる50年以上も前のこともあって躊躇してはいた。
　しかし、エネルギー問題は日本ばかりではなく世界的な課題であり、とりわけ中国電力の石油依存度は高く、原子力エネルギーに頼らざるを得ない。瀬戸内は工業化が進み、原発以上の公害が出ており、広域行政の立場から、日本海側もエネルギー供給を分担するとなれば現状では受けざるをえない。
　だが、１号炉をめぐっての安全対策に、地域住民が不安を持っていることも事実であり、原発が海水を利用する沿岸は高級魚の漁場にもなっており、漁業問題はうるみ現象などもあり懸念材料が将来にわたり続く。
　とりわけ、東日本大震災による福島第１原子力発電所の事故、放射性物質等の環境対策、地震による巨大津波対策など、依然として2000人を超える行方不明者、26万人以上の被災者が全国各地に散らばったままである。
　こうしたことについての真相を明らかにし、原発の安全神話が風化することのないように、関係の記録は残しておくべきものと考えた。
　以上のような事情から、拙著を出版することにしたので、参考にしていただければ幸いである。

2015年３月31日
山　本　　謙

# 島根原子力発電所

島根県松江市鹿島町片句 654-1

# 第1章　島根原子力発電所

## 1．島根原子力発電所候補地調査

島根原子力発電所の候補地調査が始まったのは、昭和38（1963）年である。以来、国費はもちろんのこと、多額の県費が投入された。

この候補地の決定にあたっては、通産省の要請に応ずると共に地元鹿島町並びに島根県議会の同意を得るため、昭和38年8月6日から昭和43年までの5年間、県議会において知事の所信表明に始まり、そのことについて当然のように、反対、賛成、地元への誘致合戦、先進地の調査、原子力発電調査委員会などに関する質疑応答が行われた。

当初は、益田地区（石見海岸全般を指す）を国の委託費を持って、また、大社地区（島根半島海岸全般を指す）は、県費をもって地質や気象等の調査が行われ最終的に鹿島町に決定されたのが昭和43（1968）年であった。

この写真は、一矢トンネルの入り口である。
ここから輪谷湾に抜けると、1号炉と2号炉を望むことができるが、バリケードがあり、ここから先は、核物質を取り扱う施設として、撮影が禁止されている。
①一矢からの進入道路　S43.1.13〜測量開始
②トンネルの長さ317m　S44.1.16開通式
③この他施設内に輪谷トンネル276m
④宇中湾トンネル265mがある。

## 2．島根県議会の同意取り付け

県議会事務局の協力と理解を得て、昭和38年9月下旬に行われた県議会議事録要旨のうち、関係部分の一部を次に示す。審議状況がよく分かり、今後の流れの参考になると思われる。

議事の冒頭で、田部長右衛門知事は、「原子力発電所の適地調査問題につきましては、国の調査に積極的に協力し、本県工業化のための基盤整備の一環として調査いたしてまいりたいと存じます。」と所信表明を行い、9月27日の県議会本会議で、次の質疑及び答弁が行われた。質問者は、原立市議員（社会）である。

### 昭和38年9月25日　田部長右衛門知事
### 県議会本会議で所信表明

原子力発電所の適地調査問題につきましては、国の調査に積極的に協力し、本県工業化のための基盤整備の一環として調査いたしてまいりたいと存じます。

### 昭和38年9月27日　原立市議員（社会）
### 県議会本会議で質問

原子力発電所の設置のための調査の問題でございますが、この問題につきましては、過般の全員協議会において、副知事から説明があり、通産省から言ってきたのでまあ調査はよろしいといったような態度にしか受け止められなかったが、その後、この原子力発電所の設置についての調査は、県費をもってさらに1ヵ所ふやすこと、さらに、安全性の問題等についての検討が、相当に進んでいるのではないかと考えられますので、その間の事情についてご説明願いたいと思います。

私どもが聞いておりますところでは、かりに100

万キロの原子力発電所を1ヵ年フル運転した場合においては、すくなくとも*1濃縮ウランのかす「燃焼した燃えかす」が370トンというものがでてくる、これは相当莫大なものであり、現在の受入協定では全部アメリカに送り返すことが約束されている。

ところが最近に至りまして、アメリカではもはやそう必要がないというふうに承っています。残渣の中には*2プルトニウムというものが1000分の1含有している、これは原爆の大きな要素になっており現在でも原水爆がどんどん製造されていると聞いている。その他何か利用目的がないか等についてお聞かせ願いたい。

さらに、今後の問題として、かりにアメリカに送り返すことが出来ない場合には、この国内においてどのような形で処理していくかご検討願わなければ、非常に心配が残りますのでご説明願います。

**答弁　田部長右衛門知事**

原子力発電所の調査の問題でございますが、ご承知のように通産省におきましては、今後毎年全国にわたって広く適地を調査していく方針のもとに、まず本年度は、秋田、石川、徳島と本県の4県について調査を行うのであります。本県といたしましても、原子力の平和利用の次代に即応すべきという観点から、過般全員協議会でも協議を申しあげましたとおり、通産省の要請に応ずることにいたしたのであります。益田地区は国の委託費をもって、大社地区は県費をもってそれぞれ地質、気象等必要な調査を実施するのでありますが、この両地区が決定されるには通産省とも協議の上でいろいろな条件、制約等もありますので、総合的な検討を加えた結果選定いたした次第であります。

県内の地点を2ヵ所にいたしましたのは、通産省では将来各県に1ヵ所程度の適地を調査する方針のようでありますが、本県のような長い海岸線、広い面積等の特殊性を考えます場合に1ヵ所では不合理ではないか、さらにまた、将来多くの調査済み地域から建設地を選び出すという国の方針を勘案いたしまして、2ヵ所の地域を調査することになった次第であります。

また放射能の被害等安全の問題につきましては、近代科学と技術をもとに建設される原子力発電所の状況からいたしまして、いろいろ具体的な御指摘がありましたが、私どももそういう実際的な科学的な問題についてのいまここで解明をいたすだけの材料を持っておりませんが、しかし全国の7つの大学等にはすでにこれらの施設があり、またすでに東海村というような1つの例もありますので、その点については実は今後設置されるまでには十分な研究をして、いま調査されるような場所とも連携をとりまして、懸念についてこれを払拭していくという考えでございます。

しかし、ただいまのところ適地の調査地点イコール建設というわけではないのでありますので、ただいま申しあげたような方針で進んでまいっておる次第であります。

**再質問　原立市議員（社会）**

いま水産商工部長が科学的な検討をやっておるので答弁をしたいということございましたので、その安全性の問題はおそらく県民はひとしく願っていると思うので科学的な答弁をお願いします。

**答弁　脇坂水産商工部長**

ずいぶんご心配のようでありますが、私専門家ではありませんが、水産商工委員会の方とご相談をしまして、商工部の段階におきまして東海村並びに文献等によって目下検討中であります。

安全性の問題について最も大きなような点を1、2ご報告申し上げます。

卒直に申し上げまして、高度の技術をもって構築をされております原子炉の構造から申しまして、普通の状況では放射性物質、*3中性子とか*4ガンマ線、*5ベーター線等の漏洩や外部放出、もしくは原子炉が爆発するといったような、安全をおか

---

*1　ウラン濃縮により、ウラン235の濃度を高めたもの。
*2　超ウラン元素で放射性元素。プルサーマル発電にはMOX燃料として使用される。
*3　陽子と共に原子核を構成する無電化の粒子。原子核の核変換に使用。
*4　放射線の一種で波長が10pmよりも短い電磁波。
*5　放射線の一種で負の電気を帯びた電子の流れ。β線を出す放射性物質はストロンチュウム90、セシウム137がある。

すような問題は一応常識では考えられないというふうに思います。

このことはご承知のように日本にも*6東海村を中心に*7原子炉、*8動力炉というものが合わせて5つほどございますが、世界各国の状況を申しますと、運転中もしくは建設中のものを合わせまして、400以上の原子炉が長い経験をもって、現在活動しているというのが状況でありまして、平和的な目的に沿って安全に運行されておるという一事をもっても大体お分かりではないかとおもいますが……

次に原子炉を私どもが検討申しました原子炉の構造を中心に関心の多い問題を1、2申し上げますと、まず原炉で使用済みの燃料体、これはそのまま外部に接触をさせないようにして発電所の中の池の中に投入する、そうしまして一定の時期を経て鉛の箱に突っ込みまして、これがご質問のありましたように現段階では、濃縮ウランの場合はアメリカへ持って帰って焼け残りを再生する。天然ウランの場合は、原材料が英国から入っておりますので、おそらく英国まで持って帰りますか、海中に投下するかそこまでは分かりません。

次に発電所内では、99パーセントまで防塵装置というものが十分に行なってあるのでありまして、これは発電所内の空気の汚染を防止するという問題でございます。

次に発電所に大きな、ご承知のように*9排気筒がございまして、ここから煙ではない排気ガスというものが、空中に流出しておるのでありますが、これは東海村の現状を申しましても、厳重に周囲数キロにわたりまして、数キロ数十キロにわたりまして観測所というものが設けられ、放射能の状況等を自動的の観測、監視する、こういうような状況でございますが、放射能が放出し、放射性物質が放出して東海村がこの観測所を通してどうこうという問題は10年間ないようでございます。

その次、放射性の廃棄物でございますが、これは放射能とは別でございますけれども、廃棄物は発電所内に処理場を設けまして*10許容濃度というものを勘案しましてこれを薄めて海洋に流すか、かためて発電所内の地中に埋没しておく、原子力発電所の大体の命数は20年から25年といっておりますが、この間地中に薄めて埋没しておくというのが状況でございまして、まことに簡単でございますが、私素人でありますけれども、原子科学というものは日進月歩でありまして、おそらく長い将来本県に建設されるような場合には、もっと安全な原子炉というものが発見されるのではないか、かように存じます。

以上簡単でありますが。(拍手)

〈以下中途省略〉

島根原子力発電所の担当が機構改革により所管替えとなり、部長答弁は以下のとおり変遷した。
昭和42年9月22日　本会議からの答弁
四柳企画部長　質問者　福田真理夫議員(社会)
昭和43年3月8日　本会議からの答弁
高品企画部長　質問者　桐木　槌夫議員(社会)
昭和44年4月1日　本会議からの答弁
厚生部長

島根県議会における原子力発電所関係の知事答弁、質疑、応答者は次のとおりである。
「原子力発電所候補地調査はじまる」
（S38.8.6～S44.4.1）
〈以下省略〉

昭和38年8月6日
島根県議会　全員協議会
・質疑　　①原立市議員　　②佐々木隆夫議員
　　　　　③角谷雄二議員　　④青木幹雄議員
　　　　　⑤中川秀政議員
・答弁　　伊達副知事
昭和38年9月25日
島根県議会　本議会　田部知事所信表明
水商厚生委員長報告・同意取り付け
・質疑　　①原立市議員　　②橋本善方議員

*6　日本原子力研究開発機構、日本原子力発電東海発電所、東海第二発電所など多くの原子力施設があり、日本の原子力産業の拠点。
*7　継続して核反応を持続させるための装置。核分裂炉を指す。　*8　電力または動力の生産を目的とする原子炉。炉型は沸騰水型（BWR）と加圧水型（PWR）の軽水炉が主流。　*9　原子炉や再処理工場で発生した排気を環境中に放出する設備。
*10　制限区域における放射線の許容順位、事業所周辺における放射線の許容順位、事務所周辺への放射性廃棄物の排出基準、事故の場所への計画的立入の4つの場面での対応と基準が細かく定められている。

・答弁　　①田部知事　②脇坂水産商工部長
昭和38年8月26日
島根県議会　全員協議会
・質疑　　①佐々木隆夫議員
・答弁　　①脇坂水産商工部長
昭和38年9月27日
島根県議会　本議会
・質疑　　①原立市議員　②橋本議員
・答弁　　①田部知事　②脇坂水産商工部長
昭和38年12月17日
島根県議会　全員協議会
・質疑　　①佐々木隆夫議員　②桐木槌夫議員
・答弁　　①角谷雄二議員
昭和38年12月20日
島根県議会　水商厚生委員長報告・角谷委員長
昭和39年1月29日
島根県議会　全員協議会
・質疑　①原立市議員　　②松本芳人議員
　　　　③名越隆正議員　④植田元確議員
　　　　⑤佐々木隆夫議員　⑥角谷勇二議員
　　　　⑦桐田晴喜議員　⑧成相善十議員
・答弁　伊達副知事
昭和39年3月10日
島根県議会　本会議
・質疑　①桐田晴喜議員　②野元三議員
　　　　③松本芳人議員　④角谷勇二議員
・答弁　①田部知事　②伊達副知事
昭和39年9月21日
島根県議会　本会議
・質疑　　①松本芳人議員
・答弁　　①田部知事
昭和40年9月30日　島根県議会　本会議
・質疑　　①橋本善方議員
・答弁　　①田部知事
昭和41年9月29日　島根県議会　本会議
・質疑　　①橋本善方議員
・答弁　　①田部知事
昭和41年12月15日

島根県議会　本会議　田部知事所信表明
昭和42年5月12日
島根県議会　全員協議会
・質疑　　①福田真理夫議員
・答弁　　①四柳企画部長
昭和42年9月22日　島根県議会　本会議
・質疑　　①福田真理夫議員
・答弁　　①四柳企画部長
昭和43年3月18日
島根県議会　本会議
・質疑　　①桐木槌夫議員
・答弁　　①田部知事　②高品企画部長
昭和44年4月11日
島根県議会　本会議
・答弁　　①田部知事

〈以下省略〉

〈以下県執行部に於ける状況〉
昭和39年10月27日
　島根原子力発電調査員会の設置（規則・構成・経過概要）
昭和45年11月2日
　田部長右衛門知事　本会議・全員協議会で四選不出馬表明
昭和46年3月2日
　田部長右衛門知事　2月県議会で田部県政3期12年間の所信表明あり
昭和46年3月12日
　知事選挙告示
昭和46年4月11日
　新知事に伊達慎一郎　当選（115,760票）
　山野幸吉（115,586票）　174票差
昭和46年4月17日
　昭和天皇両陛下ご来県
　第22回全国植樹祭（三瓶北の原）
　山本担当（全国緑化推進委員会会長）
昭和46年4月29日
　福代寅吉　出雲県税事務所長逮捕
　　（事前運動、特定公務員の選挙運動禁止違

反、地位利用）容疑
昭和46年4月30日
　上手秀成　公害対策室長ら県職員9人逮捕
　・松江地方検察庁へ書類送検・公害関係書類
　の没収
昭和46年4月30日
　新旧知事のバトンタッチ　3期12年に別れをつげ田部知事を送る
　伊達慎一郎知事誕生・里田美雄副知事就任
　　　　　　　　　　　　　　〈以下省略〉

島根県県庁舎
（昭和38年ごろ）

## 3. 島根原子力発電所調査委員会の規則及び経過等

　島根県では、原子力発電の開発について、必要な事項を調査審議するため、昭和39年9月29日、「島根県審議会等設置条例」を改正し、委員20人以内をもって組織し、委員は県議会の議員、学識経験のある者、関係行政機関の職員、関係団体の役職員、市町村の長及び議会の議員並びに県職員のうちから知事が委嘱し、又は命ずることとした。

　その規則、構成、経過概要等は次のとおりである。

# 島根県審議会等設置条例抜すい

$$\left(\begin{array}{l}昭和27年10月27日\\島根県条例第37号\end{array}\right)$$

$$\left(\begin{array}{l}昭和39年9月29日\\島根県条例第73号改正\end{array}\right)$$

第5条の8
　島根県原子力発電所調査委員会は、知事の諮問に応じ、原子力発電の開発について、必要な事項を調査審議する。
2　前項の委員会は、委員20人以内をもって組織し、委員は県議会の議員、学識経験のある者、関係行政機関の職員、関係団体の役職員、市町村の長及び議会の議員並びに県職員のうちから知事か委嘱し、又は命ずる。


# 島根県原子力発電調査委員会規則

$$\left(\begin{array}{l}昭和39年10月27日\\島根県規則第69号\end{array}\right)$$

（趣　　旨）
第1条　島根県原子力発電所調査委員会（以下「委員会」という。）の組織運営等に関しては、島根県審議会等設置条例（昭和27年島根県条例第37号）に定めるもののほか、この規則の定めるところによる。
（会長及び副会長）
第2条　委員会に会長及び副会長を置き、委員のうちから互選する。
2　会長は、会務を総理し委員会を代表する。
3　副会長は会長を助け、会長に事故があるときはその職務を代理する。
（会　　議）
第3条　委員会の会議は、会長が招集し、会長がその議長となる。
2　委員会は、委員の半数以上が出席しなければ会議を開くことができない。
3　会議の議事は、出席者の過半数で決し、可否同数のときは、議長の決するところによる。
（任　　期）
第4条　委員の任期は3年とする。ただし再任を妨げない。
2　補欠の委員の任期は、前任者の残任期間とする。
（庶　　務）
第5条　委員会の庶務は、企画部開発課において処理する。
（委　　任）
第6条　この規則に定めるもののほか、委員会の運営に関し必要な事項は会長が定める。
　附　則　この規則は公布の日から施行する。

# 島根県原子力発電調査委員会委員名簿

(昭和43年7月1日)

| 氏　　名 | 職　　名 | 居　　所 |
|---|---|---|
| 吹田　徳雄 | 大阪大学工学部　教授 | 大阪市都島区東野田9丁目 |
| 阿武　保郎 | 鳥取大学医学部　教授 | 米子市西町86 |
| 岡　真弘 | 島根大学文理学部　教授 | 松江市西川津町1060 |
| 北原　順一 | 島根大学文理学部　教授 | 松江市西川津町1060 |
| 西上　一義 | 島根大学文理学部　教授 | 松江市西川津町1060 |
| 井戸垣　正俊 | 島根大学文理学部　教授 | 松江市西川津町1060 |
| 老田　他四郎 | 広島通産局公益事業部長 | 広島市基町9番42号 |
| 植田　利政 | 松江地方気象台長 | 松江市西津田町1282 |
| 洲浜　淳之助 | 島根県議会議長 | 邑智郡瑞穂町三坂 |
| 伊達　慎一郎 | 島根県副知事 | 松江市殿町1 |
| 斎藤　強 | 松江市長 | 松江市末次町 |
| 安達　忠三郎 | 鹿島町長 | 八束郡鹿島町佐陀本郷 |
| 朝倉　嘉収 | 島根村長 | 八束郡島根村加賀 |
| 岸　啓之助 | 御津漁業協同組合長 | 八束郡鹿島町御津 |
| 山本　久右衛門 | 片句漁業協同組合長 | 八束郡鹿島町片句 |

15名（順不同）

# 島根県原子力発電調査委員会の経過

1. 昭和39年9月29日島根県条例第73号「島根県審議会等設置条例」の一部を改正する条例により設置。
2. 昭和39年10月27日島根県規則第69号「島根県原子力発電調査委員会規則」制定
3. 昭和40年2月1日　委員13名任命、委嘱
4. 第1回島根県原子力発電調査委員会
    期　日　昭和40年2月22日
    議　題　(1) 原子力発電の開発と放射能の影響等について
    　　　　(2) 原子力発電調査結果の概況について
5. 第2回島根県原子力発電調査委員会
    期　日　昭和41年3月3日
    議　題　(1) 原子力発電の開発と今後の対策等について
    　　　　(2) 国の電力需給の長期見とおしと原子力発電について
    　　　　　　（通産局公益事業部長）
    　　　　(3) 世界及び日本の原子力発電の状況について
    　　　　　　（中国電力　築地常務）
    　　　　(4) 原子力発電について（島根大学　岡教授）
6. 第3回島根県原子力発電調査委員会
    期　日　昭和41年12月6日
    議　題　(1) 中国電力の原子力発電構想について
    　　　　(2) 調査委員会の今後の運営について
7. 昭和42年9月1日　委員の委嘱および任命替え
8. 第4回島根県原子力発電調査委員会
    期　日　昭和42年11月17日
    議　題　(1) 原子力発電所建設計画について
    　　　　(2) 周辺環境の安全性について
9. 第5回島根県原子力発電調査委員会
    期　日　昭和43年5月29日
    議　題　原子力発電所の周辺環境の安全対策について
10. 昭和43年7月1日　委員5名委嘱（増員）
11. 第6回島根県原子力発電調査委員会
    期　日　昭和43年7月2日

## 原子力発電に関する経過概要

| 年　月　日 | 事　　項 |
|---|---|
| 昭和38年11月15日 | 益田市大字高津地区における原子力発電所立地調査委託契約締結（通産省・県） |
| 昭和38年11月～昭和39年3月 | 益田市大字高津地区地質調査実施 |
| 昭和39年6月 | 同　上　調査結果公表<br>（注）簸川郡大社町大字中荒木地点については、県費支弁調査を実施したが軟弱地盤のため中途において調査を打切った。 |
| 昭和39年11月20日 | 江津市大字黒松地区における原子力発電所立地調査委託契約締結（通産省・県） |
| 昭和39年11月～昭和40年3月 | 江津市大字黒松地区地質調査実施 |
| 昭和40年6月 | 同　上　調査結果公表<br>（注）上記両地点の気象調査については、益田地区が38年度、江津地区が、39年度から気象協会において実施した。 |
| 昭和40年2月22日 | 第1回島根県原子力発電調査委員会開催。 |
| 昭和41年3月3日 | 第2回島根県原子力発電調査委員会開催。 |
| 昭和41年11月17日 | 中国電力から「鹿島町輪谷地区を原子力発電所設置予定地としたい」旨県へ正式申入 |
| 昭和41年11月17日 | 鹿島町長、同議会議長、美保関町長、島根村長、副知事と会談、副知事から中国電力の意向伝達。 |
| 昭和41年11月18日 | 県議会全員協議会へ中国電力から建設計画大網について説明 |
| 昭和41年12月6日 | 第3回島根県原子力発電調査委員会開催 |
| 昭和41年12月23日 | 鹿島町議会原子力発電所特別委員会設置 |
| 昭和41年12月23日 | 鹿島町議会へ中国電力から説明 |
| 昭和42年1月14日 | 町議会特別委員会開催、調査受入について協議 |
| 昭和42年1月21日～23日 | 鹿島町内部落別説明会 |
| 昭和42年2月15日 | 県関係各課説明会 |
| 昭和42年2月20日 | 町議会特別委員会開催、中国電力から調査内容について説明 |
| 昭和42年3月3日 | 町内部落代表者会議 |
| 昭和42年3月8日 | 中国電力、建設地点基礎調査開始 |
| 昭和42年3月20日 | 中国電力松江原子力調査所発足 |
| 昭和42年5月11日 | 鹿島町議会全員協議会、「基礎調査中間報告及び今後の調査計画について」 |
| 昭和42年5月12日 | 原子力発電所に関する講演会（島大・岡教授） |
| 昭和42年5月12日 | 県議会全員協議会、基礎調査経過等説明 |
| 昭和42年5月19日～20日 | 地元漁協関係者、敦賀、美浜両発電所視察 |
| 昭和42年6月7日 | 関係漁協代表者会議 |
| 昭和42年6月10日～13日 | 御津部落代表者、美浜、敦賀、福島各発電所視察 |
| 昭和42年6月16日～23日 | 町内部落別説明会 |
| 昭和42年7月13日～14日 | 東海区水産試験場谷井海洋部長ほか来県、海況調査、漁業調査等について指導 |
| 昭和42年8月24日 | 町議会特別委員会開催 |

| 年　月　日 | 事　　項 |
|---|---|
| 昭和42年 8月29日 | 原子力発電対策協議会設立総会 |
| 昭和42年 9月 8日 | 同　上　海洋部会 |
| 昭和42年 9月 9日 | 〃　　　陸上部会 |
| 昭和42年 9月11日 | 〃　　　開発部会 |
| 昭和42年 9月22日 | 東海区水産研究所谷井部長、宮崎室長講演会（御津、片句） |
| 昭和42年 9月24日～30日 | 原子力発電所建設に関する意向調査実施（御津部落） |
| 昭和42年10月 2日～18日 | 同　上（片句部落）<br>（注）町内各種団体の役員（106名）を対象としたアンケート調査は 8月に実施した。 |
| 昭和42年10月15日 | 片句漁協ワカメ養殖計画縮少に伴う補償妥結 |
| 昭和42年11月 2日 | 県関係課打合せ会 |
| 昭和42年11月17日 | 第 4 回島根県原子力発電調査委員会 |

## 原子力発電に関する経過概要

(第 4 回島根県原子力発電調査員会以降)

| 年　月　日 | 事　　項 |
|---|---|
| 昭和42年11月15日 | 部落　原子力発電所建設に関する意向調査結果説明会 |
| 昭和42年11月21日 | 片句部落　原子力発電所建設に関する意向調査結果説明会 |
| 昭和42年11月23日 | 副知事、鹿島町長会談 |
| 昭和42年12月 4日 | 御津漁協　漁業調査について説明会 |
| 昭和42年12月 6日～ 8日 | 鹿島町民250人、敦賀、美浜発電所視察 |
| 昭和42年12月10日～14日 | 鹿島町内漁業者50人、堺、姫路、岩国、下関ほか火力発電所視察 |
| 昭和42年12月16日 | 一矢部落　進入道路について説明会 |
| 昭和42年12月22日 | 鹿島町議会本会議　町長所信表明<br>「漁業補償、用地買収等について話合いの場をもつよう努力する。」 |
| 昭和42年12月22日 | 副知事談話発表「鹿島町長の協力方申入れに対して交渉のあっせん等、積極的に協力する。」 |
| 昭和42年12月26日 | 中国電力　山根副社長ほか町内各部落挨拶まわり |
| 昭和42年12月28日 | 御津、片句、一矢各部落代表者との打合せ |
| 昭和43年 1月 7日～28日 | 「島根県原子力シリーズ」毎日曜9：00～9：30山陰放送テレビによる原子力映画放映（4回） |
| 昭和43年 1月11日 | 一矢部落　進入道路について説明会 |
| 昭和43年 1月11日～20日 | 片句漁協「調査実施にともなう漁業補償」交渉20日妥結 |
| 昭和43年 1月26日 | 一矢進入道路現地調査 |
| 昭和43年 1月31日 | 片句部落「調査実施にともなう立竹木の損失に対する補償」交渉、妥結 |
| 昭和43年 2月 5日 | 中国電力　原子力発電所建設準備本部設置 |
| 昭和43年 2月16日 | 御津部落　部落総会、町長所信表明 |
| 昭和43年 2月21日 | 御津部落「調査実施にともなう立木補償」交渉、妥結 |

| 年　月　日 | 事　項 |
|---|---|
| 昭和43年３月７日～18日 | 一矢部落　道路用地買収交渉、妥結 |
| 昭和43年３月25日 | 鹿島町議会本会議　町長所信表明<br>「原子力発電所を設置したいので協力願いたい。」 |
| 昭和43年４月１日～３日 | 鹿島町婦人会170人、敦賀、美浜発電所視察 |
| 昭和43年４月９日 | 原子力発電関係部課長会議（県） |
| 昭和43年４月13日 | （鹿島町議会議員選挙） |
| 昭和43年４月14日 | 県、町、中国電力　首脳部会議 |
| 昭和43年４月23日 | 副知事、鹿島町長、同議長会談 |
| 昭和43年４月24日 | 鹿島町議会本会議<br>○原発設置について協力依頼（県、中電）<br>○議会に原子力発電所　海洋、陸地、地域開発各特別委員会設置 |
| 昭和43年４月27日 | 中国電力島根原子力建設準備本部建設用地決定 |
| 昭和43年４月30日 | 副知事、鹿島町長、同議長会談 |
| 昭和43年５月２日 | 鹿島町議会　陸地特別委員会 |
| 昭和43年５月６日 | 〃　　　海洋特別委員会 |
| 昭和43年５月９日 | 〃　　　地域開発特別委員会 |
| 昭和43年５月10日 | 〃　　　正副議長、特別委員会正副委員長会議 |
| 昭和43年５月14日 | 鹿島町議会　海洋特別委員会と御津漁協対策委員会との意見交換会 |
| 昭和43年５月18日 | 鹿島町議会、海洋特別委員会と片句部落対策委員会との意見交換会 |
| 昭和43年５月20日 | 鹿島町議会　全員協議会<br>「県、町を通じて地元と中電が交渉、話合いの場を早急にもつことに賛成する。」ことを了承。 |
| 昭和43年５月23日 | 県、町、御津漁協対策協議会との交渉体制等について協議 |

## 4. 中国電力から県に対し建設計画の申し入れ

中国電力は昭和41年10月11日、中国電力の桜内乾雄社長が田部長右衛門知事に会い、「原子力発電所を島根半島に建設したい」と伝え、県の全面的な協力を依頼した。

原子力発電所は西日本にはまだなく、中国電力の構想では46年度着工、49～50年度に完成、出力35万キロワット程度というものであった。後進性の打破を県政のスローガンに掲げた田部県政だが、原子力発電所が建設されれば地域発展、県政振興に役立つのではと、期待を集めたビッグニュースであった。

当時の島根新聞は翌日1面トップで、原子力発電所建設予定地と中国電力の計画を発表し、西日本初の原子の灯がともることとなる報道となった。

## 5. 鹿島町の受け入れ態勢

この段階では中国電力は、建設地は島根半島としただけで鹿島町の地名は公にしていなかったが、鹿島町の対応は素早かった。昭和41年10月21日に岡真弘島根大学教授（物理学）を講師に招いて町議会とともに「原子力の理論と原子力発電所の仕組み」について研修し、早速先進地視察を実施した。

先進地視察は、11月10日から16日にかけて安達忠三郎町長、岸敬之助町議会議長、執行部の23人が東海村の東海発電所と日本原子力研究所、それに建設中であった福井県敦賀半島の日本原子力発電敦賀発電所と関西電力美浜発電所へ出かけた。茨城、福井両県当局や県漁連、地元町村役場、漁協を訪問し、原子力発電所の建設に至るまでの経過、補償の状況、安全性、公害等について調査し帰町した。

また、町では自主財源確保対策として、原子力発電所が立地した場合、税収はどれぐらい増えるのか、先進地の例を調べ東海村や自治省、茨城県などから資料を取り寄せ試算した。原子力発電所の固定資産、つまり土地と建物、「大規模償却資産（原子炉）」のうち、桁外れに評価額が大きい償却資産については国が評価して示すためはっきりしない点はあるが、先発地の例から原子力発電所が営業運転を開始すれば、毎年入ってくる固定資産税は、平均1億4・5千万円がみこまれ、ここから、国からの地方交付税6・7千万円が差し引かれたとしても、1億円近くが増えるものと見込まれた。

その他発電所従業員の町民税、たばこ消費税などの税収はあるし、何より当時、地元優遇の新税「*11電源三法」の創設も予定されていて、相当のメリットが期待できると判断した。

## 6. 建設予定地鹿島町輪谷地区

昭和41年11月17日に中国電力は、島根県に対し「鹿島町輪谷地区を1号炉の建設予定地としたい」と申入れた。同日、伊達慎一郎副知事からその旨が鹿島町に正式に伝えられた。また、この頃安達町長は田部知事、福代良知県議会議長から原子力発電所は島根県としても重要施策として考えているから、と協力を要請されていた。

この間、中国電力は、本店に原子力推進部を

---

**電源三法**
- 電源開発促進税法
- 電源開発促進対策特別会計法
- 発電用施設周辺地域整備法

昭和49年（1974年）に成立。原発をつくるごとに交付金が出てくる仕組みができる。

---

*11　電力に関する法の総称。電源開発促進税法、特別会計に関する法律（旧電源開発促進対策特別会計法）、発電用施設周辺地域整備法。

新設し、昭和43年3月から現地の立ち入り調査に入った。

ボーリングによる地質調査の結果、輪谷は地盤の堅さや岩盤の規模などから原子力発電所の建設に適していることが確認された。

3月11日には　原子炉の炉型が「沸騰水型（BWR）軽水炉」に決まり、これを日立製作所に発注するとともに、原子力発電計画を日立製作所と共同研究することとした。国内メーカーに原子炉が発注されたのは初めてのことで、国産第1号の原子力発電所の誕生が約束された。沸騰水型は原子炉の中で直接、水を沸騰させ、その蒸気でタービンを回し、連動する発電機で電気を起こす構造である。

燃料のウランを燃やした（核分裂）際に出る高熱で水を沸騰させる火力発電所と燃料が違うだけで、蒸気をつくって発電する理屈は同じである。出力は、当初計画を変更し、昭和43年5月15日に46万キロワットとされた。

## 7．反対運動

昭和42年8月12日に御津地区に、また26日には鹿島町原子力発電設置対策協議会が結成された。両団体の代表約30人が島根県庁を訪れ、伊達副知事に「原子力発電所は安全性、公害、平和利用などの点で多くの不安を残しているが、これに対し町民に何ら納得のいく説明がなされてない。中国電力の調査にも行き過ぎがある」などと訴え、県として善処するよう申し入れた。

また、昭和42年11月5日付では、「安全性の確認がない原発に反対」「町財政を苦しめ、土地、漁場を奪う原発に反対」を旗印に、外国の安全基準と日本国内の他の原発と比較し、日本の安全基準は甘いことを、また、鹿島町や松江市は、原発から10キロ圏内にあり、人口密度が高く他に例が見られないこと等を指摘して「原発」第1号を発行し反対運動の展開に入った。

更にまた、鹿島町での反対運動の高まりを受け、「原発問題は、鹿島町一町だけの問題でない」とする立場から、社会党の呼びかけで、昭和48年5月10日「島根原発公害対策会議」が結成され、次のような内容で入会を呼びかけた。同対策会議は、

① 原発公害から住民の命を守るため、原発の安全性が保障されるまで操業は延期。
② [*12]平和利用の三原則に基づき、公開の原則を追及し、安全協定を改定すること。

初代の議長　黒田成一郎
　　　　　　（松江市会議員・電産出身）
後任の議長　福田真理夫
　　　　　　（島根県議会議員・県職労出身）

## 8．田部長右衛門知事4選不出馬表明

島根県議会・全員協議会の席上田部長右衛門島根県知事は、昭和45年の県議会全員協議会の席上、とくに発言を求め「来年4月の知事選挙には健康上の理由で出馬しない」と、初めて知事選挙に対する正式態度を明らかにした。また、田部知事は9月28日の自民党県連の4選出馬要請に対して、これまで態度を保留していたが、健康問題のほか知事選挙があと5ヵ月余りに迫ったこと、自民党県連も選挙対策委員会が発足し、候補を具体的にしぼって選挙態勢に取り組む段階にきたことなど各種情勢から、いまが決断の時期と判断し、2日の引退表明となった。

田部知事は、3期12年間を振り返り、概略次のように述べた。工業は産業構造の高度化、所得の向上をはかるため工業化促進のための施策を積極的に進めた。特に中海、宍道湖周辺については昭和41年に[*13]新産都市の指定を受け、石見臨海地域ついても豊富な水資源を生かした工業の開発に努めている。馬潟、高津、周布な

---

[*12]　民主、自主、公開の原則を原子力三原則。または原子力平和利用三原則という。
[*13]　1962年に制定されたいわゆる新産法に基づいて「産業の立地条件及び都市施設を整備することにより、その地方の開発発展の中核となるべき」として指定された地域のこと。

昭和42年11月5日　　　　　　　　　　　　　　　　　　　　　　　　　　　　　　　　　　　　　No.1号

# 原発

安全性の確認がない　原発に反対

町財政を苦るしめ、土地、漁場を奪う原発に反対

発　行　鹿島町原子力発電所対策協議会
発行責任者　三代繁美
編集責任者　吉岡貞雄
発　行　42年11月5日
No.1号

## 「明確な安全基準がないのに安全とは言えないでしょう。」

煙突から出る汚染された空気、汚染された冷却水又は事故があれば松江、鹿島を始め日本の電力会社は良心的な学者が心配していることや注告に耳をかたむけず、安全性を宣伝しています。

ところが日本の安全基準はキケン区域は八〇〇メートルといい、中部電力は一、〇〇〇メートル、中国電力は八〇〇メートルといい、県、町当局の発表があります。

中電では厳重な法律規制しているようで、なぜ安全基準が違うなく、役人の許可制であるためで、法律規制がないからです。又学者の研究論や実用段階で沢山あるからです。

外国では法律規則で決めているのに、日本では先の中国電力の発表と違うように色々な解釈で決るようです。大変ですが日本では法律規制がないからです。

中電始め日本の電力会社は安全だ安全だと宣伝しているが、産業界の人たちと結びつきのある中央、地方の政治家や顔の役の人が自分を利しているからではないでしょうか。これらの人は法によっても鹿島は不適地になっていることを認めるにしても、鹿島に当ては安全基準はいづれにしても明確なものではありません。参考までにアメリカの基準によると敷地基準では許可されないあいまいなことで鹿島には許可することができません。

| 出力（キロワット） | 人口中心距離Km | 上口との距離Km |
|---|---|---|
| 五〇万 | 三・五 | 六・四 |
| 二五万 | 二・四 | 四・九 |
| | | |
| 千KW当り一人以上の人口の都市なら五万以 | | 上口と千人らのないニの町内に三千人以 | 低人口中心距離Km |
| | | ならない地域 |
| | | 人が住んでならない地域 |

米原子力委の敷地基準を鹿島に当て見ると右の外側の円内に二万五千人以上の人口の都市がない、又内側の円に人口二千人以上の町があってはならないなっているから、松江市の外側約八割が入、又内側の円内にも三千人以上の町鹿島、島根外約三万人の人口が入っているから大変です。

## 原発の発行に当って

### 吉岡貞雄

町民の皆さん数年ぶりの豊漁や稲作、養蚕も良好にみんな大喜びと思います。然うに鹿島町は中電の原子力発電所の設置をめぐってさまざまな論争が繰返されています。

私は先に「民主島根」で私の現在時点での問題点を全町下に発表しました。今回は町内で問題になる点を報告しますので皆様の判断の資料にして頂きたいと思います。

私は無責任な反対、賛成の現在事点にいて町当局、議会の労を取って反対者や慎重者に圧力をかけて来ていることはけしからんことです。

ところが恐も町も具体性的な発展の計画案、安全性の根拠、法律上の基準補償について説明出来ない点が沢山あります。特に設置が決らない内でに色々な決定をすることが当然の任務でする町民を発起させるならば具体的都市の計画、法律上の基準補償について強制一気の発動をさせ強権発動するようなことをさせないためにわたし自覚のもとに平和な町を建設するために平和な鹿島町を新しく立上る町にする建設することなければならないのです。

設置することは許されないことです。設置が決まれば中電はしゃにむに強制発動は一気に原発を建設しようとするでしょう。発展がないと安達実助役はしてそう言う発発展させるとチャンスを逃すとそう言う。

原子力地帯整備事業費
原発の地元負担
町財政を苦るしめる固定資産税が入るから町発展の役と言うてもチャンをはたしていそう言う。

## 日本最初の東海村原発は失望と失敗だらけ

日本最初の原子力発電所として注目をあびている東海村の原子力発電の実態を見てみましょう。約十年前にイギリスが原爆を産むために造っていた天然ウラン黒鉛減速型の原子炉を採用したそうだが、評判にならず未熟な技術、設計の欠陥が、未熟な技術、三年半の予定工事で四年半かかったのだ。工事中にトラブル数多く発生し、工事費も予算が三〇五十億円超過したと言われています。又発電出産価も高く火力発電の二倍で一KW六円と発表されていますが、実際にはもっと高い値であろうと言われている。

これを電力資本が必死にして赤字補填していくが一般にとっても火力電気の倍近くもかかっているのだから会社だなら倒産しているのです。

町財政民家は次の状態で困っている。昭和四十二年度原子力関保固定資産税は一億四千八百万円で地元の負担が四十年一年間に二十億円という言われますが地元の負担金を強制されています。次の表を見ると赤字支出が多くなり支出は借金でバラ色ムードの第一号原発宣伝に転落して判り、地元に原発設置された五年間に町当局の負担がふえています。大変な持ち出しになるしかし原発関係の工事報告会を聞いて負担を見ると、町議会の視察団報告会で聞いて、原因設置された当局の言う事実と全然違い、学校、役場、道路設備がバラ色の新築された建設事業が新築された、学校と大宣伝されていますが、実態は三十九年三月に役場を合に新築した。これ火災が原因で不新築した。人口がふえたから新築したとか言っていますが、学校は役場の改築された、大宜伝のかげで新築している。たそれが事故でも言っていますが、しかし実態は四十一年四月の議会で不信任案が提出される始末で四十二年十一月二月の定例議会で四十年不明の財源計画が赤字解消に村長の責任案が出る大赤字の東海村の財政が立たず不信任案の議決である。

豊かな発電も村民に幸不幸かの分境に立っている実態にあるそうです。

私たちは東海村の四十二年度の失敗をしても同じように鹿島もなるでしょう。

これらも町民に広く報告し広く皆様の判断資料にして頂きたいと思います。今度原発という問題点を広く皆様に報告し、判断される資料にしたいとします。今後の御指導よろしくお願いします。

### (別表1) 人口世帯数の実態

| 年度種別 | 38 | 39 | 40 | 41 | 42 |
|---|---|---|---|---|---|
| 人　口 | 15,589 | 16,455 | 16,565 | 17,010 | 17,674 |
| 世　帯 | 2,775 | 2,831 | 3,535 | 3,768 | 3,924 |

（人口増加率は普通の新産都より悪るいと見られる）

### (別表3) 東海地区原子力地帯整備事業費年度別　（単位百万円）

| 年　度 | 総事業費 | | | 41年 | | | 42年 | | | 43年 | | |
|---|---|---|---|---|---|---|---|---|---|---|---|---|
| 事業負担内訳 | 事業費 | 地元 | 国 | 事業費 | 地元 | 国 | 事業費 | 地元 | 国 | 事業費 | 地元 | 国 |
| 須和間〜豊岡線 | 235 | 78 | 157 | 78 | 26 | 52 | 82 | 27 | 55 | 75 | 25 | 50 |
| 原燃〜6号国道線 | 402 | 134 | 268 | | | | 120 | 40 | 80 | 282 | 94 | 188 |
| 原電〜6号国道線 | 222 | 74 | 148 | | | | | | | 222 | 74 | 148 |
| 国道245号線 | 163 | 41 | 123 | | | | | | | 163 | 41 | 123 |
| 船原石神内宿線 | 137 | 55 | 91 | | | | | | | 137 | 55 | 91 |
| 計 | 1,160 | 373 | 786 | 78 | 26 | 52 | 202 | 67 | 135 | 880 | 280 | 600 |

### (別表2) 決算の拡大状況　（単位円）

| 年度種別 | 37 | 38 | 39 | 40 | 41 |
|---|---|---|---|---|---|
| 繰越金 | 27,945 | 5,813 | 1,594 | 0 | 0 |
| 歳入 | 197,107 | 203,549 | 256,276 | 279,718 | 358,170 |
| 歳出 | 191,293 | 205,143 | 278,064 | 293,121 | 387,094 |
| 収支 | 5,813 | 1,594 | △21,787 | △13,402 | △28,924 |

支出がふえるため公債、借入等負債で財政をやっている。

はじめて配られた原発反対ビラ

どの工業用地の造成を行うとともに企業誘致を進め、100余社が進出した。今後は県工業の中核となる公害のない優良工場の誘致を促進するとともに、農村地域への工業の計画的な導入をはかる必要がある。

また、新しいエネルギー基地として中国電力島根原子力発電所建設も軌道に乗り、昭和48年発電開始を目標に進んでいる。

### 9．鹿島町輪谷地区を1号炉建設地

田部知事の斡旋で早期着工の申し合わせが行われたことにより、昭和43年7月1日から中国電力は本格的な準備工事に着手4日には着工式を輪谷湾西隣の建設基地、宇中湾を挙げ、西日本最初の原子力発電所の建設に向けた工事が正式に第一歩を踏み出した。

着工式は午前11時40分から桜内中国電力社長、安達町長をはじめ、関係者、地元住民約150人が出席して行われ、神事の後、桜内社長が宇中から輪谷を結ぶトンネル建設予定地に仕掛けられた、発破のスイッチを押すと轟音が湾内にとどろいた。

その後、進入道路の建設、敷地の造成、護岸構築などの工事が急ピッチで進められ原子力発電所建設準備本部事務所もその後完成し、8月19日に移転した。

敷地の造成工事の基地は、宇中湾の一部17,000平方メートルを埋め立てて造成、そのための護岸工事（延長291メートル）も行われ面積約30,000平方メートル。輪谷湾への一車線トンネルを掘り、発電所敷地と結んだ。

建設基地は、コンクリートブロックや消波ブロックを製造するコンクリートプラント、建設資材置き場、組み立て工場などとして使われた。昭和44年4月に完成。発電所敷地は約120,000平方メートル。傾斜25から35度の発電所裏山を標高110メートル当りから切り取り、その土岩の一部で輪谷湾62,000平方メートルを埋め立てて造成した。昭和45年2月に完成した。

護岸工事は、発電所敷地の護岸（延長816メートル）をはじめ4,000トン級の輸送船が接岸できる荷揚げ場や、当時、日本最大級の32トン消波ブロックを使った防波堤（延長92メートル）を造成し、昭和45年12月に完成した。

### 10．伊達慎一郎知事誕生

昭和46年3月17日、統一地方選挙告示と島根県知事選挙が始まり、投票日の4月11日午前7時から県下1,110投票所で一斉に行われた。即日開票の結果、今後4年間の県政をゆだねる新知事に伊達慎一郎（自民・新）が接戦の末わずかの差で、山野孝吉（無新）を破って当選が決まった。今回の選挙は、県下各地とも12年ぶりで有権者の関心も強く、それがそのまま投票率に反映し、89.5パーセント（前回81.8パーセント）と予想の87パーセントをさらに上回る好成績を収めた。

知事選得票数
・伊達慎一郎（自民、新）　　155,760票
　　　　　　　　　　次点との差174票差
・山野孝吉（無所属、新）　　155,586票
・中村英男（無所属、新）　　138,591票
・金森ひろたか（共産、新）　 14,080票
・中村国高（諸派、新）　　　　2,534票

### 11．若い世代や革新議員誕生

県議選では、38人の新県議（ほかに4人の無投票当選）の顔ぶれが出そろった。

そのなか飯石郡では最年少26歳の景山俊太郎（無所属、新）、浜田市では27歳の宇津徹男（自民、新）など、20代の若い県議が誕生した。

また松江市では、共産党の新人長谷川仁（48）が当選、県政史上初めての共産党県議が生まれるなど、全区にわたり革新系議員の誕生が目立った統一地方選挙であった。

## 12. 島根原発公害対策会議

鹿島町での反対運動の高まりを受け、「原発問題は鹿島町一町だけの問題ではない」とする立場から、昭和48年5月10日社会党の呼びかけで「島根原発公害対策会議」が結成された。

初代の議長は黒田成一朗（当時松江市議、電産出身）その後福田真理夫（県会議員、県職労出身）に代わる。

対策会議は、

① 原発公害から住民の命を守るため、原発の安全性が確保されるまで操業は延期。
② 平和利用三原則に基づき、公開の原則を追及し、安全協定を改定すること。
③ 2号炉の建設を絶対に阻止する。

この3点を目標に置いた。対策会議ではこの目標に基づき、鹿島町、島根町、松江市において、ビラの全戸配布、街頭演説を繰り返し、原発反対の世論づくりをした。そして、それに合わせて学習会・講演会を頻繁に行い、活動家づくりにも手をのばした。

## 13. 恒松制治知事誕生

昭和50年4月13日、第8回統一地方選挙が行われた。

即日開票の結果、知事は社会党推薦で保守の一部が推した、無所属の学習院大学教授恒松制治（52）が、自民党推薦で無所属の元沖縄・北方対策庁長官山野孝吉（59）と共産党公認の宮田安義（53）を抑えて初当選をした。山野候補は、前回（S46年）の雪辱を期し、保守地盤の結集と革新票の切り崩しを図ったが、県連内部の分裂から保守地盤が崩れ、再び涙をのんだ。宮田候補は、両陣営の強力な組織に挟まれて今ひとつ票が伸びなかった。

知事選得票数
・恒松制治　237,730票
・山野幸吉　232,013票
・宮田安義　 18,970票

一方、社会党と県評が中心になって組織している、反原発団体の島根原発公害対策会議の福田真理夫議長は、松江選挙区から県議会議員に立候補し三選を果たした。

# 公害対策会議結成！

## 「島根原発公害対策会議」入会の呼びかけ

政府は、エネルギー開発の花形として、原子力開発を押し進め、電力資本は競って、原子力発電所の大型・大量・集中化を急いでいます。

しかし現在、全国で稼動中の原発は相次ぐ事故、放射能汚染は進む一方で、科学者からは警告が発せられ、美浜原発はついに欠陥原子炉の落印がつけられ、運転を停止しています。

中国電力も、原発の安全性を強調しながら政治力と資本を投入し、島根原発建設を強行してきましたが、昨年六月試運転開始間もなく、震動計、制御棒、給水器系統等の相次ぐ事故によって、国産一号炉の危険性を露呈し、住民の不安は深まり、しかも安全協定を無視するなど、住民を愚弄した中電に対する不信感は根強いものとなっています。

いま原発は、解決されていない幾多の問題を含んでおり、とくに原子炉の安全性、放射能汚染、固形廃棄物と使用済み燃料の処理、原発の耐用年限後の処理等々、山積みしているばかりか、操業が進むにつれて、先にアメリカで起きた冷却用パイプのヒビ割れ事故は、日本でも同型の福島、浜岡でも発見され、今も原因不明の故障が相次いで起きていることは重大であります。又、温排水の影響も大きく、福井県若狭港はコバルト六〇で汚染され、深刻な問題となっています。

島根原発もこれらの問題の外に、耐震性、安全点検のあり方、更に放出される放射能の中で一番やっかいなクリプトン八五、トリチューム等に対する観測体制は全くなく、これはガンや白血病、生殖機能をおかし、遺伝への影響が大きいことが警告されており、この問題が放置されていることは重大なことです。

このように、原発の安全性は保障されていないことが明らかにされつつあり、又、先の原子力船「むつ」でも明白なように、安全性と住民を無視した政府の原子力開発に対して、全国的にきびしい批判と、原発はもうごめんだとの強い反対の炎は大きく燃しりつつあります。

こうした危険な原発操業を野放しにしておけば、日本海沿岸漁業は滅亡し、県民生活はおびやかされていくことは明らかであります。

私たちは、このような「企業優先、住民無視、安全性を放棄した原発」には断固反対し、祖先が守り育ててきた美しい自然と漁業、いのちと子係の繁栄を守るために、いまこそ起ち上る時であります。こうした安全性の追及と第二号炉建設阻止の闘いは、人類生存の原点に立つ運動であり、公害反対闘争は"抵抗なくして人類の安全なし"という運動の理念に立って、住民と全ての団体の力を結集し、資本とこれをささえる自治体と対決する外ありません。

貴団体、貴殿におかれても、この運動の重要性をご理解いただき、本会議に入会され、運動にご参加下さるよう呼びかけます。

昭和四九年 五月 十日

島根原発公害対策会議
呼びかけ人

福田真理夫（島根県会議員）　黒田成一郎（松江市会議員）
三代 繁美（鹿島町対策会議代表）　中村 栄冶（鹿島町会議員）
石橋 大吉（島根県評議副議長）　井山 光雄（元県会議長）
池尾 勇（松江地評議長）　大野 繁子（松江市会議員）
井口 隆史（島根大学教官）

　　　　殿

# 第2章　島根原子力発電所と地方行政

## 1．厚生部に公害係新設

　昭和44年4月1日付けで、私は島根県厚生部薬務環境衛生課に新設された公害係の係長を命ぜられ着任した。厚生省から派遣されていた佐藤大正課長に、テレビや新聞の「*1四日市訴訟」等で分かるように、大変な仕事であるが頑張って仕事をするように激励をされた。

　公害係は、当初3名体制で出発したが、公害の概念も複雑であり、何から手を付けてよいか分からない上に、今まで企画部で所管していた、島根原子力発電所も併せて一括担当するよう命ぜられ、大荷物を背負っての出発となり、毎日その業務に追い回され、朝帰りの連続であった。

　国では、昭和42年8月3日、法律第132号で公害対策基本法が制定されていた、これに基づいて大気汚染防止法、騒音規制法が制定された。また、公共用水域の水質の保全に関する法律、工場排水等の規制に関する法律、廃棄物の処理及び清掃に関する法律等も逐次制定されていった。

　島根県の公害は、おもに中小工場、事業場から発生する産業公害、養鶏、養豚、による畜産公害、あるいは水産加工場からの環境公害等が主であったが、大手企業の、日立金属安来工場、山陽パルプ江津工場、大和紡績益田工場等の大気汚染や水質汚濁が問題になってきていた。また、津和野町の笹ヶ谷鉱山、大田市の大森銀山など鉱山の*2鉱毒公害についても大きな問題となり特に、笹ヶ谷鉱山は当時砒素鉱害で、鉱害病の認定患者対応業務などでマスコミをにぎわした。

## 2．原子力行政と地方自治体

　昭和44年の島根原子力発電所の建設開始に伴って、中国電力本社との交渉や、通商産業省、科学技術庁との打合せが度重なった。県庁内では、*3第2次冷却水の排出等に伴う漁業補償が解決し、*4温排水等に対する周辺環境の放射性物質による汚染予防対策で、水産商工部との部間調整などに手間を取られた。

　国や中国電力との折衝で、常に問題となるのが設置者側の立場と、住民サイドに立った県との間に、考え方について大きな違いがあるので大変に困った。つまり、原子力発電所を運転するためには、原子力基本法をはじめ関係法令で色々の制約がある。

　例えば「核原料物質、核燃料物質及び原子炉の規制に関する法律」では、「核燃料取扱主任者」「原子炉主任技術者」「放射線取扱主任者」など法律で定められた有資格者を置いて運転するので、その責任は国や企業体が持つ。県ではそこまでの調査や放射能の調査や監視は、必要ではないという考え方であり、原子炉設備の安全性及び信頼性は確保されているというものであった。

　しかし県は、原子力基本法に盛り込まれている「民主・自主・公開」の三原則に基づいて、安全協定を締結して放射能技術会で報告されても、それをチェックする技術者が県にいなければ、不安に思っている住民からの信頼は得られないので、国の方針に逆らい地域住民の生命と財産を守るため、県の執行体制の強化を図ることとした。

---

*1　1960年代四日市石油コンビナート6社に対して、周辺の住民が大気汚染の健康被害を訴えた公害裁判。
*2　銅山による鉱毒公害は重金属・有害化学物質による水系汚染や、精錬過程で生じる亜硫酸ガスなどによる大気汚染がある。
*3　加圧水型原子炉の冷却水は、原子炉の中で直設燃料棒に触れる一次冷却水と、そこから熱をもらって蒸気になる二次冷却水がある。
*4　原子力発電所などで冷却水として使われ、温かいまま海などに排出される水のこと。

## 3．体制の強化

県における執行体制を整えるため、昭和44年5月には、公害関係部課で構成する「島根県公害関係事務連絡調整会議」を開催し、公害対策事務処理要領について検討を始め関係部課に対し協力方を依頼した。6月には7月の公布施行を目指し「島根県公害対策審議会条例」案を6月県議会に提案した。

一方、環境公害は人の健康にかかわる問題であり、これを科学的に分析できる、衛生研究所職員を増員するほか各種機能の充実強化に迫られていた。そのため、当時の斉藤孝一（医学博士）所長と毎日のように顔を突合せ、口角沫を飛ばして論議した事が、昨日のように思い起こされる。

衛生研究所には、総務課のほか、細菌検査課・理化学試験課があった科を8月には技術科を「微生物科、公害科、生活環境科」とし当面3科で対応することにした。環境公害は、主に放射能と温排水を考慮しなければならない。そのため、これによる発電所運転開始後の影響を評価するために運転開始前のデータが必要である。当面の措置として、市内大輪町の衛生合同庁舎内の、衛生研究所屋上に＊5モニタリングポストを新設することし予算の要求も合わせて行なった。

環境公害問題が急速にクローズアップされ、本庁（島根県庁）でも一公害係だけでは対応出来ないため、1年が経たないうちに公害対策室を作るべく独立運動を開始。その運動が実り、昭和45年8月1日公害対策室長に上手秀成氏を、課長補佐に大隅速民氏を迎えた。私は、調整係長として、環境保全施策の総合的な計画及び各部間の調整を担当することとなった。

また、翌年の昭和46年8月1日から公害対策室を環境保全課と名称変更し、企画調整係、大気騒音係、水質係で13名体制とし職員の充実を図った。

更に、部の独立運動については、「名は体を表す」組織とするため、社会福祉主体の「厚生部」から独立し「環境保健部」とするため衛生部門の、医務課・公衆衛生課・薬務環境課の他に「自然保護課」と「公害課」の2課を新設し、環境公害部門の充実強化を図るよう、部長、次長に提案した。当時の中村芳二郎厚生部次長（後松江市長）から、自然保護課を作るなら、鳥獣保護も含めた方がよいとの意見が出され、当時所管していた農林部林政課と交渉に入ると共に、懸案事項であった「衛生公害研究所」の実現にむけて、組織と人事に入るよう中村次長から特命があった。

この特命を受け、衛生研究所を名称変更し「衛生公害研究所」とし総務課、細菌科、ウイルス科、環境公害科、食品科、放射能科、ならびに各保険所に配置する「理化学系技術系職員」を配置するための「増員要求」と、従来の選考試験から「競争試験」に変えるべく人事課及び人事委員会に申し入れてその実現にこぎつけた。

昭和47年8月1日、環境保健部が誕生し、厚生省から部長に杉山太幹氏を迎え、医務課・公衆衛生課・薬務環境衛生課・自然保護課・公害課の5課となり、小職は、公害課の主幹となり兼ねて調整係長事務取扱となる。

昭和48年8月1日、公害課に放射能調査係を増設し・調整係・大気騒音係・水質係・放射能調査係の4係制とし島根原子力発電所の環境監視体制の強化を図ることとした。

課長補佐兼調整係長事務取扱であった私は、山本春海特別専門研究員に対し、これから放射能科長になって活躍してもらわねばならない。ついては、放射能調査や核種分析に必要な資格の「＊6第一種放射線取扱主任者免状」を取得して欲しいと申し入れた。これに対し、山本研究員は「原子力発電所や放射能なんかには興味がございません」という返答には、はたと困った。

---

＊5　継続的に大気中の放射線量を測定する据え置き型の装置。屋外に置く検出器と室内に置く測定器で構成される。
＊6　原子力規制委員会が与える国家資格。放射性安全管理の統括を行い、法令上の責務を担う者が所持する必要がある資格。

しばらくして、「命令ならどうしますか」と聞いたら「命令なら仕方ありません」と、これで一件落着した。昭和47年に山本春海、寺井邦雄の研究員が、翌年には安田孝伸研究員が合格し、放射能科の体制が整った。

　島根原子力発電所調査委員会は、行われていたが、任期が満了となりその後の委員並びに顧問候補を、各専攻別（原子炉工学、原子物理学、有機化学、植物学、放射線医学、気象学）にしぼり、関係大学等に依頼に行った。中でも、京都大学原子炉実験所、柴田俊一所長さんには大変ご無理をお願いしたいきさつがあり、その当時のことが懐かしく思い出される。

# 第3章　田部県政以降の出来事と業務

## 1. 用地買収と漁業補償

　島根県では、県議会全員協議会に対し、原子力発電所の基礎調査等の経過説明を行うとともに、地元関係漁協代表者会議並びに町内部落別説明会を、中国電力とともに開催し協力方を要請し、更に、漁獲高調査を県水産試験船「八十島」により、輪谷湾周辺の海況調査を開始し、「海況と魚族に与える影響について」の説明会を開催した。

　S42.10.15　片句漁協ワカメ養殖計画縮小に伴う補償妥結
　S42.12. 4　御津漁協、漁業調査について説明会
　　　S44. 4.15　漁業補償交渉開始
　　　S44.10. 9　漁業補償妥結
　S42.12.16　一矢集落、侵入道路について説明会
　　　S43. 1.13　道路測量開始
　　　S43. 3.18　道路用地買収妥結
　S43. 1.31　片句集落、調査実施に伴う立木補償
　　　S43. 1.30　立木補償妥結
　S43. 2.21　御津集落、調査実施に伴う立木補償
　　　S42. 2.21　立木補償妥結
　S43. 6.24　片句集落、用地買収について説明会
　　　S43. 7. 9　用地買収妥結
　S43. 6.30　御津集落、用地買収について説明会
　　　S43. 7.18　用地買収妥結
　S43. 7.16　片句漁協、漁業補償交渉開始
　　　S43.12.21　漁業補償妥結
　S44. 3.30　御津漁協、臨時総会、漁業権一部消滅について可決
　S44. 4.16　御津漁協、漁業補償交渉開始
　　　S44.10. 9　漁業補償妥結
　S44. 5.15　恵曇、古浦、手結漁協、漁業補償交渉開始

　S44.10.30　漁業補償妥結

（単位：万円）

○発電所用地（含立木補償等）　　　　39,600
○漁業補償
　・片句漁協（43/12、45/6）
　　漁業権消滅　　　　　　　　　　　}
　　温排水による漁業損失　　　　　　} 22,800
　・御津漁協（44/9、52/10）
　　漁業権消滅　　　　　　　　　　　}
　　温排水による漁業損失　　　　　　} 15,800
　　ウルミ現象漁業補償　　　　　　　}
　　（49. 1. 1〜52.12.31）　　　　　 4,842
　　（53年〜61年）基準額809/S52×修正率
　　（62年以降（一時金））　　　　　 7,800
　・手結、恵曇、古浦漁協（44/10）　　 690
○その他
　・社宅用地　　　　　　　　　　　　3,140
　・取付道路用地　　　　　　　　　　1,540
　・仮事務所用地　　　　　　　　　　1,210
　・鉱業権　　　　　　　　　　　　　 300

## 2. 統一地方選挙と県知事選挙

　第7回統一地方選挙のトップを切って、18都道府県の知事選挙が告示され、島根県では予想道通り・金森ひろたか（52）（共産）中村英男（66）（無所属）・山野孝吉（55）（無所属）・伊達慎一郎（63）（自民）の新人4人が立候補を届け出た。

　このあと4人の候補者は、午前10時過ぎから雨上がりの松江市内で元気いっぱいの第一声をあげ、4月11日の投票日まで25日間にわた

る激しい選挙戦に突入した。

　島根県知事、県議会議員選挙の投票は11日午前7時から県下1,110投票所で一斉に行われ、即日開票の結果、今後4年間の県政をゆだねる新知事には、伊達慎一郎候補が174票差の激戦で、山野孝吉候補を破って当選が決った。また無投票当選の4人を除く38人の新県議も決まったが、県政史上初の共産党県議が生まれるなど、新旧交代で全部の顔触れが出そろった。

　県警選挙違反取締本部は、統一地方選挙の知事、県議選挙の開票が終った朝から一斉に悪質な選挙違反の、本格的な捜査を始めた。昭和46年4月12日山野派の選挙違反事件で、寝込みを襲い家宅捜査で3人が逮捕される。

　昭和46年4月29日県警出雲警察署は、伊達派の選法違反事件で（事前運動、特定公務員の選挙運動禁止違反、地位利用）容疑で、福代寅吉県税事務所長を逮捕、自宅と同事務所を捜索した。

　県警選挙違反取締本部と松江警察署が、公選法違反容疑で、上手秀成公害対策室長ら9人を逮捕、書類送検したことに伴い、室内の執務書類を総て、松江地方検察庁に没収され大変に困った。上手室長は私の直属の上司であるため、関係者の一人として度々呼出しを受け、次第に深夜におよぶ尋問を受ける。何より困ったことは書類がないので毎日の執務に支障をきたしたことである。

　昭和34年4月「後進性打破」をスローガンにスタートした田部県政は29日で終わり、30日から伊達県政へ引き継がれた。

　この12年間に中海新産都市建設、中海干拓着工、国道9号線をはじめとした道路網整備、斐伊川、江の川を中心とする河川の治水と開発、過疎対策立法化、対韓、対ソ貿易の地ならし、観光開発、[*1]大型パイロット事業の指定をはじめとする農林業の開発、近代化、そして今問題になっている島根原子力発電所の建設、その他多くの懸案が芽を吹き、あるいは軌道に乗った。新しい伊達県政も当然この路線を基礎として進められることになろうが、予想される客観情勢のきびしさのなかで、これらの課題がどんな形で、またどんな方法で実を結ぶか今後に期待されたところである。

---

＊1　パイロットには水先案内人の意味があり、試験的に先行して行う事業のこと。

## 3. 環境放射能調査

### 昭和44年度環境放射能調査

　当所における環境放射能調査は昭和38年度以来，種種の事情で中止していたが，先般中国電力が八束郡鹿島町に原子力発電所の建設に着手したことから，将来の環境モニタリングの準備という意味も含めて，44度度中途から調査を再開した。測定項目は降水全$\beta$線，牛乳(原乳)全$\beta$線及び空間$\gamma$線量率の3項目である。

　試料採取：測定の面では45年1月以降4階増築工事によるセメント粉の飛散，降雪採取器の不備，GM計数装置は故障していたものを応急修理して使用したが老朽化していて必ずしも満足な状態とはいえない等問題はあつたが，測定結果は表1～3に要約したとおりである。なお空間線量率の一部は科学技術庁受託に基ずく測定である。(表3参照)

　1．調査測定法

　調査資料の採取，調製，測定は科学技術庁編「放射能測定法」(1963)に従つた。また，空間線量測定は放射能調査委託計画書(昭和44年度)によつた。

木村俊博・寺井邦雄

　2．測定条件

A　全$\beta$放射能測定条件

| 種　類 | 計　測　条　件 | 備　考 |
|---|---|---|
| 計数装置 | 東芝製EAG-31103型 | 昭和36年12月購入 |
| 測定台 | 東芝型しんちゅう　厚さ3mm | 昭和36年12月購入 |
| 計数管 | 東芝製GM　B-5型<br>窓の厚さ　1.9mg/cm² | 昭和36年12月購入 |
| 窓からの距離 | 約10mm (1段目) | |
| 比較試料 | KCℓ (蒸発残留物と等重量) | 雨水 |
| | KCℓ (500mg) | 牛乳 |
| 試料皿 | Aloka製　アルミ　内径27mm, 深さ5mm<br>ステンレススチール<br>内径25mm, 深さ6mm | 昭和36年12月購入<br>昭和45年2月購入 |

B　空間線量測定条件

| 種　類 | 計　測　条　件 | 備　考 |
|---|---|---|
| 測定装置 | 神戸工業　SM-200型 | 昭和44年9月購入 |
| シンチレーター | TEN NaI(Tℓ)　1″$\phi$×1″ | 昭和44年9月購入 |
| 標準線源 | 日本放射性同位元素協会　$^{137}$Cs　10$\mu$Ci | 昭和44年10月購入 |
| 測定条件 | 地上1m　時定数4秒 | |

　3．測定結果

表1　降水全$\beta$放射能

| 年　月 | 試料数 | | 降水量 | 6時間更正値 | | |
|---|---|---|---|---|---|---|
| | 採取 | 測定 | mm | 計数率<br>平均 cpm/ℓ | 放射能<br>平均 pCi/ℓ | 放射能<br>最大 pCi/ℓ |
| 昭和44年11月 | 6 | 4 | (16.5) | (50.3) | (93.0) | 194.2 |
| 12月 | 19 | -* | (123) | - | - | - |
| 45年1月 | 19 | -* | (156) | - | - | - |
| 2月 | 13 | 9 | 105 | 41.2 | 166 | 318 |
| 3月 | 20 | 17 | 70.5 | 85.7 | 216 | 765 |

採取地点：島根県衛生研究所屋上 (昭和44年11月23日以降降水毎)<br>＊降雪採取装置不備のため

表2　牛乳全β放射能（原乳）

| 試料採取地 | 試料数 採取* | 試料数 測定** | 灰分* 平均 % | K** (灰分中) 平均 % | 放射能（K補正）** 平均 pCi/g－灰分 | 放射能（K補正）** 平均 pCi/g－原乳 |
|---|---|---|---|---|---|---|
| 八束郡鹿島町南講武 | 10 | 8 | 0.720 | 21.94 | 2.95 | 0.028 |
| 八束郡八雲村熊野 | 9 | 7 | 0.701 | 17.97 | 5.13 | 0.033 |
| 松江市乃木福富町 | 8 | 6 | 0.683 | 19.47 | 9.35 | 0.047 |

＊灰分測定；＊＊灰分，K，放射能測定　調査期間：各44年12月～45年3月；月3回（7，17，27日）採取

表3　空間γ線量率

| 測定地点 | 測定回数 | 線量率*（μR/h） 平均 | 線量率*（μR/h） 最大 | 線量率*（μR/h） 最小 | 調査期間 年．月．日 |
|---|---|---|---|---|---|
| 八束郡鹿島町江角　県水試分場** | 12 | 6.75 | 7.72 | 5.64 | 44．11～45．3 |
| 〃　〃　片句　　山　頂 | 5 | 4.88 | 4.99 | 4.79 | 〃 |
| 〃　〃　御津　　御津神社 | 7 | 7.82 | 8.42 | 7.12 | 〃 |
| 〃　〃　南講武　川土手** | 1 | (5.72) | — | — | 44．11．14 |
| 〃　〃　名分　　県　道 | 1 | (7.30) | — | — | 〃 |
| 〃　〃　一矢　　水　田 | 7 | 6.84 | 7.65 | 5.61 | 44．12～45．3 |
| 松江市秋鹿町秋鹿　秋鹿中学校 | 5 | 8.90 | 11.92 | 7.14 | 44．11～45．3 |
| 〃　西生馬町　県立松江整肢学園** | 12 | 7.74 | 10.32 | 6.26 | 〃 |
| 〃　本庄町　　三坂山頂 | 1 | (6.65) | — | — | 44．11．14 |

＊）宇宙線成分を含む。　＊＊）科学技術庁受託調査

## 昭和45年度環境放射能調査　寺井邦雄・山本春海

　当初で実施した昭和45年度の環境放射能調査の結果および追記として当所で採取し，日本分析化学研究所において分析したデーターについて報告する。

　今年度は45年5月に新しく，GM放射能測定器を購入し，雨水，牛乳をはじめ魚貝藻類，土壌，海底土を調査した。科学技術庁の委託として46年2月にモニタリング・ポストも設置され連続測定中である。その他サーベイ・メーターによる空間線量測定は，前年度の測定回数51回を71回にふやした。そのうち24回は前年度と同じく科学技術庁の委託によるものである。

　測定結果は第1～3図および表1～4のとおりである。

　別表1～8は科学技術庁の委託事業として島根県が日本分析化学研究所に送付した検体のデーターを整理したものである。

### 調査測定法

　調査試料の採取，調製，測定は科学技術庁編「放射能測定法」（1963）に従った。また空間線量測定は放射能委託計画書（昭和45年度）によつた。

## II 測定器具および測定条件

### 1 全β放射能測定

| | 計 測 条 件 |
|---|---|
| 計数装置 | Aloka製 TDC-2型 |
| 測定台 | Aloka製 PS-15型（鉛3cm） |
| 計数管 | Aloka製 GM-LB-2504　窓の厚さ 1.8mg/cm² |
| 窓からの距離 | 約10mm（1段目） |
| 比較試料 | $U_3O_8$ 500 dps（雨）<br>KCl 500mg（牛乳，魚貝藻，土） |
| 試料皿 | ステンレス・スチール内径25mm　深さ6mm |

### 2 空間線量測定

#### 1）サーベイ・メーターによる測定

| | 計 測 条 件 |
|---|---|
| 計数装置 | 富士通製 SM-200型 |
| シンチレーター | TEN NaI(Tℓ) 1″φ×1″ |
| 標準線源 | 放同協製 $^{137}Cs$ 10 μCi |
| そ の 他 | 測定位置（地上1m），時定数（4秒） |

#### 2）モニタリング・ポストによる測定

| | 計 測 条 件 |
|---|---|
| 検出器 | 富士通製 PS-532型<br>地上15m，屋上3m |
| レート<br>メーター | 富士通製 11TO11-2型<br>電圧（高） 1100V<br>デスクリレベル 30keV<br>ゲイン 10kΩ<br>時定数 100 sec<br>レンジ 100 cps |
| 記録計 | 横河電機製作所 ERB 1-10型<br>記録用紙速度 25mm/hr |
| 校正線源<br>チェック | $^{137}Cs$ (5 μCi)，BG 46年2月26日 14.6cps<br>線源と検出器間の距離 15cm |

## III 測定結果

### 1 定時採取雨水
#### 第1回 雨水の全β放射能

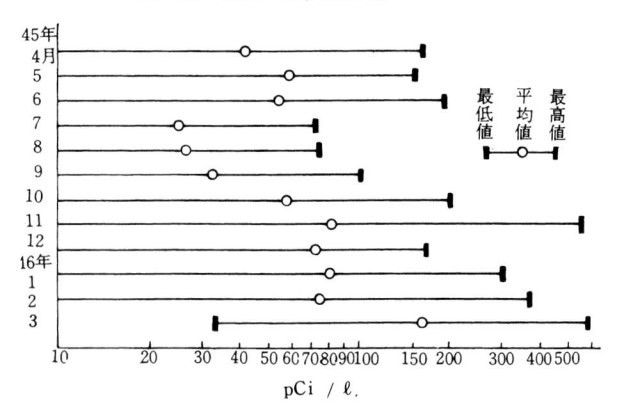

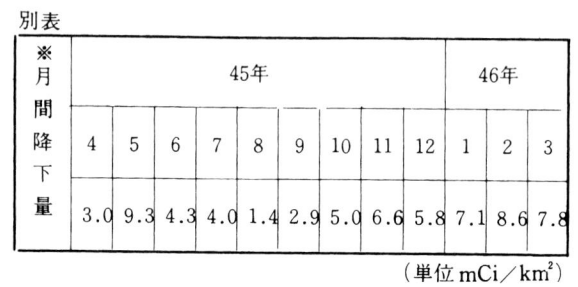

（グラフ：45年4月～46年3月、pCi/ℓ、最低値・平均値・最高値）

別表

| ※月間降下量 | 45年 | | | | | | | | 46年 | | |
|---|---|---|---|---|---|---|---|---|---|---|---|
| | 4 | 5 | 6 | 7 | 8 | 9 | 10 | 11 | 12 | 1 | 2 | 3 |
| | 3.0 | 9.3 | 4.3 | 4.0 | 1.4 | 2.9 | 5.0 | 6.6 | 5.8 | 7.1 | 8.6 | 7.8 |

（単位 mCi/km²）

※月間降下量：降雨毎の降下量の総和
採取地点：島根県松江市大輪町 420
　　　　　島根県衛生研究所屋上
注：45年4，5月は36年購入の東芝製
　　ＧＭ放射能測定器による。

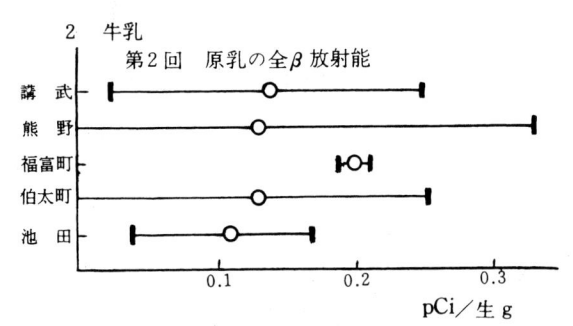

### 2 牛乳
#### 第2回 原乳の全β放射能

（グラフ：講武，熊野，福富町，伯太町，池田、pCi/生g）

調査期間：45年4月～45年12月（月平均2～3検体）
採取地点：八束郡鹿島町講武（14検体）
　　　　　八束郡八雲村熊野（18 〃）
　　　　　松江市乃木福富町（2 〃）
　　　　　能義郡伯太町（18 〃）
　　　　　大田市三瓶町池田（2 〃）

## 3 魚貝藻類
### 表1 魚貝藻類

| 採取場所 | 採取年月日 | 種類 | 生体1g当pCi | 備考 |
|---|---|---|---|---|
| 浜田市元町沖 | 45.5.18 | 黒あい | 0.46 | 可食部 |
| 八束郡鹿島町沖 | 6.12 | めばる | 0.16 | 可食部 |
| 八束郡鹿島町沖 | 11.24 | さざえ | 0.22 | 可食部 |
| 八束郡鹿島町沖 | 6.12 | わかめ | 0.19 |  |

## 4 土壌
### 表2 土壌

| 採取場所 | 採取年月日 | 深さcm | 乾燥土1g当pCi |
|---|---|---|---|
| 大田市三瓶町三瓶山 | 45.8.27 | 0〜5 | 6.0 |
|  | 8.27 | 0〜20 | 3.0 |
| 松江市本庄町三坂山 | 11.9 | 0〜20 | 2.4 |
| 八束郡鹿島町南講武 | 11.10 | 0〜5 | 4.5 |

## 5 海底土
### 表3

| 採取場所 地名 | 北緯 | 東経 | 深さm | 採取年月日 | 乾燥土1g当pCi | 備考 |
|---|---|---|---|---|---|---|
| 八束郡鹿島町輪谷沖 | 35°33′ | 133° | 30 | 45.8.27 | 1.4 | 砂質 |
| 八束郡鹿島町御津沖 | 35°32.5′ | 133°1.5′ | 20 | 45.8.27 | 3.2 | 砂質 |

## 6 サーベイメータによる空間線量
### 第3図 空間線量測定値

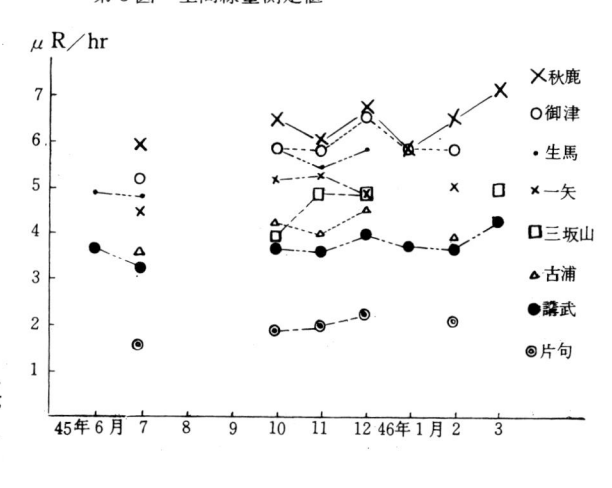

注：三坂山と講武は科学技術庁の委託である。また測定値は宇宙線成分3.2 μR/hr を含んでいない。

測定地点：松江市秋鹿町，秋鹿中学校々庭
八束郡鹿島町御津，神社境内
松江市西生馬町，整肢学園校庭
八束郡鹿島町一矢，県道
松江市本庄町三坂山，山頂
八束郡鹿島町古浦，町道
八束郡鹿島町南講武，土手
八束郡鹿島町片句，山頂

## 7 モニタリングポストによる空間線量
### 表4

|  | 測定値 cps | 測定月日 | 備考 |
|---|---|---|---|
| 最大値 | 20.3 | 3.29 | 降雨量 16.5mm |
| 平均値 | 14.8 |  |  |
| 最小値 | 14.0 | 3.1 | 曇 |

## Ⅵ. 結論

### 1 定時採取雨水：

45年10月14日行なわれた第11回目の中国核実験の影響は11月30日の初雪からわずかに検出された程度である。46年3月6日にも同じ程度(580pCi/ℓ)検出された。

### 2 食品その他：

牛乳中の放射能はいずれの地点も0.4 pCi/生g 以下であった。

魚貝藻類，土壌，海底土については，今年度より測定を始めた。

### 3 サーベイ・メーターによる空間線量：

45年度の8地点は地形，地質が変化に富み，測定値（宇宙線成分を含まない）も片句2.01 $\mu R$/hr から秋鹿6.41 $\mu R$/hr と巾がある。なお各地点毎ではほぼ一定の値を示していたが，若干の時期的変動はあるようである。

### 4 モニタリング・ポストによる空間線量：

バック・グランドとして14.6cpsであつた。

## Ⅴ 追記，核種分析の結果および考察．

島根県は44年度に科学技術庁の放射能調査委託を受け，44年度に土壌，海水，海底土につき16検体，45年度には雨水ちり，上水，土壌，海水，海底土，日常食，牛乳，魚貝藻類につき計62検体を日本分析化学研究所に送付したが，その分析結果を，島根県分を中心に解析した。

### 1 月間雨水ちり

45年度の島根県における$^{90}$Srの年間降下量は1.32 mCi/km² （全国平均1.20mCi/km²），$^{137}$Cs は2.34 mCi/km²（全国平均1.98mCi/km²）で，いずれも全国平均よりやや高かった。特に46年2月には，$^{90}$Sr は0.15mCi/km²，$^{137}$Cs は0.26mCi/km²で共に他県より高かった。

全国的には$^{90}$Sr，$^{137}$Cs共に4，5，6，7月頃がやや高い値を示しているが，島根県は1，2，3月頃が高い値を示していた。島根県では降雨量は6，7が月平均 210mm，1，2，3月が月平均 140mmであつたので放射性降下物は降雨量のほかに上空の気象条件等に大きく作用されるものと思われる。（別表1参照）

### 2 牛乳

$^{90}$Srは12.0 pCi/ℓ（全国平均5.5 pCi/ℓ）で，$^{137}$Cs は52.3 pCi/ℓ（全国平均16.5 pCi/ℓ）であって，他県より高かった。特に45年9月採取のものについては $^{90}$Sr は24.2 pCi/ℓ，$^{137}$Cs は82.6 pCi/ℓで他県を大きく引きはなしていた。

牛乳中の放射能は飼料からの影響が大きいとされており，島根県の場合，45年5月のものは $^{90}$Srは10.5 pCi/ℓ，で他県より高く， $^{137}$Cs も36.6 pCi/ℓで全国平均の2倍であったが，この時乳牛の飼料としては牧草50kg/頭.日 その他9kg/頭.日であって，この牧草に起因するものではないかと思われる。しかも，牛乳採取地点の土壌中の $^{90}$Srは全国的にみて高かった。また全国の偏差は$^{90}$Srが24.2～0.7pCi/ℓ，$^{137}$Csは82.6～2.2pCi/ℓで非常に巾が広いようである。（別表2参照）

ＩＣＲＰ勧告の職業上被曝に対する水中濃度に比べると，45年度の全国の最高値のものについて$^{90}$Srが約1/160，$^{137}$Csは約1/4000であった。

（別表2参照）

### 3 上水

$^{90}$Sr は0.22 pCi/ℓ（全国平均0.23 pCi/ℓ），$^{137}$Csは0.05 pCi/ℓ（全国平均0.05 pCi/ℓ）であった。松江市大谷ダム値については，$^{90}$Sr は0.33 pCi/ℓ，で全国平均より高いものであった。

全国的にみると雨水ちり，土壌の $^{137}$Cs / $^{90}$Sr Ratio は雨水ちりでは1.8，土壌では0～5cmで2.0 0～20cmでは1.5であって $^{137}$Cs が高いのであるが逆に上水では $^{90}$Sr / $^{137}$Cs Ratio が4.6と$^{90}$Srが高くなつている。これは土壌の種類（火山灰土壌では $^{137}$Cs が$^{90}$Sr より流亡しやすいようである。）にもよるが，土壌中では$^{90}$Sr が浸透流亡しやすいためによるものと思われる。（別表3参照）

### 4 海水

$^{90}$Sr は0.17 pCi/ℓ（全国平均0.19 pCi/ℓ），$^{137}$Cs は0.25 pCi/ℓ（全国平均0.22 pCi/ℓ）であつた。

44年度の $^{137}$Cs / $^{90}$Sr Ratio は輪谷沖が2.2 御津沖が2.1，45年度の輪谷沖が1.4 御津沖が1.6で，45年度は前度より小さくなつており，放射能も低くなっていた。

### 5 海底土

$^{90}$Srは4 pCi/乾土kg 以下（全国平均17 pCi/乾土kg），$^{137}$Cs は22 pCi/乾土kg（全国平均187 pCi/乾土kg）であった。

44年度と比較してかなり差のあるのは，検体の砂質，粒度，その他海底土の流動のためではないかと考えられる。（別表5参照）

### 6 日常食

$^{90}$Sr は都市成人12.8 pCi／人・日（全国平均8.0 pCi／人・日），農村成人14.7 pCi／人・日（全国平均8.2 pCi／人・日），農村幼児5.9 pCi／人・日（全国平均5.1 pCi／人・日であった。（別表6参照）

また Sr は Ca と類似の化学的挙動を示すためS.U.（ストロンチウム単位：Ca 1 g 当り $^{90}$Sr が 1 pCi の時 1 S.U.）がもちいられるが，これについては都市成人12.3 S.U.（全国平均14.8 S.U.），農村成人20.2 S.U.（全国平均14.1 S.U.），農村幼児17.4 S.U.（全国平均12.8 S.U.）であった。Cs については K と生理学的に似ているため C.U.（セシウム単位：K 1 g 当り $^{137}$Cs が 1 pCi の時 1 C.U.）がもちいられることがあるが，これについては都市成人8.7 C.U.（全国平均5.6 C.U.）農村成人6.8 C.U.（全国平均5.9 C.U.），農村幼児5.4 C.U.（全国平均6.8 C.U.）であった。

### 7 魚貝藻類

$^{90}$Sr は魚3.1 pCi／生kg（全国平均2.0 pCi／生kg）貝 1 pCi／生kg 以下（全国平均0.2 pCi／生kg），藻類 pCi／生kg（全国平均3.7 pCi／生kg）であった。また $^{137}$Cs は魚7.7 pCi／生kg（全国平均5.1 pCi／生kg）貝3.5 pCi／生kg（全国平均1.2 pCi／生kg），藻類 2.9 pCi／生kg（全国平均 3.7 pCi／生kg であつて，特に46年2月浜田市沖で採取したさよりは16.3 pCi／生kg，46年3月鹿島町沖で採取したサザエは7.7 pCi／生kgでそれぞれ他県より高かった。

島根県の海水採取地点は鹿島町沖の魚貝藻類の採取地点と同じであるので，放射能のとりこみ，すなわち濃縮係数（C.F.）を鹿島町沖で採取したかさご，あいなめ，わかめについて算出した。

かさご　C.F.（$^{90}$Sr）＝21　C.F.（$^{137}$Cs）＝20
あいなめ　C.F.（$^{90}$Sr）＝20　C.F.（$^{137}$Cs）＝22
わかめ　C.F.（$^{90}$Sr）＝32，27　C.F.（$^{137}$Cs）＝9，11

結果よりわかめについては $^{137}$Cs より $^{90}$Sr の方が数倍濃縮率が高いようである。（別表7参照）

### 8 土壌

$^{90}$Sr は 0～5 cm で25.1 mCi／km²（全国平均26.1 mCi／k・m²），0～20 cm で72.0 mCi／km²（全国平均59.0 mCi／km²（全国平均42.3 mCi／km²），0～20 cm で64.1 mCi／km²（全国平均87.7 mCi／m²）であった。

また全国的には土壌中では $^{90}$Sr より $^{137}$Cs が高いのであるが，島根県の三瓶山値は $^{90}$Sr に比較して $^{137}$Cs が低い。これは $^{137}$Cs は火山灰土壌では移動しやすいためによるものであろうと思われる。
（別表8参照）

別表1．雨水ちり中の核種

採取場所：松江市大輪町，衛研屋上

|  |  |  | 45年4月 | 5月 | 6月 | 7月 | 8月 | 9月 | 10月 | 11月 | 12月 | 46年1月 | 2月 | 3月 | 45年度 | 45年度総降下量 |
|---|---|---|---|---|---|---|---|---|---|---|---|---|---|---|---|---|
| $^{90}$Sr | 全国 | 最高値 | 長崎 0.32 | 高知 0.40 | 東京 0.47 | 長崎 0.33 | 山口 0.16 | 石川 0.21 | 秋田 0.11 | 福井鳥取 0.19 | 鳥取 0.23 | 福井 0.22 | 島根 0.15 | 福井 0.23 | 0.47 | 1.93 |
|  |  | 平均値 | 0.15 | 0.17 | 0.23 | 0.14 | 0.08 | 0.06 | 0.04 | 0.06 | 0.09 | 0.05 | 0.06 | 0.13 | 0.10 | 1.20 |
|  |  | 最低値 | 新潟 0.06 | 和歌山 0.03 | 青森 0.07 | 和歌山 0.01 | 新潟 0.03 | 岡山 0.02 | 鹿児島 0.01 | 新潟 0.01 | 新他4県 0.01 | 他4県 0.01 | 北海道 0.01 | 青森 0.02 | 0.01 | 0.65 |
|  | 島根 | 最高値 |  |  |  |  |  |  |  |  |  |  |  |  | 3月分 0.18 |  |
|  |  | 松江値 | 0.13 | 0.12 | 0.08 | 0.04 | 0.07 | 0.07 | 0.07 | 0.13 | 0.12 | 0.16 | 0.15 | 0.18 | 平均値 0.11 | 1.32 |
|  |  | 最低値 |  |  |  |  |  |  |  |  |  |  |  |  | 7月分 0.04 |  |
| $^{137}$Cs | 全国 | 最高値 | 長崎 0.43 | 高知 0.64 | 東京 0.91 | 高知 0.62 | 鹿児島 0.26 | 秋田 0.21 | 秋田 0.24 | 鳥取 0.32 | 鳥取 0.38 | 福井 0.33 | 島根 0.26 | 福井 0.36 | 0.91 | 3.24 |
|  |  | 平均値 | 0.23 | 0.27 | 0.39 | 0.23 | 0.12 | 0.08 | 0.08 | 0.09 | 0.10 | 0.08 | 0.12 | 0.20 | 0.17 | 1.98 |
|  |  | 最低値 | 青森 0.07 | 和歌山 0.01 | 青森 0.07 | 和歌山 0.004 | 茨城 0.06 | 広島 0.01 | 鹿児島 0.01 | 岡山 0.02 | 庵2鷹 0.02 | 他2県 0.02 | 岡山 0.02 | 和歌山 0.02 | 青森 0.04 | 0.004 | 1.09 |
|  | 島根 | 最高値 |  |  |  |  |  |  |  |  |  |  |  |  | 3月分 0.30 |  |
|  |  | 松江値 | 0.27 | 0.20 | 0.25 | 0.12 | 0.10 | 0.08 | 0.13 | 0.18 | 0.18 | 0.27 | 0.26 | 0.30 | 平均値 0.20 | 2.34 |
|  |  | 最低値 |  |  |  |  |  |  |  |  |  |  |  |  | 9月分 0.08 |  |

単位：mCi／km²

別表2．牛乳中の核種

採取場所：大田市三瓶町池田

| | | | 45年4月 | 5月 | 6月 | 7月 | 8月 | 9月 | 10月 | 11月 | 12月 | 46年1月 | 2月 | 3月 | 45年度 |
|---|---|---|---|---|---|---|---|---|---|---|---|---|---|---|---|
| $^{90}$Sr | 全国 | 最高値 | 青森 14.9 | 島根 10.5 | 宮城 10.1 | 島根 11.5 | 青森 13.5 | 島根 24.2 | 青森 22.9 | 鹿児島 8.7 | 北海道 13.7 | 島根 10.2 | 宮城 11.5 | 島根 12.2 | 24.2 |
| | | 平均値 | 6.1 | 4.2 | 4.8 | 4.9 | 6.6 | 5.2 | 8.2 | 4.1 | 6.5 | 4.0 | 6.9 | 4.0 | 5.5 |
| | | 最低値 | 茨城 2.1 | 神奈川 1.4 | 茨城 1.5 | 和歌山 1.5 | 茨城 1.7 | 兵庫 1.4 | 新潟 1.8 | 和歌山 1.4 | 茨城 2.5 | 神奈川 1.3 | 茨城 2.4 | 和歌山 0.7 | 0.7 |
| | 島根 | 最高値 | | | | | | | | | | | | | 9月分 24.2 |
| | | 大田値 | | 10.5 | | 11.5 | | 24.2 | | 3.2 | | 10.2 | | 12.2 | 平均値 12.0 |
| | | 最低値 | | | | | | | | | | | | | 11月分 3.2 |
| $^{137}$Cs | 全国 | 最高値 | 北海道 32.3 | 東京 47.7 | 静岡 41.5 | 島根 79.9 | 静岡 63.9 | 島根 82.6 | 静岡 68.8 | 東京 49.5 | 静岡 38.9 | 島根 31.8 | 静岡 27.4 | 島根 58.8 | 82.6 |
| | | 平均値 | 15.4 | 18.2 | 20.0 | 18.8 | 22.2 | 15.5 | 21.1 | 12.3 | 16.6 | 11.4 | 12.3 | 14.7 | 16.5 |
| | | 最低値 | 新潟 9.3 | 和歌山 5.1 | 茨城 6.0 | 和歌山 2.2 | 新潟 7.2 | 和歌山 4.3 | 岡山 6.2 | 和歌山 3.0 | 新潟 9.0 | 福井 3.9 | 青森 5.2 | 和歌山 2.5 | 2.2 |
| | 島根 | 最高値 | | | | | | | | | | | | | 9月分 82.6 |
| | | 大田値 | | | 36.6 | 79.9 | | 82.6 | | 24.0 | | 31.8 | | 58.8 | 平均値 52.3 |
| | | 最低値 | | | | | | | | | | | | | 11月分 24.0 |

単位：pCi／ℓ

別表3．上水中の核種　採取場所：松江市忌部町大谷ダム
浜田市相生町浜田浄水場

| | | | 45年4月 | 5月 | 6月 | 9月 | 12月 | 46年3月 | 45年度 |
|---|---|---|---|---|---|---|---|---|---|
| $^{90}$Sr | 全国 | 最高値 | 大阪 0.56 | 0.45 | 0.35 | 石川 0.90 | 北海道 0.45 | 北海道 0.75 | 0.90 |
| | | 平均値 | 0.18 | 0.29 | 0.25 | 0.25 | 0.19 | 0.21 | 0.23 |
| | | 最低値 | 神奈川 0.04 | 0.13 | 0.15 | 神奈川 0.02 | 神奈川 0.02 | 神奈川 0.02 | 0.02 |
| | 島根 | 最高値 | | | | | | | 0.35 |
| | | 松江値 | | | | 0.35 | 0.38 | 0.29 | 0.30 | 平均値 0.33 |
| | | 浜田値 | | | 0.13 | 0.06 | 0.05 | 0.21 | 平均値 0.11 |
| | | 最低値 | | | | | | | 0.13 |
| $^{137}$Cs | 全国 | 最高値 | 新潟他2県 0.09 | 0.10 | 0.20 | 静岡 0.32 | 静岡 0.23 | 石川 0.10 | 0.32 |
| | | 平均値 | 0.04 | 0.05 | 0.07 | 0.06 | 0.04 | 0.03 | 0.05 |
| | | 最低値 | LTD | LTD | 0.11 | LTD | LTD | LTD | LTD |
| | 島根 | 最高値 | | | | | | | 6月分 0.11 |
| | | 松江値 | | | 0.11 | 0.07 | 0.05 | 0.05 | 平均値 0.07 |
| | | 浜田値 | | | LTD | LTD | 0.03 | 0.03 | 平均値 0.02 |
| | | 最低値 | | | | | | | 5月分 LTD |

LTD＝0.02pCi／ℓ以下

単位：pCi／ℓ

別表4．海水中の核種

採取場所：八束郡鹿島町輪谷沖 N 35°33′　E 133°
　　　　　八束郡鹿島町御津沖 N 35°32.5′　E 133°1.5′

| | | | 45年5月 | 6月 | 8月 | 11月 | 12月 | 46年2月 | 3月 | 45年度 | 44年度 |
|---|---|---|---|---|---|---|---|---|---|---|---|
| $^{90}$Sr | 全国 | 最高値 | 大阪 0.35 | 0.26 | 大阪 0.27 | 愛知他3県 0.20 | 0.22 | 大阪 0.25 | 0.26 | 大阪 0.35 | 大阪 0.28 |
| | | 平均値 | 0.19 | 0.17 | 0.20 | 0.19 | 0.21 | 0.18 | 0.19 | 0.19 | 0.21 |
| | | 最低値 | 島根,長崎 0.12 | 0.14 | 島根 0.14 | 神奈川 0.16 | 0.20 | 静岡,長崎 0.13 | 0.14 | 0.12 | 神奈川 0.18 |
| | 島根 | 最高値 | | | | | | | | 0.20 平均値 | 0.21 平均値 |
| | | 輪谷値 | 0.16 | | 0.20 | 0.18 | | 0.15 | | 0.17 平均値 | 0.20 平均値 |
| | | 御津値 | 0.12 | | 0.14 | 0.19 | | 0.17 | | 0.16 | 0.20 |
| | | 最低値 | | | | | | | | 0.12 | 0.19 |
| $^{137}$Cs | 全国 | 最高値 | 長崎 0.41 | 0.30 | 石川 0.29 | 広島 0.48 | 0.22 | 石川 0.25 | 0.25 | 0.48 | 兵庫 0.67 |
| | | 平均値 | 0.24 | 0.25 | 0.22 | 0.23 | 0.22 | 0.19 | 0.18 | 0.22 | 0.43 |
| | | 最低値 | 大阪 LTO | 0.21 | 愛知 0.13 | 愛知他3県 0.19 | 0.21 | 大阪 0.07 | 0.15 | LTD | 愛知 0.28 |
| | 島根 | 最高値 | | | | | | | | 0.33 平均値 | 0.46 平均値 |
| | | 輪谷値 | 0.33 | | 0.23 | 0.20 | | 0.21 | | 0.24 平均値 | 0.44 平均値 |
| | | 御津値 | 0.33 | | 0.23 | 0.21 | | 0.22 | | 0.25 | 0.41 |
| | | 最低値 | | | | | | | | 0.20 | 0.37 |

単位：0.03pCi/ℓ以下　　　　　　　　　　　　　　　　　　　　単位：pCi/ℓ

別表5．海底土中の核種

採取場所：八束郡鹿島町輪谷沖 N 35°33′　E 133°
　　　　　八束郡鹿島町御津沖 N 35°32.5′　E 133°1.5′

| | | | 45年5月 | 6月 | 8月 | 11月 | 12月 | 46年2月 | 3月 | 45年度 | 44年度 |
|---|---|---|---|---|---|---|---|---|---|---|---|
| $^{90}$Sr | 全国 | 最高値 | 兵庫 35 | 25 | 京都 42 | 京都 28 | 37 | | 21 | 42 | 兵庫 43.5 |
| | | 平均値 | 14 | 20 | 33 | 14 | 14 | 15 | 20 | 17 | 15.3 |
| | | 最低値 | 新潟,島根 LTD | 14 | 愛知 22 | 長崎 LTD | LTD | | 18 | LTD | 島根 1.4 |
| | 島根 | 最高値 | | | | | | | | LTD | 輪谷 5.4 |
| | | 輪谷値 | LTD | | | LTD | | | | 平均値 LTD | 平均値 4.6 |
| | | 御津値 | LTD | | | LTD | | | | 平均値 LTD | 平均値 2.9 |
| | | 最低値 | | | | | | | | LTD | 御津 1.4 |
| $^{137}$Cs | 全国 | 最高値 | 広島 568 | 311 | 京都 415 | 広島 300 | 235 | | 224 | 568 | 広島 817 |
| | | 平均値 | 206 | 309 | 283 | 132 | 124 | 152 | 206 | 187 | 273 |
| | | 最低値 | 島根 25 | 307 | 神奈川 199 | 島根 11 | 22 | | 187 | 11 | 島根 36 |
| | 島根 | 最高値 | | | | | | | | 31 | 御津 163 |
| | | 輪谷値 | 25 | | | 19 | | | | 平均値 22 | 平均値 48 |
| | | 御津値 | 31 | | | 11 | | | | 平均値 21 | 平均値 79 |
| | | 最低値 | | | | | | | | 11 | 御津 36 |

LTD = 4 pCi/乾土kg以下　　　　　　　　　　　　　　　　　　単位：pCi/乾土kg

別表6. 日常食中の核種

採取場所：松江市内及び八束郡鹿島町内
採取期日：45年12月及び46年3月

|  |  | $^{90}Sr$ |  |  | $^{137}Cs$ |  |  |
|---|---|---|---|---|---|---|---|
|  |  | 都市成人 | 農村成人 | 農村幼児 | 都市成人 | 農村成人 | 農村幼児 |
| 全国 | 最高値 | 秋田 22.4 | 京都 37.3 | 京都 23.5 | 島根 24.9 | 秋田 16.7 | 京都 18.9 |
|  | 平均値 | 8.0 | 8.2 | 5.1 | 9.4 | 9.8 | 7.9 |
|  | 最低値 | 広島 1.6 | 青森 2.0 | 和歌山 1.1 | 兵庫 3.1 | 島根 3.2 | 島根 1.5 |
| 島根 | 平均値 | 12.8 | 14.7 | 5.9 | 20.1 | 7.8 | 4.0 |

単位：pCi/人・日

別表7. 海産生物中の核種

採取場所：浜田市浜田港周辺
　　　　　八束郡鹿島町恵曇港周辺
採取期間：45年6月〜46年3月

|  |  | $^{90}Sr$ |  |  | $^{137}Cs$ |  |  |
|---|---|---|---|---|---|---|---|
|  |  | 魚 | 貝 | 藻 | 魚 | 貝 | 藻 |
| 全国 | 最高値 | 長崎（ぼら） 5.0 | 長崎（あさり） 2.3 | 愛知（てんぐさ） 9.0 | 島根（さより） 16.3 | 島根（さざえ） 7.7 | 愛知（てんぐさ） 12.0 |
|  | 平均値 | 2.0 | 0.2 | 3.7 | 5.1 | 1.2 | 3.7 |
|  | 最低値 | 愛知（きす）他 LTD | 愛知（あさり）他 LTD | 長崎（あさくさのり） 0.6 | 愛知（きす） 2.0 | 島根（さざえ）他 LTD | 長崎（あさくさのり） LTD |
| 島根 | 最高値 | 浜田（さより） 3.6 | （さざえ） | 御津（わかめ） 5.3 | 浜田（さより） 16.3 | 恵曇（さざえ） 7.7 | 浜田（わかめ） 4.0 |
|  | 平均値 | 3.1 | LTD | 4.4 | 7.7 | 3.5 | 2.9 |
|  | 最低値 | 浜田（くろや） 2.1 |  | 浜田（わかめ） 3.3 | 浜田（くろや） 4.1 | （さざえ） LTD | 浜田（わかめ） 2.1 |

LTD = $^{90}Sr$　1 pCi/kg 以下
LTD = $^{137}Cs$　2 pCi/kg 以下

単位：pCi/生 kg

別表8. 土壌中の核種

採取場所：大田市三瓶町池田，三瓶山
　　　　　松江市本庄町，三坂山
　　　　　八束郡鹿島町南講武，川土手
採取期日：45年7月及び45年11月

|  |  | $^{90}Sr$ |  |  |  | $^{137}Cs$ |  |  |  |
|---|---|---|---|---|---|---|---|---|---|
|  |  | 45 年度 |  | 44 年度 |  | 45 年度 |  | 44 年度 |  |
|  |  | 0〜5cm | 0〜20cm | 0〜5cm | 0〜20cm | 0〜5cm | 0〜20cm | 0〜5cm | 0〜20cm |
| 全国 | 最高値 | 新潟 158 | 新潟 122 | 神奈川 38.0 | 鹿児島 133 | 新潟 256 | 山口 263 | 鹿児島 108 | 新潟 501 |
|  | 平均値 | 26.1 | 59.0 | 18.6 | 66.2 | 42.3 | 87.7 | 44.3 | 145.2 |
|  | 最低値 | 東京 2.6 | 和歌山 7.9 | 和歌山 4.8 | 和歌山 12.0 | 静岡 5.0 | 島根 7.0 | 和歌山 11.0 | 島根 29.7 |
| 島根 | 三瓶山値 | 27.3 | 103 |  |  | 17.9 | 7.0 |  |  |
|  | 三坂山値 | 21.3 | 28.1 | 22.4 | 76.3 | 31.1 | 26.4 | 58.4 | 29.7 |
|  | 講武値 | 26.8 | 84.8 | 19.1 | 54.4 | 75.5 | 159 | 56.4 | 49.0 |
|  | 平均値 | 25.1 | 72.0 | 20.8 | 65.4 | 41.5 | 64.1 | 57.4 | 39.4 |

単位：mCi/km²

# 昭和46年度放射能調査結果　木村俊博・寺井邦雄

昭和46年度の環境放射能調査結果について報告する。今年度は全β放射能調査は定時採取雨水，月間雨水ちり，陸水，植物，野菜，原乳，魚貝藻類，土壌，海底土，海水の計234検体（177検体は委託）について行なつた。空間線量調査についてはモニタリングポストの他に，シンチレーションサーベイ・メータによるものは102回（24回は委託）行なつた。（測定値の詳細については「島根県における放射能調査第3報」を参照されたい）

## I 調査測定法
科学技術庁編「放射能測定法」（1963）および放射能委託計画書（昭和46年度）に従つた。

## II 測定装置
全β放射能測定はAloka製，また空間線量測定はシンチレーションサーベイメータおよびモニタリングポストとも富士通製を使用した。

## III 測定結果並びに考察

### 1）全β放射能測定
(1) 定時採取雨水：46年度の雨水中の放射能は図1に示すように著しいピークが認められたが，これは核実験によるものである。

今年度の中国核実験は第12回（11月18日），第13回（1月7日については20kt，第14回（3月18日）について

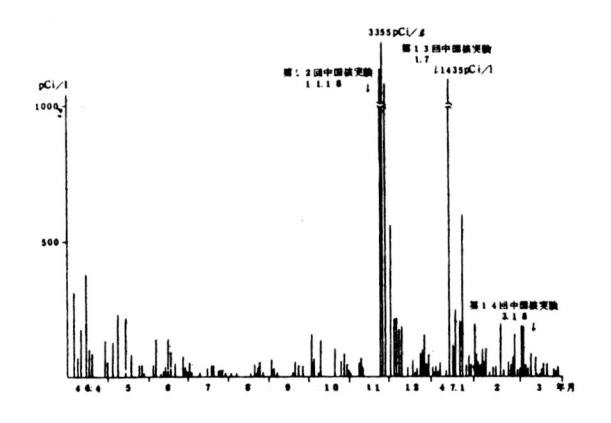

図1　定時採取雨水の全β放射能

は20〜200ktであつて，いずれもロプノールで行なわれた。このうち島根県で定時採取雨水より放射能の確認されたのは，第12回および第13回のものであつた。特に第12回のものについては今年度最高の3,355pCi/ℓが検出された。第12回実験後3日目の11月21日および11月22，23日の雨についてはN＝No t$^{-\alpha}$式において$\alpha$＝1.2で現わされる式に従つて減衰していた（図2）

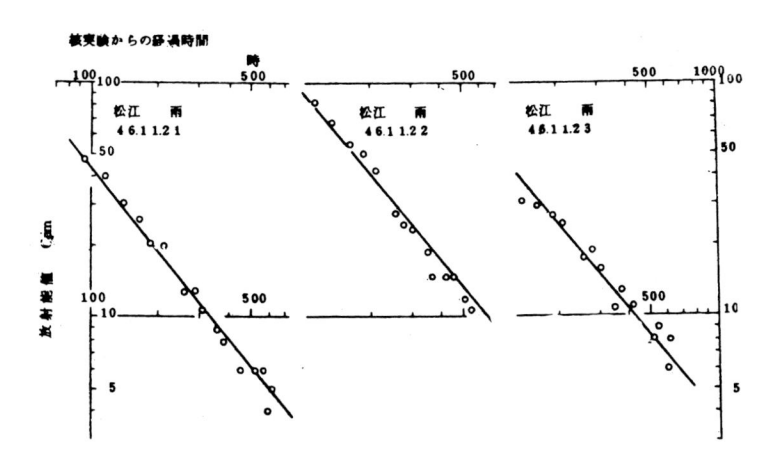

図2　フォールアウト放射能のβ-減衰

表1は第12回および第13回核実験による爆発生成物を含んだ気流の平均速度を試算したものである。また第12回による爆発生成物を含んだ気流は11月22日〜12月3日の12日間で地球を1周していると認められるので，この気流の平均速度を試算してみると，地球を1周したと思われる流跡線の長さは，気象庁発表の高層天気図により11月21・23・25・27・29日，12月1・3日の隔日の500mb等圧線を参考にして計算し35,350kmとなる。この場合気流の平均速度として34m/sが得られた。また松江（35°28′N，133°4′E），ロプノ

ール（40°20′N，90°15′E）の平均緯度は38°N として，これに対する等緯度圏は31,540kmとなるが 35,350／31,540≒1.12であるから，地球を1周した 気流は38°N等緯度圏より12％多く蛇行したことになる。

表1　中国核実験による爆発生成物を含む気団の平均速度

|  | 実験後，松江市の雨に放射能を検出した降雨の開始までの時間 | ロプノール，松江市間の500mb流跡線の距離 | ロプノール，松江市間の当時の気流の平均速度 | 備　考 |
|---|---|---|---|---|
| 第12回核実験 46.11.18.15.00 | 78時間（約3日） 46.11.21.21.00 降雨 | 4,150km 11.18～21までの平均 | 15m／s | 参照にした天気図は気象庁発表の高層天気図である。 |
| 第13回核実験 47.1.7.19.00 | 102.5時間（約5日） 47.1.12.19.30 降雨 | 4,170km 1.7～12 までの平均 | 11m／s | |

　表2は島根県が昭和29年9月に放射能調査を開始してから46年度までの各年の雨水放射能の最高値を調べたものである。46年11月22日～23日が第12回，47年1月12～13日が第13回の中国核実験の島根県への影響であるが，30年代に比較すると最近はきわめて小さいことが分る。また36年11月6日～7日の雨については未曾有の270,500cpm／ℓを検出しているが，この雨については $N = N_0 t^{-\alpha}$ 式において実験後5日までは $\alpha = 2.94$ という新潟大学で強放射粒子をキャッチして調査したものとほぼ同じ減衰を示している（新潟大学では実験後11日まで $\alpha = 2.0 \sim 2.7$ ）ことからして，この当時ソ連が75°Nノバヤゼムリア島において36年10月23日に30Mt，10月30日に57Mtの超大型核実験を行なっていることから，これらによる強放射能粒子の混入によるものと思われる。36年11月5日福岡気象台も0.8mm(90mℓ)の雨から600,000cpm／ℓ(1,820pCi／mℓ)を記録している。

表2　各年の雨水放射能の最高値

| 年　月　日 | cpm／ℓ | pCi／ℓ | mCi/km² | 備　考 |
|---|---|---|---|---|
| 29. 11. 11 | 2,610 | | | 測定器 |
| 30. 11. 28 | 7,078 | | | 29.9～31.11　科学研究所製 Model 32 |
| 31. 6. 22 | 68,107 | | | 32.1～36.10　東芝製 100進型 |
| 32. 9. 7 | 20,800 | | | 36.11～　東芝製 1000進型 |
| 33. 7. 7 | 54,800 | | | 46.6～　Aloka製 |
| 34. 3. 17 | 7,460 | | | 採取器 |
| 35. 3. 8～9 | 450 | | | 29.9～29.12　30cm×30cmビニール布 |
| 36. 11. 6～7 | ＊270,500 | 強放射能粒子の混入によるものと思われる。 | | 30.1～32. 2　直径30cm漏斗 |
| 37. 12 | 20,007 | | | 32.3～　気象庁考案雨水定量採取装置（54－B型） |
| 38. 1 | 30,113 | | | 45.10～　科学技術庁指定雨水採取器 |
| | | | | 採取場所 |
| | | | | 32　松江市殿町県公舎庭 |
| 45. 11. 29～30 | 187 | 548 | 1.17 | 33.1～34. 5　松江市東朝日町松江保健所構内 |
| 46. 11. 22～23 | 870 | 3,355 | 39.25 | 34.6～　松江市北堀町衛研構内 |
| 47. 1. 12～13 | 350 | 1,435 | 3.73 | 45.10～　松江市大輪町衛研屋上 |
| | | | | その他 |
| | | | | 31.12.13～32. 1.20県庁火災等により測定中止 |
| | | | | 38．4～45. 9　放射能担当者退職のため測定中止 |
| | | | | 45年度以後は1963編科学技術庁測定法によって測定 |

### (2) 月間雨水ちり

5月,6月にスプリングピークが認められる他に,裏日本特有の1月,2月にもピークが認められる。11月のピークは明らかに中国の第12回核実験の影響である。降水量については6月,7月がピークであり,1月,2月,3月にも小ピークがあつた。

表3 月間雨水ちり

| 年 | 46年 | | | | | | | | | 47年 | | | 46年度 | |
|---|---|---|---|---|---|---|---|---|---|---|---|---|---|---|
| 月 | 4 | 5 | 6 | 7 | 8 | 9 | 10 | 11 | 12 | 1 | 2 | 3 | 総計 | 月平均値 |
| 降下量 | 10 (162) | 11 (90) | 28 (49) | 5 (20) | 3 (20) | 3 (27) | 2 (57) | 30 (843) | 3 (91) | 18 (175) | 11 (53) | 11 (32) | 135 | 11 (135) |
| 降水量 (mm) | 63.1 | 96.1 | 344.9 | 358.9 | 123.8 | 147.0 | 73.9 | 69.5 | 91.8 | 186.2 | 166.6 | 163.6 | 1885.4 | 157.1 |

( )内は定時採取雨水降雨毎日平均を示す。　mCi/km²(pCi/ℓ)

### (3) 陸水

伏流水,河川水,ダムの貯留水につき調査したが,6月の雨期には河川水,ダムの貯留水は高い傾向にある。

表4 陸水

| 採取場所 | 6月 | 9月 | 12月 | 3月 | 平均 |
|---|---|---|---|---|---|
| 松江市忌部町大谷ダム | 6.8 | 2.5 | 1.9 | 2.0 | 3.3 |
| 浜田市相生町浜田川 | 4.4 | 0.6 | / | / | 2.5 |
| 浜田市内村町美川浄水場 | / | / | 0.5 | 3.9 | 2.2 |

(単位 pCi/ℓ)

### (4) 松葉

採取日はいずれも第12回核実験以前であつた。

表5 松葉

| 採取場所 | 10月 | 11月 |
|---|---|---|
| 八束郡鹿島町御津 | 0.93 | |
| 八束郡鹿島町講武 | | 1.47 |
| 八束郡鹿島町片句 | | 2.37 |
| 松江市本庄町三坂山 | | 3.30 |

(単位 pCi/生g)

### (5) 大根,大根の葉

採取地点は火山灰地帯の火山灰に含まれる粘土鉱物と有機物が結合してできた黒色土壌地域である。採取日は第12回核実験以前であつた。

表6 大根,大根の葉

| 採取場所 | 大根 | 7月 | 11月 | 平均 |
|---|---|---|---|---|
| 大田市三瓶町三瓶山 | 根 | 0.00 | 0.66 | 0.33 |
| | 葉 | 0.54 | 1.01 | 0.78 |

(単位 pCi/生g)

### (6) 原乳

採取場所による違いはないようである。前年度と同レベルであつた。11月の採取日は第12回核実験以前であつた。

表7 原乳

| 採取場所 | 4月 | 7月 | 10月 | 11月 | 12月 | 1月 | 46年度平均値 | 45年度平均値 |
|---|---|---|---|---|---|---|---|---|
| 大田市三瓶町三瓶山 | 0.01 | 0.05 | 0.07 | | | 0.33 | 0.12 | 0.11 |
| 八束郡鹿野町講武 | | | 0.00 | 0.19 | 0.14 | | 0.11 | 0.11 |
| 八束郡八雲村熊野 | | | 0.00 | 0.23 | 0.11 | | 0.11 | 0.12 |
| 能義郡伯太町 | | | 0.00 | 0.43 | 0.17 | | 0.20 | 0.12 |

(単位 pCi/生g)

(7) **土壌**

各地点とも0～5cm層より0～20cm層が高いのは放射能が下層へ移動したものと思える。三瓶山については45年度は0～5cm層で6.0pCi／乾土g，0～20cm層で3.0pCi／乾土gであったので，前年度とほぼ同レベルといえる。

表8　土壌

| 採取場所 | 採取年月日 | 深さcm | pCi／乾土g | mCi／km² |
|---|---|---|---|---|
| 大田市三瓶町三瓶山山麓 | 46.7.28 | 0～5 | 4.85 | 103.51 |
|  |  | 5～20 | 2.86 | 281.40 |
| 松江市上本庄町三坂山山頂 | 46.7.29 | 0～5 | 3.52 | 150.62 |
|  |  | 5～20 | 1.83 | 316.47 |
| 八束郡鹿島町南講武川土手 | 46.7.29 | 0～5 | 3.55 | 121.96 |
|  |  | 5～20 | 1.05 | 161.08 |
| 松江市西川津小学校校庭 | 46.7.29 | 0～5 | 2.14 | 91.35 |
|  |  | 5～20 | 1.04 | 147.36 |

(8) **海底土**

輪谷沖は砂質，御津沖は貝殻に富む砂質であって質的に異なるが，46年度はほぼ同レベルであった。45年度と比較すると輪谷沖については同レベル，御津沖については約1/2になっているが測定誤差等を考えるとほぼ同レベルといえる。

表9　海底土

| 採取場所 | 5月 | 8月 | 11月 | 3月 | 46年度平均値 | 45年度平均値 |
|---|---|---|---|---|---|---|
| 八束郡鹿島町輪谷沖 | 0.88 | 0.00 | 3.34 | 0.00 | 1.05 | 1.4 |
| 八束郡鹿島町御津沖 | 1.35 | 0.93 | 3.18 | 0.32 | 1.45 | 3.2 |

(単位pCi／乾土g)

(9) **海水**

輪谷沖と御津沖は距離にして約1.5kmであり，両地点とも同レベルであった。また海水の表層1m地点の水温は最高が8月の26℃，最低が3月の13℃で最高は最低の2倍であった。

表10　海水

| 採取地点 | 5月 | 8月 | 11月 | 3月 | 46年度平均値 |
|---|---|---|---|---|---|
| 八束郡鹿島町輪谷沖 | 1.0 | 0.7 | 0.6 | 0.7 | 0.8 |
| 八束郡鹿島町御津沖 | 2.1 | 0.6 | 0.5 | 0.1 | 0.8 |

(単位pCi／ℓ)

(10) **魚貝藻類**

魚，貝については可食部のみ，海藻については全体を試料とした。鹿島町で採取の「ほうぼう」が1.1pCi／生gであるほかは，1.0pCi／生g以下であった。
鹿島町の「かさご」「さざえ」については45年度と同レベルであった。

表11　魚貝藻類

| 品目 |  | 採取地点 | 46年度 |  | 45年度 |
|---|---|---|---|---|---|
|  |  |  | 測定値 pCi／生g |  |  |
|  |  | 島根県西部／島根県東部 | 西部 | 東部 | 東部 |
| 魚 | かさご | 浜田市浜田港／八束郡鹿島町沖 | 0.00 | 0.48 | 1.16 |
|  | めばる | 浜田市浜田港／八束郡鹿島町沖 | 0.00 | 0.78 |  |
|  | べら | 八束郡鹿島町沖 |  | 0.00 |  |
|  | ひらめ | 益田市飯浦沖 | 0.52 |  |  |
|  | ほうぼう | 八束郡鹿島町沖 |  | 1.12 |  |
|  | あいご | 益田市飯浦沖 | 0.07 |  |  |
|  | えぞいそあいなめ | 八束郡鹿島町沖 |  | 0.62 |  |
| 貝 | さざえ | 浜田市浜田港／八束郡鹿島町沖 | 0.75 | 0.29 | 0.22 |
|  | あわび | 八束郡鹿島町沖 |  | 0.33 |  |
| 藻 | あらめ | 浜田市浜田港／八束郡鹿島町沖 | 0.85 | 0.72 |  |

2) **空間線量測定**

(1) シンチレーションサーベイメータによる空間γ線量率（測定値は宇宙線成分3.2μR／hrを含まない）

島根半島東部を中心に17地点について測定を行なった。最高は松江市魚瀬町児童館広場であって約50m東側に黒色頁岩の崖が広がっており，47年2月の測定値が10.4μR／hrであった。最低は鹿島町南講武の沖積地層地帯で水田の広がっている川土手であって46年6月の測定値が3.1μR／hrであった。年間変動巾の大きかったのは松江市西川津町小学校校庭の5.9μR／hr（12月と6月の差）であった。測定地点の9地点が12月に，4地点が2月に最高値を示した。

表12 シンチレーションサーベイメータによる空間γ線量率

| 測定地点 | 測定回数 | 46年5月 | 6月 | 7月 | 8月 | 9月 | 10月 | 11月 | 12月 | 47年1月 | 2月 | 3月 | 46年度平均 | 45年度平均 | 備考 |
|---|---|---|---|---|---|---|---|---|---|---|---|---|---|---|---|
| 松江市西川津町小学校校庭 | 12 | 5.7 | 5.4 | 6.3 | 6.7 | 6.3 | 7.0 | 7.6 | 9.3 | 7.5 | 8.0 | 7.7 | 7.0 | | |
| 松江市秋鹿町秋鹿中学校校庭 | 9 | | 5.9 | 6.7 | 6.6 | | 6.5 | 7.4 | 8.0 | 7.4 | 7.3 | 6.4 | 6.9 | 6.4 | |
| 松江市上本庄町三坂山山頂 | 6 | | | 4.2 | | | 5.2 | 6.0 | 6.3 | 5.9 | 5.7 | *2.5 | 5.5 | 4.7 | *3月は積雪40cmのため平均に入れない |
| 松江市上本庄町枕木山山頂 | 6 | | | | | 5.4 | | 6.7 | 7.3 | 6.6 | 6.9 | 5.7 | 6.4 | 5.4 | |
| 松江市西生馬町整肢学園校庭 | 3 | | | | | | 5.8 | 6.2 | 6.7 | | | | 6.2 | 5.3 | |
| 松江市秋鹿町魚瀬児童館広場 | 4 | | | | | | | | 9.0 | 9.0 | 10.4 | 7.4 | 9.0 | | |
| 松江市秋鹿町魚瀬才の神峠 | 3 | | | | | | | | 7.7 | 7.1 | | 5.7 | 6.9 | | |
| 松江市長海町道路 | 3 | | | | | | | | 4.6 | 4.5 | 4.3 | | 4.5 | | |
| 八束郡鹿島町南講武川土手 | 12 | 3.2 | 3.1 | 3.2 | 3.3 | 3.7 | 3.7 | 4.7 | 5.6 | 4.7 | 4.3 | 3.8 | 3.9 | 3.7 | |
| 八束郡鹿島町御津神社境内 | 11 | | 5.8 | 5.9 | 5.8 | 5.8 | 6.4 | 7.1 | 7.4 | 7.4 | 7.0 | 5.7 | 6.4 | 5.8 | |
| 八束郡鹿島町古浦神社境内 | 9 | 4.2 | 4.2 | 3.9 | | | 4.5 | 4.9 | 5.5 | 5.4 | 5.6 | 4.2 | 4.7 | *4.1 | *45年度は神社前の道路で測定した。 |
| 八束郡鹿島町片句小学校校庭 | 6 | *1.9 | | | 6.7 | | 7.0 | 7.0 | 7.9 | 7.8 | 8.4 | 7.5 | 7.5 | **2.0 | *1月は山頂で測定のため平均に入れない ** 45年度は山頂での測定である |
| 八束郡鹿島町一矢道路 | 6 | | | | | | 5.2 | 5.7 | 6.7 | 5.8 | 7.2 | 5.3 | 6.0 | 4.9 | |
| 八束郡島根町島根中学校校庭 | 2 | | | | | | 3.6 | 3.8 | 6.0 | 5.6 | 4.8 | 3.4 | 4.5 | | |
| 大田市三瓶町池田三瓶山麓 | 2 | | | 3.5 | | | | 4.3 | | | | | 4.0 | 3.8 | |

単位：μR／hr
宇宙線成分3.2μR／hr含まない

**その他の地点の測定値**
松江市東忌部町浄水場敷地内　12月　8.8
松江市秋鹿町六ッ坊道路　12月　7.1

図3は第12回中国核実験（11月18日）が行われた後，島根衛研屋上において11月20日から11月25日にかけて毎日正午前後に空間線量を測定したものであるが，11月20日はまだ影響がなかったと考えられ，21日より23日まで毎日1μR／hrずつ増加しており24日以後は減少している。定時採取雨水については22日が最高で23日24日と下つているが，空間線量測定では前日のフォールアウト放射能も影響してくるので23日が最高となつたものと思われる。またこの6日間については強放射能粒子の調査も行なつたが検出されなかつた。

積雪時の空間線量は松江市三坂山山頂での測定では46年度の平均が5.5μR／hrであるのに対して，40cmの雪の上での測定では2.5μR／hrであつて1／2以下であつた。

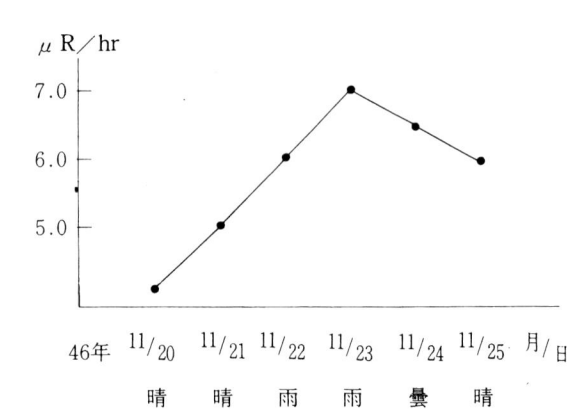

図3 シンチレーションサーベイメータによる第12回中国核実験の影響

表13 モニタリングポストによる空間線量率の月別変動

| 年・月 | 上 値 | 下 値 | 平 均 値 |
|---|---|---|---|
| 46・4 | 18.8 | 13.7 | 14.9 |
| 5 | 21.0 | 13.9 | 15.0 |
| 6 | 20.5 | 13.6 | 15.1 |
| 7 | 23.8 | 13.5 | 14.8 |
| 8 | 24.8 | 13.8 | 16.3 |
| 9 | 25.4 | 15.4 | 17.9 |
| 10 | 23.3 | 16.2 | 18.1 |
| 11 | 31.3 | 16.8 | 18.8 |
| 12 | 25.7 | 14.8 | 17.8 |
| 47・1 | 25.7 | 14.7 | 17.7 |
| 2 | 34.8 | 15.2 | 18.4 |
| 3 | 25.2 | 16.6 | 18.2 |

単位：CPS

(2) モニタリングポストによる空間γ線量率

表13は月別変動を示したものであるが，8月以後は機器不良のためレベルアップしている。そのため年間のはつきりした変動はつかみえなかつた。46年度の最高は47年2月28日の34.8CPS（BGを含む）であつて中国の第12回核実験の影響としては46年11月23日の31.3CPS（BGを含む）であつた。両日とも冬型気圧配置のもとでの寒冷前線通過による降雪および降雨にともなうピークであつた。

モニタリングポストによる曲線は，降雪および降雨中の核爆発生成物およびラドン，トロンの崩壊生成物の濃度およびそれらを含む雪，雨の降下状況に影響されると思われるが，46年度のデーターについて解析したところ興味ある傾向が認められた。モニタリングポストによる曲線は降雪または降雨があると必ず上昇を始めピークの高さは雪または雨の中の放射能の濃度によつて異なるようで雪の方が雨より高くなることが多い。また降下してくるものが核爆発生成物なのか土壌中のラドン・トロンがガス状で上昇し雨・雪に伴なわれ再び下降したものの崩壊物なのかにより曲線の型は異なる。一般に前者の場合は第12回中国核実験の影響のあつた11月21日〜11月23日のデータで解るように，降雨の強弱によつて曲線は変化を示し，降雨の止んだあとは半減期96分で減衰を示している。（図4参照）

この現象は降雨さえ続けば数10時間もくりかえしくりかえし続くものと推測できる。しかしラドンの崩壊生成物を含む降雨あるいは降雪については，降雨および降雪が数10時間続いても降り始めから，数時間以内に一つのピークが描かれ以後は減衰するのみであり，曲線もなめらかであつて，降雨あるいは降雪の停止後は半減期30分で減衰していた。46年度最高の47年2月28日と46年7月12日，47年3月30日がこれに相当する。その他，半減期20分前後の5月7日，6月4日，12月6日についても同様と考えられる。（図5参照）

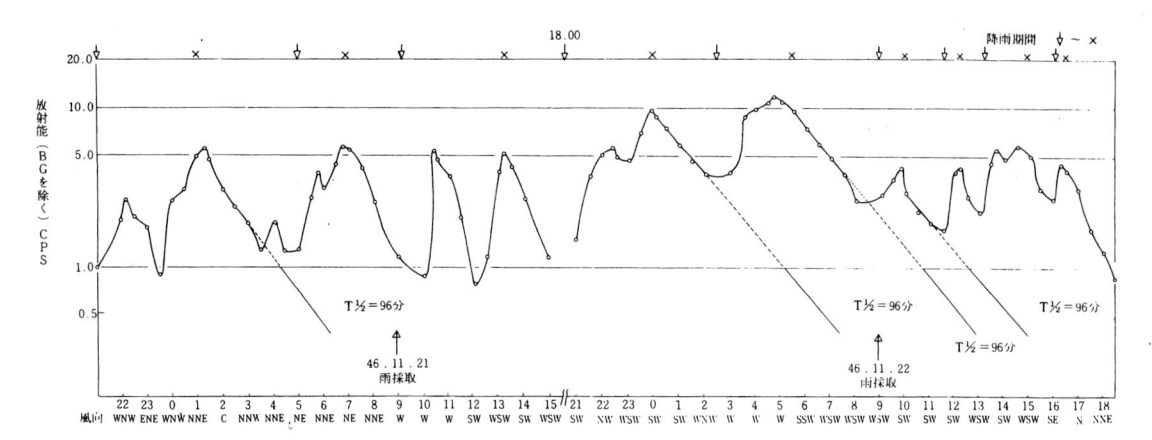

図4 核爆発生成物を含むと思われる降雨による空間γ線量率の変化（モニタリングポストによる）
46.11.21〜46.11.23

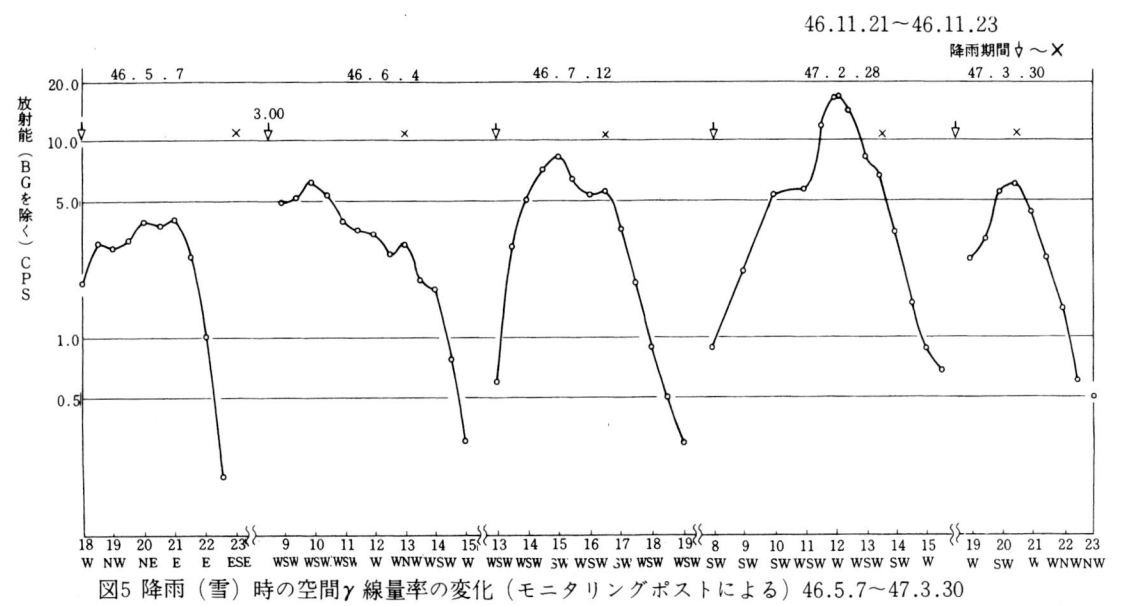

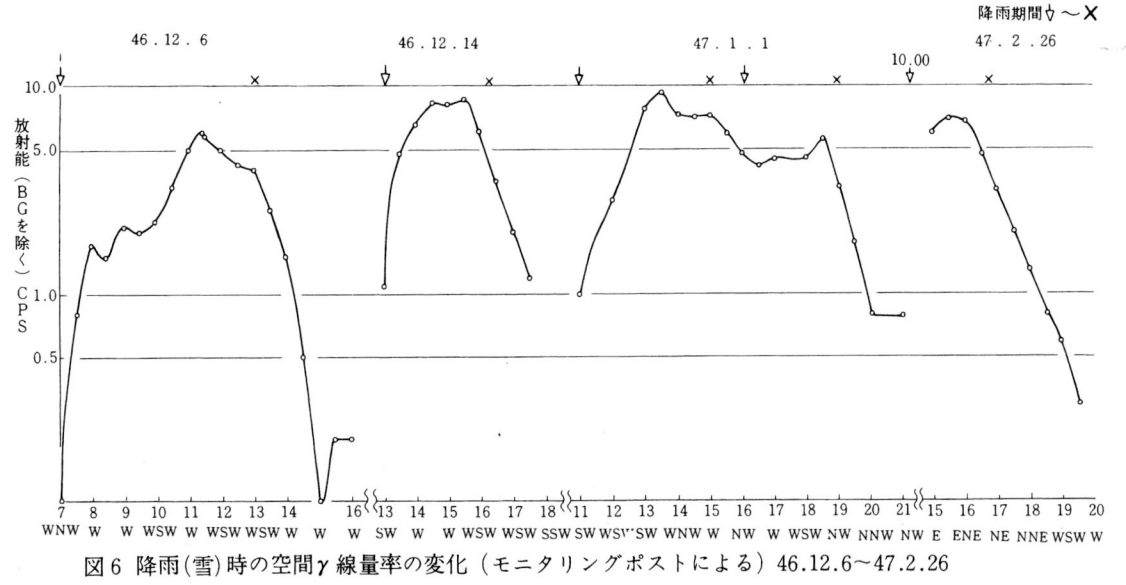

図5 降雨（雪）時の空間γ線量率の変化（モニタリングポストによる）46.5.7〜47.3.30

図6 降雨（雪）時の空間γ線量率の変化（モニタリングポストによる）46.12.6〜47.2.26

半減期40分以上の12月14日，1月1日，2月26日については爆発生成物も含んでいると思われるが，現在解析中である。

また8月～10月には降雨の少ないこともあつてピークの数はきわめて少なかつた。風向との関係は核実験の影響も含めて11月から2月にかけての曲線をみると，各々最高値を示すのは西風の吹いている時であつた。
（図5，6参照）

## VI 結論

46年度放射能調査を実施して，一部については過去のデータより次の結論を得た。

1. 第12回（11月18日）および第13回（1月7日）核実験の爆発生成物を日本へもたらした気流の平均速度は約15m/sおよび約11m/sと思われる。第12回核爆発生成物をはこんだ500 mb気流の平均速度は約34m/sと思われる。先の15m/sとの違いはジェット気流の本流と分流のちがいによるものと思われるが現在解析中である。

2. 第12回核実験による爆発生成物は12日で，38°N等緯度圏近くの上空で地球を1周していると思われることから，日本上空を通過する気流は38°N等緯度圏より約12％多くの距離を蛇行していると思われる。

3. 雨水の放射能でみる限りにおいて島根県では30年代に比較して40年代は放射能の影響が微弱である。

4. シンチレーションサーベイメーターによる空間線量率は黒色頁岩の分布している松江市魚瀬，鹿島町御津および泥岩の分布している松江市秋鹿が高い傾向を示しており，沖積層地帯および砂丘にあたる鹿島町南講武，鹿島町古浦では低い傾向を示していた。また松江市三坂山での測定から積雪が40cmあると測定値は1/2近くに下ることが解つた。

5. 第12回核実験の影響によつて，モニタリングポストによる空間線量率の値は定時採取雨水と全く同様な変化の傾向を示し11月21日～23日に放射能が検知され，22日が最大となつた。しかしシンチレーションサーベイメータによる空間線量率では，前日までのフォールアウト放射能の影響もあつて1日遅れの23日が最大となつた。

6. 核実験の影響についてはモニタリングポストの曲線は降雨の強弱に従つて上下し，しかも降雨停止後は半減期96分の減衰を示した。ラドンの崩壊生成物を含む降雨の場合には，曲線はなめらかでピークはだいたい1個であり，降雨停止後は半減期30分および20分前後で減衰していることが認められた。46年度最高のピークはラドンの崩壊生成物を含む降雨によるものであることが認められた。

7. モニタリングポストの曲線のピークは冬型気圧配置で西風，しかも雨よりも雪の方が，高いピークを描く。これについては寒冷前線通過に際しては地上のラドンガス等を含んだ空気を急上昇させしかも，雨よりも雪の方が大気の洗浄効果が大きいことなどの理由によるものと思われる。

# 昭和46年度核種分析結果　　木村俊博・寺井邦雄

46年度の島根県における科学技術庁の放射能測定調査委託事業のうち，核種分析のため送付した試料数は月間雨水ちり，上水，原乳，土壌，日常食，海水，海底土，大根，魚貝藻類について計66検体（前年度62検体）であつた。その分析結果を島根県分を中心にまとめたので報告する。また委託調査を開始して3年，島根原発も48年運転間近にひかえ事前調査も大詰をむかえたので，44年度以後の未整理部分であつたのもあわせて報告する。

### 1. 月間雨水ちり

46年度の島根県における$^{90}$Srおよび$^{137}$Csの年間降下量は，付表1の如く同年度における全国平均値及び45年度における島根県の値と同レベルであつた。$^{90}$Srおよび$^{137}$Csとも5・6月および1・2月にピークをもつことは，全β放射能の場合と同じである。全国の各衛研で検知された中国の第12回，第13回の核実験の影響は45年度の同時期である11，12，1月の$^{90}$Sr，$^{137}$Cs値と比較して差が認められず，全国的にいえば影響は少なかつたものといえる。

$^{137}$Cs/$^{90}$Sr Ratioは表1の如く全国平均の1.6と同じであつた。

表1　放射性降下物の組成比

| 年　度 | 地　区 | $\dfrac{^{137}Cs}{^{90}Sr}$ |
|---|---|---|
| 45年度 | 島　根 | 1.8 |
|  | 全　国 | 1.7 |
| 46年度 | 島　根 | 1.6 |
|  | 全　国 | 1.6 |

## 2. 上水

浜田市については6,9月は浜田川の水を 12,3月は浜田市美川の浄水場の伏流水を送付した。その結果は付表2に示す如く $^{90}Sr$, $^{137}Cs$ とも伏流水についてはきわめて少ないことが解る。また松江市の千本ダムの水と浜田川の水については両核種とも同レベルで差がなかつた。全国的にみると松江市千本ダムの水は両核種とも前年度に続いてやや高い傾向にあつた。浜田市美川浄水場の水は両核種ともかなり低い値であつた。松江市千本ダムについては $^{137}Cs/^{90}Sr$ Ratioは45年度と同様 0.2であつた。全国値についても45, 46年度とも 0.2である。

## 3. 原乳

原乳中の核種については島根県分は従来から全国的に高い値を示す傾向であるが付表3の如く, 前年度のような7,9月が高いという傾向はなく, また採取月による変動もなかつた。 $^{90}Sr$ は全国平均の 1.8倍, $^{137}Cs$ は 4.2倍であり, $^{90}Sr$ は前年度より小さく, $^{137}Cs$ は大きくなつている。しかしながら最高値については $^{90}Sr$ は前年度の半分, $^{137}Cs$ は前年度より2割少くなくなつており, 何れも減少の傾向を示している。 $^{137}Cs/^{90}Sr$ Ratioは 2.7である。

表2 原乳中の放射性核種組成比

| 年 度 | 地 区 | $\frac{^{137}Cs}{^{90}Sr}$ | S U | C U |
|---|---|---|---|---|
| 45年度 | 島 根 | 4.4 | 10.4 | 38.1 |
|  | 全 国 | 3.0 | 4.8 | 11.0 |
| 46年度 | 島 根 | 6.6 | 8.6 | 48.6 |
|  | 全 国 | 2.7 | 5.5 | 10.6 |

島根県産の牛乳は全国平均より $^{90}Sr$, $^{137}Cs$ とも含有量が高いのでICRP勧告にもとずいて許容される濃度と46年度島根値とを比較検討したところ, 参考表の如く島根値は全国的には高いけれども, ICRP勧告に比較すると $^{90}Sr$ については約 500分の1であり, $^{137}Cs$ については約3500分の1と低い値であることを付記する。

参考表 ICRP勧告による牛乳中核種の許容濃度と島根県産原乳中の核種濃度

| 核 種 | 職業人$\times\frac{1}{10}$ (MPL)w($\mu Ci/cm^3$) | 同左$\times 2200$ $\mu Ci/ml$ | 牛乳の摂取量 180ml(g)としたときの放射能レベル pCi/g | ICRP勧告により許容される濃度 pCi/kg | 46年度島根値 pCi/kg (原乳) |
|---|---|---|---|---|---|
| $^{90}Sr$ | $4\times 10^{-6}\times\frac{1}{10}$ | $\frac{4}{10^7}\times 2200$ | $\frac{88}{10^5}\times\frac{1}{180}=4.9\times 10^{-6}\mu Ci/g=4.9$ | 4,900 | 10 |
| $^{137}Cs$ | $2\times 10^{-4}\times\frac{1}{10}$ | $\frac{2}{10^5}\times 2200$ | $\frac{44}{10^3}\times\frac{1}{180}=244\times 10^{-6}\mu Ci/g=244$ | 244,000 | 66 |

註 1. (MPL)wは水中における最大許容限度であつて水中の最大許容濃度(MPC)wと同じ意味である。
 2. $^{90}Sr$, および $^{137}Cs$ の水中最大許容濃度は $4\times 10^{-6}\mu Ci/cm^3$ および $2\times 10^{-4}\mu Ci/cm^3$ である。
 3. 一般人については職業人の最大許容濃度の $\frac{1}{10}$ である
 4. 人は一日2200mlの水を飲む。
 5. 人が一日 180ml(g)の牛乳を飲むとして試算

注意 ICRPについては職業人最大許容濃度の放射性物質を50年間連続して飲んだり吸つたりしても決して最大許容線量5rem/年, (一般人については 0.5rem/年)を超えないように濃度を決めている。

## 4. 土壌

$^{90}$Sr は付表 4 の如く 0～5 cm層および，0～20cm層とも大田市三瓶町，八束郡鹿島町および松江市西川津町では45年度とほぼ同レベルであった。$^{137}$Cs の 0～20cm層は前年度より高くなっていた。

なお島根平均は全国平均と同レベルであった。また，$^{137}$Cs／$^{90}$Sr Ratio は第 3 表の如く全国平均に比べ特異な傾向を示している。

表3 土壌中の放射性核種の組成比

| 年度 | 地区 | 0～5 cm層 $\frac{^{137}Cs}{^{90}Sr}$ | $^{90}Sr$ $^{137}Cs$ pCi/乾土kg | Ca 乾土中% | K 乾土中% | 0～20 cm層 $\frac{^{137}Cs}{^{90}Sr}$ | $^{90}Sr$ $^{137}Cs$ pCi/乾土kg | Ca 乾土中% | K 乾土中% |
|---|---|---|---|---|---|---|---|---|---|
| 44年度 | 南講武 | 3.0 | 499 / 1,474 | 0.65 | 0.15 | 0.9 | 499 / 450 | 1.30 | 0.18 |
| | 三坂山 | 2.6 | 688 / 1,794 | 0.09 | 0.19 | 0.4 | 950 / 371 | 0.06 | 0.20 |
| | 全国 | 2.3 | 462 / 1,056 | 0.53 | 0.13 | 2.0 | 357 / 717 | 0.58 | 0.12 |
| 45年度 | 南講武 | 2.8 | 1,049 / 2,962 | 0.53 | 0.25 | 1.9 | 821 / 1,542 | 0.42 | 0.21 |
| | 三坂山 | 1.5 | 713 / 1,042 | 0.03 | 0.17 | 0.9 | 257 / 241 | 0.01 | 0.14 |
| | 三瓶山 | 0.7 | 831 / 543 | 0.16 | 0.06 | 0.1 | 1,064 / 72 | 0.15 | 0.06 |
| | 全国 | 1.6 | 516 / 843 | 0.57 | 0.15 | 1.5 | 326 / 442 | 0.75 | 0.15 |
| 46年度 | 南講武 | 2.3 | 889 / 2,016 | 0.38 | 0.22 | 1.8 | 672 / 1,182 | 0.32 | 0.26 |
| | 西川津 | 1.9 | 173 / 325 | 0.38 | 0.25 | 2.1 | 101 / 211 | 0.40 | 0.16 |
| | 三瓶山 | 1.8 | 1,523 / 2,795 | 0.24 | 0.09 | 1.6 | 822 / 1,310 | 0.14 | 0.05 |
| | 全国 | 1.9 | 401 / 859 | 0.27 | 0.14 | 1.7 | 208 / 389 | 0.24 | 0.12 |

## 5. 日常食

都市成人については付表 5 の如く島根は45年度と同じく高い位置を占めており，$^{90}$Srは全国の最高値を示し，$^{137}$Csは福井について 2 番目に高かった。しかし，両核種とも前年度より小さくなっている。

農村成人については前年度よりも小さく，また全国平均よりも小さかった。

農村幼児については前年度と同じく全国平均と同レベルであった。

食品中の$^{90}$Sr，$^{137}$CsはそれぞれCa，Kの 1 gに対する含有量のpCiをもってストロンチウム単位，セシウム単位と呼んでいるがその値を表 4 に示す。

表4 日常食中の放射性核種の組成比

| 年度 | 都市成人 ||||||| 農村成人 ||||||| 農村幼児 |||||||
|---|---|---|---|---|---|---|---|---|---|---|---|---|---|---|---|---|---|---|
| | $\frac{^{137}Cs}{^{90}Sr}$ | SU | CU | Ca mg/d/p | K mg/d/p | 灰分 g/d/p | $\frac{^{137}Cs}{^{90}Sr}$ | SU | CU | Ca mg/d/p | K mg/d/p | 灰分 g/d/p | $\frac{^{137}Cs}{^{90}Sr}$ | SU | CU | Ca mg/d/p | K mg/d/p | 灰分 g/d/p |
| 45年度 | 1.6 | 12.3 | 8.7 | 1,289 | 2,498 | 20.8 | 0.5 | 20.2 | 6.8 | 819 | 1,039 | 13.5 | 0.7 | 17.4 | 5.4 | 305 | 660 | 9.1 |
| | 1.2 | 14.8 | 5.6 | 590 | 1,669 | 17.4 | 1.2 | 14.1 | 5.9 | 702 | 1,711 | 18.5 | 1.5 | 12.8 | 6.8 | 484 | 1,188 | 11.6 |
| 46年度 | 0.9 | 16.0 | 4.4 | 791 | 2,316 | 18.4 | 0.6 | 9.3 | 3.4 | 878 | 1,488 | 15.0 | 1.2 | 8.8 | 5.7 | 443 | 815 | 6.3 |
| | 1.1 | 13.0 | 4.0 | 565 | 1,811 | 17.1 | 1.0 | 11.9 | 4.0 | 594 | 1,886 | 18.0 | 1.2 | 12.3 | 5.3 | 419 | 1,194 | 10.6 |

## 6. 海水

輪谷沖，御津沖とも全国平均と同レベルであつた。（付表6）44年度以降の経年変化についてみると，図1に示すように，$^{137}Cs$ は44年度に高かつたものが次第に減少の傾向を示しており，45年8月には両地点とも約1/2に減少し，その後の変化は殆んどない。$^{90}Sr$ は44～46年度にかけてはほとんど減少がないようである。また45年11月以後は $^{137}Cs / ^{90}Sr$ Ratioは図1の如く両地点ともほとんど1に近い。

表5 海水中の放射性核種の組成比

| 数値 | 地区 | 44年度 | 45年度 | 46年度 |
|---|---|---|---|---|
| $\frac{^{137}Cs}{^{90}Sr}$ | 輪谷 | 2.2 | 1.4 | 1.2 |
| | 御津 | 2.1 | 1.6 | 1.2 |
| | 全国 | 2.0 | 1.2 | 1.2 |

● ― ● $^{90}Sr$ 八束郡鹿島町輪谷沖海水
▲ ― ▲ $^{90}Sr$ 八束郡鹿島町御津沖海水
○ --- ○ $^{137}Cs$ 八束郡鹿島町輪谷沖海水
△ --- △ $^{137}Cs$ 八束郡鹿島町御津沖海水

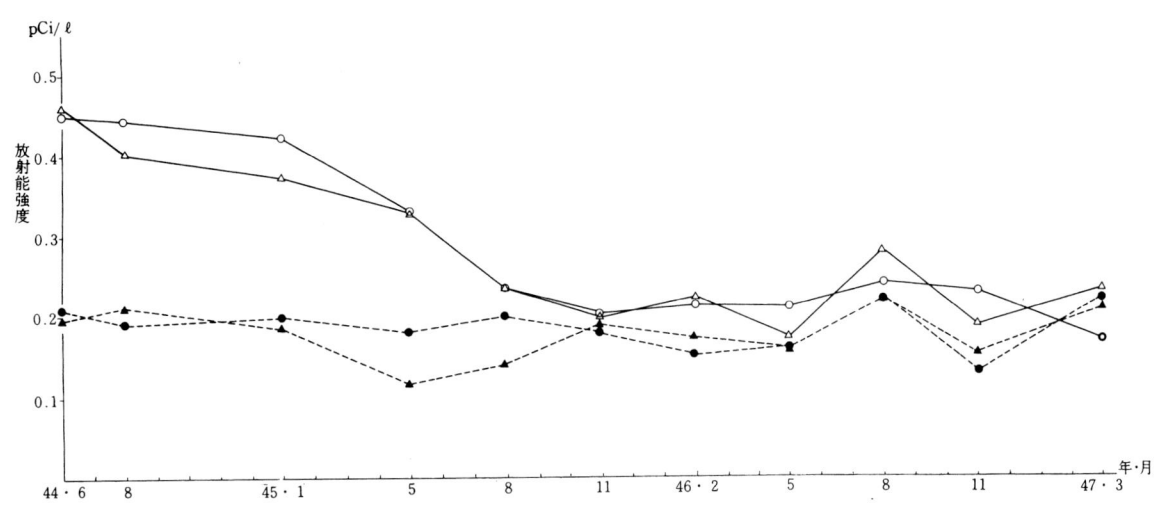

図1 八束郡鹿島町輪谷沖および御津沖の海水中の $^{90}Sr$ および $^{137}Cs$ の経年変化

## 7. 海底土

輪谷沖および御津沖で採取したものについては，$^{90}Sr$ は検出限界以下で，$^{137}Cs$ は全国平均より極て低いものであつた（付表7）。海底土も委託として44年度から送付しているのでその経年変化についてみると，図2のように両地点の $^{90}Sr$，$^{137}Cs$ とも減少傾向を示している。45年1月の $^{137}Cs$ のピークについては44年度（44年4月～45年3月）は全国各地とも高く，

この年の全国平均273pCi/乾土kgに比べると可成り低い値である。因に44年度の全国の最大値は広島湾の817pCi/乾土kg,最小値は島根の御津8月の36pCi/乾土kgであつた。全国的には特に港湾内が両核種とも高い傾向にある。

図2 八束郡鹿島町輪谷沖および御津沖の海底土中の $^{90}$Sr および $^{137}$Cs の経年変化

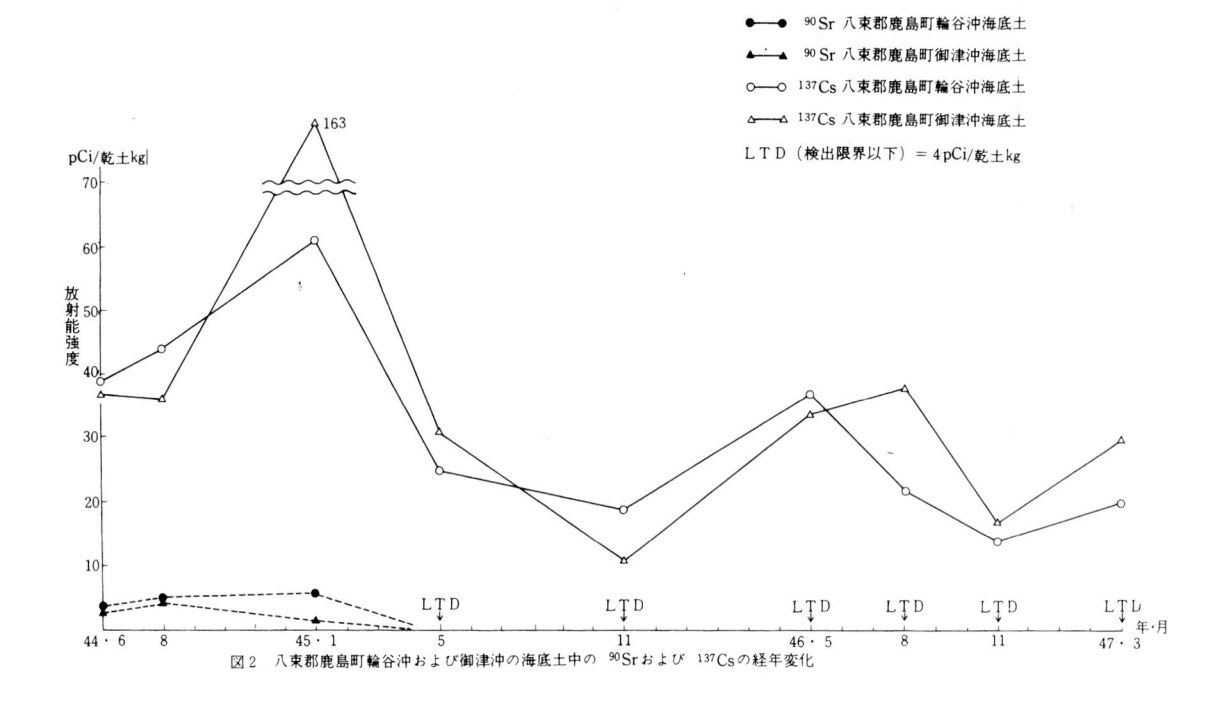

表6に海底土の $^{137}$Cs/$^{90}$Sr Ratio とストロンチウム単位,セシウム単位を示す。

表6 海底土中の放射性核種の組成比

| 年度 | 地区 | $\frac{^{137}Cs}{^{90}Sr}$ | S U | C U | Ca 乾土中% | K 乾土中% |
|---|---|---|---|---|---|---|
| 44年度 | 輪谷 | 10.4 | 0.02 | 54 | 19.0 | 0.10 |
| | 御津 | 27.2 | 0.02 | 74 | 19.7 | 0.12 |
| | 全国 | 17.8 | 1.59 | 95 | 4.5 | 0.31 |
| 45年度 | 輪谷 | — | — | 17 | 20.5 | 0.13 |
| | 御津 | — | — | 15 | 23.3 | 0.13 |
| | 全国 | 11.0 | 1.7 | 49 | 4.1 | 0.36 |
| 46年度 | 輪谷 | — | — | 38 | 30.7 | 0.08 |
| | 御津 | — | — | 24 | 23.7 | 0.15 |
| | 全国 | 18.3 | 1.1 | 44 | 4.4 | 0.30 |

**8.大根**

46年度に2回送付したがその7月,11月とも $^{90}$Sr については全国平均の2倍でやや高い傾向にあつた。(付表8) $^{137}$Cs は7月採取のものが全国平均の2倍でやや高い傾向にあつた。全国的には裏日本側が高い傾向にあり,また6月,7月にピークがあるようである。

表7に $^{137}$Cs/$^{90}$Sr Ratio とストロンチウム単位,セシウム単位を示す。

表7 大根中の放射性核種の組成比

| 年度 | 地区 | $\frac{^{137}Cs}{^{90}Sr}$ | S U | C U | Ca 生体中% | K 生体中% |
|---|---|---|---|---|---|---|
| 46年度 | 島根 | 0.1 | 183.8 | 3.2 | 0.03 | 0.23 |
| | 全国 | 0.2 | 82.3 | 2.5 | 0.03 | 0.23 |

**9.魚貝藻類**

島根の「かさご」,「さざえ」は45年度と同レベルであつた。全国的にみると茨城の「めばる」,長崎の「かき」,愛知の「てんぐさ」が $^{90}$Sr,$^{137}$Cs ともやや高い傾向にある。(付表9)

表8に $^{137}$Cs/$^{90}$Sr Ratio,ストロンチウム単位,セシウム単位のほか一部のものについて濃縮係数(CF)を試算して示したが,あらめは $^{90}$Sr,$^{137}$Cs とも高い傾向にあつた。

表8 魚貝藻類

| 年度 | 品目 | 採取場所（採取月） | $\frac{^{137}Cs}{^{90}Sr}$ | (ストロンチウム単位) S U | (セシウム単位) C U | $^{90}Sr$ ※ (濃縮係数) CF | $^{137}Cs$ ※ (濃縮係数) CF | Ca 生体中% | K 生体中% | 灰分 % |
|---|---|---|---|---|---|---|---|---|---|---|
| 45 | かさご | 鹿島町 (6) | 1.44 | 0.19 | 6.1 | 28.3 | 14.8 | 1.76 | 0.08 | 5.19 |
|  | あいなめ | 鹿島町 (12) | 1.69 | 0.24 | 5.4 | 16.8 | 25.7 | 1.32 | 0.10 | 3.84 |
|  | くろや | 浜田市 (5) | 1.95 | 0.17 | 4.1 |  |  | 1.23 | 0.10 | 3.78 |
|  | さより | 浜田市 (2) | 4.53 | 0.51 | 8.6 |  |  | 0.69 | 0.19 | 2.62 |
|  | さざえ | 鹿島町 (11) | — | — | — | 0.0 ※※ | 0.0 ※※ | 0.48 | 0.04 | 2.17 |
|  | 〃 | 鹿島町 (3) | — | — | 11.0 | 0.0 ※※ | 36.7 | 0.33 | 0.07 | 3.71 |
|  | 〃 | 浜田市 (2) | — | — | — |  |  | 0.28 | 0.06 | 2.86 |
|  | 〃 | 江津市 (3) | — | — | 8.0 |  |  | 0.45 | 0.08 | 2.93 |
|  | わかめ | 鹿島町 (6) | 0.42 | 2.7 | 0.4 | 44.2 | 6.7 | 0.20 | 0.55 | 2.68 |
|  | 〃 | 鹿島町 (3) | 0.59 | 6.2 | 1.3 | 29.3 | 12.4 | 0.07 | 0.20 | 0.79 |
|  | 〃 | 浜田市 (5) | 0.47 | 5.6 | 0.5 |  |  | 0.08 | 0.42 | 1.64 |
|  | 〃 | 浜田市 (3) | 1.21 | 5.5 | 1.0 |  |  | 0.06 | 0.42 | 1.76 |
| 46 | べら | 鹿島町 (6) | 4.3 | 0.1 | 5.7 | 10.0 | 32.4 | 1.47 | 0.12 | 4.41 |
|  | かさご | 鹿島町 (2) | 0.0 ※※ | 0.1 | — | 12.9 | 0.0 ※※ | 2.24 | 0.07 | 4.74 |
|  | 〃 | 浜田市 (8) | 0.9 | 0.2 | 4.9 |  |  | 1.57 | 0.06 | 4.54 |
|  | 〃 | 浜田市 (3) | 1.7 | 0.1 | 4.2 |  |  | 2.46 | 0.08 | 5.19 |
|  | あわび | 鹿島町 (6) | — | — | 2.4 | 0.0 ※※ | 5.7 | 0.17 | 0.05 | 0.96 |
|  | 〃 | 鹿島町 (12) | — | — | 6.0 | 0.0 ※※ | 7.8 | 0.14 | 0.03 | 0.77 |
|  | さざえ | 浜田市 (6) | 0.0 ※※ | 0.6 | — |  |  | 0.33 | 0.04 | 1.50 |
|  | 〃 | 浜田市 (10) | — | — | 28.1 |  |  | 0.24 | 0.02 | 1.15 |
|  | あらめ | 鹿島町 (6) | 2.9 | 1.5 | 0.9 | 15.6 | 34.8 | 0.17 | 0.80 | 3.50 |
|  | 〃 | 鹿島町 (10) | 1.6 | 1.6 | 3.2 | 35.4 | 32.6 | 0.29 | 0.23 | 3.43 |
|  | 〃 | 浜田市 (6) | 2.1 | 1.5 | 0.8 |  |  | 0.19 | 0.82 | 3.71 |
|  | 〃 | 浜田市 (10) | 0.0 ※※ | 1.7 | — |  |  | 0.26 | 0.08 | 2.87 |

註 ※：浜田市，江津市分については海水未調査のため計算せず
※※：分子LTDを0.0とする。

付表1　月間雨水ちりによる放射性核種降下量

採取場所：松江市大輪町衛研屋上

| 核種 | 地区 | 数値 | 46年4月 | 5月 | 6月 | 7月 | 8月 | 9月 | 10月 | 11月 | 12月 | 47年1月 | 2月 | 3月 | 46年度 | 46年度総降下量 | 45年度総降下量 |
|---|---|---|---|---|---|---|---|---|---|---|---|---|---|---|---|---|---|
| $^{90}Sr$ | 全国 | 最高値 | 静岡 0.67 | 福井 0.31 | 福島 0.42 | 新潟 0.43 | 宮城 0.15 | 秋田,宮城 0.10 | 福井 0.09 | 石川 0.15 | 福井 0.19 | 島根 0.15 | 島根 0.15 | 静岡 0.28 | 0.67 | 石川 1.90 | 福井 1.93 |
| | | 平均値 | 0.22 | 0.18 | 0.24 | 0.16 | 0.05 | 0.05 | 0.04 | 0.03 | 0.05 | 0.06 | 0.06 | 0.08 | 0.10 | 1.23 | 1.20 |
| | | 最低値 | 青森 0.03 | 青森 0.05 | 青森 0.02 | 愛知 0.02 | 青森 0.02 | 福岡 0.01 | 福岡,鹿児島 0.01 | 福島外7県 0.01 | 宮城外4県 0.01 | 青森 0.01 | 東京 0.02 | 青森 0.01 | 0.01 | 青森 0.32 | 青森 0.65 |
| | 島根 | 最高値 | | | | | | | | | | | | | 6月分 0.18 | | 3月分 0.18 |
| | | 平均値 | 0.15 | 0.16 | 0.18 | 0.17 | 0.04 | 0.05 | 0.07 | 0.05 | 0.08 | 0.15 | 0.15 | 0.10 | 0.11 | 1.35 | 1.32 |
| | | 最低値 | | | | | | | | | | | | | 8月分 0.04 | | 7月分 0.04 |
| $^{137}Cs$ | 全国 | 最高値 | 静岡 1.13 | 福井 0.48 | 石川 0.96 | 新潟 0.61 | 宮城 0.21 | 秋田 0.14 | 鳥取 0.15 | 石川 0.24 | 福井 0.29 | 島根 0.24 | 山口萩市 0.24 | 静岡 0.43 | 1.13 | 福井 3.18 | 高知 3.24 |
| | | 平均値 | 0.33 | 0.28 | 0.47 | 0.25 | 0.08 | 0.07 | 0.06 | 0.06 | 0.10 | 0.10 | 0.11 | 0.14 | 0.17 | 2.02 | 1.98 |
| | | 最低値 | 佐賀 0.06 | 青森 0.09 | 青森 0.04 | 和歌山 0.07 | 兵庫外2県 0.03 | 愛知外4県 0.03 | 長崎 0.02 | 岡山広島 0.01 | 宮城 0.01 | 青森 0.02 | 広島 0.04 | 青森 0.02 | 0.01 | 青森 0.61 | 青森 1.09 |
| | 島根 | 最高値 | | | | | | | | | | | | | 6月分 0.33 | | 3月分 0.30 |
| | | 平均値 | 0.21 | 0.30 | 0.33 | 0.21 | 0.05 | 0.08 | 0.11 | 0.12 | 0.14 | 0.24 | 0.22 | 0.18 | 0.18 | 2.19 | 2.34 |
| | | 最低値 | | | | | | | | | | | | | 8月分 0.05 | | 9月分 0.08 |

単位．mCi／km²

付表2　上水中の放射性核種

採取場所：松江市忌部町千本ダム
　　　　　浜田市相生町および内村町

| 核種 | 地区 | 数値 | 46年6月 | 9月 | 12月 | 45年3月 | 46年度 | | 45年度 | |
|---|---|---|---|---|---|---|---|---|---|---|
| $^{90}Sr$ | 全国 | 最高値 | 京都 0.73 | 京都 0.58 | 京都 0.52 | 京都 0.55 | 0.73 | | 石川9月 0.90 | |
| | | 平均値 | 0.21 | 0.18 | 0.16 | 0.14 | 0.17 | | 0.23 | |
| | | 最低値 | 福井 0.02 | 福井 0.01 | 福井 0.02 | 福井 0.02 | 0.01 | | 0.02 | |
| | 島根 | 最高値 | | | | | 6月分 0.48 | 平均値 0.25 | 松江6月 0.35 | 平均値 0.22 |
| | | 松江値 | 0.48 | 0.23 | 0.36 | 0.20 | 平均値 0.32 | | 平均値 0.33 | |
| | | 浜田値 | 0.38 | 0.27 | 0.03 | 0.04 | 平均値 0.18 | | 平均値 0.11 | |
| | | 最低値 | | | | | 12月分 0.03 | | 浜田12月 0.05 | |
| $^{137}Cs$ | 全国 | 最高値 | 長崎 0.09 | 長崎 0.08 | 新潟 0.08 | 島根 0.06 | 0.09 | | 静岡9月 0.32 | |
| | | 平均値 | 0.05 | 0.03 | 0.03 | 0.02 | 0.03 | | 0.05 | |
| | | 最低値 | 福井,大阪 LTD | 茨城外5県 LTD | 宮城外6県 LTD | 宮城外7県 LTD | LTD | | LTD | |
| | 島根 | 最高値 | | | | | 6月分 0.08 | 平均値 0.05 | 松江6月 0.11 | 平均値 0.05 |
| | | 松江値 | 0.07 | 0.05 | 0.06 | 0.06 | 平均値 0.06 | | 平均値 0.07 | |
| | | 浜田値 | 0.08 | 0.03 | LTD | LTD | 平均値 0.03 | | 平均値 0.02 | |
| | | 最低値 | | | | | LTD | | LTD | |

LTD＝0.02pCi/ℓ以下　　　　　　　　　　　　　　　　　　　　　単位：pCi/ℓ

付表3　原乳中の放射性核種

採取場所：大田市三瓶町池田

| 核種 | 地区 | 数値 | 46年4月 | 5月 | 6月 | 7月 | 8月 | 9月 | 10月 | 47年1月 | 2月 | 46年度 | 45年度 |
|---|---|---|---|---|---|---|---|---|---|---|---|---|---|
| $^{90}Sr$ | 全国 | 最高値 | 島根 11.20 | 北海道 10.10 | 北海道 5.40 | 静岡 13.70 | 青森 15.80 | 北海道 9.10 | 青森 16.20 | 北海道 9.40 | 北海道 5.60 | 16.20 | 島根9月 24.2 |
| | | 平均値 | 4.34 | 4.22 | | 4.54 | 11.35 | | 4.27 | 3.89 | 3.90 | 5.67 | 5.5 |
| | | 最低値 | 和歌山 1.40 | 神奈川 1.60 | | 和歌山 1.00 | 北海道 6.90 | | 兵庫 0.90 | 和歌山 1.70 | 兵庫 1.60 | 0.90 | 和歌山3月 0.7 |
| | 島根 | 最高値 | | | | | | | | | | 4月分 11.20 | 9月分 24.2 |
| | | 大田 | 11.20 | | | 11.10 | | | 9.30 | 8.30 | | 9.98 | 12.0 |
| | | 最低値 | | | | | | | | | | 1月分 8.30 | 11月分 3.2 |
| $^{137}Cs$ | 全国 | 最高値 | 福島福島市 102.00 | 北海道 20.10 | 北海道 15.80 | 島根 64.80 | 青森 26.90 | 北海道 15.40 | 島根 66.80 | 島根 68.60 | 北海道 19.20 | 68.60 | 島根9月 82.6 |
| | | 平均値 | 17.48 | 12.44 | | 16.78 | 21.10 | | 14.16 | 12.22 | 14.03 | 15.49 | 16.5 |
| | | 最低値 | 和歌山 3.60 | 神奈川 6.00 | | 和歌山 3.10 | 北海道 15.30 | | 和歌山 2.20 | 和歌山 3.60 | 兵庫 5.30 | 2.20 | 和歌山7月 2.2 |
| | 島根 | 最高値 | | | | | | | | | | 1月分 68.60 | 9月分 82.6 |
| | | 大田 | 62.00 | | | 64.80 | | | 66.80 | 68.60 | | 65.55 | 52.3 |
| | | 最低値 | | | | | | | | | | 4月分 62.00 | 11月分 24.0 |

単位：pCi/ℓ

付表4 土壌中の放射性核種

採取場所：大田市三瓶町池田，三瓶山
　　　　　松江市西川津町，小学校校庭
　　　　　八束郡鹿島町南講武，川土手

| 層位(cm) | | | 0 ～ 5 | | | | | 0 ～ 20 | | | | |
|---|---|---|---|---|---|---|---|---|---|---|---|---|
| 核種 | 地区 | 数値 | 46年7月 | 8月 | 9月 | 46年度 | 45年度 | 46年7月 | 8月 | 9月 | 46年度 | 45年度 |
| ⁹⁰Sr | 全国 | 最高値 | 茨城 54.20 | 新潟 79.20 | 新潟 20.90 | 79.20 | 新潟 158 | 島根 99.10 | 新潟 154.50 | 新潟 18.90 | 154.50 | 新潟 122 |
| | | 平均値 | 22.17 | 19.75 | | 20.94 | 26.1 | 50.80 | 51.03 | | 40.24 | 59.0 |
| | | 最低値 | 宮城 2.50 | 青森 1.10 | | 1.10 | 東京 2.6 | 和歌山 4.50 | 青森 5.10 | | 4.50 | 和歌山 7.9 |
| | 島根 | 大田市三瓶町 | 33.30 | | | 平均値 27.3 | 平均値 | 77.40 | | | 平均値 103 | 平均値 |
| | | 鹿島町南講武 | 31.30 | | | 24.07 | 26.8 25.1 | 99.10 | | | 63.43 84.8 | 72.0 |
| | | 松江市西川津 | 7.60 | | | | 松江山 21.3 | 13.80 | | | | 松江市 28.1 |
| ¹³⁷Cs | 全国 | 最高値 | 茨城 115.60 | 新潟 202.50 | 新潟 19.70 | 202.50 | 新潟 256 | 島根 174.10 | 新潟 279.10 | 新潟 14.00 | 279.10 | 山口 263 |
| | | 平均値 | 47.59 | 52.96 | | 40.08 | 42.3 | 82.77 | 107.66 | | 68.14 | 87.7 |
| | | 最低値 | 宮城 2.90 | 青森 1.70 | | 1.70 | 静岡 5.0 | 和歌山 8.00 | 青森 9.40 | | 8.00 | 島根 7.0 |
| | 島根 | 大田市三瓶町 | 61.00 | | | 平均値 17.9 | 平均値 | 123.30 | | | 平均値 7.0 | 平均値 |
| | | 鹿島町南講武 | 70.90 | | | 48.70 | 75.5 41.5 | 174.10 | | | 108.67 159 | 64.1 |
| | | 松江市西川津 | 14.20 | | | | 松江山 31.1 | 28.60 | | | | 松江市 26.4 |

単位：mCi／km²

付表5　日常食中の放射性核種

採取場所：松江市内及び八束郡鹿島町

| 核種 | 地区 | 数値 | 都市成人 46年5月 | 6月 | 7月 | 10月 | 11月 | 12月 | 46年度 | 45年度 | 農村成人 46年5月 | 6月 | 10月 | 11月 | 12月 | 46年度 | 45年度 | 農村幼児 46年5月 | 6月 | 11月 | 12月 | 46年度 | 45年度 |
|---|---|---|---|---|---|---|---|---|---|---|---|---|---|---|---|---|---|---|---|---|---|---|---|
| $^{90}$Sr | 全国 | 最高値 | 京都 6.90 | 鳥取 10.60 | | 福岡 | 鳥取 10.40 | 島根 13.30 | 13.30 | 秋田 22.4 | 京都 28.00 | 宮城 7.50 | 福岡 | 岡山 13.80 | 島根 10.70 | 28.00 | 京都 37.3 | 京都 14.20 | 宮城 4.90 | 京都 10.00 | | 14.20 | 京都 23.5 |
| | | 平均値 | 4.94 | 6.34 | 山口 3.30 | 福岡 9.60 | 6.41 | 8.58 | 66.53 | 8.0 | 8.80 | 5.63 | 7.90 | 7.94 | 8.34 | 7.72 | 8.2 | 4.87 | 4.05 | 5.78 | 3.80 | 4.63 | 5.1 |
| | | 最低値 | 和歌山 3.20 | 兵庫 4.00 | | | 長崎 4.00 | 佐賀 5.30 | 3.20 | 広島 1.6 | 岡山 岡.10 | 愛知 4.20 | | 長崎 3.20 | 神奈川 7.10 | 3.10 | 青森 2.0 | 岡山 1.60 | 山口 3.10 | 和歌山 2.30 | | 1.60 | 和歌山 1.1 |
| | 島根 | | | 10.30 | | | | 13.30 | 平均値 11.80 | 12.8 | | 5.30 | | | 10.70 | 平均値 8.00 | 平均値 14.7 | | 3.90 | | 3.80 | 平均値 3.85 | 平均値 5.9 |
| $^{137}$Cs | 全国 | 最高値 | 京都 9.70 | 宮城 11.60 | | 山口 福岡 | 青森 12.50 | 島根 10.90 | 12.50 | 島根 24.9 | 京都 14.30 | 宮城 12.20 | 福岡 | 兵庫 15.10 | 大阪 8.90 | 15.10 | 秋田 16.7 | 京都 6.80 | 宮城 8.00 | 山口 12.00 | | 12.00 | 京都 18.9 |
| | | 平均値 | 7.54 | 8.78 | 4.50 | 55.60 | 8.18 | 7.48 | 7.01 | 9.4 | 7.65 | 7.78 | 9.00 | 9.05 | 6.56 | 8.01 | 9.8 | 4.75 | 5.18 | 7.31 | 4.70 | 5.49 | 7.9 |
| | | 最低値 | 和歌山 4.40 | 福岡 5.80 | | | 長崎 4.50 | 山口 5.30 | 4.40 | 兵庫 3.1 | 和歌山 3.10 | 佐賀 4.40 | | 長崎 3.20 | 佐賀 4.20 | 3.10 | 島根 3.2 | 和歌山 1.90 | 青森 3.90 | 和歌山 4.10 | | 1.90 | 島根 1.5 |
| | 島根 | | | 9.60 | | | | 10.90 | 平均値 10.25 | 20.1 | | 4.40 | | | 5.50 | 平均値 4.95 | 平均値 7.8 | | 4.50 | | 4.70 | 平均値 4.60 | 平均値 4.0 |

単位：pCi/d/p

付表6　海水中の放射性核種

採取場所：八束郡鹿島町輪谷沖N 35°33′ E133°
八束郡鹿島町御津沖N 35°32.5′ E133°1.5′

| 核種 | 地区 | 数値 | 46年5月 | 6月 | 9月 | 9月 | 11月 | 12月 | 47年1月 | 2月 | 3月 | 46年度 | 45年度 |
|---|---|---|---|---|---|---|---|---|---|---|---|---|---|
| $^{90}$Sr | 全国 | 最高値 | 大阪 0.34 | 新潟 0.31 | 福井 0.27 | 大阪 0.26 | 新潟 0.28 | 神奈川 0.17 | 青森 0.19 | 大阪 0.29 | 新潟 0.29 | 0.34 | 大阪5月 0.35 |
| | | 平均値 | 0.20 | 0.22 | 0.21 | 0.21 | 0.18 | 0.17 | | 0.18 | 0.19 | 0.19 | 0.19 |
| | | 最低値 | 福井 0.14 | 福岡 0.17 | 愛知 0.14 | 広島 0.17 | 島根 0.13 | 島根 0.16 | | 広島 0.11 | 福井 0.14 | 0.11 | 島根5月 0.12 |
| | 島根 | 最高値 | | | | | | | | | 0.22 | 平均値 0.18 | 輪谷8月 0.20 |
| | | 輪谷値 | 0.16 | | 0.22 | | 0.13 | | | 0.22 | | 島根平均値 0.19 | 平均値 0.17 | 島根平均値 0.17 |
| | | 御津値 | 0.16 | | 0.22 | | 0.15 | | | | 0.21 | 平均値 0.19 | 平均値 0.16 | |
| | | 最低値 | | | | | | | | | | 0.13 | 御津5月 0.12 |
| $^{137}$Cs | 全国 | 最高値 | 福井 0.29 | 福岡 0.32 | 宮城 0.29 | 福岡 0.29 | 福井 0.29 | 神奈川 0.23 | 青森 0.25 | 茨城 0.24 | 新潟 0.26 | 0.32 | 広島11月 0.48 |
| | | 平均値 | 0.21 | 0.22 | 0.25 | 0.24 | 0.22 | 0.23 | | 0.19 | 0.21 | 0.23 | 0.22 |
| | | 最低値 | 大阪 0.12 | 神奈川 0.15 | 神奈川,茨城 0.19 | 兵庫 0.18 | 茨城 0.17 | 神奈川 0.22 | | 大阪 0.14 | 福井,島根 0.17 | 0.12 | LTD |
| | 島根 | 最高値 | | | | | | | | | 0.28 | 平均値 0.21 | 輪谷,御津5月 0.33 |
| | | 輪谷値 | 0.21 | | 0.24 | | 0.23 | | | 0.17 | | 島根平均値 0.22 | 平均値 0.24 | 島根平均値 0.25 |
| | | 御津値 | 0.17 | | 0.28 | | 0.19 | | | | 0.23 | 平均値 0.22 | 平均値 0.25 | |
| | | 最低値 | | | | | | | | | | 0.17 | 輪谷11月 0.20 |

単位：pCi/ℓ

付表7 　海底土中の放射性核種

採取場所：八束郡鹿島町輪谷沖 N35°33′　E133°
　　　　　八束郡鹿島町御津沖 N35°32.5′　E133°1.5′

| 核種 | 地区 | 数値 | 46年5月 | 6月 | 8月 | 9月 | 11月 | 12月 | 47年1月 | 2月 | 3月 | 46年度 | | 45年度 | |
|---|---|---|---|---|---|---|---|---|---|---|---|---|---|---|---|
| $^{90}$Sr | 全国 | 最高値 | 青森むつ湾 36.50 | 福岡門司港 15.40 | 愛知三河湾 30.80 | 広島 25.00 | 青森むつ湾 21.20 | 神奈川横浜港 12.40 | | 青森むつ湾 28.50 | 宮城塩釜湾 10.70 | 36.50 | | 京都8月 42 | |
| | | 平均値 | 10.68 | 6.68 | 11.33 | 12.02 | 4.86 | 6.20 | 青森八戸港 LTD | 11.53 | 4.08 | 7.49 | | 17 | |
| | | 最低値 | 青森八戸港外7ヶ所 LTD | 新潟 St.1,2 LTD | 茨城東海村沖外7ヶ所 LTD | 福岡博多港外1 LTD | 茨城東海村沖外13ヶ所 LTD | 神奈川横浜港 LTD | | 宮城女川湾外7ヶ所 LTD | 新潟新潟港沖外5ヶ所 LTD | LTD | | LTD | |
| | 島根 | 最高値 | | | | | | | | | | 平均値 LTD | 島根平均値 LTD | 平均値 LTD | 島根平均値 LTD |
| | | 輪谷値 | LTD | | LTD | | LTD | | | LTD | | | | | |
| | | 御津値 | 〃 | | 〃 | | 〃 | | | 〃 | | 平均値 LTD | | 平均値 LTD | |
| | | 最低値 | | | | | | | | | | | | | |
| $^{137}$Cs | 全国 | 最高値 | 神奈川横浜港 311.00 | 福岡門司港 187.00 | 愛知三河湾 373.00 | 広島 314.00 | 兵庫三井桟橋 265.00 | 神奈川横浜港 242.00 | 青森八戸港 28.00 | 佐賀伊万里港 373.00 | 福岡門司港 217.00 | 373.00 | | 広島5月 568 | |
| | | 平均値 | 146.78 | 115.40 | 139.15 | 197.11 | 120.38 | 208.00 | | 191.50 | 86.60 | 136.99 | | 187 | |
| | | 最低値 | 福井丹生湾 27.00 | 新潟 St.2 55.00 | 福井丹生湾 13.00 | 福岡博多港 95.00 | 島根輪谷 14.00 | 神奈川横浜港 174.00 | | 宮城女川湾 26.00 | 福井丹生湾 14.00 | 13.00 | | 島根11月 11 | |
| | 島根 | 最高値 | | | | | | | | | | 38.00 | | 御津5月 31 | |
| | | 輪谷値 | 37.00 | | 22.00 | | 14.00 | | | 20.00 | | 23.25 | 島根平均値 26.50 | 平均値 22 | 島根平均値 22 |
| | | 御津値 | 34.00 | | 38.00 | | 17.00 | | | | 30.00 | 29.75 | | 平均値 21 | |
| | | 最低値 | | | | | | | | | | 14.00 | | 御津11月 11 | |

LTD＝4　pCi／乾土 kg以下　　　　　　　　　　　　　　　　　　　　　　単位：pCi／乾土kg

付表8　大根中の放射性核種

採取場所：大田市三瓶町志学

| 核種 | 地区 | 数値 | 46年4月 | 5月 | 6月 | 7月 | 8月 | 10月 | 11月 | 12月 | 47年1月 | 2月 | 46年度 |
|---|---|---|---|---|---|---|---|---|---|---|---|---|---|
| $^{90}$Sr | 全国 | 最高値 | 福島 27.00 | 福島 14.60 | 新潟 36.10 | 島根 54.30 | 北海道 42.30 | 青森 54.00 | 島根 56.00 | 福井 33.50 | 静岡 21.80 | | 56.00 |
| | | 平均値 | 18.93 | 13.70 | 19.69 | 38.97 | 31.95 | 22.69 | 23.66 | 16.98 | 18.15 | 24.10 | 22.88 |
| | | 最低値 | 愛知 9.60 | 福岡 12.80 | 福岡 4.30 | 北海道 26.20 | 青森 21.60 | 福島 4.20 | 福岡 8.60 | 神奈川 5.30 | 静岡 14.50 | | 4.20 |
| | 島根 | | | | | 54.30 | | | 56.00 | | | | 平均値 55.15 |
| $^{137}$Cs | 全国 | 最高値 | 愛知 3.40 | 福島 4.30 | 鹿児島 11.10 | 島根 10.10 | 秋田 6.40 | 北海道 2.00 | 静岡 12.50 | 福井 18.20 | 静岡 5.00 | | 18.20 |
| | | 平均値 | 1.97 | 3.30 | 4.53 | 4.17 | 3.20 | 0.76 | 3.54 | 6.63 | 4.20 | 10.60 | 4.29 |
| | | 最低値 | 福島 LTD | 福岡 2.30 | 神奈川 2.60 | 北海道 LTD | 青森 LTD | 愛知 LTD | 福岡 LTD | 神奈川 LTD | 静岡 3.40 | | LTD |
| | 島根 | | | | | 10.10 | | | 2.70 | | | | 平均値 6.40 |

LTD＝2pCi／生kg以下　　　　　　　　　　　　　　　　　　　単位：pCi／生kg

付表9　魚・貝・藻類中の放射性核種

| 核種 | 検体 | 46年4月 | 5月 | 6月 | 7月 | 8月 | 9月 | 10月 | 11月 | 12月 | 47年1月 | 2月 | 3月 | 46年度平均値 | 45年度平均値 |
|---|---|---|---|---|---|---|---|---|---|---|---|---|---|---|---|
| ⁹⁰Sr | かさご | | | | | 島根(浜田) 3.5 | | | | | | 島根(御津) 2.7 | 島根(浜田) 2.0 | 2.7 | 3.4 |
| | かれい | | 青森 1.1 宮城 LTD | | | 福井 1.4 | | | 青森 LTD 宮城 2.1 | 茨城 2.1 | | | 福井 1.4 | 1.2 | |
| | めばる | | 茨城 1.7 | | | | | | | 茨城 2.1 | | | | 1.9 | |
| | いなだ(ぶり青年) | | 茨城 LTD | | | | | | | 茨城 LTD | | | | 0.0 | |
| | そい | | 茨城 1.4 | | | | | | | | | | | 1.4 | |
| | あじ | | 福井 1.5 | | | | | | | | | 福井 1.6 | | 1.6 | |
| | きす | | | 愛知 2.0 | | | | 愛知 LTD | | | | | | 1.0 | 0.8 |
| | べら | | | 島根 1.6 | | | | | | | | | | 1.6 | |
| | ぐち(いしもち) | | 長崎 1.2 | | | | | | 長崎 1.4 | | | | | 1.3 | 1.8 |
| | たこ | | | 福井 LTD | | | | | | 福井 LTD | | | | LTD | |
| ¹³⁷Cs | かさご | | | | | 島根(浜田) 3.0 | | | | | | 島根(御津) LTD | 島根(浜田) 3.3 | 2.1 | 4.9 |
| | かれい | | 青森 3.8 宮城 2.9 | | | | | | 青森 3.1 宮城 2.1 | 茨城 2.0 | | | 福井 5.2 | 3.1 | |
| | めばる | | 茨城 6.2 | | | | | | | 茨城 10.8 | | | | 8.5 | |
| | いなだ(ぶり青年) | | 茨城 4.6 | | | | | | | 茨城 4.7 | | | | 4.7 | |
| | そい | | 茨城 4.7 | | | | | | | | | | | 4.7 | |
| | あじ | | 福井 4.9 | | | | | | | | | 福井 8.6 | | 6.8 | |
| | きす | | | 愛知 3.3 | | | | 愛知 2.8 | | | | | | 3.1 | 3.4 |
| | べら | | | 島根 6.8 | | | | | | | | | | 6.8 | |
| | ぐち(いしもち) | | 長崎 5.4 | | | | | | 長崎 3.4 | | | | | 4.4 | 5.4 |
| | たこ | | | 福井 1.9 | | | | | | 福井 3.2 | | | | 2.6 | |

⁹⁰Sr LTD＝1 pCi/生kg以下
¹³⁷Cs LTD＝2 pCi/生kg以下

単位：pCi/生kg

| 核種 | 検体 | 46年4月 | 5月 | 6月 | 7月 | 8月 | 9月 | 10月 | 11月 | 12月 | 47年1月 | 2月 | 3月 | 46年度平均値 | 45年度平均値 |
|---|---|---|---|---|---|---|---|---|---|---|---|---|---|---|---|
| ⁹⁰Sr | さざえ | | 福井 LTD | 島根(浜田) 2.0 | | 福井 LTD | | | 島根(浜田) LTD | | | | | 0.5 | LTD |
| | ほたて貝 | | 青森 LTD | | | | | | 青森 LTD | | | | | LTD | |
| | あわび | | | 島根(片句) LTD | 茨城 LTD | | | | | 島根(恵曇) LTD | | | | LTD | |
| | はまぐり | | | | | | | | | 茨城 LTD | | 茨城 LTD | | LTD | |
| | むらさきいがい | | | | | | | | 茨城 LTD 福井 LTD | | | | 福井 LTD | LTD | |
| | 赤貝 | | 長崎 LTD | | | | | | | | | | | LTD | |
| | かき | | | | | | | | | 長崎 3.5 | | | | 3.5 | LTD |
| | あさり(大あさり) | | 愛知 LTD (9.8) 長崎 LTD | 愛知 LTD (LTD) | | | | | | 長崎 LTD | | | | 1.6 | 0.5 |
| ¹³⁷Cs | さざえ | | 福井 LTD | 島根(浜田) LTD | | 福井 LTD | | | 島根(浜田) 5.6 | | | | | 1.4 | 3.5 |
| | ほたて貝 | | 青森 2.0 | | | | | | 青森 LTD | | | | | 1.0 | |
| | あわび | | | 島根(片句) 1.2 | 茨城 1.2 | | | | | 島根(恵曇) 1.8 | | | | 1.4 | |
| | はまぐり | | | | | | | | | 茨城 LTD | | 茨城 LTD | | LTD | |
| | むらさきいがい | | | | | | | | 茨城 LTD 福井 LTD | | | | 福井 LTD | LTD | |
| | 赤貝 | | 長崎 2.0 | | | | | | | | | | | 2.0 | LTD |
| | かき | | | | | | | | | 長崎 2.7 | | | | 2.7 | LTD |
| | あさり(大あさり) | | 愛知 LTD (LTD) 長崎 LTD | 愛知 LTD (LTD) | | | | | | 長崎 LTD | | | | 0.6 | LTD |

⁹⁰Sr LTD＝1 pCi/生kg以下
¹³⁷Cs LTD＝2 pCi/生kg以下

単位：pCi/生kg

| 核種 | 検体 | 46年4月 | 5月 | 6月 | 7月 | 8月 | 9月 | 10月 | 11月 | 12月 | 47年1月 | 2月 | 3月 | 46年度平均値 | 45年度平均値 |
|---|---|---|---|---|---|---|---|---|---|---|---|---|---|---|---|
| $^{90}$Sr | はんだわら | | 福井 2.8 / 5.7 | | | | | | | | | | | 4.3 | |
| | わかめ | | 長崎 1.7 | 宮城 2.3 | 福井 4.2 / 5.4 | | | | | 宮城 2.1 | 愛知 LTD / 長崎 1.5 | 愛知 1.7 | | 2.4 | 3.0 |
| | ひじき | | | | | | | | | 茨城 1.7 | | 茨城 1.4 | | 1.6 | |
| | あらめ | | | | 島根(浜田) 2.9 / 島根(片句) 2.5 | | 茨城 2.9 | | 島根(浜田) 4.4 / 島根(片句) 4.6 | | 茨城 2.2 | | | 3.3 | |
| | てんぐさ | | | | 愛知 5.2 | 愛知 5.8 | | | | | | | | 5.5 | 7.5 |
| | あおさ | | 長崎 2.3 | | | | | | | | | | | 2.3 | 4.6 |
| | あさくさのり | | | | | | | | | | 長崎 LTD | | | 0 | 0.6 |
| $^{137}$Cs | はんだわら | | 福井 5.8 / 6.5 | | | | | | | | | | | 6.2 | |
| | わかめ | | 長崎 40 | 宮城 2.2 | 福井 5.1 / 6.3 | | | | | 宮城 1.2 | 愛知 2.6 / 長崎 1.8 | 愛知 2.9 | | 3.3 | 2.5 |
| | ひじき | | | | | | | | | 茨城 5.4 | | 茨城 2.1 | | 3.8 | |
| | あらめ | | | | 島根(浜田) 6.2 / 島根(片句) 7.3 | | 茨城 7.6 | | 島根(浜田) LTD / 島根(片句) 7.5 | | 茨城 6.5 | | | 5.9 | |
| | てんぐさ | | | | 愛知 8.9 | 愛知 19.1 | | | | | | | | 14.0 | 2.8 |
| | あおさ | | 長崎 3.7 | | | | | | | | | | | 3.7 | 4.0 |
| | あさくさのり | | | | | | | | | | 長崎 LTD | | | LTD | LTD |

$^{90}$SrLTD＝1 pCi/生kg以下
$^{137}$CsLTD＝2 pCi/生kg以下

単位：pCi/生kg

　島根原子力発電所の建設も始まり、昭和48年11月の発電開始を目標に進んでいたが、原子力の平和利用が盛んになるにつれ、反面放射能の影響を心配する向きも出てきた。放射能は、人間の五感で感じられないだけに、漠然とした不安となって表れているのが現実であり、島根県では、このような不安の対象である放射能の影響が生じないよう住民の皆さんの安全を確保するため、放射能調査などいろいろな対策を行った。

　第1は、原発が平常に運転されているときに、その周辺に住む人々が、放射能の影響を受けていないかどうかを確かめること。

　第2は、もし万一何らかの原因で、原発に事故が起こった場合に、その周辺に住む人々が被害を受けないためにはどうするか。

以上2つを確認するために、運転開始前の原発周辺の環境放射能調査を行っておく必要が生じた。

　現在私たちが生活している自然環境のなかには、すでに放射性物質があり、それらは天然の鉱物等に含まれているものと、核実験によってできた人工のものの2つに大きく分けることができる。

　このため、県では、昭和44年9月、衛生研究所屋上に「放射能センター」を建設し、環境放射能の事前調査を開始し、その後引き続き、鹿島町周辺の雨水、原乳、魚貝藻類、土壌の放射能や空間線量の測定を行なった。

　また、昭和47年からは、後述の島根原子力発電所環境放射能等測定技術会で示す計画に基づき、島根県・鹿島町と中国電力とが分担して調査を行なってきた。

## 4．島根原子力発電所環境放射能等測定技術会

### （1）島根原子力発電所環境放射能等測定技術会規定

（設　　置）
第1条　島根県、鹿島町および中国電力株式会社は、島根原子力発電所周辺住民の安全確保等をはかることを目的として島根原子力発電所環境放射能等測定技術会（以下「技術会」という。）を置く。
（所　掌　事　項）
第2条　技術会は、前条の目的を達成するために次の各号に掲げる事項について調査審議する。
　(1)　環境放射能および温排水その他の排水（以下「温排水等」という。）に関する測定計画の策定
　(2)　環境放射能および温排水等に関する測定結果の評価
　(3)　その他環境放射能および温排水等の測定に関する技術的事項
（構　　成）
第3条　技術会は、次の各号に掲げる職員で放射能および温排水等の専門的知識を有するものをもって構成する。
　(1)　島根県の一般職の職員
　(2)　鹿島町の一般職の職員
　(3)　中国電力株式会社の職員
2　技術会は、必要に応じて専門機関等の意見を求めることができる。
（議　　長）
第4条　技術会に議長を置き、構成員の互選によりこれを定める。
2　議長は、技術会を招集し、かつ議事の運営をつかさどる。
3　議長に事故があるときは、議長があらかじめ指名する構成員がその職務を代理する。
（会議の開催）
第5条　技術会の会議は、四半期ごとに定例会議を、また構成員が必要と認めた場合はその都度会議を開催する。
（報告書の作成）
第6条　技術会は、環境放射能および温排水等に関する測定結果について四半期および年度ごとに報告書を作成する。
（庶　　務）
第7条　技術会の庶務は、島根県環境保健部公害課において処理する。
（規程の改訂）
第8条　この規程は、構成員の同意を得て改訂することができる。
（そ　の　他）
第9条　この規程に定めるもののほか、技術会の運営に関し必要な事項は、議長が会議にはかって定める。
　附　　則
　　この規程は、昭和47年3月27日から施行する。
　附　　則
　　この規程は、昭和47年10月19日から施行する。

## （2）島根原子力発電所環境放射能等測定技術会構成

昭和48年4月1日

| 所　　　　属 | 職　名 | 氏　　名 | 備　考 |
|---|---|---|---|
| 島根県衛生公害研究所 | 所　　長 | 斉藤　孝一 | 議長 ㊩ ㊥ |
| 〃 | 環境公害科長 | 木村　俊博 | ㊩ ㊥ |
| 〃 | 放射能科長 | 山本　春海 | ㊩ |
| 〃 | 研究員（放射能科） | 寺井　邦雄 | ㊩ |
| 〃 | 主任研究員（環境公害科） | 安井　直樹 | ㊥ |
| 島根県水産試験場 | 場　　長 | 新井　都登司 | ㊥ |
| 島根県水産試験場鹿島分場 | 分場長 | 竹内　四郎 | ㊥ |
| 〃 | 主任研究員 | 服部　守男 | ㊩ ㊥ |
| 島根県環境保健部公害課 | 課　　長 | 曽田　保吉 | ㊩ ㊥ |
| 中国電力原子力部原子力工事課 | 課長代理 | 杉本　脩 | ㊩ |
| 中国電力島根原子力発電所建設本部 | 次　　長 | 三善　宣孝 | ㊩ ㊥ |
| 中国電力島根原子力発電所建設本部 | 本部付 | 伊藤　薫 | ㊩ |
| 中国電力島根原子力発電所建設本部技術課 |  | 原田　武幸 | ㊩ |
| 中国電力島根原子力発電所建設本部原子力部在勤 | 本部付 | 豊島　銑二 | ㊥ |
| 中国電力管財部用地課 | 課長代理 | 北本　宏樹 | ㊥ |
| 中国電力技術研究所 | 主　任（電気研究室） | 角本　直人 | ㊥ |
| 鹿島町水産商工課 | 課　　長 | 山本　夫一郎 | ㊩ ㊥ |
| 〃 | 水産係長 | 田中　伝之輔 | ㊩ ㊥ |

・議長　斎藤　孝一　　・環境放射能部会長　伊藤　薫　　・温排水部会長　新井　都登司


## 原子力発電所周辺地域住民の安全確保等に関する協定書第12条に規定する連絡責任者

島根県側
正　環境保健部公害課長　　曽田　保吉　　　　　副　環境保健部公害課課長補佐　大隅　速民
副　環境保健部公害課主幹　山本　謙

中国電力側
島根原子力発電所建設本部次長　大胁　恕助（事務）
島根原子力発電所建設本部　　　三善　宣孝（技術）

## （3）島根原子力発電所周辺の環境放射能調査計画

| 調査対象 | 試料 | 採取地点 | 測定月 | 実施者 島根県 | 実施者 中国電力 | 備考 |
|---|---|---|---|---|---|---|
| 空間線量 | 積算線量 | 佐陀宮内　西生馬<br>大輪町<br>御津　北講武<br>佐陀本郷　古浦<br>手結　片句 | 4〜7, 7〜10<br>10〜1, 1〜4 | ○<br>○<br>○ | ○<br>○<br>○ | 熱ルミネッセンス線量計 |
| 空間線量 | 線量率 | 佐陀宮内<br>西生馬　西川津<br>御津　北講武<br>佐陀本郷　古浦<br>手結　片句 | 4, 7, 10, 1 | ○<br>○<br>○ | ○<br>○<br>○ | シンチレーションサーベイメータ |
|  |  | 大輪町　御津　古浦 | 連続 | ○ |  | モニタリングポスト |
| 浮遊じん |  | 大輪町<br>手結　古浦　御津<br>佐陀本郷 | 随時<br>4, 7, 10, 1 | ○ | ○ | 全ベータ放射能 |
| 海水 |  | 小島東　小島西<br>排水口沖　輪谷沖<br>排水口付近<br>取水口付近 | 4, 7, 10, 1 | ○<br>○<br>○ | ○ | 全ベータ放射能<br>必要に応じて核種分析 |
| 陸水 | 池水<br>水道原水 | 上講武<br>峰垣<br>下忌部 | 4, 10<br>4, 12 | ○ | ○<br>○ | 〃 |
| 農畜産物 | 大根<br>ほうれん草<br>米<br>原乳 | 御津　根連木　尾板<br>〃　〃　〃<br>尾坂<br>講武地区 | 12<br>10<br>10<br>4, 7, 10, 1 | ○<br>○<br>○<br>○ | ○ | 〃 |
| 植物 | 松葉<br>茶の葉 | 片句　御津<br>一矢<br>北講武 | 10<br>4, 10<br>5 | ○<br>○ | ○<br>○ | 〃 |
| 海産生物 | べらめばるめごさかますこんこなたこわびあざえさがろめいくろめわかめほんだわら類 | 排水口のある湾 | 6<br>4, 10<br>4, 10<br>4, 12<br>7, 10<br>6, 10<br>6, 10<br>7, 10<br>6, 10<br>4<br>6, 10 | ○<br>○<br>○<br>○<br>○<br>○<br>○<br>○<br>○<br>○<br>○ | ○<br>○<br>○ | 〃 |
| 陸土 |  | 北講武　片句<br>佐陀宮内 | 7, 1 | ○<br>○ | ○ | 〃 |
| 海底土 |  | 小島東　小島西<br>排水口沖　輪谷沖<br>排水口付近 | 4, 7, 10, 1 | ○<br>○<br>○ | ○ | 〃 |

| 記号 | 適　　　要 |
|---|---|
| ○ | 空間線量測定ヵ所 |
| ● | モニタリングポストによる測定ヵ所 |
| × | 浮遊塵測定ヵ所 |
| ◎ | 陸水測定ヵ所 |
| ■ | 海水，海底土測定ヵ所 |
| □ | 農畜産物，植物測定ヵ所 |
| ▲ | 陸土測定ヵ所 |

日本海

島根町

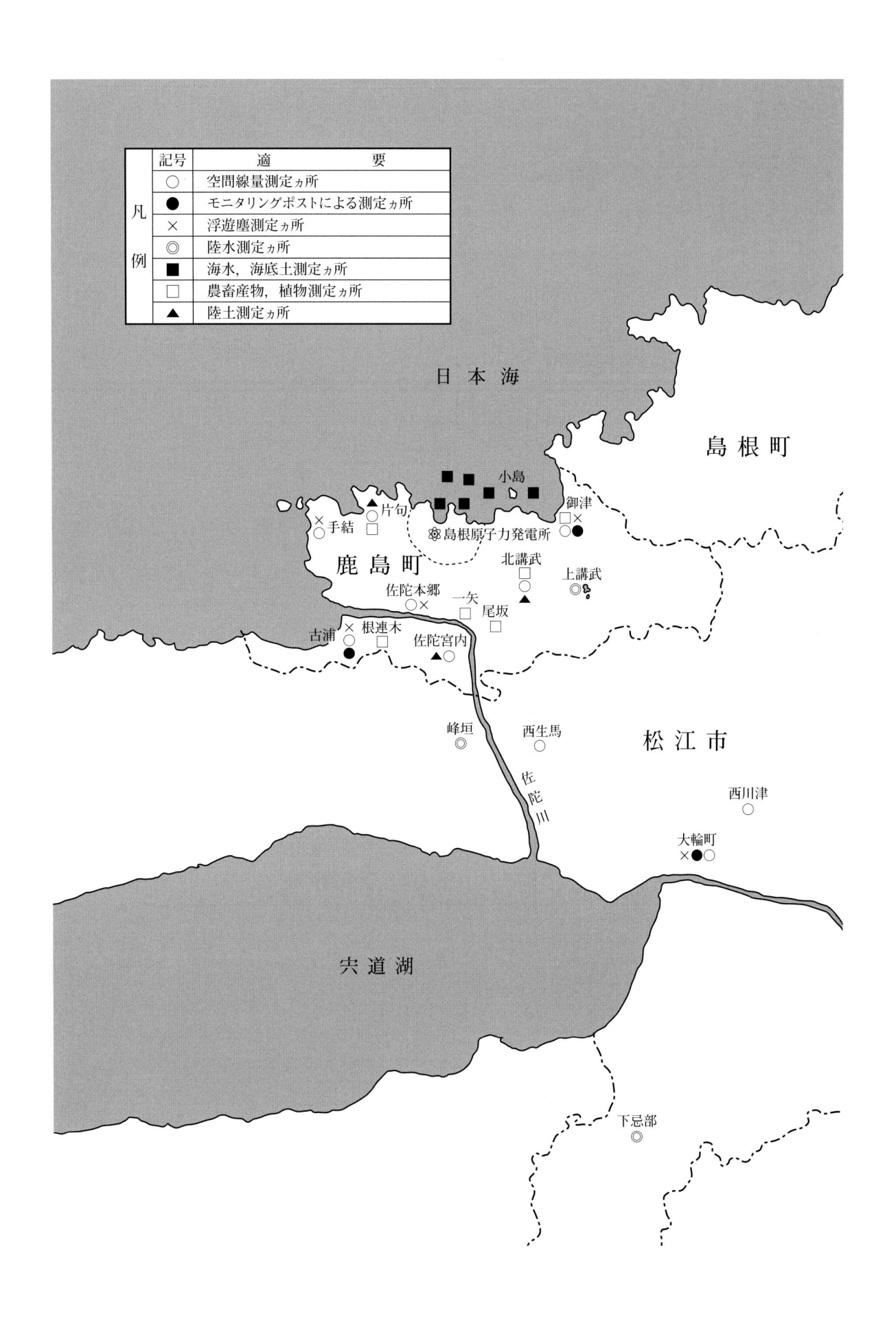

小島
片句
御津
手結
島根原子力発電所
鹿島町
北講武
佐陀本郷
上講武
一矢
尾坂
古浦
根連木
佐陀宮内

峰垣
西生馬
松江市
佐陀川

西川津

大輪町

宍道湖

下忌部

## 5. 島根原子力発電所環境放射能等測定測定結果報告書

1　まえがき

　原子力発電所周辺の環境放射能を調査するため昭和47年4月から「昭和47年度島根原子力発電所周辺の環境放射能調査計画」に従って調査を行なっているが、ここに第1四半期の測定結果をとりまとめる。

2　調査期間および調査項目
　(1)　調査期間
　　　昭和47年4月～6月
　　　但し　積算線量は4月～7月

　(3)　調査項目
　　　○空間$\gamma$積算線量
　　　○空間$\gamma$線量率
　　　○環境試料（浮遊塵、海水、陸水、農畜産物および植物、海産生物、海底土）の全$\beta$放射能

3　調査結果
　(1)　空間$\gamma$積算線量

　　昭和47年4月から7月までの空間$\gamma$積算線量を熱ルミネッセンス線量計で測定し測定値を90日間換算した。

単位　mR

| 測定地点 | 積算線量 | 前年度変動巾 | 備　考 |
|---|---|---|---|
| 御　　津 | 17 | 15～16 | |
| 佐陀本郷 | 15 | － | |
| 古　　浦 | 14 | 13～16 | |
| 手　　結 | 11 | 12～14 | |
| 片　　句 | 18 | 16～18 | |

調査結果の考察

　前年度測定値と大差ない。

　測定地点中〝北講武〟については場所選定中。

(2) 空間のγ線量率
　　a　シンチレーションサーベイメーターによる測定
　　　測定方法　科学技術庁方式

単位　μR/hr

| 測定地点 | 積算線量 ||| 前年度変動巾 | 備考 |
|---|---|---|---|---|---|
|  | 4月1日 | 4月24日 | 4月28日 |  |  |
| 御　　津 | 8 |  | 10 | 6～11 |  |
| 南　講　武 |  | 7 |  | － |  |
| 佐陀本郷 | 7 |  |  | － |  |
| 古　　浦 | 7 |  |  | 6～8 |  |
| 手　　結 | 6 |  |  | 5～6 |  |
| 片　　句 | 8 |  |  | 7～8 |  |
| 西　生　馬 |  | 9 | 9 | － |  |
| 西　川　津 |  | 8 |  | － |  |

調査結果の考察
　前年度変動巾以内である。
　測定地点〝北講武〟及び〝佐陀宮内〟については場所選定中。

　　b　モニタリングポストによる測定

単位　CPS

| 測定地点 | 積算線量 ||| 前年度変動巾 | 備考 |
|---|---|---|---|---|---|
|  | 4月 | 5月 | 6月 |  |  |
| 大　輪　町 | 17 | 16 | 15 | 15～19 | 平均値 |
|  | 27 | 20 | 20 | 35 | 最大値 |

調査結果の考察
　前年度変動巾以内である。

(3) 浮遊塵の放射能
　　スタープレックスにより集塵した。

単位　Pci/㎥

| 採取地点 | 採取月日 | 放射能強度 | 前年度変動巾 | 備考 |
|---|---|---|---|---|
| 御　　津 | 5月18日 | 23 | － |  |
| 佐陀本郷 | 5月18日 | 20 | － |  |
| 古　　浦 | 5月19日 | 64 | － |  |
| 手　　結 | 5月19日 | 60 | － |  |

調査結果の考察
　参考：福井県環境放射能測定技術会議の44年度45年度の測定結果は場所、測定測定時期に
　　　　より異なり60～460Pci/㎥となっている。

(4) 海水放射能
　　測定方法　科学技術庁方式

単位　Pci/ℓ

| 採取地点 | 採取月日 | 放射能強度 | 前年度変動巾 | 備　考 |
|---|---|---|---|---|
| 取 水 口 | 4月14日 | 0.8 | 0.01～1.1 | |
| 排 水 口 | 4月19日 | 0.4 | 0.2～0.6 | |
| 小 島 東 | 5月31日 | 1.2 | 0.1～2.1 | |
| 輪 谷 沖 | 5月31日 | 1.0 | 0.6～1.0 | |

調査結果の考察
　　前年度変動巾以内である。小島西、排水口沖については未実施。

(5) 陸水の放射能
　　測定方法　科学技術庁方式

単位　Pci/ℓ

| 採取地点 | 採取月日 | 放射能強度 | 前年度変動巾 | 備　考 |
|---|---|---|---|---|
| 上講武（池） | 4月18日 | 1.7 | 0.5～3.5 | |
| 峰垣（浄水場） | 4月18日<br>4月28日 | 1.0～1.3 | 0.3～3.1 | |
| 下忌部町 | 6月5日 | 3.1 | 0.1～6.8 | |

調査結果の考察
　　前年度変動巾以内である。

(6) 〝農畜産物〟植物の放射能
　　測定方法　科学技術庁方式

単位　Pci/g生体

| 種　類 | 採取地点 | 採取月日 | 放射能強度 | 前年度変動巾 | 備　考 |
|---|---|---|---|---|---|
| 原　乳 | 講武地区 | 4月18日<br>5月 8日 | 0.1～0.2 | 0.01～0.4 | |
| 茶 の 葉 | 北 講 武 | 5月16日 | 2.8 | 2.6～6.0 | |
| 松　葉 | 一　　天 | 6月24日 | 6.4 | | |

調査結果の考察
　　前年度変動巾以内である。

(7) 海産生物の放射能
　　測定方法　科学技術庁方式

単位　Pci/g生体

| 種　類 | 採取地点 | 採取月日 | 部　位 | 放射能強度 | 前年度変動巾 | 備　考 |
|---|---|---|---|---|---|---|
| べ　ら | 恵曇漁協より購入 | 6月2日 | 可食部 | 0.02 | | |
| か さ ご | 〃 | 〃 | 〃 | 0.3 | 0.3〜0.7 | |
| な ま こ | 御津漁協より購入 | 4月21日 | 全 | 0.2 | 0.4〜0.8 | |
| た　こ | 御津漁協より購入 | 4月21日 | 全 | 0.1 | 0.1〜0.6 | |
| さ ざ え | 恵曇漁協より購入 | 6月2日 | 可食部 | 0.6 | 0.2〜0.4 | |
| ほんだわら | 排水口付近 | 4月26日 | 全 | 0.7 | － | |

　調査結果の考察
　　測定した結果、前年度測定値と大差なく有意な変化はない。
　　試料採取地点は排水口のある湾であるが今回は各所漁協を通じて購入したものである。

(8) 海底土の放射能
　　測定方法　科学技術庁方式

単位　Pci/乾土

| 採取地点 | 採取月日 | 放射能強度 | 前年度変動巾 | 備　考 |
|---|---|---|---|---|
| 排 水 口 | 4月14日 | 0.22 | | |
| 小 島 東 | 5月31日 | 0.5 | 0.3〜3.2 | |
| 輪 谷 沖 | | 0.5 | 0.0〜3.3 | |

　調査結果の考察
　　前年度変動巾以内である。小島西、排水口沖未実施。

4　むすび
　昭和47年4月より6月まで島根原子力発電所周辺の環境放射能の測定を行なった。
　この測定値について、県および中電の過去の測定値をもとに検討した結果大差はないものと考える。

以上

# 第4章　島根原子力発電所安全協定締結経過及び新燃料輸送計画

## 1．島根原子力発電所に関する安全協定の申し入れと確認事項

島根原子力発電所周辺地域住民の安全確保等に関する協定書・甲乙の確認事項

前文関係
　1．甲の解釈について
　　　県は、地方自治法第2条および第5条にいう市町村を包括する広域の地方公共団体であるので、本来甲は県のみで事がたりるものと解されるが鹿島町は直接原子力発電所を立地する立場におかれているので、地区住民の感情や町からの要望を受け入れ甲に加えるものである。
　　　したがって協定当事者以外についても当然安全確保等についても乙に義務を課したものである。

　2．「周辺地域住民」の周辺地域の範囲について
　　　鹿島町を中心に周辺何市町村とか周辺何キロメールというように特に範囲を固定していないが狭いよりも広い範囲が好ましいので島根県内全部と解してもよい。

　3．安全確保と安全確認のちがいについて
　　　確認とは、「はっきり認める、とかたしかめる。」の意味であるが、確保については「しっかり手もとに持つとかたもつの意味」であり、その用語の意味にきびしさが感じられ、他県の例より前進したものと解する。

　4．安全確保等の「等」について
　　　第1条の「温排水等」にいう、定期検査等ででてくるサビその他による色度および汚濁水等のことをいう。

第1条関係
　1．保守運営について
　　　発電所の運転はもとより、定期検査、放射性廃棄物の処理など、発電所の営業活動に関する一切のことをいう。

　2．放射性物質とは
　　　放射線を放出する物質（[*1]ストロンチウム90、[*2]セシウム137、[*3]プルトニウム239等）をいう。

　3．周辺環境の保護とは

---

[*1]　元素記号はSr。ほとんどが過去の核実験における放射性降下物の残留物で、水中や化合物のイオンとして存在する。
[*2]　ウランの代表的な核分裂精製物質。核実験による死の灰、原発事故の「放射能の雨」等の放射性落下物として問題になる。
[*3]　放射性（α線）がある。原子炉の中でウラン235が中性子を吸収しベータ崩壊して生産される。

温排水その他の排水によって周辺の環境がおかされないことをいうものであり、具体的には近くには、国立公園や、県立公園がひかえているので海水の汚染や、海岸美が失われないよう自然を保護することの意味である。

第3条関係

甲乙会議のうえ公表する、とは

この協定は、中電側に一方的に義務づけをしたものであるが、公表にあたっては、ことがらが重大であるので、いたずらに地域住民の人心に不安を与えないよう協議のうえ公表する。

技術会での放射能測定は、甲・乙がそれぞれ実施するものであり、測定値に相当の差異が生じた場合（実際に放射能が高くなった場合または、測定機器の故障等が想定される。）は、協議（合意または意見の一致）が整わない場合があるが、この場合は、技術会規定第3条第2項の規定による専門機関等の意見を求めて、公表することとなる。

第4条関係

1. 発電所の増設とは、

    同一敷地内にさらにもう一基設置することであり、2号炉の建設を意味するものである。

2. 既存の設備の出力増加とは、

    放射能をともなう発電機能の増大をいう。

3. 事前に甲の了解を得るとは、

    着工前ということであるが、具体的には、少なくとも、建設計画に対して甲が意見を付した場合に、その意見が計画のなかに十分そん酌される期間をいうものでありまた住民にもその状態がわかるような時間的余裕をもつものである。

第5条関係

1. 新燃料とは、

    原子炉に燃料として使用する前の金属のことをいう。具体的には、原子炉内で核分裂を起こす段階までの燃料をいう。

2. 使用済燃料とは、

    原子炉に燃料として使用した核燃料物質その他原子核分裂をさせた、核燃料物資をいう。

3. 放射性廃棄物とは、

    核燃料物質および核燃料物質によって汚染されたもので廃棄しようとするものをいう。

第6条関係

1．「発電所の運転状況」とは、運転中の原子炉施設の発電状況ほか、運転に伴って発生する放射性廃棄物の処理状況及び、温排水等の排出状況を含むものである。

2．「環境放射能の測定結果」については甲、乙は技術会において策定した測定計画に基づいて、それぞれ環境放射能を測定し4半期ごとに技術会において取りまとめたものを発表することとなる。

第7条関係
1．「原子炉施設の軽微な故障」とは原子炉の運転に影響を与えない程度の故障をいう。国において「軽微」の取扱に対する指針決定後、内容を検討のうえ対処する。

2．「核燃料物質」とは、核燃料物質、核原料物質、原子炉及び放射線の定義に関する政令（昭和32年政令第325号）第1条によれば
　(1)　ウラン235のウラン238に対する比率が天然の混合率であるウラン及びその化合物
　(2)　ウラン235のウラン238に対する比率が天然の混合率に達しないウラン及びその化合物
　(3)　トリウム及びその化合物
　(4)　前3号の物質の1又は2以上を含む物質で原子炉において燃料として使用できるもの。
　(5)　ウラン235のウラン238に対する比率が天然の混合率をこえるウラン及びその化合物
　(6)　プルトニウム及びその化合物
　(7)　ウラン233及びその化合物
　(8)　前3号の物質の1又は2以上を含む物質であるが中国電力株式会社島根原子力発電所の核燃料として使用されるのはウラン235の化合物である。

3．「特別の措置」とは、医療行為その他放射能の被曝に対する措置を行なうことをいう。

4．「管理区域」とは、原子炉の設置、運転等に関する規則（昭和32年総理府令第83号）第1条第5号によれば、炉室、使用済燃料の貯蔵施設、放射性廃棄物の廃棄施設等の場所であって、その場所における外部放射線の放射線量が科学技術庁長官（以下「長官」という。）の定める放射線量をこえ、空気中若しくは水中の放射性物質（空気又は水のうちに自然に含まれている放射性物質を除く。）の濃度が長官の定める濃度をこえ、又は放射性物質によって汚染された物の表面の放射性物質の密度が長官の定める密度をこえるおそれがあるものをいい、同規則第15条の規定により原子炉設置者はこの管理区域を設定しなければならない。

5．「緊急事態」とは、天災、その他航空機の落下等により核燃料物質又は原子炉による災害が発生するおそれがあり、又は発生したことをいう。

第8条関係
1．「異常が生じる等特に必要と認める場合」とは、周辺地域住民の安全確保等の見地から環境放射能及び温排水等に関する測定及び調査結果について異常を認めた場合等においてその原因を解明

しあるいはとるべき措置を検討するために発電所に立ち入り、調査することが必要であると認める場合をいう。

2．「立入調査」とは、発電所に立ち入り、帳簿、書類、原子炉施設、その他必要な物件を調査し、又は関係者に質問することをいう。

第9条関係
　「適切な措置」とは周辺地域住民の安全確保等のため最も適当な処置をいうのであり、例えば運転方法の改善、原子炉施設の改良、使用済燃料の貯蔵施設又は放射性廃棄物の廃棄施設の改善、あるいは最も内容の厳しいものとしては運転の中止が考えられる。

第13条関係
　「乙は誠意をもって補償に当たるものとする」とは補償問題が発生した際における中国電力株式会社側の姿勢を単に訓示しただけではなく、乙に必ず誠意をもって補償すべきことを義務づけているものである。

　県は、安全協定締結にあたり素案段階で、条文解釈上相互に誤りがないよう「確認事項」を作成し関係者と協議に入った。
　この協定は、地域住民の要望に応えるべき内容を盛り込み、島根県議会の同意を得たうえで発効させることとした。

## 2. 安全協定締結理由と協議状況

原子力発電施設の安全性確保については、関係法令により、国の責任において規制措置が講じられているが、地方公共団体は、地域住民のくらしと健康を守るため、安全性の確保という立場から、現行法令を補完するため企業との間に、安全確保に関する協定を締結することにしたものである。

鹿島町との協議
1回（S46.12.14）～6回（S47.3.14）
中国電力との協議
1回（S47.1.26）～6回（S47.3.10）
科学技術庁との協議
1回（S47.2.17）～3回（S47.3.3）

このほか、安全協定締結問題については、昭和44年12月8日以降4回にわたり、放射能の環境問題と併せて、その考え方等に付いて検討している。またこれらの事項に付いては、科学技術庁とその都度協議を重ねてきた。

## 3. 県議会の状況

昭和47年3月6日、全員協議会において、伊達慎一郎知事が次の挨拶を行った。

八束郡鹿島町に建設中の中国電力株式会社、島根原子力発電所の運転開始に備え、地域住民の安全確保に関します協定につきましては、3月6日本会議におきましてその経緯をご説明申し上げたところでありますがその後、更に、中国電力株式会社と交渉を継続致しました結果、その意見の一致を見ましたので、本日議員各位のご了承を賜り、協定締結の運びと致したいと存ずるものであります。本協定案につきまして私と致しましては、1つには、常に住民の立場に立っての安全確保と、2つには、環境放射能の汚染予防と温排水等による環境の保護を基本方針として交渉いたしました結果、本日お手元にお配り致しました協定案文となったのでありまして、私と致しましては、この基本的な考え方は十分貫かれたものと確信致しているところであり、幸い、この協定書案について議員各位のご了承が得られますれば、この協定書に盛り込まれました各事項について、中国電力株式会社としても誠意をもって対処せられるものと確信致しているところであります。

協定書案の内容につきましては、関係部長、次長から詳細ご説明申し上げますので、何卒慎重にご審議を賜わり、ご了承いただきますようお願い申し上げる次第であります。（以下略）

県議会における状況を、日程によって記述する。

## 本 会 議

### 昭和47年3月6日
### 質問（大谷久満議員）

島根原子力発電所についてお伺いいたします。昭和41年島根県が中心となって鹿島町に誘致した、中国電力の島根原子力発電所は来年秋完成の予定であります。昨年6月定例会においては山崎、長谷川両議員が質問されております。日本社会党は従来から自主、民主、公開の原子力三原則が厳守され、安全性確立を徹底して行うことを前提に原子力エネルギー平和利用を進めそのため研究開発を強力に行うべきことを主張してきま

島根県議会本会議場

した。しかし近年の現状は安全性に関して重大な問題があり、民主、公開の原則においても企業の秘密として全く形骸化され、その前提に反する状態になっているといわれます。

　最近になり緊急冷却装置が、当初の能力を発揮できなかったという実験結果や、政府や電力会社の予想を越える環境汚染問題がアメリカにおいてはっきりしております。日本の原子力発電がほとんどアメリカに依存している事実からみれば、現在このような状態の中で原子力発電所設置が進められると、国民の健康に重大な害を与えることは避けられないという、きわめて深刻な事態に立ち至っているといえます。

　日本社会党は早急に対策を講じる必要があるという観点に立って、昨年6月政府に申し入れを行い原子力発電所の新増設の中断、運転中の発電所の操業の引き下げを行うべきことを要求したのであります。住民の安全を保障し不安を解消するため、県は住民側に立って次の事項を明確にし必ず実行しなければならないと思います。

1　中国電力との協定は県、鹿島町に松江市を加え、平和利用三原則を完全に履行し、必ず住民サイドの立ち入り調査を含めること。
2　県は住民の立場に立った安全確保対策を確立し、専門技術員を加えた安全保障体制を県民の前に明示すべきであります。
3　使用済み燃料の処理について詳細に県民に明示されるべきであります。1トンにつき10キロ強のプルトニウム239、これは*4長崎型原爆の材料になります。
4　固形廃棄物をはじめ放射能汚物の処理方法を具体的にお示し願いたい。東海村でも運搬中の汚染、被爆が問題になっております。
5　モニタリングポストを県、鹿島町、松江市などに自治体独自のものを公開の原則に立って設置すべきでありますし、場所の選定については住民要求を取り入れるべきであります。
6　第2号炉の建設を拒否すべきであります。中国電力は70万キロワットの第2号炉を計画中といわれます。アメリカでは出力100万キロワットの場合は21キロ以内に人口2万5000人の都市があってはならないとなっております。島根原発の場合は1号炉を含めて110万キロワットで5キロ以内に人口1万人の鹿島町、10キロ以内に人口12万の松江市があります。
7　県は住民サイドで県民の暮らしと健康を守る立場に立って、あくまで平和利用三原則を企業に守らせ、それを保障しない限り中電との協定化、試運転を含めて運転許可をしないことが必要であります。

　以上について明快な答弁をお願いいたします。

### 答弁（伊達知事）

　答弁を漏らしておりまして失礼いたしました。

　島根原子力発電所の問題につきまして、いろいろな角度から御質問がございましたが、八束郡鹿島町に建設中の中国電力の島根原子力発電所の建設工事は順調に進んでおるようでございます。予定どおり昭和48年11月から営業運転開始の運びとなる見込みでございます。県といたしましてはかねてこの発電所の営業運転開始に備えまして、安全協定を中国電力株式会社との間に結ぶために、交渉を継続してまいっておったのでございますが、部分的になお検討、協議を要するものが残されております。ただこの交渉の相手方でございますが、県と鹿島町とそして相手は中国電力でありまして、松江市は入っておりません。県といたしまして、この安全協定交渉にあたっての基本的態度といたしましては、まず第1に常に住民の立場に立っての安全性確保をはかること、第2が原子力発電所の安全性については法律等できびしく規制されているものの、環境放射能や、その他周辺環境の安全については、関係住民の不安を解消すること、第3番目がこの協定は住民の安全性に重要な関連をもつものであるだけに、協定案文について県議会の御承認を得る必要があること

---

*4　長崎型原爆ファットマンは、核物質プルトニウム239を用いた爆縮型原子爆弾で、TNTに換算して22キロトンの破壊力を持つ。

――以上の3点でありまして、この基本的立場はあくまでも貫く所存で交渉にあたっている次第でございます。したがいまして今議会中に中国電力株式会社との間に意見の一致をみますれば、直ちに議会におはかりする所存でございます。なお協定内容についてのいろいろ御質疑がございましたが、これらについては関係部長から答弁いたさせます。

（福田真理夫君「2号炉の建設についてはどうなんだ」と言う）

2号炉の建設については、この問題につきましてはですね、初め………（「違う人の質問じゃないか、違う人の質問だ」「答弁漏れだ、答弁漏れだ」「答弁する必要はない」等々いう者あり）

この問題につきましては、2号炉の問題については、これが鹿島町に中国電力株式会社が初めて鹿島町に原子力発電所を設置する際には、将来2号炉の建設も予定しておるということを聞いておったのでございますが、現在のところこれについて、私は何ら正式には聞いておりません。

### 答弁（海老原厚生部長）

原子力発電所関係、私のほうからお答えを申し上げます。

第1点は、今回結ばれます予定になっております協定の立ち入り調査の件と思います。

今回中国電力と結ぶ予定になっております安全協定につきましては、考えております内容は13項目の予定でございます。その第8番目にこの立ち入り調査という項目を入れてございます。立ち入り調査ということを入れて結べというお話がございました。確かに入れて結ぶ予定でございます。

2番目が安全対策の確認、さらにその専門的技術員の問題というようなことと思いますが、県では安全対策の確認に対しましては厚生部で所管をいたしております。その安全確認の技術的な業務は県衛生研究所におきまして、所長をチーフといたしまして放射能関係技術者3名を充当いたしております。これから来たるべき運転開始に備えまして、安全確認体制を強化するため近く1名の技術者を増員する計画でございます。さらにただいま御審議をいただいております新年度の予算におきまして測定器械を充実いたしますために1,500万円を計上いたしておるところでございます。

次に使用済み燃料のこの行方等をはっきり明示をすべきであるという御趣旨と存じます。原子炉でもって発電に使いました使用済み燃料、これは御指摘のとおり確かにプルトニウム239が一ぱい含まれておるわけでございます。この取り扱いにつきましては核原料物質及び原子炉の規制に関する法律によりまして、一連の規制が行われておるわけでございます。さらに*5国際原子力委員会等の相当きびしい監査も行われておるわけでございます。原爆の燃料となる、もととなるプルトニウムがどこかにいってしまったというようなことは起こらないはずでございます。これらの鹿島の発電所におきます使用済み燃料の処理につきましては、中国電力といたしましては海上輸送して東海村に明後49年に完成をする予定になっております*6再処理工場でもって処理をするというような計画のようでございます。詳細な輸送計画等はまだ決定してございませんが、いずれにいたしましても、県のほうに事前に連絡を行うようにこの安全協定を結ぶ所存でございます。

その監視体制等につきましては各県の原案等も検討いたしまして、住民に不安を与えないように措置をしていきたいというふうに存じております。

次が放射性廃棄物でもって固形の廃棄物の処理方法がまだはっきりきまってないじゃないかということと思います。御指摘と思いますが、原子力発電所におきますこの固形の廃棄物、これは原子炉のいわゆる減速材それと冷却材をかねております純水――普通の水でございます。これの浄水化に使いますイオン交換樹脂、これがその主体を占めるのではないかと思います。これにつきましてはちゃんと遮蔽をされました場所に保存をしておく

---

*5 国連傘下の自治機関。原子力の平和利用の促進、原子力の軍事利用の防止を目的とする。略称はIAEA。
*6 使用済み核燃料の中からウラン、プルトニウムを取り出す施設。

ことによりまして、ある一定の時間がたちますというとそこに帯びておる放射能というのは減ってまいりますので相当な許容力があると思われます。その処置につきましては原子力研究所とタイアップをいたしまして放射性同位元素協会というのが全国一律で行われておるはずでございます。焼却等につきましては茨城県の東海村の日本原子力研究所の中で行っておるはずでございます。投棄等につきましては核燃料物質の使用等に関する規則によりましてこの放射性廃棄物を投棄する場合には、2000メートル以上深い海域でなくてはいけないというような規則がございまして、これにつきましてはただいま御指摘のようにそれではなおかつ不十分であろうということで、*7国際放射線防護委員会等で検討中でございます。いずれ結論が出てくると思いますので、その線に従って処理をされるものというふうに存じております。

　次にいわゆるこのモニタリングポストがまだ不十分ではないかという御指摘でございます。現在本県におきましてモニタリングポストといたしましては衛生研究所に設置をいたしております。数といたしまして満足すべき数とは思えぬわけでございますが、そのほかに定期的に場所をきめて測定をいたしておりますほか、いわゆる*8ガラス線量計というものを8ヵ所ほど昨年の秋から常置をいたしまして、蓄積線量の測定をすでに開始をいたしておるわけでございます。それらの結果を総合判断いたしまして万全を期していきたいというふうに存じております。

　次に平和利用の三原則について、それを重視せよという御趣旨と存じます。これは仰せのごとく原子力基本法の第2条に基本方針としてそれがうたわれておるわけでございます。この原子力基本法の第2条の趣旨にのっとって私ども進めていきたいというふうに存じております。

## 昭和47年3月7日
### 質問（長谷川仁議員）

　次に私は原子力発電所の安全協定について質問をいたします。いま島根県と中国電力株式会社との間に島根県原子力発電所の安全に関する協定を締結する交渉が進められておりますけれども、この交渉内容は公表されておりませんので住民は疑問を持っているのであります。昨年6月、アメリカでは原子力発電所の運転に伴う環境汚染を防ぐために、環境基準をきびしく大幅な改正を行っております。たとえば原発運転に伴う周辺住民の放射線被爆の制限値を、いままでより一挙に100分の1にきびしくしております。軽水型原子炉の欠陥問題は、これまで多くの科学者から指摘されていますし、多くの事故も起こしております。今度鹿島町に建設中の島根原発はこの軽水型原子炉でありまして、日立製作所が日本で初めてつくる国産第1号であります。したがって、いまだ実験され、ためされたものではなくて、実験台の第1号になるわけであります。

　したがいましてどこに不備があるかわからないという不安がつのるのは当然であります。ここに安全協定に万全を期さなければならない、より必然性があると思うのであります。

　一昨日、松江市矢田町の国道9号線で、朝7時半ごろ、スリップのために大型トラックがバスと衝突する三重事故の交通事故がございました。大型トラックは道路上に横になり、1時間半にわたり道路が遮断され、そのうえ午後2時半頃までトラックの荷物処理ができないために、片側通行をすること延々5時間、交通の大混乱を起こしたのであります。この原因は事故車が鹿島町の原発行きの資材を積んでいたために、他から荷物を処理しようと行っても原発職員以外の者には荷物処理をさせなかったためでありました。これがもし核燃料であったらどうなったでありましょうか。

　聞くところによりますと、核燃料の輸送は海上輸送ではなくして陸上輸送だと聞いております。

---

*7　専門家の立場から放射線保護の勧告を行う民間の国際学術組織。
*8　ある種のガラスに放射線を照射したのち、紫外線を当てると発光する。この性質を利用した線量計のこと。

いつどこでどのような不慮の事故が起きないとは限りません。

このように万一の場合直接の被害を受けるのは地元であります。地元住民こそがこの協定に参加する権利をもっておると私は考えます。

日本共産党島根県委員会は去る2月26日、知事に対する申し入れ書で細部にわたる要求を提出しておりますので本日は幾つかの点にしぼって知事に質問をいたします。

第1点は、安全協定の交渉は公開のもとで進められるべきものであると思います。原子力三原則の立場からいっても地域住民の要望にこたえる立場からいっても当然のことと思います。そして、いままでの交渉経過、内容、双方の見解を公表すべきであると思いますが知事のお考えはいかがでございましょうか。

第2点は交渉にあたって、今年度に締結するというせっかちではなくして、時間をかけ慎重に検討し中国電力ペースにならないことが大切だと思います。専門科学者や住民代表による公聴会の開催など科学者や住民の意見を十分反映して協定を結ぶことが大切であると思いますが、知事のお考えをただしておきたいと思います。島根県当局には原子力発電に関する専門科学者がいない現状でありますからなおさらのこと、これは大切であると思うのであります。

第3点は安全協定を結ぶにあたっての基本問題について伺いいたします。その1は協定の目的は、周辺の汚染防止、周辺環境の汚染防止、住民の安全、漁業被害防止のために協定を結ぶことを明確にすることが重点と思います。特に最近問題になっておる温排水による沿岸漁業に対する影響は大きく明確にしておく必要があると思います。

その2は立ち入り調査についてであります。

立ち入り調査は緊急時はもちろん、平常時でも甲が必要と認めたる場合は監視委員会及び甲が指名するものはいつでも立ち入り調査ができるようにすべきだと思います。その甲は島根県であり、鹿島町であり、松江市であると思うのであります。

その3は監視委員会の設置であります。

県職員、科学者、住民代表によって構成される監視委員会を設け監視体制をつくる必要があります。

第4点は安全協定の締結なしには操業させてはならないと思いますが、知事は中電にこのことを申し入れる考えがございますかどうか、取りつけてあるかどうか伺っておきたいと思います。

第5点は県が独自に昭和45年から基礎データの測定をしていますが、この測定結果を当然公表すべきであると思いますけれども、公表されますかどうかお尋ねしておきたいと思います。

### 答弁（伊達知事）

それから島根原子力発電所の建設に関連いたしまして、ただいま安全協定について交渉いたしておるのでございますが、この安全協定交渉は公開でやるべきじゃないか、というような御質問でございましたが、公開の原則とは、平和利用を担保するとともに、その成果が広く一般の人の利益に役立つことを目的といたしまして原子力基本法第3条に明示されております。中電との安全協定交渉は現在、続行中でございます。中途で明らかにすることは必ずしも交渉の円満な妥結に役立つものとは考えておりません。しかしながら協定の内容についてはいずれ県議会の御承認をいただくことにいたしております。

それから交渉が中電ペースで交渉が進められておるのではないかという御懸念がありましたが、そういうことはございません。協定交渉に当たりましては住民の安全性確保を背景にして主張すべきものは主張し、安全協定としての県の立場を貫いていく考えでございます。

なお、安全協定の内容につきましては後ほど部長から答弁いたさせます。

**答弁（海老原厚生部長）**

　原子力発電所関係、私のほうから4点ほどお答え申し上げます。

　まず第1に温排水に関することと思いますが、この件につきましては島根県のほうから提出をいたしておりますこの協定案の中でもって温排水等による周辺環境の保全のため関係法例を重視し、地域住民に被害を及ぼさないよう万全の措置を講ずるものとする、という形で表現をいたしておりまして、これでもってカバーができるものというふうに存じております。

　次は、立ち入り調査の件でございますが、昨日大谷議員の御質問に対しましてこの協定につきまして知事からその基本的な考え方についての答弁が行われたわけでございます。その中にもございますように住民の立場に立っての安全性確保をはかる、という趣旨でございます。その趣旨に基づいてこの件を取りきめていくというつもりでおります。

　次には監視委員会を設置したほうがいいのではないかということでございます。

　監視委員会の設置ということは当面予定をいたしてございません。放射能測定技術会というものをつくりまして科学技術庁等とも連絡を密にいたしまして、この監視測定を実施をして地域住民の安全確保について万全を期したいというふうに考えております。

　それから次は基礎データを発表すべきではないかということでございますが、これはただいままでの基礎データのみならず測定調査結果については原則として公表していくということでございます。ただ昨日も竹下議員のほうからの御指摘がございましたように、こういうようなデータの発表につきましては十分注意をして行いたいというふうに存じております。

**再質問（長谷川仁議員）**

　次に原子力発電所の問題であります。中国電力のペースになっておることを私か心配をしておると、こういうふうにおっしゃいましたけれども、心配はいたしておりますが、私が発言いたしましたのは、どのような内容で交渉が進められておるかという問題が県民の前に明らかになっておりません。したがって中電ペースになってはいけないということを警告したのであります。いままで全国的に原子力発電所ができて協定が結ばれる過程の中では、どこでも技術者は電力会社のほうはアメリカのほうに技術者を送って勉強させておる。地方自治体のほうでは専門家がおらないといったような状態の中で、いつでも電力会社のペースに基づく協定が結ばれて来たといういままでの経過、そして前進したところでは住民に内容を明らかにし、住民の世論のもとに立って自治体が電力会社と交渉をして来たと、こういうふうな具体的な例を私知っておるわけであります。こういう立場から電力会社との交渉については非常に放射能という危険な内容を含んでおり、住民の生命に関する内容がこの操業によって起こってくるわけでありますから、そういう慎重な住民にもわかってもらうようなこれが必要であろうかと思います。原子力三原則の中の公開の原則は、原子力の法律に基づいて3条にあることは承知をいたしております。当然原子力発電所の操業に関しての協定を結ぶ場合に公開でやられるというのは、この法の趣旨から言いましても適用すべきであると私は考えるのであります。

　それから次にもう1点は立ち入り調査の問題であります。昨日大谷議員のほうから質問がありまして、立ち入り調査の内容については項目に入っておるという知事の答弁はいただいておりますし、私も承知をいたしております。私がきょう質問しております中心は、立ち入りの調査の項目があるかないかということを質問いたしておるわけではございません。島根県の職員とか一定の限定された人だけが入るというふうな立ち入り調査の項目であるとするならば、これは電力会社のペースにはまっ

てしまったと言わなければならないと思います。特に先ほど発言の中で申し上げましたように原子力の関係で専門家が県におらない実情から言いましても、県知事が指名する人なれば立ち入り調査ができると、こういうふうな立ち入り調査の内容について住民参加という立場からの協定が結ばれるべきであると私は思うのであります。この点について答弁が住民の立場に立って協定をいま交渉中だというふうに御答弁がございましたけれども、公開という立場から言いましても明らかにしていただきたいというふうに思います。

**答弁（伊達知事）**

それから原子力発電所についての協定の公開の問題についての御質問でございましたが、これは交渉経緯や内容は協定案を議会に提出いたしましてその承認を求めるという点において私は県民に公開するという原則をとることになるものと考えておりますので、その点を御承知いただきたいと思います。

それから立ち入り調査の問題でございますが、住民参加の意味をできる限り織り込みたいと思いますけれども、これは相手のあることでございますので、いま確定的な見通しを申し上げることはできないのであります。

**再質問（長谷川仁議員）**

時間を取って恐縮ですが、ただいま知事が御答弁いただきました中で中電の原子力発電所の安全協定についてであります。いまおっしゃることを聞きますと、立ち入り調査のだれが立ち入るかという点では、まだ公表ができないというお話のようでございます。私はなぜ公表ができないか、県が出しておる住民参加の安全協定について中電がのまないので困っておるというふうな内容に受け取ったのであります。先ほどから私、知事に質問をいたしておりますように、他の原子力発電所が新設され協定が結ばれる時点で住民に公表し、住民の世論のもとに交渉がなされたところでは協定が前進しております。この教訓に学ぶ必要があろうかと思います。したがいまして先ほど申し上げますように原子力発電所の公開の原則は、そういう立場から言いましても公表をし、やっていく必要があると思います。いま知事がおっしゃる内容は県当局と中電と話し合って結論が出たら議会にはかる、それから住民に知らせる、こういう内容であります。県議会に経過を報告をし、
住民に報告をし、世論の中でこの交渉が進められることこそ住民参加の協定でありましょうし、住民の心配が解消される方向の大きな内容になってくると私は思いますので、この点について知事の御見解を再度承っておきたいと思います。

**答弁（伊達知事）**

原子力発電所の問題でございますが、私がいま住民参加の意味をできる限り織り込みたいと思うけれども、相手のあることでいま確定的な見通しを申し上げることができないと申し上げたですが、何かこの私が住民参加の意味について織り込みたいという考え方でただいま折衝中でございます。それをもちろん、これは相手方とよく話し合いをした上でのことでございますので、これはいま県のほうは何か困っておるというようなお考え、お話でございましたけれども、そういう意味ではございません。いま相手とよく話しして、そして案をつくってこれを議会にはかりたい。もちろん議会においてただ報告するということではございません。これは議会において承認を求めるということでございますので、私は県民を代表してですね、選ばれた議員の、この議会においてですね、はかる、議会にはかるということを私は民主主義のたてまえから言いまして県民の皆さんの同意を得たということになるものと私は考えております。

（「そのとおり」「賛成」という者あり）

### 昭和47年6月22日
### 質問（山崎健夫議員）

次に鹿島原子力発電所について質問いたします。去る6月10日付新聞は福井県浦底湾全域から、*9放射能コバルト60が検出されたと大きく報道し、予想外に汚染が広がっていることを伝えています。

私はこの中で明らかになったことは、今回の調査に当たられた川上京大教授を代表とする環境汚染と漁業研究グループが、将来への影響を考慮し厳重な監視が必要であること、また温排水利用による養殖漁業は慎重であることの2点を警告し、原子物理学の武谷前立教大教授も人体に害を与える確率が高まり、企業秘密優先の原子力発電には反対すると表明し、一方監督の立場にある科学技術庁原子炉規制課の逢坂課長補佐は、全く問題にならない程度であるとし、大神日本原子力発電常務は、発電所を建設する前に排水中に放射能は出ないという不十分なPRをしたがために、検出されるたびに騒がれると開き直った発言をしているのであります。実はこの発言は原子力発電側の共通した考え方を端的に示したものであり、きわめて重大な発言であります。つまり数年、数十年後に放射能毒が蓄積ないし濃縮されて危険をもたらすという人類にとって重大な事柄を、いとも安易に排水中に放射能が出るのはあたりまえである。建設まえにうそをついていたので、検出されるたびに騒がれ、迷惑であると言わんばかりの態度であります。平和と安全を願う住民の心を踏みにじる企業の卑劣な正義への挑戦であり断じて許すことができません。同時に中国電力はさらに悪質ではないか。つまり鹿島原発の原子炉設置が冷却水の取水確保に、虚偽の申請を行って許可を受けたという問題に対し、科学技術庁は申請事実の変更についての届出はされていないし、この程度であれば違反とはならないとし、中電側は偽りの申請ではないと高姿勢で突っぱねている。天下の中国電力さんですから自信のほどはまことにけっこうですが、国産初の原子炉で全く安全性の保障がないのに、このような大口をたたくのは、企業の住民を無視した傲慢以外の何ものでもありません。去る、今月初め鹿島町の御津漁協の一行22名が視察した関西電力美浜発電所の1号炉は、今月15日、一次水系の水が細管から二次水系に漏れるという原因不明の事故が発生し、運転をストップさせるという事件が発生しておるのであります。詳細についてはわかりませんが、しかし6月1日原子力委員会が発表した原子力の開発利用長期計画に対する新聞論説は、アメリカの実態と比較し安全についての審査と所要施策がきわめてあまく、立ちおくれていると指摘し、さらに環境保全、安全技術、経済性等の難問はこれからであるのに、発電量を優先させているときびしく批判し、原子力委員会に対する国民の信頼は回復されていないと一斉に指摘しているのであります。

このように何らの安全保障のない原子力発電に対して、中国電力が一方的に高姿勢で企業優先を貫こうとしているのは、中電側と折衝された執行部には、はなはだ気の毒ですが、去る3月議会において論議したとおり安全協定を中電側は企業サイドの内容でかちとったから、もうこれでこっちのものだと言わんばかりに、そろそろ本性を暴露し始めたと疑わざるを得ないものであります。

松江高専の赤塚教授も指摘しているように、原発の燃料かすの処理方法と安全性について、ますます疑惑が深まりつつある現状において、どのような解明がされてきたのか。東海村の再処理工場の処理や、米国への輸送がほんとうに可能であるのか。今後原因不明の海水汚染に対して、あるいは原因不明の不漁に対して補償はしないのか。さらに発電所周辺住民の原因不明の病気が発生した場合、医療費や生活費の補償があるのか。不測の事態に備えて協定を補強すべきではないか。特に放射能の監視体制は、どうも中電の都合のよいようにできているとのことでありますが、先刻述べたように完全な監視体制とすべきであり

---

*9　放射性同位体で医療用、工業用のガンマ線源として利用される。

ますが、この点についてお伺いいたします。中電側の納得できない態度について県はどう対応しようとしておるのか、それぞれ明確にお答え願いたい。

**答弁（伊達知事）**

それから原子力発電所の問題、こまかいことは関係部長からお答えいたしますが、先般議会で御承認いただきました原子力発電所に関するこの安全協定、中電との間に取りかわしました安全協定につきましては住民の立場というものを十分考慮して、県としては協定を結んだつもりでございますが、しかし今後さらに改定の必要が生じますれば、私は改定するにやぶさかではないと、新しい事態に対処いたしまして、もしこれでは不備だということになりますれば、私は改定にやぶさかではないという考え方でございます。

**答弁（中村厚生部次長）**

原子力発電所の問題につきまして、こまかい点につきましてお答えいたします。

第1点の放射能の監視体制でございますが、現在中電側が原発サイド内に3カ所、サイド外に4カ所、県といたしましては衛生研究所にモニタリングポストを1カ所設けております。しかし、これらの記録はすべて両者でつくっております技術会に提案されまして、両者で正当に対等な立場で評価して住民に公表されますので、お説のような中電側に有利な監視体制であるということは言えないと存じます。ただ、最近現地であります鹿島町のほうから町としてモニタリングポストを1カ所設けたい、県の協力を得たいいという申し出があっていることをつけ加えておきます。

第2点の不測の事態でございますが、この点につきましてはさきに御承認を得ました協定書の第13条にあらゆる場合を想定いたしまして、損害が住民に発生した場合には中電側に補償義務を負わしておるわけでございますけれども、なおこれ

で救済しえない事態が生じた場合は、先ほど知事が申しましたように、第14条の規定を適用いたしまして改定の議を起こすことができるようになっております。

第3点、中電側の態度について御説明がございましたが、世界的にも原子力によるエネルギー革命が進行いたしているときに、この原子力発電所の安全性の確保という問題につきましては慎重の上にも、さらに謙虚な態度であらゆる意見を取り入れるべき義務があると存じます。それが先般締結した協定書の精神でございます。中電側の横暴などということは決してないと私たちは確信いたしております。

## 昭和47年9月28日
**質問（福田真理夫議員）**

まず第1は原子力発電所の燃料の輸送問題について伺いたいと思います。原子力発電所の問題はいま非常な関心を呼んでおります。当局側はあるいは政府は絶対安全だというふうに常に言われておる。しかしながら実際には各地で問題を起こし、何とうまい説明をされようとも現実には事故が起こっておる、水が汚染しておる。何ら問題が起こらない、そういうことであれば住民の反対運動はないであろうし、瀬戸内海等でも当然原子力発電所は設置されるものである。だから住民はいま実験段階にあるところの原子力発電所に対しては、非常な関心と不安を抱いております。おそらく人間の奥深いところの危険予知の、非常な本能的なものから発したものではないかと私はそういうふうに思います。

そこでこのたび来月の3日から西日本において初めて核燃料が運ばれることになった。鹿島町へ運ばれるわけでございます。私たちは当然協約の内容から事前連絡があって、それも相当期間、十分な期間をおいて住民に輸送計画の内容を実態を知らして検討する期間を与えて、そうして住民納得の上で輸送が開始されるとそういうふうに

思っておったわけであります。だがわずか輸送開始の10日前になってこの輸送計画が私たちにはわかったわけなんです。そしてこういうわずか10日間の期間しかない、こういう状態で私たちもしろうとであるし住民もしろうとである。非常にむつかしい核燃料の輸送計画内容その他について十分検討する時間的余裕はないはずであります。それでなくても県民、特に関係住民は非常な心配をしておるから、これは県が会社と一体になって、あまり期間をおくと問題がややこしくなる、反対運動が燃え上る。だから期間をおかず、抜き打ち的に輸送をしたほうがいいというふうに思って、こういう運びにされたもんじゃないのか。私は実際は必ずしもそうでないかもしれないとも思いますが、どう考えてもあれだけの危険性なり不安を持っておる核燃料の輸送を、それの事前連絡にしてはあまりにも期間が短か過ぎるとこういうふうに思うわけであります。県は住民の立場に立って住民の不安を解消するために、この輸送延期を要請する意思はないのかどうなのか。私はこの問題は、単なる純技術的な問題で事済むものだとは思いません。当然西日本初めての輸送ではあるし、政治的なこまかい神経の配慮が必要である。それが民主主義の政治の要諦ではないかと思います。それについてどう考えられておるのか。

さらに安全対策といたしまして輸送計画の説明の中で輸送容器の安全性を強調して、本輸送器の構造は外部容器と内部容器——内部容器は鋼鉄製のようでありますが——二重構造となっており9メートルの高さから落下し衝撃を受けても、さらには30分間800度の高温に接してもそれに耐え得る設計であり、したがって万一衝突とか火災の事故にあっても、輸送容器が破損して燃料が外に出るようなことは絶対ないとこういうふうに言っております。しかし現実に輸送コースをみてみますと京都から鹿島町の現地まで、その間には40メートル、50メートルの高いがけが幾つかある。9メートルの地点から落下して大丈夫というようなことで

は、とうてい安全性を確認することはできないわけであります。9メートルというのは私はこれは全く危険な高さではないか。そうした点県としては9メートルでもし事故が起こったら、9メートル以上4、50メートルの場所から落ちるような事故が、不測の事態が起こったらどうするのか。そうしたことは考えておられるのか。いまのような輸送計画の内容でいいのかどうなのか尋ねてみたいと思います。

また私はできるだけ安全な輸送方法としてはやはり陸送よりも、できるだけ海上輸送をすべきではないのか。京都から海上輸送で鹿島町の原子力発電所へ持って行くのが、最も安全な方法じゃないかというふうに考えるわけなんでありますが、そういうふうに計画変更の要請をされる気はないのかどうか。さらに会社側が今回のように協約の事前連絡のほうを、事前連絡というのは1日前でもいいんだと、直前でもいいんだというような解釈でこういう非常に短時日の間に輸送を実施するという、こういうことがやられるならば、われわれとしては協約の内容を改正しなければならない。少なくとも1ヵ月程度の余裕があるべきではないかと、そういうふうに思うわけでありますが、どういう見解かお尋ねしたいと思います。

**答弁（伊達知事）**

次に御質問の原子力発電所の問題でございますが、これは御意見のとおり、公表はできるだけ早くすべきものであるというふうに考えまして、県といたしましても中電にその計画の早期提出を指示してまいったのでございますけれども、科学技術庁における点検がおくれたこと、そして8月上旬。中電から提出されました計画を検討いたしました結果、事故時対策など不十分な点がありまして、これが対策を申し入れたこと、また輸送経路にある各府県——これは1府8県にまたがるものでございます。この交通事情の調整などに時間がかかったこと等の関係上、最終的な計画確定と同

時に公表したものでありまして、故意に発表をおくらせたものではないことを申し上げたいと思います。

次は安全対策についてでございますが、国におきましても放射性物質車両運搬規則、これは運輸省令でございますが、これに基づきまして、その容器、包装、積載方法、積載限度等につきまして厳重な安全性審査基準によりまする審査が行われておりまして、すでに日本原子力発電の敦賀発電所や東京電力の福島原子力発電所への燃料集合体の輸送と全く同じやり方で輸送か行われますので、安全性は保証されているものと考えております。なお、輸送時におきましてはおおよそ200メートル近い長い隊列となりまする関係から交通事故などを誘発しないように、県警のパトカーなどによりまして事故防止に万全を期することといたしております。このたび運搬されまする新燃料は放射性物質であるウラン235を2パーセントないし3パーセント含有するものでありまして、これが運搬途中で放射能を異常に放出するものでは決してございません。したがいまして輸送計画を延期させるようなことは考えておりません。

なお、中電と結びました協定の第5条によりまして事前に連絡することになっておりますが、その事前とは輸送計画に対しまして県、町の意見が十分取り入れられて、また住民にその状態がわかるような時間的余裕をもつというものでございまして、御質問の趣旨を尊重し、今後対処してまいりたいと考えております。

## 全員協議会

昭和47年3月21日
○知事

原電運転開始に伴って地区住民の安全確保に関する協定について中電と交渉を継続した結果、意見の一致を見たので、こんにち議員各位の御了承を賜わり、協定締結の運びとしたい。

○議長

つづいて水厚委員長から水厚委における本件についての調査の経過並びに結果について報告願いたい。

○桐木水商厚生委員長報告

島根県及び鹿島町と中国電力株式会社が島根原子力発電所の周辺地域住民の安全確保等について協定を締結するものであり、法令上からは議会の議決を要する事項ではないのでありますが、地域住民に影響するところきわめて甚大であり、本県として初めてのケースでもあるといった観点からただいま県当局から御説明のありました「島根原子力発電所周辺地域住民の安全確保等に関する協定書（案）」については、かねてより水商厚生委員会において、公害対策に関する調査の一環として調査を進めてまいりましたので、その状況を御報告申し上げます。

そもそも本協定書は、経過について聴取するとともに、福井、静岡、福島、茨城の協定書等についても事前に調査研究を行い、さらに鹿島町へまいり現地調査を実施いたし、2日間にわたり協定書（案）について逐条検討を行ってまいりました。この過程において論議せられた諸点を要約いたしますと、議会の了承を求められているものであります。すなわち中電の計画によれば八束郡鹿島町に出力46万5000キロワットの原子力発電所を建設し、昭和48年11月から営業運転の開始が予定されており、これに対処するためのものであります。

本委員会といたしましては、交渉に当たる県の基本的態度、交渉経過について聴取するとともに、福井、静岡、福島、茨城の協定書等についても事前に調査研究を行い、さらに鹿島町へまいり現地調査を実施いたし、2日間にわたり協定書（案）について逐条検討を行ってまいりました。この過程において論議せられた諸点を要約いたしますと、まず第1点は測定結果の公表についてでありますが、第3条において「発電所周辺の環境放射能および温排水等に関する測定結果について

は、技術会の作成した報告書に基づき、甲、乙協議のうえ公表するものとする。」と定められており、このうち「協議」とは甲、乙両者の意見が一致することだと解釈されているが、過去の公害の歴史にかんがみて、公表がおくれたり隠されたりすることが懸念されるので「協議」という字句は削除すべきであるという一部の意見と、測定結果の公表は、きわめて慎重でなければならないし、いたずらに民心に不安を呼び起こすようなことがあってはならないから、できるだけ甲、乙の意見が一致したうえで発表しなければならない。また、甲、乙の意見が一致しないときは専門機関等の意見を聞いて、甲、乙の意見の一致をみたうえ発表するものであるという県当局の説明を了承する意見と意見の一致をみなかったのであります。

　次に第2点は、異常時における連絡であります。第7条第1号において「原子炉施設の故障（原子炉の運転に及ぼす支障が軽微なものを除く。）があったとき。」とありますが、軽微なものとはなんぞやという基準が定まっていない現在、拡大解釈されるおそれもあるので、カッコ書きは削除すべきだという一部の意見があり、これに対して、軽微なものについての科学庁の基準が近く示される予定であり、かつまた小さなピン1つ落ちたというようなことまで連絡を求める必要はないという県当局の答弁を了承する意見と対立したのであります。

　しかしながら、以上2点を除くその他の条項につきましては、安全確保、温排水に対する周辺環境の保護、立入調査の任意性、住民参加の監視体制の諸規定など、現在一番厳しいといわれておる福井県が関西電力と結んでいる協定をはるかに上回るものであり、県当局の努力を評価するものでありまして、了承してよろしいという全員の結論を得たのであります。

　以上をもちまして報告といたします。
## ○議長
　この際、執行部並びに水厚委員長の報告について質問があれば。
## ○山崎議員
　2、3点尋ねたい。協定全般については慎重な配慮がされていて評価するが、しかし、こんにち的にみた場合、たとえば美浜の場合ずいぶん問題が生じている。鹿島原発は1号炉が46万5000キロで計画されておるが、パワーアップしたとき72万キロになる。この間の新聞を見ると副知事発言で2号炉は当然つくるものである、というふうに報道されておったが、そうすると100万キロ以上の施設ということになるわけだ。そこで外国の例から見ても、日本では2番目の100万キロ以上は美浜に次ぐものだが、それにしても世界ではかなり最大発電量の発電所である。したがってかかる大発電所の今後の安全には慎重を期さねばならぬので尋ねたいのは、協定が結ばれるに当って2号炉についてはどうなっておるか。

　第2の問題としては、第3条の協議が、科学者の意見が一致しておれば問題はないが、敦賀、東海村のアメリカあたりの場合でも科学者の意見が非常にまちまちだ。そういう意味から簡単に結論が出ない場合が多いじゃないか、その場合住民の安全は住民の立場で本当に発表されるのか、それとも意見の一致がない限りは結局は発表されないままになって住民の安全がおろそかにされないか。第3条の「協議」には疑問がある。さらに第7条についても先刻来報告があったように「軽微」の基準がない限り、しかも科学者の意見がきわめて一致しかねるようなこんにち的な状況下での第7条については問題ではないかと思う。

　その点説明いただきたいが、同時に濃縮ウランが入るのが10〜11月と伺っておる。先ほどの点からみても、国内の事故例についても科学者の意見がまちまちな現状下で一体島根県としてはかかる強大な原電を設置するに当って、事故についての認識はどこ当たりに持つべきか、どういう事故についての検討の基準を設けられたか尋ねたい。

　同時に廃棄物の危険対策について、第5条で

輸送計画並びに安全対策については事前に連絡することになっているが、私どもの調査範囲では残念ながら東海村、アメリカしか固形廃棄物の処理施設はない。鹿島原電では1日にドラム缶1本、年に360～400本。これに対しての対策がない。とするならこの点についての安全対策は本当に重要だと思うが、こうした点で特に今後の安全についての測定結果の公表については問題と思うので、この点お聞かせいただきたい。

10月～11月に濃縮ウランの搬入があるが、先ほど申し上げた点が十分調査されて、場合によっては議会、執行部なりが他地域にも十分調査をしてそして協定を結ばれてもいいではないか、言いかえると十分自信のある協定をぜひつくってほしい、その意味で緊急な提案であるし、論議にしても短期間で終っているではないかと懸念しておる。ちょっと急がれすぎるのではないかと思うが、どうか。

なお、周辺地域住民に松江市から協定当事者に入れてほしいとの要請があったようだが、私も当然松江市、島根町あたりは当事者に入れるべきだと思うがどうか。

○副知事

第1、1号炉のパワーアップ、2号炉増設についての私の発言だが、1号炉46万5000キロは現在の鹿島方式ではこれをパワーアップすることはできないような炉になっておる。しかしこの協定では念のためにパワーアップする場合には事前協議の対象になる、こういったように念には念を入れておる。

2号炉増設は、これは増設されるものだ、と私が発言したといったような御質問だが、私は決してこういった意味の発言はしておらぬ。これは水厚委で現地に行かれたときお聞きのとおり中電側では将来計画として2号炉を増設する計画があることは、これは公然の事実である。があくまでもそれは中電の計画であって、そのいい悪いを本県として言うべき段階ではない。

もちろん将来2号炉が具体化され、3～4年先にいよいよ着工の段階になれば当然事前了解の対象になって協議が行われる。その際県議会、関係地域住民の意向を十分参酌しながら対処していきたい。県としては、そうした通告を受けたわけでもない。向うの計画としてはあるということだ。

第3条、測定結果の公表で甲、乙協議の上――この点が委員会でも問題になったが、これは委員長報告のとおりだ。放射能については地域住民は大きな関心をよせており、発表については軽卒な発表をせずに、どのような方法をとるか、決して測定単位をゆがめてやろうとかでなしに、十分検討の上で無用な不安感を与えない考え方の下に「協議」と挿入したもので、できるだけ慎重に発表を取り扱いたい。中電側サイドで協議するような考え方は毛頭ない。万一意見一致を見なかった場合には秘密会なりその他の学識経験者の意見を尊重して発表方法について協議し、この点は意見の一致を見なかったがこれこれである――こうした発表方法もあり得るわけで御了承いただきたい。

第7条、非常時における連絡、「軽微なものを除く」、委員長報告にもあったが、軽微の範囲については、軽微ということばは、原子炉の設置運転等に関する国の規則でも、第28条で使っておる。ただ軽微の度合などについては科学技術庁で検討中で、統一見解は少くとも来年11月の運転時までにははっきりするので、この協議もこれに基づいてこの方式をとった。

ウラン搬入について、一応私どもとしては国の原子力委員会、科学技術庁の検討結果を一応よりどころとせざるを得ないではないか。反対意見を無視するわけではないが、現段階では、正式な機関による見解を第一戦的に取り上げたい考えなので了承を得たい。

急ぐ必要ないじゃないかの意見だが、本県としては大きな問題なので、協定案作成までには昨年来他府県の協定案を十分に検討し、参考資料も

とって昨年末よりしばしば中電と交渉を重ねた結果ようやく両者の意見一致をみたものだ。急いで結論に到達したものでないのでこの点も御了承を賜わりたい。

契約当事者に松江市も入るということは、市から申し入れがあったのも事実だが、本県としては当初から関係地域住民の代表者は島根県だ、だから関係地域住民を代表して県と中電と協定を締結する原則でこんにちまで交渉して来た。但し、所在地町の鹿島町だけは特別に扱うのが妥当でないかとの考えで当事者にしたものだ。

締結に当っては知事が説明したように地域住民の代表として、地域住民の立場から締結したので御了承を得たい。

廃棄物の処理など技術的な問題は担当部長から。

○厚生部長

使用ずみ燃料は一定期間（半年位）現地建物の中のプールの中に入れて熱をさまし、以後構内岸壁から船で東海村の再処理工場へ運ぶ予定だと言っておるが、いまつくっておる工場の能力が1ヵ月200トンと言われており、あるいはその範囲内に入れることが難かしいかも知れぬ。その場合はアメリカへ持って行って再処理してもらうとの答えだ。

固形廃棄物の主なものはドラム缶に入れて一定期間構内に貯蔵し、たまって来た場合、法でもって海洋2000メートルの深さに投棄してよろしいとなっていたが、その点問題があるだろうとただいま国際的にも検討中だときいておる。結論が出れば、日本でも法や規則が改正されるし、それにしたがって処分されると思う。

○山崎議員

意見を申し上げて恐縮だが、鹿島原発は国産第1号になっておる。でずいぶん問題が出ることも考えていなければならぬと思う。

事故例についての認定では美浜では問題が出ておる。その点、協議が甲乙意見一致をして技術会で独自の測定結果を発表するとか、すべてのチェックするのは技術会だと解釈するのが正しいと思うが、実際問題として技術会の構成は第8条(1)の職員が技術会に入り、あと中電側から入ることになっておるが、専門的には中電側が専門家が多いではないか、そうするとややもすると民心の不安は、出た結果によって直ちに影響が出る被害と蓄積されてはじめて被害となるケースが多いわけで、その意味ではたえずチェックしていかねばならんじゃないか。測定結果については1日も早く機動性をもった技術会での論議がされて公表されねばならぬように思うが、協議の上、となれば拘束されないか。副知事答弁のように民心問題もあるからその点配慮して発表すれば別に「協議」がなくても運営の中で取扱いができるじゃないか。

「協議」についてはこだわるようだが、未知の世界のことなので科学者の認定について意見の一致しかねる現状なので再度お尋ねしたい。

また科学技術庁、原子力委で「軽微」と使用しているといったが、この点アメリカあたりではある程度の基準が出ておるようだ。そういうときに「軽微なものを除く」と表現せねばならなかった点どうも納得できないが。

○厚生部次長

「協議」の問題について、規程（案）第3条に、技術会は県の一般職の職員と中電の職員との構成になっておる。県職員8、中電6、の構成で技術会で中電側に押しまくられるという可能性はない。技術水準の差も、こと放射能に関する限り差がないのでその点心配はいらぬ。

なお、どうしても疑問点が残った場合には第2項で専門機関、つまり原子力委、科学技術庁、通産省等の意見をきき、さらに専門の学識経験者の意見もきくことができるようになっておるので十分な態勢が整えられておる。

協議については、協定書第3条を受けて測定結果というのは技術会規程の第2条にもあるように四半期ごとに毎年度の公表を義務づけておる

ので、その義務づけられた公表のしかたについて甲乙が事前に協議をする、という慎重な態度を期しておる。それは民心の安定を第一義に考えたからだ。

　第2点の「軽微」については委員会でも説明したようにいま科学技術庁で検討中で、この発電所の操業開始までには結論が出ると思うが、それまでには両者の間で原子炉の運転に及ぼす支障が軽微なものとは、原子炉の運転にほとんど支障を来たさない程度の故障——このように相互に理解しておるので御理解いただきたい。

○大屋議員

　議事進行について。こんにち原子力の平和利用はわが国にとっても世界にとっても、特に島根県においても非常に大きな問題だ。この原子力の平和利用がうまく行ってこそ始めて進歩あり発展がある。将来汽車も自動車も皆この原子力によって動くのは当然だと私ども考えておる。

　そこでただいま委員長報告もあったが、きわめて適切なものだったと思う。また副知事からも答弁があったが、全くそのとおりだと思う。ことにこの協定はどちらかの一方から不平がある場合には、これを申し出て協議することができるという条文になっておるので、私はこのまま賛成せられてしかるべきだと思う。

　1つ例を挙げると、りっぱな医薬品を学者が研究する場合にも、必ずしも満場一致はない。あれだけの抗生物質でもやはり反対意見があるのだが、その結果において、大多数の意見をもって一応使ってみてこれによって効果をあげておるのが現状だ。学者の意見は必ずしもいつの場合でも一致することはむずかしいと思うので、原子力平和利用における島根県の第1号原子炉は中電のきわめて英断によってわれわれは将来島根県を大きく前進せしめるものと私はむしろ感謝の意をもっておる。この点でこの協定書は直ちに賛成をいただけると私は存じておる。以上が私の所見だ。

○議長

　大屋議員、動議ですか。

○大屋議員

　動議だ。

○議長

　ただいま大屋議員から本件について了承するとの動議があったが、（異議なし）

　大多数の方々が賛成なので、そういうことに本問題については了承することに決定する。

○長谷川議員

　議事進行についてただいま大屋議員が発言されたのは動議でなくて皆さん賛成して下さいとの意見であった。

○議長

　動議だということを皆さんにはかった。発言者にお尋ねしてそうして皆さんにはかった。

○長谷川議員

　さっきの、あれは動議でない。

○議長

　私が動議であるかどうかを……それだから……

○長谷川議員

　意見はお述べになって結構だが、まだ質問があるようだからこの点はやはり、その上で。

○議長

　ただいま大屋議員に動議であるか否か議長はたしかめた。動議だったので皆さんにおはかりした。

　以上で安全協定案の御相談は終った。

　知事に対して了承する旨の回答をすることにしたので了承願いたい。

## 4. 島根原子力発電所周辺地域住民の安全確保等に関する協定

島根原子力発電所周辺地域住民の安全確保等に関する協定については次の協定書（案）によった。

島根県および鹿島町（以下「甲」という。）と中国電力株式会社（以下「乙」という。）は、乙が鹿島町に設置する島根原子力発電所（以下「発電所」という。）の周辺地域住民の安全確保等について次のとおり協定を締結した。

### 島根原子力発電所周辺地域住民の安全確保等に関する協定（案）

（関係法令の遵守等）
第1条　乙は発電所の建設および保守運営に当っては、発電所から放出される放射性物質による汚染の予防と安全確保および温排水・その他の排水（以下「温排水等」という。）に対する周辺環境の保護のため関係法令を遵守し、周辺地域住民に被害を及ぼさないよう万全の措置を講ずるものとする。

（環境放射能等の測定）
第2条　甲および乙は、発電所周辺の環境放射能および温排水等に関する側定に当たっては別に定める「島根原子力発電所環境放射能等測定技術会」（以下「技術会」という。）で定める計画に基づいてそれぞれ実施する。

（測定結果の公表）
第3条　発電所周辺の環境放射能および温排水等に関する測定結果については、技術会の作成した報告書に報告書に基づき乙協議のうえ公表するものとする。

（計画に対する事前了解）
第4条　乙は、発電所の増設（既存設備の出力増加を含む。）に伴う土地の利用計画、冷却水の取排水計画および建設計画について事前に甲の了解を得るものとする。

（燃料等の輸送計画に対する事前連絡）
第5条　乙は甲に対し、新燃料、使用済み燃料および放射性廃棄物の輸送計画ならびに安全対策について事前に連絡するものとする。

（平常時における連絡）
第6条　乙は甲に対し、次の各号に掲げる事項について連絡するものとする。
　　(1)発電所建設工事の進捗状況
　　(2)発電所の運転状況（試験運転を含む。）
　　(3)環境放射能の測定結果
　　(4)温排水等の測定結果

（異常時における連絡）
第7条　乙は甲に対し、次の各号に掲げる事項について発生時に連絡するものとする。
　⑴原子炉施設の故障（原子炉の運転に及ぼす支障が軽微なものを除く。）があったとき。
　⑵核燃料物質の盗取または所在不明が生じたとき。
　⑶電所敷地内において火災事故が発生したとき。
　⑷従事者または非従事者の被爆が法令に定める許容被爆線量をこえたとき。
　⑸前号に定める基準以下の被爆であっても被爆者に対して特別の措置を行なったとき。
　⑹核燃料物質または核燃料物質によって汚染されたものが、管理区域外に漏洩し、一時的な管理区域の設定をしたとき。
　⑺発電所敷地外において放射性物質の輸送中に事故が発生したとき。（放射性汚染を伴わない単なる自動車事故等を含む。）
　⑻緊急事態を発令したとき。

（立入調査）
第8条　甲は、発電所周辺の環境放射能および温排水等に関し、異常が生じる等特に必要と認める場合は、次の各号に掲げる者でその指名するものを立入調査させることができるものとする。
　⑴地方公務員法　（昭和25年法律第361号）　第3条第2項に掲げる一般職の職員
　⑵地方公務員法　第3条第3項第1号および第3号に掲げる特別職の職員
　2、前項の立入調査を行う場合は、甲はあらかじめ乙に対して立入者の職、氏名、立入の日時および場所を通告するものとする。

（適切な措置の要求）
第9条　甲は、立入調査の結果周辺地域住民の安全確保のため特別な措置を講ずる必要があると認める場合には、乙に対して国を通じもしくは直接、適切な措置を講ずることをもと求めるものとする。

（公衆への広報）
第10条　乙が発電所の異常な事態に関して公衆に特別の広報を行う場合は、甲に対して事前に連絡するものとする。

（連絡の方法）
第11条　乙は甲に対し、次の各号に定めるところにより連絡するものとする。
　⑴第4条、第5条および第6条に掲げる事項については、文書をもって連絡する。ただし、第6条第3号および第4号については、技術会の作成した報告書をもってこれにかえるものとする。
　⑵第7条および前条に掲げる事項については、すみやかに電話で連絡後、文書をもって連絡する。ただし、軽易な事項については、電話連絡のみとする。

（連絡責任者）
第12条　甲および乙は、連絡を円滑に処理できるようあらかじめ連絡責任者を定めるものとする。

（損害の補償）
第13条　発電所の保守運営に起因して、周辺地域住民に損害を与えた場合は、乙は誠意をもって保障に当たるものとする。

（協定の改訂）
第14条　この協定に定める事項につき、改訂すべき事由が生じたときは、甲、乙いずれからも、その改訂を申し出ることができる。この場合において甲および乙は誠意をもって協議するものとする。

（その他）
第15条　この協定に定めた事項について、疑義を生じたとき、または定めのない事項については、甲、乙協議して定めるものとする。
　この協定締結の証として、本書3通を作成し、甲および乙において記名押印のうえそれぞれ1通を保有するものとする。

　　　　　　　　　　　　　　　　　昭和47年3月　　　日
　　　　　　　　　　　　　　　甲　島根県松江市殿町一番地
　　　　　　　　　　　　　　　　　　島根県知事　　伊　達　慎　一　郎
　　　　　　　　　　　　　　　　　島根県八束郡鹿島町佐陀本郷七〇一番地三
　　　　　　　　　　　　　　　　　　鹿島町長　　　安　達　忠　三　郎
　　　　　　　　　　　　　　　乙　広島県広島市小町四番三三号
　　　　　　　　　　　　　　　　　　中国電力株式会社
　　　　　　　　　　　　　　　　　　取締役社長　　山　根　寛　作

協定の締結（昭和47年3月27日）

## 5．島根原子力発電所用新燃料輸送計画

　新燃料の輸送については、「島根原子力発電所周辺地域住民の安全確保等に関する協定書」第5条の規定にもとづき、中国電力㈱山根寛作代表取締役社長から、伊達慎一郎島根県知事宛てに次のとおり連絡があった。

中国電発原原調第33号

昭和47年8月7日

島根県知事

　　　伊　達　慎一郎　　殿

中国電力株式会社

　　　取締役社長　山　根　寛　作

島根原子力発電所用新燃料の輸送について

　昭和47年3月27日締結の「島根原子力発電所周辺地域住民の安全確保等に関する協定書」第5条にもとづいて別紙のとおりご連絡いたします。

以　上

島根原子力発電所用新燃料輸送概要

1．輸送計画

(1)　輸送時期

　　昭和47年10月～11月

(2)　輸送方法

　　燃料集合体404体を13回分けて輸送する。1回の輸送はトラック4台で編成し，燃料集合体32体（2体ずつ輸送容器に納め，輸送容器4箱を1台のトラックに積載する）を輸送する。ただし，最終回はトラック3台とし，燃料集合体20体を輸送する。

(3)　輸送経路

　　神奈川県横須賀市の日本ニュクリア・フュエルから国道16号線，東名・名神高速道路，国道9号線，島根県道恵曇港線を経て島根原子力発電所に至る。

(4)　納入業者

　　株式会社日立製作所（ただし，輸送実務は日立運輸東京モノレール株式会社が行なう。）

2．安全対策

(1)　専用輸送容器の使用

　　科学技術庁の設計審査および検査に合格した燃料集合体輸送の専用輸送容器を用い，運輸省の放射性物質車両運搬規則にしたがって輸送する。輸送容器は木製の外部容器と鋼製の内部容器の2重構造となっており，衝撃，火災等に対しても破損して燃料が外へ出ることはない。

(2)　交通安全対策

　　トラック4台の前後に橙色警戒燈をつけた先導車，後続車を配し，6台編成として運行する。また出発前，運転手交代時等に必ず車両の点検を行なうとともに，運転手は原則として運転経験8年以上の者とし，途中十分な休憩を取らせて安全に留意する。

以　上

島根原子力発電所1号機用燃料集合体輸送計画説明書

昭和47年7月

中国電力株式会社

概　要

　この説明書は47年10月～11月に行なわれる予定の島根原子力発電所用新燃料の輸送に関するものである。

　この新燃料は神奈川県横須賀市にある日本ニュークリア・フュエル株式会社（以下JNF）において製作されたもので輸送経路は，神奈川県，静岡県，愛知県，岐阜県，滋賀県，京都府，兵庫県，鳥取県および島根県の1府8県にわたり距離は約890キロメートルである。

　この輸送にあたっては，科学技術庁原子力局，運輸省自動車局，警察庁および各県警等の指示，指導にもとづき，輸送の安全性に充分留意することとしている。

1．輸送計画

　1．1　輸送スケジュール

| 輸送回数 | 燃料集合体　数 | 輸送容器数 | トラック台　数 | 到着予定日 |
|---|---|---|---|---|
| 第1回 | 32体 | 16箱 | 4台 | 47－10－4 |
| 2 | 〃 | 〃 | 〃 | 〃　〃－⑧ |
| 3 | 〃 | 〃 | 〃 | 〃　〃－12 |
| 4 | 〃 | 〃 | 〃 | 〃　〃－18 |
| 5 | 〃 | 〃 | 〃 | 〃　〃－㉒ |
| 6 | 〃 | 〃 | 〃 | 〃　〃－26 |
| 7 | 〃 | 〃 | 〃 | 〃　11－1 |
| 8 | 〃 | 〃 | 〃 | 〃　〃－⑤ |
| 9 | 〃 | 〃 | 〃 | 〃　〃－9 |
| 10 | 〃 | 〃 | 〃 | 〃　〃－15 |
| 11 | 〃 | 〃 | 〃 | 〃　〃－⑲ |
| 12 | 〃 | 〃 | 〃 | 〃　〃－㉓ |
| 13 | 20体 | 10箱 | 3台 | 〃　〃－29 |
| 計 | 404体 | 202箱 | 51台 | |

（注）1．到着時刻は午前6時半の予定であり、出発は到着日の前々日午後4時半の予定。

　　　2．○印は休祭日。

　1．2　輸送隊の編成

　　　第1図のとおり

　1．3　トラックへの積載方法

　　　第2図のとおり

## 第1図 運行体制図

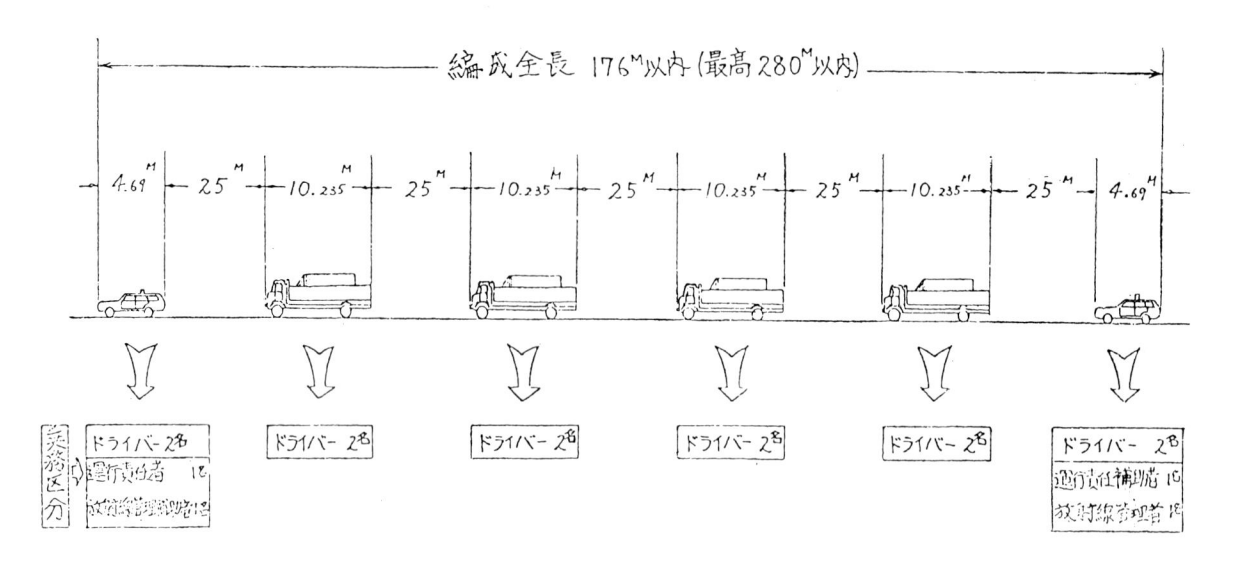

但し走行中の各車間距離は実情に即して増減するものとする。

## 第2図 トラック積載状態図

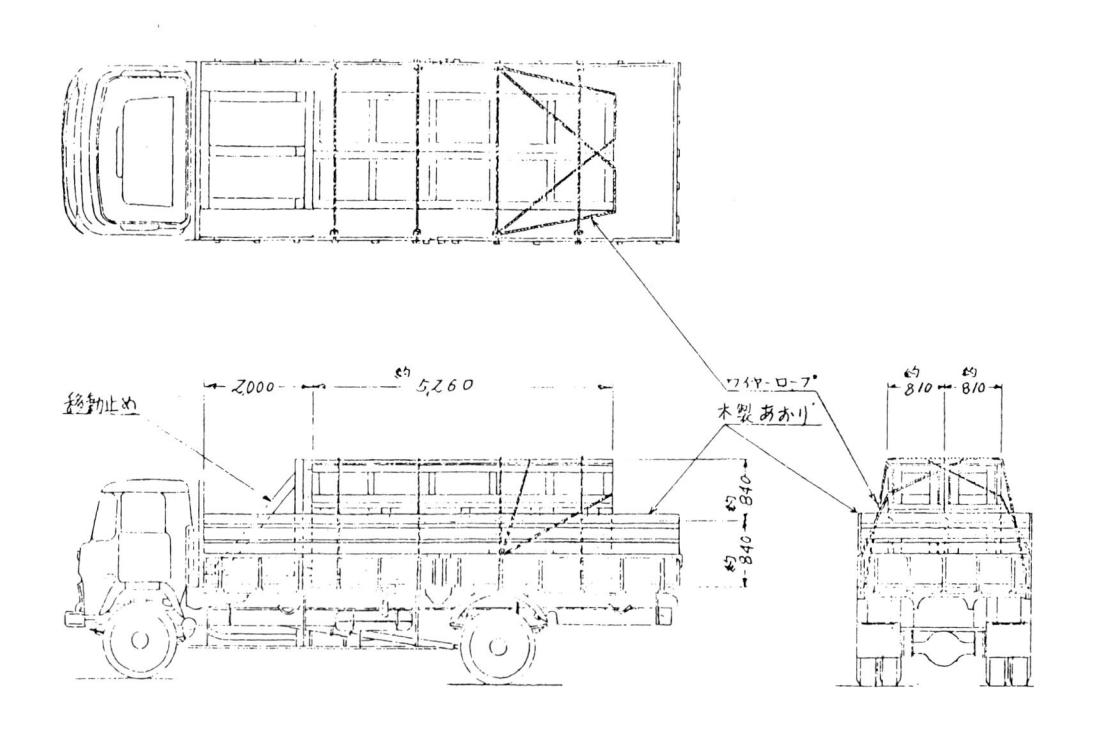

96　島根原子力発電所

1．4　輸送経路及び距離
　　(1)　経　路　図

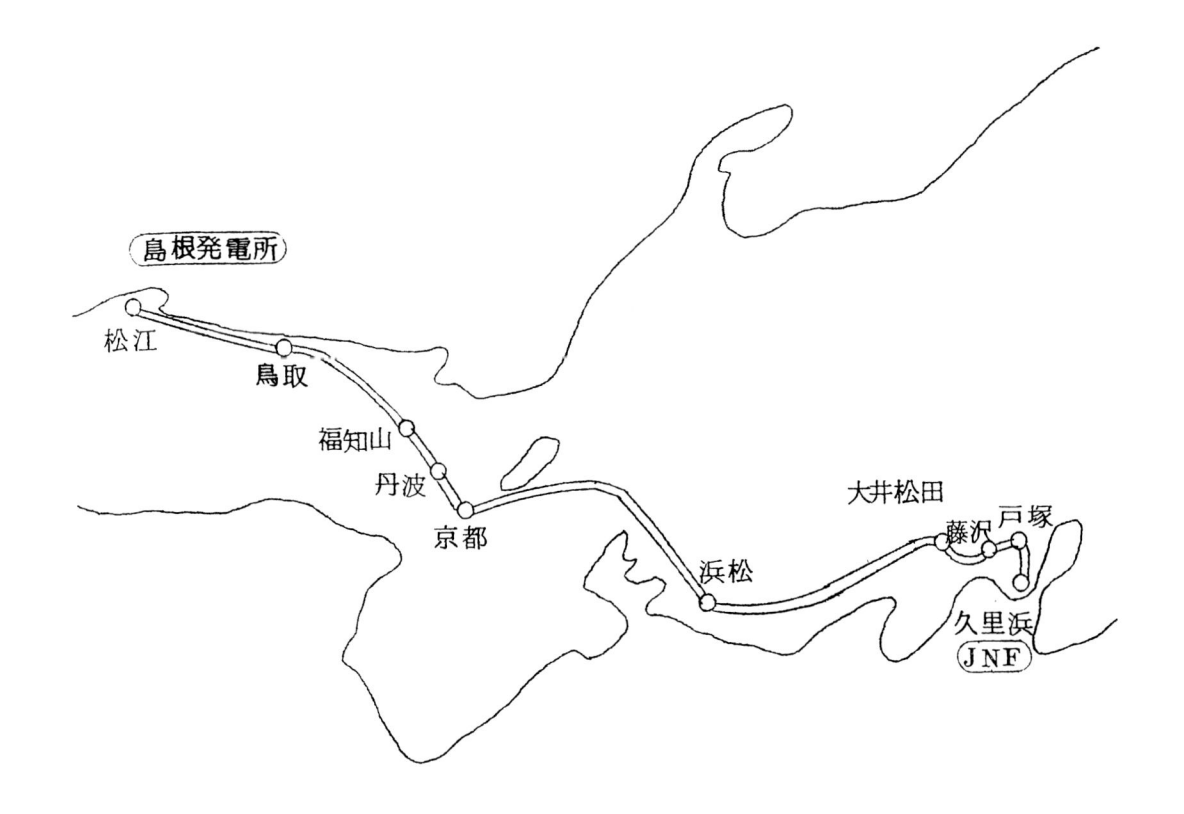

　　(2)　輸送距離
　　　　JNF工場よや島根原子力発電所迄約890km

1．5　島根県内の経路
　　　安来市　島　田→安来市　和　田→安来市　飯　島→安来市　荒　島→八束郡
　　　　　　　羽　入→八束郡　揖　屋→八束郡　出雲郷→松江市　津　田→松江市
　　　　　　　森　脇→松江市　新土手→松江市　雑賀町→松江市　宍道湖大橋→松江市
　　　　　　　末次公園→松江市　千鳥町→松江市　中原町→松江市　砂子町→松江市
　　　　　　　黒田町→八束郡　恵曇街道→現　地

1．6　松江市内の経路
　　　第3図のとおり

第4章　島根原子力発電所安全協定締結経過及び新燃料輸送計画　　97

第3図 松江市内の運行経路

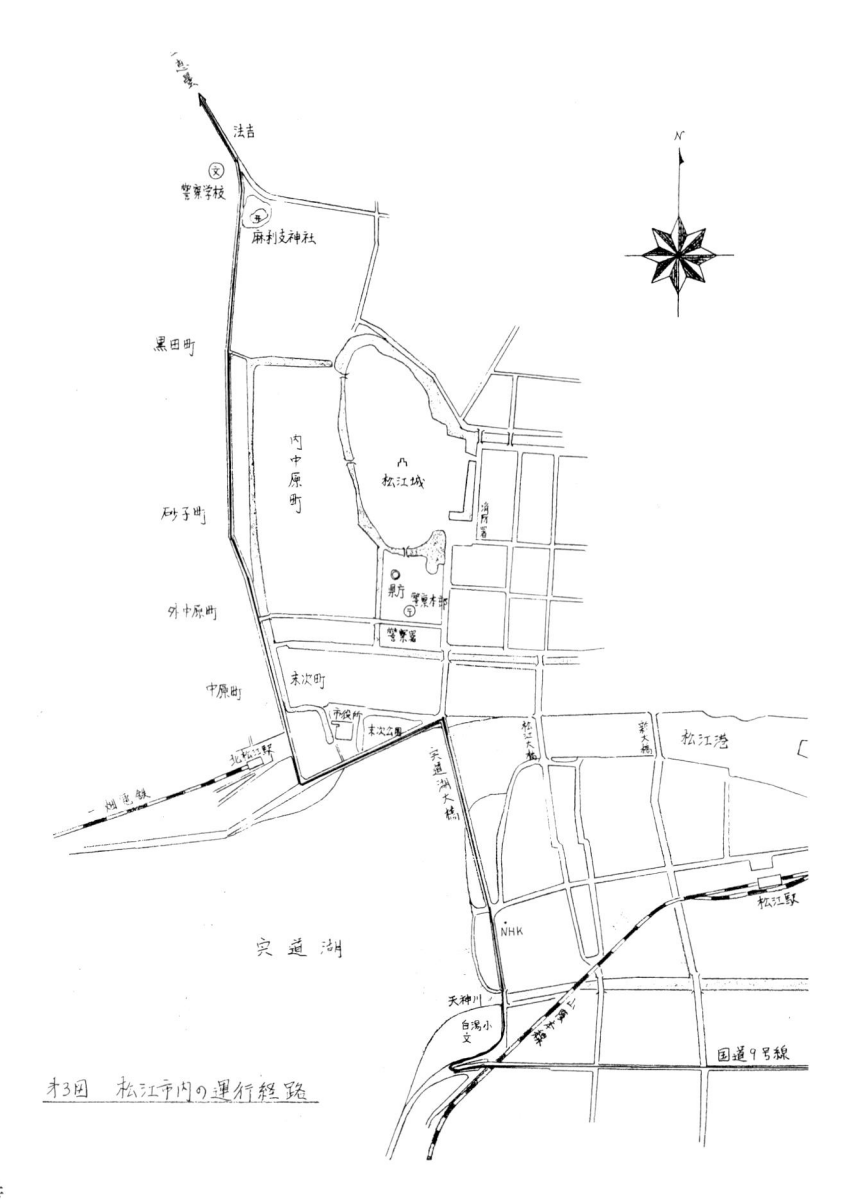

2．安全対策
 2．1　輸送容器
　　燃料集合体の輸送容器は，燃料集合体輸送専用に設計製作されたもので，運輸省の基準はもとより，科学技術庁の設計審査，および検査に合格して充分な安全性を保証されたものである。
　　また，本輸送容器の設計は米国原子力委員会および米国運輸省の審査および検査に合格しており，さらに国際原子力機関（IAEA）の核燃料物質輸送容器の審査基準に合格していることはいうまでもない。
　　なお，本輸送容器は，日本原子力発電㈱敦賀発電所および東京電力㈱福島原子力発電所への燃料集合体の輸送に使用されたものと同じである。
　　本輸送容器の構造は，第4図のとおりで，外部容器（木製）と内部容器（鋼製）の二重構造となっており，9メートルの高さからの落下衝撃や，30分間800℃の高温に耐え得るよう設計製作されている。
　　したがって，もし万一衝突とか火災の事故にあっても輸送容器が破損して燃料が外へ出るようなことはない。

第4図 燃料集合体荷姿図

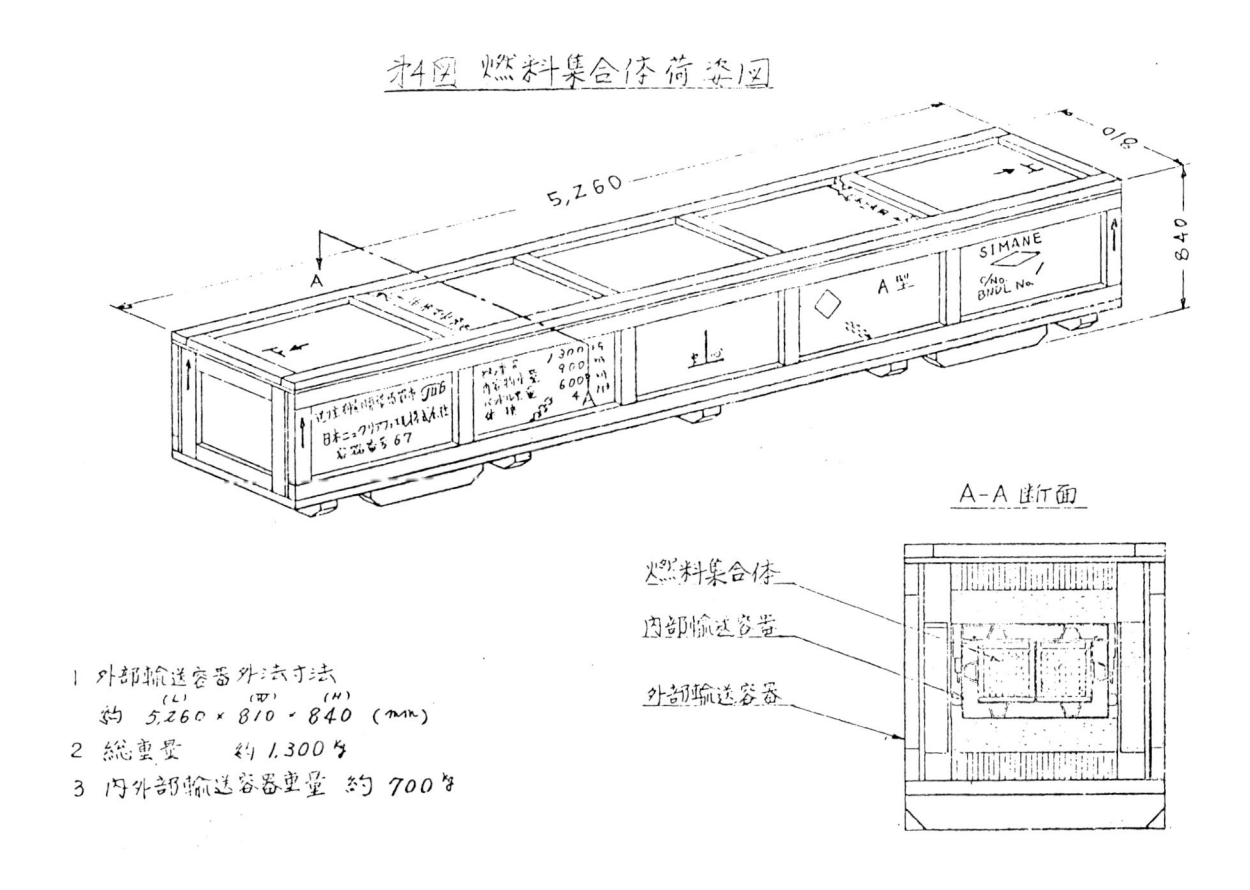

1. 外部輸送容器外法寸法
   約 5,260 × 810 × 840 (mm)
     (L)   (W)   (H)
2. 総重量　　約 1,300 ㎏
3. 内外部輸送容器重量 約 700 ㎏

A-A 断面
- 燃料集合体
- 内部輸送容器
- 外部輸送容器

2.2　交通安全対策

第1図に示したようにトラック4台の前後に橙色警戒灯をつけた先導車，後続車を配して6台編成として運行する。

また運転手は，経験8年以上のベテランとし，各車2名の交替運転を行なって途中十分休憩を取らせるようにする。

さらに車両の点検は，出発前および運転手交替時等に必ず行ない，安全を確認する。

2.3　事故時対策

もし万一事故が発生した場合には誘導中の県警パトカーから警察署，消防署へ連絡してもらうとともにその指示にしたがって必要な善後処置を行なう。

また，輸送隊の運行責任者は日立製作所を通じて中国電力へ状況連絡を行ない，中国電力から島根県および鹿島町へ連絡する。

なお，必要ある場合には輸送隊に同行する放射線管理者が周囲に縄張り，標識等を設け，かつ見張人をつけることにより関係者以外近寄らないような処置を行なう。

# 第5章　国行政と中国電力の基本構想と経過概要

　島根原子力発電所の建設に当っては、国の政策に基づき経済産業省並びに科学技術庁の方針に従い、中国電力が事業を行うものである。受け入れ側の島根県では、県議会の同意、地元鹿島町では議会の同意のほか、住民の大方の同意が必要である。
　また、地元で生計を立てている、農民や漁業者の協力、さらに、原発に反対する立場の団体のことも配慮しなければならない。
　松江市では、市主催の原発広聴会が開催され、322人分の一般傍聴人に対して傍聴希望者が2,481人に達した。鹿島町では、(S56.1.28)2号炉を進めるための公開ヒアリングが開催された。このように賛成、反対の立場で開催されるのはよいが、事業者の立場である中国電力㈱ではどのような考え方で、島根原子力発電所を建設しようとしているのか、民主・自主・公開の原則に沿い中国電力側の「基本構想」を掲載ることとした。

　急増する電力需要に対応するため、火力発電を主体とする大規模な電源開発を進めてきたが、燃料の多様化、分散化によって経済的かつ安定なエネルギー源を確保するため、かねてから原子力発電開発について、各方面にわたり調査研究を進めるとともに、社内における開発準備体制を固めてきた。一方、国内外で原子力発電開発が急速に進められており、新技術の開発、安全設備の改善などにより信頼度がいちじるしく向上して、経済的にも火力発電に匹敵するような情勢になってきた。

島根原子力発電所1号機（右手前）

　このような情勢の中で、当社は地元の深い理解を得て、島根県八束郡鹿島町に第1号原子力発電所を設置することを決定し、以来順調な建設工事を進めてきた。現在の総合進捗率は、約98パーセントに達しており、昭和48年11月の完成を目ざしてあとひと息というところまできている。
　以下、当社の原子力発電に対する開発準備から島根原子力発電所建設の概要までを述べることにする。

## 1. 基本計画構想とその変遷

### ① 炉型および出力の決定

　昭和41年10月、当社は、原子力発電所建設を決意し島根半島に350MWe程度の原子力発電所を、昭和49から50年頃に完成させたい旨発表した。さらに、同年11月建設候補地点を島根半島の八束郡鹿島町輪谷を選定し、地元の協力を要請した、翌42年3月には、炉型を沸騰水型炉（BWR）とし、日立製作所との間で共同研究を進めることを明らかにした、さらに8月には、当時の国内情勢や、完成時の当社の発電設備容量等

を考慮して再検討した結果、出力を460MWeに増大することを決定した。

### ② 島根地点選定の理由

当社は、昭和35年以来、昭和41年秋までに中国地方全域の海岸線にわたって立地検討を行い、約30地点を選出したが、これらの地点について図上調査および現地踏査を行なった結果、つぎの理由により1号建設地点として島根地点を選定した。

1) 電力需要動向からいうと、山陽側は急速に伸びており、電源を建設するにはきわめて好ましいが、人口密度が高く、社会環境の面から必要な面積を有する用地を取得し難い。これに対し、山陰側は相対的に人口密度が低く、とくに当地点は人口面から見て必要な用地面積が得られる。

2) 当地点は、岩盤が強固で、しかも路頭しているので、原子炉基礎として良好である、さらに海岸線が湾曲して水深も深く、港湾造成に適している。

3) 付近の松江、安来および米子市等を含む中海地域は、昭和41年に新産業都市に指定され、発電所完成時点頃には約300MWe以上の電力需要が見込まれ、既設の松江変電所および送配電線から山陰側電力需要中心部へ電力を供給できる。

### ③ 国産技術による開発

島根原子力発電所の特徴の一つに、動力炉として始めての国産技術による開発をあげることができる。これは主契約者として国内メーカーを選び、特殊なものを除いては国内の技術、機器を採用することにより、国内産業の育成強化と自主技術の確立に寄与できることを期待するものである。

しかし、島根原子力発電所は、国産1号炉の動力炉であると同時に、当社にとっても最初の原子炉であることから、炉心設計の余裕度と機器類の信頼性を重視して、建設、運転の実績が早く確実に得られるようにするため、東京電力の福島1号炉と同様な設計とする方針をとる一方、日立製作所と米国GE社との技術提携による導入技術を活用することにした。

## 2. 敷地の各種調査

発電所建設地点は島根半島のほぼ中央に位置し、松江市、北方約10キロメートルの地点（北緯35度30分・東経133度00分）で島根県八束郡鹿島町に属し、総面積は約170万平方メートル（約52万坪）である。

中国電力では、昭和42年3月に原子力推進部松江原子力調査所、ついで昭和43年2月に島根原子力建設準備本部を開設して、敷地とその周辺の自然条件および社会環境について、調査・観測を各分野の専門家の指導のもとに行なった、これらの調査の概要は次のとおりである。

### ① 地形測量および深浅調査

敷地予定地を中心として広範囲の航空写真測量を実施した。陸上地形測量は敷地予定地および周辺山間部約70万平方メートルの測量を行なった。深浅測量については輪谷湾・宇中湾およびその周辺について行なった。

### ② 地質調査

発電所敷地全般の地質状況を把握する目的で地表踏査による地質調査およびボーリングを実施した。

この結果当敷地の地質は黒色真岩、砂岩、礫岩、凝灰岩などの整然とした互層から構成されており、[*1]第3紀中新世に属する宍道層群古江累層のなかの成相寺頁岩層に属するものであることが判明した。また、岩盤を覆っている表土、崖錐は一般に薄く、海に注いでいる谷の下流部にある砂礫層の厚さは、5～8メートルであった。

さらに、原子炉建物の予定地点に試掘横坑を掘削して詳細な調査を行なった。その結果、この付近には破砕帯は認められなかった。岩盤のボーリングコアによる一軸圧縮強さは750キログラム／

---

[*1] 約2,303万年前から約258万年前の地層時代の区分のひとつ。

センチ以上であり、地耐力は十分あった。

　また、試掘横坑内で行なった弾性波試験から求めた岩盤の動弾性係数は約20万キログラム／センチである。

　これらのことから、当地点の基盤は良好なものであると判断した。

### ③　地震調査

　過去の地震歴調査、敷地付近における地震被害歴の調査、敷地内における地震観測など耐震設系計に必要な諸調査を行なった。過去の地震歴によると、島根県周辺は日本列島でもきわめて地震歴の少ない地域で、強震以上のものは300〜400年に1回、裂震以上のものは600〜700年に1回程度の割合でしか起こっていない。

　また、島根県およびその周辺において過去に地震によって被害を受けたのは、浜田市、鳥取市周辺および出雲市付近であり、これらの地震によっても当敷地付近はほとんど被害をうけていない。

### ④　気象調査

　敷地およびその周辺において、昭和42年から1年間にわたり、風速、風向および気温などの観測を行なった。その結果、年間の拡散有効風速は、最低の方位でも28メートル／秒であり、拡散条件は非常によいといえる。

　また、拡散条件として比較的条件の悪い大気安定度Ｆ型の発生ひん度は8パーセントである。大氣安定度Ｆ型でしかも陸に向かって風の吹くケースは年間3.7パーセントであり非常に少ない。また、標高90メートル以上のところに逆転層がありしかもそれ以下が遙減の状態（いわゆるフュミゲーション）になるのは、年間を通じてわずかに1パーセントにすぎない。

### ⑤　海象調査

　水温、潮位および波高などについて調査・観測を行なった。この結果、水温については表面水温の夏季最高は約28℃、冬季最低は約12℃であり、垂直分布には顕著な躍層は認められず上層、下層の水温はほぼ一致していた。

　潮位については、東京湾中等潮位との差はほとんどないので、当発電所で用いるすべての基準面は、東京湾中等潮位を採用することにした。

　また、輪谷湾口水深12メートル地点での波高観測結果によると、最大の有義波高は4.8メートルであり、このときの最大波高は6.2メートルであった。

### ⑥　原水調査

　淡水源は、敷地内の渓流と上水道の2つがある。敷地内の渓流の水量は、過去20年間の降水量調査および約1年間の流水実側結果によると、25,000Tの貯水をすることにより、渇水時期でも約600T／日の給水が可能であり、当発電所の淡水所要量500T／日を十分まかなうことができる。渓流の水質は、分析の結果四季を通じておおむね良好であり、発電所用水として適当である。

### ⑦　社会環境調査

　当発電所設置地点の周辺半径約900メートル以内は大部分が山林であって人家は存在しない。半径5キロメートル以内の人口は約11,000人、10キロメートル以内は約69,000人で人口密度は比較的小さい。地点に近いおもな都市には松江市（南約10キロメートル）、出雲市（南西約30キロメートル）および米子市（南東約33キロメートル）がある。

　その他環境調査としては、産業活動、交通運輸等について調査を行なった。

### ⑧　その他の調査

　その他発電所の建設に必要な測量、塩害調査および潜水調査を実施した。

　潜水調査は、海底の状況を冷却水取水設備計画にともなう基礎資料とする目的で行われ、側点は埋め立護岸および防波堤予定線を中心に輪谷湾内50側点を設定、さらに湾内から湾外にかけて6側点を追加した。

　その結果、湾内の海底は岩盤を基礎としており、岩盤上に転隻、貝殻混じりの砂が堆積している状況であった。

　湾外の測点については湾内に比べ大きな差異は認められなかった。

## 3. 国産技術の採用

### ① 国産化に対する考え方

　島根原子力発電所の建設にあたり、昭和42年3月、当社はわが国で初めて国産メーカーを主契約者とする方針を決定し、同時に機械諸装置は特殊なものを除いて大幅に国産品を採用することにした。

　このような大幅な国産化を決定した目的はつぎのとおりである。まず、国内メーカーは米国の原子炉メーカーとの技術提携による技術導入と下請けとしての一部機械装置の設計、製作、据付等の実務経験とを基にして、プラント建設技術の確立に鋭意努力しているが、これらの技術を積極的に活用してプラント建設の主契約者とし、設計、製作、建設を一貫して実施させることにより国内技術の早期確立を図ることが第一の目標であった。

　つぎに、国内メーカーを主契約者とし、機械装置を大幅に国内製作とすることにより、メーカーとの応対が緊密かつ迅速となり、製作や建設の工程管理が容易となることも狙いの一つであった。また、国産品を極力採用することにより、外貨の使用を節減するとともに価格の有利性をも追求することも目標の一つであった。このような考え方に基づき、沸騰水型炉の国内メーカーである㈱日立製作所を主契約者に定め、昭和42年5月から同社と協同研究に入り、約2年間にわたって島根原子力発電所の計画を具体化していった。この間、㈱日立製作所ではGE社と技術提携を結び、原子炉の核燃設計、安全設計、機器の仕様、製作、試験を含むプラント全般にわたっての設計、製作、建設に関する技術を導入していった。

　一方、先行*2BWRである敦賀発電所、福島原子力発電所でGE社の下請けとして、圧力容器、格納容器、廃棄物処理設備の設計、製作、据付を行い、原子炉およびタービンまわりについては配管類の製作、据付を、計装関係については据付、調整を行なって着々と原子力発電所の製作ならびに建設技術の習得を進めていった。

　これらの習得技術は、前述の共同研究会の場に反映され、最終的には昭和44年6月から半年間にわたった、原子炉設置許可のいわゆる安全審査のために、また昭和45年2月からの建設工事のための貴重な基礎技術として生かされていった。

### ② メーカーとの協同研究

　当社は、わが国で初の国産原子力発電所を建設するにあたり、その建設および運転に必要な知識、技術を習得し原子力発電所の計画、建設、運転を円滑に遂行すること目的として主契約者である㈱日立製作所と昭和42年5月から2年間余りプラント全般にわたって協同研究を実施した。協同研究は2つのステップに分けて行なった。

　第1段階は、BWRの概念設計とBWRの安全性に関する調査研究を実施した。協同研究会…10分科会と項目…〈以下省略〉

　第2段階は、島根原子力発電所の設計と原子炉設置許可申請に伴う安全審査資料の作成等具体的な工事計画と、そのために必要な事項について検討を行なった。協同研究は研究の効率的な運用を図るため、先に示した、10種の分科会を設けて各項目について詳細に検討するとともに、それらの成果や問題点は協同研究の総括機関である研究委員会において総合的に評価検討し、適切な研究運営を行なった。

### ③ 国産化機器とその背景

1）原子炉

　原子炉は、安全性、信頼性の高い原子力発電所を建設するという観点からはもっとも重要な部分でありながら在来の技術経験をほとんど適用し難い未知の領域である。

　それ故、当社が国産化を検討した際、もっとも重点を置いたのがこの原子炉である。

ア、燃　料

　原子炉に装荷する燃料は、ウラン鉱石を精練し、弗化および濃縮加工をした後、これを*3二酸化ウラン（$VO_2$）に変え、この粉末を*4ペレット化したうえ原子炉で取扱う燃

---

*2　沸騰水型原子炉を指す。
*3　ウラン酸化物の一種。
*4　燃料ペレットは、原子炉で使う核燃料を磁器の様に成形し焼き固めたセラミックのこと。

料バンドルに組み上げた（整形加工という）ものである。

　この燃料サイクルのうちUO₂粉末に変えるまでの工程は、未だ国内では確立されていないので、当社では精錬されたウラン精鉱をカナダで購入し、弗化および濃縮加工、UO₂への再転換加工を米国で行なった後、UO₂粉末を日本へ輸入した。

　成型加工は、日立、東芝、GEの三社が合弁で設立した燃料成型加工会社である、日本ニュークリア・フュエル社（JNF）で行ない国産加工とした。

イ、制御棒、制御棒駆動機構

　制御棒、制御駆動機構は原子炉を安全に制御する上でもっとも重要なものであり、性能や耐久性について信頼度の高いものを採用する必要があるが、未だ国産品の使用実績が無いため、慎重を期して原則として輸入品を採用することとした。

　ただし、将来の国産化については、実際に運転している原子炉へ一部装荷して相当期間使用し、その信頼度が十分あることを確認した上で本格的に採用する方針であり、現に＊5制御棒については、その10パーセント程度に国産品を試験的に採用することにした。

ウ、炉内構造物

　炉内構造物の主なものは、＊6炉心支持構造物、＊7ジェットポンプ、＊8汽水分離器、＊9蒸気乾燥器である。これらはすべて静的機器であり、寸法、仕上げ精度あるいは材質上の問題だけで試作品により十分その性能が確認できる。また、国内メーカーの溶接技術や加工技術は国外のメーカーにすぐれるとも劣らない高度のものである上、メーカーも技術導入により得た知識により試作、試験を繰返し実施し、その性能を確認している。

　以上のような背景で、上記の炉内主要構造物を国産とすることに決定した。また、原子炉に設備される＊10再循環ポンプについては、原子炉を制御する重要な動的機器であり、国産品では未だ実証性が得られていないので輸入品にすることにした。

エ、圧力容器

　原子炉圧力容器は、高温高圧の＊11原子炉炉心を収納する容器で、安全上極めて重要な機器である。さらに、遷移温度の上昇、靭性の低下等を考慮した材料選択、不銹鋼の溶接内張りといったむずかしさがある。しかしながら、日立製作所では、先に敦賀発電所の圧力容器を製作し、なんらの故障をも引起していないという実績にかんがみて、これを国産とすることにした。

2）原子炉格納設備

　原子炉格納設備の主なものは、＊12原子炉格納容器と隔離弁である。原子炉格納容器は原子炉圧力容器ならびに一次冷却系を格納し、万一の一次冷却系の破断事故時等に放射性物質が周辺に飛散し放射線災害を引起こすことが無いよう封じ込めるものであり、高度な機密性が要求される。ところで、日立製作所では、先に福島原子力発電所第1号機の格納容器を製作し、これを順調に働かせて、その信頼性を実証しており、当社でもこれを国産化することにした。

　隔離弁については、その機能は放射性物質の放出を防ぐものであり、確実に閉鎖することが要求されるので、特に重要な主蒸気隔離弁については、材料を輸入品とし、米国アトウッド・アンド・モリル社と技術提携している日本シールオール社でノックダウン方式により組立てることにした。

3）原子炉補助設備

　原子炉補助設備のうち安全上とくに重要なものは、炉心スプレー系、高圧注水系、原子炉隔離時冷却系、残留熱除去系である。これらに使用する配管、弁、ポンプ類はほとんどが国

---

＊5　原子炉の出力を制御するための棒または板状の物体。核分裂を進める中性子を吸収する素材で作られ、緊急時に原子炉を止める役割をする。
＊6　炉心シュラウド、上部格子板、炉心支持板、燃料支持金具、制御棒案内管、内部構造物に汽水分離器、蒸気乾燥器、原子炉冷却材再循環ポンプ、給水スパージャ、高圧炉心注水系等配管、高圧炉心注水スパージャ、圧力容器頂部巣プレイノズル、差圧検出管などがある。
＊7　沸騰水型の原子炉で冷却水の循環流量を調整し、原子炉の出力を調整するポンプ。　＊8　水蒸気中の水滴を除くための装置。

産可能である。高圧注水系と原子炉隔離時冷却系に使用するポンプ駆動用タービンは、駆動蒸気の湿分が多く、その上、冷温状態からの急速起動など過酷な条件が要求されるが国産の実証性が得られないので輸入品とすることにした。

4) タービン、発電機設備

　タービン、発電機設備の主なものはタービン、発電機復水器、給水加熱器、給水ポンプなどである。これらは、温度条件、圧力条件の差異があるにしても、火力発電の経験が生かされているので国産品を用いることにした。

5) 廃棄物処理設備

　廃棄物処理設備は、気体、液体および固体の3種類の系統に分けられる。気体廃棄物処理系では、機器の信頼度、寿命の点から廃ガス圧縮機を輸入品にした以外は、チャーコール・ベッドをはじめ大幅に国産品を採用した。液体廃棄物処理系ではその殆んどが、また、固体廃棄物処理系では、ホッパー、油圧プレス以外の大部分は国産品で性能が十分満足されることが確認されたので国産にした。

6) 計装

　計装は、原子炉関係、タービン、発電機、放射線関係に大別される。原子炉関係の計装装置の内では、中性子計装が特殊なものであり、原子炉内の燃料の燃焼状況を監視する重要なものである。これについては国産品が未だ試作の段階であり、輸入品に仰がざるを得ない現状である。タービン・発電機関係については、火力発電の経験を十分適用することができるので、その殆どを国産品とすることにした。放射線関係については、日本原子力研究所をはじめ、多くの研究所、実験室で使用され、その信頼度も十分把握されており、全面的に国産品を採用することとした。

④　国産化率

　以上、主な機器について国産化することとした、いきさつについて具体的に述べてきたが、輸入、国産の決定の要となったものを纏めれば次のとおりである。

　国産品については、従来からの使用実績に主眼をおいて採用することとし、とくに、原子炉内主要機器については、GE社との技術提携による資料にもとづき、試作と十分なる性能および耐久試験を行うことで実証性が確認し得るものとした。

　一方、輸入品については、安全上、運転上、機能が重要でかつ国産品では信頼性について実証が得られないものとした。

　このような考え方で国産化を推し進めた結果、島根原子力発電所の国産化率は90パーセント以上となった。

　なお、ちなみに、他の原子力発電所の国産化状況を概観してみると50万、80万、110万キロワット級の各1号炉は主に外国メーカーにより建設され、国産化率も炉型により若干の差異はあるものの、60パーセント程度であるが、2号炉以降は国内メーカーが建設して国産化に努めており、90パーセント前後のかなり高い国産化率を示してきている。

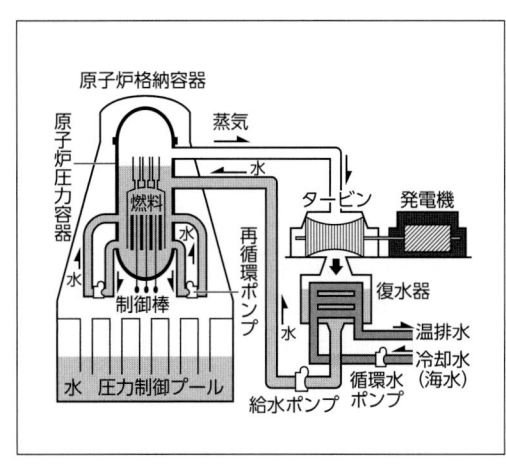

沸騰型軽水炉概要図

## 4. 用地の取得と補償

　公共、公益事業の成否を決するのは、用地補

---

*9　炉心を取り囲む構造物がシュラウド。その蓋がシュラウド・ヘッドその上に独立に蒸気乾燥機は設置されている。
*10　ジェットポンプを介して冷却水を炉心へ強制循環させ、炉心の熱を除去する機能と、ポンプの速度を制御し炉心への冷却水供給量を変化させ、原子炉熱出力を制御する二つの機能がある。
*11　核分裂炉のウラン、プルトニウムなどの核燃料があり、核分裂の連鎖が起こる区域。または制御核融合を起す高温プラズマのある区域。
*12　冷却材喪失時に圧力障壁となり、放射性物質の拡散に対する障壁を形成する。

償問題であると指摘されてからすでに久しい。当発電所の建設においても、昭和41年11月に発電所立地を公表して以来、翌年3月には土地の立入調査について関係者の同意が得られたものの、163.7万平方メートルにおよぶ発電所用地の取得や漁業補償の交渉が難航、遅延したため、一時は立地を断念せざるを得な局面もあった。さいわい関係者ならびに島根県、鹿島町当局の理解と協力により、昭和43年3月に取付け道路用地の取得が解決し同年6月には、発電所敷地の造成工事着手について片句、御津両部落の承諾が得られたため、計画どおり準備工事を進めながら用地補償問題の解決をはかることができた。主なものは次のとおりである。

① 発電所用地の取得

発電所用地は、鹿島町大字片句の輪谷に設置する発電所を中心におよそ900メートルの範囲と定め、面積163.7万平方メートル、地権者140名、関係部落8部落に達した。発電所用地の買収については、昭和42年3月に調査、測量を開始して以来、関係部落ごとに幾多の協議をかさねた結果、昭和43年7月に至り島根県知事のあっ旋により解決をみた。10アールあたり補償額は、田60万円、畑39万円、山林8.4万円で、協力料および立木補償等を含めた総額は、39,600万円である。

② 漁業補償

発電所敷地の造成のための海面埋立て（7.9万平方メートル）温排水排出（毎秒、夏季30トン、冬季22トン）ならびに各種の海面工事に伴う漁業補償については、関係漁業協同組合である片句、御津、手結、恵曇および古浦の5組合と協議をかさね、昭和43年12月から昭和45年6月までの間にそれぞれ次のとおり解決した。

1）片句漁協関係

片句漁協（組合員100名）に対ししては、発電所敷地、仮説ヤード造成のための海面埋立や港湾の築造等に伴う19.9万平方メートルの漁業権消滅と、11万平方メートルの漁業操業の一時制限および温排水の排出による漁業損失について総額22,800万円を補償した。補償対象の漁業権益は、第1種協同漁業権（岩のり、わかめ、あわび、サザエ等の採貝採草漁業）、第1種区画漁業権（わかめ養殖業）、定置漁業権（ぶり大敷網）にもとづく免許漁業のほか、ぶり刺網、一本釣、はえなわなどの許可、自由漁業である。

2）御津漁協関係

御津漁協（組合員250名）に対しては、主として温排水の排出による漁業損失について、総額15,800万円を補償した。

補償対象の漁業権益は、片句漁協の場合とほぼ同様である。

3）手結、恵曇、古浦漁協関係

手結、恵曇、古浦の3組合（組合員1,000名）は、漁業権の消滅海域において第2種および第3種共同漁業権を片句漁協とともに共有していたため、これらの漁業権の消滅手続きのための組合総会に要した費用等として総額690万円を保証した。

③ その他用地の取得と補償

社宅用地等の付属土地の取得状況および各種補償の概要は、次のとおりである。

1）社宅用地・面積1.48万平方メートル・補償金3,140万円

2）取り付道路用地・面積4.18万平方メートル・補償金1,540万円

3）仮事務所用地・面積0.44万平方メートル・補償金1,210万円

4）鉱業権補償・発電所用地内の鉱業権および鉱業出願に係る補償300万円

5）行政需要の増大に対する費用の負担・島根県および鹿島町当局による用地補償交渉のあっ旋や、安全性のPRに要した行政部費の一部負担2,360万円

## 5. 準備工事

### ① 準備工事工程

準備工事は、昭和43年7月に着工し、昭和45年2月の本工事着工までに完了した。ただし、海岸工事は、昭和45年9月までひき続き工事が行われた。

### ② 道路工事

取り付道路は、*13サイトと県道（松江恵曇港線）を結び、総延長は2,119メートル、このうち1,290メートルは、既設町道の拡幅改良を行い残り829メートルは新たに設けたものである。工程的に取り付道路と仮設土地造成がクリティカルパスとなるので、短期間に工事を完了する必要があったため、特に扱いが困難な第2号トンネルでは重機、資材を海上から運搬するとともに、専用索道（延長2,350メートル・能力25トン）を設けて、コンクリート用資材を運搬した。

### ③ 仮設土地造成工事

コンクリートプラント、ブロックヤードおよび建設機材用機器、機材置場などいわゆる工事用前進基地として、仮設土地約3万平方メートルを宇中湾に造成した。この地点は、水深が比較的浅く、湾内も奥まっているので大波浪をうけない利点はあったが、連絡道路がなかったうえ、地元との交渉の遅れもあって、昭和43年7月着工、年内完成という海岸工事としては、常識外の工事であったが、予想以上の好天と、コルゲートセル堤形式の護岸を採用した結果、悪条件下にもかかわらず、短期間に完成することができた。

### ④ 敷地造成工事

#### 1）敷地造成工事

当地点は波の荒い日本海に北面し、三方を山に囲まれた陸の孤島で、平坦地が少なく、湾内水深がかなり深い。したがって敷地として必要な面積12万平方メートルを確保するため、これを陸地に求めようとすれば、膨大な切取り量となり、またこれを埋立地に求めようとすれば、巨大な防波堤、護岸を必要とするので、海陸両面よりかなり厳しい制約をうけている。護岸線の決定は、護岸費と裏山切取費との見合で最も経済的であることが必要条件であり、加えて、護岸の施工性、構造の安定性より平均水深約6メートル付近に選定することが望まれた。またこの位置に護岸を設ければ、原子炉建物基礎に人工岩を必要とせず、強固な基礎が得られる海岸への限界でもあったので、その位置に護岸を選定した。

地山切取りは約110万平方メートルに達し、このうち約30万平方メートルで湾内を埋め立て、残りは2箇所の土捨場に収容した。切取り計画に際しては、岩質そのものはかなり堅硬であるが、層理沿いに粘土が介在している所があり、また法高が約100メートルにもおよぶので、安全をみて勾配を地層の傾斜とほぼ等しい1：1.5とした。なお重要性にかんがみて*14有限要素法により山地内部応力を解析し、これをもとに滑動の安全度をチェックした。

#### 2）法面保護工事

法面保護工事は、本館背面山地のEL74メートル以上がかなり風化していたので、経済性、施工性および自然景観保護の面で優れている種子吹付工を行なった。それより下部のEL44メートルから74メートル間は、法枠工とし枠間に現地採取の割石を張り、客土して種子を手蒔きした。また、EL44メートル以下は、法枠工とし枠間に洗出しブロックを張り日光を乱反射させ、景観保護ならびに近海漁業に悪い影響を与えないようにすると同時に、発電所建物との調和も取れるよう配慮した。

### ⑤ 海岸工事

#### 1）設 計

護岸線の決定経緯は、敷地造成工事で述べたとおりであるが、設計条件は従来の海岸工事の常識を越えるものであり、工期的にもきびしい制約をうけるので、その設計に際しては安全の確実性および工事の迅速性が要求された、

---
*13 用地、敷地
*14 数値解析の手法のひとつ。難しい微分方程式の近似解を得る方法。

港内静穏度、護岸前面の高波しついて模型実験を行なった。この結果防波堤延長が90メートル内外であれば、正面護岸での波高は沖波7メートルの時でも5メートルとなり、夏季波高に対しても荷揚場付近で十分静穏度が保てることが判明した。また当初海上作業日数を約100日／年と推定し、約3年の工期と想定したが、実績は天候に恵まれ順調に進捗し約2.5年で完了した。

2）護岸工事

護岸の形式は、地山切取りによって得られる捨石材料を利用し荷揚場以外は混成堤とし、水中直立部は施行の容易、迅速さを考え*15セルラーブロック式とし、中詰めは栗石およびコンクリートを充填した。護岸の前面は、0.5～1.5トン石で被覆し、さらにその上に12.5トン型消波ブロック（総重量約6万トン）で保護し、設計波高5メートルに耐え、護岸に作用する力を減勢するとともに波の反射を防いで港内の静穏度を高める効果を期待した。

3）防波堤工事

護岸と同じくセルラーブロック式混成堤とし、設計波高7メートルに耐えうるよう堤外25トン型、提内5.12トン型、提頭部32トン型消波ブロックを使用した。なお湾東側断崖部を走る沿波対策として、12.5トンおよび25トン型消波ブロックによる沿波防止工事を施工した。

## 6. 官庁許認可関係

原子力発電所の着工には、原子炉設置許可申請、電気工作物変更許可申請がそれぞれ許可され、さらに、工事計画認可申請が認可されていなければならないので、予定した昭和45年2月着工に備えて、これらの許認可を申請し、許可された。

① 原子炉設置許可

この申請書は昭和44年5月26日提出し、同年11月13日をもって許可された。

申請に係る許可基準の適合については、昭和44年5月26日をもって、内閣総理大臣から原子力委員会に諮問され、同年10月23日、同委員会委員長の答申を得たものであるが、とくに安全審査は、原子力委員会の原子炉安全専門審査会が設置した、第52部会において行われた。

同部会の審査は、炉グループ、環境グループを設置して周到に進められ、その審査期間は約5ヵ月であった。

② 電気工作物変更許可

この申請書も昭和44年5月26日提出し、同年11月13日をもって許可された。

この申請にあたって想定した島根原子力発電所1号機の建設工事工程は、着工から運転開始まで52ヵ月とし、建設工事費は、次のとおりである。

・建設工事費　　　　　　　　　　（単位：百万円）

| 項　　目 | 金　　額 |
|---|---|
| 土　　地 | 1,535 |
| 建　　物 | 3,196 |
| 構築物 | 3,921 |
| 原子力施設＆電気発生装置 | 18,187 |
| 諸装置 | 159 |
| 備　　品 | 136 |
| 予備費總係費等 | 7,146 |
| 小　　計 | 35,000 |
| 燃料費（予備燃料含む) | 7,581 |
| 合　　計 | 42,681 |

③ 工事計画認可

従来、着工とは本館建物基礎工事の開始または、主要機器の発注をもってすると解釈されていることにならい、昭和45年2月には、原子炉建物等の基礎工事が開始できるよう、格納容器、格納施設の基礎および原子炉建物の設計が固まるのをまって、昭和44年12月11日工事計画認可申請第1回分の申請書を提出し、翌45年2月10日をもって認可された。

---

*15　無底函とも呼ぶ。鉄筋コンクリート造の壁で四面を作り底のないもの。内部に割石を詰めて防波堤、岸壁壁体とする。

現在、分割申請第12回分まで全部認可されている。

## 7．設備の概要及び特徴

当発電所は、強制循環方式の沸騰水形原子力発電所（BWR）である。

① 配置

発電所の主要構造物の基礎は、ほとんど岩盤上に直接支持され、一部が岩盤上に打設したマンメイドロックで支持されている。

敷地の高さは、正面護岸を海岸岩盤上に構築する施行、掘削と埋め立量のバランス、波高に対する考慮等から、山側をEL＋15メートル、海側をEL＋8.5メートルの2段とした。タービン建物は、復水器冷却水のサイフォン効果を十分利用し、かつマンメイドロックを最小にするため、EL＋8.5メートル磐上に設置し、その北側同一レベルに取水槽、主変圧器および主排気塔などを設置した。

南側EL＋15メートル磐の上には原子炉建物、廃棄物処理物を配置した。[*16]超高圧開閉所および管理事務所はタービン建物の東側に設置した。

② 耐震設計

1）諸施設の耐震設計の概要

原子力発電所の建物、構築物、機器、配管については、安全性についての重要度に応じて耐震設計上A（As）、B、Cに分類し、それぞれの分分類に応じた適切な設計を行なっている。Aクラスのもののうち原子炉格納容器や原子炉緊急停止系のような安全上特に重要なものに対しては、設計地震加速度（200gal）の1.5倍の地震に対しても機能を維持できるよう設計されている。

一方、次のものは、特に耐震性を考慮して支持構造などを設計した。

ア、炉内構造物の炉心部を構成するシュラウドの支持構造は、ブラケット式として炉心全体を鋼構造とし、耐震性を強化した。

イ、原子炉格納容器のサプレッションチェンバーの支持構造は、フレーム構造として全体を鋼構造とし、耐震性を強化した。

ウ、ヤード配管については、すべてコンクリートダクト内に配管し、地盤の変形などの影響を直接受けないよう考慮した。異なった建物、構築物間にまたがる配管に対しては、建物間の地震時等の相対変位を考慮して、フレキシブルジョイントを設けるなど、十分な設計を行なった。

2）振動実験などの実施

耐震設計を進めるにあたり、振動実験等を実施し、地震時における機能の確認、地震応答解析条件の妥当性に関する確認を行なった。なお、実験は日立製作所にて行なわれ、つぎのとおりである。

ア、炉内構造物の振動実験

[*17]炉心シュラウド、[*18]燃料集合体などについてモデルにより、水中における振動実験を行い、解析上必要な諸条件を得た。

イ、制御棒挿入実験

燃料集合体の地震時の変形を摸擬し、地震時でも制御棒挿入が可能であることを確認した。

ウ、電気盤類の振動実験

電気盤類および継電器等の耐震性について検討するために振動実験を行い、地震時に誤動作を生じないことを確認した、この実験から、電気盤類自体の設計コードを新たに開発し、解析結果にもとづいて製作をした。

③ 主要建物

発電所本館は、原子炉建物、タービン建物、制御建物および廃棄物処理建物の4つの建物よりなり、各建物は50ミリメートルのギャップによってそれぞれ独立した構造になっている。基礎岩盤は第3紀の頁岩または凝灰岩で、弾性波速度（S波）が2,000メートル程度の堅固な岩質であり、各建物のベースマットは直接この岩盤上に設けら

---

[*16] 発電所から送電と変電を繰り返して、電力を安定供給するための装置。
[*17] 炉心支持構造物のひとつ。炉心部の燃料集合体、制御棒を内部に収容するステンレス鋼製の円筒。
[*18] 原子炉で使われる核燃料の最少単位。

れている。また、各建物は厚さ数10センチから2メートルのコンクリート壁が耐震上有効に配置され、剛な構造である。各建物の構造は鉄筋コンクリートが主体であり、原子炉建物の5階以上は鉄骨造メタルザイディング張り、タービン建物の[*19]クレーンガーターより上部は柱が鉄骨鉄筋コンクリート造り、屋根トラスは鉄骨造りである。また、原子炉建物の1階床と廃棄物処理建物の廃棄物貯蔵タンク上部床は鉄骨梁にデッキプレーを張り、その上にコンクリートを打設する工法を用いて、トーラスタンク類の据付を容易にするとともに、事後のコンクリート工事の迅速化をはかった。建物内部の床、壁のコンクリート面は除染を容易にするため、必要に応じて合成樹脂ないしは塩ビ系塗料で仕上げを行なっている。

以下、各建物の概要を述べる。

1）原子炉建物

地下1階、地上5階で、1階における平面は42メートル×42メートルである。建物中央部には、圧力容器、再循環系などを格納する鋼製[*20]ドライウエルがあり、地下部分には、円環形の鋼製サプレッションチェンバーを収容している。ドライウエルの周囲は、厚さ2.3メートルの鉄筋コンクリート造りの1次遮へい壁で囲まれており、1次遮へい壁と外壁の間は1階から5階までの床で結ばれているので、きわめて剛性が高い。各階には、原子炉補機系が収容されており、5階は燃料取替床となっている。ドライウエル頂部の両側に[*21]使用済燃料貯蔵プール、[*22]気水分離器プールがある。本建物は、2次格納施設としての機能を合わせもっているので、建物は気密になっており、機器の搬出入、所員の出入りのためのエアロックドアが装備されている。

2）タービン建物

3階のタービン室は、スパン32メートル、長さ96メートルであり1階、2階部分は、スパン46メートル、長さ103メートルである。本建物は、タービン発電機、復水器のほか、給水加熱器、復水脱塩装置、原子炉給水ポンプなどを収容し、それらの周囲には厚さ1メートル内外の遮へい壁が設けられており、剛性はきわめて高いものになっている。

3）制御建物

平面が36メートル×21メートルの4階建てである。4階に中央制御室があり、3階と1階は、計算機、メタクラその他の電気設備が収容してあり、2階の放射線管理関係の各室がある。

4）廃棄物処理建物

平面が32メートル×34メートルの地下1階、地上1階、一部3階建である。気体、液体および固体の放射性廃棄物の貯蔵と処理のための設備が収容されている。

④ 原子炉設備

1）原子炉

原子炉は、原子炉圧力容器およびその中に含まれているゼェットポンプ、気水分離器、蒸気乾燥器、炉心、制御棒ならびに圧力容器下部についている制御棒駆動機構からなる。

圧力容器の母材は、約120ミリメートル厚の低合金鋼で、内面はステンレス鋼で内張りされている。上蓋はフランジ接続され、フランジ部は2重のOリングシール構造の採用により漏洩を防止する。

炉心上部の汽水分離器は、炉心内部で発生した気水混合物を遠心分離効果により、水と蒸気にわける軸流方式をとり、さらに上部の蒸気乾燥器は、蒸気中の湿分を取り除くため波板方式を採用した。

制御棒は、中性子を吸収するボロンカーバイド（$BC_4$）粉末を充填した、外径約5ミリメートルの多数のステンレス鋼管をステンレスシースで十字形に配列したもので、全数は97本ある、制御棒はラッチ式水圧駆動ピストン形の駆動機構により、炉心下方から燃料集合体の間に出し入れする。

---

[*19]　トロリ等を支持する構造物で桁のこと。
[*20]　原子炉格納容器の圧力抑制プール以外の部分。
[*21]　使用済燃料を貯蔵、保管するための水槽。
[*22]　燃料取替えなどの作業にプールに水を張り、蒸気乾燥機、汽水分離機を取り出し保管する。

2）原子炉冷却系

　原子炉冷却系は、次の3つの系統から構成される。ア、原子炉給水系　イ、原子炉再循環系　ウ、主蒸気系給水系は、2系列の給水管を経て3台の給水ポンプ（内1台は予備器）により、復水器の水を圧力容器内にある環状のスパージャーから炉心に供給する。気水分離器で分離された水は給水と混合し、その約半分の水は2系統の再循環回路に導かれる。

　そして再循環ポンプで加圧され、20基のゼェットポンプのノズルから高速噴出し、残り半分の炉水を吸引混合して炉心に送る。

　主蒸気系は、原子炉で発生した蒸気をタービンへ送る系統である。主蒸気管4本の格納容器貫通部の前後には主蒸気隔離弁がそれぞれ1個、合計8個設けられている。この弁は空気作動の球形弁で、常時開いており原子炉を隔離しなければならない事態が発生すると、自動で閉まり、全閉に要する時間は数秒である。またタービンバイパス系は定格蒸気流量の105パーセントの容量を持っており送電線事故が起こって主遮断器がトリップしても、発電所は所内負荷を持って単独で運転を継続し得るようにし送電線事故がプラントに大きな影響を与えないようにした。

3）安全設備

　原子炉の運転および安全を保持するため、次のような設備を採用している。
　　ア、格納施設　イ、安全弁および逃し弁
　　ウ、原子炉隔離時冷却系　エ、高圧注水系
　　オ、炉心スプレイ系　カ、残留熱除去系
　　キ、液体ポイズン系

ア、格納施設・格納施設は原子炉で生じる放射性物質を外部へ放出させないよう、これを閉じこめるための施設で、第1次格納施設は圧力抑制型格納容器であり、第2次格納施設は原子炉建物である。格納容器はフラスコ型のドライウエルと円環形のサプレッショスチェンバーからなり、チェンバー内には常時、約1,800立方メートルの水が貯えられている。ドライウエルの内部は常に[*23]窒素ガスを充満させ、圧力を一定に保つよう制御している。圧力が高くなるような場合が生ずると、原子炉を止めるようになっている。

イ、安全弁および逃し弁・安全弁および逃し弁は、ドライウエル内の主蒸気管に取り付けられ、炉圧が異常に上昇すると、安全弁はドライウエルに、逃し弁はサプレッショスチェンバーに蒸気を逃すようになっている。また、逃し弁はとくにオートブローダウンの機能をもっている。すなわち、原子炉まわりの配管破断事故を示すような状態が発生すると、圧力が高くなるのを待たず、電気的に自動で逃し弁が作動し、積極的に原子炉圧力を下げる。このようにして、他の安全設備を、より早く作動させようとするものである。

ウ、原子炉隔離時冷却系・原子炉隔離時冷却系は、原子炉隔離時に崩壊熱を除去するための系統である。原子炉が隔離されると原子炉はとまるが、破壊熱が続いて発生するので、この崩壊熱による蒸気を利用してタービンを廻し、復水貯蔵タンクあるいはサプレッショスチェンバーの水をタービン駆動ポンプで炉心に注水し、崩壊熱を除去すると同時に、蒸気発生による水位低下を補う、この系統は外部電源を必要としない構成になっており、電動弁類は全て直流駆動である。

エ、高圧注水系・高圧注水系は、原子炉まわりの小配管が破れ、水位は下がるが崩壊熱による蒸気発生のため、圧力はまったく低下しないといった場合に、燃料が炉水から露出しないよう蒸気駆動タービンを使って復水貯蔵タンク、あるいはサプレッショスチェンバーの水を炉心に注水する、この系統は原子炉隔離時冷却系と同じように外部電源を必要としない構成になっている。

---

*23　アミノ酸をはじめとする多くの生体物質中に含まれている。生物にとって必須の元素。液化した窒素分子（液体窒素）は冷却剤として使われる。

オ、炉心スプレイ系・炉心スプレイ系は、原子炉まわりの配管が破れ、炉水がなくなるといった場合に、燃料の加熱による燃料および被覆材の溶融を防ぐため、サプレッションチェンバー内の水を炉心上に取り付けられたスパージャー・ヘッダーのノズルから燃料集合体の上部へ、電動ポンプでスプレイするものである。この系統は完全に独立な2系統からなり、それぞれ定格の容量をもっているので、十分な多重性を備えている。また、配管破断事故時に所内電源も同時になくなることを想定し、この電動ポンプは、非常用ディーゼル発電機によって起動できるようになっている。

カ、残留熱除去系・残留熱除去系は、通常および事故停止時に原子炉残留熱を除去するためのもので、独立2系統からなり、各系統はポンプ2台、熱交換器1基から構成され、このポンプは炉心スプレイ系と同じように、常用所内電源のほか非常用ディーゼル発電機からも起動できるようになっている。この系の用途として次の4つの運転モードがある。
　　イ　低圧注水系　　　ロ　停止時冷却系
　　ハ　格納容器冷却系　ニ　炉頂部冷却系

キ、液体ポイズン系・液体ポイズン系は、なんらかの原因で制御棒が挿入できなくなり、制御棒では原子炉を停止することができなくなった場合、炉心へ中性子を吸収する液体ポイズン(*24五ホウ酸ナトリウム液)を注入して原子炉を冷温停止するもので、制御棒のバックアップ機能をもたせたものである。ポンプは電動駆動プランジャー型2台を使っている。

以上、原子炉まわりの安全設備について説明したが、幾重にも防護されており、ポンプの駆動源は異種のものを採用し、単一故障で原子炉の安全がおびやかされることがないように設計し、運用にあたっては短い周期で定期的に試験を行い、安全設備自体の健全性を常に確保することにしている。

4) 原子炉補助設備

原子炉浄化系は、炉水の純度を高く保つために設置されたもので、再循環回路から炉水の一部を抽出し、わずかの熱損失で連続的に炉水を浄化する。抽出された炉水は再生熱交換器、非再生熱交換器で冷却され減圧された後に、フィルターを通して浄化され、さらに脱塩装置によって脱塩される。その後再び炉浄化系循環ポンプによって加圧され、再生熱交換器で加熱されて原子炉にもどる。

原子炉補助冷却系は、原子炉関係の機器および残留熱除去系の熱交換器を冷却する閉回路になっており、この水はさらに海水によって冷却される。このように炉水と海水は、原子炉補助冷却系によって隔離されており、この系統に万一圧力の高い原子炉水が漏れ込むようなことがあっても、この系統の閉回路中に閉じ込められ、直接プラントの外に流れ出ることがないよう配慮されている。

⑤　タービン設備

原子力タービンでは、タービン入口蒸気条件が最近の火力と比べ低圧、低温(66.8キログラム/立方センチメートル、282℃、湿り度0.4パーセント)で、蒸気の比体積が大きく、かつ*25熱落差が少ないため、同一出力を出すためには、より多くの蒸気量を必要とし、蒸気の通気面積が大きくなり、翼長も長くなるという特色を持っている。また飽和蒸気を用いるため蒸気中の水分によって*26動翼が侵食されることが考えられる。

採用したタービンは、串型3車室4流排気(TC4F-38)で、高圧6段、低圧8段で、最終翼長38吋(965ミリメートル)1,800rpmである。最終段の湿り度を少なくするために、高圧タービンと低圧タービンの中間には波形板を用いた*27湿分分離器を、低圧タービンには溝付き*28気水分離翼を設けている。侵食防止のため、動翼は*2912

---

*24　ウランの核分裂の制御、化合物の合成に使われる弱酸の無機化合物。　*25　動作流体サイクルの始めと終わりの間のエンタルピー差。
*26　流体の圧縮や、流体のエネルギーを回転運動に変換するためにタービンで使われる羽根。
*27　PWRにおいてタービンへの蒸気湿分を除去するための機器。
*28　BWR, PER内にある水滴を取り除く装置。
*29　ステンレスのこと。

G不銹鋼を使用し、最終段動翼には*30ステライト保護板をはっている。

タービンの復水系には、従来の火力とは異なり、フィルター式脱塩装置と混床式脱塩装置とを組合せた*31復水脱塩装置を採用した。

ここで、フィルター式脱塩装置を設備した理由は、次のとおりである。

1) プラントの初起動時、鉄分、とくにコロイド状鉄分を有効に除去する。
2) 廃棄物を減少させる。
3) 運転・保守費を含む全体の経済性を向上させる。廃棄物処理設備で処理する廃液中、従来最大の発生源となっているのは、復水系混床式脱塩装置の薬品再生にともなって発生する再生廃液であるが、フィルター式脱塩装置は再生使用せず使い捨てのため、再生廃液は発生しないので、その結果ドラム缶にセメント固化する量をいちじるしく減少させることが可能になる。

両脱塩装置とも100パーセント容量をもっており、それぞれ単独でも、また直列にも通水運転することができる。

⑥ 電気設備

発電機は、4極機を用い、定格容量520MVA、力率0.9、電圧18KV、固定子水冷、回転子水素冷却方式である。

発生電力は、主変圧器で220KVに昇圧して松江変電所に送電される。本発電所は日本海に直面しており、とくに冬季の季節風を防ぐため変圧器高圧側ブッシングは*32エレファント式とし、開閉所は全屋内式を採用し開閉所と高圧側ブッシングの間は220KV.OFケーブルで連絡している。

島根原子力発電所の電気設備は、従来の火力発電所の設計を基本として、さらに原子力発電所としての特殊性を盛り込んだ設計を採用している。すなわち、どのような単一故障を想定しても、原子炉の安全性が脅かされることのないよう原子炉の安全停止に必要な機器を運転するための電源、および万一の原子炉事故時に安全設備を運転するための電源は、その多重性と独立性に十分な考慮を払い、電気設備についてはその重要性に応じて耐震設計を行なっている。

当発電所の外部電源系統は、220KV島根原子力幹線1回線のほか、多重性を確保するため予備送電線として、送電線ルートの異なる66KV鹿島線1回線の合計2回線から構成されている。さらに外部電源系統が全停電した場合にそなえて非常用ディーゼル発電機2台設置している。このディーゼル発電機は1台で原子炉の安全停止に必要な容量をもっているが、電源の信頼性をより一層高めるため、2台設置した。

所内回路の構成にあたっては、単一機器の故障のために所内全停事故が起こることのないよう、所内回路の分割をはかるとともに、電源の多重性を生かし相互の切り替を容易にするよう配慮した。

6.9KV高圧母線は、常用、非常用各2母線で構成し、常用母線は所内変圧器、起動変圧器あるいは予備変圧器のいずれからでも受電できるよう遮断機を設けた。

一方、非常用母線は、常用母線から母線連絡遮断器を介して、あるいは非常用ディーゼル発電機から受電する。460V低圧母線も、常用、非常用各母線で構成し、6.9KV母線から動力変圧器で降圧し、き電される。所内補機は、一般補機とプラントの安全保護に関係するものと区分し、それぞれ常用母線、非常用母線からき電される。

所内電源切り替の基本的な考え方は、通常時の電源切り替は手動、電源事故時の切り替は自動とし、自動切り替の順序はつぎのとおりである。

1) 所内変から起動変受電

所内変から起動変への切り替は、所内変と起動変の間には位相差がないので、所内変遮断器がトリップすると、起動変低圧側遮断器は瞬時に投入され、瞬時停電切り替を行う。

2) 所内変から予備変受電

---

*30 高硬度合金でコバルトが主成分、クロム・タングステンを含む。
*31 一次冷却水を全量処理し、水中の塩素、硫酸、ナトリウム等の不純物やプラント構成材量が出す金属酸化物（クラウド）を同時に吸着除去、原子炉の水質を高純度維持するための装置。
*32 変圧器側面にゾウのように設けられたダクトのこと。

所内変から予備変への切り替は、所内変と予備変の間には相差があり、瞬時切り替えは行えないので母線電圧が十分低下したあと、常用母線につながる大容量負荷を切り離して、所内変および起動変の低圧側遮断器が開いていることを条件に、予備変低圧側遮断器を投入する限時切り替方式（この時間約4秒である）をとった。大容量の負荷を切り離すのは、所内変あるいは起動変と予備変の容量の違いによる。

3）所内変から非常用ディーゼル発電機受電

　3番目に非常用ディーゼル発電機をもってきた理由は、予備変受電は数秒の間遅れであるのに比べ、ディーゼル発電機受電は約10秒を要することによっている。

　所内変から非常用ディーゼル発電機受電への切り替は、所内電源が全停電するか、あるいは送電線事故が起きた場合、ディーゼル発電機は自動起動し、電圧確立後、常用と非常用母線の間の母線連絡遮断器が開いていることを条件に、ディーゼル発電機き電遮断器が投入される。母線連絡遮断器を開くのは、ディーゼル発電機の容量が1台あたり3,000キロワットと小さいので、*33き電区域を非常用母線に限定するためである。

⑦　計装および制御設備

1）安全保護回路

　島根原子力発電所では、プラントの状態監視および制御を1箇所で集中的に行うことを目的として、主要な計器および制御機器を中央制御室に配置している。とくに安全および重要な機能に関する装置は、すべて多重設備とし「*34フェイルセーフ」の機能を持たせ、さらに、可能な限り機能試験を運転中に実施できるようにしている。

　原子炉の保護回路には、

ア、原子炉の安全性をそこなうおそれのある過渡状態や異常状態が生ずるとか、原子炉を監視している計測系が故障した場合に、原子炉を緊急停止（スクラムと呼んでいる）する原子炉保護系

イ、原子炉自体に事故が起こった場合に、燃料の溶融を防止するため安全設備を作動させるための系統の2つがある。

　原子炉保護系は、信頼度を高いものにするため、特徴のある回路設計にしている。2つのロジックチャンネルから構成され、各ロジックチャンネルは、2つのサブチャンネル有している。2つのサブチャンネルのうち、どの1つでもトリップするとロジックチャンネルがトリップし、原子炉スクラムは、両ロジックチャンネルのトリップによって行われる。このような構成を1－OUTOF－2TWICEと呼び、単一の信号あるいは機器の誤動作による不要なスクラムを避け、2つ以上の確実な信号によってのみ、スクラムさせることが大きな利点である。1－OUTOF－2TWICE回路のもう1つの利点は、原子炉をスクラムさせることなく、1つのサブチャンネルあるいはロジックチャンネルの機能試験をいつでも行えるところにある。

　また、サブチャンネルを構成する接点および補助リレーは、常時閉、常時励磁方式にして、たとえば電源喪失の場合に原子炉の危険の有無にかかわらず、スクラムさせる「フェイルセーフ」機能も盛り込んでいる。

　原子炉保護系は、選択制御棒挿入の機能も有している。これは、発電機がトリップすると当発電所では、タービン発電機は所内負荷をもって単独運転に移行し、あまった蒸気は、タービンバイパス系を通じて復水器へ流れるので、原子炉の状態は事故前と同じでよいのだが、給水加熱器への抽気蒸気が減少するため、冷たい給水が原子炉に注入され、正の反応度を追加したことと同じになり、原子炉出力は上昇しようとし、過出力になる恐れが生ずるので、これを避けるため一部の選択した制御棒だけをスクラムするものである。

---

*33　架線に電力を供給するために、架線に平行して設けられる電力線のこと。
*34　装置やシステムは必ず故障するという前提に、誤操作・誤作動で障害が起きた場合、常に安全側に制御すること。

2）プラント制御の概要と特徴

原子炉の出力制御は、手動による制御棒の位置調整および原子炉再循環流量の制御の2種類の方法によって行われる。再循環流量制御系による制御方式によれば、中性子束分布およびボイド分布は、出力にあまり影響されない、したがって、この制御系で出力を変化させた場合は、制御棒操作系で出力を変化させた場合に比べ、好ましい出力分布を維持することが可能であり、炉内の局部的な過大出力を抑える面からもすぐれた方式である。

一般的には、負荷変動に対する出力の追従は、再循環流量制御によって行ない、制御棒は、原子炉の起動・停止等の大幅な出力レベルの変更、長期の反応度変化および出力分布の調整のために用いる。

原子炉圧力は、出力運転中、常に一定に保たれるよう初圧調整装置がタービン蒸気加減弁およびタービンバイパス弁を開閉する。すなわち、タービン出力は、原子炉圧力が一定になるように原子炉の状態に追従する。一般に、これを「タービン・スレーブ」と呼んでいる。

*35 タービン調速機の形式は、従来の火力と同じであるが通常運転中は、たんに過速度保護装置としての機能しかない、すなわち、通常の電力系統の周波数変動範囲内では、周波数の変動に対して発電所の出力は変動しないが、系統周波数が非常に高くなった場合は、タービン保護のために、周波数の増加に応じたタービン負荷が適当に減少しこの減少分は、タービンバイパス系を経て復水器に放出される。

⑧ 放射性廃棄物処理設備

1）気体廃棄物

ア、復水器空気抽出器排ガス

ガス減衰タンクを通し、ついで活性炭式希ガスホールドアップ装置によってXeの放射能を30日間、Krの放射能を約40時間減衰させた後、排気筒から放出する。

イ、タービングランド蒸気イグゾスタ排ガス

ガス減衰管で放射能を減衰させた後、排気筒から放出する。なお、低圧タービンのグランドシールには、エバポレーターからの二次蒸気を使用することが計画されており、これが完成すると本系統からの放出放射能はさらに減少することになる。

ウ、原子炉建物などの換気用空気

換気用空気は、普通、放射能がほとんどないか、あってもごく微量であると考えられるので、直接または、高性能フィルターを通した後、排気筒から放出する。また配管破断事故などにより原子炉建物内の空気中の放射能が高くなった場合は、通常換気系が自動的に閉鎖し、非常用ガス処理系が作動を開始して、格納容器から漏えいする放射性物質をチャコール・フィルターなどにより除去した後、排気筒から放出する。なお、排気筒では放射能の濃度を連続監視する。

2）液体廃棄物

ア、機器ドレン

廃液収集タンクに集め、フィルターおよび脱塩器で浄化した後、サンプルタンクに貯留し水質を測定する。この結果、再使用可能なものは復水貯蔵タンクに回収し、水質の悪い場合は、廃液収集タンクに返し、再処理する。

イ、床ドレン

床ドレン収集タンクに集め、これを廃液中和タンクに移送し、蒸発濃縮処理する。蒸発液は、機器ドレン系にまわし、処理した後回収する。濃縮廃液は、ドラム缶にコンクリートで固化し、固体廃棄物として固体廃棄物貯蔵所に保管する。

ウ、再生廃液

廃液中和タンクで中和した後、床ドレンと同様に蒸発濃縮処理する。

エ、洗濯廃液

---

*35 ガバナーともいう。機械の回転運動速度を自律的に調整する仕組み。

放射能濃度が極めて低いと考えられるので、放射能濃度を確認した後、フィルターで処理し、復水器冷却水で希釈して海洋へ放出する。

3）固体廃棄物

ア、使用済樹種

使用済樹種貯蔵タンクに貯留保管する。

イ、*36 フィルタースラッジ

フィルタースラッジ貯蔵タンクに貯留保管する。

ウ、雑固体廃棄物

ドラム缶に圧縮して詰め、固体廃棄物貯蔵所に保管する。

⑨ 取排水設備

1）取水設備

取水位置は、外海の波浪をかなりまともに受けるので取水方式について、種々検討を行なった。護岸に開口部を設ける方式では、安全性確保の上から問題があるので、輪谷湾の16メートルの水深を利用し、深層水を取水するとともに、波力をまともに受けないようにするため、海底敷設管による深層取水方式を採用した。なお、この形式は取水槽の水位変動抑制にきわめて効果があった。

取水管の径は、海棲動物の付着傷害対策の面からの適正流速、および経済性などを勘案して、3,350ミリメートル、2条とした。

また、取水管は近くの置砂の洗掘状況、取水管および取水先端に加わる波力、取水管の振動特性については、模型実験を行い、設計に反映させた。

2）排水設備

排水路に塑上する波は、ポンプ運転に支障をきたさないよう排水槽において、0.5メートル以下とするため、排水口部には越流堤、消波堤を設けるなどの配慮をした。

## 8．建設工事

着工から営業運転開始まで45ヶ月としている。

① 主要建物

本館建設工事は、主要機器と切り離して建設業者に別途発注された。このため、建築サイドと機器サイドの受渡しのポイントとなる*37キーデートを定め、厳重な工程管理が行なわれた。

発電所建設工程のクリティカルパスである原子炉建物は、昭和45年6月 EL±0.0メートルの岩盤上に基礎マットのコンクリート工事に着手、同年9月末に EL+15.3メートルまでの地下壁とドライウェル基礎部のコンクリート工事を終了し、格納容器の据付工事に引き渡した。

昭和46年4月、格納容器の耐圧試験の終了をまって建築工事が再開され、1階以上の遮へい壁、外壁および床コンクリートを順次打設した。昭和47年2月、5階床までコンクリート工事を終了し、引続き圧力容器の吊り込み準備が行われた。

昭和47年3月末、圧力容器の吊り込み終了後、5階上部の鉄骨建方、屋根コンクリート工事、外壁工事を施工し現在原子炉建物主体工事はほぼ終了している。

タービン建設は、昭和45年6月、EL−9.2メートル 復水ポンプ基礎部のマット工事に着手、同年11月に基礎工事を終了、引続き、床のコンクリート工事を施行し、昭和46年8月、クレンガーターレベルまでコンクリートを打設し、鉄骨の建方を行なった。

昭和46年12月には、クレンガーター上部の壁および屋根のコンクリート工事を終え、昭和47年2月の稼動開始を目標に、天井クレンの据付が行われた。

制御建物は、昭和45年12月基礎工事に着手、昭和46年7月までに躯体コンクリート工事を終了した。内装仕上げは中央制御室を先行して昭和46年10月に終了し、現在、残る放射線管理関係各室の仕上げをほぼ終了している。

廃棄物処理建物は、昭和45年11月基礎工事に

---

*36 原子炉の冷却材の一部をフィルターなどで浄化するため、浄化設備から使用済みのフィルター助材（セルロースなど）やスラッジ等の放射性廃棄物を貯蔵する。
*37 鍵となる日にち

着手、昭和46年4月、1階壁のコンクリート打設を終了し、その状態で約2ヶ月間タンク類の据付工事が行われた。昭和46年7月コンクリート工事を再開し、昭和47年6月に軀体工事を終了した。

② 主要機器

大物製品の輸送は、海上輸送によった。なお、12月中旬から2月下旬までは、海上輸送が不可能であると考えて工程が組まれた。

格納容器の現地据付は、昭和45年11月より開始され、昭和46年4月の耐圧試験および漏洩率試験完了まで5ヶ月間で完了し、最短記録を樹立した。全体工程を左右する現地据付期間を短縮するため、各部材は大部分工場で組み立てられ、また現地溶接作業には大幅な自動溶接を取り入れ、工程短縮と品質の安定化を図った。

トラスは、ベントノズル、ベント管ヘッダー、ダウンカマを内臓した状態で16分割され、工場で製作された。また円筒部輪切り、フランジ上鏡も工場で一体製作された。球形部は2〜6個の部品で現地に持ち込まれ、現地地上組立で球形輪切りに組み立てられた。輸送は海上輸送を利用したが、日本海が荒れ始める前に、昭和45年11月始めから12月中旬まで延べ10船で行なった。現地据付作業は、11月から3月までの鹿島地点としてはもっとも気象の悪い時期の屋外作業となり、昭和46年2月には松江気象台開設以来、初めての豪雪に見舞われたが、二重の風雪よけ対策等を施し、据付期間中55パーセントの天候稼動率をもって、昭和46年3月末に完了した。続いて4月上旬に耐圧試験・漏洩試験を行い、優秀な成績で試験を完了した。なお、昭和47年3月には、原子炉圧力容器の搬入据付が行われた。

昭和47年4月には、発電機が据付けられた。また、復水器の据付工事は、昭和46年10月より開始され、昭和47年5月、据付けを完了した。昭和46年末には、主要な制御盤が搬入、据付けられた。続いて、昭和47年7月にはタービンの据付工事が開始され、同年11月据付を完了した。

昭和47年8月には、原子炉圧力容器の耐圧試験が実施され、これに合格した。

なお、昭和48年5月からはいよいよ燃料装荷が開始される予定である。

## 9. 核燃料

① 核燃料の調達

1）所要ウランの確保

当社の原子炉発電用燃料を長期的に確保するため、カナダ国デニソン社およびリオ・アルゴム社と、昭和44年から昭和53年の10年間にわたって、それぞれ 800St. $U_3O_8$ 320St. $U_3O_8$ を、それ以降についてもフランス国ユラネックス社、南アフリカ国ナフコール社およびRTZミンサーブ社と昭和51年から昭和60年の10年間にわたって、2,000St. $U_3O_8$ 1,500St. $U_3O_8$ および 3,000St. $U_3O_8$ の長期購入契約を結んでいる。

島根1号炉用初装荷燃料404体（含予備4体）のウラン精鉱所要量は、402St. $U_3O_8$ で、このうちカナダ国デニソン社から昭和44年、45と46年分の一部215St. $U_3O_8$ を引当て、不足分については、カナダ国エルドラード社と契約を結び、46年に[*38]天然六弗化ウラン（107St. $U_3O_8$ 相当）の形態でスポット購入した。

2）燃料の加工

燃料の加工契約は、先発他社1号炉のターン・キー契約方式と異なり、ウラン精鉱の購入、転換、濃縮、再転換成型加工について、それぞれ当社が直接契約を結んでいる。

ア、転換

初装荷燃料のうち、デニソン社、リオ・アルゴム社分のウラン精鉱の転換については、米国アライドケミカル社と昭和45年8月に[*39]スポット契約を結び、昭和46年1月から5月までに226MTUの転換契約を行なった。

イ、濃縮

[*40]日米原子力協定にもとづき、[*41]米国原

---

[*38] ウラン235の濃縮過程で、ウランをガス状の分子状態にするために使う。
[*39] 長期契約に拘束されず、必要に応じてその都度手当される現物契約をいう。
[*40] アメリカから日本への核燃料の調達や再処理、資機材・技術の導入などについての取り決め（1988年7月発効）。
[*41] かつて存在したアメリカの独立行政機関。原子力の使用を推進する一方で原子力の安全面を考慮した規制を行うこととなった。促進と規制の相反する目的の達成は困難を極めた。1946年発足、1974年廃止。略称はAEC。

子力委員会と昭和45年7月に賃濃縮契約を結び、昭和46年4月から8月までに濃縮度1.27パーセント.5,060kgU、1.73パーセント.27,049kgU、2.37パーセント.50,880kgUの賃濃縮役務を受けた。

ウ、再転換、成型加工

濃縮UF₆から濃縮UO₂粉末への再転換を米国GE社へ、また濃縮UO₂粉末からペレットへの加工および燃料バンドルへの組立を日本ニュークリア・フュエル社（JNF）で行うよう日立製作所を通じて昭和46年12月の契約を結んだ。

米国GE社での再転換は、昭和46年11月から47年4月まで行い、サンフランシスコから空輸でJNFへ運んだ。JNFでの成型加工は、昭和47年3月から11月までの9ヶ月間で行なった。

3）完成燃料輸送

燃料バンドルの輸送は、輸送容器へ2体ずつ燃料バンドルを装填して行なった。輸送容器の構造は、鋼製の内部容器と木製の外部容器の二重構造になっている。通常運行時の振動および事故時の衝撃を緩和するために、内部容器は燃料バンドルを緩衝体で収納し、さらに外部容器は内部容器を緩衝体で収納するよう設計製作されている。

4箱の輸送容器を、1台のトラックに2列2段に積載しトラック4台の前後に先導者および後備車をつけた計6台の輸送キャラバン隊とした。燃料バンドル404体は、横須賀市のJNFから島根原子力発電所までの約890キロメートルを輸送キャラバン隊により昭和47年10月上旬から11月末までに13回に分けて輸送された。

② 燃料設計

島根原子力発電所の炉心には、400体の燃料集合体が装荷される。燃料集合体は49本の燃料棒を7×7の正方格子に配列し、これを上下[*42]タイプレートおよび7個のスペーサで支持し、燃料棒が自由に膨張できるような構造となっている。そうしてその周囲をジルカロイー4製のチャンネルボックスが囲んでいる。燃料棒は、[*43]二酸化ウランペレットをジルカロイー2製被覆管の中に封入し、その両端には、ジルカロイー2製端栓が溶接されている。二酸化ウランペレットと被覆管の間には、ペレットと被覆管の熱膨張差および照射に伴うペレットの[*44]スエリングにより被覆管に過度の歪みがかからないような適当なギャップが設けられており、また各燃料棒上部には、核分裂生成ガスによる過大な内圧が生じないよう、十分なプレナムが設けられている。

燃料バンドル内の燃料棒には、3種類の異なった濃縮度のものを用い、バンドル内の分布の均一化を図っている。

③ 成型加工に伴う品質管理

島根原子力発電所初装荷燃料404体を昭和47年3月から同年11月にかけて日本ニュークリア・フュエル社（JNF）久里浜工場で製作した。燃料は原子力発電所を構成する設備の一つであり、しかも高温、高圧状態で高放射能下にさらされるという、厳しい条件であるため、使用する材料の選択には特に慎重に行い、燃料被覆管は米国ウォルバリン社から、ジルカロイー棒を米国ウァーチャン社から輸入して万全を期した。

JNFにおける工程管理は、材料の入荷段階から完成品の出荷に至るまで厳重に実施されているが、当社としても、日立から月1回提出される燃料バンドル製作進捗表による工程の把握、またJNFに派遣した検査員による工程管理を十分に行い、初期のマスタースケジュールどおりに燃料体を完成させ、現地へ輸送を行なった。製作中の品質管理についても、検査員3〜4名を常駐させ、それぞれが被覆管、部品全部、UO₂粉末からペレットまでを担当し、燃料バンドルについては全員が検査を行い、検査もれ、製作中の異物付着、品質管理基準と製造法の齟齬がないよう、十分な注意を払って検査を行なった。

---

＊42　レールベースを固定するショルダーを有する鉄板で、レールと枕木の間に入れる。
＊43　核燃料を磁器のように焼き固めたセラミックで、原子炉の五重の壁のひとつ目の要素。
＊44　燃料ペレットから発生したキセノンやクリプトンなどの気体性放射性物質のガス圧、中性子照射により燃料ペレットや燃料被覆管などの構造材が膨張・変形を引き起こす現象をいう。

④ **燃焼管理**

1）燃料管理の必要性

　火力発電の場合には、ボイラーで消費した燃料に相当したエネルギーだけ*45MWhが出るが、原子力発電の場合は、同じ量の核燃料を装荷しても、制御棒計画等の良し悪しによって、取り出せるMWhが異なってくる。このため原子力発電では、次のような目的のため従来の発電方式では見られなかった燃料管理が必要となってくる。

ア、安全運転を行なうために
　イ、原子炉の停止余裕がサイクルを通じて十分であることを検討しておく。
　ロ、原子炉起動時の制御棒引抜事故を防ぐために、制御棒引抜シーケンスを計異する。
　ハ、原子炉運転制限条件を守って運転するために、目標出力分布、制御棒パターンを計画する。
　ニ、出力変動に伴うXeトランジェントの検討を行う。

イ、経済的な運転を行なうために
　イ、ウラン鉱石、濃縮量等を確保するために、長期的な燃料購入計画を検討する。
　ロ、燃料成形加工は発注して約2年かかるので、2年間の運転をシミュレートして必要取替本数を計画する。
　ハ、次回の燃料取替本数と配置を、運転実積を入れて検討し計画する。
　ニ、燃料取替後の運転計画を作成する。
　ホ、サイクル末、反応度不足などのために、コーストダウン運転を行なわざるを得ないような時、次回の燃料取替計画等と合わせて、*46コーストダウン運転の計画を行なう。

2）当社の燃料管理解析システム

ア、燃焼管理に関する作業
　1）の燃料管理の必要性のところで述べたが、作業を行うため、次のような作業が考えられる。これらの作業を行なうには非常に大きな記憶容量の計算機と手間を要するが、原子炉を安全でかつ経済的に運転するためには不可欠の作業である。

　これらの作業は燃料メーカーに任せれば、現段階では行なってくれるが、きめ細かい運用が難しくなる。また、燃料コストを安くするためにも、これらの作業は電力会社で行なうことが望ましい。このシステムを開発するために、当社においては昭和44年頃から、NEAプログラムライブラリー協議会（日本原子力研究所内）より基本的なプログラムの導入を進め、昭和45年4月から先発会社と協同研究を行い、さらに、昭和46年4月から原子燃料鉱業㈱（当時住友電工㈱）と協同研究を行い、中電方式を開発した。

　当社燃料管理システムは、社内においては管理室総合機械化班と昭和46年10月からプロジェクトチームを編成し、NEAより入れたプログラムをもとに、協同研究の成果および当社での研究をもり込んで開発を進めてきたが、そのほとんどの開発が済んでいる。

イ、当社燃焼管理システムの開発
　当社では、予測解析を行なうための核燃料管理システムと、実績分析を行なうための運転記録統計システムとを開発している。
　前者については、そのシステムの90パーセント以上をすでに開発済みであるが、後者についても現在運開を目途に開発を急いでいる。
　当社で開発している核燃料管理システムは、今後島根原子力発電所の運転実績により改良され、実際の運用を正確にシミュレートできるものになるはずである。

---

*45　ミリワットアワーと読む。1Whの1/1000で、1mWが1時間続くと1mWhとなる。
*46　燃料の核分裂が進んで制御棒パターン調整を行っても、原子力の出力を一定に維持できなくなる運転状態のこと。

## 10. 環境問題対策

　環境への影響では、主に放射能と温排水を考慮しなければならない。これらによる発電所運転開始後の影響を評価するためには、運転開始前のデータが必要である。

　放射能に関しては、運転開始前に周辺環境のバック・グランドを測定しておいて、運転開始後のバック・グランドと比較して安全を確認するためのデータとする。

　温排水についても同様の考えで、自然の状態での海水を測定しておいて、発電所の運転開始後に温排水を放出した時の状況と比較するためのデータとする。

　これらの目的のため、昭和47年3月、島根県、鹿島町および中国電力が締結した「島根原子力発電所周辺地域住民の安全確保に関する協定書」に基づき、3者の専門技術者により「島根原子力発電所環境放射能等測定技術会」を構成し、環境放射能および温排水に関する調査計画の策定、測定結果の評価を行なっている。

　なお、環境放射能は、空間線量の測定および環境試料採取を行なっている。また、海水温度は、放水口から約沖までの範囲を測定している。

　以上、当社の原子力発電に関する調査、研究から西地域初の動力炉、島根原子力発電所の建設に関する経緯およびその概要を述べてきた。今後、島根原子力発電所では、5月1日燃料装荷を迎え、その後、10月31日まで起動試験が行われる。

　これに携わるわれわれもすべて初めての経験であるので、先行プラントの運転実績を取りいれ、より一層の調査・検討を加えて、国産第1号炉の名にふさわしい、発電所をつくりあげたいと考えている。

旧PR館内部

# 第6章　島根原子力発電所周辺の環境対策及び試運転開始

　中国電力は、昭和47年3月27日、八束郡鹿島町に建設中の島根原子力発電所の安全協定締結後、昭和48年5月から試験運転を繰り返し、昭和48年11月の完成を目ざし営業運転に入る予定で調印式に臨んだ。調印式は、県庁副知事応接室で行われ中国電力側から中野重美副社長、県側から里田副知事、鹿島町から安達町長が出席し協定書にサインした。

　この原子力発電所は中国地方では初めてで、しかも国産第1号炉の軽水型原子炉を採用していること、また、建設地が松江市や島根町に近いこともあって、安全性に対する住民の不安は極めて強く、協定への参加要請がなされている。

　島根県では、島根原子力発電所周辺環境安全対策協議会を設置して、環境放射能・温排水等を3・4半期別に報告する他、京都大学原子炉実験所の柴田所長をお迎えして、立入調査についての注意事項等の公演を依頼し環境と安全対策に努めた。

　中国電力は、当初計画に従い6月1日から微量出力で試運転を開始したが、振動計が作動してない事がわかり、試運転を中止し炉外を点検した、しかし、原因や故障個所が確認できないため、炉のふたを開けて振動計を取り替える方針を8月5日に決めた。

　この振動計は、核分裂によって冷却水が沸騰する際、核燃料を支える台が、どの程度振動するかを計るとともに、耐震設計を確認する計器であり、設置義務はないが「念には念を入れて」取り付けたもので環境放射能には、影響なしと薬師寺次長は言っていた。

　甲、である島根県と鹿島町は、試運転中止は、安全協定第6条の運転状況（試験運転を含む）に該当し違反であると抗議した。

　反原発団体、島根原発公害対策会議は、事故が起ってから1カ月以上も、連絡を怠ったのは安全協定第7条に違反のほか、内部構造に重大な欠陥があるのではないか、と強く抗議した。

　報道機関各社は、「安全協定違反続出」企業の「秘密主義」を非難し、連日新聞紙上賑わし、地元住民にショックを与えた。

　知事は、通商産業大臣あて・安全性確保のための検査強化について（要請）するとともに、中国電力社長あて・島根原子力発電所試験運転中止に関する申入れを行った。

　中海・宍道湖の自然を守る会の呼びかけで「自然を守り公害と災害なくす連絡会議」が結成され、県民に広くこの連絡会議の意図をPRし、自然破壊や環境汚染の実態を明らかにすると同時に発生源を告発、行政に必要な施策、措置をせまることが確認された。

　松江市議会公害対策特別委員会は、・豊かな漁場と美しい自然・可愛い子供達を公害から守るために「公聴会」を開催した。

## 1.『島根原子力発電所周辺の放射能対策のあらまし』発刊

　地域の産業開発の願いをこめて、島根半島の鹿島町片句に中国電力島根原子力発電所の建設が始まってから4年有余、昭和48年11月にはその運転が開始される予定であります。

　原子力が水力や石炭あるいは石油などにかわる新しいエネルギー源として、発電に利用することができるようになったことは、人類の将来に限りない発展を約束してくれたといえましょう。

しかし、その反面、原子力の平和利用が盛んになるにつれ放射能の影響を心配する向きもでてくるようになりました。放射能は、人間の五官で感じとれないだけに、莫然とした不安となってあらわれているのが現実のようです。

島根県では、このような不安の対象である放射能の影響が生じないよう住民のみなさんの安全を確保するため、放射能調査などいろいろな対策を行なっています。

以下は、その対策のあらましです。

わたくしたちの立場で考えなければならない原子力発電所周辺の安全対策には二つの場合があります。

第1は、原子力発電所が平常に運転されているときに、その周辺に住む人びとが放射能の影響を受けていないかどうかを確かめることであり、第2は、もし万一なんらかの原因で原子力発電所に事故が起こった場合でも、その周辺に住む人びとが被害を受けないですむためにはどうするか、ということです。

第1のものを放射能監視対策とよび、第2のものを原子力防災対策とよんでいます。

島根県では、次のしくみで調査研究し、安全を確保することにしています。

### (1) 放射能監視体制と安全の確認

放射能監視につきましては、島根県および鹿島町それと中国電力の専門家で構成する島根原子力発電所環境放射能等測定技術会で立てた調査計画に基づいて島根県と中国電力とがそれぞれ調査をしています。

この測定結果は、技術会において島根県と中国電力の専門家が研究し、みなさんにお知らせすることにしています。

① 放射能調査のあらまし

島根県では、核実験の放射能汚染監視を昭和29年から始めていますが、この調査とは別に島根原子力発電所建設にともなって衛生公害研究所に放射能科を設け、原子力発電所周辺に重点をおいて放射能調査を行なっています。

現在わたくしたちが生活している自然環境のなかには、すでに放射性物質があります。それらは天然の鉱物等に含まれているものと核実験によってできた人工のものの2つに大きく分けることができます。

ところで、原子力発電所からの排気、排水は十分処理して放射性物質を除去し、安全であることを確認したうえで発電所外へ排出されますので、発電所周辺で放射能の影響がでることは考えられませんが、このことを確かめるため、また万一の場合を考えて事前に自然環境の中にある放射性物質の量を調べておく必要があります。

このため、鹿島町周辺の雨水、原乳、魚貝藻類、土壌の放射能や空間線量の測定を昭和45年から行なっています。また昭和47年からは、すでに述べましたように島根原子力発電所環境放射能等測定技術会が計画をつくり、島根県と中国電力とが分担して調査を行なっています。

島根原子力発電所が運転を開始するようになれば、発電所周辺に住んでおられる皆さんの安全を確保するため事前調査の結果な

分析室

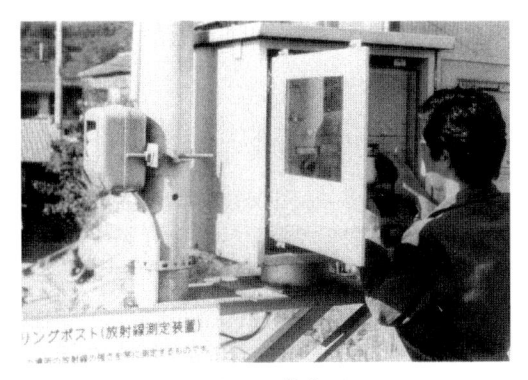

モニタリングポスト

どをもとに万全の放射能監視を行なっていく考えです。

② 調査結果

昭和47年度の第1、第2・四半期に行なった鹿島町周辺における調査結果を要約しますと次のとおりです。

第1・四半期の調査結果では、
○空間γ積算線量（11～18ミリレントゲン／90日）注1については、日本各地および世界の平均自然放射能（25ミリレントゲン／90日）に比べて、若干低目でした。
○環境試料の放射能については、日本各地における放射能に比べて、茶の葉を除けば低めでした。
茶の葉（2.8ピコキューリー／グラム生体）注2については、他県の検査結果より若干高い傾向でした。

注1「90日その場所におれば、11～18ミリレム被ばくする。」という意味。

注2「生の茶の葉1グラム当たり、2.8ピコキューリーの放射能がある。」という意味。

第2・四半期の調査結果では、
○空間γ積算線量（13～23ミリレントゲン／90日）については、日本各地および世界の平均自然放射能（25ミリレントゲン／90日）に比べて、ほぼ同じでした。
○環境試料の放射能については、日本各地の放射能とほぼ同じでした。

(2) 原子力防災対策

原子力発電所については、国の方で安全審査をはじめとしていろいろな審査をし、また運転を開始するまでにもいろいろな検査を受け、安全性が十分に保障されてから運転を始めるわけですが、万一の事故により放射能の影響が原子力発電所の敷地の外におよぶようなときには、島根県地域防災計画にもとづいて、すぐに島根県、関係市町村中国電力その他関係機関が協力して放射能の影響が広がるのを防ぐとともに、住民の安全を確保することにしています。

(3) むすび

以上が放射能監視対策と原子力防災策のあらましですが、常に安全を確保するため、また万一の場合のためにも常に備えていることがこれでおわかりになったことと思います。

原子力発電所からの放射能による影響はないものと考えていますがこの確認のために、運転開始後も測定を続け、測定結果の比較検討をしてみる必要があります。

島根県では原子力発電所周辺に住む皆さんの安全を確かめるためにこの調査を続けて行なうとともに、さらに充実させていく考えです。

【用語解説】

### 放射能と放射線

放射能とは、放射性物質が放射線を出す性質をいう。
放射線とは、エネルギーを持ち、物質を貫通する能力のある微粒子、エネルギー粒子をいい、その種類としては$\alpha$線、$\beta$線、$\gamma$線、中性子線、X線などがある。

### キューリー

物質の量を示すには通常グラム（g）で表わしますが、放射性物質については、その質量よりむしろ放射能の強さが問題であり、これを直接示す単位が用いられている。この単位が「キューリー」である。

放射線を出す元素としてよく知られているラジウムの場合、1グラムについての放射能の強さが、1キューリーに相当し、また、コバルト60の場合には約1ミリグラムについての放射能の強さが1キューリーに相当する。

### レントゲン

「レントゲン」は照射線量の単位ですが、簡単にいいますと、ある場所にどれだけの放射線が来ているかを測る単位である。

熱に例をとりますと、熱の源の強さは同じでも炭火から遠く離れれば受ける熱は弱まるし、間に遮蔽物をおいても熱はさえぎられる。

放射能の場合も同じで、源すなわち放射性物質の放射能の強さとは別に「レントゲン」という単位を使い、ある場所にどれだけの放射線がそこに来ているかを測定する。

### ラド

「ラド」は、物質に吸収された放射線量をあらわす単位である。ある場所にどれだけの放射線が来ているかということと、その放射線がどれだけ吸収されるかということは別問題である。熱の場合についていえば、熱を受ける物質が、白色か黒色かによって熱の吸収度合が異なるように、放射線を受ける物質の種類によって吸収のされかたが異なるからである。

### レム

放射線が生物に与える効果は生物に吸収された放射線の量だけでなく、放射線の種類によっても異なる。このような放射線の生物に対する効果をも考慮した場合の吸収線量をあらわす単位として「レム」という単位が使われる。

従って、人体等への放射線の影響を考えるための線量単位としては最終的には「レム」を使うことが適切である。

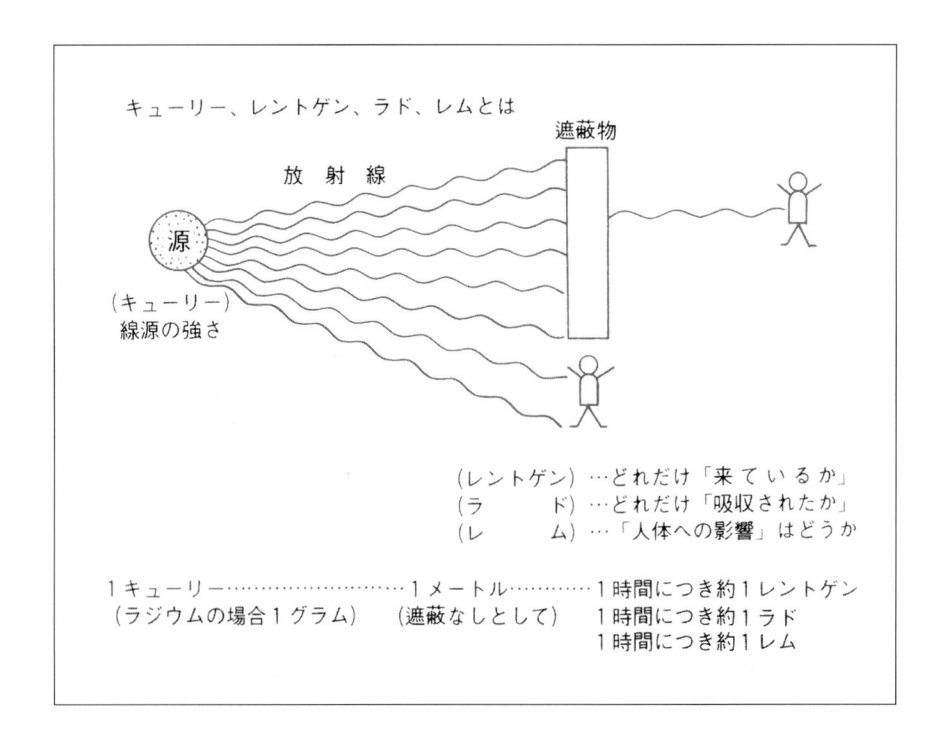

---

キューリー、レントゲン、ラド、レムとは

放　射　線　　遮蔽物

（源）
（キューリー）
線源の強さ

（レントゲン）…どれだけ「来ているか」
（ラ　　ド）…どれだけ「吸収されたか」
（レ　　ム）…「人体への影響」はどうか

1キューリー……………………1メートル…………1時間につき約1レントゲン
（ラジウムの場合1グラム）　（遮蔽なしとして）　1時間につき約1ラド
　　　　　　　　　　　　　　　　　　　　　　　1時間につき約1レム

## ２．島根原子力発電所周辺環境安全対策協議会

島根県原子力発電所局辺環境安全対策協議会規程

（設　置）
第１条　八束郡鹿島町に設置される中国電力株式会社島根原子力発電所の周辺地域における環境放射能等の調査結果を把握し、住民の健康と安全の確保について県民一般への周知をはかることを目的として島根県原子力発電所周辺環境安全対策協議会（以下「協議会」という。）を置く。
（所掌事項）
第２条　協議会は前条の目的を達成するため次の事項を行なう。
　(1)　環境放射能等の調査結果の把握とその周知方法についての協議
　(2)　環境の安全性を把握するため必要な資料の収集および調査
　(3)　その他目的達成に必要な事項
（構　成）
第３条　協議会は、委員40人以内で組織し、会長および副会長2人を置く。
　２　委員は、知事および知事が委嘱し、または任命した者とする。
（会長および副会長）
第４条　会長は知事をもって充て、副会長は委員のうちから互選する。
　２　会長は会務を総理し、協議会を代表する。
　３　副会長は会長を補佐し、会長に事故があったときはあらかじめ会長の指名した副会長がその職務を代理する。
（顧　問）
第５条　協議会に顧問を置く。
　２　顧問は、知事が委嘱した者とする。
　３　顧問は、協議会の目的を達成するために必要な助言を行なう。
　４　顧問の任期は、2年とする。ただし、再任を妨げない。
（会　議）
第６条　協議会の会議は、会長が招集し、会長がその議長となる。
　２　会議は、定例会および臨時会とし、定例会は年2回、臨時会は会長が必要と認めたときに開催する。
（専門部会）
第７条　協議会に専門部会を置くことができる。
　２　専門部会は、協議会の委員若干人で組織する。
　３　専門部会は、協議会の目的を達成するため専門的事項の調査検討を行なう。
（庶　務）
第８条　協議会の庶務は、環境保健部公害課において処理する。
（その他）
第９条　この規程に定めるもののほか協議会の運営に関し必要な事項は会長が会議にはかって定める。
　　附　則
　この規程は、昭和48年5月25日から施行する。

## 島根県原子力発電所周辺環境安全対策協議会委員名簿

| 所　　嘱 | 職　　名 | 氏　　名 | 備　　考 |
|---|---|---|---|
| 島　根　県 | 知　　事 | 伊達　慎一郎 | 会　長 |
| 島　根　県　議　会 | 議　　長 | 小山　映雄 | |
| | 厚生商工委員会委員長 | 桐木　槌夫 | |
| | | 青山　善平 | 八束郡選出 |
| | | 増原　邦一 | 〃 |
| | | 奥原　秀夫 | 松江市選出 |
| | | 福田　真理夫 | 〃 |
| | | 浅野　俊雄 | 〃 |
| | | 細田　重雄 | 〃 |
| | | 小川　宏 | 〃 |
| | | 長谷川　仁 | 〃 |
| 鹿　島　町 | 町　　長 | 安達　忠三郎 | |
| 鹿　島　町　議　会 | 議　　長 | 安達　重太郎 | |
| 松　江　市 | 市　　長 | 斎藤　強 | |
| 松　江　市　議　会 | 議　　長 | 福島　芳夫 | |
| 島　根　町 | 町　　長 | 朝倉　嘉収 | |
| 島　根　町　議　会 | 議　　長 | 金津　盛 | |
| 島　根　県　医　師　会 | 会　　長 | 日高　忠男 | |
| 島根県農業協同組合中央会 | 会　　長 | 桜井　三郎右衛門 | |
| 島根県漁業協同組合連合会 | 会　　長 | 室崎　勝造 | |
| 島根県労働組合評議会 | 議　　長 | 今井　勇 | |
| 島　根　地　方　同　盟 | 会　　長 | 森広　信夫 | |
| 島根県連合婦人会 | 会　　長 | 福庭　ミチエ | |
| 島根県連合青年団 | 常任理事 | 江隅　一徳 | |
| 島　根　県 | 副　知　事 | 里田　美雄 | |
| | 総　務　部　長 | 宮崎　勉 | |
| | 農　林　水　産　部　長 | 波多　長寿 | |
| | 環　境　保　健　部　長 | 杉山　太幹 | |
| | 企　画　調　整　室　長 | 中村　芳二郎 | |
| | 農　林　水　産　部　次　長 | 横山　浩 | |
| | 衛　生　公　害　研　究　所　長 | 斎藤　孝一 | |
| | 松　江　保　健　所　長 | 小谷　勉 | |

## 島根県原子力発電所周辺環境安全対策協議会顧問名簿

| 所　　嘱 | 職　　名 | 氏　　名 | 備　　考 |
|---|---|---|---|
| 島　根　大　学　文　理　学　部 | 教　　授 | 岡　真弘 | |
| 〃 | 〃 | 井戸垣　正俊 | |
| 〃 | 〃 | 西上　一義 | |
| 鳥　取　大　学　医　学　部 | 〃 | 阿武　保郎 | |
| 運　輸　省　松　江　地　方　気　象　台 | 台　　長 | 岩崎　三雄 | |

## 3. 原発への立入調査及び
### 安全協定改訂申し入れ

　昭和48年8月18日、島根原発公害対策会議は、伊達慎一郎知事に対し、「立入調査の実施と安全協定改訂に関する申入書」を提出した。次にその原文を示す。

---

立入調査の実施と安全協定改訂に関する申入書

島根原子力発電所（以下「原発」）は試運転を中止して早くも故障続きで運転を中止した。このことは、原発建設当初からの住民の申入れ、原子炉設置反対後の安全性が確保されているだろうか、不安が残り、試運転後間もなくより原発存置の時が流れていた。そしてこの度、明らかになったことで住民の不安は益々深まり怒りは爆発しています。

しかも中国電力は、試運転当初から異常を感じ乍ら七月末運転を中止、八月五日原子炉の蓋をあけ、計器の取り替えと炭棒を実施することを決定していた。

こうした重大な事故である事故を中国電力は、隠蔽しようとしたが、県民からのつきあげにふるえ公表せざるをえなかった。このように、事故運転中止後、半月も経過していたことは、八月十三日発表した、安全協定友であり、その精神を無視した、県民を愚ろうしたもので、全民く許す

ことはできません。

要は、単に計器の取り替えというのが納得出来ず、原子炉本体の故障ではないのかという疑いは深まるばかりです。

こうした住民の不安を問わず、軽微なものと主張し、あらゆる故障・住民の不安除去を安確保につとめる、はりわれるふう左記事項について申し入れます。

記

一、立入調査をただちに実施し、民間関係の推薦する住民代表、専門学者を住名すること。

二、安全協定をただちに改訂すること。
　①手薄、運営穴からず、軽微なものを含め、あらゆる故障・事故を報告させ、住民の不安除去と安確保につとめること。
　②安全協定に松江、鹿島中、島根町を加えること。
　③測定結果の公表について、県当局の判断で、主体性をもって公表すること。

昭和四十八年八月十八日

島根県知事　伊達慎一郎殿

島根原発公害対策会議
事務局
松江市殿町八教育会館

その後、このことについてマスコミは連日のように報道を繰り返し、また、島根原発公害対策会議も「ストップ・ザ・原発」と題したチラシを配布した。次の二つが、その一例である。

# ストップ・ザ・原発

No. 1
1973. 8. 21

県評・地評の仲間と共に住民の生命を守ろう

発行　島根原発公害対策会議
松江市殿町教育会館2階
TEL 21-6360

# 中電事故を隠す!! もう信用できない!!

## 安全協定違反
## 中電と県に厳重抗議

### 島根原発公害対策会議が追及

「万一原子炉が故障したら……放射能がもれたりしないか……」といった住民の不安をおこし、十一月の営業運転をめざして六月から試運転を開始していた島根原子力発電所が、試運転を中止していたことが、島根原発公害対策会議の追及によって明らかとなった。そして中電が、島根県、鹿島町とで結んでいる原子炉の重要な部分に故障を起し、試運転を中止していたことが、島根原発公害対策会議の追及によって明らかとなった。そして中電が、島根県、鹿島町とで結んでいる住民の安全を確保するための安全協定に違反し、事故運転中止後半月も報告義務を怠っていたことが明らかになり、まったく住民を無視し、事故を隠して企業の安泰のみを計ろうとする中電の姿勢に対し強く抗議し、島根県と、鹿島町に対して厳重な監視をするよう申し入れた。

### 安全協定ばっすい

（平常時における連絡）

第六条　乙は甲に対し、次の各号について連絡するものとする。

(1) 発電所建設工事の進捗状況
(2) 発電所の運転状況（試験運転を含む）

（異常時における連絡）

第七条　乙は甲に対し、次の各号に掲げる事項について発生時に連絡するものとする。

(1) 原子炉施設の故障（原子炉の運転に及ぼす支障が軽微なものを除く。）があったとき。（注　乙は中電、甲は島根県、鹿島町）

### 中電原発本部に厳しく抗議

ぶきみな事故をおこした原発

### 不気味な原発事故
### 試運転の原子炉とまる

七月初め「原発でぼや」「原子炉が故障して運転を中止し調べている」等々の噂が鹿島町にひろく流れ出して、鹿島原発に働いている地元出身作業員のこうした原子炉の事故を何よりおそれ情報が相ついで私たち対策会議に入ってきた。

八月十六日島根県知事に対し、公害対策会議は中電事故報告は相当過ぎた。事故の原因・経過、今後の対策等について、さらに詳しい資料をもって再度報告を要求された。

会社側に厳重警告を発すべきである。地元民とともにこうした原子炉の事故を何よりおそれ、警告を発しつづけてきた私たち対策会議はこれを聞いていつにも予想しなかった事態に対応し行動を起した。

### 中電の協定違反ときびしい処置を追及

①中電事故報告は相当過ぎた。事故の原因・経過、今後の対策等について、さらに詳しい資料をもって再度報告を要求された。

②以上も放置していると言う重大事故を起こしていることは明らかな原発安全協定違反である。

③安全協定第六条を適用し報告をさせるべきである。

④安全協定第七条を適用しなければならないほどの原子炉の故障は明らかに第七条の異常事態に該当する。

⑤この原発会社側に都合のいい拡大解釈の余地の多い安全協定を改めて約束すべきである。

以上四点の申し入れをし、里田副知事は突発の事故に戸惑いの表情を見せながら中電の報告文書を読みあげ、県としては「中電では協定第六条を適用し報告をさせているが、県としても詳しく報告させて見なければ疑義もあり、検討してこの事故に対しても県独自の立場から慎重に対処したい」と答えた。当日の副知事の応答では県の方針が決らないためか、あいまいな答弁と言う印象が強かった。

ぶきみな事故をおこした原発

### 鹿島町民にウソの報告!!
### 中電の本質を露呈

八月十七日対策会議は、事故を隠ぺいしようとした中電原発本部をたずね、薬師寺次長の出席のもとで厳重に抗議した。

①原子炉の故障であり、異常発生して、発生後すみやかに住民に連絡すると規定されている協定に明らかに違反する。

②振動計の取り替えだけで二ケ月もかかるという事故は、原子炉の設計どおりに振動計が設計されていなかったのではないか。この点を明らかにする必要があるのではないか。

③この原発の安全性について、実に不気味な感じをもつ、住民に納得させるまで操業を延期するよう、町として強く中電に申し入れてもらいたい。

①試運転を二ケ月ストップし、原子炉のフタをあけて中を点検する必要のある故障なら当然協定によって、速やかに県に連絡されて然るべきと判断し、一週間もすずかに県に連絡されて然るべきと判断している。

②故障した振動計は仮設ではなく、原子炉施設の一部の故障であり、私は原子力発電所で変わった事態が、一原子力発電所でかわった事態があれば、直ちに連絡するのは協定の趣旨もそこにある。故障の部分に仮設ではなく、原子炉施設の一部の故障であり、私は原子力発電所で変わった事態があれば、直ちに連絡するのは協定の趣旨もそこにある。今度の事故では中電からの報告がされず、中電からの連絡が遅れた七条も、（　）内のただし書き及びほぼ影響が軽微なるものを除く）によって、かなり遅れた七条の連絡が遅れたことでこのただし書き条項の削除問題をふくめ協定と協議してこのただし書き条項の再検討したい。

中電は、振動計は仮設のものであるが、また、今度の事件について、事故ではなくて、協定を厳密にウソを言ってきたもので、８月５日に炉の蓋をあけ、計器の取り替え、点検をおこなう結論を出していたことが明らかにされた。

### 伊達知事の談話つぎのとおり

### 対策会議の要求をいれ
### 県も「安全協定違反」の見解に

十六日の交渉では軽微な事故としてあいまいな答弁をしていた県も世論の高まり、対策会議の追及報道機関の大々的報道により、事の重大性を知りさきさきに政治的に利不利と判断し、対策会議の追及と世論を追及され、住民側との談話を発表した。当日までに中電と表裏一体となって住民PRをすすめてきた県の安全協定の見解をさらに大巾にしなければならなくなったことの持つ意味は重大である。

①事故によって七月末から運転を中止していながら8月6日地元鹿島町議会に対し「故障はまったくなく、試運転は正常に進行中」とまでいってしらめの報告をしている会社の姿勢は厳しい追及が要る。薬師寺次長は答弁に困り「報告をしている」等と答えた。

②住民の不安をなくするよう、県独自の立場で今度の事故が表した事故の重大性を十分尊重し、放射能汚染も今度の事故にあわれた設計にたいする疑問も今度の事故にあわれた認識を新たにした。

③協定上の問題を今度の事故にあわれた形で生まれてきた訴い、中電に対しての厳密にして強化を県の独自の立場から出していきたい。

④中電にきびしく抗議したい、住民の安全確保のために、町独自でも放射能測定器を備え、町としても早急に対策を検討したい、との内容。

### 原発の立ち入り検査、安全協定改訂を申し入れる

島根原発公害対策会議は、八月十八日伊達知事に対し、事故にあわれながら、住民代表を加えて立ち入り検査をただちにおこなうこと、松江市、島根県を協定対象に加えること、安全協定を改訂することの三点の申し入れをおこなった。

①住民代表を加えて立ち入り検査をただちにおこなうこと。

②松江市、島根県を協定対象に加えること。

③安全協定を改訂すること。

の三点の申し入れをおこなった。これに対し、知事は「私たちも一昨日から検討を重ねさんと同じような見解で事が、一昨日から検討を重ねており、今までいた住民を敬遠する前向きの姿勢を示した。しかし、住民を敬遠する企業姿勢では、企業の目的のために協定を改訂するというのは企業の目的のためにウソを言って、こういうものを改めて露呈してきた事故である。私たちは、当初から主張してきた振動計の取り替えだけで二ケ月もかかる事故が計器の取り替えの疑いが益々深まっており、この際住民代表及び技術者を含む立ち入り検査を行わなくてはならないと考えている。この振動計の取り替え問題としては「安全協定」が、今度の事件で有名無実なものとなった以上、報告の判定権が中電側にあったり、見解が食い違うようになる事件の安全確保の為にはこの協定とその改訂を強く言ったことを求め、町独自でも放射能測定器を備え、町としても早急に対策を検討したい。

### 中電より県に提出された報告書の内容

昭和四十八年八月六日、中国電力（株）から、安全協定第六条にもとづく発電所の運転状況について、次のとおり文書による連絡を受けた。

島根原子力発電所は、七月末より、タービン発電機の無負荷試運転を行ない、その結果にもとづき各部の点検調整を行なっていたのであるが原子炉内の振動計（「震動計」）の一部が、不調で「あった以上」、その妥当性を確認するための蓋を開閉し、当該計器の点検・調整を行なうこととした。

なお、この原子炉内の機器構造（燃料棒、制御棒、気水分離器等）の再点検を行なうこととしたので、試運転再開までには、約二ケ月を要する見込みである。

第6章　島根原子力発電所周辺の環境対策及び試運転開始　　129

県知事は、通商産業大臣及び中国電力に対し、検査強化や試験運転中止の要請等をした。

公発第107号
昭和48年8月21日

通商産業大臣　中曾根　康　弘　殿

島根県知事　伊　達　慎一郎
（環境保健部公害課）

## 島根原子力発電所の安全性確保のための検査強化について（要請）

　近時原子力発電所の安全性に関しましては、極めて世論のたかまりを見ているところでありますが、島根原子力発電所の原子炉に装置した振動計が去る7月29日故障し、試験運転が中止され、8月16日にこの旨と営業運転開始時期のおくれを連絡してまいりました。

　この問題発生に関し地域住民の間には、連絡のおくれ等から企業に対する不信はもとより今後の発電所の安全性に対する不安が高まりつつありますことは、誠に遺憾に存ずるところであります。

　つきましては、原子力発電所に対する直接監督権限を持たれる貴省において、今後立入検査を一層強化され、振動計の如く単なる検査器機の取扱いであっても厳重な監督をお願いするとともに、今後の試験運転中止中の原子炉の再点検にあたってもその安全性の確保について格段の御配慮をいただきますよう強く要請いたします。

　なお、今回の振動計の故障は周辺環境の放射能汚染を伴なう内容のものか否か現地調査のうえその状況を文書をもって御回答願います。


公発第108号
昭和48年8月21日

中国電力株式会社
　取締役社長　山　根　寛　作　殿

島根県知事　伊　達　慎一郎
（環境保健部公害課）

## 島根原子力発電所試験運転中止に関する申入書

　本県は、昭和48年8月16日付をもって貴社から島根原子力発電所の原子炉内に設置した振動計の故障に伴う営業運転開始時期の延期について文書により連絡をうけたところである。

　貴社では、このことについて、同発電所において去る7月29日振動計の故障を発見し、これに伴う措置として、試験運転を中止、原子炉圧力容器の蓋を開放し、点検調整を行なうことを決定している。然かも、運転開始が2か月も延びるという重大な事故にもかかわらず、2週間もの間、本県に対し何らの連絡も行なわれなかったことは、去る昭和47年3月27日、貴社との間で締結した島根原子力発電所周辺地域住民の安全確保等に関する協定書の趣旨に反するものであり、誠に遺憾であります。

　特に、このため地域住民に不信、不安の感を抱かせた責任は極めて重大であり、貴社が今回とられた措置に対し、ここに厳重に抗議を行なうとともに、今後はこのような事態を生じないよう協定書の規定に基づき速やかに連絡するよう申し入れます。

昭和48年9月19日、松江市議会公害対策特別委員会が主催する『原子力発電公聴会』が島根県民会館の中ホールで行われた。「中海・宍道湖の自然を守る会」が推薦した吉岡貞雄氏（鹿島町議会文教厚生副委員長・鹿島町社会教育委員・鹿島町立佐太幼稚園PTA会長・鹿島町農業協同組合監事）が公述人として、「豊かな漁場と美しい自然　可愛い子供達を公害から守るために」と題し、次のように語った。

## 豊かな漁場と美しい自然
## 可愛い子供達を公害から守るために
吉岡　貞雄

　私の町鹿島町は、北と西は日本海に面し、恵曇、古浦、手結、片句、御津の浦には大漁旗をおし立てる海の男たちの息吹が満ちています。また神在月の出雲の神様で知られる佐太神社を、ふところに深く抱いて、東は太平山、西は朝日山に囲まれて約4000ヘクタールの耕地を持っています。

　町内を東西に貫通して先賢の築いた運河、佐太川もあり、昔からの郷土によせられた人々の愛着の心を物語っている町です。

　ところが、昭和41年11月、中国電力が鹿島町に原子力発電所を建設すると発表して以来、町民はその不安におびやかされてきています。

　美しい自然と豊かな漁場と町民の生命を公害から守るために原子力発電所の安全性が真に保障されるまで操業を延期することを強く要求し特に安全協定の改正を中心にして意見を述べます。

　昭和47年3月27日付の島根原子力発電所周辺地域の安全確保に関する協定書は、当然周辺住民の安全確保の役割を十分果すことが、その責務ですが、残念ながらその役割を果してないのが現状です。

### 住民の立場を貫く厳しい安全協定にするために

　まず、本協定の作成過程での反住民性と反民主性についてでありますが、昭和47年1月26日第1回の交渉が始められていますが、協定の内容は当初公表されず住民には秘密のうちに交渉がすすめられ、地元鹿島町議会では53日間も公表されず3月末の鹿島町議会ではわずか1時間半の時間で質問、討議が打ち切られ、質問に対する答弁ができないままに通過しています。

　これは自主、公開、民主の原則を最初から踏みにじり企業優先の協定であると言わざるを得ません。

◎協定の当事者は当然原発の危険と損害から守られる周辺住民であるべきですが、その当事者であるべき松江市・島根町が参加していないことであります。

◎本協定に罰則規定がありませんので、報告の義務を怠ったような先の協定違反があってもこれを厳しくチェックすることが出来ない点であります。

◎さらに具体的な協定内容の不備な点について測定結果の公表が制限される問題があります。

　第3条で環境放射能、及び温排水等に関する測定結果は技術会の報告に基づき甲・乙相互協議のうえ公表することになっているが会社側の都合で公表を拒否すれば公表が出来ないことも予測されるので会社側に拒否権がないことを想定すべきです。

◎さらに異常事態の基準が不明確な問題であります。第7条で異常時における連絡の基準を規定していますが、原子炉の異常事態を最初に発見し判断するのは中電でありますから中電の判断によって平常時と異常時に都合のいいように判定されることになりますので先の振動計の故障であろうと、制御棒のミスであろうと中電の判定と住民の判定がくいちがい協定が実質上有明無実であるも同然と言わざるを得ないのであります。

◎さらに立ち入り調査の事前通告と調査員の制限があることについてでありますが、第8条立ち入

り調査を規定していますが、本来立ち入り調査は抜打調査であってこそ、その実態のありのままが調査できるものですが、本協定はあらかじめ中電に立ち入り調査の月日と人物を事前に通告することになっています。これでは、どこの公害企業の調査をしても目的が半減されると考えられます。

さらに、この調査の立入員は知事・町長が指名する。地方公務員の一般職〜特別職に制限されていますのでさらに問題です。民主的な科学者や住民代表がほぼ抜打的な調査ができるように改正すべきです。

◎その他に損害補償や異常時態の対策にも問題がありますが、以上述べた点からでも本協定は住民にとっては誠に不備な協定であり住民本位の協定に改正するために次のことを要求します。

**安全協定改正点への私の主張**
一、協定当事者に松江市・島根町を参加させること
一、測定結果の公表に制限をつけないで、原発からの放射能物質排出のゼロを目指す環境規準を明示すること
一、立入調査・監視権を強め操業停止権をふくむ罰則規定を設ける
一、異常事態の規定を明確にし、一切の故障事故の報告を義務づけること
一、すべての損害は、国と企業の責任で完全補償をすること

**漁業権の放棄手続はこれでよいか**
次に島根県が指導した御津漁協の漁業権放棄に関する手続きについてであります。

原発温排水の排水口は、御津の通称、ユド浜にあり御津漁協が共同操業権（「共13号」第1種漁業権）を持っていた地域であります。昭和43年3月17日御津漁協総会は、この区域の漁業権放棄については賛成者が2/3に至らず否決されました。

県が工作に乗り出し、3月30日にもう一度総会を開かせ、ようやく2/3をとって、総会決議で漁業権を放棄させたのであります。さて、問題は漁業権放棄の手続きが有効であるかどうかであります。

昭和46年7月20日、大分地方裁判所の判決では、漁業権の区域的放棄は総会の2/3による議決に先立って、組合員全員の書面決議が必要であるとされ、県知事の漁業権放棄の認可が無効とされています。

この判例からすれば御津漁協の漁業権放棄の手続きは無効であると考えられます。こうした経過は協同組合の民主的運営や善良な漁民を県の力で屈服させたひとつの歴史であります。私はこのままで御津の漁場があらされるとするならば訴訟も含む糾弾をしなければならないと決意しています。

**中電は町民に対しウソとゴマカシの発表を謝罪せよ**
私は最後に中電に対し過去のウソとごまかしに責任を取り住民に対し謝罪されることを要求します。

中電は建設の最初に放射能漏れはゼロだ、公害もゼロだとPRされました。しかし、これがウソであったことは今日の中電の発表が微量の排出はあるとの発表で明らかになりました。

さらに中電は、本年7月末から振動計の故障で試運転を中止していながら、8月6日開催された鹿島町の原子力発電所環境安全対策協議会の席上で三善次長が出席し故障は全くない、試運転は正常に進行中と公然とゴマカシの発表を町主催の公式の場で述べたことはきわめて重大なことでありこれ以上町民を侮辱した行為はありません。私はこのようなウソとゴマカシ企業秘密がある中電は信用できません。企業秘密が原子力平和利用の三原則・自主・民主・公開の原則を優先していることに強く抗議して私の公述意見をおわります。

## 4. 島根県議会及び全員協議会

昭和48年9月28日に行われた、島根県議会及び全員協議会における知事説明等は次の通りであった。

### 全員協議会における知事説明

中国電力株式会社が建設中の島根原子力発電所の安全確保に関する協定につきましては、昨年3月27日、県および鹿島町と中国電力株式会社との間に協定締結をいたしたところでありますが、過般来から問題となっております、振動計の故障、欠陥制御棒等の問題に関しまして協定書条文の解釈をめぐって当事者間に食い違いを生じるなど地域住民に不安を与えたことは誠に遺憾に思うところであります。

県といたしましては、安全の確保に一層万全を期するよう、中国電力株式会社に強く要求するとともに安全協定につきましてもこの際改訂いたし県としての立場で行政責任を明確化するとともに立入調査権など協定内容を全般的に拡大強化する方向で中国電力株式会社と交渉中でありましたが県案を全面的に受け入れることについてほぼ合意に達しましたので県議会の了承を得たうえで協定を結びたいと存じますのでよろしくお願いいたします。

また、この協定の参加について、松江市と島根町から要求がなされておりましたが、このことにつきましては、3者協定とは別に県があっせんすることにより別案のごとく、中国電力株式会社と別個に協定を締結することが望ましいと考えたわけでありますので議員各位のご了承を賜りたいと存じます。

なお改訂案の要旨につきましては、環境保健部長から説明をさせます。

### 厚生商工委員長報告

ただいま執行部から説明のありました「島根原子力発電所周辺地域住民の安全確保等に関する協定書」の改定案につきまして、厚生商工委員会における審査の経過並びに結果について簡単に報告いたします。

当委員会としては周辺地域住民の安全確保の観点から6月定例会以降本問題につきまして、5回の委員会を開き、その間原子力発電所の視察も2回行なったのであります。

今回、改訂されるおもな点を申し上げますと、

まず、従来の協定が解釈の点において、双方にそごを来たしていた不備な点を改めること、

2つ目が県の行政責任を明らかにすること、

3つ目が立ち入り権限の強化を図(はか)り全般的に協定内容をきびしくすること、等であります。

これらの改訂案について審査の過程において論議された諸点を要約して申し上げますと、

まず第1点は今回の改訂にあたり委員会として強く要望していた松江市と島根町を協定当事者に入れる事項が入っていない点であります。これについては委員側の、

『現に不安を感じている隣接市町村も鹿島町と区別することなく協定に参加させるべきである。』と主張する意見と、県執行部の『地方自治法第2条により市町村を包括する県の行政責任を市町村の行政分野を明確にすべきで、各市町村はそれぞれの立場で別に協定を結べばいい、そのために県は別の協定書を用意し、積極的に協力指導をし、あっせんの労をとる』という意見であり、ついに合意に達しなかったのであります。

次に、立ち入り調査権の拡大の問題であります。この点についてもるる論議が重ねられたのでありますが、「特に必要と認めた場合」という字句を削除し、随時立ち入り調査ができるようにすべきであるとの委員側の主張と、県執行部の県が必要と認めた場合は運用において100パーセント県の意思で立ち入り調査ができること、またその立ち入りの際は県が特別職として任命した専門家をつけることもできる、という主張と並行線をたどり、意見の一致をみなかったものであります。

以上のように委員会としては、完全に満足、納得するものではありませんが、改訂条文を他県の安全協定と比較してみるとき、かなり企業側にきびしいものであること、交渉にあたられた執行部の努力は良とすること等は認めるところであります。
　本委員会の希望意見は、
1　協定の解釈上、不明確と思われる事項については確認事項を明文化すること。
2　県は原子力発電に対する技術的な体制整備をはかること。
3　原子炉の振動計、制御棒等に不良品があったことは輸入時における検査の不備と思われる。よって輸入品の検査体制の確立を国に強く要望すること。
であり、安全協定の改訂については大筋において了解するものであります。
　以上をもって厚生商工委員長報告といたします。

## 5. 安全確保及び駐在官配置

　中国電力㈱が国に対し提出した、島根原子力発電所の設置許可申請書は、原子炉安全専門委員会及び原子力委員会に置いて審査の結果、内閣総理大臣に答申され、設置許可がなされたものであり、国が直接監督権を有するので、核燃料や機器等の輸入時に検査を強化するとともに、現場での緊急時に直接指導監督が出来るよう、県（知事）は、地域住民の安全確保に万全確保を期するため、国に対し駐在係官の派遣（配置）について要請した。

公発第107号
昭和48年8月21日

通商産業大臣　中曾根　康　弘　殿

島根県知事　伊　達　慎一郎
（環境保健部公害課）

## 島根原子力発電所の安全性確保のための検査強化について（要請）

　近時原子力発電所の安全性に関しましては、極めて世論のたかまりを見ているところでありますが、島根原子力発電所の原子炉に装置した振動計が去る7月29日故障し、試験運転が中止され、8月16日にこの旨と営業運転開始時期のおくれを連絡してまいりました。

　この問題発生に関し地域住民の間には、連絡のおくれ等から企業に対する不信はもとより今後の発電所の安全性に対する不安が高まりつつありますことは、誠に遺憾に存ずるところであります。

　つきましては、原子力発電所に対する直接監督権限を持たれる貴省において、今後立入検査を一層強化され、振動計の如く単なる検査器機の取扱いであっても厳重な監督をお願いするとともに、今後の試験運転中止中の原子炉の再点検にあたってもその安全性の確保について格段の御配慮をいただきますよう強く要請いたします。

　なお、今回の振動計の故障は周辺環境の放射能汚染を伴なう内容のものか否か現地調査のうえその状況を文書をもって御回答願います。


公発第172号
昭和48年11月10日

通商産業大臣　中曾根　康　弘　殿

島根県知事　伊　達　慎一郎
（環境保健部公害課）

## 島根原子力発電所に対する国の駐在係官の配置について（要請）

　島根原子力発電所に対する指導監督の強化につきましては、かねてから要請しているところでありますが、発電所の安全性の確保と、地域住民の不安を除去するための普及啓蒙等をはかるには法律上監督権限を持たれる貴省の専門係官を常時現地に駐在させられる必要があると存じます。

　とくに、今後同原子力発電所の営業運転の開始に伴ない、万一緊急の事態が発生した場合、これに対処するためには直接監督権限を有する国の機関の立入検査あるいは緊急事態に対する対策と指導監督が現地において直ちに行なえるよう常時その体制を整え住民不安の解消に格段の配慮を願います。

　つきましては、原子力発電所の先発県である福島、福井両県と同様本県も原子力発電所に関する国の先発機関を現地に設置し常時係官を配置され安全対策に万全を期せられるよう強く要請いたします。

# 第7章　島根原子力発電所周辺地域住民の安全確保等に関する協定改訂交渉

　試運転開始後において、振動計の故障や核燃料制御棒の欠陥などが相次ぎ起ったが、中国電力㈱からは何も県に連絡はされなかった。マスコミは、相次ぐ事故騒ぎで「安全協定効果なし」等と連日大きく報道されるので、担当者としては席にいづらく、既に営業運転をしている先進県である、福井県・茨城県に出向き担当課長と相談することにした。

　その反応は、安全協定の改訂は、全国にも今までかつて例がない、国と電力会社は結束が堅い、交渉相手の貴方が首になるか更迭されますよ、考えて行動しなさい。…との答えであった。

## 1．中国電力に改訂申し入れ

　昭和47年3月27日「島根原子力発電所周辺地域住民の安全確保等に関する協定」を締結し、昭和48年6月1日から試験運転に入った。しかし、振動計の故障や核燃料制御棒の欠陥などが相次ぎ起こり、原子炉を停止しても異常時における連絡がされなかった。中国電力本社と現場事務所の意思統一の不徹底などのため、原子力発電所問題では連日新聞紙上をにぎわすことが多く、マスコミ対応や県議会対応に追われ、さらに、科学技術庁や通産省との連絡調整等で、連日夜明けまで作業が続いた。

　地元住民の不安を解消するためには、このままの状態ではどうにもならず、私（山本謙・以下同じ）は里田美雄副知事に随行し、二人で中国電力本社に申し入れを行う事になった。

　昭和48年8月のことだった。掛合町恩谷から頓原町に抜ける都加賀峠の曲がりくねった、当時は砂利道であつた国道54号線を公用車で広島市での昼食を含め、5時間半の道のり、延々と原子力発電所にかかわる問題点や現在の懸案事項等について、その対応状況や今後の取組み方について詳細に説明した。

　里田副知事は、「君は相当に頭に来てるね、俺は、そういうことは言えないね」と言われたので、私は「それはどうしてですか？」と聞き返した。副知事は、「いや、実は俺の娘婿は、中電さんにお世話になっているんだ」と言われたので、私は、「副知事さん、ここまで来て公私混同してもらっては困ります」と言い返した。それ以後、広島市内に入ってからは、二人は無言のままで前途を考えたら、出口のない暗闇の坑道に入る思いであった。

　やがて、中国電力本社に到着し、社長応接室に案内された。応接室には、山根寛作取締役社長、中野重美取締役副社長、渡辺喜一郎取締役副社長の3氏が待ち受けておられた。

　型どおりの挨拶を終えると、中国電力の山根社長が、「今日はどのようなことで、お越しになったのですか」と口を切られた。副知事が、「最近の新聞情報や島根県県議会の視察等でもお分かりになりますように、島根原子力発電所問題では島根県は、今後中国電力さんとはお付き合いができません」と言われたのに対して山根社長は、「それはどのような事でしょうか詳しくお聞かせ下さい」と驚いた顔をされた。副知事はすぐさま「君から説明しなさい」と私に言われたが、副知事の随行者ですから、私から申し上げるわけにはまいりませんと断った。しかし、副知事は命令だから説明せよと促される。仕方なく私は、島根原子力発電所周辺地域住民の安全確保等に関する協定締結後から試運

転、事故時における連絡事項の不徹底、島根県議会厚生商工委員会の視察時における、現場事務所の対応状況、島根原子力発電所対策協議会の設置経過、2号炉問題の発覚、中国電力㈱の島根原子力発電所広報資料、等々を提示し長時間にわたり説明した。山根社長は、「ならば中国電力はどうしたらいいでしょうか、山本さん」と聞かれたので、私は、現行の安全協定を改訂してもらうことですと答えた。これに対し社長は、「それは大変なことです、全国でも厳しい方の安全協定をさらに厳しくするのですか」と不満そうな顔をされた。

私は、「実行が伴わない安全協定では、地元住民を説得することはできません。協定が守られなかったから今日の様な混乱した状態になったのです。現状を修復するためには今の協定を破棄し、改めて協定書を締結してもらうしか方法がありません」と、かなりきつい調子で言ったことを最後に、島根県の中国電力に対する改訂申し入れ事項は終わったのである。

## 2. 島根県と中国電力との改訂交渉

こうして、改訂交渉を始めることになったが、これからがまた大変であった。中国電力側では、本社の原子力部長、現場事務所の所長ほか数名の幹部の方が更迭され、また科学技術庁、通商産業省からの抵抗や圧力、さらにマスコミ等からも知る権利、書く権利などを理由に再三にわたる吊し上げを食うことになった。それは秘密主義でなく、民主・自主・公開の三原則とするが、既得権を守ろうとする中国電力側との折衝が難航したためである。

改訂作業は、「第2条（環境放射能測定）、第3条（測定結果の公表）、第7条（異常時における連絡）、第8条（立入検査）、第11条（連絡の方法）」等を主体に行うこととした。

このことで、某新聞の県政記者から、近いうちに知事と県政記者との懇談会がある、君の問題を取上げて「首にしてやる」と言われた。話題にされたことは確かであるが、山本は、首だけは残っていた。改訂交渉等の途中経過は、誤解を招く恐れがあり公表できず、マスコミ対応には慎重に取扱ったが悩まされることが非常に多かった。

改訂協定書は次のとおりである。（改訂協議経過略）昭和48年10月26日の1年数ヶ月後に協定の改訂を行った。

# 島根原子力発電所周辺地域住民の安全確保等に関する協定書（案）

　島根県（以下「甲」という。）、鹿島町（以下「乙」という。）および中国電力株式会社（以下「丙」という。）は、丙が鹿島町に設置する島根原子力発電所（以下「発電所」という。）の周辺地域住民の安全確保等について次のとおり協定を締結する。
　島根原子力発電所周辺地域住民の安全確保等に関する協定（昭和47年3月27日締結）は廃止する。
（関係法令の遵守等）
第1条　丙は、発電所の建設および保守運営に当たっては、発電所から放出される放射能物質による汚染の予防と安全確保および温排水・その他の排水（以下「温排水等」という。）に対する周辺環境の保護のため関係法令を遵守し、周辺地域住民に被害を及ぼさないよう万全の措置を講ずるものとする。
（環境放射能等の測定）
第2条　甲、乙および丙は、発電所周辺の環境放射能および温排水等に関する測定を行うものとし、この測定は、甲が定める計画に基づくものとする。
2、乙および丙は、前項による計画の策定または変更について意見を述べることができるものとする。
3、甲および乙は、必要と認めた場合は、丙が行う測定に立ち会うことができるものとする。
4、前項に基づく立会者は、第8条に定める者とする。
（測定結果の公表）
第3条　甲は、発電所周辺の環境放射能および温排水等に関する測定結果を公表するものとする。
（計画等に対する事前了解）
第4条　丙は、発電所の増設（既存の設備の出力増加を含む。）に伴う土地の利用計画、冷却水の取排水計画および建設計画について事前に甲および乙の了解を得るものとする。
（燃料等の輸送計画に対する事前連絡）
第5条　丙は、甲および乙に対し、新燃料、使用済燃料および放射性廃棄物の輸送計画ならびに安全対策について事前に連絡するものとする。
（平常時における連絡）
第6条　丙は、甲および乙に対し、次の各号に掲げる事項について連絡するものとする。
　⑴　発電所建設工事の進捗状況
　⑵　発電所の運転状況　（試験運転を含む。）
　⑶　環境放射能の測定結果
　⑷　温排水等の調査結果
（異常時における連絡）
第7条　丙は、甲および乙に対し、次の各号に掲げる事項について発生時に連絡するものとする。
　⑴　原子炉施設（核原料物質、核燃料物質および原子炉の規制に関する法律施行例（昭和32年政令第324号）第10条に規定する原子炉施設をいう。）の故障があったとき。
　⑵　核燃料物質の盗取または所在不明が生じたとき。
　⑶　発電所敷地内において火災事故が発生したとき。
　⑷　従事者または非従事者の被爆が法令に定める許容被爆線量をこえたとき。
　⑸　前号に定める基準以下の被爆であっても被爆者に対して特別の措置を行なったとき。
　⑹　核燃料物質または核燃料物質によって汚染されたものが、管理区域外に漏洩し、一時的な管理区域の設定をしたとき。
　⑺　発電所敷地外において放射性物質の輸送中に事故が発生したとき　（放射性汚染を伴わない単なる自動車事故等を含む。）
　⑻　緊急事態を発令したとき。
　⑼　前各号のほか、原子炉の構造上または管理上に欠陥を生じ、運転を一時中止しなければならないおそれがあるとき。

2、甲および乙は、丙に対し、前項各号に定める事態が発生し、特に必要と認めた場合は、放射能および温排水等の測定結果の提出を求めることができる。

（立入調査）
第8条　甲および乙は、発電所周辺の環境放射能および温排水等に関し異常が生じたとき、または前条第1項各号の事態が生じ特に必要と認めた場合は協議のうえ、次の各号に掲げる者でその指名するものを立入調査させることができるものとする。
(1)　地方公務員法（昭和25年法律第361号）第3条第2項に掲げる一般職の職員
(2)　地方公務員法第3条第3項第1号および第3号に掲げる特別職の職員

2、前項の立入調査を行なう場合は、甲は、丙に対して立入者の職、指名、立ち入りの日時および場所を通告するものとする。

（適切な措置の要求）
第9条　甲および乙は、立入調査の結果、周辺地域住民の安全確保のため特別な措置を講ずる必要があると認める場合は、丙に対して国を通じ、または直接、適切な措置を講ずることを求めるものとする。

（公衆への広報）
第10条　丙が発電所の異常な事態に関して公衆に特別の広報を行う場合は、甲および乙に対して事前に連絡するものとする。

（連絡の方法）
第11条　丙は、甲および乙に対して、次の各号に定めるところにより連絡するものとする。
(1)　第4条、第5条および第6条に掲げる事項については、文書をもって連絡するものとする。
(2)　第7条および前条に掲げる事項については、すみやかに電話で連絡したのち、文書をもって連絡するものとする。

（連絡責任者）
第12条　甲、乙および丙は、連絡を円滑に処理できるようあらかじめ連絡責任者を定めるものとする。

（損害の補償）
第13条　発電所の保守運営に起因して、周辺地域住民に損害を与えた場合は、丙は誠意をもって補償に当たるものとする。

（協定の改訂）
第14条　この協定に定める事項につき、改訂すべき事由が生じたときは、甲、乙および丙は、いずれからもその改訂を申しでることができる。この場合において甲、乙および丙は、誠意をもって協議するものとする。

（その他）
第15条　この協定に定めた事項について疑義を生じたとき、または定めのない事項につては、甲、乙および丙が協議して定めるものとする。

　この協定締結の証として、本書3通を作成し、甲、乙および丙において記名押印のうえそれぞれ1通を保有するものとする。

　　昭和48年10月26日

甲　島根県松江市殿町1番地
　　島根県知事　伊　達　慎　一　郎

乙　島根県八束群鹿島町
　　佐陀本郷701番地3
　　鹿島町長　　安　達　忠　三　郎

丙　広島県広島市小町4番33号
　　中国電力株式会社
　　取締役社長　山　根　寛　作

### 3. 平成18年の安全協定書

　島根原子力発電所周辺地域住民の安全確保等に関する協定書は、平成17年の大合併により、鹿島町・島根町・美保関町・八雲村・玉湯町・宍道町・八束町が松江に合併したことが主な要因であるが、昭和48年の大改訂以来33年間も経過しているので、その後の実情に合うようにした。

　前段に「甲、乙及び丙は、周辺地域住民の安全確保がすべてに優先するものであることを確認し、この協定を誠実に履行するものとする。」を挿入したことが特徴となっている。

## 島根原子力発電所周辺地域住民の安全確保等に関する協定

　島根県（以下「甲」という。）、松江市（以下「乙」という。）及び中国電力株式会社（以下「丙」という。）は、丙が松江市に設置する島根原子力発電所（以下「発電所」という。）の周辺地域住民の安全確保及び環境の保全を図ることを目的として次のとおり協定を締結する。

　甲、乙及び丙は、周辺地域住民の安全確保がすべてに優先するものであることを確認し、この協定を誠実に履行するものとする。

　島根原子力発電所周辺地域住民の安全確保等に関する協定（平成13年10月16日締結）は、廃止する。

（安全確保等の責務）
第1条　丙は、発電所から放出される放射性物質に対する周辺地域住民の安全確保及び温排水その他排水（以下「温排水等」という。）に対する周辺環境の保全を図るため、関係法令等の遵守はもとより、発電所の建設及び運転・保守（以下「運転等」という。）に万全の措置を講ずるものとする。

2　丙は、発電所の安全性及び信頼性のより一層の向上を図るため、請負企業等を含めた品質保証活動を積極的に行うとともに、原子炉施設の高経年化対策の充実を図るものとする。

3　丙は、放射線防護上の管理を徹底するとともに、施設の改善等を積極的に行い、放射線業務従事者の被ばく低減に努めるものとする。

（情報の公開）
第2条　甲、乙及び丙は、原子力の安全性に関する情報の公開に積極的に努めるものとする。

（放射性廃棄物の放出管理）
第3条　丙は、発電所から放出される気体状及び液体状の放射性廃棄物に起因する発電所周辺地域の住民の線量が原子力安全委員会の定める線量目標値を確実に下回るよう、放射性廃棄物の放出を管理するものとする。

（核燃料物質等の保管管理）
第4条　丙は、核燃料物質、放射性固体廃棄物等の放射性物質の保管及び管理に当たっては、関係法令等に定める必要な措置を講ずるほか、更に安全確保に努めるものとする。

2　丙は、放射性固体廃棄物の発生量の低減に努めるものとする。

（環境放射線等の測定）
第5条　甲、乙及び丙は、発電所周辺の環境放射線及び温排水等に関する測定を行うものとし、この測定は、甲が定める計画に基づくものとする。

2　乙及び丙は、前項による計画の策定又は変更について意見を述べることができるものとする。

3　甲及び乙は、必要と認めた場合は、丙が行う測定に立ち会うことができるものとする。

4　前項に基づく立会者は、第11条に定める者とする。
5　甲は、測定結果を公表するものとする。
(計画等に対する事前了解)
第6条　丙は、発電所の増設（既存の設備の出力増加を含む。）に伴う土地の利用計画、冷却水の取排水計画及び建設計画について事前に甲及び乙の了解を得るものとする。
2　丙は、原子炉施設（核燃原物質、核燃料物質及び原子炉の規制に関する法律（昭和32年法律第166号）に基づく実用発電用原子炉の設置、運転等に関する規則（昭和53年通商産業省令第77号）第3条第1項第2号に規定する施設をいう。）に重要な変更を行おうとするときは、事前に甲及び乙の了解を得るものとする。
3　丙は、原子炉を解体しようとするときは、事前に甲及び乙の了解を得るものとする。
(核燃料物質等の輸送計画に対する事前連絡)
第7条　丙は、甲及び乙に対し、新燃料、使用済燃料及び放射性廃棄物の輸送計画並びにその輸送に係る安全対策について、事前に連絡するものとする。
(平常時における連絡)
第8条　丙は、甲及び乙に対し、次の各号に掲げる事項について、定期的に又はその都度遅滞なく連絡するものとする。
　⑴　発電所建設工事（原子炉施設及びこれに関連する主要な施設を含む。）の計画及び進捗状況
　⑵　発電所の運転（試運転を含む。）計画及び運転状況
　⑶　放射性廃棄物の放出及び管理状況
　⑷　発電所の定期検査の実施計画及びその結果
　⑸　環境放射線の測定結果
　⑹　温排水等の調査結果
　⑺　品質保証活動の実施状況
　⑻　高経年化対策の計画及び実施状況
　⑼　その他必要と認められる事項
2　丙は、発電出力などの発電所情報を甲が設置する環境放射線情報システムへ常時提供するものとする。
(保安規定における運転上の制限を満足しない場合の連絡)
第9条　丙は、島根原子力発電所原子炉施設保安規定に定める運転上の制限を満足していないと判断した場合は、速やかな復旧に努めるとともに、速やかに甲及び乙に連絡するものとする。
(異常時における連絡)
第10条　丙は、甲及び乙に対し、次の各号に掲げる事項について発生時に連絡するものとする。
　⑴　原子炉施設の故障関係
　　①　原子炉施設の故障があったとき。
　　②　安全関係設備について、その機能に支障を生じる不調を発見したとき。
　　③　原子炉の運転中に計画外の停止もしくは出力変化が生じたとき、又は計画外の停止もしくは出力変化が必要となったとき。
　　④　原子炉の構造上又は管理上に欠陥を生じ運転を停止しなければならないおそれがあるとき。
　⑵　放射性物質の漏えい関係
　　①　放射性物質が管理区域外で漏えいしたとき。
　　②　放射性物質が管理区域内で漏えいし、人の立入制限、かぎの管理等の措置を講じたとき、又

　　　　は漏えいした物が管理区域外に広がったとき。
　　(3)　放射線被ばく関係
　　　①　放射線業務従事者に被ばくが法令に定める線量限度を超えたとき。
　　　②　前号の限度以下の被ばくであっても被ばくを受けた者に対して特別の措置を行ったとき。
　　(4)　その他
　　　①　核燃料物質の盗取又は所在不明が生じたとき。
　　　②　放射性物質の輸送中に事故が発生したとき。
　　　③　発電所敷地内において火災が発生したとき。
　　　④　島根原子力発電所原子炉施設保安規定に定める緊急時体制を発令したとき。
　　　⑤　発電所敷地内で測定した放射線が別に定める通報基準値に該当したとき。
　　　⑥　その他、国への報告義務がある事態が発生したとき。
2　甲及び乙は、丙に対し、前項各号に定める事態が発生し、必要と認めた場合は、放射線及び温排水等の測定結果等の提出を求めることができる。

（立入調査）
第11条　甲及び乙は、発電所周辺の安全を確保するため必要があると認める場合は、丙に対し報告を求め、又は次の各号に掲げる者でその指名する者を発電所に立入調査させることができるものとする。
　　(1)　地方公務員法（昭和25年法律第261号）第3条第2項に掲げる一般職の職員
　　(2)　地方公務員法第3条第3項第1号及び第3号に掲げる特別職の職員
2　前項の規定により立入調査を行う場合において、周辺地域住民の健康及び生活環境に著しい影響を及ぼしたとき、又は及ぼすおそれのあるときは、甲又は乙は、周辺地域住民の代表者を同行することができるものとする。
3　丙は、第1項の立入調査に協力するものとする。
4　第1項の規定により立入調査を行う者及び第2項の規定により立入調査に同行する者は、安全確保のため丙の保安規定その他関係法令に従うものとする。
5　第1項の規定により立入調査を行う場合は、甲及び乙は、丙に対して立入調査を行う者（第2項の規定により立入調査に同行する者を含む。）の職、氏名及び調査目的を通知するものとする。

（適切な措置の要求）
第12条　甲及び乙は、立入調査の結果、周辺地域住民の安全確保のため特別な措置を講ずる必要があると認める場合は、丙に対して直接、又は国を通じ、適切な措置（原子炉の運転停止を含む。）を講ずることを求めるものとする。
2　丙は、前項の求めがあったときは、誠意をもってこれに応ずるものとする。

（教育訓練）
第13条　丙は、発電所の運転等に当たっては、人に起因する事故等の防止等の安全管理に資するため、社員に対する教育訓練の徹底を図るものとする。
2　丙は、発電所の運転等に関する業務の一部を他に委託するときは、受託者に対して安全管理上の教育訓練の徹底を指導するとともに、受託者が行う教育訓練に対し、十分な指導監督を行うものとする。

（防災対策）
第14条　丙は、原子力事業者防災業務計画（原子力災害対策特別措置法（平成11年法律第156号）第7条第1項に基づき策定した計画）に定める防災対策の充実強化を図るとともに、甲及び乙が実施する地域の原子力防災対策に積極的に協力するものとする。

（公衆への広報）
第15条　丙が発電所の異常な事態に関して公衆に特別の広報を行う場合は、甲及び乙に対して事前に連絡するものとする。
（連絡の方法）
第16条　丙は、甲及び乙に対し、次の各号に定めるところにより連絡するものとする。
　(1)　第6条、第7条及び第8条に掲げる事項については、文書をもって連絡するものとする。
　(2)　第9条、第10条及び前条に掲げる事項については、速やかに電話及びファクシミリ装置で連絡した後、文書をもって連絡するものとする。
（連絡責任者）
第17条　甲、乙及び丙は、連絡を円滑に処理できるようあらかじめ連絡責任者を定めるものとする。
（損害の補償）
第18条　発電所の運転・保守に起因して、周辺地域住民に損害を与えた場合は、丙は誠意をもって補償に当たるものとする。
2　発電所の運転・保守に起因して、周辺地域住民に損害を与えた場合において、明らかに風評により農林水産物の価格低下、営業上の損失等の経済的損失が発生したと認められるときは、丙は、その損失に対し誠意をもって補償その他の最善の措置を講ずるものとする。
（諸調査への協力）
第19条　丙は、甲又は乙が実施する安全確保対策についての諸調査に協力するものとする。
（協定の改定）
第20条　この協定に定める事項につき、改定すべき事由が生じたときは、甲、乙及び丙は、いずれからもその改定を申し出ることができる。この場合において、甲、乙及び丙は、誠意をもって協議するものとする。
（運用）
第21条　この協定の実施に必要な細目については、甲、乙及び丙が協議の上、別に定めるものとする。
（その他）
第22条　この協定に定めた事項について疑義を生じたとき、又は定めのない事項については、甲、乙及び丙が協議して定めるものとする。

　この協定締結の証として、本書3通を作成し、甲、乙及び丙において記名押印の上、それぞれ1通を保有するものとする。

　　平成18年2月2日

　　　　　　　　　　　　　　　　　　　　　　　甲　島根県松江市殿町1番地
　　　　　　　　　　　　　　　　　　　　　　　　　島根県知事　　澄　田　信　義
　　　　　　　　　　　　　　　　　　　　　　　乙　島根県松江市末次町86番地
　　　　　　　　　　　　　　　　　　　　　　　　　松江市長　　　松　浦　正　敬
　　　　　　　　　　　　　　　　　　　　　　　丙　広島県広島市中区小町4番33号
　　　　　　　　　　　　　　　　　　　　　　　　　中国電力株式会社
　　　　　　　　　　　　　　　　　　　　　　　　　取締役社長　　白　倉　茂　生

# 第8章　鹿島町長選挙と原発2号機増設に伴う騒動

## 1．鹿島町長選挙

　島根原発1号炉が運転を開始した翌年の1975年1月、鹿島町長選挙が施行された。試運転早早の相次いだ事故で、原発の危険性が明らかになり、事故を隠そうとした中電に対するきびしい批判が続出、原発反対の運動が高まった時期である。

　鹿島町における原発反対の署名は、有権者の過半数3324名（51.2パーセント）に達し、町長選挙における社会党の動向が注目されていた。

　社会党鹿島総支部、及び鹿島町社友会は、原発反対運動か盛りあがっていくなかで、「町長選挙を見送ることはできない」と、候補者擁立の検討を重ねた結果、鹿島町における名門で、元島根県評議長であった井山光雄（当時、農林省食糧事務所）に白羽の矢をたて、本人と全農林労働組合に対し要請した。

　これを受けた全農林労組は、検討を重ね、最終段階では、中国地本委員長が来町協議し、井山を町長選の候補者として決定した。

　井山自身、「いけだったら（落選したら）豚でも飼いますわ」と、退職して出馬することを決意した。

　この時すでに12月、早速年賀状を全戸に出すことを決め、選挙への準備が進められた。ところが、暮もおしせまった12月28日、親戚会議の強い要請を受けた井山が突如として出馬を断念した。翌29日には安達町長が再出馬を表明した。

　「年賀状まで出しておきながらどうするのか」と、社会党から批判があびせかけられた。

　井山の出馬断念によって、新年明けた元旦早々から社会党・社友会は連日連夜対策会議を開き、党総支部長の中村栄治宅は深夜まで灯りが消えることがなかった。

　輸入候補の話も出たが、運動を引っ張ってきた責任者の立場から、中村栄治が一期半ばにして町会議員を辞任し、町長選出馬を決意した。この時すでに告示10日前であった。

　井山の親戚で鹿島天皇と呼ばれ、井山下しの陰謀をすすめた平塚繁義が「中村をたてたか……、井山をコロシテしまったなー」と言っていたとか。井山を下ろせば、社会党はたてないだろうと思っていた保守のボス連中の思惑が大きくはずれたのである。

　こうして、社会党・社友会を中心に「清新で住みよい鹿島町をつくる会」を結成、選挙戦に突入した。

　選挙戦は中村栄治氏、安達忠三郎町長、共産党が吉岡豊氏を推薦し、三つ巴となった。

　1月26日投票の結果は、中村栄治が1,864、安達忠三郎は2,675、吉岡豊が889となり、反原発をかかげて戦った中村、吉岡の得票が2,753票を切り、原発推進の安達町長を上まわる好成績をあげた。

　島根原発2号炉建設の「事前調査」をめぐって町が揺れているときであった。

　そして3年後、昭和53年2月、安達町長が突如として、任期1年を残して辞任した。

　中電は、2号炉が計画どおりに進まず、あせっていた。「事前調査反対」の片句漁民を説得することができない安達町長に見切りをつけた中電は、選挙によって「原発推進」世論をつくり、勝った勢いで、2号炉建設着工に踏み切ろうとして町会議長桑谷道雄氏を担ぎ出した。

　社会党は前回善戦し、これまでの間に行なわ

れた町議選を見送り、町長選挙に賭けてきた中村栄治を再度立候補させて戦った。

前回独自候補で戦った共産党は、「つくる会」の政策を支持し、当面の「2号炉建設反対」で一致して戦うことで共闘した。

一方、県評傘下の労働者と農民、漁民の連帯を深めようと「労農漁民会議」を結成、革新勢力の結集をはかるとともに、「つくる会」と一体となった闘いを組んだ。

桑谷陣営は、前回町長選挙で、保守と互角に闘った実績の上に、社・共の共闘が実現したことに対する危機感を訴え、保守系議員18名、自民党員390名が総力をあげての選挙戦を展開した。

中電は、中電労も含めた企業ぐるみの総動員体制をとり、民社党は、社会党等革新に対する誹謗中傷のビラをくばるなど、一体となって住民に対し圧力をかけ、言論を封じ、住民意志をふみにじった選挙をした。

さらに桑谷町長派は、「原発は国レベルの問題で、町の中に持ち込むことは、混乱を持ちこむものだ」と、「原発隠し」をおこない、電源三法による24億が降ってくることで、町がうるおうことを宣伝し、「原発推進」世論づくりをした。

中村陣営は、町民の重要課題である「2号炉反対」を柱に、10の基本政策と「危険の代償」である24億より、「農林漁業による健全な地場産業の育成」を訴えた。

こうして町を2分した選挙の結果は、投票率が前回85.6パーセントを大きく上まわる90.9パーセントとなり、いかに原発推進側が必死であったかを物語っている。

4月23日の投票結果は、中村栄治が2,015票、桑谷道雄は3,929票で、原発推進町長の誕生を許してしまった。

しかし、政治決戦に敗れたとはいえ、「反原発」を前面にたてて闘った中村栄治の2,015票は保守のシガラミと激しいしめつけの中にもかかわらず、どんな圧力にも動じない「反原発」の固い意識票である。

選挙戦をふり返って、「あれほどの金力・権力で攻められ、なお残った2,000票は大変な重さがある」と語った中村の言葉が印象に残る。

## 2. 反原発団体の核燃料輸送妨害

神奈川県横須賀市の日本ニュークリア・フュエルから、核燃料集合体計76体のトラック輸送が、国道16号線、東名・名神高速道路、国道9号線、島根県道恵曇港線を経て島根原子力発電所へ昭和50年11月27日、12月4日、12月11日と3回にわたり行われた。反原発団体の島根原発公害対策会議が、3回とも輸送阻止行動を展開した。

輸送隊が、島根県内に入ってから活動家たちの車が輸送車の前に割って入り、ノロノロ運転して進行を妨害し、深夜の国道9号は交通渋滞となる。対策会議宣伝車と警備車両のマイクの声が、交じり合って騒然とした。原発への核燃料輸送はそれまでにも2度行われていたが、このような阻止行動は初めてであった。

阻止行動は秘密のうちに計画して実行に移され、このため1回目の時は警備や交通規制に当たる警察官は手薄で輸送体が原子力発電所へ到着したのは予定より3時間も遅れた。

3回目も、鹿島中学校前付近の県道上で、島根大公害研究会の学生30人が輸送車の前に立って阻止の動きを見せたため、排除しようとする機動隊ともみ合いになり、女子学生1人が公務執行妨害の現行犯で逮捕されるなど荒れた。その後、核燃料輸送阻止行動、毎年行われ、反原発運動は一段と括発化していった。

### 3．2号機増設と動向

　中国電力は、島根県と鹿島町に対し「電力需要の増加に備え、島根原子力発電所敷地内に2号炉を建設したい」と申し入れた。

　申し入れによると、1号炉（46万キロワット）西側に（80万キロワット）級の沸騰水型軽水炉を設置する。工事は50年下期から調査測量をはじめ、54年上期に本工事着工し、58年に完成、下期から運転を開始するという。

　申し入れを受けた恒松制治知事は「原発2号炉については、安全性や温排水の影響など未解決な問題があるので、十分検討し慎重な配慮が必要」とし、受け入れるかどうかは鹿島町と県議会の意向を聞いたうえで決めることにしていると答えた。

　このことについては、重複する点もあるが『鹿島町誌』に分かり易く記載してあるので転載する。

**事前調査を申し入れ**

　将来の電力需要に対応するため2号機増設を構想していた中国電力は、山根社長が昭和50年12月22日朝、島根県庁に恒松知事を、鹿島町役場に安達町長を訪ね、「島根原子力発電所1号機に隣接して出力80万キロワット級の2号機（1号機と同じ沸騰水型軽水炉）を増設したい。事前調査を早急に実施したいので協力してほしい」と文書で申し入れた。中国電力の説明では53年度上期に準備工事に着手し、58年度中に運転開始が目標。中国電力は石油火力依存度が高く、原子力発電の比率はまだわずか（49年度末現在、全電源設備の8.8パーセント）。石油資源には限りがあり、しかも石油危機に見られたように安定確保に問題が伴うことから原子力発電の開発を急ぎたいというのである。2号機増設は敷地も確保されているし、いずれはと予想されていたが、あまりにも突然のことであった。知事は、原子力発電は安全性や温排水の影響など未解決の問題があることから「希望意見として受けとめるが、直ちに認める考えはない」と答えた。

　山根社長はその後、県庁で記者会見。会見の冒頭、申し入れは安全協定第4条（計画等に対する事前了解）に基づく正式なものと説明したが、後で知事がそうとは受けとめていないことを知り、2号機建設の部分を取り消した。このため申し入れは原子力発電所増設の際、中国電力が安全協定に基づいて事前了解を求めることになっている土地利用計画、冷却水の取排水計画、建設計画を策定するのに必要な諸データを集めるための事前調査についてだけとなり、2号機増設は構想を表明したというにとどまった。

　昭和51年に入って中国電力は2月14日から5月11日までの予定で1号機の第2回定期検査に入り、この期間を利用して事前調査を実施し、8、9月ごろまでに終えたいと島根県、鹿島町、地元漁協に了解を求めた。事前調査について恒松知事、それに安達町長も「事前調査と2号機建設とは別問題」と、切り離して対処する考え方であった。

**町議会が事前調査を受け入れ**

　昭和51年2月になってから御津、片句両地区は中国電力からそれぞれ事前調査の内容について説明を聞いた。この中で中国電力は2号機の放水口は宇中湾に設けたい意向を示したため、片句の漁民は「養殖ワカメや天然ノリ、ブリの定置網漁などの漁業被害が拡大する恐れがある」と強く反発。事前調査についても「1号機の温排水が原因のうるみ現象も解決していないのに、2号機を前提とした事前調査は了解できない」と片句、御津両地区とも反対の態度を固めた。両地区では鹿島町、町議会への陳情署名が集められ、陳情書は御津漁協原発対策委員会として2月17日に提出、翌18日に片句の全109世帯で組織する片句原子力発電所対策協議会が提出した。

　2つの陳情書の取り扱いを決める臨時町議会

は、3月12日に開かれた。御津の陳情は、付託を受けていた町議会原子力特別委員会の桑谷道雄委員長が「事前調査は島根県、鹿島町とも安全協定第4条に基づく事前了解事項ではないとの見解をとっており、当委員会も同様に解釈する」と不採択の審査結果を報告し、挙手多数で委員長報告どおり不採択とした。ところが、片句の陳情書は「地元の意向を無視しないこと並びに事前調査は万全の対策のもとに実施することを要望する」と条件付き賛成に内容がすり替わって提出されており、「趣旨は十分理解できる」として、これは挙手多数で採択された。この議決により町議会としては、事前調査を条件付きで受け入れることが決まった。

議場では地元漁民のほか、島根大学公害研究会の学生などを含む約50人が傍聴。怒号が飛び交い、片句の陳情がすり替わっていたことも明るみに出て騒然とした。また強行採決しようとした議長席に学生数人が詰め寄り、議会の要請で待機していた警察官に退去させられる場面もあるなど混乱した

### 御津、片句が反対を再陳情

片句地区は翌日の昭和51年3月13日、四常会の代表者が集まって陳情書の内容がなぜすり替わったのか責任者に確かめた結果、「島根県、鹿島町とも2号機増設と事前調査は切り離して考え、事前調査はむしろ実施した方が良いと考えられているようだったので、それなら調査によって被害や影響が出た場合の補償措置を求めておいた方が地区のためになる」と考えて書き替えられたものと分かった。

このため片句地区は再び地区住民の署名を集めて、また御津地区も3月22日開会の定例町議会に再陳情書を提出した。片句原子力発電所対策協議会は「2号機の事前調査並びに増設計画の取りやめについて」、御津漁協原発対策委員会は「片句陳情書の真相究明と議会の再審査について」。両陳情とも原子力発電所特別委員会に付託され、審査の結果、不採択となった。3月27日の本会議では革新系議員3人から「[*1]うるみ現象など未解決の問題を抱えている段階でなぜ結論を急ぐのか。審議未了として4月改選後の新議員によって審議を尽くすべきだ」などと強い反対意見が述べられた。

しかし片句の陳情については「事前調査は安全協定の事前了解事項ではない」、また御津の陳情については「真相究明は当事者から事情を聴いて真相は究明されている。3月12日の臨時町議会で不採択とされた陳情は既に議決済みであり、不採択の理由を再考する根拠は見当たらない」との特別委員長報告どおり賛成多数で不採択と決まった。採決に際しては議長不信任案の動議が提出されたが、反対多数で否決された。

この日、議場の外は貸し切りバス2台を仕立ててやってきた御津、片句両地区の漁民、住民のほか、島根大学生などの約250人が多数の大漁旗や「片句の海を汚すな」などと書いた横断幕を掲げて町役場を取り巻いた。「漁民を犠牲にするな」などとシュプレヒコールを繰り返し、議場から不採択が伝えられると「漁民を殺す気か」などと辺りは怒号に包まれた。議会も警察官約50人が待機して開かれるという町議会始まって以来の異常事態であった。

### 町、県も事前調査を了承

鹿島町は、町議会が条件付きで2号機増設に伴う事前調査を認める議決をしたことを受け昭和51年3月31日、町役場に中国電力の井清哲夫副社長ら4人を招き、病気療養中の安達町長に代わって吉岡信助役が「事前調査は安全協定第4条による事前了解事項ではなく、実施は了承する」と文書で正式に伝えた。実施条件として、①調査中に原子力発電所敷地外への被害が発生したり、その恐れがある場合は中止し、また補償など適切な措置をとる、②海上調査は漁業への支障がな

---

[*1] 密度の異なる水塊の境界面で起こる海中光の複雑屈折による光学現象の一つ。水中の"ゆらぎ"現象。

いよう配慮し、事前に関係漁協と協議したうえで実施する、③調査実施状況は項目ごとに町に連絡するの3点を付した。

また町はこの日、2日前に島根県に「事前調査に反対、漁民の立場に立って善処してほしい」と陳情したばかりの御津漁協原発対策委員会会長の橋本敏光組合長と、片句原子力発電所対策協議会の新たに就任した山本孝蔵会長に事前調査を了承した旨を伝え、その経過を説明した。一方、島根県も同日、鹿島町が事前調査を了解したので県としても了解することとし、恒松知事が県庁で井清副社長にその旨伝えた。

任期満了に伴って4月11日、町議会議員選挙が行われた。事前調査が混乱の中で決まった直後であり、2号機増設を争点として〝ゲンパツ〟選挙が激しく争われた。投票率は激戦を反映して95.40パーセントと過去最高を記録。御津漁協の橋本組合長、片句原子力発電所対策協議会の山本会長も地元から推されて立候補し、ともに初当選した。

**うるみ補償交渉で合意**

うるみ現象による漁業補償交渉は昭和51年12月18日から、当事者の御津漁協と中国電力の間で始まった。翌年9月12日、うるみ現象の発生から交渉妥結まで過去分の被害額について合意。将来にわたって続く被害の補償と漁業振興対策については、同26日に合意し、全面解決した。10月7日、松江市のむらくも会館で、漁協側から橋本組合長と13人の交渉委員、中国電力は可部重応常務、島田島根原子力事務所長が出席し、鹿島町から安達町長、県から美濃地忠敬農林水産部長が立ち会い、4者が契約書と覚書に調印した。

**残る海上調査を実施**

鹿島町が2号機増設計画に伴う事前調査を受け入れた際の条件の一つ、「海上調査は事前に関係漁協と協議したうえで実施する」に基づいて、中国電力は昭和52年11月2日、関係の恵曇漁協（片句は支所）と片句原子力発電所対策協議会に海上調査の実施を申し入れた。海上調査は深浅測量と海象調査。深浅測量は輪谷湾から宇中湾にかけての海域で延長約1キロ、沖合100メートルの範囲、音響測深機などを使って海底の深さを測る。海象調査は2号機の建設で環境がどのように変化するかを事前に確認した資料で調べるもので、発電所から沖合700メートル、1,700メートル、2,700メートルの三定点を設定、潮の流れの方向、流速、水温、塩分濃度を24時間連続観測し、調査は2日間ぐらいとした。

中国電力の申し入れに対し、片句原子力発電所対策協議会は、12月18日開いた総会で、2号機増設を前提にした海上調査反対の決議を行い、その旨中国電力に回答し、海上調査は暗礁に乗り上げてしまった。

事前調査そのものは鹿島町、島根県とも既に了解し、陸上の調査は終わっているので、53年になって県、町は局面打開に動き出した。片句原子力発電所対策協議会と非公式に接触を進め、9月19日に臨時総会の席上、調査反対の再検討を要請した。海上調査が難しくなる冬場を控え、急ぎたい中国電力はこれを受け10月4日、島田島根原子力事務所長が片句原子力発電所対策協議会の山本孝蔵会長を訪ね、海上調査の実施を改めて文書で申し入れた。

これに対し片句原子力発電所対策協議会は、小委員会で協議したあと、各団体代表でつくっている36人委員会で住民の意見を集約し、11月28日臨時総会を開いた。しかし「52年12月の反対の態度に変わりはない」「調査を認めればなしくずしに2号機建設が進む」と反対意見が強く、結論を54年に持ち越した。

54年になって片句原子力発電所対策協議会は2月15日に拡大委員会を開催。続いていよいよ最終態度を決める通常総会が同月28日午前10時から、漁業会館で開かれた。会員87人が出席。山

本孝蔵会長が拡大委員会の方針を踏まえ「2号機増設にはあくまで反対だが、海上調査は2号機とは切り離して認めたい」と提案。「調査を受け入れたら2号機増設につながってしまう」「漁業と将来の生活が心配」などの意見が出たが、昼食抜きで午後4時ごろまで話し合われた結果、拍手で会長提案が承認され、海上調査を認めた。記者会見した山本会長は「このままでは片句だけが孤立してしまう。それはよくないとの判断があった」と話した。

続いて3月12日、恵曇漁協も理事会を開催。片句原子力発電所対策協議会と同じく、海上調査を2号機増設とは切り離して認めることを決めた。理事会は非公開で開かれ、16人の理事のうち14人が出席した。海上調査について2人の理事から「原発の安全面に大きな不安があり、2号機を前提とした調査は受け入れられない」と反対意見が出た。しかし地元の片句が調査受け入れを決定しており、片句の結論を尊重すべきとの意見が大勢を占め、海上調査に同意した。

この間、53年4月に中国電力は、片句原子力発電所対策協議会に漁業振興資金2,000万円を提供。同年3月11日には1号機を受け入れ〝ゲンパツ町長〟の異名もあった安達町長が突然、桑谷町議会議長に辞表を提出し、任期を11ヵ月残して3月31日付で辞任した。

安達町長は2年前に病気をしており、高齢と健康上の理由からであり、任期中には2号機は解決しないと判断しての決断であった。後任町長を選ぶ選挙は4月16日告示され、前町議会議長桑谷道雄氏が初当選した。54年になって1月中旬から2月初めにかけ、片句地区の大半の住民が玄海原子力発電所（佐賀県玄海町）、伊方原子力発電所（愛媛県伊方町）などを視察した。

片句原子力発電所対策協議会に続いて恵曇漁協が海上調査に同意した2日後の54年3月14日、中国電力は輪谷、宇中両湾一帯で海上調査を実施した。この日は海が荒れていたため調査船4隻による深浅測量だけを行い、20日に海象調査を実施して事前調査を完了した。安全協定第4条に基づいて島根県、鹿島町へ2号機建設を申し入れる中国電力の準備態勢が整った。

核燃料輸送

### スリーマイル島原発事故が発生

昭和54年3月28日、アメリカ・ペンシルベニア州スリーマイル島にある、運転を始めて3ヵ月の原子力発電所2号機加圧水型軽水炉、出力（95.9万キロワット）で炉心溶融事故が発生した。周辺に放射性物質が放出され、住民の一部が避難するなど一時パニック状態に陥った。

島根原子力発電所1号機はこの年2月3日から定期検査に入っており、事故当時、運転をストップしていた。放射能漏れ事故は絶対起こらないといわれ、事実かつて経験したことのない原子力発電所の重大事故とあって地元住民をはじめみな一様に衝撃を受け、鹿島町、島根県、中国電力、それに反原発団体も慌ただしい動きを見せた。鹿島町は桑谷町長が県、中国電力に「地元民の不安が高まっている。真相を解明し、島根原子力発電所の安全を確認してほしい」旨申し入れ、県も中国電力に改めて安全・保安対策に万全を期すよう要請した。

スリーマイル島原子力発電所事故で反原発の声も一段と高まった。島根原発公害対策会議は県と中国電力に「定期検査中の1号機はスリーマイル

第8章　鹿島町長選挙と原発2号機増設に伴う騒動　149

島原発事故の原因が究明されるまで運転を再開しない。近く事前協議が予想される2号機建設計画は凍結する。万一に備え住民の避難訓練を実施し、避難体制の確立を急ぐ」ことなどを申し入れた。

　2号機増設計画に伴う事前調査を完了した中国電力は、選挙（知事選挙と鹿島町議会議員選挙）が終わったあと4月中旬に安全協定第4条に基づいて島根県、鹿島町に2号機増設計画の事前了解を申し入れる予定でいた。しかしスリーマイル島原子力発電所事故の発生、それも原因がまだ究明されていないとあって4月9日、申し入れは当分、延期すると表明した。島根原発公害対策会議の申し入れに対する回答の中で明らかにした。

### 安全協定運用で申し合わせ

　昭和54年7月28日午前、1号機でトラブルが発生した。制御棒の挿入引き抜き試験中、97本のうちの1本が所定の位置に止まらず全体が挿入され、出力が、5,000キロワット低下した。安全協定第7条は原子炉施設に故障があったときは、発生時に島根県、鹿島町に連絡すると規定しているが、県、鹿島町に中国電力から連絡があったのは発生から約6時間もたった午後5時ごろと大幅に遅れた。中国電力は「今回のトラブルは制御棒が挿入され安全サイドに働いたもので心配するようなものではない。比較的軽微であったので調査を続けているうちに連絡が遅れた」と釈明したが、県、鹿島町は安全協定違反と抗議した。

　48年10月の安全協定改定以来またも異常時の連絡について食い違いが表面化したため、県と鹿島町、中国電力の3者で今後こうしたことのないよう安全協定について連絡事項を中心に再検討が行われた。

　その結果、異常時の連絡は通報基準を定めて行うほか、中国電力が国に報告するものはすべて同時に県、鹿島町に連絡するなど5項目の協定運用に関する申し合わせ事項に合意し、昭和54年10月24日調印した。申し合わせ事項はこのほか、平常時の連絡についても発電所敷地内の放射能の測定結果や放射性廃棄物の管理状況の連絡なども行われるようにした。

　トラブルの原因は中国電力の調査の結果、制御棒の駆動装置を動かす電磁弁の中に金属性の小さいごみがかんでいたためと分かり、7月30日夜、電磁弁を取り換え、再び46万キロワットのフル出力で運転を始めた。

原発の総合負荷試験（コントロールルーム）

### 使用済み核燃料初めて搬出

　定期検査ごとに何分の1かずつ燃料が新しいのと取り換えられ、そのたびに原子炉建物内の燃料プールに貯蔵され、たまっていた使用済み核燃料。高いレベルの放射性物質とあって、鹿島町議会でもその存在が会議のたびに取り上げられたが、その島根原子力発電所の使用済み核燃料が初めて発電所から運び出された。最初68体の使用済み核燃料が昭和54年9月と10月の2回に34体ずつ分け、茨城県東海村にある動力炉・核燃料開発事業団（現日本原子力研究開発機構）の東海再処理工場へ海上輸送された。

　使用済み核燃料は鋼鉄と鉛で出来た円柱型の輸送容器（キャスク、長さ約6メートル、直径約2メートル、重さ70トン）に17体ずつ納め、発電所荷揚げ場に接岸した専用船「日の浦丸」1,290トンに積んで送り出した。再処理工場で燃え残りのウ

ランとプルトニウムを取り出し、再び燃料として使えるようにする。

輸送容器は他の物体と衝突したり、火災に遭っても放射性物質が漏れない安全構造。また「日の浦丸」は船側、船底とも二重の耐衝突、耐座礁構造で安全性が高く、沈没しにくい。輸送容器の転倒防止装置や放射線監視装置も備えた。

燃料プールには、それまで50年から53年までの使用済み核燃料344体がたまって満杯状態になっていたため当時、55年7月の完成を目指し、2年ぶりに収容量を増やす工事が進められていた。当時の収容量は52年に160体分増やしていたので、760体分あった。これから344体分を差し引いてもまだ416体分の余裕はあったが、400体分については原子炉本体分の非常用スペースとして確保しておく必要があるので、実際には残るスペースはわずか16体分。55年にはさらに約80体の使用済み核燃料が出ることになっていたため、中国電力は54年2月に380体分増やして1,140体分にする通産大臣の工事認可を得て6月下旬から工事にかかっていた。

使用済み核燃料運び出し

### 核燃料税を新設

原子力発電所で使用する核燃料に課税する県税、島根県の核燃料税条例が、昭和54年9月県議会で制定（10月30日可決）され、昭和55年4月1日から施行された。核燃料税は法定外普通税で、住民税や固定資産税など法律で決まっている税のほかに一定の条件を満たしていれば自治大臣の許可を得て地方自治体が課税できる税。51年8月に創設が認められた福井県が最初だ。そのころから鹿島町など財源難に苦しむ原子力発電所の立地している全国の市町村が自分たちの組織、全国原子力発電所所在市町村協議会で市町村税で創設してもらうことを決め、自治省はじめ関係先にそれぞれ働きかけていたが、自治省に県税で、という方針があり実現しなかったといういきさつがある。島根原子力発電所が運転開始してから間もなくして、発電所施設周辺地域整備法などのいわゆる電源3法が制定されたため、その恩恵を受けていない鹿島町にとっては欲しい税源であった。

島根県の核燃料税新設は当時、原子力発電所が稼働していた全国7県のうち福井、福島、茨城、佐賀、愛媛に次いで6番目。当初、島根県は恒松知事が「税収が年間1億円程度でメリットが少ない。国のエネルギー政策である原子力発電に個々の地方団体が課税していいものか検討の余地がある」などと消極的な姿勢であった。

しかしその後、県財政の悪化に加え原子力発電所関連の経費がかかり、つまり環境放射能の監視、温排水対策などに財政需要があるほか、福井、福島県の県税創設の状況から国が課税し関係地域に配分するのが望ましい、とする垣松知事の発想は現実的でなくなったため新税創設に方向転換し、検討を重ねていた。

核燃料税条例の有効期間は自治大臣の許可方針から5年間。制定に当たって島根県は核燃料税の税収と原子力発電所周辺の財政需要によっては、条例の延長も検討するとした。県は5年間の核燃料税の税収を8億8,800万円と見込んだ。5年間の核燃料の取得価格を177億6,000万円と想定し、これに税率5パーセントを乗じて算出したものだ。法定外普通税で使途は特定されないが、県は制定の経緯などから税収は鹿島町はじめ松江市、島根町における放射能監視や温排水対策、

道路、漁港整備、沿岸漁業の開発整備などのほか、広報にも充てるとした。税率は59年度までは5パーセントであったが、60年度から平成16年度までは2パーセント引き上げて7パーセントであった（核燃料税は17年度が更新年度でさらに改定）。また核燃料税は平成12年度から税収の15パーセントを島根原子力電源地域振興事業交付金として鹿島町、松江市、島根町に5・3・2の割合で交付された。

### 2号機増設を申し入れ

　安全協定第4条に基づいて昭和55年7月28日、中国電力から2号機増設計画について鹿島町と島根県に事前了解の申し入れがあった。中国電力は当初予定していた4月中旬の申し入れをスリーマイル島原子力発電所事故の発生から延期したが、それ以後も安全性論議の高まりの中で頓挫した形となっていた。2号機の計画概要は、予想されていたとおり1号機の西側に隣接して設置し、出力82万キロワット。炉型は1号機と同じ沸騰水型軽水炉。冷却水（海水）は1号機と隣接して輪谷湾から取水し、宇中湾奥に放水。1号機の取水路と同じ表層放流方式を採用する。発電所～本谷～羽根戸谷間約2.1キロ、発電所～本谷～深田間約1.2キロの工事用道路を設ける。準備工事開始56年9月、本工事着工58年6月、営業運転開始63年9月などとするものであった。

　中国電力からはこの日、山根社長、本山俊治副社長ら幹部7人が来訪。鹿島町では町役場で午前9時半、桑谷町長が中島聡明町議会議長の立ち会いを得て山根社長から申し入れ書を受け取った。桑谷町長は「住民の意向を最優先するため十分な時間をかけて検討したい」と答えた。山根社長らはその足で県庁へ向かい同10時半、恒松知事に申し入れを行い、また松江市、島根町などにも協力を要請した。

　鹿島町は翌29日、町議会全員協議会、8月1日には町原子力発電所環境安全対策協議会を開催し、それぞれ中国電力から申し入れがあったことを報告し、中国電力側から詳しい計画内容の説明を聞いた。同月5日には町内の区長会で申し入れに伴う説明会を開いた。中国電力も各地区で説明会を開催した。

### 島根県原子力発電調査委に諮問

　島根県は申し入れの翌日7月29日に庁内に電源立地対策協議会（会長・美濃地副知事、関係部長、次長で構成）を発足させ、申し入れ内容について検討を始めた。9月4日には知事の諮問機関である島根県原子力発電調査委員会（会長・桐田晴喜県議会議長、議会、漁協など各種団体代表、学識経験者ら20人で構成）に、①安全協定第4条に基づく2号機増設の事前了解について、②国の電源開発基本計画への組み入れについての2点を諮問した。

　恒松知事は9月22日の県議会代表質問で2号機増設を認めないよう求められたのに対し、「安全性の確保や放射性廃棄物、温排水の漁業への影響など解決しなければならない問題はあるが、今日のエネルギー事情の中にあって原子力発電は避けて通れない。島根県原子力発電調査委員会の意見、地元鹿島町および周辺市町の意向を十分に尊重して判断したい」と答弁した。また、桑谷町長も、代替エネルギーの開発という観点から原子力発電は考えなければならない、という立場を町議会で明らかにしていた。

### 島根県原子力防災計画を策定

　スリーマイル島原子力発電所事故を契機として島根県は、県地域防災計画を補完する原子力発電所防災対策暫定取扱要綱を作って万一に備えた。昭和55年6月30日に原子力安全委員会が防災指針を示し、9月末にはこれを受け国から地方団体へ原子力防災に関するマニュアルも示されたので、これに従って県地域防災計画の中に新たに原子力防災計画を策定した。

原子力防災計画は12月24日の県防災会議原子力防災部会で承認され、56年5月8日に内閣総理大臣の承認を得、6月30日には県防災会議で正式決定された。

　県の原子力防災計画は、防災対策を重点的に講じる地域を原子力発電所から半径10キロとし、10キロの線にまたがる場合も対象範囲にした。近接の市街地なども関連区域として定め、早めに初期活動に入ること、また災害対策本部の下に置く緊急医療センターに被ばく管理班を設けるなど県独自の要素も加えられた。

　周辺住民を指導する立場にある防災関係者の教育訓練をまず第一としてまとめられ、反原発団体などから求められていた住民の避難訓練は盛り込まれなかった。鹿島町も、島根県と協議しながら県の原子力防災計画を基に町地域防災計画を見直し、56年3月28日、町防災会議の了承を得、知事の承認を得たあと10月13日、町防災会議で正式決定された。

## 第1次公開ヒアリング、混乱の中開く

　2号機増設計画に伴い地元の意見を聴く通産省主催の第1次公開ヒアリングが、昭和56年1月28日午前8時半から鹿島中学校に隣接する町立武道館で開かれた。会場周辺は阻止行動に集結した約6,000人の反対派と警備の警察機動隊1,200人で騒然とし混乱したが、会場内のヒアリングは意見陳述人20人（鹿島町9人、松江市と島根町11人）全員が出席して淡々と進み、予定どおり午後5時45分終了した。

　公開ヒアリング制度も、環境影響評価制度と同時期の54年1月に新しくできた。第1次公開ヒアリングは発電所建設が事実上決まる国の*2電源開発調整審議会（電調審）の前に、地域住民の理解と協力を得る目的で開かれる。第1次公開ヒアリングなどの手続きが終わると電力会社は国に原子炉設置変更許可申請書を提出し、国による安全審査が行われる。まず通産省が安全審査を

し、その結果を今度は原子力安全委員会が再審査（ダブルチェック）するが、安全審査に反映させるため原子力安全委員会はその過程で安全性の観点から地元の意見を聴く第2次公開ヒアリングを行う。

　2号機の第1次公開ヒアリングは、55年12月4日の東京電力柏崎刈羽原子力発電所（新潟県）に続いて2番目であった。反対派は2号機のヒアリングも柏崎ヒアリングと同じく発電所建設を前提とした形式的な、まやかしヒアリングだとして阻止行動を起こし、島根県内と中国地方を中心に全国から労働組合員らを動員。島根県内ではかつてない規模の反原発闘争となった。警備陣も島根県警と中国管区内各県警、近畿管区の機動隊も出動して厳戒体制を敷いた。

　反対派は27日夕方から28日未明にかけて相次いでバスで到着する。断続的に降り続く雪の中で、機動隊とのにらみ合いが続いた。反対派は南側県道、北側町道の2ヵ所の会場入り口にピケを張り、意見陳述人、傍聴人の入場を阻止してヒアリングを中止に追い込む作戦をとった。若い労組員らは徹夜でピケを張った。

　27日午後6時前にはバスに分乗して約3キロ離れた古浦海水浴場へ向かい、約1,000人が寒風の吹きつける広場で決起集会を開いた。集会のあと会場までデモ行進。デモ、集会など反対のための行動は深夜にわたって繰り返され、シュプレヒコールに反対派、警察双方のマイクの声も混じって辺りは騒然とした。

　入場受け付け開始の28日午前7時に向け、反対派は南北2ヵ所の入り口に集結。一時、反対派と機動隊が県道上で激しくもみ合う緊迫した場面もあったが、多数のけが人が出た柏崎ヒアリングのような流血の騒ぎは避けられた。午前8時半に間に合わなかった陳述人、傍聴人は多く、空席の目立つまま開会したが、反対派が午前11時に阻止行動を終えたため、昼ごろから陳述人、傍聴人とも増え、最終的には陳述人は全員出席、傍聴人

*2　電源開発促進法に基づき、電源開発基本経過などの電源開発に伴う諸事項を調査審議するための機関として、設置。2000年に廃止され、総合資源エネルギー調査会に組み込まれた。

も231人の予定数にほぼ達した。

　ヒアリングとは直接関係のない会場周辺の一般の人たちには「よそから大勢やってきて騒動され大迷惑」なことであった。

　28日朝、鹿島中学校では通学路が反対派と機動隊で埋まり登校できないため午前中の授業を断念、各小学校で体育と音楽の振り替え授業を行った。午後の授業も1時間で打ち切り、部活動も見合わせて早く下校させた。前日も午後早めに授業を切り上げ生徒を集団下校させている。恵曇、佐太、東の各小学校も27日午後と28日朝、先生と保護者が付き添って集団登下校。県道でのデモや交通規制のため佐陀川左岸の町道は迂回する車で時ならぬラッシュとなり、子どもたちは気をつけながら登校した。

### 島根県原子力発電調査委が2号機増設に同意

　島根県原子力発電調査委員会は昭和56年2月24日に開いた第7回委員会で、1号機が周辺環境へ大きな影響を及ぼすこともなく運転を継続していること、国の安全確保対策が1号機設置当時に比較して強化されていることなどを理由として、諮問された、①安全協定第4条に基づく事前了解については「了解」、②国の電源開発基本計画への組み入れについては「同意」を可とすることを決め、直ちに桐田会長が恒松知事に答申書を手渡した。

　答申に当たっては「原子力発電は潜在的な危険性を持ち、放射性廃棄物や廃炉の処理処分など未解決の問題もあることから、県民の間に不安感や不信感のあることも事実である」とし、6項目の要望事項を付した。

　要望事項は、①安全性の確保に万全を期するよう国、中国電力に要請するとともに、環境放射能監視体制を強化する、②放射性廃棄物の処理処分及び廃炉の処理方法を速やかに確立するよう国に要請する、③漁業に対する影響については未解決の問題もあるので、調査研究を促進する、④防災計画はより安全なものとするよう各方面における努力を続ける、⑤原子力発電に関する不安感や不信感を解消し、広く県民の合意を得るよう格段の努力をするとともに、国、中国電力に要請する、⑥公開ヒアリング及び環境影響調査制度の運用を改善するよう国に要望することを求めたものであった。

　この時点で島根県は既に国から電調審へ向け2号機増設が電源開発基本計画に組み入れられることについての知事の意見照会を受けており、県原子力発電調査委員会の答申が出たことで、知事の意見決定はあと鹿島町、松江市、島根町の意向待ちとなった。

### 電源開発計画組み入れに同意

　2号機の電源開発基本計画組み入れについて昭和56年2月21日、知事から意見照会を受けた鹿島町は、恵曇漁協、御津漁協の同意（恵曇漁協は2月26日の総会で決定。御津漁協は3月12日の臨時総会で結論が出ず、16日に再び臨時総会を開いて決定）を踏まえ、町議会の了解を得たうえ3月17日、安全性確保に万全を期し、温排水の有効利用と漁業振興対策の推進など4項目の要望事項を付して知事に同意する旨を回答した。安全協定第4条に基づく事前了解については、基本計画の組み入れとは切り離し、漁協と中国電力との交渉の態勢も整ってないため態度を保留した。中国電力との補償交渉のテーブルにつくことは恵

県が立ち入り検査（湾内）

曇、御津両漁協とも決定した。

3月17日までに鹿島町、松江市、島根町の同意回答が出そろい、恒松知事は3月19日、2号機増設の電源開発基本計画組み入れに同意すると国に回答した。事前了解については鹿島町と同一歩調をとることとし、保留した。2号機増設は3月26日開かれた電調審で電源開発基本計画に組み入れることが決まり、4月13日の官報に告示された。

### 2号機増設を事前了解

島根県と鹿島町は昭和56年8月11日、安全協定第4条に基づき中国電力に2号機増設計画に対する事前了解を出した。鹿島町はこれに先だつ8月6日、恵曇漁協から中国電力との漁業補償交渉に当たる交渉委員が決まったと文書で報告を受け、御津漁協からも予備交渉委員名簿の提出を受けた。また、用地買収に伴う中国電力の測量調査についても一部地権者と話し合いが進んでいたことなどから、桑谷町長はこの日午前9時半、町長室に中国電力の松谷健一郎社長を呼んで3項目の要望を付けて事前了解すると文書で伝えた。

要望は、①用地取得、漁業権の消滅、温排水等の影響補償については、地権者、漁業関係者と誠意をもって話し合い、本工事着工までに合意に達するよう努める、②漁業権の消滅、温排水等により漁業が受ける影響を考慮し、町、漁協が実施する漁業振興策に協力する、③町民の要望にこたえるため町が実施する地域の振興開発事業に対し積極的に協力することの3項目。これに対し、松谷社長は「誠意をもって対応したい」と応じた。

鹿島町が事前了解したことを受け恒松知事は同日の県議会総務委員会、全員協議会で事前了解することを報告し、昼すぎに松谷社長に事前了解の文書を手渡した。中国電力は1週間後の18日、通産省に2号機増設のための原子炉設置変更許可申請を行った。

### 片句の交渉委員選出難航

この2号機増設に関して、恵曇漁協片句支所が出す漁業補償交渉委員5人の人選は難航した。恵曇、古浦、手結の各本支所の交渉委員は昭和56年5月から6月までには決まったが、片句地区は中国電力が当初予定した羽根戸谷の建設工事の土捨て場用地買収に「これ以上、土地を失いたくない」と反対が多く、人選はなかなか進まなかったのである。

4月にあった日本原子力発電敦賀発電所（沸騰水型、出力35.7万キロワット）の高濃度放射能漏れ事故、6月に発生した島根原子力発電所1号機の蒸気漏れトラブルの影響もあったかもしれない。7月26日になって片句原子力発電所対策協議会の臨時総会を開いたが、ここでも決まらず、執行部に一任してやっと8月1日に交渉委員を決めることができた。

### 準備工事に着手

中国電力は昭和57年2月4日、2号機増設に伴い土捨て場として予定していた片句の羽根戸谷は用地の買収ができないため断念した、と発表した。計画されていた土捨て場は羽根戸谷（約15万平方メートル）と本谷（約5万平方メートル）、それに発電所敷地内の才津谷（約4万平方メートル）の3ヵ所。2号機建設予定地として1号機西側の隣接地を造成し、それによって出る土砂計約230万立方メートルの7割を羽根戸谷に捨てる計画で、中国電力は2号機増設計画を鹿島町、島根県に申し入れた55年7月28日以降、地権者約60人に測量調査への同意と用地買収に了解を求めた。羽根戸谷の地目は田、畑と山林。しかし先祖伝来の土地を手放したくないという人が多く、地権者でつくる地権者会議は57年1月20日、「用地の調査、買収には応じかねる」と決議したため、中国電力はやむなく断念した。

このため中国電力は新たな土捨て場の確保を迫られることになったが、当面は才津谷の土捨て

場を使うこととし、2号機建設予定地付近から才津谷まで土を運ぶ準備工事用道路を建設した。工事用道路は山腹を貫いて才津谷まで結び、延長963メートル（うち第2輪谷トンネル321メートル、幅10メートル）幅11メートル。県の林地開発許可を得て3月2日に着工し、9ヵ月後の11月25日完成した。

### 蒸気漏れを想定し初の防災訓練

原子力安全委員会が昭和55年6月に決めた防災指針を基本とした第1回島根県原子力防災訓練が、57年4月27日、島根県を中心に鹿島町と松江市、島根町の各防災会議が主催し、関係17機関の計約440人が参加して行われた。「午前8時45分、フル運転中の原子炉建物内で蒸気漏れが発生」と想定し同9時、中国電力からその旨県に第一報。県から鹿島町など関係3市町に緊急連絡、県衛生公害研究所へ放射能測定のモニタリング体制の強化が指示されるとともに、県の関係7課による対策会議を設置。原子力発電所では9時10分、原子炉を停止し直ちに緊急時対策本部を設置。10分後には県に「原子炉圧力、温度は下降中」と通報があった。

県衛生公害研究所では緊急モニタリングセンターが設置され、9台のモニタリングカー、サーベイカー（ガンマー線量測定車）が4班に分かれ、発電所周辺の放射線測定に出発。16地点で観測が行われた。中国電力からは10時に「系統の隔離操作を終了。周辺環境への影響を食い止めた」、11時に「原子炉建物内に入り原因調査開始」、そして正午に「原因は冷却系の異常。蒸気漏れは完全に止まり緊急時対策本部を解散する」と最終報告。これを受け県も観測データはすべて平常値と判断、午後0時10分、対策会議を解散し訓練を終えた。

初めての原子力防災訓練は、このように緊急時の初期対応を主とし、関係機関間の通信連絡訓練や緊急モニタリング訓練などが行われた。原子力安全委員会の防災指針では、防災訓練は防災業務従事者が適切な指示をし、周辺住民がこれに従って秩序ある行動をとれば効果は大きい、としている。このため当面、防災訓練はこの指針に沿って県、市町などの防災関係者が防災業務に習熟して住民への指導性を高めていくことを基本とした。県の対策会議が置かれた県庁6階講堂の見学者席では、原子力発電所を持つ全国の電力会社の幹部や反原発団体、それに東京電力の原子力発電所6基が立地する福島県双葉町の田中清太郎町長ら約20人が訓練の様子を見守った。以後、防災訓練は、当分1年おきに実施されることとなった。

防災訓練

### 島根方式で第2次公開ヒアリング開く

原子力安全委員会主催の第2次公開ヒアリングが昭和58年5月13、14日の両日、町立武道館から松江市の島根県立武道館に会場を変えて開かれた。町立武道館は隣に中学校があり教育環境上、また会場が狭くて傍聴者などの人数も制限されるという問題があったために会場を変更した。

公開ヒアリング制度が発足してから初めて、反原発の島根県評、島根公害対策会議、社会党県本部の3団体が参加した、いわゆる島根方式として開催され、全国の注目を集めたヒアリングであった。通産省が57年11月9日に原子力安全委員会にダブルチェックを諮問し、第2次公開ヒアリン

グの実施段階に移った後、ヒアリング改革を求めた反原発団体と県、国が協議を重ねた結果、実現したものであった。

入場者は陳述人23人（うち鹿島町から6人）、傍聴者は一般、特別傍聴者の合わせて514人。鹿島町からも特別傍聴者として桑谷町長ら執行部と町議会の計5人が傍聴した。

陳述人はグループ別に意見を述べ、これに通産省側が答える形で進められ、初日は推進派7人、反対派6人の13人、最終日は推進派6人、反対派13人の19人が意見陳述。傍聴者からの意見発表もあった。推進、反対の双方の立場から幅広い意見が述べられたが、野次、怒号、たび重なる紛糾で議事がしばしば中断するなど混乱した。そうした場内の熱気とは裏腹に、会場の外は揺れに揺れた第1次公開ヒアリングの時とはうって変わって静かなものであった。市内の要所で警戒に当たった警察官も50人にとどまった。

第2次公開ヒアリングから4ヵ月後の9月12日、原子力安全委員会は2号機の安全確保は妥当と通産大臣に答申。通産省はその10日後の22日に、中国電力に原子炉設置変更を許可した。

### 町内の漁業補償すべて解決

昭和56年9月から関係漁協と中国電力の漁業補償交渉が始まった。

恵曇漁協は恵曇、古浦、手結、片句の本支所のうち、漁業権消滅海域を持ち直接利害のある片句地区は片句原子力発電所対策協議会として交渉委員を10人に増やし、単独で中国電力と交渉。58年暮れに大筋合意、翌年2月19日、総会を開き賛成多数で補償額を可決し同25日に調印した。また、片句は漁協正・準組合員3分の2以上の書面同意を得て、2号機の放水口設置による宇中湾の漁業権放棄も決定した。

片句以外の3地区は十数回の交渉を重ねて合意に達し、59年3月29日に恵曇漁協臨時総会を開き、賛成多数で可決。4月3日に調印が行われた。

御津漁協と中国電力の漁業補償交渉も3月22日、町長斡旋により合意。同29日、中国電力と調印が行われ、鹿島町の漁業補償はすべて解決した。

### 工事計画認可される

通産省は昭和59年2月24日、2号機の本工事着工に必要な工事計画認可を出した。これにより鹿島町は発電用施設周辺地域整備法による、いわゆる電源3法交付金事業を59年度から6ヵ年計画で推進することになった。総事業費は36億7,300万円余（うち交付金34億4,400万円）。鹿島町は工事計画の認可が出るまでに電源3法交付金による集会所はじめ社会福祉施設など63事業（66件）の公共施設の整備計画を島根県に提出し、県は松江、島根の関係市町を合わせた整備計画を国に提出していた。

### 島根原子力発電所、創業10周年

1号機は昭和59年3月29日で、営業運転開始から満10年が経った。49年3月29日に営業運転を始めてからの発電量は約278億キロワットアワー。この間、主蒸気止め弁テスト用電磁弁の不調により原子炉が自動停止（51年8月）、定期検査時に制御棒駆動水戻りノズルにひび割れ発見（52年3月）、再生熱交換器から蒸気漏れ（56年6月）、制御棒駆動用配管に傷（56年12月）などの法律対象を含む故障・トラブルはあったが、大きな事故はなく、平均設備利用率（稼働率）68.8パーセントと全国、世界的にも高い実績を残し、優等生と評価された。中国電力の59年度末の総発電量に占める原子力発電の割合は5パーセント（電力9社平均14パーセント）、石油火力が46パーセントを占めていた。鹿島町は3月2日、原子力発電所創業10周年と町役場新庁舎の建設を記念して日本原子力文化振興財団と共催し、女性を対象にエネルギー対策問題、放射線問題についての文化講座を開催した。

### 安くなった電気料金

　鹿島町では昭和56年10月分から、各家庭と企業などの電気料が安くなった。その額は家庭が1世帯当たり月300円、企業などは契約電力1キロワット当たり75円。これは、電源立地をスムーズに進めるため国が制度化した電源3法による施策の1つである原子力発電施設等周辺地域交付金による措置で、交付金額は発電能力（出力）に応じて定められた。当時、島根原子力発電所は1号機だけであったので、この割引額になった。交付金の使途は「電気料金の割引」と「企業導入・産業の近代化を図ることを目的とした地域振興の基金に充当」の2つに限られ、鹿島町はかねてから全国原子力発電所所在市町村協議会の一員として国や関係機関に働きかけていたこともあって電気料金の割引を選択した。

　電気料金割引の実際は、県が交付金を国から受け取り財団法人日本電源立地センター（東京）に補助金として拠出。同センターは中国電力に事務を委託し、中国電力は毎月割引分を差し引いて電気料金を請求する形をとっている。2号機に着工した59年3月（本工事着工は同年7月10日だが、ここでは工事計画認可の時点で着工とみなされる）分からは1、2号機分を合わせて1世帯当たり月528円、企業などは契約1キロワット当たり264円と割引額が引き上げられた。

### 2号機本工事に着手

　昭和59年7月6日加賀漁協（島根町）を最後に2号機の漁業補償がすべて解決し、中国電力は7月10日原子炉建物の掘削工事から本工事に着手した。当初計画の58年6月から1年1ヵ月の遅れ。この日午前10時から1号機西隣の建設現場に約60人の作業員が集まり、仲摩佑島根原子力事務所長（常務）があいさつをした。

　サイレンの合図と同時に4台の大型ダンプカーが一斉に始動した。2号機建設のために新たに造成された敷地は、山地の一部も切り取り約3万平方メートル。59年11月8日に土捨て場にある保安林が解除され、中国電力は同月30日、現地で起工式を挙げた。午前11時から神事が行われ、中国電力の山根会長、松谷社長、施工業者の三田勝義日立製作所社長、鹿島昭一鹿島建設社長ら46人が参列し、神前に玉串をささげて工事の安全を祈願、山根会長らが鍬入れした。起工式は正午から行われ、国、島根県、松江市、鹿島町、地元地権者、漁業関係者ら約180人が出席した。

### 原子炉格納容器を据え付け

　本工事に着工以来、2号機の建設工事は順調に進み、昭和60年1月に原子炉建物（鉄筋コンクリート地上4階、地下2階、約5,700平方メートル）、同年3月にタービン建物（同地上3階、地下1階、約7,100平方メートル）の工事にかかり、6月14日には原子炉格納容器の据え付けが始まった。高さ約37メートル、直径約23メートルの魔法瓶型で厚さ約5センチの鋼鉄製、総重量約1,100トン。超大型設備のため工場で6つに分割製作され、それが巨大なクレーンを使って下から順番に1つずつ組み立てられた。

　1番下は厚さ68センチのコンクリート基礎の上にアンカーボルトでしっかりと固定された。この間にはタービンの据え付けが始まり、4月14日には発電機が搬入された。格納容器は約6ヵ月間かけて据え付け作業を終わり、12月3日に高圧に耐えられるか、空気漏れはないか、通産省の耐圧・漏洩試験が行われた結果、合格、据え付け工事の完了となった。

### 使用済み燃料、再処理に初めて海外へ

　1号機の使用済み核燃料76体が昭和60年6月、再処理のため初めて海外へ送り出された。燃え残りのウランやプルトニウムを取り出して再び燃料として使えるようにするもので、安全協定に基づき島根県と鹿島町へ連絡があった。

日本の電力10社はフランスとイギリスの国営核燃料会社に再処理を委託していて、76体の燃料集合体は5基の専用容器（キャスク）に納めて発電所荷揚げ場に接岸したイギリスの使用済み核燃料運搬船「パシフィック・ティール号」（4,700トン）に積み込まれ、6月18日、フランスのCOGEMAラ・アーグ再処理工場とイギリスのBNFLセラフィールド再処理工場へ向けて出港した。海外への輸送は平成7年までに契約数量分をすべて終了している。

### チェルノブイリ原子力発電所事故が発生

桑谷町長の病気辞任に伴い昭和61（1986）年4月8日に行われた町長選挙で、前町議会議長の青山善太郎氏が無投票で初当選した。

また、この年の4月には史上最悪の原子力発電所事故が発生した。ソ連ウクライナ共和国のチェルノブイリ原子力発電所4号機（黒鉛減速軽水冷却沸騰水型炉、出力100万キロワット）の事故である。4月26日午前1時23分（現地時間）に発生。2年前に運転開始したばかりであった。外部からの電源が止まった時、タービンの慣性による回転でどれだけの電気が取り出せるか、保守点検のため原子炉の運転を止める時を利用して実験を始めたところ、突然、出力が急上昇を続け、原子炉が爆発し、火災が発生する。建物は屋根が吹き飛んだ。多数の死傷者（死者は同年中だけでも消火に当たった消防士と運転員ら31人）が出るとともに大量の放射性物質が大気中に放出され、半径30キロ以内の地域から住民約13万5,000人が避難した。

ソ連の事故通報は遅れ、日本で事故が報道されたのは3日後の29日になってからであった。安全が第一の原子力発電所の大事故だけに、人々に大きな衝撃を与えた。

島根県も直ちに環境放射能の監視体制に入り、また県、鹿島町、中国電力は情報収集に努めた。放出された放射能は気流に乗って地球規模で広がり、5月3日には日本各地、島根県でも4日以降、雨水や大気中のちり、水道水、原乳、ネギやキャベツ、ホウレン草、高菜などから微量の放射能が検出された。食品汚染に不安を抱かせたが、環境放射能の測定値は次第に低下し、島根県は6月6日に安全宣言、監視体制を平常に戻した。

事故発生当時、日本の原子力発電所はチェルノブイリ原子力発電所とは炉型が違い、あのような事故は起こり得ないと国、電力会社は説明したが、島根県議会、鹿島町議会などでもあらためて原子力発電所の安全性をめぐる質疑が行われた。

当局側からは「日本の原子力発電所では、仮に事故が起こったとしてもチェルノブイリのような炉心溶融などの事故に至らないように、多重防護の考え方に沿った安全な設計がなされている。また運転員、補修員に対しても十分な教育訓練が行われており、安全性に問題はない」などの認識が示された。とはいえ、島根県、鹿島町とも引き続き安全運転に徹するように、中国電力に申し入れている。

また、チェルノブイリの事故をきっかけに反原発運動も全国的な高まりを見せた。ちなみに平成4年8月1日から世界共通の尺度として広く利用されるようになった国際原子力事故評価尺度では、チェルノブイリ原子力発電所事故は[3]最悪のレベル7（深刻な事故）に位置付けられている。

### 深田運動公園野球場できる

2号機増設工事の土捨て場を利用して町民のレクリエーション施設をと鹿島町が中国電力に要請。これに同電力がこたえて昭和63年7月、深田運動公園の野球場が完成した。球場は両翼90メートル、センター110メートル。ダッグアウト、観覧席はもちろん、ナイター設備も完備した立派な球場。町内はじめ各種野球大会にも利用され、スポーツ振興に役立っている。ナイター設備のあるテニスコート3面も備えている。

---

[3] 国際原子力事象評価尺度（INES）による影響度の指標が「レベル0」から「レベル7」までの8段階の数値で公表される。ただし、日本の原子力事業者はINESレベル4以上に限って「事故」と呼んでいる。
INESレベル0：尺度以下〈異常事象〉　INESレベル1：逸脱　INESレベル2：異常事象　INESレベル3：重大な異常事象〈事故〉
INESレベル4：事業所外への大きなリスクを伴わない事故　INESレベル5：事業所外へリスクを伴う事故
INESレベル6：大事故　INESレベル7：深刻な事故。

### 「島根原子力館」がオープン

PR館「島根原子力館」が、昭和63年3月25日の電気の日にオープンした。毎年約2万5,000人の見学者があったという、それまでのPRホールは、これによって閉館した。2階建て延べ600平方メートルのPRホールが手狭になったこと、また車が乗り入れられないなど場所的に不便であったことなどから、2号機の増設に合わせて建設が計画され、62年4月に着工していた。

島根原子力館は出雲大社をイメージしたという四角錐(すい)を置いたようなユニークな外観の建物で、発電所を見下ろす山の上の9,000平方メートルの敷地に建ち、鉄筋2階建て延べ床面積約1,700平方メートルとPRホールの3倍の広さ。1階は「原子力発電のしくみと安全性」、2階は「電気などの一般科学の展示とふるさと紹介」に関する展示が中心であった。展望室と回廊も設けられ、発電所の全景、日本海、宍道湖などが一望できる。平成5年7月には見学者は50万人に達し、記念行事を開催した。同年11月には見学者増加のため別館の増築、改装工事が行われ、7年4月に新装オープンした。延べ床面積は2,900平方メートルと大きく広がった。別館には原子力情報コーナー、多目的映像ホールも設けられた。10年3月には開館10周年を迎え、記念行事「ありがとう10周年 サンクスフェスタ」が催され、多くの人たちでにぎわった。

島根原子力館

*4 中性子を放出しつつ核分裂反応が連鎖的に激しく進むこと。

### 2号機、ついに臨界

燃料を装荷した2号機は昭和63年5月25日午後1時48分、ついに*4臨界に達した。6月6日には中央制御室で松谷社長ら関係者約50人が出席し、祝賀式と安全運転を祈願する神事が営まれた。7月11日午前10時から試運転に入ったが、その21分後に発電機、続いてタービンが自動停止するというトラブルが発生した。

原子炉と発電機、変圧器などに異常はなく、放射能漏れもなかった。原子炉を止め原因を調べた結果、発電機と主変圧器を保護する装置の1つである比率差動リレー（継電器）が配線ミスのため出力増加し、リレーが作動したものと分かった。配線を正常に接続し直し、通産省と島根県・鹿島町の了解を得たうえ、同月15日午後2時から発電を伴う試運転を再開した。

しかし、中国電力の通報がトラブル発生から36分後と遅れたこと、また原因が配線の誤りという初歩的ミスであったことから島根県、鹿島町は中国電力に、トラブルが生じたときは速やかに連絡することと、そうしたトラブルが二度と起きないよう安全確保に万全の措置を講じて信頼の回復に努めることを強く申し入れた。2号機は試運転再開後、出力を8月に50パーセント、9月に75パーセントと段階的に上げ、10月20日正午、定格出力82万キロワットに達した。

### 2号機、営業運転を開始

試運転を続けていた2号機は平成元年2月9日から、資源エネルギー庁による最終検査に入った。出力100パーセントで今後1年間、安定して継続運転できるかどうか、検査官4人が原子炉、発電機など2号機全体を総合的に点検した結果、10日午前10時半、島根原子力発電所建設所の藤原正見所長に最終検査合格書が手渡され、営業運転に移った。わが国36番目の原子力発電所、平成に変わってから最初の原子力発電所であった。1号機の46万キロワットと合わせた出力は128万キ

ロワットとなり、中国電力の発電電力量に占める原子力発電の比率は8パーセントから約20パーセントに上昇した。国産化率は1号機の93パーセントを上回る99パーセント、総工費は約3,030億円であった。

**島根県が改善策を申し入れ**

島根原子力発電所は昭和63年7月の2号機の試運転開始以来、1年余りの間に4回ものトラブルが発生したため島根県は平成元年9月12日、中国電力に6日の1号機の再循環系トラブルの通報遅れを抗議するとともに、①連絡体制の改善、②安全確保対策の強化、③地域住民への情報提供策の改善の3点を申し入れた。

トラブルのたびに反原発団体や、県議会でも取り上げられたこともあるが、県が改善策まで具体的に申し入れたのはこれが初めてであった。これに対し中国電力は、連絡体制の見直しを進めるとともに、通報連絡訓練などを実施する。安全確保対策としては、1号機は定期検査中に徹底した総点検を行う。情報提供の改善については、本店広報室や島根支店広報担当、島根原子力事務所渉外・広報部の3ヵ所に照会窓口と問い合わせ専用電話（フリーダイヤル）を設置するなどの対策を文書で回答した。

トラブル続きで延び延びになっていた2号機の竣工式が11月8日、現地で行われた。2号機南側に式典場が設けられ、6月に就任した多田公熙社長、松谷健一郎会長ら中国電力関係者と建設工事を担当した日立製作所の金井務副社長ら直接の関係者40人が出席。多田社長らが神前に玉ぐしをささげ、2号機の完成を祝うとともに安全運転を祈願した。

**防災訓練に「模擬住民」参加**

島根県原子力防災訓練に反原発団体などは当初から一般住民を対象とした避難訓練の実施を求めていたが、平成2年10月17日に行われた第4回防災訓練では鹿島町、松江市、島根町の3市町の消防団員70人が初めて「模擬住民」として参加し、避難訓練を受けた。模擬住民たちは自宅からそれぞれ避難所の鹿島町町民会館、秋鹿公民館、大芦老人福祉センターに避難し、そこからバス3台で広域避難所に定められた松江市の島根県立武道館に移動した。県立中央病院の医師や看護婦が、避難住民の[*5]被ばく測定や医療介護訓練に当たった。

訓練は1号機の放射能漏れ事故を想定して行われ、関係22機関の675人が参加した。この時、医療活動訓練も初めて行われた。これ以後も模擬住民の避難訓練は続けられたが、6年11月8日に実施された第6回訓練では将来の住民参加へ向けたステップとして初めて鹿島町、松江市、島根町の自治会代表計70人が見学者として参加した。

## 4．2号機増設に伴う安全協定に基づく申し入れ

中国電力の山根寛作社長は、島根県の恒松制治知事と鹿島町の桑谷道雄町長に対し安全協定第4条に基づき正式申入れをした。

計画によると、2号機は同町にある1号機の西側に建設し、一部山を削り敷地も造成する。沸騰水型軽水炉で、出力は82万キロワットで、今後、環境調査、地元住民への説明会を開催し、知事の同意を得たうえ、国の電源開発調整審議会にはかり、58年6月着工、63年9月営業運転開始をめざす。建設費は約2,700億円である。

中国電力は、昭和49年に2号機増設の方針を公表し、51年4月から建設を前提とした地質調査や海上調査を県や地元の条件付き承認ですませ、「正式申入れ」を予定していた。ところが米国・スリーマイル島原発事故（S54.3）が発生し、延期を余儀なくされる。しかしこの5月に四国電力が伊方原発3号機増設を申し出たことも引き金になり、構想以来6年

---

*5 どの範囲まで放射性物質が拡散しているかを計る。

ぶりに増設計画の内容を示した。

恒松制治知事は、原子力の平和利用は必要なことだと思っている。そのためには安全性の確保がはかられることが重要な前提となる。今後国や中国電力の安全確保対策を見極めるとともに原子力発電調査委員会の意見を踏まえ、地元の意向を十分尊重して慎重に判断したいと答えた。

島根原発公害対策会議の福田真理夫議長は、スリーマイル島の事故で原発の危険性が明らかにされた。特に６月のブラウンズ・フェリーの原発事故は沸騰水型事故であり、島根原発も含めすべての原発が実用段階に至ってないことを示している。

特に島根原発は、暫定防災体制のまま操業を続け、しかも原発から10キロの範囲内に松江市が入るなど、他に例のない人口密集地域にある。ここに２号機を増やすという地元無視の申し入れは「断じて許せない」と阻止に全力を注ぐことを表明した。

## 5. 公開ヒアリング

第１次公開ヒアリングは、昭和56年１月28日に開催された。

通産省は昭和55年12月18日に、島根原子力発電所の２号機増設についての、第１次公開ヒアリングを開くことを告示し、これに基づき鹿島町立武道館（231人の傍聴席が整然と並ぶ会場はガラガラ）で開催・進行された。陳述人のほとんど全部が「原発の必要性」を強調し、答える中国電力も「ご理解ありがとうございます」と調子をあわせ、まるで原発建設促進大会の様相が続いた。

県警などの機動隊1,200人で守られた会場に、県評など反原発団体6,000人の「原発ハンターイ」の叫び声が届く。「反対意見が十分述べられないヒアリングは原発建設が前提のまやかし」と雪の中、徹夜で開催阻止のスクラムを組む労組員たちと、ピケ排除のための機動隊の再三の小せり会い。だが、陳述人は前日から場内にまぎれこみ、予定通りの開催を強行した。新潟・柏崎刈羽原発に続いてまたもヒアリングは「内と外」で推進、反対両派の不毛の対決の場となった。

原発推進の通産省が、推進を望む人たちの意見を聞いただけで、住民の理解を得たと言えるのだろうかという、疑問だけが残った。

続く第２次公開ヒアリングは、昭和58年５月13日14日の両日。

原子力安全委員会主催で行われた。第一回の騒動を考慮し、今回は松江市の県立武道館で開催された。

① 原子力安全委員会は、（Ｓ58.9.12）２号機の安全確保は妥当とし、通商産業大臣に答申した。
② 通商産業省は、（Ｓ58.9.22）中国電力に対し、原子炉設置変更を許可した。

内容については、「鹿島町誌」に詳細に記載してあるので省略する。

## 6. 鹿島町原発対策協議会が中国電力から3200万円受領

原発推進の鹿島町原発対策協議会の平塚繁義

第１回公開ヒアリング反対派のデモ

会長（町議）が、他の原発視察費用として、中国電力から3,200万円を受領している事が明るみに出た。

県議会原子力発電所対策特別委員会で、岩本久人議員（社）が指摘し、「町と中国電力による住民懐柔策だ」として県の指導を求めた。これに対し鹿島町では、町原子力発電対策協議会が、昭和55年12月22日発足した。

協議会は、桑谷町長らをはじめ、農協、漁協、商工会、自治会代表ら14人で構成。原発に対する健全な知識普及と啓発を図ることを目的にしている。

その協議会が視察旅行を決め、1月17日の区長会で説明、町民から希望者を募った。日程は2泊3日。適当な人数に分け、2月下旬から伊方原発（愛媛県）、玄海原発（佐賀県）、浜岡原発（静岡県）、敦賀原発（福井県）などを見て回る計画を立てた。

この費用として、対策協議会は、1月初め中国電力に「3,000万円程度の寄付」を要望した。協議会事務局の町企画課は「2号機について町民に原発の実態を勉強してもらう費用であり、「原因者負担の原則から設置者の中電にお願いした」と言っている。

前年11月から独自に視察に出かけている農協、商工会など10団体、約300人にもこれで費用の一部を助成するとしていた。

反原発団体である、島根県評と島根原発公害対策会議は松江地方検察庁に対し、中国電力が島根原発2号機の建設計画にからみ地元・鹿島町や町議らで組織する団体に、「町民の原発視察旅行費」として3,200万円の寄付したこと「わいろ事件」であるとして告発した。「町長らは原発建設の同意に職務権限を持つ。金は同意を得るためのわいろ」との理由である。

松江地検は告発を受理、捜査に乗り出す。立地が難航しがちな原発建設のために電力会社が地元に協力金を寄付することは多く、捜査の成り行きが注目された。

## 7. 県議会原発対策特別委員会へ機動隊

昭和56年2月9日県議会原発対策特別委員会（名越隆正委員長）が開催され、機動隊の手で傍聴に押しかけた原発建設反対派2人（福田真理夫、阪本清）を排除、建造物侵入罪で逮捕したしたあと、中国電力島根原子力発電所2号機増設に対して提出されていた、148件の請願、陳情を強行採決した。請願、陳情のうち145件までが、2号機反対を求めていたが、ほとんど不採択になり、経済団体の促進陳情などを中心に14件だけが採択された（うち趣旨採択10、措置済みとして採択されたもの4）。

社会党の委員2人は、審議不足と警官の導入に抗議して辞表を提出、原発推進の立場をとる自民党と無所属委員12人（自民党委員1人は欠席）によるわずか15分間の「採決劇」であった。

この日社会党県議団は、原発対策特別委員会が請願、陳情を採決したことに対し「請願の重要性から慎重な審議を主張してきたが、自民党県議団の態度は終始問答無用だった。まだ審議すべき内容が多く、採決には加われない。自民党の議会運営に猛省を促す」と抗議声明を出した。

石橋大吉県評議長など関係者6人が、審議の在り方に激しく反発、松江警察署にも「不当逮捕」と抗議し即時釈放を求めた。

県議会に、原発問題で初めて設置された特別委員会は、最悪の結果となり、2号機計画をめぐる反対派と推進派のミゾを一層深くすることになった。

反原発団体の島根原発公害対策会議の福田真理夫議長は、陳述人の出席（参加）が得られなくなり、2月11日開催予定の第1次公開ヒアリングの中止を決めた。

新聞　昭和56年2月10日（火）

# 建設推進派の請願採択

**県議会特別委**

## 原発2号機

## 事実上ゴーサイン

### 社党の2委員 辞表出し退席

島根原子力発電所2号機の建設に関係した請願を審議していた県議会原発対策特別委員会は九日、機動隊の手で傍聴に押しかけた原発建設反対派を排除、二人を建造物侵入罪で逮捕したあと、建設推進派の請願、陳情を採択、反対派からのほとんどを不採択にした。原発に対する県議会の考えを決める決定、事実上の「原発ゴーサイン」。県議会へ機動隊が踏み込んだり、「審議不十分」と採決に反対した社会党二委員が辞表を出して退席したり、異例ずくめ。第一次公開ヒアリングに続いてまた も原発をめぐる推進、反対の対立の根深さを見せつけた。

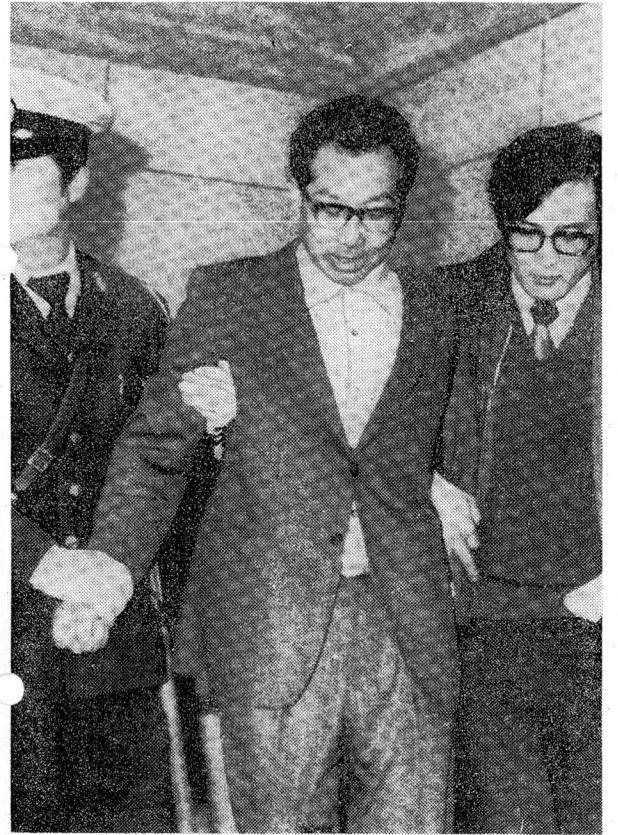

原発特別委の傍聴拒否に抗議、建造物侵入罪で逮捕された福田真理夫・島根原発公害対策会議議長
＝9日午前11寺10分、県議会で

「請願・陳情を一件ずつ採決に入りたい」と切り出す。原発に反対してきた社会党の大谷久綱、岩本久義両委員は「もっと審議をすべきだ」と反対したが、受け入れられず同委員長へ辞表を出すと退席してしまった。

残ったのは同委員長含めて推進派の自民十一人（一人欠席）、民社系無所属一人。請願、陳情は反対派からのが百四十五件。推進派からのは三件、一件ずつ議会事務局職員が受け付け番号と要旨を読み上げる。初めは反対派からのぼかり。すぐに「不採択」の声。結局、採択されたのは県内経済六団体から出された「島根原発2号機の建設促進」など陳情二件だけ。ほかに請願の四件は不採択になった。

県評、島根原発公害対策会議、原発反対派は原発特別委の前に約四十分間、県議会別館で職員の名越委員長と面談についての名越委員長は「執行部から請願にしても傍聴にも越権の必要認めないというので委員長ともしかたがない」とかわし、十一時すぎ交渉は物別れに。一方、特別委が開かれる第...

### 前線

島根原発2号機計画をめぐる推進、反対両派の力の対決が、九日の県議会原発対策特別委で再び繰り広げられた。同委では推進派の委員が多数を占める。傍聴を希望する反対派を機動隊で排除してこの力の強行採択が出るのは、第一次公開ヒアリングに次いで二度目。議論の多い通算六日間の委員会を傍聴...

原発の建設が、警察力に守られて推し進められることに、改めて憤りを覚える。

採決終了後、名越委員長の一人として語られた。が、「審議は尽くしたと思う。派委員から、もっと質疑しろという声は出なかった」と語った。

「請願の採択に反対して採決に反対した大谷委員は「請願の内容について専門や通産省の意見を聞きたい。ちゃんとした審議ができるはずだ」と怒りをぶつけました。

164　島根原子力発電所

讀賣新聞　昭和56年2月10日（火）

# 島根版

## 県議会委、異例の強行採決

### 原発2号機増設関係の請願陳情

### 傍聴めぐり騒然
### 怒号の中　機動隊導入
### 委員会室に私服刑事

### 審議継続を拒否
特別委　134件不採択、14件採択

名越委員長（中央）を囲んで第一委員会室になだれ込んだ反対派（右が福田公害対策議長）（9日午前11時35分）

ま採決する県議会（午後0時10分）

島根原発二号機（八束郡鹿島町）増設に関する請願・陳情六十五件の最終日は、九日の県議会島根原発対策特別委員会（名越経正委員長ら十五人）で関係者をめぐって紛糾、ついに県議会史上初めての機動隊導入という異常事態となった。反対派のリーダー福田真理夫・島根原発公害対策議会議長ら二十人の県警機動隊の導入で混乱の中でもみくちゃに。原発反対の請願・陳情のほとんどは不採択にし、わずか五十分足らずで「二号機増設の容認」の舞台は整い、二十八日から始まる県議会本会議で異常採択は、議会政治のルールを無視した異例の強行採決に社会党県議団は抗議声明を出すなど、反対派は「議会を無視した暴挙」と怒号の中で強い不満を示した。

この日の特別委員会開催時間は午前十時からの予定だった。しかし、共産党県議団の長谷川仁委員から提出されていた「島根原発公害対策議会の参考人招致」に関する動議があり、開会が三十分遅れた。開会前の名越委員長と反対派議員との約束では「混乱が起きないよう法的手続きをとって」開会するはずだった。この採決は「一方的だ」と申し入れた。

県警、島根県警機動隊長らが集まり、午前十時三十分から名越委員長室で県議事務局幹部らが集まって協議。県警との交渉で約三十分後、名越委員長がようやく開会を宣言。続いて公害対策議会長の福田ら反対派住民は「十分な審議をしないまま採決するのは本当だ」とする陳情を呼びかけて紛糾、ついに受委員長が二人の議会をボイコットすると最早起て、百四十四件の採択を終え、原発反対の請願・陳情三十七件の討論に移る。警察隊に守られた異例の強行採決に社会党県議団は抗議した。

十一時三十分すぎ、反対派の「押し出せ」の声の中で、委員長と反対派十人とが抗議で激しく入り乱れる中、松江警察署の私服警察官二人に県議事務局に引き込まれて避難させられた福田議長は「議会を冒涜するものだ、口やなにも、と口々に絶叫。「福田君の腕をつかみ連行現犯として松江署に連行された。議員側も警察機動隊（松江署の出動隊）の出動を要請、機動隊が反対派外に。

三、大谷久満朗議員は次のような抗議声明を発表した。
——特別委員会で社会党書記長以下は必死に反対したにもかかわらず、多数決による議決切り採決を打ち切ったのは、議会政治の根本方針を破壊するもので、誠に遺憾である。社会党としては採決である。このような自民党の議会軽視は許されないため、自民党の良識をうながし、県民の明待にこたえ、また審議継続をすべきことを申し入れるが、自民党の議員総会で拒否されたため、特別委員を辞任して抗議した。

ろが、自民党、無会派委員十二人（一人欠席）や県理事者が入室し、入口で委員長と反対派の市民団体十数人らが竹下和等財務長ら与党議員十五人ほどの押し問答になって、下で「入れろ」「入れない」の押し問答になった。反対派が「入れろ」と叫ぶ傍で、竹下議員は「過激な請願者もいますよ」と声を荒げた。

十時五十五分、委員会室から議会事務局の交渉係長が呼ばれて「二一時まで委員長が待たねばならないなら、待ってもいいんじゃないか」と言って労組員が「さばいてもいいんじゃないか」と通告があった。

十一時少し過ぎ、「傍聴席で」と委員室の入口に県議会の社会党委員二人と大谷、委員長の入室を福田が、十一時十五分ごろ、名越委員長ら、委員会に詰めていた。

現れると、騒動は「一揆」ときな現れた。入り口の前には五十六人ほどがたむろする中で、十数人が「傍聴させろ」「入れろ」などと書類を口々に詰めていた。議長は動員できます。騒ぎ

### ふるさとノート

湯抱温泉（邑智郡邑智町）

江川支流の忍無川上流にある。リューマチや神経痛に効能があるこの湯治場。近くに万葉歌人、柿本人麻呂

一もあり、終えんの地といわれる鴨山（斎藤茂吉二人（一人欠席）や県理事等が入ろう、国引公園・三瓶山に近い。カジカの声が聞かれる。十一月の温泉祭りは大勢の人でにぎわう。

### 松江支局
松江市末次町50
電 代表（23）1411

### 通信部
出雲 電（21）1226
出雲市小山町338の10
浜田 電（2）1101
浜田市殿町98の2
益田 電（2）0614
益田市元町5の16
大田 電（2）0451
大田市大田町大田
木次 電（2）0332
木次町木次752の1
江津 電（2）2976
江津市嘉久志町1869-3
西郷 電（2）0401
西郷町西町八尾2の28の2

ニュース・速報のご通知、催しもよりお近くの通信部、支局へ
広告のご用命は
0852（21）5718
読売旅行は
0857（23）5510

## 8. 島根県議会名越原発特別委員長の報告

昭和56年3月16日の午後1時30分から県議会全員協議会において、島根原子力発電所に係る請願の審議が行われた。議場では、各会派（社会党、共産党、電力労連、自民党）から出された反対又は賛成の立場で、見解を述べ討論が行われた。

このことについては、前記の「鹿島町誌」と重複する点はあるが、理解を深めるため、以下議事録から転載する。

**議長（桐田晴喜君）**

これより本日の会議を開きます。

日程第一「島根原子力発電所に係る請願の審議」をいたします。

昨年12月第289回定例会において島根原子力発電所対策特別委員会に付託し、その後継続審査中であった請願141件、及び本定例会において同委員会に付託した請願44件、合計185件を一括議題とし、この際、島根原子力発電所対策特別委員会における審査の経過及び結果について委員長の報告を求めます。

島根原子力発電所対策特別委員長名越隆正君。（拍手）

〔名越隆正君登壇〕

**35番（名越隆正君）**

島根原子力発電所対策特別委員会における審査の経過及び結果について報告をいたします。

本特別委員会は、昨年12月15日第289回定例会において設置され、同時に島根原子力発電所に係る請願の審査の付託を受けたのであります。

同日、直ちに第1回の委員会を開会し、正副委員長の互選を行い、委員会の構成を整えるとともに、付託された請願141件、及び陳情7件について、とりあえず継続審査の手続を行い、慎重審議に向けての体制を固めたところであります。

自来、数回にわたって委員会を招集したのでありますが、通産省主催の開議第1次公開ヒアリングの開催時期とも重なり、県民の原子力発電所に対する関心は一段と盛り上がりを見せ、審査に当たる当委員会としての責任の重大さを痛感したところであります。

このような中で、141件の請願については要旨別に8項目に分類し、効率的に審査すべく委員会において決定したのであります。

すなわち
1　環境調査について
2　環境放射能の影響について
3　原子力発電所の安全性について
4　防災対策について
5　公聴会、展示会の開催について
6　代替エネルギーの開発、研究について
7　1号機の運転中止、2号機の増設反対について
8　その他

以上8項目であります。

これら8項目に分けた請願の審査の手順といたしましては、まず、各委員が請願内容を熟知することから始まったのであります。

このため、10日以上の日時を置いた後、県当局からの説明を受けたのであります。説明は、「県として、行政上所掌している事柄や、その間において承知している範囲」という前提はあったものの、要旨別にまとめた一括説明ではなく、1件ごとに詳細な説明を求めたところであります。

引き続き質疑に入り、先ほどの8項目に分類した要旨別に行うことにしたのでありますが、結果的にはほぼ1件ごとに進むという慎重なものでありました。また、説明に対する質疑を行っても、なお疑義の残る点については、提出可能な範囲で資料の提出を求め、さらにその資料の説明を受けるとともに質疑応答を重ねたところであります。

次に、3月12日の本会議において付託を受けた請願44件、及び陳情2件につきましても以上報告いたしました同様の方法により慎重な審査を行っ

たところであります。

　以上が結論を出すまでの審査の経過であります。
　次に、各請願について結論を導くに至った基本となる考え方について申し上げます。
　まず第一に、原子力発電が石油の代替エネルギーとして開発しなければならないかどうか、という点についてであります。
　現在、わが国において運転中の原子炉は21基、電力にして約1,500万キロワットを供給しているのでありますが、原子力発電の開発は、わが国のエネルギー政策上、最も重要な国策として取り上げられ、将来に向けて着実に推進しなければならない課題とされているところであります。エネルギー資源が乏しく、エネルギー供給の大部分を輸入による石油に依存しているわが国においては、その代替エネルギーとして当然、開発しなければならない主要なエネルギー源の一つであるからであります。（「よし」と言う者あり、拍手）
　次に、原子力発電所の安全性の確保は、国において十分に確立されているかどうか、という点についてであります。
　ご承知のとおり、原子力発電は、原子力の平和利用の基本となるものであります。しかしながら、現実に原子力発電所の建設が具体化いたしますと、関係する地域において安全性や放射能公害などについての疑問や不安が生じてまいります。これは、原子力発電が何分にも高度で、しかも専門的な科学技術の集積であるがために、十分な理解が得られないところにその原因があると思われます。
　国の原子力行政は、1号機の運転開始当時と比較して、通産省及び原子力安全委員会による安全審査のダブルチェックが確立されていること、環境影響調査及び地元住民への周知の徹底が図られること、運転管理専門官が常駐されていることなどによって、安全性を確保するための対策が当時と比較して格段に進展している状況にあることなどを考えるとき、原発の安全性の確保は、国において十分責任をもって対処されているものと判断できるものであります。（「そうだ」と言う者あり、拍手）
　第三に、環境放射能に対する監視体制が十分に整えられているかどうか、という点についてであります。
　県においては、原発1号機の運転開始前から計画的に環境放射能の測定を実施しておりますが、運転開始以来、変化は認められていないのであります。また、今後においてもモニタリングポストの増設、*6テレメーター化など、環境放射能監視体制の強化を計画しており、監視体制は十分整えられているものと判断できるのであります。
　最後に、防災対策は、十分であるかどうかという点についてであります。
　このことについては、県地域防災計画を補完運用するものとして、新たに作成された原子力防災計画案が事実上運用されており、従来にも増して充実されたところであります。これは、米国スリーマイルアイランドの原発事故を契機に、防災対策の早急な整備強化が提起されたため、県としても計画の見直しに当たられたのであります。その、計画の見直しに当たっては、国の防災指針に基づきながらも、できる限り本県独自の実情に即した実効性のある計画にすべく努力が払われたところであり、この計画が円滑に実施されれば、実効性のある措置が講ぜられるものと判断できるのであります。
　以上のとおり、結論を導くに至った基本となる考え方についてご報告いたしましたが、これらの観点から判断し、当委員会といたしましては、お手元に配付されている請願審査結果表のとおり、結論を出した次第であります。
　ここで、審査の過程において、原発反対の立場から出された意見について付言をいたします。
　1　原子力発電所の安全性の確立について国及び中国電力株式会社に申し入れること。
　2　原発放射能による魚介類への影響につい

---

*6　遠隔自動データ収集装置のこと。大気汚染の「常時監視」をおこなう。

て調査研究を促進すること。
3　微量放射能の遺伝的影響について調査研究に取り組むこと。
4　原発運転時（平常時）、異状時の放射能被曝対策を確立すること。
5　原発建設地の地震に対する観測体制を確立し、地震対策を進めること。
6　放射性廃棄物の処理処分及び廃炉についての対策を確立するよう国に要請すること。
7　原発の安全性についての県主催による公聴会開催について検討すること。

以上のとおりであります。

なお、委員会において少数意見が留保されたことを御報告いたします。

さて、本日をもって特別委員会の任務は終了するのでありますが、県議会といたしましては、今後も引き続き各常任委員会において、原子力発電に係る所管事項については建設的な意見具申をお願いしたいのであります。

最後に、本特別委員会に寄せられた県当局並びに関係の方々の御協力に感謝申し上げるとともに、委員会運営に関連し、一部トラブルが起こったことに対しまして、おわびを申し上げまして、島根原子力発電所対策特別委員長の報告を終わります。（拍手）

**議長（桐田晴喜君）**

次に、本件については、岩本久人君から会議規則第74条第2項の規定により少数意見報告書が提出されております。この際、少数意見の報告を求めます。岩本久人君。

〔岩本久人君登壇〕

**3番（岩本久人君）**

私は島根原子力発電所対策特別委員の岩本でございますが、同委員会の構成員である大谷委員の賛同を得まして、同委員会におきまして留保いたしました意見について報告を申し上げます。

御存じのように島根原子力発電所対策特別委員会は、中国電力による島根原子力発電所2号機増設の申し入れを受けて、これを県議会としてどのように判断するかにこたえるため、従来わが県議会では総務委員会で審議していたものを、昨年の12月県議会におきましてわざわざ、より慎重審議を期するため設置された特別委員会でございます。そして当面最大の任務としては、それまでに県民各層から原発2号機の計画につき各般にわたって提出されていた、請願141件、陳情7件の合計148件の請願、陳情を審議することでありました。

このような経過で発足した特別委員会でありますから、私はそれがいわゆるマスコミ論調でいうところの原発推進派絶対多数下のものではあっても、原発をめぐる現下の厳しい国、内外情勢からそれなりの内容を期待をしていたところでございます。

しかし、この期待は実質審議のその初回から見事に裏切られ、そこでの審議とは、文字どおり名前ばかりで、それはそこに提出されてきた請願書、陳情書類を事務的に処理していくという、まさに国民の基本的権利である請願権をも、県議会の名において一方的に踏みにじる形式的な機関に過ぎなかったのでございます。

そのことのまず一つは審議日程についてであります。

本年1月13日に開催をされた第2回の委員会におきまして、名越特別委員長から提案をされた審議の日程は、それがいまや国論を二分するような重大な原発問題であるにもかかわらず、さらにはまたいまだ全く審議にも入っていない段階でありながら、この特別委員会全体の日程については、同日を含めて5回とし、そして1ヵ月もたたない2月9日には採決するというまさにむちゃくちゃなことでありました。

もちろん私どもはこのことは大変重要な問題でありますので、何としても慎重な審議をお願いしたいという期待する立場、意味からもこの提案には基本的に絶対反対を表明するとともに、せめて

審議の状況を経過を見ながら日程については対応するよう求めたところでありますが、結果としては、委員長が提案をされた常識では考えられないような原案が強行決定になったのでございます。

そこで、ちなみに、その後開催をされました委員会の実情について申し上げてみたいと思います。

まず原発特別委員会は、第1回が12月15日に、正副委員長の互選、そして手続としての継続条項が提案をされましたが、これの所要時間は4時59分から5時1分までの2分間でございました。第2回の委員会は、1月13日に開催をされまして、審査日程、方法等について議論がされました。この日の所要時間は49分でございます。第3回目の特別委員会は1月26、7日に行われました。審議の内容としては、請願内容そのものについて執行部から説明を聴取するという形でございましたが、初日が1時間30分、2日目が3時間53分でございました。第4回目の特別委員会は、2月2日、3日に行われまして、その内容は執行部との質疑でございました。時間的には2時間40分と、2日目が3時間31分でございまして、そして委員長にしてみれば、最初からの予定でありました2月9日の委員会におきましては、148件という大変膨大な請願、陳情でありましたけれども、わずかに20分間で事務的に処理をしたということでございます。

また、その後2月県議会に提出をされました請願は、先ほど委員長の報告にもありましたように請願44件、陳情2件の46件でございますが、この審査につきましては、その方法を含め3月13日に3時間行われただけでございますが、私は特にこの時間的な問題で強調しなければならないと思いますのは、先ほど私が申し上げました合計十数時間の審議時間も、そのうちの質疑時間の全部とは申しませんが、大多数は原発2号機の増設には多くの未確定な部分、現段階でなお疑問の点が多々あるので、できるだけ慎重な対応をして欲しいと求める意見であったということであり、そのことは先ほどの特別委員長報告の一部にも明らかなところでございます。

なお、こうした実質審議を否定し、形式的な事務処理方式による委員会の議事運営姿勢は、開会後のその後も私どもは委員会の内外におきまして、委員長に対しその是正を要望いたしましたが、残念ながらついに本日この場に至るまで結果として一向に改善への成果が認められなかったということを、心より抗議するとともに、強くそのことの不当性を指摘するものでございます。

その2つ目は、県民の各界各層よりなる実に200名になんなんとする請願者、陳情者の人たちが、本議会、特別委員会に対して、直接請願理由の趣旨説明等を強く求めたにもかかわらず、それを無視して一方的に拒否したということでございます。

そしてそれは従来からの議会運営の慣行さえも無視したことにもなり、私はそのこと自体大変重要な問題であると思いますし、また文字どおり地元鹿島町の地権者でもある片句漁民の切実な強い要望をも含めて、すべて問答無用に切り捨てたものでございまして、私は委員会の内部でこの審査に当たっていたものとして、このことがもたらした弊害は、この審査結果を含めてはかり知れないと指摘せざるをえないのでございます。

さらにまた、百歩譲って「せめて傍聴でも」とやむにやまれず訴えた請願者、陳情者に対しては、それに全く耳をかさないばかりか、事もあろうに官憲を導入して不当逮捕を強行することによって民意を圧殺、弾圧するに至っては、まさにわが県議会史上の将来にわたって重大な汚点をしるしたといっても過言ではありません。

私はこのような多数の横暴によるきわめて非民主的な委員会運営に対しては、その後において予想をされる審議内容と、そしてそこから引き出されんとするその結論にとても県民に対して責任が持てないと判断をいたしまして、大谷委員ともども島根県議会委員会条例第6条に基づき、2月9日に特別委員長を通じまして、桐田議長に対し特別

委員の辞任届を提出いたしたところであることは、すでに皆さん御存じのとおりでございます。

以上がいままさに島根県政にとって重大、重要課題である島根原発2号機問題を審議をしたとされる島根原発特別委員会の実態でございます。

したがって、私はこのような経過からも、先ほど名越特別委員長が報告された「時間をかけて慎重審議をして結論を得た」というその基本的な報告部分に対しては、声を大にして大きな異議を表明するものでございます。

そして次に、その各論にわたる内容につきましては、委員長報告の中で「原発反対の立場から出され特に議論になった部分」として述べられておりました。

一つには、原子力発電所の安全性の確立について国や中国電力株式会社に申し入れること。

二つ目は放射能による魚介類への影響について早急に調査研究を行うこと。

三つ目は微量放射能の遺伝的影響について調査研究に取り組むこと。

四つ目は原発平常時、異状時の放射能被曝対策を確立すること。

五つ目は、原発建設地の地震に対する観測体制を確立し、地震対策を進めること。

六つ目は、放射性廃棄物の処理処分及び廃炉についての対策を確立するよう国に求めること。

七つ目は、原発の安全性についての県主催による公聴会や討論会を開催することなどのほか、ここでは特に次の4点について意見の報告を行うものでございます。

第1点は、請願第72号、中国電力のいわゆる地元懐柔工作についてでございます。このことにつきまして、私は当時問題になっておりました佐陀神社の遷宮に対する2,000万円の寄付のほかに、本年2月2日のマスコミで報道されました地元鹿島町の対策協に対して中電が行ったとされる3,200万円の寄付について、これは一体何であるかということを、この特別委員会で取り上げたわけでございます。

**議長（桐田晴喜君）**

簡潔に。

**3番（岩本久人君）**

〈続〉この中で特に私は、利潤を追求する企業が、何の見返りもなく1,000万円単位という大金を、しかも要求された額以上に支出をするということは、常識的にはあるはずがないので、委員会の責任で徹底的に調査するよう求めたわけでございます。しかし、委員会では、「本問題は当委員会の審議事項外である」という理由で、この意見は多数決で無視し、全く審議をされなかったということを、これは大変重要な問題でありますから、特に報告するものであります。

第2点は、請願111号や147号、さらには他の多くの審査に当たって、私どもは必要に応じ参考人の意見聴取を求めたのでございます。

私が申し上げるまでもなく、原子力発電所問題というのは、大変複雑でかつ技術的にも科学的にも大変高いものが要求をされていますし、またそれの解明なくして、本問題の解決は不可能でございます。

したがって、私どもは、請願の審査に当たっては、何度となくその道の専門家を参考人として呼んで、意見を聞くことを求めましたが、これまたすべからく多数決で退けられたため、それぞれの請願が求めた中で、幾つかの点については、いまだ解明をされないまま、強引な判断がなされていることを指摘いたし、報告せざるを得ません。

第3点は、請願第50号、第133号、第216号その他に関する防災対策についてであります。

このことの一つには、いわゆる原発の防災対策地域だと線引きをなされた10キロメートルとは、果たして妥当な数字なのかどうか。また、その範囲内にある県庁に県の災害対策本部を設置しても問題はないのかどうか。

二つ目には、請願第80号、61号、154号、101号その他で強く要望しているいわゆる避難訓練の

実施について、それぞれ原発災害という特殊な防災対策には絶対に欠かせない問題として、県の明確な判断を求めたところでございます。

しかし、県の防災対策は、一口で言うならば、あくまでも国の指針に基づいているので、県独自で責任ある答弁は不可能であるという結論に達しましたので、それでは現在における国の原子力行政の責任者を招いて、意思を聞くことを求めたのでありますが、これまた「その必要はなし」ということで多数決で押し切られたことも、大変残念なことではありますが、報告をしないわけにはまいりません。

第4点は、請願第59号にかかわる原発建設についての住民投票の実施についてでございます。

御承知のように去る3月8日、高知県の窪川町では、原子力発電所立地の事前調査をめぐり、原発反対派住民が請求をした藤戸進町長解職の是非を問う住民リコール投票が実施をされ、その結果、解職賛成が過半数を上回り、リコールが成立をいたしました。

このことは、議会の意思に沿った町長の意見と実際の住民の総意が大きく食い違ったことであり、そのことはわが県にとっても絶対に例外であるとは言い切れないはずでございます。

私はこうした窪川町や、お隣山口県は豊北町での例を取り出しまして、島根原発2号機の設置に当たっても、住民投票等を実施するよう、強く求めてきたところでございますが、これまた反対多数で葬られたということを報告するものでございます。

**議長（桐田晴喜君）**

簡潔に。

**3番（岩本久人君）**

〈続〉最後にもう一度訴えますが、本特別委員会に付託をされた請願、陳情は194件、実に200件にも上るという膨大なものでございました。

したがって、一つ一つの請願、陳情の審査に当たっての各論では、報告をしなければならないことはまだまだたくさんありますが、それらのことにつきましては、この後の質疑の中で明らかにされるでありましょうから、私はあえてこの場では具体的には差し控えるということを申し上げておくものでございます。

以上、いろいろと特別委員会で私どもが留保した意見について申し上げましたが、結論的に一口で言うならば、本日のこの本会議に上程をされている請願、陳情の審査結果というものは、その審査そのものがきわめて不十分なものであるということを、その審査に直接参加した者として責任を持って強く指摘をいたします。（拍手）したがって、各位にあっては、そのことを十分心していただきまして、ぜひとも慎重なる御判断を賜りますように心よりお願いをし、少数意見の報告といたします。ありがとうございました。（拍手）

**議長（桐田晴喜君）**

これより委員長報告及び少数意見の報告に対する「質疑」に入ります。

質疑の通告がありますので、順次発言を許します。山崎重利君。

〔山崎重利君登壇、拍手〕

**7番（山崎重利君）**

社会党の山崎でございます。私は島根原子力発電所対策特別委員会委員長報告に対する質疑を行います。

まず第一に、審議の経過についてであります。

ただいまわが党の岩本議員も報告をしておりましたが、「慎重審議に向けての体制を固めたところであります」と委員長報告の中にありますが、従来より請願については、紹介議員あるいは請願者からその内容や意見を聴取することは、慣行とされてきたところでありますが、今回は全くそのような事実はなく、警察権力まで導入して請願者を排除しましたが、「慎重審議に向けての体制を固めた」ということは事実に反するのではないかと思うのであります。

今回、請願者からの内容説明や意見を聞かな

かった理由についてお伺いをいたします。

次に、審査に当たっては「県当局からの説明を受けたのであります。」とありますが、このような勤労県民にとって、生存権にかかわる重大な問題を、原発推進論者である知事の指揮監督下にある知事部局の職員の説明であれば、その説明の範囲も限定され、いかに1件ごとに詳細な説明を求めたといたしましても、不公平な説明と意見に終始することは当然であります。なぜ、1名あてでも賛成反対の意見を持つ学者等からの意見を求められなかったのかお伺いをいたします。

次に、具体的な審査の内容についてでございます。

まずその一つは、請願55号、73号、106号についてであります。

原発1号機が大事故を起こした場合、島根町加賀付近、出雲市今市付近、松江市の中心大橋付近における放射能の被曝量と人体への影響をどのように審査されましたか。

二つ、請願60号、63号、66号、67号、75号、97号、99号、109号、117号、120号、122号、137号、139号、141号、198号等についてでありますが、微量放射能や原発放射能が人体、魚介類、植物に与える遺伝的な影響についてどのように審査をされましたか。本当に影響はないのかどうか。イ貝から検出されたコバルト60は原発のものかどうか審議されましたか。どのような資料によって審議されましたか。

三つ目、請願61号、80号では、避難訓練の実施を求めていますが、なぜできないのか、結論となった理由についてお伺いをいたします。

四つ目、請願64号。

核エネルギーの平和利用からの転用による核武装化の動きは80年代の世界の趨勢になろうとしております。第一に使用済み核燃料再処理工場は、事故続きで、すでに廃炉の状態にあると聞きますが、プルトニウムが精製され始め、これによって核弾頭や核爆弾も製造が可能となるわけであります。またウラン濃縮工場も完成をしており、それからも核兵器の製造可能であります。

このような情勢を見ますとき、平和利用、軍事利用の間に明確で動かしがたい境界を設けない限り、平和利用自体がきわめて危険な存在となります。したがって、原発建設を中止されたいとの請願でありますが、どのような説明があり、どのような意見があったかについてお伺いをいたします。

五つ目、請願57号、62号、123号についてであります。

核燃料輸送車の耐熱、耐久、事故対策についてはどのような対策が立てられているか、審査された内容についてお伺いをいたします。

六つ目、請願68号。

1号炉の運転だけで温排水による海水温度が著しく上昇し、うるみ被害等、漁業被害が出ているとのことでありますが、2号炉建設によるうるみ現象の予測はどのような資料に基づき審査されましたか。また、被害はどの程度判断されましたか。

七つ目、請願71号、76号、83号についてであります。

原子力発電所が軍事攻撃を万一受けたときの耐久力や周辺地域に及ぼす被害について、どのような審議がされましたか。

八つ、請願72号。

原発の推進を図り、建設するための住民工作は、莫大な税金の支払いや、企業からの保証金、また、さまざまな行事等に対する寄付金であることは周知の事実でありますが、本件について、中電や地元からの意見や事実関係はどのように調査をされましたか、お伺いをいたします。

9番、請願78号。

ウランがどれくらい埋蔵されているか調査されましたか。ウランがなくなったらどのような対策が考えられているとの説明を受けられましたか伺います。

10番、請願81号。

委員長報告の中でも「石油の代替エネルギーとして当然開発しなければならない」と述べられていますが、果たして石油の代替エネルギーになり得るかどうか、政府の「[*7]長期エネルギー需給暫定見通し」によりましても1985年に代替し得る石油の量は、計画どおり原発が建設されたとしても6.7パーセントにしかすぎない。さらに、原発の設備利用率はきわめて悪く、74年度から79年度までの5年間の平均設備利用率は48.2パーセントと50パーセント以下であり、運転開始後年々急速に設備利用率は低下をし、平均設備利用率は30パーセント、耐用年数も現状からよく見て15年と言われ、この面からだけでもエネルギー収支、発電コストともに採算が成り立たないと言われています。

さらにウラン探鉱、採鉱、精錬、形成加工等、核燃料サイクルに費やすエネルギーは莫大なものであり、さらに高レベル廃棄物の処理、処分、廃炉の処理と半永久的な管理に要するエネルギーは、算出困難なほど莫大になり、これらを考えると、原発のエネルギー収支はマイナスになり、石油の代替エネルギーとはなり得ないと言われておりますが、島根原発1号炉で幾ら石油が消費されているとの説明があり、審議されましたか。

11番、請願89号。

原子力発電所の排気筒から放出される放射性気体廃棄物の内容について、どのような審議がされましたか。また、年間どれくらい放出されるか、審議の内容についてお伺いをいたします。

12番目、請願96号。

原発による事故や放射能漏れについて、どのような論議がされましたか。

13番、請願100号。

使用済み核燃料が現在幾らあり、どういう状態であるか。また、撤去の時期はいつごろになるか、審議の内容について伺います。

14番、請願102号。

原発1号炉が建設される際、島根大学の博士先生は、「放射性廃棄物は食べても安全だ」と鹿島町民に話され、また、中電も政府も原発からの放射能漏れはないと盛んに宣伝をされていたとのことであり、これに対し1976年から島大公害研の方々は、ムラサキツユクサを原発の周り――武代、名分、南講武、北講武、御津、松江市、島根大学に植え、実験が始められました。

ムラサキツユクサは5月から10月にかけてきれいな紫色の花を咲かせる。一つの花には雄しべが6本あり、たくさんの毛が生えております。その細胞は普通紫色をしていますが、放射能が当たると突然変異を起こし、ピンク色に変わり、そして1977年、当時京都大学の市川定夫氏の指導を受けて、その突然変異率は「鹿島町が松江よりも多い」こういう実験結果が発表されていますが、この実験データが審議されましたかどうか、その内容について伺います。

15、請願103号、115号、132号についてであります。

風力発電の開発研究についてどのような質疑、討論が交わされましたか。

16、請願104号。

地震により原発が大災害を起こした場合、松江市内の状況についてどのような予測のもとに審議されましたか。

請願107号、強力な熱エネルギーのため、機械の破損による大事故の可能性は非常に高く、原子炉内での作業は1人数十秒というもので、[*8]被曝率も非常に高く、資源エネルギー庁の公表した78年度労働者被曝によっても、71年以降の平均被曝線量の増加率は平均40パーセントに比べ、79年は一気に62パーセント増の驚くべき[*9]被曝線量となっております。特に電力会社の社員に比し、下請労働者の被曝が高く、とりわけ福島第一原発においては0.74レムと、ついに非職業人の――一般の人の許容線量である年間0.5レムを大幅に上回る事態と公表がされております。

島根原発1号機の今日までの労働者被曝の実態についての審議資料は、どのような資料によっ

---

*7 政策の基本的な方向性に基づいて施策を講じた時に、実現されるであろう将来のエネルギー需要構造の見通し。
*8 人体が放射線にさらされること。
*9 事故被ばく、職業被ばく、医療被ばくなどによる被ばく放射線量。グレイ（Gy）、シーベルト（Sv）の単位で示す。

てされたかお伺いをいたします。

　18番、請願125号。

　原発1号炉が建設される際、島根大学教授理学博士、岡教授は「放射性廃棄物は食べても安全だ」と発言されたと聞きますが、調査した上で審議されましたかどうか。

　19番、請願126号。

　企業秘密ということで、ほとんどの資料が秘密にされ、原子力基本法の公開の原則が崩されております。主客転倒と言うべきで、今回の審議に当たって中国電力を呼んで審議をされたかどうか伺います。

　20番、請願129号。

　ブリの回遊が減少したことと、温排水による影響について、どのような調査がされたか、あるいはどのような資料により討議されましたか。

　21番、請願131号。

　水車発電の県下での実用化についてどのような説明と意見がありましたか。

　22番、請願135号、209号について。

　原子力施設は寿命がせいぜい20年と想定されております。減価償却は10年余りで済ますことになっていると聞きますが、電力会社は30年くらい稼働させたい意向のようであります。

　わが国の原子力発電所は、運転開始後5、6年たつと、事故の続発でことごとく設備利用率がゼロに近づいている現実を見ますと、老朽化しながら20年も、まして30年も稼働させることは、きわめて無謀であると言わなければなりません。それにしても長くても30年たてばスクラップ化すほかない。政府や独占資本はこの放射能で汚れた廃炉を分解処理することは考えていないと言われます。原子炉を囲むコンクリート建ての中に、むしろ放射性廃棄物をいっぱい詰め込んで、入り口やすき間はさらにコンクリートでふさいでおく考えのようであります。

　しかし、コンクリートは、ほとんどひび割れができる、あるいは風雨や雪にさらされ、地震に揺られて中の放射能がいつの日か漏れ出さない保証はないと思うのであります。

　巨大な原子力発電所の廃物が立ち並ぶ日本列島のあちらこちらの海洋周辺は、人々の近づくことのできないゴースト・タウンになりはしないだろうかと大きな不安がつきまとっているための請願でありますが、廃炉の処分管理について、どのような資料に基づいて審議をされましたか、お伺いします。

　23、請願215号についてであります。

　防災計画の全戸配布の実施につきましては採択されておりますが、防災計画を認めるということは、原発が安全でなく、災害の起こることを認めている証拠でありますが、どのような討論によって採択をされましたか、お尋ねをいたします。以上をもって私の質疑を終わります。（拍手）

**議長（桐田晴喜君）**

　名越特別委員長。

〔名越隆正君登壇、拍手〕

**35番（名越隆正君）**

　山崎議員の質疑にお答えいたします。

　まず、審議の経過についてであります。

　審議の経過についてお尋ねになりましたが、今回提出の請願の内容が非常に重大な事柄であり、しかも膨大な数であります。これらのことについて能率的に事実を忠実に審議できる方途など、総合的に勘案し、委員の方々の意見を聞き、審議の方法を決定した次第であります。

　次に請願55号、73号、106号についてお答えします。

　原発1号炉が事故を起こし、放射能被害が出たという事実は審査の結果ありませんでした。また、国の原子力委員会は、原子力発電所から周辺へ放出される放射能による周辺住民の被曝線量目標値を、法令で定められている許容被曝線量の100分の1に当たる年間5ミリレムと定め、常時厳重なチェックが行われていること。さらに県においても島根原発1号機運転開始から計画的に

環境放射能等の測定を実施し、運転開始前と変化は認められていないことが審査されました。

このことは、国及び県の資料あるいは説明等によって明らかにされたところであります。

次に、請願60号、63号、66号、67号、75号、97号、99号、109号、117号、120号、122号、137号、139号、141号、225号についてお答えいたします。

環境に与える影響については、理学、工学、農学、医学の各分野の研究者の協力が必要で、国においては放射線医学総研が中心となって行われており、国で総合的に進められること、また、コバルト60の点につきましては、核実験を含む*10バックグランド値に相当する徴量値で問題はないとする見解が示され、この趣旨を了として審査されたところであります。

次に、請願61号、80号。

避難訓練は住民に対する指導性を確立するための範囲は別として、防災従事者による訓練を実施し、また、住民に対しては防災計画でわかりやすく説明した県広報の発行や集会等でのスライドの利用により対処を考えているので、現在、住民を含めた避難訓練は考える必要がないとする見解が示され、この趣旨を了として審査されたところであります。

請願64号。

国の問題でありますが、本委員会で結論を出す性格ではありませんが、過程としては、通産省の高島統括審査官が、国内外から査察をして転用にならないよう確認しており、安全審査の段階でも、軍事転用にならないことの確認を条件にしていることも説明を得たところであります。

請願57号、62号、123号。

国内関係法令の技術基準、運輸省令に定める運搬規則によって十分安全は配慮されていることの資料あるいは説明が提示され、これによって審査が進められたところであります。

請願68号。

原発2号機運転後は、温排水が3倍になるので、うるみの発生地域は2.9倍になり、漁業被害は種類によって、時期、場所に異なるものとする結果が示され、これによって審査が行われたところであります。

請願71号、76号、83号。

原子爆弾関係の事項については、県の段階では予測が困難と解しております。

請願72号。

事業者が地域に協力する趣旨から行った行為と解しております。

請願78号。

昭和54年度原子力白書によると、昭和60年代の必要量は確保済みであるとあるが、それ以後の必要量については、長期安定供給の施策が必要とされております。なお、島根原発の場合、国と電力会社の努力により確保されると解しております。

請願81号。

石油の消費量を計算することは困難であると解しております。

請願89号。

島根原発では、排気筒のところで常時放射能を測定しておりますが、現在まで気体放射性廃棄物の放出状況は検出限界以下であると解しております。

請願96号。

島根原発1号機は、運転開始以来、数回の故障はあったものの、放射能漏れを起こす事故は発生していないと解しております。

請願150号。

現在、使用済みの燃料はプール内に284本貯蔵してあり、今後再処理施設へ搬出される計画で、県においては立地県と共同で国に対し要望中であります。

請願102号。

ムラサキツユクサは、自然環境条件の変動に対しても敏感であり、直ちに放射線と断定することは早計と解しております。

---

＊10　放射性物質の放射線量を計る場合、初めに放射性物質がない状態で計測する（その計測値がバックグランド値）。それは自然状態でも周辺の放射線が計測値に含まれるため。その後対象の放射性物質を計りバックグランド値を引けば対象の放射線量が計れる。

請願103号、115号、133号。

ローカルエネルギーに対する認識と関心を深めることは必要であり、県においても本年度において県内におけるエネルギーの需要量、ローカルエネルギーの賦存量を調査しており、来年度においても開発利用の具体的な調査が行われると解しております。

請願104号。

国の安全審査が十分検討され、安全性の確保が図られていると考えております。防災計画上は、海岸部、いわゆる船舶による避難等も全部盛り込んで計画がされております。

請願107号、218号。

従事者の許容被曝線量は、法令等により、3ヵ月3レム、年間5レムと定められており、この被曝実態は電力会社より国に報告され、原子力安全委員会月報で公表されておりますが、この報告内容によれば、許容被曝線量を十分下回っているのであります。

請願125号。

廃棄物は、国の基準に基づき、住民に影響のないよう管理されていると理解しております。

請願126号。

原発関係資料一切の公表については、企業によって限界があり、電力会社を呼ぶ必要はないと解しております。

請願129号。

いわゆるうるみ現象は、物理現象であって水産資源への直接影響は、放水口近くの網漁業、ワカメ養殖漁業等を除けばないものと解しております。

請願130号。

原子力発電所は、国による厳重な安全審査と厳しい検査を経て建設され、また運転開始後も定期検査等の実施により安全性が確認され、国からの専門官も常駐し、厳しい監督のもとに運転されているので、安全性は確保されていると理解しております。

請願131号。

ローカルエネルギーの開発研究は必要なことでありますが、地形上の問題、投資の面等、今後、総合的な検討が必要であり、当面実用化の考えはないと解しております。

請願130号、228号。

原子炉の処理について、国においては、外国における小型原子炉の廃炉事例等を参考に現在処理方法の研究開発がなされており、この成果を踏まえ、原子力安全委員会の判断で最良の手段がとられるものと解しております。

215号。

防災計画についての印刷物を全戸に配布してほしいとの請願を採択したのは、地域住民の原発に対する不安を取り除き、理解を得るものであり、全員の賛成によって採択されたものであります。以上であります。(拍手)

**議長(桐田晴喜君)**

長谷川仁君。

**7番(山崎重利君)**

議長、議長。

**議長(桐田晴喜君)**

答弁漏れですか。

**7番(山崎重利君)**

再質問。

**議長(桐田晴喜君)**

再質問——。

**7番(山崎重利君)**

はい。

**議長(桐田晴喜君)**

許します。

〔山崎重利君登壇、「簡単に」「早くやれ」と言う者あり、笑声、「簡単に」と言う者あり〕

**7番(山崎重利君)**

再質問をいたします。

請願第60号、63、66、67号、これは略しますが、2番目の問題でございます。

いま、コバルト60の件については余り問題がな

いと、こういうようないま審査の結果のようでございますけれども、福島原発の周辺におきますところの海流からの漏れ、また、アメリカの原発周辺の海底からコバルト60が検出されておるという報告もあります。また、このことについて、県の原発調査委員会の参考人として出席された賛成派の先生の中でも、温排水に放射能がたれ流しになっていることと、あわせてコバルト60の検出があることを認めておられるというように聞いております。

さらに量は、福島原発では年々増加しているということでございますが、島根原発では、蓄積量は年々ふえるのではないか、このようにまあ憂慮しておるところでありますが、この2点について審議をされたかどうか、ひとつお伺いをいたします。

2点目の問題といたしまして、この2号炉の建設によるうるみ現象の予測のまあ問題でございますけれども、うるみ発生は従来よりも約3倍近くになるであろうと、こういう御報告でございます。この129号の関係では、放水口付近の近くで漁業やワカメに若干の影響があるぐらいで、まことに影響は全くないかのようないま報告でございますけれども、地域も3倍近くにもなるというのに、そう大して影響ないんだと、こういうことは少し調査が粗漏ではないかと、このようにまあ、私思うんですが、その点について委員長さんの、もう1回ひとつ御見解を聞きたいと、このように思います。（「短かいなあ」と言う者あり、笑声）

それから、委員会の審議の経過っていいますか、これをひとつもう1回お願いします。

もう1点お願いしますが、原発1号炉で石油を消費するのは全くわからないと、まあこうおっしゃっておるんですけれども、今日原子力発電所を開発しようとする主な理由は、ほとんど石油に代替していこうと、こういうことがまあ言われておるわけでございますが、それでは石油の消費量がわからぬのにそのことの理論というのは成り立たぬじゃないかと、こう思いますので、その点についてどういう議論がされたか、ひとつお伺いをいた

します。

以上、3点でございます。

**議長（桐田晴喜君）**

名越特別委員長。

〔名越隆正君登壇〕

**35番（名越隆正君）**

委員長の審議の過程でお話し申し上げましたが、反対の立場に立っておる委員の方からは、そういうような質疑が出ておりませんので、委員会としてはそういう審議はしておりません。（「了解」と言う者あり、拍手）

**議長（桐田晴喜君）**

長谷川仁君。

〔長谷川仁君登壇、「しっかりやれよ」と言う者あり、拍手〕

**24番（長谷川仁君）**

委員長報告に対する質疑を行います。

今回の特別委員会に多数の請願、陳情が提出されたことは、県民、なかんずく原発周辺住民の生命、財産、環境に及ぼす影響の大きさを物語るものと思います。したがって、その審議の慎重性、徹底性が特に要求されるものであります。

委員長報告によりますと、島根原子力発電所2号機増設に反対する立場の請願は全部不採択になっておるという特徴がございます。

そこで、委員長に伺いしたいのは、第1点は、審査の方法についてであります。

先ほどの質疑の重複を避けまして伺いしたいと思います。

審査に当たって、県当局の説明を入念に聞いたと、こういうふうに御報告がございましたけれども、説明のなさった時間、聴取された時間は、どのぐらいの時間をかけられましたか。まず第1に、お伺いしたいと思います。

一方、請願者の補足説明を拒否されたのはなぜでしょうか、理由をお聞かせいただきたいと思います。

委員長もご存じのとおり、1月12日に、日本共

産党島根県委員会は、文書で申し入れを行いました。さらに、再度、2月9日には、請願者の代表が徹底審議と補足説明を委員長に求めたところであります。

このときには、委員長も、その必要性を認め、「委員会審議が駆け足の印象を受けられたと思いますが」と、こういうふうに、その審議不足を認められておったのであります。このような片手落ちの運営が、審査が十分に尽くされたというふうには考えていらっしゃるのか、伺いをいたしたいのであります。

第2点は、県議会への警官導入についてでございます。

1つ、警官導入という県政史上大汚点を残した責任を、委員長はどのように考えておられますか。

2つ、だれだれが、いつ警官導入を要請されましたか。

3、前日にもあらかじめ申し入れがあったと聞きますが、間違いございませんか。

4、警官導入された原因を、どのように考えておられますか。

委員会の非民主的な運営に大きな要因があると言われますけれども、委員長の見解を伺いいたします。

第3点は、原子力発電所の安全性について審査内容を伺いしたいと思います。

安全性の問題は、原子力の平和利用の基本となるものと報告されているように、最も重要問題であります。そこで、現在軽水炉は安全性が実証されているという認識を委員会は持たれたのかどうか、特に、一昨年のスリーマイル島原発事故の重要な結論の1つに原発プラントは十分安全であると考える態度は改めなければならない、ということでありました。これは、委員長も御承知のとおりであります。

それを受けて、委員長報告でも、スリーマイル島事故を契機に防災対策が進められてきたと報告されています。これによりますと、安全性が実証されていないことを、委員長みずからが認めておられるようでございます。

一方、審査結果では認めていないようでございます。先ほど申し上げますように、原発に反対のは全部といっていいほど不採択になっておるという事実。

したがって、このような内容について、審査の内容を明らかにしていただきたいと思います。

さらに、委員長報告では「安全性や放射能公害の疑問や不安が生ずるのは、原子力発電が何分にも高度で、しかも専門的な科学技術の集積であるがために、十分な理解が得られないところに原因がある」と言われました。しかし、請願者の中には、日本科学者会議の科学者の先生方や、体で被害を受けてきた漁業者の方々があります。この請願者の意見陳述の要請を却下し聞く耳を持たぬ委員会審議こそ、その大きな原因をつくり上げているのではないでしょうか。この点について委員長はどのように受けとめていらっしゃいますか伺いをいたします。

また、日本の安全確保対策は、アメリカに比べて非常に不十分であると聞いております。比較検討されましたか、検討されたとすれば、その内容をお聞かせいただきたいと思います。

第4点、環境放射能に対する監視体制と住民の安全確保についてであります。

請願第188号などで出されています1号機の排気筒に取りつけてある測定器及び、中国電力島根原発敷地内のモニタリングポストを、衛生公害研究所の環境放射線監視テレメーターシステムに取り入れる問題であります。

放射能の放出源がテレメーターでキャッチできれば、住民の安全確保にどれだけ役立つかわからないことは、当然の理であります。そこでテレメーターに直結することに反対する理由は見つかりませんので、これを不採択にされました理由を、お聞かせいただきたいと思います。

第5点は、防災対策についてでございます。

請願第46号、その他、多くの請願で取り上げられているように、アメリカのスリーマイル島原発事故調査報告では、新設原発は人口密集中心地から少なくとも10マイル、すなわち16キロ離すべきことが指摘されております。島根原発の場合、松江市の中心と約8キロしか離れていないことが、重大問題と指摘されておるのであります。

1　そこで、防災対策は、県の原子力防災計画案で、事足りると判断したとなっていますが、防災対策の範囲を基本は半径10キロメートルとしていますが、松江市街地が、真っ二つに分断されることに、住民の批判が出ています。行政単位の防災計画との関連はどのように審査されましたか。また、半径10キロメートルの範囲内でも、30ヵ所の上水、簡水などの水源地がある事実や、飲料水摂取制限の関係など、住民生活には、欠かせない問題はどのように審査されましたか、伺いをしたいと思います。

2　重大事故の災害の大きさはどのように審査されたか、伺いしたいと思います。

　絶対安全の神話が崩れました、住民の生命、財産を守るためにも大切であると請願は訴えています。

　2号炉がスリーマイル島原発と同じ事故を起こし、その上、もし格納容器の一部が蒸気爆発により破損して、大量の放射能が放出され、風が松江市中心方面に吹いていたと仮定したときの災害の状況はどうなるか、審査の内容をお聞かせください。

3　島根原発は、地震予知連絡会議の指定した特定観測地域に入っており、しかも、その南方2キロメートルを東西に走る*11活断層の存在が推定されておるのであります。こうした危険な地点に1号機が存在すること自体問題であり、ましてや、2号機建設が許されるべきではないのは当然のことです。と、請願理由が述べております。

報告では、意見の中で、特に論議の中心になった項目の中に、原発建設の地震に対する観測体制を確立し、地震対策を進めることとなっていますが、このような地質的問題があっても原発を設置してもよいと判断されたのか、この点について、審査内容と委員会の見解を、お聞かせいただきたいと思います。

　第6点は、漁業に対する影響についてであります。

　島根半島一帯の海域は、全国屈指の魚介藻類の豊庫と言われておることは、御承知のとおりであります。この真ん中に原発が設置され、大きな被害を受けていますが、この上に2号機の増設には、環境影響調査が当然やられなければなりません。しかし、中電が行った島根原子力発電所2号機環境影響調査書には、欠陥調書と言われるように、環境放射能について全く触れられていないし、漁業に及ぼす影響も触れられておりません。

　また、温排水によるうるみ現象やプランクトンに与える影響など、全く触れられておりませんが、この点について、委員会は、どのような審議がなされましたか、結論が出された経過もあわせてお伺いしたいと思います。

　第7点は、安全協定第4条に基づく、2号機増設の事前了解についてであります。

　地元の漁業協同組合及び、漁業者の意見の取りまとめも終わっていない段階でも、事前了解を与えてもよいという立場でしょうか。漁協や地元の漁業権消滅地域の同意なしには、原発はできないはずです。県議会は、漁民の意向を無視して、原発推進の立場を貫くとでも言われるのですか、その内容をお聞かせください。

　第8点は、使用済み燃料や放射能廃棄物の処理方法についてであります。

　使用済み燃料再処理後の*12死の灰の処分法は全世界的に未解決であります。何千年も放射能を出し続ける物体の処理について検討されました

---

*11　大きな力が加わり地下の岩の層が壊れてずれる現象を「断層」活動と呼ぶ。特に数十万年前以降繰り返し活動し将来も活動すると考えられる断層を「活断層」と呼ぶ。
*12　核兵器や原子力事故で生じた放射性降下物、塵のこと。

か。放射性の弱い廃棄物も海洋投棄が容易にできない現状を見るとき、「トイレのないマンション」と言われる原発を、つくるなという多くの請願に対して、委員会の結論はそうではないという結論のようでございますけれども、これに対してどのような対処をすべきと審議の中で検討されましたのか、お伺いをいたしたいと思います。

以上で私の質疑を終わります。

**議長（桐田晴喜君）**

名越特別委員長。

〔名越隆正君登壇〕

**35番（名越隆正君）**

長谷川議員の質疑にお答えいたします。

初めは審査の方法についてであります。

まず、県当局の説明に要した時間は、正確に言いますと、1月26日が1時間30分、1月27日が1時間28分、合計2時間58分であります。

次に、補足説明の拒否については、請願者及び陳情者からの説明聴取のことかと存じますが、この件については、委員会にお諮りして、委員会として決定したものでありますので、ご了承をお願いいたします。

3点目については、委員長報告で述べたとおりであり、十分慎重な審査を尽くしたと確信をいたしております。

次に、警官導入のことについてでありますが、警察官導入については一括してお答えをいたします。

当日、警察官導入の時点において、私は、すでに委員会室に入っておりまして、直接了知しておりませんので、ご了承願います。

それから安全性の問題について。

1つは原子力発電所は、通産省による安全審査と原子力安全委員会によるダブルチェックを経た上で設置され、運転管理専門官による常時監視など、厳しいの監視とに運転されており、安全性は確保されておるものと理解いたしております。

2番目の審査の内容。

審査の内容については、いかなる地震、洪水、津波にも十分耐え得ることを確認するとか、プルトニウムが変な転用にならないように確認するとか、といった個々の問題について、当委員会において検討いたしました。

住民の疑問、不安の原因については、住民の疑問や不安の原因については、いろいろあると思いますが、今後これらの解消に向かって適切な対処が必要であると考えます。

安全確保対策の日本とアメリカとの比較でありますが、スリーマイル島の事故の教訓を、わが国の安全確保対策に取り入れたか、といったことについては、審査いたしましたが、特にアメリカと比較しての審査はいたしませんでした。

監視体制の問題でありますが、排気筒モニターなどを衛生公害研究所のテレメーターに結ぶことについては、県では、周辺住民の安全を確認するためモニタリングポスト等による常時監視を行っており、万一の異常事態が発生した場合でも、県に対して国の運転管理専門官及び安全協定に基づく中電からの通報連絡が行われるほか、常時監視によって速やかに事故等の実態が把握できる体制にあるとのことでありました。

防災対策について。

防災計画は国の業務計画に抵触してはならないとされており、国の防災指針に準拠し、重点的に対策を講ずる範囲は、おおむね半径10キロとしたが、本県の実情を踏まえ、市町村において同一の対策が講ぜられている区域、たとえば松江市の白潟、朝日、松南地区等は関連区域として計画上同一に扱うことにしたと説明を受けております。

なお、他の原発立地県においても、原則として半径10キロメートルで計画を立て、または計画を立てるべく検討が進められているとの報告も受けております。

飲料水の摂取制限についてですが、飲料水に特定した審査は行われなかったのでありますが、摂取制限の範囲、期間等について県は、「異常事

態の様相、気象条件、放出核種、対象飲食物で汚染状況は異なり、明確にすることは困難である」と説明しております。

　重大事故の想定でございますが、国の防災指針は、放射能の拡散は、施設の異常事態の様相、気象条件、居住区までの距離等で異なり、あらかじめ特定することはできないとし、重点的に対策を講ずる範囲を、技術的側面からの検討も加えた上で8ないし10キロに決定したと執行部から説明を受けた次第であります。

　地震対策。

　原発の耐震性等については、国の安全審査で十分検討され、安全性の確保が図られることになっていると執行部からの説明を受けております。

　漁業に対する影響。

　環境影響調査書の漁業関係については、国及び県でそれぞれ慎重に検討されました結果、1号機の前例もありますことから、ほぼ満足されるものと聞いておりますが、未解明の部分もありますので、今後調査するよう、中国電力と協議させてまいりたいと考えております。

　漁業に及ぼす影響については、温排水は表層を拡散しますので、放水口近傍の網漁業、ワカメ養殖漁業等を除けば、大きな影響を与えることはないと考えられますが、漁業種類によっては、時期とか場所により、ある程度の影響が出るものと聞いております。

　うるみ現象について。

　温排水により発生するうるみ現象につきましては、2号機が増設されますと、温排水量が最高3倍になりますことから、発生する予想範囲も2.9倍程度になると予想されております。

　なお、うるみ現象は物理的現象でありまして、水産資源への直接影響はないと聞いております。

　また、プランクトンなどに対する影響につきましては、理論的にはあるわけですが、広い海域から取水し排水するわけですので、水産資源に対する影響はほとんどないと聞いております。

　安全協定について。

　県においては、安全協定第4条に基づく事前了解については、原子力発電調査委員会の答申と、関係市町長の意見をもとに判断いたしますが、市町村長の意見は、漁業者や関係漁協の意見を踏まえたものであると理解をいたしております。

　使用済み燃料についてであります。

　使用済み燃料については、昭和54年以来、毎年68体が搬出されており、県の説明では、今後も搬出が継続して計画されているとのことであります。

　放射性廃棄物については、海洋投棄等が国において検討され、現在、漁業者や関係諸国の了解を取りつけるための努力が国で行われている段階と聞いております。県としては、国に対して対策の確立を要望中とのことであります。

　以上でございます。

#### 24番（長谷川仁君）

　答弁漏れ。議長答弁漏れ。

#### 議長（桐田晴喜君）

　長谷川君。

#### 24番（長谷川仁君）

　答弁漏れ2、3ございますので、お聞き取りいただきたいと思います。

　審査の方法の第2でございますけれども、請願者の説明は拒否をなさいましたが、その理由はどういう理由でございますかという質問をいたしましたけれども、委員会が決定をしたということになっております。委員会の決定はお聞きしておりません。その理由はどういう理由でございますかという質問をいたしておりますので、答弁になっておりませんので、答弁を願いたいと思います。

　2の警官の導入については、私は当日委員会に入っておったから知らないとこうおっしゃるんですが、それでは私が質問いたした内容に全く答弁になっておりません。

　もう1回言わせていただきますならば、警官導入という不祥事については、おわびを申しますという委員長報告にはございますけれども、委員

長の責任はどのように考えていらっしゃるかという点、警官導入の要請はどなたがなさったのかという点、委員長が委員会室に入っておるから知りませんという答弁では、答弁になっておりません。前日あらかじめ申し入れがされておったと聞きますが、事実はいかがですかという点です。導入された原因についてもお答えがございませんので、この点お答えをいただきたいと思います。安全性の問題でございますが、いろんな点が御答弁をいただいておりますけれども、軽水炉の安全性が実証されたものであるのかどうであるのかという認識であります。これは委員長報告でも、スリーマイル島の事故から始まって、具体的にはそれが検討され始めたと、こういうふうに報告がございますので、実は安全性が実証されたのではないという点が、軽水炉の場合にはおっしゃっておるように私たちは委員長報告で承りましたが、一方では、それが全部反対というのが不採択になるという点がございますので、安全性が実証されたのであるのかどうなのか、その点のお答えをいただきたいと思っております。

　それから飲料水の摂取制限でありますけれども、私が指摘いたしましたのは、この県の防災計画の10キロという基準の中にも、30ヵ所以上に及ぶ上水、簡水の水源池があるわけであります。この点についてはどのような対策が立てられていたのかという点について、御答弁をいただきたいと思います。

**議長（桐田晴喜君）**

　名越特別委員長。

〔名越隆正君登壇〕

**35番（名越隆正君）**

　初めに審査の方法についてでありますが、補足説明を拒否した理由ということでございますが、御承知のとおり非常に膨大な請願、陳情が出ておりましたので、それを趣旨説明をいちいち受けるということになりますと、大変な時間がかかりますので、委員会の皆さんと相談した結果、今回はその趣旨説明は必要ないと、そのために12月15日に委員会が設立されてから相当の時間、委員の皆さんに請願陳情等の文書表を渡しまして、十分に勉強をしていただくということで、その必要はないということで委員会で決定したわけであります。

　警官導入についてでありますが、委員長の責任はどうなるかということでありますが、まあ一応いずれにしても不祥な事態が起きたことにつきましては、委員長としても委員長報告でおわびをしたとおりであります。

　それから、だれがだれにいつ導入要請をされたかということでございますが、非常に当日は混乱をしておりまして、だれがいつの間にどうなったのか（笑声）、私も実はもみくちゃにされておりまして、わけがわからないうちにああいうことになったわけであります。（笑声、「名答弁」と言う者あり）

　それから飲料水の問題でありますが、これについては先ほどお答えしたようなとおりでありますが、特別にほかに問題になるような質疑はなかったと記憶しております。

　以上です。

**24番（長谷川仁君）**

　議長、再質問。

**議長（桐田晴喜君）**

　長谷川君、答弁漏れと再質問と一緒にしないようにしてください。（笑声）

〔長谷川仁君登壇〕

**24番（長谷川仁君）**

　再質問をいたします。

　まず第1点は、請願者の説明拒否の理由でありますが、必要でないというふうにおっしゃっておりますけれども、私は名越委員長にお会いをいたしまして、全員という、請願者全部ということにならないから、請願者の中から代表を選んで具体的に意見を聞くということは、執行部の意見は長いこと時間をかけてやりながら、請願者の意見は一つも聞かないという片手落ちではいかんじゃないかというふうに私は言ったわけでございますが、そ

の中で、理由は聞く必要がないとそれでもお考えになったのかどうなのか第1点。

第2点は警察官導入ですけれども、委員長は警察官の導入の要請をなさったと新聞で聞いておりますが、知りませんということであれば、していらっしゃらないということになるわけでありますけれども、新聞報道が間違っておるのか、委員長はされたけれども、どうも都合が悪いから、中において忘れてしまったとおっしゃるのか、（笑声）これでは答弁になりませんので、事実に基づくご答弁をいただきたいと思います。

それから特定観測地域に指定されておるところの地質問題でありますが、対策が立てられておるというふうに答弁をいただきましたけれども、調査がされたかどうなのかという点です。また専門家が島根県にもいらっしゃるわけですから、その専門家の意見を聞く必要があったかなかったか、その点については審議の中でどのようになっておったのか、伺いをしたいと思います。

それから最後に、テレメーターに直結する問題でありますけれども、これは中電から通告があると、こういうふうに御答弁をいただきましたが、だれが考えても、あの請願の中にもですね、大きく皆さんが訴えられております。県がテレメーターに直結しておりますのは、原発の周辺の外側だけなんです。そして松江市。あの原発の1番排気筒の放射能の放出源にあるテレメーターが、衛研のあのメーターに入っておれば、1番先何かがあったときにそれがぱっと出る、その側にはどういう影響が与えられるかというふうに、住民から見ればあのシステムが、いま3個具体的には出ておるわけですから、当然のことだと思われるわけですが、この点について委員会の中では当然重要な論議がされておると思うんです。また、おらないとすれば、余りにもお粗末すぎると言わなければなりませんので、この点詳しくご答弁をいただきたいと思います。

**議長（桐田晴喜君）**

名越特別委員長。

〔名越隆正君登壇〕

**35番（名越隆正君）**

補足説明を拒否した理由ということで再三お尋ねになっておりますが、いま長谷川議員が言われるように人数を限定してというわけにはまいりません。一部の人に説明を聞いて、一部の人の説明を聞かんというわけにいきませんので、委員の皆さんに諮った結果、全部趣旨説明は聞かないということにしたわけであります。

警官導入のことでありますが、これは2月の7日に知事、議長、委員長の名前で要請をしております。

当日は、それが発動するときについては、先ほど申し上げましたように非常な混乱でありまして、私ももみくちゃにされていつどういうかっこうで委員会室に入ったのかわからんくらいでありまして、入ってみたら、もうどやどやということでああいう結果になったわけであります。

それから採択の監視体制と住民の安全確保については、御承知のとおり審議を先ほど委員長報告で申し上げましたが、なお詳しいことということになりますと、非常に相当数の多いことでございますので、後でもう一遍読んで長谷川議員の方に御報告をいたします。

**議長（桐田晴喜君）**

石田良三君。

〔石田良三君登壇〕

**11番（石田良三君）**

社会党の石田でありますが、特別委員長報告に対しまして質疑を行います。

まず初めに、先ほど来から質疑がされております審議のあり方について、どうしても私も触れておお伺いしておかなければならないと思うのであります。

委員長報告の中では、特に慎重審議を受けての態勢を固めたということが強調されておりますし、それと同時に10日間以上の日時を置いて県当

局の説明を受けたと、その説明の中で県としては、行政上所掌をしておる事柄は、その間において承知しておる範囲に限ってと、こういう念を押して委員会に県当局は説明しております。

それは請願の内容に、かなり県当局では説明しがたいというものを持っておるということを、私は県当局がきちっと委員会に表明したものだというふうに理解するわけであります。その点は、委員長も先ほども言われますように、1人のああいう説明を聞いて、全部聞かないわけにいかないという説明でございますけれども、私は委員長に特にお伺いしたいのは、あなたは数回にわたって請願者の皆さんや、特に先ほども質問がありました9日の警官導入の際も、議員別館の会議室において、お会いになっておった事実がございます。その中で委員長は、非常に請願者や陳情者の意見を了とされて、非常になごやかなムードの中で委員長に抗議と言いますか、要請が続いたというように伺っておるわけであります。

そういう点から言いますと、私は、委員長の本旨は、必ずしも委員会が行ったような多数による強行採決ということだけではなかったんではないかというふうに理解をしておった1人であります。

そこで、私はいま質問に入ります前に、名越委員長に改めて申し上げますけれども、委員長の先ほどのわが党の山崎議員の再質問に対しまして、反対派の人たちから質問がなかったから審議しなかったと、こういう答弁でございましたね。

これはあらかじめ賛成、反対を決めて、もう多数によってですね、きょうも冒頭に少数意見を申し述べましたように、もうレールが敷かれておって、反対派から意見がなかったから、その請願者が請願しておったことも一切審議しないぞということに、私はいみじくも委員長が答弁されたのではないかというふうに思うわけです。

この点、まず冒頭に私は重大な問題でございますので、委員長に審議のあり方についての姿勢の問題で、委員長の真意と、そして先ほどの委員会がたどった経過についての見解をお伺いしておきたいと思います。

それから、具体的な質疑に入らせていただきます。

質疑の第1は請願第136号、*13緊急冷却装置の公開実験についての請願でございますが、この請願は委員会におきましては不採択となっております。

私はその不採択になった理由といたしまして、特に*14ECCSの効果について、どのようなご審議をされたのか、まず第1点伺っておきたいと思います。

第2は、請願第138号についてであります。防災計画における災害時の摂取制限その他についてという項目になっておりますが、特に事故時の飲食物に与える影響をどういう調査をして審議をされたのか、この点について特に請願の趣旨がそこに力点がありますので、不採択とされた理由を、特にその審議状況についてお伺いをしておきたいと思います。

第3点は、請願142号についてでありますが、1号炉運転によりますところの海水温度の上昇に伴いまして、海草が排水口近くからなくなったという地元の皆さん方の御心配があるわけでございまして、海草が排水口の近くからなくなったということについての実情を調査をしてほしいということでありますが、これは非常に近くでもございますし、特別委員会は日程を割いて調査にでもおいでになったのかどうなのか、どういう審議がされたのか、お伺いをしておきたいと思います。

第4番目、請願第143号、143号は、原発周辺地域のガン発生率についての因果関係についての請願でございます。原発周辺のガン発生率を、どのような調査に基づき審議をされたのか、お伺いをする次第であります。

第5番目、請願184号は、使用済み燃料撤去についての請願でございますが、*15東海再処理工場の事故をどのように調査されたり、あるいは審議の過程でどのように委員会としては審議をされた

---

*13　事故で原子炉の冷却水が失われる事態になった時、炉心に冷却水を急速に注入する装置。
*14　非常用炉心冷却装置。
*15　使用済み燃料の中からプルトニウムを取り出すための、日本最初の核燃料再処理工場。

のか、これが原発1号炉に与える影響については、どのような審議をされたか、お伺いする次第であります。

第6番目、請願186号、スリーマイル島事故の新生児に与えた影響について、どういう資料に基づいて審議をされまして——影響なしということでありましょう、不採択になっておりますが、その審議の状況をお伺いする次第であります。

第7番目、請願199号、人工放射能と自然放射能の違いについて、どういう資料に基づいて審議をされたのか、資料の内容等についておわかりでございましたら明らかにしていただきたいと思います。

8番目、請願201号についてでありますが、原発の立地点の地盤について、どういう審議をされたのか、お伺いをいたします。

9番目、請願203号、原発1号炉のひび割れ写真は、いろいろ松江市内にもビラ等で出されておりますけれども、あの出されておりました写真そのものは、本物であったかどうかという、非常に疑問が——原発の労組の委員長等の発言等もあって、こういう請願になったわけでございますが、その写真の真偽について、どのような審議をされましたのか、具体的にお伺いする次第であります。

10番目、請願204号、世界的な原発建設の状況について、どのような審議をされましたのか、お伺いをいたします。

11番目、請願210号、伊方裁判での藤本証言が島根原発で当てはまるかどうかということについて、委員会においてはどのような御審議をされたのか、お伺いする次第であります。

12番目、請願214号、二重三重の安全装置が本当に働くかについて、これは非常に安全性の問題の中心となる請願であるわけでございますので、その内容について、どのようにご審議をされたのか、お伺いいたします。

13番目、請願216号でございますが、対策本部が県庁内で本当によいのか、どういうご審議をされましたのか、お伺いをする次第であります。

請願217号、14番目でありますが、事故時の補償制度の確立についての請願でございますが、この審議内容についてお伺いをいたします。

15番目、請願220号、これは公開ヒヤリングの内容改善についてという内容の請願でございまして、全会一致で採択をされておりますが、具体的にはどのような内容改善を国に求めようという議論がされましたのか、委員会の審議の内容をお聞かせいただきたいと思います。

16番目、請願219号でありますが、原発に関する公聴会、討論会の開催につきまして、委員会としてはどのような御議論をされましたのか、お伺いをする次第であります。

請願222号、223号、17番目でありますが、いずれも[*16]窪川町のリコールの結果に基づきまして請願をしておるわけでございますが、この窪川町のリコールの結果について求めておる請願の内容については、どのような御審議をされましたのか、お伺いをいたします。

18番目、請願226号、原発の事故時の情報把握の必要性についてという内容の請願でございますが、この必要性について、どのような審議をされたのか、お伺いをする次第であります。

19番目、請願227号、特にこれは調査委員会の中に松江市長の意見が反映されていないということについて、請願者が指摘しておることでございますが、最終的に松江市長の見解が聞かれないまま調査委員会の報告を審議をされたのかどうなのか、これらの審議の内容についてお伺いをいたします。

20番目、請願228号についてでありますが、原発と他のエネルギーとの経費について、どういう審議をされましたのか、審議の内容をお聞かせいただきたいと思います。

21番目、請願185号、地元が同意を与えていない段階で、電調審及び安全協定4条に同意を与え

---

*16　80年代四国電力が窪川町（現四万十町）に原発を計画。推進・反対両派で町は二分された。町長が誘致を表明。議会も立地調査を求める請願を採択。反対派は町長のリコールで対抗した（町長は再選）。町は82年原発の賛否を住民投票で決める条例を制定。88年、計画は行き詰まり、町は誘致を断念した。

ることについてという内容の請願でございますが、これにつきましては先ほどもございましたけれども、重ねて委員会の審議の内容を明らかにしていただきたいと思います。

22番目、請願195号についてでありますが、*17半減期の長い放射性廃棄物の処理について、どのような議論がされましたかにつきまして、お伺いして私の第1回目の質疑といたします。

**議長（桐田晴喜君）**

この際、しばらく休憩いたします。

　　　　午後3時52分休憩
　　　　午後4時20分再開

**議長（桐田晴喜君）**

それでは会議を再開いたします。

本日の会議時間は議事の都合によりあらかじめ延長いたしておきます。

先ほどの石田良三君の質疑に対する答弁を求めます。

名越特別委員長。

〔名越隆正君登壇〕

**35番（名越隆正君）**

初めに、長谷川議員の再質問の答弁を先にさせてもらいます。

その前に、警官導入のことについて、私、2月7日に警官導入と言ったような気がしますので、あれは2月7日に警備要請をしたということでございますので、ひとつ訂正をいたしておきます。

それからテレメーターの排気筒への設置については、現行の方法で十分監視が可能であるということであります。

それから地質については、国における安全審査で専門家により十分チェックされるとの説明を了としたものであります。

軽水炉の安全性については、先ほど委員長報告で申し述べましたとおり、安全性の確保は国において十分確保されていると判断されたところであります。

さらに申し上げますと、原子力発電所は、通産省による安全審査と原子力安全委員会によるダブルチェックを経た上で設置され、運転管理専門官による常時監視など厳しい監督のもとに運転されており、安全性は確保されるものと理解いたしました。

以上でございます。

石田議員の質疑にお答えします。

先ほど私が山崎議員の再質問に対して、反対派の委員と言ったのは、私の間違いでございまして、委員の皆さんの質疑がなかったということに訂正をさせていただきます。

なお、委員会の開会の前に、反原発の皆さんに要請を受けまして、私3回会いましたが、石田議員の言われるように、なごやかなというわけにはまいりませんで、（笑声）相当私も興奮をしましたし、皆さんも相当興奮をしておってやったような状況でございますので、ひとつご了解をいただきたいと思います。

請願136号、*18電気事業法に基づき毎年定期検査が行われ、また通常運転中でも定期的に弁の自動作動試験、ポンプの起動試験等により、異常なしと確認されており、国の検査官あるいは常駐の運転管理専門官によって、ECCSの機能は常にチェックされております。このことは、県の説明あるいは、国、県から提出を求めた資料等により審議され明らかであります。

請願138号、異常事態の状態は、気象条件、放出の種類等によって異なるので、飲食物に与える影響についても一概に論ずるわけにいかないと解釈をいたしております。

請願142号、1号機排水口の近くでは大型海草から小型海草へと変わってきておりますが、これは限られた範囲の変化であり、徐々に拡大するような現象は起きておりません。

請願143号、保健所の調査によっても、県下の悪性新生物による死亡率は周辺市町村が特に高

---

＊17　放射性同位体が放射性崩壊によって、そのうちの半分が別の核種に変化するまでの時間。
＊18　電気事業、電気工作物の保安の確保について定めた法律。

いというデータはありません。

　請願184号、国に対して、トラブルの原因について照会をしておりますが、国においても事故原因の究明が行われており、これが明らかになったところで対策が講じられるとのことであります。当面、1号機に与える影響はないものと考えております。

　186号、TMI事故に対するスターングラス教授に対する国の見解を入手しておりますが、結論的にはTMI事故と新生児の死亡率とは直接的な因果関係はないものと判断されます。

　199号、原子力委員会からの資料等によって審議を行ったものであります。

　201号、立地に当たっての国の安全審査において、地震に十分に耐えられることが確認される仕組みになっております。

　請願203号、制御棒駆動水戻りノズルのひびの写真は、国の資料に掲載されているものであります。なお、チラシの写真が同一のものかどうかは承知しておりません。

　204号、通産省資源エネルギー庁から出されている昭和56年2月の原子力発電関係資料により、世界の原子力発電設備の運転建設状況を承知しましたが、これで見る限り、国によって事情は異なるにしても、トータルとしては原発の開発は推進されているものと理解しております。

　210号、伊方裁判控訴審の内容については承知しておりません。

　214号、島根原発の安全性は、国の厳重な審査、監督と中電の適切な運転管理によって確保されると確信をいたしております。

　216号、県庁に災害対策本部を設置することについては、絶対安全とは言えないにしても、国の指針を十分検討した上で、相対的には、きわめて安全度が高く、本部機能に支障はないものと判断をしております。

　217号、原子力損害賠償制度としては、原子力損害2法があり、1事業所の賠償責任額は100億円となっており、さらに100億円で不足する場合は、国会の議決で政府が補償的な援助を行うことになっております。

　220号、公開ヒアリング制度の改善を求める本請願については、委員全員一致で採択をいたしております。

　219号、原発に関する公聴会、討論会の開催については、2号機の増設について原子力発電調査委員会から、すでに答申が出されており、この問題について公聴会を開催する考えはないという県の説明を了承いたしております。

　請願222号、223号、窪川町における町長リコールの投票結果については、島根原発2号機問題と直接的なかかわりはないものと思っております。

　226号、安全協定を防災計画上位置づけたこと、国の運転管理専門官が常駐していること等から、現時点では考えられません。

　227号、原子力発電調査委員会での中村委員の意見の取り扱いについては、慎重に協議された上で答申案が審議されており、問題はないと考えております。

　228号、資源エネルギー庁でまとめた55年度運開モデルプラントの発電原価調べによれば、原子力キロワットアワー当たり8ないし9円、石炭火力12ないし13円、一般水力及び石油火力17ないし18円であり、そのことから原発の経済性が判断されると思います。

　185号、島根原発2号機の増設に関しては、先般原子力発電調査委員会の答申がなされており、また現在、このことについて市町の意見を照会中であるとの報告を受けたところであります。

　195号、使用済み燃料のわが国の再処理については、昭和53年9月に原子力委員会が作成した原子力研究開発利用長期計画に基づき、大規模な民間再処理工場の建設が準備されているほか、その間のつなぎとしては、外国の再処理施設への委託で対処することとされております。

　以上であります。

**議長（桐田晴喜君）**

石田良三君。

〔石田良三君登壇〕

**11番（石田良三君）**

再質問いたしますが、委員長の冒頭に言いましたのは、陳情者と委員長との話し合いによって、9日の日も、傍聴に委員長と一緒に行こうと、こういう解釈のもとに、委員会室の前まで行って、ああいう事態が生じたと、こういうふうに私ども、委員長と話し合った人たちから聞いたわけであります。したがって、その場は、おそらく委員長とのやりとりはそういう意味では、一部傍聴でも入れるというようなお考えに委員長がおなりになったのではないかと、こういうふうに理解をしておるところでございますので、その点委員長の個人的な見解でもひとつきちんとしておいていただきたい。

それから具体的な問題の中で請願136号に対する答弁、それから226号に対する答弁の中に、国の運転管理専門官という言葉が随所に出てくるわけでございますが、これは島根県に設置をされて現実に原発の中におられるわけでございますが、少なくともこの人の意見ぐらいは、私は特別委員会もですね、お呼びになって聞かれておるのではないかというふうに思ったわけですが、一切お呼びになっておりませんか。そしてお呼びになるという委員側からの意見等も出なかったのかですね、そしてお呼びにならなかった場合には、どういう理由であったのか、再度質問をいたします。

それから請願138号の、異常事態の場合の気象条件等によって云々という答弁でございますが、その答弁の中で、「一概」に論ずるわけにいかないと、こういう言葉がございますが、この「一概」という意味はどういう意味を想定しておるのか、再度質問をいたします。

それから142号の、先ほど私、質問するときにも申し上げましたが、1号炉の排水路付近でですね、海草の異常が見られるという周辺の方々の御心配による請願であったわけですが、現地調査はなぜされなかったのか、この点についての委員会の審議の内容でございます。再度お伺いします。

それから請願199号、この中で、答弁では、原子力委員会からの資料等によって審議を行ったと、こうなっておりますが、具体的にその資料はどういう資料であったのか、お伺いをいたします。

それから請願201号、答弁の中では、ただいま伺いましたところでは、立地に当たっての国の安全審査において地震に十分に耐えられることが確認される仕組みになっておるということでございますが、その仕組みとはどういうことなのか、ただいまの答弁でそういうふうに言葉が出ておりますので、お伺いする次第であります。

請願204号、これの答弁の中におきましても、世界的な原発建設の状況について質問をしたわけですが、トータルとしては原発の開発は推進されておるという答弁でございますが、そのトータルを具体的にお伺いをしたいわけであります。

220号について、これは公開ヒヤリングの内容改善についての制度の問題でございますから、これは全会一致でございますが、私の先ほどの質問の中では、具体的にどのような改善制度を議論をしていただいて全会一致になったのか、この審議の内容を聞いておるわけでございますので、具体的にお伺いしたいと思います。

以上であります。

**議長（桐田晴喜君）**

名越特別委員長。

〔名越隆正君登壇〕

**35番（名越隆正君）**

石田議員が2月9日の反対陳情者との話し合いで、私が委員会に行くからというふうな理解をされておるようでございますが、委員会が開会を電話で再三請求してきておりましたので、私は当然委員長として委員会に出席するということを申したわけでございます。反原発の皆さんと一緒に行こうと言ったことは、私は一遍もございません。それはもうものすごいばり雑言の中ですから、言っ

た言ったいうことでもうワアワアということですね、そのままワッと行かれてしまって、私も洋服を破かれるぐらいに興奮してしまっておるわけでして、ちょっとその辺は誤解のないように、ひとつ。

それから専門官は呼んでおりません。これは委員の皆さんに、そういうことが委員の方から関係者を呼べというような御意見もありまして、そういう意見のある都度、委員会の皆さんにお諮りをして、その必要なしという委員会の決定をされましたので、呼んでおりません。

それから138号、「一概」にということでございますが、私はただ簡単に一概にと理解しておりますが、なお、文字的な問題はひとつ辞書でも引いて、後でゆっくりお答えをいたします。

それから現地調査のことにつきましても、委員の方からそういう話が出たか出なかったか、いまちょっと覚えておりませんが、そういうことがあったときにも、いつも委員の皆さんにお諮りして、その結果を踏まえて、そのとおりやっておりますので、ご了解を願います。

それから199号の資料については、後ほど石田議員の方にお渡しいたします。

それからあと、言葉の問題は先ほど言ったようなことでありまして、後ほどまたゆっくりあなたの方に直接お答えをします。

220号の内容についても、これは後ほど速記録のとったやつをよく見て、間違うといけませんので、石田さんの方に後でお渡しします。

〔石田良三君「議長」と言う〕

**議長（桐田晴喜君）**

石田君。

**11番（石田良三君）**

いま、これはきょうの請願審査の段階の質疑でございますから、特別委員長、いまの段階で御答弁をいただけないならですね、再度休憩をしていただきまして、答弁を明確にしていただいて、請願審査の討論なり採決に入っていただきたい。

（「必要なし」その他発言する者あり）

**議長（桐田晴喜君）**

ただいま石田君から議事進行に関する動議が出されました。（「賛成」と言う者あり）

休憩の動議（「議長」と言う者あり）でございますが、これに賛成の方がおいでになりますので、動議は成立いたします。

お諮りいたします。

この際、休憩をして、さらに継続するようにという石田君の動議に賛成の諸君の起立を求めます。

〔賛成者起立〕

**議長（桐田晴喜君）**

起立少数。よって本動議は否決されました。

以上で通告による質疑は終わりました。

これをもって質疑を終結いたします。

これより「討論」に入ります。

討論の通告がありますので、順次発言を許します。

増野元三君。

〔増野元三君登壇、拍手〕

**40番（増野元三君）**

私は、委員長報告に賛成する立場から、その理由及び若干の見解を申し添え賛成討論といたします。

第94回通常国会の冒頭におきまして、鈴木首相は次のように述べております。

「最近の国際石油情勢は、[*19]イラン、イラク紛争の長期化、[*20]OPEC総会による石油価格の引き上げなど、依然として懸念材料が多く、また、中、長期的にも石油を温存したいとする産油国の姿勢、中東政治情勢の不安定などから緊迫いたした状態が続く」という石油供給の情勢分析に立った上で、「わが国の基盤の弱いエネルギーの供給構造を、そのまま次の世代に引き継ぐことは許されない。また、自由世界の石油消費の1割を占めるわが国が、エネルギー問題に真剣に取り組むことは国際的な責務である。」と今後のわが国におけるエネルギー対策の基本的方向を述べて、さらにそのための具体的な施策として、まず「第

---

[*19] 国境を巡って起こった戦争。1980年9月22日から1988年8月20日まで続いた。
[*20] 石油輸出国機構は1960年9月14日設立された組織。国際石油資本から石油輸出国の権利を守ることを目的とする。2014年時点では12か国が加盟。世界最大のカルテルと言われる。

一に、石油消費の節約を一層徹底することとし、節減目標量の達成のため、政府は国民各位とともに真剣に努力をする。第二に、省エネルギー及び代替エネルギー関係投資を促進し、国民の理解と協力を求めつつ、原子力を初めとする電源立地の促進に努める。第三は、省エネルギー関係技術や、石炭の液化、地熱、太陽熱利用などの技術開発を進めるとともに、核燃料サイクルの確立の推進、新型炉の開発など、長期的観点に立った原子力の利用について、より積極的に研究開発を進める。」と述べております。

　私は、以上の政府のエネルギー対策の推進こそ、日本の経済成長の維持と国民の生活水準の向上を追求していくために、欠くべからざる重要な施策であり、国民挙げて協力し合いながら強力に推進していく必要があると考える次第であります。(「よし」「そうだそうだ」と言う者あり、拍手)

　このような重大な時機に当たりまして、島根県民は、島根原子力発電所2号機建設の是非というきわめて重要な課題の選択を迫られているのでありますが、私は、いまこそ冷静な判断の上に立ってこれを推進する決意を下すことこそ、県民の責務であり、良識ではないかと確信をいたしておるものであります。(「よし」と言う者あり、拍手)

　以上、私の基本的な考え方を冒頭に申し上げまして、何ゆえに原子力発電を推進すべきかの各論を述べてまいりたいと思います。

　その第一は、エネルギーは、日本の経済成長のために、絶対確保しなければならないことであります。

　世界の経済大国となったわが国は、エネルギー資源に恵まれず、人口の増大する中で、なお豊かな生活を求めるためには、5.5パーセント程度の経済成長が必要であり、それを支えるエネルギーの安定確保が絶対の要件であります。

　かねがね恐れられていた石油危機が、現実のものとなった今日、それに対応する省エネルギー政策や、代替エネルギー戦略が適切に実行されないとするなれば、日本経済の成長力を弱め、国民生活向上の希望は打ち砕かれることにもなるのであります。

　その第二は、代替エネルギーの中で、原子力発電を優先して選択する必要があることであります。

　代替エネルギーとして、原子力、*21LNG、石炭がその中心的役割りを担う考え方は世界の潮流でありますが、とりわけ原子力が最優先とされていることは、LNGは本質的に資源制約と価格上昇による不確実性がつきまとうことは避けられないのであります。

　また、石炭の本格的利用についても、海外炭の開発輸入からスタートして国内の受け入れ態勢を整備するには、どうしても10年以上の期間を要しかつ、大規模な港湾の造成が先行されなければなりません。

　この点、原子力発電につきましては、すでに世界で233基、日本で21基が稼働し、この期間におけるトライ・アンド・エラーの積み重ねの中で、その安全性と信頼性はほぼ完成の域に達しているのであります。また、その経済性並びに貯蔵効率は、石油の比ではないことは明らかであります。

　このように見てまいりますと、いまこそ原子力発電の有効性と優位性を正当に評価し、石油代替エネルギーとしての位置づけを明確にし、これに総力を結集して取り組む必要があるものと考えます。

　その第三でありますが、原子力発電は安全性が確保されていることであります。

　原子力発電の安全性については、日本は、世界で唯一の被爆国であり、発電所の安全審査、建設、運転中の管理には格段の厳しいものを持っており、島根原子力発電所1号機の運転経歴から見ても、その技術水準は世界のトップであると断言してもはばかりません。

　昭和54年3月、アメリカのスリーマイルアイランドの事故は、史上最悪のものと言われ、日本の

---

*21　液体天然ガスの略。天然ガスは−162°Cで液体となる。体積が気体の600分の1になるため輸送・貯蔵が可能。

原子力開発に大きな影響を与えました。

　これは、事故報告書で明らかなように、システムは正常に作動したが、人的ミスが主となって事故を拡大したものでありました。

　しかし、このような事故であっても、放射能が環境に与えた影響は、自然放射能の数パーセント、広島市と松江市の自然放射能の差より低い値であります。全く環境に対しては影響のない結果であったと言われております。

　その第四は、放射性廃棄物や使用済み燃料、廃炉の処理、処分等については、近い将来解決ができることであります。

　放射性廃棄物の問題については、昭和51年10月、原子力環境センターが設立をされ、低レベルのものについては、試験的海洋処分を近年中に実施すべく、関係方面と話し合いが進められており、その安全性も確認をされております。

　また、高レベルのものについても、減容、ガラス固化など研究開発がなされつつあり、陸地処分の試験準備が進められていると聞いております。

　また、便用済み燃料の再処理については現在、東海再処理工場に加え、第2工場の建設が計画をされ、廃炉については、極力研究が進められて、日本独自の技術でこれを解決すべく、先日の新聞報道によりますと、水中熔断のテストが成功したとのことであります。

　いずれにせよ、これらの処分は現在のところ最終的な処理方法が確立されていない分野もありますが、人類の英知を傾けて近い将来解決されることが期待できるものと考えられます。

　第五番目には、防災計画が策定をされたことであります。

　防災計画につきましては、委員長報告にありましたように、新たに作成された原子力防災計画案がすでに事実上運用されており、今後とも技術の進歩や社会情勢の推移に対応して、適正な防災体制が確立されるよう整備されるので、現段階では一応対策は立てられたものと私は考えております。

　なお、先ほど岩本議員から報告がありました避難訓練を報告に入れるべきとの意見がありましたが、このことは私は防災従事者が十分に指導性を確立するための避難に伴う各種の処置訓練を、段階的に実施する旨計画に明記されているので十分ではないかと考えております。

　第六番目には、原子力発電所の立地は、広く地域の振興に貢献することであります。

　まず原子力発電所2号機の増設は、電源3法により鹿島町が25億8,000万円余、松江市及び島根町が同額で合計51億円余が交付され、これが地域における公共的な生活、産業基盤の整備や教育文化施設に充当されます。

　また、昭和56年度から原子力発電施設並びに電力移出県等交付金が創設をされ、周辺住民のための雇用確保事業等に充てられることになっております。

　また、当然のことながら固定資産税も、初年度30億円余になろうかと考えられております。

　さらに、2号機の建設に当たっては、雇用は、最盛期が1,500人と見込まれ、かつ2,700億円の工事のうち、工事用資材などや工事の請負額が相当量地元へも発注されることは、間違いがございません。

　昨今、景気のかげり現象が見え、日銀では近く公定歩合の引き下げを決定しており、また国の公共事業の前倒し発注など、不況対策が取りざたされている経済の先行不安の中で、原子力発電所2号機にかかる交付金等や建設事業の推進は、まさに本県経済の大きな支えになるものと確信をいたしております。

　以上、委員長報告に対する賛成の理由について申し述べましたが、最後に私か原子力発電について最近痛切に思っていること、2点にしぼってのみ触れてみたいと思います。

　その一つは、スリーマイルアイランド原子力発電所の事故により、新生児の死亡率が急増したとの

研究報告についてであります。

　先日、高知県窪川町長にかかるリコール投票の結果、残念なことに原子力発電所の調査を進めようとする現職の町長が敗れました。このリコールには、婦人票の動向が大きく影響を与えたとの報道でありますが、この婦人票へは、この研究報告が大きく作用したと聞いております。

　しかし、この報告に対しまして、すでに2月に科学技術庁が見解をまとめておりまして、「この研究報告を行ったアメリカの教授は、過去における研究についても、アメリカ小児学会や、原子力委員会から否定や批判を受けており、今回においてもペンシルバニヤ州及びニューヨーク州北部などで新生児の死亡率が急増したという研究報告は正しいとは考えられず、ペンシルバニア州の調査でもこれを否定をいたしております」とのことであります。

　このように、人類が人工放射能に接してからなお歴史が浅いため、偏向した学者の無責任な発言が一般に大きい影響を与えるものでありまして、これはほんの一例にすぎず、県民は、誤った事実にいたずらに惑わされず、原子力発電にかかる正しい知識を身につけることが肝要であり、そのためには国、電力会社並びに県としても不断の努力を払う必要があると痛感いたしている次第であります。

　その2つは、昨日の山陰中央新報によりますと、アメリカエネルギー庁長官は、13日、国会において「カーター前大統領がとっていた使用済み核燃料の商業用の再処理を無期延期する政策を改めて、原子力のエネルギー利用や、プルトニウムの生産促進のため、レーガン政権が、使用済み核燃料の商業用再処理を再開をする」旨の方針を明らかにしたことを報道しております。

　また、昨日の毎日新聞では、アメリカ原子力規制委員会は、「スリーマイルアイランド原発事故以来停滞していた原子力発電所の建設を促進するための原子炉建設の認可などの手続をスピードアップさせる」との声明を報じております。

　さらに、3月11日付の朝日新聞では、同委員会事務局が「スリーマイルアイランド原子力発電所の放射性物質の除去作業は、環境に及ぼす影響が無視できるので、できるだけ修復を急ぐべきだ」とする早期操業再開に向けた報告書を同委員会に提出したことを伝えております。

　以上の報道を集約をいたしますと、スリーマイルアイランド事故もすでに2年を経過し、再開に向けて修復に乗り出し、またカーター政権によって抑制されていた原子炉の建設や使用済み核燃料再処理の再開など、レーガンに取って代ったアメリカの原子力発電は、今後力強く、再スタートを切ろうとしているところであります。

　このような原子力行政の盛り上がりが見られる中で、島根県におきましては、2号機増設について、2月24日に、島根県原子力発電調査委員会が可とする旨の答申をされたところであります。また、関係3漁協におかれましては、総会において電調審に上程することに同意をする旨の決議がなされたのに引き続き、本日、残る鹿島町、御津漁協臨時総会では、2号機の電調審上程を賛成されたようであります。

　私は、このことを受けて鹿島町長や島根町長におかれましては、必ずやゴーの同意を知事に出されることは間違いなく、またすでに松江市長も態度を決定されているやに聞いております。

　このような段階におきまして、先ほど岩本議員から島根原子力発電所2号機については、住民投票や公聴会等が否定されたとの報告がございましたが、私といたしましては各界を代表する委員をもって構成された島根県原子力発電調査委員会において十分審議を尽くされ、その答申をすでになされておりますので、このように住民投票や公聴会を開催することは、考える必要はないと確信をいたしております。

　そこで知事に要請しておきます。

　知事さん、あなたが2号機増設の判断基準とし

て従来から申し述べてこられました諸条件は、地元住民の理解の上に立ってこのように盛り上がってきて機運は熟してきているところであります。(「そうだ」と言う者あり、拍手)県としては、できるだけ早く態度を決定されて、国の要請と国民の期待にこたえることが肝要と考えます。熱慮の段階は過ぎ、断行の時期が到来したと考えております。(「そうだ」と言う者あり、拍手)

以上、委員長報告に対する意見の開陳にあわせ所感の一端を述べて討論を終わらしていただきます。(拍手)

**議長（桐田晴喜君）**

大谷久満君。

〔大谷久満君登壇、拍手、「がんばれ」「簡単簡単」と言う者あり〕

**30番（大谷久満君）**

社会党の大谷でございます。私は島根原子力発電所対策特別委員長報告の原子力発電推進の部分に対して、特別委員として審議に加わった状況なども加えて反対討論を行います。

委員長報告の初めに「通産省主催の第1回公開ヒアリングの開催時期とも重なり、県民の原子力発電所に対する関心は一段と盛り上がりを見て、審議に当たる委員会としての責任の重大さを痛感した」とあります。

責任の重さを痛感したとありますが、果たしてそれにふさわしい審議であったか私は疑問に思います。名越委員長や桐田議長の御努力は評価いたしますが、残念な結果になったのであります。私が県議会に籍を置いてから、来月は15年目であります。委員長報告に対してほぼ全面的に反対し、また同僚議員の言動を批判することになり大変残念であります。

原子力発電の問題は、いわば国を二分するとも言える重要かつ未解決の多い問題でありまして、一方県民にとっては生命と子々孫々にまで影響をもたらす重大関心事であります。それがゆえに厳しい行動、激しい議論があるところでありますが、せめて県議会だけは良識の府にしてもらいたかったと思います。いわゆる民主的に、原子力行政の三原則自主・民主・公開の名のとおりの審議であって、それを望むのであります。

この特別委員会の設置要綱には「島根原子力発電所に係る事項の調査及び請願、陳情の審査を行うことを目的とする」とあります。そうして委員会審議に付託されたのは、請願、陳情の審査であります。すなわち調査——原子力発電所に係る事項の調査は付託されていないのであります。このことは島根原子力発電所に係る事項の調査は、元の所管委員会である総務委員会から外されて、にもかかわらず、この特別委員会でも、審議ができないということになっているのであります。なるほど本会議や全員協議会での審議は、できることになっておりますが、12月の定例会終了後、本2月定例会までは実質的に審議できない仕組みになっているからであります。

朝日新聞の社説の中に、次のような項がありました。

「これまでのわが国の原子力政策は、ほとんどがカネによる解決に頼ってきた。[*22]原子力船〝むつ〟はその典型であり、各地の原発立地にもその傾向が著しい」と書いてあります。まさに金縛り誘致と報道されるゆえんであります。

時も折、地元鹿島町関係への寄付金問題がマスコミに報道されました。そこでわが党の岩本議員が、特別委員会でこの問題を問うたのであります。岩本議員はこのように言っております。

きょうの中国新聞に、原発対策協が中電から3,200万円余をもらって、視察費用に充てるという報道がされており、企業がこのような大金を出すことは、どういう理由かいかんと思う。事実関係はどうか、こういう質疑をしましたが、他の委員からは、本委員会の権限外と思う。きょうは質疑だ、私は何も知らない、執行部は新聞で承知しただけですとこう答えて不問に付して、次の質疑に入っております。

---

[*22] 1974年、初航海の原子力航行試験中に放射能漏れ事故。事故後母港陸奥大湊港への帰航を反対され、以降16年間日本の港を転々とした。

その中国新聞というのは2月9日の記事でありまして、「10年間で7億4,000万円」ということをここに出しております。その旅行というのは、朝日新聞を見ますと、次のように報道をしとります。

　「八束郡鹿島町の町長ら有力者が顔を連ねる団体に中国電力が「原発視察旅行」費として3,200万円に上る寄付をしていた云々」という読み出しです。そうして大きな見出しは上の横書きが「見学3時間、あとは観光」、縦書きの見出しが「2泊3日の原発旅行の実態」という記事です。内容は、名前、年齢は書かないというので、いっているのがありますので、ちょっと申し上げますが、「目的地は茨城県東海村。日本の原子力発電発祥の地とされる。動力炉・核燃料開発事業団の燃料再処理施設などが並ぶ。片句から貸し切りバスで19時間。いいかげんにくたぶれたころに、ゲンパツの見学は3時間、あとは水戸市へ直行。偕楽園などを見物して日光近くの鬼怒川温泉泊。翌日は日光見物。東京に宿泊して、ぐるっとバスで東京を見て、そのままバスに揺られて帰った」と、こういうことを言っています。

　もう1つの旅行の記事は「先月の20日の朝出発。九州電力玄海発電所見学は2時間ほどで切り上げて、祐徳稲荷へ。豊漁を祈願して、嬉野温泉に泊まる。翌日は太宰府天満宮を見物して帰った」と、こういうことです。そして実費等がたくさん書いてありますが、なぜか日当1,500円の支給となっております。そうしてこれについて中電の部長さんは「建設の見通しがはっきりした時点からこれらの支出は料金原価に組み入れられるはず。」とおっしゃっております。

　岩本議員は、このような背景をじっくり審査しなければ、お互い議員が了解をして判断しなければ、請願審査ができないということを彼は言っていたのでありますが、先ほどのような簡単な言葉で不問に付せてしまったのであります。

　私は多くの請願、陳情が提出されるという、その背景を十分知らなければ、いやその背景に目を覆っていて、提出された陳情、請願の審査だけをするということでは、県民代表の良識の府としての県議会の審議としては不十分と言わざるを得ません。（「そうだ。」と言う者あり）

　次は委員会審議の状態について申し上げます。

　1月13日の委員会において、今後の審査方法などについて審議をしました。

　日程案として1月26日13時、27日10時、2月2日13時、2月3日10時、2月9日10時からとされ、1月26、7日は県執行部からの説明を聞くだけ、2月2、3日は県執行部に対して質疑を行う、2月9日採決というものでありました。

　そこで私は冒頭に次のようなことを言いました。「事前に請願者から意見を聞いて欲しい。でないと審議がかみあわない。あるいは請願者の真意が得られない場合がある。聞いてから判断して欲しい。」と開会冒頭に委員長にお願いをしました。委員長からは、先ほど委員長報告があったように「すでに年末に配っていて熟知しているだろう。」ということをおっしゃいました。私はそこで「特別委員会をつくって審査をするので、問答無用では問題が起きます。」ということを再度お話しをしまして、ところが、ある委員からは次のようなことを言っておられます。「現在の地方自治法上、請願審査については100条による調査権を発動した証人、公聴会を開いた場合の公述人の意見以外は説明を受ける機会というものは予定されていない。どうでもというのであれば、別個に委員会を休憩するとかして、必要な範囲において、一般的には議員以外は、何人からも聞くたてまえになっていない。」とこうおっしゃっております。私はたてまえ論を言っているのではありません。明治以来の島根県議会のいい美風、慣行を言っておるのであります。ここで私は次のように発言をしております。「いままでも聞いたことがあったと思う。委員長の良識ある判断を願いたい。」と、そうしてある委員からは「どうしても聞かなければならないという問題があれば、委員長の裁量で決定をしたらど

うか。」とこういう意見が出て、委員長からは「審議の過程で趣旨を聞く必要があると判断した場合に、提出者を呼んで聞いたらどうか。」と、こういうことでこの日は、その項は終わりました。

次は日程の問題でありますが、岩本議員からも先ほど言いましたように、「初めの日に採決の日まで決めるということはやめてもらいたい。」とこういって彼は言っておる。「今後の審議の過程で決めていただけばいいんじゃないか。」とこういうことを言っておりますが、「重要な委員会なので欠席がないようにという配慮から事前に言っておく。」というのでありましたが、他の議員からも「経過を見て若干の弾力性ということで了解をしたい。」ということがありました。また別の委員からは「目標ということにしておいて、問題があれば委員長が考えて欲しい。」とこういうことで委員長は、「基本的にはこの日程で進め、また審議の過程で相談申し上げる。」と、この項は終わりました。

しかし、その後の審議の基本的方針は問答無用の多数決ということになったのであります。

いままでの常任委員会や特別委員会では請願者、陳情者の申し出があれば、説明や陳情を行っていたのが過去の例でありまして、県民も広く知っております。

私は議会に出るまでは県教組の委員長や県評議長をしておりましたから、37年以来県議会に対して陳情、請願を年に何回か行っております。私が議員になってから14年になりますから、通算約20年間私の知る限りではそのようになっておりました。

まさに力による解決の方法であります。

そのような中で2月9日の採決がありました。審議の方法を決めた1月13日の時点で、採決の日を決めてしまうというやり方がこの日決行されました。

読売新聞の2月11日の記事に自民党島根県連幹事長の談話が載っております。

その記事の大きな見出しは、「なぜ結論を急ぐ」「疑問投げかける住民ら」という大きな標題でありますが、幹事長のお言葉を見ますと、「当初は1月末に1日だけで審議しようとした請願、陳情について、特別委員会をつくって十分説明を聞き、審議にも、質疑にも2日間かけた。決して強行採決ではない。急いでいるとは思わない。」とおっしゃっております。審議はたった1日だけというのが自民党の当初からの方針であったわけであります。

後から逐次申し上げますが、審議に責任が持てませんので、特別委員の辞任届を議長に提出した次第であります。

次は、委員長報告の中の「県当局の説明」というくだりであります。その中には次のように述べておられます。

「県当局からの説明を受けたのであります。説明は、県として、行政上所掌している事柄や、その間において承知している範囲という前提はあったものの、要旨別にまとめた一括説明ではなく、1件ごとに詳細な説明を求めたところであります。」とありますが、請願、陳情を審査する特別委員に対して請願者はぜひとも説明したい、陳情したいと再三、委員長にお願いをしております。

請願者の説明も陳情もないままで、提出者でもない執行部の意見、説明だけを聞いて審議に入ろうとすることは不合理であり異例であります。説明したい、陳情したいという人の中から何人か選んで説明の機会を与えて欲しかったと思います。その選び方がむずかしいと言われるかもわかりませんが、分類別ということで請願者の方から、請願者の代表がそのようにお願いをしております。

すなわち分類は
1　環境調査について
2　環境放射能の影響について
3　原子力発電所の安全性について
4　防災対策について
5　公聴会、展示会の開催について
6　代替エネルギーの開発、研究について
7　1号機の運転中止、2号機の増設反対に

について
　8　その他

の8項目でありますが、これは請願者の意図と異なる不満のある分類ではありましたが、何人かの代表による説明ということで切りつめた提言だったと思います。

その日の委員会審議は、次のような経過があります。

26日の午後2時5分に始まっていますが、名越委員長は次のように述べていらっしゃいます。

「先ほど来、別館で県評の代表から強い要請を受けていた。主な点は、請願者から意見、説明を聞くべきである。2、放射能、廃棄物等の重要な問題なので慎重審議して欲しい。」その次ですね、「3、分類別でもいいから説明させて欲しいについてもう一度お諮りしたい。その諮った結果を知らして欲しいということだがどうか。」とこういうことを言われました。委員長は皆さんに諮っておられます。そこで私は、「ぜひ陳情者の請願者の意見を聞いて欲しい。」ということを強く言いましたが、他の委員から「すでに決定していることだ。」、「既定の方針でいこう。」という声が出まして、別の委員からは、「硬直したことばかり言ってもなんだから、紹介する議員は請願の趣旨、内容を熟知をされて紹介しているという前提に立って受理されているはずだから、審査の過程で紹介議員から承ればよい。」とこういうこともおっしゃっております。「ただ請願、陳情について本議会で趣旨を承る機関を持っていることは事実だが、現実に自治法等の趣旨からすると住民から直接聞くたてまえになっていない、規定にない。」とこういうことを言っておりまして、委員長も「決定したとおりにする。」とおっしゃって進みました。

つまり、重要な問題ですから、慣例にも沿って審議してもらいたいという切なる願いも多数決で認められないということになったのであります。

次の委員長報告ではこのように書いておられます。

「質疑に入り、先ほどの8項目に分類した要旨別に行うことにしたのでありますが、結果的にはほぼ1件ごとに進むという慎重なものでありました。また説明に対する質疑を行ってもなお、疑義の残る点については、提出可能な範囲で資料の提出を求め、さらにその資料の説明を受けるとともに質疑応答を重ねた。」とありますが、請願、陳情の審査の若干をいまから申し上げます。

請願受理表の第41号ですが、「島根原子力発電所原発1号機の安全性の確立について」というのでありまして、これには住民の意見や専門家の意見を入れて周辺防災対策を立ててもらいたいという請願であります。それに対して執行部は次のように言っておられます。「防災計画は国の防災業務計画に抵触してはならない。国の指針を尊重しながら県のローカル面を入れた計画案を12月24日、県防災会議の防災部会で審議、了承している。」とこういう点でありますが、何でも国任せという点がここでも出てまいります。

次は「原発2号炉の安全保障について」という請願でありまして、この答えは「安全性は国と中電が確保すべきもので、県はこれを保障する立場にない。」こういう説明がありましたので、私たちは無責任ではないかというようなことも質問をしたのであります。

また次の請願は、「1号炉運転による海水温度上昇について」という請願であります。

内容は石田議員からも出ましたが、1号炉の運転により人間の髪の毛がだんだん抜けるよう、海草がだんだん排水口の近くからなくなったという御津の漁協の組合長の発言をかりて、その原因は何かということを究明してくれとこう言っております。原発温排水との関係はどうかと言っております。事実関係と資料を公表してもらいたいというのがこの請願でありますが、県からの説明はこうです。1号機排水口の近くでは、大型海草から小型海草への遷移と言いますか、移るという意味で、が生じているが、経年変化では限られた範囲の変

化で徐々に拡大するような現象は起きていない、とこういう説明で、答弁でありますが、これで果たして請願者が納得するでしょうか。私たちは水産試験場の人を呼んだり専門家を呼んで聞きたいと言っておりましたが、これも多数決でだめでした。

次は微量放射能の遺伝的影響の問題でありますが、内容はいわゆる草の問題であります。

つまりムラサキツユクサの遺伝の問題でありますが、これは埼玉大学の市川先生の指導を受けた島大の方々の研究でありまして、大変たくさんな中から多くの実験をされておられまして、このことは山崎議員からも質疑があったところであります。やはり考えてみても結果的には鹿島町周辺の突然変異が多い。原発から放出される微量放射能の気体は、特にその中の沃素というのだそうですが、影響がある疑いが強いと言っておられました。そのことについての心配からの請願ですが、県当局は次のように言っておられます。「ムラサキツユクサが突然変異が増加しているというが、国の見解では、ムラサキツユクサは自然環境条件の変動に対しても敏感であることから、直ちに放射能と断定することは早計と思われる。」と言われました。一般的にそうです。しかし、車の排気ガスによっても影響されるそうですが、あの原発のいまあるところの付近はそんなに多くは車は通りません。あの周辺部そうです。そういう点から随分論議を尽くしましたが、はっきりした答弁がない。そこで専門家を呼んでもらいたいと言いましたけれども、この点も、資料配付と植物の現物の配付等もありましたが、不明のままに推移をしたのであります。

次に「島根原発の電力需要」という項でありまして、島根原発で発電される電力は、ほとんどが広島や岡山などの瀬戸内海側に送られていると聞きます、とこう書いてあります。膨大な電力ロスをしてまで、なぜ原発は人口の少ない地域にばかりにつくるのでしょうかと、原発が安全なら、電力を使う瀬戸内側になぜつくらないのですかと、島根県は後進県ということで中央イコールになっておりますが、国にばかにされ、危険ばかりを押しつけられているではないですかと、地方の時代と言われる現在、真に地方自治の立場に立って県は危険な原発をやめる意思はおありですかと、こういうことで、電力需要の資料の提出を求めています。

これに対して県の答弁は簡単なんです。「適地があれば建設すべきと思われるが」ということで、「しかしながら、このことは今回の2号炉とは関係がない。」とこう言っております。国民の素朴な不安感というものはそのまま残っております。

次は「核燃料ウラン確保対策」という請願であります。

これは核燃料ウランは99パーセントまで外国に依存をし、カナダ、アメリカ、豪州などから輸入されており、その埋蔵量も多くなく、寿命は約30年しかないと言われております、とこういうことを言って中東の戦争の状態なんか述べておられますが、そこで島根原発の供給問題をどうかと言っております。それに対して説明はこうです。「54年原子力白書では70年度7,800万キロワットを想定した上、60年代後半までの必要量は確保済みだが、それ以降はほとんど手当てはされず、今後長期安定施策が必要と思う」とこう言っております。そうして「ウラン燃料は国と中電の努力で確保されると思う」とこういう答弁です。

次は「使用済み燃料の撤去」であります。

これは何回も論議されましたし、委員長報告にもありますが、県の答弁ですよ、「今後も再処理施設への搬出をされる計画で、県は立地県と共同で国に対策を要望している。」とこういうことが県の答弁です。

また次の請願は、放射性廃棄物の無害性という、これも先ほど山崎議員が質疑をしましたが、請願内容は次のような点です。

1号炉建設当時、県の主催をする説明会で、島大岡教授は放射性廃棄物は無害、食べても害はないものだと鹿島町民に言明されておりますが、

一体どうなのかということです。県は責任を持ちますかとこういう内容ですが、これは質疑の中では、時期的に説明会等が違っておりました。ですから県の方は事実関係がはっきりしていないとこう言って答弁しましたが、そのもとである新聞記事を見ますと、岡先生の肩書きがこうなっております。「県原子力調査委員会委員」となっておりますから、恐らくどこかで講演されたのが載っているのでしょう。このように書いて新聞は報道しています。講演内容です。「魚の臓器は廃棄物がたまっても人体には害がない。基準は人間を対象に考えているので、人間が廃棄物を食べても心配はないわけである。」とこういうふうに書いてあります。これについての解明はとうとう不明のままでこれも終わりました。

　私は、県の執行部は、内容はすべてわからんでも、いつあったかということぐらいは調べてもらいたいと思うのです。私もこれを調べてみましたが、県の図書館でもこのときの年代の新聞はなかったんです。やはり県が責任をもって今後この辺も調べてもらいたいということを、ここでも言いたいと思います。

　次は原発災害時に降下する放射能ということでありまして、内容は、国の防災計画によれば災害対策区域を半径8から10キロとありますが、島根県はどの範囲にされるのかというような根拠の問題を出しております。それに対して県側の答弁はこうです。「その根拠は国の指針を尊重しながらも県独自の地域の実態、実情をできるだけ加味したものにしたい。」こういうふうに言っておられまして、すべてが国ということにここでもなって問題が残ります。

　次は「原発災害時の避難訓練について」という請願でありまして、趣旨は、県が出された原子力防災しおりによると、住民の安全のため年1回訓練を実施すると明記してありますが、どうか、とこういう点です。これに対して県のお答えは、「今後は防災従事者による訓練を段階的に実施していきたい。」とこういうふうに述べておられます。住民側からすれば、自分がつくったしおりを実施しないという点で、非常に不安感を持つわけであります。

　次は、「原発防災計画活用について」という請願でありまして、請願の趣旨は、48年につくられた膨大な島根原子力防災計画では、原子力災害の特異性にかんがみ、平素から災害発生時における留意事項を広報を徹底し、住民の混乱、動揺を避けるようにしておくとありました。あらかじめ町村と討議しておくべき事項として退避の基準、退避場所、退避経路、学校、病院の避難対策、交通避難対策、救急対策等はどうなっているかという点を聞き、松江市はどうかと聞いております。ぜひ公表願いたいというのが請願の趣旨であります。

　それに対して県側は、「基本的な考え方は、県市町の計画を通じて発表していきたい。」と、こう言っております。

　次は、先ほども出ましたが、「防災計画における災害時の摂取制限について」であります。

　この問題は、事故が発生した場合の飲食物の摂取制限の範囲と期間等の明記の問題でありますが、私も委員会では、水の問題はどうなっているかということを聞きました。しかし、県側答弁は——説明はこうです。「理論上は確かにあると思うが——まあ、事故ですね。事故はあると思うが、発生確率はきわめて低いものと考えられると、国の指針は、防災対策範囲——制限範囲を8キロないし10キロとしており、これらの計画によって計画されたと聞いている」と、こう言っているにとどまっております。

　次は「原発の安全性をめぐる公開討論会の開催について」の請願であります。

　これに対して県側は、「一貫して従来やっていると、シンポジウムやいろんな展示会をやっているから、いますぐ考えはないが、今後も適切な機会にやりたい」と、こう言っていらっしゃいますが、

10日の読売新聞の社説に次のように書いてあります。

先ほど増野議員からも言われましたが、窪川町の問題で「賛否両論の意見が闘わされて住民が戸惑った」といって新聞に書いています。

そこで、それらの立場の専門家の公開討論会は、住民の理解を深めようという提言をここで行っております。また、十分時間をかけて論議を尽くし、原発誘致の是非やその条件など、住民の意向を確実に行政に反映していく制度をつくることが、原発論議を軌道に乗せる上で重要であろうと締めくくっております。

私は、そういう意味から、かたくなに公開討論会等を実施したがらない県に対して、県民はどう思っているか、不安感を持っているだろうと、こう思います。

次は、「原子力安全協定の改正」という請願があります。これはこういうことを言っております。

従来、中国電力は、原発事故発生に際して安全協定に違反をし、連絡義務を怠ったことがたびたびあります。長いときには1ヵ月も運転停止を報告せず、住民に正常運転していますなどとその報告をし、住民の怒りを買いました。原発大事故に際し、連絡義務を怠ればどんなことになるか、大事故に発展をし、住民は想像に絶した悲惨な事態に追い込まれます。会社側の責任は重大です。このような信義にもとる協定違反行為に対して運転停止の罰則をもって臨んでもらいたいと、そして安全協定を改定してもらいたいというのが請願でありますが、県からの説明では次であります。「本来、当事者間の信頼関係に基づくものでありまして、罰則規定を盛り込むことは適当じゃないと考えている。なお、過去における経緯については、連絡の適正を確保するために、協定の運用に関する申し合わせ事項を定めることにしております。」と、こういうことで改善をしたと言っておりますが、安全協定っていうのは、県が持っている最高の権限であります。

次は、「原発建設をめぐる住民投票」でありますが、これも県側の説明では、「地元の町長、及び周辺市町長の意向を尊重して判断していきたい。」と、住民投票は考えてないと、こうおっしゃっていますが、10日の朝日新聞の社説では次のように書いております。

原発をめぐる住民投票は、世界的に広がっている。稼働に待ったをかけたが、再投票に動き出したオーストリア。建設中のもの以外は新設を認めぬスウェーデン。推進決定後に厳しい規制をつけたスイス。米国は州によってまちまちだ。

こう書いておりまして、わが国では、直接に是非を問う投票はないが、総理府が2月に発表した世論調査によると、「原発に不安がある」が56パーセント、「エネルギー政策で特に力を入れてほしいもの」というので「原発推進が17パーセントで7位だった。」と。鈴木首相の今度の国会答弁はなお強気だが、この世論に留意すべきじゃないか

と、こう朝日新聞は社説で言ってます。

次は地元の態度が未決定である段階で、電調審並びに安全協定4条に対する態度保留とを求める請願であります。

請願の内容は、原発2号炉建設に対して、影響を受ける片句地区住民並びに漁民の強い反対の意向を踏まえ、鹿島町長は、安全協定4条に対する同意はしないことを3月6日に言明しているが、知事が、3月中にも電源開発促進法に基づく基本計画への組み入れと、安全協定4条に基づく同意をする手続をとられようとしていることは、地元住民を無視したものではないかと、重大な過ちを犯すので問題を残すことがありますと、こういうことを言って手続の保留を要請しております。

次は、新生児の死亡率の多かったことから出た請願でありますが、増野議員からもいろいろ言われましたけれども、そのぐらい迷うもんなんです、原発というのは。未解決の多い問題があるからみんなが困る、そういうことでありますから、やはり真相を確かめる、不安なものを除去していくと

いうことでの陳情でありますが、そのためにも、しばらく2号炉を待ってもらいたいと、こういう請願でありますけれども、意見を聞かないままに終わっております。

また、モニタリング体制への確立と監視体制ということで何件か請願が出ておりますが、すなわち排気筒の放射能検出ですね。排気筒に取りつけてある測定器を、県衛生公害研究所に直結する方法での請願でありますが、これも中電任せということで終わってしまいました。

次は、自然放射能と人工放射能の違いであります。これも、時間かけて論議をしました。

それは、自然放射能と人工放射能とでは性質が違い、人体なんかへ与える影響が違うということであります。つまり、人工放射能の場合は体内に残るというこういう論がある。自然のものは入って出ていくのがあるそうですが、これをいろいろ論議しましたが、わからないままに終わりました。とすれば、専門家を呼んでもらいたいと言えば、そりゃあいけぬということで、これはまあそのまま、時間をかけましたが、わからないままに終わっております。

それから島根原発1号炉の定期検査の内容の問題でありますが、島根原発1号炉は、原子炉の心臓部分、すなわち送水パイプに腐食割れが──割れですか起こって薄くなっている。周り13ミリのパイプが5ミリも薄くなっているがどうなのかという問題と、対策を挙げておりまして、何ミリまでは大丈夫かと言っていました。県側の答弁は、7ミリと言っています。あと8ミリ残ってんですから大丈夫でしょう。（笑声）しかし、非常に不安感を持つわけですね。そういう意味で今後の問題は残っているということを感じました。

そうして陳情が出ておりましたが、1件は片句──地元片句の方からです。

片句地区住民の意向を尊重して漁業補償、用地買収等が終了するまで、2号炉建設を認めないでいただきたいという陳情です。こう書いています。

私たち片句住民は、漁業補償についても決まらず、用地買収も一向に進んでいない。この段階で島根県が2号炉に同意を与え、見通しに欠けたことは納得できません。片句は2号炉によって漁業を奪われるだけでなく、土地もなくなり、まさしく死が待つだけのもんであります。

県知事の態度への要望でありますが、これも意見が認められないままに終わっております。

次は簡単に言います。（笑声）

環境影響調査でありますが、これをやり直せというのでありますけれども、県側はこのように言っています。「中電がつくったものであって、それを通産省へ送られたものだ」と、県は、その写しが回ってきたもんだから、やり直しは要請はしないと、こういうことで言っておられます。大変大きな問題がたくさん残っていると思います。

それから、温排水と放射能の関係ですが、アワビ等の問題についてこの人述べておりまして、2号炉の建設後の問題をやっておりますが、次のように言っております。その前、違いました。原発ですね、温排水の──この方法を変えなさいと、こういう理論です。まあ、冷水──冷却によってやれという理論でありますが、これでこういうことを言っています。「温度上昇の低減法によるとして、冷却池、冷却筒の設備があるが、広大な土地が要るのでむずかしい」と、こういうことを言っておられまして、県としては、この件で勧告する権限はないと、権限問題はここでも出ておりますので、ここで報告しておきます。

それから微量放射能の遺伝問題でありますが、結論としては国で総論的に進められるのが適当と、適当という言葉を使って、ですから、ここでもあなた任せということで片づけられてしまいます。

それから人工放射能の害の問題ですが、論議をしたのは一体たまるか、たまらぬかという問題であったんですが、これもとうとう不明のままで終わりました。

以上が県の執行部の考えでありますが、「何々

と思う」「考えられない」「困難である」「県の権限外である」「県は責任をとる立場にない」というものが数多くあります。

国や中電や専門家を参考人として呼ぶようにという意見も認められず、請願、陳情の審議が特別委員会の請願者の考えを聞かないまま、食い違いのまま、県執行部の説明答弁で終わったのであります。このような審議の過程の中で、2月9日の採決になったのであります。

そこで私たちは、次の理由により島根原子力発電所対策特別委員の辞任届を出しました。その理由は、島根県民にとって重大関心事である島根原子力発電所2号機設置の問題については、その事柄の性質上慎重審議すべきにもかかわらず審議を打ち切り、表決をされることは遺憾であり、本審議に責任を持てないということで辞表を提出したんであります。

国の原子力政策が、力による解決と、金による誘致でありながら、県民のために解決すべき県が、国と中電任せという無力さであります。

原発推進の立場をとると思われる日本経済新聞の記事を読みます。原発推進の立場の新聞ですら次のように言っております。

原発は安全である。専門家は「安全」の上に「絶対」をつけてもいいほどだ、と太鼓判を押しておる。事故があったとしても、まず人命にかかわるような事態になることは99.999……パーセントあり得ない、と。素人としてはこれを信じるほかはない。なのに原発不信が絶えないのはなぜか。放射能に対する漠然とした不安、新しいものへの拒否反応ということはわかる。が、それだけではあるまい。一口に言えば、ということで、PR問題、言っておりますが、次のことが問題です。

地方のへき地ばかりを選び、何十億円もの金をばらまいて、福祉会館もつくります、市民会館もつくります、国鉄ローカル線も残します、と甘いことばかりを言う。こんなに金を出すのは、裏に何かやましいところがあるのではないかと、やはり危険なしろものではないのか、と住民側が疑い出すのはあたりまえである。確かに白いコンクリートの壁の中の原理を一人一人に理解させるのはむずかしい。フランスでの原子力発電計画はスムーズに進んでいるのに、日本でこれほど反対にぶつかるのは嘆かわしい、と識者は言っていると。しかし、日本人がフランス人に比べて、それほど科学的知識が劣っているとも思えない。

こういうふうに言っていますと、そうして、また、政治家は原発温排水で育てた魚を国会で常食して、何回でも食べてみせるぐらい勇気が欲しいと、これぐらいしなければ原発への不信感は消せない。10年後、エネルギーが枯渇して冷暖房もできなくなる、テレビもだめになりますよとおどすだけでは能がないと、原発推進の立場の日経すら言っています。

県の無力さを示す端的な例は、環境放射能の測定問題であります。島根原発の周辺には、放射能を測定するモニタリングポストが8ヵ所かありますが、そのうち何カ所か6カ所ぐらいが県の衛生公害研究所のテレビメーターに常時データを送っております。しかし、島根原発の敷地内には、県のモニタリングポストは1ヵ所もありません。敷地内の放射能測定は中電が独自に行い、国に報告をしているのであります。その結果は、いまでこそ年に1度は原子力委員会の月報に発表されておりますが、つい数年前までは全く公表しませんでした。排気筒から県衛生公害研究所へ直接データを送るようにするという意見も、県は聞き入れられないまま終わっている無力さであります。モニタリングポストの設置を定めている安全協定そのものも、県の無力さをはっきり示しております。

安全協定は、元来、法律ではほとんど権限のない県や町が原発に関与できる唯一の根拠と言って県はおります。その安全協定によって2号炉の建設も申し入れがあっているわけであります。しかし、こういう権限を持つ協定にもかかわらず、県や町が原発に立ち入りできるのは異常時に限ら

れておりまして、しかも中電への事前連絡をしなければなりません。48年の改定の際に、「あらかじめ」という字句は抜きましたが、やはり、事前に連絡をしなければならないのであります。

しかしながら、私は原子力行政に対する県の権限そのものは決して小さくないと思います。原発の許認可権、監督権そのものは国が握っておりますが、県には安全協定により、原発新設の同意権があります。電源開発促進法などによる原発新設に関する意見が述べられます。つまり……。

**副議長（卜部忠治君）**

通告時間が超過しました。

**30番（大谷久満君）**

〈続〉運用次第では、原発に対して強い発言権を持っているのであります。それは県民の側に立つかどうかであります。「自主、民主、公開」の原則を守っているかであります。

防災計画も不十分なまま、何が何でも力で、金で強行しようとする島根原子力発電所２号機設置に反対されるよう強く申し上げて、反対討論を終わります。（拍手）

**副議長（卜部忠治君）**

内藤和男君。

〔内藤和男君登壇〕

**21番（内藤和男君）**

私は、島根原子力発電所２号機増設に係る請願185件に対し、島根原子力発電所対策特別委員長報告に賛成をし、少数意見に反対する立場から、その理由と若干の見解を述べ討論を行います内藤でございます。

わが国の電力エネルギーの安定供給という社会的な使命を担い、日夜これに従事しつつ、民主的、建設的な電力労働運動を進めてきている13万6,000人の労働者が、ただ１つの全国的な結集体としている組織は*23電力総連と言います。

いま、わが国で稼働している10ヵ所21基のすべての原子力発電所で、休みなく働いている島根の264名を初めとする3,700名の従業員は、ただ１人の例外もなく電力総連の組合員でございます。同時に紛れもなく私の仲間であります。

この仲間にとっては、原子力発電の安全性は人ごとではなく、常にみずからの安全と健康の問題であり、だれよりも早く、そして一番多く、そしてまた一番強くその影響を受ける立場にあります。それだけに、安全確保につきましては、だれよりも真剣に、そして一層それを高めることに努めているところであります。言いかえれば、原子力発電所のサイトの中で働く人たちは、決してみずからの命を安売りをするような粗末に扱ってはいないということであります。

私は、本議会に席を置きましていま10年を経ようといたしておりますが、ただいま申し上げましたような立場にも立っていることもあわせまして、以下若干申し述べてみたいと思うのであります。

この仲間たちを抱えております電力総連は、エネルギー産業に携わる労働組合として原子力発電の必要性を認め、積極的に推進する立場を一貫してとってきており、今後もその方針を変更できる情勢にはないと認識をいたしております。

昭和54年春のイラン政変を契機とする第２次石油危機以来、世界のエネルギー事情は一層深刻の度を加え、昨年６月のベネチアサミットでも、石油の輸入抑制、石油火力新設の原則的禁止を再確認、原子力発電などの代替エネルギーの積極開発を推進することを繰り返し宣言いたしております。

わが国のエネルギーは、その87パーセントを海外に依存し、わけても石油はその99.8パーセントを輸入に依存している現状であり、今後の石油供給の逼迫を見るとき、その確保を初め、省エネルギーとともに代替エネルギーの開発利用などによるエネルギーの安定供給の確保は、わが国にとって重要な政策課題であります。

完全雇用を達成し、生活水準と福祉の向上を今後の高齢化社会において実現をしていくためには、５パーセント程度を最低とする経済成長の維

---

*23　日本の電力会社、関連企業の労働組合がつくる連合組織。

持が必要であり、そのためのエネルギーの需要はますます増加する情勢にあります。

このような中で、昭和55年11月27日の閣議決定によりますと、昭和65年度末の電源構成を、昭和53年末に52パーセントを占めていた石油火力を約23パーセント程度に抑え、これにかえて約19パーセントのLNGと、現在1,000万キロの石炭火力を2.2倍、約2,200万キロ、10パーセント程度の構成に拡大をさせ、残りの22.5パーセント、5,100万ないし5,300万キロワットにつきましては、原子力によって確保することを目標としておるわけであります。すなわち当面するエネルギーの担い手であると同時に、欠くべからざるものと位置づけておるのであります。

一方、中国地方におきましては、過去10年間で倍増したわが国の電力需要の推移とおおむね同様の傾向をたどっておりまして、今後も経済成長率にほぼ見合う年率6.3パーセント程度の需要の伸びと見られ、10年後には現在の1.8倍の1,200万キロに達することが予想されておるのであります。

いま、事前了解が求められている島根原子力発電所2号機の増設計画は、まさにその一翼を担うものと理解すべきであろう。

安全性の確保は、原子力の推進に当たっての大前提であり、合意形成にとって当然かつ基本的な条件でもあります。昭和49年3月に島根1号機の運転が開始されて以降、昭和53年の原子力安全委員会の設置を初め、運転管理専門官の常駐、安全審査における原子力安全委員会などによるダブルチェックなど、国による安全確保につきましては、格段の強化が図られてきておることは御承知のとおりであります。

昭和54年3月、スリーマイルアイランドの事故に対しましてアメリカ原子力規制委員会すなわちNRCは、この発電所から80キロメーター以内の住民、約200万人の平均被曝線量は、わが国の目標線量の5ミリレムを下回るわずか1.5ミリレムであり、最も多く被曝した人の線量におきましても、発電所近くのハリスバーグ市民が日常浴びている自然放射線による115ないし125ミリレムより低い100ミリレムであって、ガンの発生など環境に全く影響がなかったと結論づけておるのであります。

次に、再々出ておるところでございますけれども、窪川町のリコールで婦人層に影響があったという、新生児死亡率の上昇というスターングラス教授の研究報告の発表と、その事実関係であります。

昨昭和55年4月同発電所のございますペンシルバニア州保健省が、「TMI周辺10マイル以内の胎児、幼児の死亡に関する調査結果」を発表しております。その具体的な数字についてはここでは省略をいたしますが、「死亡率のデータは州全体と比べ有意な差はない」としており、調査と発表に当たったこれは島根県の出身のようでございますが、同州保健省の徳畑疫学部長は「この事故程度の放射能では、何ら人体に影響はない」と述べており、これらは昭和55年6月8日の中国新聞でも報道されておるところであります。

スターングラス教授とその研究発表については、1980年1月のイスラエルでの国際会議で発表された乳児死亡の上昇という論文に、連邦衛生局とNRCは「全く不当なもの」との結論を下し、1969年のストロンチウム90に関する研究発表に対しましては、アメリカ小児学会により、全く根拠なし、そして、また1970年の原発周辺地域の幼児死亡率の増加という発表には、アメリカ原子力委員会から手厳しく批判をされており、加えてアメリカの環境保護庁は、1978年以来の同教授の論文は「本格的な検討の価値はなく、教授は自分の都合のよいデータだけを使用している」とのステートメントを出しております。これは2月に報道された翌26日の衆議院科学技術常任委員会で、指摘されておるところでもございます。

このような状況の中で昭和55年6月現在における、世界各国で運転中の発電所は、233基1億3,627万キロとなっており、わが国におきましては

21基1,495万キロでございまして、御承知のように全発電設備の約13パーセントを原子力が占めておるのであります。

エネルギーの自給率が、わずか13パーセントの日本よりやや高いが、なお17.7パーセントと低いフランスは、昭和60年には電力のパーセントを、そして今後の開発はすべて原子力でという積極的さを初め、石炭が豊かで自給率45パーセントの西独や、あるいはまた国内資源が大変豊富で自給率が80パーセントにも及ぶアメリカ、さらには北海油田を持ち自給率これまた73.7パーセントにも達するイギリスなどは、さきのスリーマイルの事故にかかわりませず、いずれもわが国を上回るものがあり、その状況は、わが国では建設中、同準備中のものは14基1,293万キロに対し、世界各国では、建設中、発注済み、計画中を合わせ411基4億597万キロとなっており、原子力にかける強い期待を示しておるところであります。

次は、環境放射能の影響は皆無に等しいということであります。

ソ連が世界で最初に完成をしてから25年、そしてわが国におきましては、東海発電所で運転開始以来すでに15年を経過しておるのでございますが、この環境と住民に影響を及ぼすような事故の発生は1件もなく、わが国で平常の運転時におきまして排出される放射性廃棄物は、島根を含む全発電所において、管理目標値を下回ることはもとより、自然放射能の変動する値の範囲の中で、おおむね検出すらできない程度のきわめて微量なものでございます。

環境放射能は、逐次増加充実されるモニタリングで常時監視され、県の公害衛生研究所にテレメータ化され、測定結果は、その評価とともに県で確認の上、原子力発電所周辺環境安全対策協議会を通じて逐次公表されており、その内容は異常は全く認められていないのであります。

原子炉施設における従事者の被曝でございますけれども、原子力安全委員会月報の示すとおり、許容線量を遙かに下回っていることはもとより、逐年低減してきており、今後も一層低減される方向にあって、島根においての昭和54年度における下請従業者を含む1人当たりの実績は、年間130ミリと発表されております。これは自然放射線や胸部X線間接撮影と同じ程度のものであって、現在まで全国の他のすべての発電所と同様、白血病やガンの発生はなく、周辺住民の1人の発病もないことは御承知のとおりであります。

昭和51年10月に設立をされました原子力環境整備センターが中心となって、放射性廃棄物の処理技術などの調査研究や、海洋や陸地処分の試験が進められてきております。

排出される低レベルの廃棄物は、海洋投棄が中心となるのでございますが、試験的な海洋投棄につきましては、ロンドン条約に基づき、国際的な監視の下に行うもので、いま南太平洋諸国の理解を求める努力が続けられておりますけれども、すでにヨーロッパにおきましては、大西洋で15年前から本格的な投棄が行われておりまして、わが国におきましては、海洋投棄についての原子力安全委員会は、環境に与える影響はきわめて小さく、安全性は確保されているとの評価を下しておるところであります。なお高レベルの廃棄物につきましては、当面は冷却をされ10年後ぐらいからガラス状に固化して、鉄製容器の中で、さらに数十年貯蔵した後、永久処分する方法が研究されております。すでにフランスではテストプラントが開発稼働され、実用の域に達しております。わが国におきましても処分が必要となるまでに、その対策方法が確立される予定でございます。

次に、使用済み燃料の再処理につきましては、2号機分については、昭和65年ごろから発生すると見られており、本格的な委託先は、昭和66年ごろ完成予定の民間による第2再処理工場とされており、これが完成するまでのつなぎといたしましては、現在順調に建設中のイギリスとフランスの再処理工場に委託予定とのことでありまして、した

がいまして使用済み燃料のサイト内における永久滞留の懸念はないと確信をするのであります。

アメリカのTMI事故を契機に、防災対策の早急な充実整備を図るため、国の昭和55年6月の防災指針をも参考に、本県の実情に即し、できるだけ実効の上がる県独自なものとして県の地域防災計画を補完する原子力防災計画案がすでに事実上運用されております。これにより万一の異常事態に対しましても、この計画による円滑、有効な対策の実施により、実効ある措置がとられるものと確信できるのであります。

次に、公開ヒヤリングなどの公聴制度と環境影響調査制度につきましては、それらの制度と運用について、国の改善を求めたいのでございますが、国の制度の若干の不備を理由に、これを否定をし、ボイコットし、さらに実力で阻止妨害して、現行制度で保障された住民の参加し、傍聴し、陳述する権利を奪うことなどは、許されるべくもございませんし、と同時に国の制度に参加を拒否する一方において、いたずらに県の主催を要求することの、それらのいずれも、言論と多数決を基調とする民主主義とは相入れないものではないかと考えるのであります。(「そうだ」と言う者あり)

また環境審査を原子炉等規制法による安全審査と併行して行うことにつきましては、現在国で検討されており、制度の充実を期待するところであります。

私は以上のような見解と判断に立って、請願に対し審査に当たってきたのでございます。

この際、私は委員長報告に賛成するに当たりまして、2、3付言したいのでございますが、まず施設の直接の当事者である中国電力に対しまして、

その1つは、原子力発電の安全確保にこの上もなく全力を挙げ、その万全を期すとともに、必要性や安全性についての広報活動を積極的に展開をし、理解と一層の合意形成に努めること。

その2つは、工事の発注、資材の調達、雇用の拡大を初め、企業内の厚生福利施設の地元解放など、地域経済振興と福祉向上に協力すること。

その3つは温排水による漁業影響に対し、可能最大限の低減策を講じ、適正な補償はもとより、漁業振興策に積極的に協力すること。

さらに、県みずからと、国に対する要望及び関係自治体などへの指導についてであります。

その1つは、原子力発電の安全確保についての国の限りない追及と、防災対策の万全を期すとともに、その必要性や、安全確保の仕組みと対策についての積極的な広報活動により、住民の理解と合意形成に努めることであります。特に強調したいのでございますけれども、周辺自治体に対する指導の徹底的な強化は緊急課題であります。

その2は、2号機の増設が、雇用の拡大を初め、地域経済の振興や福祉の向上につながるよう、実効性のある施策を講じるとともに、国や中国電力に対しても強く要請することである。

第3は、省エネルギーの積極的な推進とともに、ローカルエネルギーの開発利用を進め、エネルギー事情についての県民の理解を深めるよう努めること。

以上につきましては強くその反映と実現を期待するものであります。

最後に、原子力発電は、国民生活と経済を維持するために必要なエネルギーを確保する上で、また、その開発利用に当たっては、明らかに経済問題であり、また科学技術の問題でもございます。

したがって、いやしくもこれらが政争の具となったり、イデオロギー的反体制運動の目標とされてはならず、エネルギーの安定確保が、国民生活や経済に直結する重要な政治課題である以上、これらに対し、与野党の別なく、それぞれの立場で責任を分ち合うという政党の意義を確認するならば、原子力発電を否定するとすれば、これにかわるべき、そしてそれ以上にすぐれた実用可能な、エネルギー資源利用計画についての具体的な提起がなければ、無責任のそしりを免れ得ないと思うのであります。(「そのとおり」と言う者あり)

さきに私は、電力総連が、原子力発電の積極推進の方針だと述べたのでございますけれども、原子力推進自体が、決して目的ではなく、エネルギーの安定供給こそが目的であって、その目標達成の手段として、原子力発電を推進しているのでございます。現段階で、原子力発電に取ってかわるすぐれた実用可能なエネルギー資源があれば、いつでも原子力積極推進の方針変更に、いささかのためらいもないということをつけ加えまして、以上をもって私の討論を終わります。（「名討論」と言う者あり。拍手）

**議長（桐田晴喜君）**

長谷川仁君。

〔長谷川仁君登壇〕

**24番（長谷川仁君）**

私は原子力発電所対策特別委員会に付託された請願審査結果に対する反対討論を行います。

反対の立場を表明いたします請願は、請願第14号、33号、38号、41号から48号、50号、51号、55号から64号、66号から70号、72号から75号、77号から81号、84号から90号、92号、94号、96号から99号、101号、102号、104号から112号、114号から118号、120号から123号、125号、126号、128号から130号、133号から143号、145号から148号、150号から169号、172号、173号、175号、177号から181号、184号から186号、188号から214号、216号から219号、221号から228号まで、以上160件について一括討論を行います。

特別委員会に付託された請願計185件の審査に当たって、わが党は請願者、代理者を含む人々の趣旨説明、委員会の傍聴を要請するとともに、請願1件ごとの徹底審査を申し入れてまいりました。

しかし、特別委員会は、先ほどの委員長報告、質疑に対する答弁からも明らかなように、県当局の説明を聞くのに時間をかけただけで、請願者の趣旨説明は聞かない、傍聴は認めないといった全く住民の声を無視した非民主的な運営でありました。しかもわが党が名越委員長に申し入れを行った際、委員長みずからが、駆け足の印象を受けられたと思うがと、言わざるを得ないような実質審議抜きのスピード審査でありました。

第1回目の採決を行った2月9日には、県議会史上初めて警察官の導入という非常事態を引き起こし、自民党の多数をもって採決を強行しました。

これこそ多くの反対意見を圧殺し、県民の原発に対する不安や疑問を力で封殺するものであります。議会の民主的運営を無視し、慎重審議などとは到底言えないものであります。したがって、請願者の趣旨説明の場を保障し、再度審議をやり直すべきであります。

原発の安全性の問題について、委員長報告は、県民の疑問や不安に対し、高度で専門的な科学技術の集積であるから、十分な理解を得られないと責任転嫁を図っていますが、これこそ県民を愚弄する議論であります。

国の原子力行政を何の科学的根拠も示さずに美化しておるこの姿勢こそ、県民の安全を考えない無責任な立場と言わなければなりません。

原発を設置する場合、アメリカでは、立地の審査、基本計画の審査、運転前の詳細審査と3段階の審査を厳しく行っています。日本では、電調審が原発建設を許可してから、原子力安全委員会で基本計画のときに、安全審査をやる一段階方式で、しかも建設を許可してから安全審査という、逆立ちしたものであります。その審査態勢も、安全審査委員会をパートタイマーの委員にゆだねるなど、体制面でも技術力量の点でもきわめて不備なものであり、国民の安全確保といった視点はほとんど見ることができません。

さきに中国電力株式会社が2号機増設のために縦覧に供した環境影響調査書についても、わが党は環境放射能について全く触れていない、風向きの気象調査が不十分である。温排水によるうるみ現象の漁業に与える影響調査、活断層調査など地質調査がずさんであるなど、具体制に欠ける欠陥調書であることを指摘し、改善を要請して

まいりました。

しかし、中電は、こうした住民の疑問にまじめに答えるのではなくて、地元鹿島町原子力対策会議に、寄付金という名目で3,200万円を渡すという買収行為まで行って、住民の安全を無視した2号機増設を強引に進めようとしております。

また、恒松知事も、今定例会の質問戦の中で明らかなように、安全協定第4条の冷却水の取排水計画についての事前了解条項の趣旨を無視して、漁業補償や用地買収の交渉が未解決でも同意できるとの見解を表明し、地元の漁業協同組合や漁業者の意向を無視して、原発建設の事実上のゴーサインである電調審に対する同意を与えようとしています。

関連して指摘しなければならない問題は、島根県、鹿島町と中国電力が結んでいる安全協定は、紳士協定であり、義務も罰則もないことです。だから中電は故障、事故を隠したり連絡をおくらせることなどを繰り返してきました。安全協定は、罰則を含む義務づけた協定に改定し、少なくとも松江市、島根町を加えることが必要であります。

窪川町長のリコール成立は、自民党政府が大企業、電力会社本位、安全無視の原子力発電所立地政策を一方的に住民に押しつけようとしたことに対する、住民の回答を示したものであります。

この際私は、原子力発電所の立地及び建設については、その安全性についてとりわけ慎重で厳密な検討と、住民の十分な納得が必要であることを強調するものであります。

したがって、現段階において、住民の疑問や不安が全く解決されないまま、わずか13時間26分の審議で結論を出すべきではありません。

委員長報告は、環境放射能に対する監視態勢について、十分整えられているとの判断を示していますが、わが党などが提出した原発1号機の排気筒に取りつけてある測定機、及び原発敷地内のモニタリングポストを、環境放射能監視テレメーターシステムの中に取り入れるようにとの請願について、真剣に審議されたでしょうか、この請願の不採択は、住民の安全確保を無視した反県民的な立場の端的な表明であります。

また、防災対策についても、昨年末島根県防災会議原子力部会に示された原発防災計画修正案は、国の示したマニアル（手引き）の域を出ないもので、実際の効果は期待できません。

防災計画を具体的な実効あるものにするためには、

1つ、事故を想定したシナリオをつくり、それに基づく具体的な防災計画によること。

2つ、環境放射能監視テレメーターシステムに原子炉建屋、排気筒などの放射線監視機器を埋め込み、事故時の初期情報収集ができるようにすること。

3、防災範囲は、半径16キロに及び市町村単位とし、飲料水、農産物摂取制限範囲は、80キロを想定して対策を立てること。

4番、災害対策本部の設置は、国の指示待ちではなく、県の自主性と機能を強化すること。

5、防災計画を住民に徹底し、避難訓練を行うこと。

6、救急医療体制を確立することなどが必要であります。

わが党は、人類の英知が可能にした原子エネルギーの開放を平和で安全に、人類の進歩と繁栄のために利用し、さらに一層の科学の進歩のために利用することを当然と考えます。

しかし、現在の原子力発電は、安全性、自主性、資源の有効利用などの面で、重大な欠陥を持っており、放射性廃棄物1つとってみても、トイレなきマンションと言われるように、何らの処理方法も確立していません。しかもその建設、運転、使用済み核燃料の再処理、ウラン濃縮などは、核兵器開発と結びつく危険性があります。特にアメリカのスリーマイル島原発事故は、絶対安全論を崩壊させ、原発がシステム全体としても、技術的にも、未確実であることを実証いたしました。

したがって、原発の平和で安全な利用を図るためには、何よりも原子力平和利用三原則に自主、民主、公開を厳守し、[*24]非核三原則に立った安全優先の自主的、民主的研究審査、管理態勢の確立、防災計画の具体化、避難体制の確立こそが優先さるべきであります。

そのためにも、これまで原子力の研究開発に関係した学者、技術者及び関係労組と、日本科学者会議の推薦する学者、専門家、原子力施設設置県の県、市町村代表、住民代表などで構成する、総合的な検討会議を国の責任で開き、今後の原子力政策について検討することが必要であります。それまで原発の新規計画は休止、中止すべきであると思います。

鹿島町、松江市など世界に例を見ない人口密集地への島根原発2号機増設に同意を与えるべきではありません。

委員長報告では、石油の代替エネルギーとして、原子力発電の推進を正当化していますが、自民党政府の原子力政策は、以上明らかにしてきたように、安全優先の視点を根本的に欠いていますし、それだけではなく、そういう不備を覆い隠しながら、石油エネルギー危機を招いたアメリカ一辺倒の自民党政治、対米従属のエネルギー政策の失敗をごまかすために、原発を利用するという危険な道であります。

わが党は、今日のエネルギー危機打開のために、次のような具体的な提案を行っています。

1、メジャー支配の抑制、アメリカの中東政策への加担中止、産油国との友好促進と直接取引の増大など自主的な資源外交の推進。

2、省エネルギー型産業への転換、モータリゼーションの規制など浪費の抑制。

3、石炭の民主的復興、水力などの合理的開発を初め国内資源の積極的な活用。

4、無公害新エネルギーの研究開発。

5、原子力発電計画の全面的見直しなど、原子力平和利用三原則に基づく原子力政策の根本的転換。

6、これらを実現し保証するためのエネルギー産業の国有化と、総合エネルギー公社の設立。

これらの諸施策の実施こそ、真にエネルギー危機を克服し、21世紀に向けて日本のエネルギー基盤を自主的、民主的に確立する道であると思うのであります。

このような方向こそ、私たちが求めていかなければならないということを提案をし、委員長報告に対する反対討論を終わります。

〔上野整君「議長」と言う〕

**議長（桐田晴喜君）**

上野君。

**14番（上野整君）**

討論終結についての動議を提出いたします。

(「反対」「賛成」等言う者あり)

ただいま議題となっております請願につきましては、会議規則第57条第3項の規定により討論を終結されんことを望みます。

〔「公明党の賛成討論」と言う者あり、その他発言する者多し〕

**議長（桐田晴喜君）**

ただいま上野君から討論終結の動議が提出されました。所定の賛成者がありますので、動議は成立いたしました。

よって、お諮りいたします。

動議に賛成の諸君の起立を求めます。(「賛成」と言う者あり)

〔賛成者起立〕

**議長（桐田晴喜君）**

起立多数。よって、討論終結の動議は可決されました。

これをもって討論を終結いたします。

これより「採決」に入ります。

初めに請願第14号及び第194号を一括採決いたします。

各請願は委員長の報告のとおり決することに賛成の諸君の起立を求めます。

---

*24 「核兵器をもたず、つくらず、もちこませず」の三つの原則。

〔賛成者起立〕

**議長（桐田晴喜君）**

　起立多数。よって、各請願は委員長の報告のとおり決定いたしました。

　次に、請願、第54号、第65号、第82号、第93号、第100号、第119号、第144号、第149号、第170号、第171号、第215号、第220号を一括採決いたします。

　各請願は委員長の報告のとおり決することに賛成の諸君の起立を求めます。

〔賛成者起立〕

**議長（桐田晴喜君）**

　起立全員。よって、各請願は委員長の報告のとおり決定いたしました。

　次に、請願第33号、第38号、第41号から第46号まで、第50号、第51号、第188号から第193号までを一括採決いたします。

　各請願は委員長の報告のとおり決することに賛成の諸君の起立を求めます。

〔賛成者起立〕

**議長（桐田晴喜君）**

　起立多数。よって、各請願は、委員長の報告のとおり決定いたしました。

　次に、請願第47号、第48号、第55号、第57号から第64号まで、第66号から第68号まで、第71号から第81号まで、第83号から第87号まで、第89号、第91号、第96号から第99号まで、第101号から第110号まで、第112号から第118号まで、第120号から第143号まで、第145号、第146号、第148号、第150号から第169号まで、第172号から第181号まで、第184号から第186号まで、第195号から第214号まで、第216号から第218号まで、第222号から第228号までを一括採決いたします。

　各請願は委員長の報告のとおり決することに賛成の諸君の起立を求めます。

〔賛成者起立〕

**議長（桐田晴喜君）**

　起立多数。よって、各請願は、委員長の報告のとおり決定いたしました。

　次に、請願第56号、第69号、第70号、第88号、第90号、第92号、第94号、第111号、第147号、第219号、第221号を一括して採決いたします。

　各請願は、委員長の報告のとおり決することに賛成の諸君の起立を求めます。

〔賛成者起立〕

**議長（桐田晴喜君）**

　起立多数。よって、各請願は、委員長の報告のとおり決定いたしました。

　次に、請願第95号を採決いたします。

　本請願は委員長の報告のとおり決するに賛成の諸君の起立を求めます。

〔賛成者起立〕

**議長（桐田晴喜君）**

　起立多数。よって、本請願は、委員長の報告のとおり決定いたしました。

　以上をもって、島根原子力発電所に係る請願の審議は終わりました。

　なお、これをもって島根原子力発電所対策特別委員会は廃止されました。

　日程第二は「休会について」であります。

　お諮りいたします。

　3月17日及び18日は、特別委員会が開かれるため本会議を休会といたしたいと思います。

　これに御異議ありませんか。

〔「異議なし」と言う者あり〕

**議長（桐田晴喜君）**

　御異議なしと認めます。よって、さよう決定いたしました。

　以上で本日の議事日程は全部終わりました。

　なお、次の本会議は3月19日に開きます。

　本日は、これをもって散会いたします。

　　　　　午後6時46分散会

## 9．2号機増設に伴う用地買収と補償

〈2号機〉　　　　　　　　　　　　　　　　　　（単位:万円）

| | |
|---|---:|
| ○漁業補償 | |
| ・恵曇漁協（59/4） | |
| 　漁業権消滅・温排水影響補償 | 274,900 |
| ・御津漁協（59/3） | |
| 　温排水影響補償 | 86,200 |
| ・大芦漁協（59/5） | |
| 　温排水影響補償 | 25,000 |
| ・加賀漁協（59/7） | |
| 　温排水影響補償 | 23,000 |
| ○その他 | |
| ・社宅用地買収代 | 44,380 |
| ・資材運搬道路、土捨場用地買収代 | 48,930 |

（昭和56年6月3日）

島根原子力発電所3号機　完成予想図

# 第9章　3号機増設

## 1．3号機増設推進開始

　島根原子力発電所3号機増設については、1・2号機が順調に稼働していることに伴い、関係者の殆どは当然増設されるものと想定していた。鹿島町商工会が、平成4年11月12日に地域経済の活生化や産業の振興を目的に3号機の増設促進を賛成多数で決議した。

　このことに伴い、内部に特別委員会が設けられ、立地がもたらす経済効果、つまり電源三法交付金や固定資産税などの税収入、さらに関連会社における地元雇用などについて検討が行われた結果、3号機増設はプラスになるとの結論を得たので、平成5年6月23日に町と町議会に対し3号機の増設推進を求める請願書を提出したのが始まりである。

　鹿島町議会は、本会議で町商工会から提出された3号機の増設推進を求める請願書は採択とし、反原発団体から出されていた増設反対の陳情6件は不採択とした。その後、澄田島根県知事にこれまでの経過を説明し県の指導と協力方を要請し、広島市の中国電力本社を訪ね多田社長に増設の検討を求める要望書を手渡した経過がある。

　中国電力は、平成7年7月1日、地元の要望に応えるため恵曇、御津、島根町の3漁協の同意を得た後、島根県と鹿島町、島根町、松江市に報告したうえ「事前調査」に着手した。

　このことについては、「新編　鹿島町誌」に分かり易く解説してあるので、鹿島町誌を転載する。

　なお、数字は、横書きに統一した。

3号機全景（平成25年1月末、中国電力撮影）

### 3号機の増設促進を決議

　地域経済の活性化、産業振興を目的に鹿島町商工会が平成4（1992）年11月12日夜、商工会館で開いた臨時総会で原子力発電所3号機の増設促進を賛成多数で決議した。臨時総会には委任状を含む会員195人が出席。記名投票の結果、賛成179票、反対14票、無効2票であった。商工会員である中国電力からも出席、賛成票を投じた。前年3月の定例町議会や、この年の6月定例町議会質問の中で、まちづくりに必要な財源上などから3号機の増設に触れられたことはあったが、3号機増設を真正面から取り上げ、それが具体的に表面化したのはこの時が初めてであった。

　半年前の5月22日に開いた町商工会通常総会の席上、複数の会員から町経済活性化のため3号機の増設が提案されたのが、そもそもの発端であった。町経済は、バブル経済とはほとんど無縁であったが、バブル崩壊後の不況下にあった。そうした背景もあって、それを契機に商工会内部で3号機について議論が行われるようになり、早期に商工会としての判断を求める声が強くなった。このため、内部に原子力発電所特別委員会が設

けられ、原子力発電所の立地がもたらす経済効果、つまり電源三法交付金や固定資産税などの税収入、電力および関連会社における地元雇用などについて検討がなされた。その結果、低迷する町経済からの脱却、産業振興を図るうえで3号機増設はプラスになるとの結論を得て、総会に諮ったものであった。3号機はこのように商工会が誘致の声を上げたことから始まったのである。

町商工会は11月30日、町と町議会に3号機の増設推進を求める請願書を提出した。反原発団体も12月4日、町議会に3号機増設を認めないよう、また15日には町にも3号機建設反対の陳情書を提出した。12月17日の定例町議会本会議で原子力発電所対策特別委員会が設置され、商工会の請願1件、反原発団体などからの陳情6件とも付託された。

### 3号機増設促進の請願を採択

鹿島町議会は平成5年6月23日に開いた本会議で町商工会の3号機増設促進のほか、この年2月に鹿島町内のあらゆる分野の人たちでつくっている「豊かな鹿島町を創る会（豊鹿会）」から出ていた原子力発電所増設の請願2件を採択、反原発団体から出されていた増設反対の陳情6件を不採択とした。

請願、陳情の審議を付託されていた原子力発電所対策特別委員会の安達哲也委員長が、本会議で審査結果を報告。

「国の原子力安全行政は信頼でき、島根原子力発電所のこれまでの運転実績も一応評価できる。放射性廃棄物は管理・処理技術が開発され、また研究開発も進められている。1、2号機の建設工事、定期検査などを通して町内商工業者に十分ではないまでも生活必需品など需要を喚起し、町財政は潤い、電源三法交付金事業では産業・生活基盤の整備が進められた。今後は総合福祉施策、人口定住化対策も積極的に進められる必要がある」などと述べ、同月18日の委員会で請願を採択、陳情については不採択とすることを決めたと報告した。

これを受けて増設反対、賛成各2人が討論に立った後、裁決が行われた結果、革新系2人を除く全15議員が起立して委員長報告のとおり決定することに賛成した。本会議は町民ら約60人が傍聴。反対派の怒号などで荒れた51年の2号機増設の時とは違い、賛成派住民が静かに拍手する中で増設が認められた。

### 青山町長、発電所増設を要請

3号機増設促進の請願が町議会で採択されたのを踏まえ、鹿島町は8月から町内各地区の区長、地区長会、婦人会、老人会、PTAなど各団体と町政懇談会を開き、3号機増設について意見を聴いた。平成6年2月12日にこれを終え、青山善太郎町長は町としての結論をまとめ、同月15日に開いた町議会全員協議会で原子力発電所の増設を中国電力に要請する考えを正式に表明した。その中で青山町長は「意見聴取した町民の大多数が1、2号機の実績を基に増設への理解を示した。国策である電源開発に協力し、町勢の振興を図るうえから原子力発電所の増設を検討してもらうよう中国電力に要請する」と述べた。これに対し革新系議員から「1、2号機が老朽化する中で安全確保の問題が残る」「原子力発電所は必ずしも人口定住に寄与していない」などと町の決定を批判したが、青山町長は国や会社の安全対策が万全に進められているとの認識を示し、「原子力発電所関連財源をソフト面で活用し、定住や生産人口増につなげたい」との方針を強調した。

町政懇談会は30団体を対象に開かれ、町民約1,000人が参加した。「安全性を大前提として増設を地域振興に役立ててほしい」と増設に肯定的な意見が多かったが、積極的に賛成、反対を訴える人は少なかった。「発電所は何年ぐらいもつか」「防災訓練を充実してほしい」などの質問、意見も出た。

青山町長は翌2月16日、澄田知事に中国電力に原子力発電所の増設を検討するよう要請する考えを伝え、県の指導と協力を要請。松江市と島根町にも町の方針を伝えた後、翌17日、広島市の中国電力本店で多田社長に原子力発電所増設の検討を求める要望書を手渡し、増設を正式に要請した。多田社長は「原子力発電は電力供給の安定性、地球環境保全の面から優れた電源で、当社は経営の最重要課題として取り組んでいる。要請は誠にありがたく、十分に検討させてほしい」と答え、増設への意欲を示した。当時、中国電力の総発電量に占める原子力発電の割合は16パーセントと全国平均の28パーセントを大きく下回っており、その比率アップは石油依存からの脱却、電力の安定供給のうえから引き続き最重要課題とされていた。

### 山本町長就任、事前調査受け入れを表明

　3号機が増設へ向け動き始めたなか、1号機は平成6年3月29日、営業運転を開始してから20周年を迎えた。1号機はそれまでいくつかのトラブルを起こしたが、大きな事故はなく20年間の平均稼働率は72.1パーセントの実績を残した。これは全国平均の69.3パーセントを上回り、世界にも誇れる数字という。この日は、ちょうど鹿島町長選挙の告示日とも重なった。前町議会議長の山本清澄氏と、現職の青山善太郎氏の二人が立候補。原子力発電推進の立場に立つ者同士の一騎打ちとなり、激しい選挙戦の末、4月に山本氏が初当選した。

　山本町長は就任して初めての6月15日の定例町議会本会議で述べた所信表明で、原子力発電所の増設に関して「もう少し時間をかけて、町民の増設と地域振興に対する意見、要望に耳を傾け、事前調査申し入れに対する環境整備を図り、できるだけ早い時期に結論を出したい」と表明。あらためて7月1日から9月11日まで、計18回の町政懇談会を開催（町民約1,000人が参加）した。そのうえで9月16日の町議会本会議で「この問題に対する一応の方向付けを見い出すことができたし、それなりの環境整備も整ったように思うので、今後、中国電力から事前調査の申し入れがあれば受け入れていきたい」と答弁、事前調査受け入れに積極的な考えを示した。中国電力は10月21日、鹿島町と恵曇漁協、御津漁協、島根町漁協の関係3漁協に事前調査への同意を求める申し入れ書を提出した。

### 中電、事前調査を実施

　平成6年10月、中国電力から申し入れのあった原子力発電所増設に伴う事前調査について取り扱いをどうするか検討していた恵曇、御津、島根町漁協の関係3漁協は、7年6月19日までにそれぞれ調査に同意すると文書で回答した。中国電力は6月21日、この旨を島根県と鹿島町、島根町、松江市に報告したうえ、7月1日に原子力発電所の複数基増設を想定した事前調査に着手。敷地内の陸上ボーリング調査と発電所前面海域での海上ボーリング調査、定点水温連続観測の作業を開始した。調査は地形、水質、動植物など陸、海、大気、環境分野の16項目に及び1年がかりで行われ、8年8月7日に終了した。

　なお、平成7年8月13日、1、2号機の合計発電量は1,000億キロワットアワーを達成している。

### 原子力防災訓練、初の住民参加

　島根県原子力防災訓練は、平成6年11月の第6回で自治会代表が見学者として参加したが、8年11月6日に実施された第7回訓練で初めて、反原発団体などが求めていた住民の避難訓練が実現した。訓練は午前8時半、1号機で放射能漏れ事故が発生した、との想定で行われ、鹿島町、松江市、島根町の3市町で約140人の自治会役員ら住民が参加。松江市では独自に小学校4校の児童約1,500人が参加した。

　鹿島町では古浦集会所、講武公民館の2ヵ所

を避難所にして、住民の避難訓練を行った。講武公民館では講武・宮内・御津の3地区から29人が、訓練の事故発生から2時間後の午前10時半までに、徒歩やマイクロバスで集まって避難を完了。県の係員から甲状腺の被ばくを保護するヨウ素剤服用についての説明を聞き、原子力防災ビデオを見て解散した。この日の訓練に対しては「有意義だった」「実効性に欠ける」などと受け止め方は人それぞれであったが、初の住民参加の点では一様に評価された。

### 3号機増設を申し入れ

1年がかりの事前調査を終えた中国電力は出力137.3万キロワットの3号機(改良沸騰水型軽水炉、ABWR)の建設計画をまとめ平成9年3月12日、安全協定第4条に基づき鹿島町と島根県に事前了解の申し入れを行った。同時に恵曇、御津、島根町漁協の関係3漁協に同意を得たい旨それぞれ申し入れるとともに、松江市と島根町にも協力を要請した。この日午前9時前、中国電力の高須司登社長ら3人が鹿島町役場を訪れ、山本町長に申し入れ書を手渡し、計画内容を説明した。

3号機は既設の1、2号機合わせた出力を上回る国内最大級の原子力発電所で、1、2号機に3号機を加えた出力は265.3万キロワットとなる。計画では、敷地は1、2号機北西側の山を切り取って造成するほか、海面を埋め立てて計20万平方メートル(うち海面埋め立て7万平方メートル)を確保する。また発電所用地や土捨て場として、発電所東西の隣接地と深田地区に計20万平方メートルの土地も取得する。取水口は1、2号機と同じく輪谷湾内海底に設置(深層取水方式)し、放水口は宇中湾沖合いに設置する。これに併せて2号機の放水口も宇中湾内から宇中湾沖合いに付け替える。放水方法は温排水の拡散範囲を狭めるため、2、3号機とも新たに水深15メートル地点から放水する水中放水方式を採用する。12年3月に準備工事に着手、21年4月から営業運転開始を予定。建設費約4,500億円。

申し入れに対し、山本町長は「安全性の確保を大前提に議会と相談しながら、よく検討していきたい。増設を契機に地域振興を図り、豊かさが実感できる町づくりを進めたい」と、町が要請した原子力発電所増設と前向きに取り組んでいく姿勢を示した。阪神大震災の後、7年12月8日には動力炉・核燃料開発事業団の高速増殖原型炉「もんじゅ」(福井県敦賀市)の冷却材ナトリウム漏えい事故などもあって、原子力発電所の立地に対して世論の風当たりは一層きつくなっていたが、この日も町役場玄関前からは原発反対派の「中電は帰れ」のシュプレヒコールや怒号が聞こえ、両トップのやり取りは十分余りで終わった。

改良沸騰水型軽水炉は、国・メーカー・電力会社が共同で開発した安全性、信頼性に優れた発電所とされている。既に東京電力柏崎刈羽原子力発電所6、7号機に採用され、営業運転をしていた。また、中部電力浜岡原子力発電所5号機、北陸電力志賀原子力発電所2号機にも採用され、計画が進められていた。主な特徴は原子炉格納容器が鉄筋コンクリート製で、原子炉建物と一体構造にすることなどで耐震性が向上。また、再循環ポンプを内蔵し、大口径の配管をなくすことで安全性が高まるなどの特徴があり、中央制御盤も運転操作、監視しやすいものになる。

山本町長は3月17日の定例町議会最終日に、中国電力から事前了解の申し入れがあった3号機の増設について議会に検討を要請した。これを受け町議会は同日、原子力発電所対策特別委員会にその審議を付託した。

### 活断層調査に着手

3号機は平成9年4月1日、第26回総合エネルギー対策推進閣僚会議で「要対策重要電源」に指定された。これにより鹿島町は、新たに要対策重要電源立地推進対策交付金を受けることになった(9年度から5年間、総額9億円)。また、こ

れとは別に9年度から新設された原子力発電施設等立地地域長期発展対策交付金も毎年2億円が交付されることになった。原子力発電所立地地域の発展を長期的に支援する交付金で、鹿島町も長年、全国原子力発電所所在市町村協議会のメンバーとして強く創設を要望していただけに、その実現を明るい材料として歓迎した。

7月4日には3号機増設の可否について審議する知事の諮問機関、島根県原子力発電調査委員会が発足した。県議、労働団体、経済団体、女性団体などの代表、学識経験者ら委員20人で構成された。

中国電力は7月14日、3号機増設計画に伴う事前調査の追加調査に1年半から2年間の予定で着手した。調査は3号機建設予定地から半径30キロの範囲で陸域、海域でのボーリング100本による敷地内地質調査と、耐震設計を行うための活断層調査。活断層調査は2号機建設の際も実施し、考慮すべき活断層は存在しないとしていたが、その後、平成3年に『新編日本の活断層——分布図と資料』(活断層研究会編、東京大学出版会)などにおいて宍道断層(境水道から古浦まで総延長26キロ以上、180万年前に活動を停止したとされる)の一部に活断層の疑いが高いとの記載がなされたこともあり、その確認のためにあらためて行うことにした。

### 1号機のシュラウド交換へ

平成10年2月12日、島根県は東京電力が福島第1原子力発電所2号機のシュラウド(注)の交換計画を決め実施に移しているのに伴い、同じ材質のステンレス鋼を使っている島根原子力発電所1号機のシュラウドの、予防保全対策の徹底を中国電力に文書で申し入れた。鹿島町も同月17日、中国電力に同様趣旨の申し入れを行った。

福島第1原子力発電所2号機では6年6月、定期検査中にシュラウドに応力腐食割れによるひび割れが7ヵ所見つかった。シュラウドに同じ材質を使っている発電所は島根原子力発電所1号機を含め全国で計7基あり、9年12月までに東京電力など2社が5基のシュラウドの交換を決めていた。中国電力は1号機のシュラウドについて9年の定期検査(9月6日〜12月24日)の際、テレビカメラで点検し、異常のないことを確認していたが、鹿島町は申し入れ書で1号機が運転開始してから23年を経過したことを指摘し、一層の安全性の確保と信頼性の向上を図るため予防保全対策を求めるとともに、具体的な取り組みを尋ねていた。

これに対し中国電力は、事故防止と長期運転の観点から、シュラウドを応力腐食割れに対する予防保全対策として、安全性が高く炭素量の少ない「SUS316L」というステンレス鋼のものに交換することを決め、その旨2月27日、島根県と鹿島町に回答した。交換作業は12年5月からの定期検査(5月11日〜13年4月27日)時に実施された。総工費は約100億円、運転開始後の1号機では最大の工事であった。

(注) シュラウド(炉心隔壁)は、原子炉圧力容器内で冷却水の流れを安定させるため、炉心の外周部に設置された円筒形の構造物。

### 活断層見つかる

3号機耐震設計のための、中国電力の活断層調査では平成10年4月1日、宍道断層のうち七田断層の一部(南講武)と、宍道断層の西側に当たる佐陀本郷の2ヵ所で行われ、掘削調査(トレンチ)が始まった。2ヵ所とも水田で、トレンチは長さ20メートル、幅5メートル、深さ20メートルを計画。同月15日に弥生から古墳時代の土器が十数点出て作業を中断したが、鹿島町教育委員会が文化財調査をし、島根県教育委員会と協議した結果、記録保存と決まり、6月15日から調査を再開した。

その2ヵ月後の8月17日、中国電力は七田断層のトレンチ現場で深さ約4メートルから8メートルの位置に活断層を確認した、と発表した。地震規模に比例するその長さは、空中写真や現地踏

査の結果などから北講武尾坂から松江市福原町までの東西8キロと推定し、この活断層が引き起こす可能性のある直下地震はM（マグニチュード）6.3と算定（松田式）した。一方の調査地点の佐陀本郷には考慮すべき活断層はなかったが、活断層は存在しないという前提で1、2号機とも国の安全審査をクリアし建設されているだけに、この発表には県民の間に驚き、不安が広かった。

活断層が見つかった地点は発電所から南東約2.5キロ。最大幅2メートル、高さ4メートルの約2万5,000年前の火山灰層を切ったV字形の活断層の断面がはっきり見え、周辺では地層が40センチの高さで縦にずれた痕跡もあった。中国電力は2号機の耐震性は直下地震でM6.5、この地方最大とされる元慶4（880）年の出雲地震M7.4に余裕をもたせたM7.5で設計してあり、また1号機も解析調査から2号機同様の耐震性を確認した、と安全性を強調。活断層調査の結果は3号機の耐震設計に反映させる、とした。町原子力発電所環境安全対策協議会は8月24日、中国電力からトレンチ調査で見つかった活断層について説明を聞いた。

### 国が1、2号機の耐震安全性確認

島根県と鹿島町の要請に基づいて資源エネルギー庁の調査団（団長・佐々木宜彦官房審議官、9人）が平成10年8月26、27日の両日、活断層の現地調査をした。ヘリコプターで上空から周辺の地形を観察、活断層の実地調査などをし、中国電力が行った活断層の長さの推計を点検した。一連の調査を終えた調査団は、活断層の東西両端の延長線上に耐震設計に考慮すべき活断層は認められなかったので、27日、活断層の長さは最大限8キロで1、2号機の耐震安全性に問題はない、との中国電力の調査を妥当とする見解をまとめ、島根県、鹿島町などに中間報告した。

10月9日、中国電力は活断層調査の最終報告書を国と島根県、鹿島町などに提出した。東西8キロの活断層が3,000年前から1万1,000年前の間に活動した、とする分析結果が加わった以外はそれまでと同じ内容。佐陀本郷のトレンチ現場で深さ19メートルの地点に東西方向の断層が見つかり、調査地点の選定が適切であったとし、それも少なくとも約12万年間は活動がなく、国の安全審査基準である5万年前以降の活動より古く、耐震設計に考慮を必要とする活断層ではないと判断した。

資源エネルギー庁は、調査団の現地調査と中国電力の最終報告に専門家の意見を加え、1、2号機の耐震安全性に問題はないとする中国電力の報告に沿った評価結果報告書をまとめ10月19日、原子力安全委員会に報告、了承された。翌20日、資源エネルギー庁の佐々木官房審議官らが島根県庁を訪れ、その最終報告書を県に提出した。また県庁で鹿島町と松江市、島根町、県議会原子力発電所対策特別委員会に内容を説明した。「国を代表する専門家が大丈夫と判断したので、住民の理解も得られると思う」と青山町長は話した。

### 第1次公開ヒアリング粛々と進む

3号機増設計画について住民の意見を聴く通産省主催の第1次公開ヒアリングが平成10年11月11日午前8時半から、鹿島町町民会館で開かれた。冒頭、中国電力の原子力立地推進本部長・貝川健一副社長ら11人の説明団が増設計画を説明。続いて希望者の中から選ばれた鹿島町、松江市、島根町の意見陳述人計19人（鹿島町10人）が3号機増設の推進、反対それぞれの立場から1人10分間程度の持ち時間で意見を述べ、これに中国電力側がスライドを使って答える形で進められた。会場では約250人が傍聴した。

意見陳述では活断層問題に質問が集中。7人が活断層の長さ、地震規模、1、2号機の耐震性についてただした。中国電力の藤原茂範土木部専任部長は「活断層の長さは余裕をみて8キ

ロ。この活断層から想定される、島根原子力発電所における地震動を複数の手法により評価した結果、2号機の耐震設計に用いた地震動を下回っている。また、1号機も2号機同様の耐震性を確認しており、1、2号機の耐震設計に問題はない。活断層の調査結果は3号機の耐震設計に反映させる」と、それまでどおりの判断を繰り返した。3号機から出る温排水が及ぼす漁業への影響では藤原専任部長が「放水口を水中方式に変更するので、1、2号機を合わせた拡散範囲より狭くなる」と説明。放水口前方の定置網が流される危険性には、十分な補償をする方針を示した。ヒアリングは粛々と進み、8時間半の日程を混乱なく終了した。会場周辺ではヒアリングが始まる前に反対派の市民団体約60人が約2キロ離れた恵曇漁港までデモ行進したが、約6,000人が集結した昭和56年の2号機増設時のヒアリングとはその違いに隔世(かくせい)の感があった。

### 3号機の電調審上程に意見照会

3号機増設計画の可否を審議していた島根県原子力発電調査委員会が平成10年12月9日、3号機増設の事前了解について可と判断した、と増設に同意する答申を知事に出した。同委員会は17回開催、安全性や耐震性など原子力発電に関するテーマごとに中国電力や国、賛否双方の専門家、住民団体から意見を聴いてまとめ、この日、会長の吉川通彦島根大学総合理工学部教授が答申書を澄田知事に手渡した。

3号機増設に同意する県原子力発電調査委員会の答申を受け島根県は同月14日、「原子力発電は安全性について確認されたものと判断している」とする意見を付けて3号機増設の可否、つまり電調審上程、電源開発基本計画組み入れについて鹿島町と松江市、島根町に意見照会した。鹿島町役場には今岡康彦県企画振興部長が訪れ、青山町長に意見照会書を手渡した。町としては町議会、恵曇、御津両漁協の意向、3号機増設に伴う地域振興計画の実現の見通しなどを踏まえ、慎重に判断していく姿勢を示した。町は後日、電調審上程について恵曇、御津両漁協に意見照会した。

同14日、県議会原子力発電所対策特別委員会は住民団体から出ていた3号機増設促進の陳情を自民党会派などの賛成多数で採択。同17日の県議会本会議は、3号機増設計画に同意することを賛成多数で可決した。14日の特別委員会で増設促進の陳情を採択した浅野俊雄委員長は原子力発電の必要性と安全性、活断層と耐震安全性など7項目にわたって審議した結果を報告、「増設はやむを得ない」との委員会判断を述べた。

### 地域振興計画を県に提出

鹿島町は平成10年12月11日、3号機増設計画に伴う地域振興計画案をまとめ町議会全員協議会で説明した。地域振興計画は原子力発電所の新規立地・増設が全国的に難しくなっていたことから、前年1月までに整備された国の新しい制度。原子力発電所を受け入れる見返りに、その地域が要望する公共事業などを従来の交付金とは別に国が支援することで地元合意を得やすくする狙いだ。島根県、鹿島町、松江市、島根町がそれぞれ地域振興計画をまとめ、それを、県を中心に3市町も協力して国と事前協議しながら広域的地域振興計画として策定し、電調審の電源立地部会に提出。同部会が審議し計画が承認されると、各事業について国の予算措置、支援を受けることができる。

鹿島町がまとめた当初の地域振興計画案は、町議会の原子力発電所対策と町活性化対策の両特別委員会の合同審査会で審議されたが、町議会の意見が反映されていないなどの理由から承認が得られず、町は計画を練り直して再提出。11年1月27日に開かれた両特別委員会の6回目の合同審査会が、全会一致で了承した。

町の地域振興計画は主要地方道松江鹿島美保関線改良事業、県道御津東生馬線改良事業、

立地地域の振興に関する特別措置法の制定、学校の改修などの42項目。翌28日、青山町長が県庁に今岡企画振興部長を訪ね、計画書を提出した。その後、県と鹿島町、松江市、島根町の関係3市町の広域的振興計画をまとめ4月に国に提出、国と事前協議を進め8月にほぼ終わった。国との協議で計画の熟度（実現性）、5年以内の着工見込みなどから認められなかった項目のうち一部の項目について10月から国と再協議する手はずとなった。

### 1、2号機の運転差し止め求め提訴

原発立地に反対する市民団体「島根原発増設反対運動」や島根県内外の住民で組織する「島根原発1、2号機運転差し止め訴訟原告団」（世話人・芦原康江同増設反対運動事務局長、140人）が平成11年4月8日、中国電力を相手取って1、2号機の運転差し止めを求める訴えを松江地裁に起こした。

訴えでは、1、2号機の建設は「敷地付近では耐震設計上考慮の対象となる活断層は存在しない」などとする中国電力の調査を前提に国が設置を許可し、1号機は昭和49年、2号機は平成元年から運転を開始した。しかし平成10年8月になって、3号機増設のため中国電力が南講武で行ったトレンチ調査で1、2号機の約2.5キロ南に東西8キロと推定される、考慮すべき活断層が見つかった。このため「活断層の存在で1、2号機の設置条件が満たされなくなった。運転の継続は国の立地審査指針に抵触する」、活断層の存在は「安全性を揺るがす重大な問題」として運転の差し止めを求めた。

### JCO事故が発生

広域的地域振興計画の策定へ向け島根県と鹿島町など関係3市町が国と再協議を始めようとしていた矢先、平成11年9月30日午前10時35分ごろ、茨城県東海村の核燃料加工会社ジェー・シー・オー（JCO）東海事業所で日本で初めての臨界事故が発生した。臨界に伴って発生した放射線で作業員のほか多くの一般の人たちが被ばく（後日、作業に携わっていたJCO社員3人のうち2人が死亡、被ばくした人は約440人に上った）し、周辺住民の避難や屋内退避の事態を招くなど日本の原子力史上最悪の事故となった。広域的地域振興計画の再協議どころではなくなった。

事故は、濃縮度の高いウラン化合物の精製作業の過程で起こった。臨界を防ぐことのできない沈殿槽に制限量を超えるウラン溶液を流し込んだのが直接の原因であったが、違反（裏）マニュアルを作って作業をするなど組織として安全を軽視する風潮があったとされる。原子力発電に対する不安、不信感は全国的に高まり、山陰の反原発団体なども「原子力撤退の道を選択すべきだ」などと反発を強めた。3号機増設計画への影響も考えられた。

事故の翌10月1日、鹿島町議会は中国電力から専門家を招いて全員協議会でJCO事故の経過や原因、原子力発電所の安全確保、事故後の対応などについて説明を聞いた。また町原子力発電所環境安全対策協議会も同日、同じく説明を受けた。「原子力発電所は燃料加工工場とは違いウラン精製設備はなく、同様の事故が発生することは考えられず、万一、原子炉内の燃料破損事故が起こるようなことがあっても5重の防護壁があり、放射性物質が外部へ漏れることはない」と安全性が強調された。中国電力は町民の不安を払拭するため、10月13日から鹿島町内約2,400戸の全戸を社員が手分けをして回り、原子力発電所と燃料加工工場との違いを説明して理解を求めた。

### 県原子力発電調査委、答申は有効と確認

平成12年6月末まで委員の任期を残していた知事の諮問機関、島根県原子力発電調査委員会はJCOの臨界事故を受け12月4日、3号機の増設を認めた知事答申について改めて審議した。答申

が原子力発電の安全を前提としていたからで、当日はJCO事故後における原子力発電の安全性確保に向けた国の対応措置などについて審議した結果、3号機の安全性は確保されるものと判断し、前年12月の答申を有効と確認した。

　審議の過程では、JCO事故における科学技術庁の監督責任とか事故後の対応の不手際など厳しい意見も出たが、結局、原子力発電は多重防護システムによる万全の構造となっていて、燃料加工工場とは安全対策が根本的に異なっていることなどから安全性確保は再確認された。JCO事故は正規の手順を省略した裏マニュアルで作業が行われたことが事故の背景としてあったが、事故後に国が実施した調査で島根原子力発電所では不適切な作業手順書などを作ったり、使ったりした事実はないと確認されたこと、また大規模な原子力事故が発生した場合に国が対策の主導的な役割を果たすことを定めた*1原子力災害対策特別措置法の制定と、核燃料加工事業者には原子炉並みの防災対策を義務付けた原子炉等規制法の改正が行われる見通し（12月13日成立）であったことなども安全性再確認の判断材料となった。

　原子力災害対策特別措置法はJCO事故を機に政府が、昭和62年から続けられていた全国原子力発電所所在市町村協議会の要望に沿う形でまとめた。

**広域的地域振興計画認められる**

　JCO事故の発生で中断した広域的地域振興計画策定に向けた国との事前協議は、平成12（2000）年1月7日から再開された。鹿島町は、事業の採択基準となっていた計画熟度（実現性）や5年以内の着工見込みなどから認められなかった事業のうち、町づくりを進めるうえで重要な事業として（仮称）古浦西長江線（猪目隧道）の新設、町道鯛原柏線の新設、栽培漁業センターの整備などの4事業を挙げ、復活を強く要望した。そうした再協議の結果は最終的な回答として同月末までに国から島根県に伝えられ、県が関係3市町に説明した。

　鹿島町には2月2日、町議会全員協議会で説明があったが、古浦西長江線はやはり不採択のままであった。古浦西長江線は町議会が強く要望した道路で、古浦から松江市の国道431号線に接続し、出雲空港など西部方面へのアクセス道路として地域経済の発展、また万一の原子力災害の際には町民の避難路にもなる有用な道路。この道路の取り扱いが振興計画の1つの焦点にもなっていたことから、島根県は鹿島町の求めに応じ、国の肩代わりをする形で12年度県予算に古浦西長江線新設の調査費を計上した。

　結局、鹿島町が要望した広域的地域振興計画は25項目が認められ、古浦西長江線は県予算に調査費が計上された。このため広域的地域振興計画を審議してきた町議会原子力発電所対策、町活性化対策の両特別委員会合同審査会は2月23日、議論は出尽くしたとして広域的地域振興計画を賛成多数で了承した。4月27日に鹿島、島根両町が、5月7日には松江市が島根県に電調審電源立地部会の開催要請に同意すると伝え、翌8日、島根県は道路整備や電線地中化など59の事業を盛り込んだ広域的地域振興計画を経済企画庁に提出、振興計画を審議する電調審電源立地部会の開催を要請した。電源立地部会は6月27日開かれ、広域的地域振興計画は島根原子力電源地域振興計画として了承された。

**町議会、3号機増設を可決**

　鹿島町議会原子力発電所対策特別委員会（田中豊昭委員長）は平成12年3月15日、3号機増設を可とすることについて了承した。中国電力から申し入れのあった3号機の増設について調査、審議した結果「安全性に問題はないと考えられ、広域的地域振興計画も妥当」などの理由から「今後も着実な増加が見込まれる電力需要を踏まえ」増設を認めることにしたのであった。また同特別委

---

*1　1999年東海村JCO臨界事故を機に制定。原子力緊急事態宣言をした場合、内閣総理大臣に全権が集中し、地方自治体・原子力事業者を直接指示。災害拡大防止や避難を指示することが出来る。

員会は付託されていた3号機増設に賛成する請願1件、陳情3件を採択、増設に反対する陳情3件を不採択とした。3号機増設を可とする同特別委員会の審議結果は翌16日開かれた本会議で報告され、反対討論があったあと採決が行われた結果、委員長報告どおり賛成多数で可決された。

## プルサーマル計画を表明

中国電力の高須社長が平成12年1月11日の年頭の記者会見で、ウランとプルトニウムの混合酸化物（MOX）燃料を原子力発電所の軽水炉で燃やすプルサーマルについて「中国電力としては2010（平成22）年の実施に向けて計画を進めている。島根1号機か2号機で実施することになるだろう」との見解を表明した。中国電力が、プルサーマル計画を実施する原子力発電所について、公式に言及したのはこれが初めてであった。プルサーマル計画は国の原子力政策、つまり限りあるウラン資源を再利用して有効に使おうという核燃料サイクルの柱に位置付けられる。使用済み核燃料からプルトニウムや燃え残りのウランを取り出す再処理は核燃料サイクルの中心技術の1つだが、取り出したプルトニウムも使わなければたまっていく。核兵器にも転用できるプルトニウムを大量に保有すれば国際的な疑惑も招きかねないので、日本でもプルトニウムを原子力発電所の燃料として燃やせるプルサーマル計画が推進されることになった。

## 運転開始を22年3月に変更

中国電力は平成12年3月28日発表した12年度の供給計画で、当初21（2009）年4月としていた3号機の運転開始時期を活断層の発見やJCO事故などの影響で手続きに遅れが出たため、11ヵ月遅れの22年3月に変更した。

## 県と鹿島町、事前了解を回答

恵曇漁協は平成12年6月3日、組合員約400人が出席して臨時総会を開催。10年末に鹿島町から意見照会のあった3号機の電調審上程、つまり電源開発基本計画への組み入れと、併せて中国電力との漁業補償交渉を開始することの2つの議題を挙手で採決し、ともに賛成多数で了承した（恵曇漁協は同月14日に鹿島町に電調審上程に同意の回答）。翌四日には御津漁協が同じ議題について総会を開き、出席した組合員58人の全会一致で決定した（同漁協は16日、鹿島町に同意を回答）。

3号機増設を町議会が3月定例議会で可決していること、電源立地部会が広域的振興計画を認めたこと、そして恵曇、御津両漁協が電調審上程に同意したことから、青山町長は6月29日開会した6月定例町議会本会議で電調審上程に同意する考えを表明、翌30日に澄田知事に同意を回答した。

鹿島町に続いて7月11日には島根町、同13日には松江市が島根県に電調審上程に同意を回答。それまでに10年12月には島根県原子力発電調査委員会と県議会が3号機増設に同意し、広域的地域振興計画も確定していたので、これを受け澄田知事は翌7月14日の6月定例県議会最終日の全員協議会で「3号機増設計画は可とする」と正式に表明。同24日に経済企画庁に3号機増設計画の電源開発基本計画組み入れについて同意すると回答した。同意に当たり知事は安全審査の厳格化、情報公開、地域振興に関する特別措置法の早期制定、電源三法交付金制度の充実強化など8項目を要望した。これにより3号機増設計画は、8月28日に開催された第143回電調審で電源開発基本計画に組み入れが決定した。

恵曇、御津、島根町の関係3漁協の中国電力との漁業補償の交渉勢も整い、島根県と鹿島町は9年3月に安全協定第4条に基づいて中国電力から申し入れのあった3号機増設計画の事前了解について9月29日、中国電力に事前了解すると回答した。青山町長は町役場応接室で中国電力の高須社長に安全性の確保に万全を期すこと、原子力防災対策に積極的に協力すること、補償交

渉については誠意をもって交渉に当たること、地域振興に特段の配慮をすることなど8項目の要望事項を付記した回答書を手渡した。

### 3号機の原子炉設置許可を申請

島根県と鹿島町の事前了解を得た中国電力は平成12年10月4日、3号機増設の原子炉設置変更許可申請書を通産省に提出した。国はこれにより原子炉の基本設計を安全審査することになり、3号機は建設へ向け準備段階に入った。申請では、原子炉の型式や出力、使用済み核燃料の処分方法、増設に伴う温排水放水口の位置変更などを記載。活断層発見でクローズアップされた耐震性は2号機と同じく直下型でM（マグニチュード）6.5、この地方で最大とされる出雲地震（880年）のM7.4を考慮してM7.5で設計するとした。

### 鳥取県西部地震襲う

平成12年10月6日午後1時半ごろ、鳥取県西部地震が襲った。M7.3で、松江では震度5弱を記録した。島根原子力発電所では1、2号機ともちょうど定期検査中（1号機はシュラウド交換中）で運転休止していた。地震直後から職員120人態勢で発電所全域をパトロール点検したが、各施設に異常はなかった。外部への放射能漏れなどもなかった。M7.3は原子炉施設などの設計用限界地震M7.5以下。発電所によると、地下2階の原子炉建物基礎上で観測した地震加速度は最大で水平方向が1号機29[*2]ガル、2号機34ガル、垂直方向が23ガルと31ガルで、原子炉の自動停止設定値（水平140ガル、垂直70ガル）を下回った。

水平方向の最大地震加速度が鹿島町役場で109ガル、中国電力島根支店で139ガルであったといい、一般の建物と比べ岩盤上に建設された島根原子力発電所の揺れは3分の1から4分の1程度に抑えられた。「1、2号機とも水平方向の最大加速度398ガルに耐えられる設計で、今回程度の地震ならびくともしない」と、発電所では耐震安全性に自信をのぞかせた。

### 原子力災害対策特措法に基づく初の防災訓練

JCO事故を契機に制定され平成12年6月に施行された原子力災害対策特別措置法に基づく全国でも初めての防災訓練として、島根県原子力防災訓練が10月28日、島根原子力発電所の重大事故を想定して行われた。国主導で島根県と鹿島町など関係3市町、防災関係機関が一体となって実施し、約80機関1,900人が参加した。参加者は避難、退避対象の住民も含めると約1万3,000人に上った。

原子力災害対策特別措置法で設置されることになったオフサイトセンター（緊急事態応急対策拠点施設）は島根県ではまだ着工していなかったため松江市の県職員会館がそれに充てられ、ここには政府の原子力災害現地対策本部も置かれた。事故想定は、2号機で原子炉内の冷却水位の低下から原子炉が自動停止、緊急炉心冷却装置（ECCS）が作動せず事態は悪化、原子炉の炉心損傷、放射性物質が外部に放出された（国際評価尺度でレベル5。これはアメリカのスリーマイル島原子力発電所事故と同じ）というもので、訓練は午前8時に開始。県、関係3市町がそれぞれ対策本部を設置。県の要請で東京から政府職員や原子力専門家らが自衛隊機で駆けつけた。

安全装置もすべて故障したとの想定を受け午前10時32分、森喜朗首相が原子力緊急事態を宣言、国の対策本部が設けられた首相官邸とオフサイトセンターがテレビ回線で結ばれ、首相と澄田知事が対策を協議。国と県の合同対策協議会はじめ緊急時の通信連絡、モニタリング訓練など従来から行われている訓練に加え、新設のオフサイト運営訓練も行われた。

鹿島町では放射性物質の外部放出の恐れが強くなった午後0時半、発電所から南東約2キロの一矢地区に避難勧告が出され、住民46人が避難所の一矢集会所へ向かった。一矢集会所に集まっ

---

*2　重力加速度または地震時の振動加速度の計量に関してガル（Gal）、1000分の1のミリガル（mGal）を使う。

た人たちは自衛隊のマイクロバス1台、大型トラック2台に分乗し、町立武道館の避難所へ移動した。武道館では救護所が開設され、住民の健康管理をする緊急医療活動、ヨウ素剤の配付が行われたほか、自衛隊による炊き出し弁当が配られた。政府の現地対策本部長を務めた坂本剛二通産総括政務次官、澄田知事も避難訓練を視察した。一矢地区を除く鹿島町内全域と松江市の一部の約1万1,100人にも屋内退避が広報車などから呼びかけられた。その後、放射能漏れが止まったとし、緊急事態を解除、午後3時半に訓練を終了した。

島根県が後日、防災訓練に関し住民にアンケート調査を実施した結果、屋内退避地区の住民の9割が訓練に参加したが、2割が広報車などの避難誘導に気付かなかったと答え、避難の周知方法が課題として浮かび上がった。また、経済産業省原子力安全・保安院は13年6月に初の防災訓練の報告書をまとめ、その中で電話回線の増強や報道、住民向けの情報提供など44の課題を挙げた。

### 役場にヨウ素剤を常備

鹿島町役場に平成13年3月、ヨウ素剤4万錠が配備された。原子力災害対策特別措置法が制定され、島根県地域防災計画原子力災害編が同月に改定されたのに伴う措置で、島根県は松江市役所にも30万錠、島根町役場にも2万錠を配備した。それまでヨウ素剤は松江市の島根県健康福祉センターと市立病院、出雲市の島根県立中央病院に置かれていたが、これで6ヵ所の配備になった。ヨウ素剤を常備するのは鹿島町と島根町では初めて。鹿島町分を合わせて36万錠は、島根原子力発電所から10キロ圏内の人口約7万5,000人分の2日分に相当する。同原子力発電所で放射性物質が放出される事故が発生した場合、政府の原子力災害対策現地本部がヨウ素剤の服用を指示し、市町が住民に配る。管理は島根県の薬剤師がチェックする。

### 原発振興特措法の振興計画決定

島根県など原子力発電所が立地する14道県でつくる全国原子力発電関係団体協議会などが、昭和59年から要望していた原子力発電施設等立地地域の振興に関する特別措置法（原発振興特措法）が、与党3党の議員提案で平成12年12月に10年間の時限立法として成立。13年4月に施行されたが、同法に基づき9月7日、首相官邸で開かれた原子力立地会議（議長・小泉純一郎首相）の初会合で公共事業の補助率かさ上げなどで地域振興の支援を受ける自治体として鹿島町、松江市、島根町が決定した。これにより島根県は、3号機増設計画に伴い前年6月に策定した59事業の島根原子力電源地域振興計画を同法に沿った形で再編。道路、港湾・漁港、消防用施設、義務教育施設の5分野の国庫補助率は従来の50パーセントから55パーセントへと5ポイント上乗せされ、残りの地元負担分についても70パーセントは地方交付税で措置される。補助率の優遇措置のない事業についても財政難で公共事業費が削減されるなか、広域的地域振興計画の性質上、優先的に予算措置されることになった。

島根県は島根原子力電源地域振興計画の59事業を国と協議のうえ、新たに83事業（うち鹿島町20事業）にまとめ14年2月28日、内閣府に提出。3月12日の原子力立地会議で決定した。

### 安全協定を28年ぶりに改定

昭和47年に島根県と鹿島町、中国電力の3者で結んだ安全協定は、燃料プールの使用済み核燃料の保管容量を増やす工事をはじめ、重要な設備変更が事前協議の対象になっていないなど実情に合わない面が出てきたこと、また高速増殖炉もんじゅやJCO事故で原子力の安全に対する住民の不安感、不信感が高まり、一層の安全性、透明性の確保が求められたことなどから、3者は

平成13年1月から安全協定の改定について検討を進めていたが、改定案がまとまり10月16日、県庁で澄田知事、青山町長、白倉茂生社長らが出席し、新協定書に調印した。安全協定の改定は締結翌年に手直しが行われた後、28年間、見直されていなかった。

新協定は前文に「周辺地域住民の安全確保がすべてに優先する」と明記したのが特徴。JCO事故などを踏まえ、安全性は機器や設備などのハード面だけでなく、それらを運転管理する人の安全意識と相まって確保されるとし、安全性を追求する風土の醸成を求めた。主な改正点は9項目。それまでは発電所の増設に限っていた事前協議の対象をプルサーマルなどを含む国の安全審査の対象となるすべての施設整備に広げた。また異常時に限られていた島根県や鹿島町など行政機関の立ち入り調査を、平常時にもできるようにした。さらに情報公開では発電所の排気筒、放水口データなどの情報を積極的に公開し、透明性を確保することとした。

安全協定を改定（松江市、島根町と中国電力の安全連絡協定も）したのに伴い、島根県は14年8月8日、島根原子力発電所への立ち入り調査に関する実施要綱を制定。平常時の立ち入り調査について初めて実施を規定した。平常時は年2回程度、島根県と鹿島町など関係3市町で実施し、異常時（原子炉の故障、施設内での火災など）については、原則として発生時と再発防止策が取られた後に立ち入り調査する。

### 「エネルギープラザ鹿島2001」開催

全国の電源地域の関係者が一堂に集まる「エネルギープラザ鹿島2001」が平成13年10月24日から3日間、約800人が参加して鹿島町で開催された。これは電源地域関係者による地域間交流や、様々なプログラムを実施することで電力の消費地と生産地との相互理解を促進したり、電源地域を契機とした地域振興に関する検討を深めたりすることなどを目的とし、経済産業省の関係団体、財団法人電源地域振興センターと開催地が主催して昭和61年から毎年開かれているが、山陰で開催されたのは初めてであった。

講演会や特別シンポジウム、まちづくり検討会などが総合体育館や町民会館を会場に開かれた。鹿島町からは、まちづくり検討会で恵曇漁協婦人部長の青山幸子さんが「魚食普及活動と地域振興」と題して事例発表。鹿島町役場上下水道課からは「日本初のトンネル式下水処理場」と題してクリーンセンター鹿島を紹介した。また島根原子力発電所、クリーンセンター鹿島、鹿島マリーナの施設見学会も行われた。

### 13年度から毎年原子力防災訓練

2年に1度行われていた島根県原子力防災訓練は、平成13年度から毎年実施されることになった。事故発生からの一連の対応を訓練する総合訓練と、訓練内容を指定する個別訓練を1年ごとに交互に行う。13年度は個別訓練として11月7日に行われた。鹿島町では発電所で訓練が実施されたほか、小・中学校で児童生徒の屋内退避訓練を中心に行われ、町内では約900人が参加した。

訓練は、2号機が運転中に原子炉給水系の停止と非常用炉心冷却装置（ECCS）の故障などにより炉心が損傷、格納容器から放射性物質が放出されたという想定。学校では町災害対策本部の指示を受け、児童生徒全員が校内放送と同時に体育館からコンクリート校舎に移動し、教室の自席に着き、点呼を受けた。原子力発電所の安全対策について勉強し、中学校ではヨウ素剤の説明も聞いた。

### オフサイトセンター開所

平成14年4月4日、原子力発電所などの緊急時に国、地元自治体、電力会社などが集まって対応に当たるオフサイトセンター（緊急事態応急対策拠点施設）として整備された島根県原子力防災セ

ンターが松江市に開所した。原子力災害対策特別措置法に基づき、経済産業省などが全国の原子力施設立地地点19ヵ所と研究所所在地など2ヵ所の計21ヵ所に整備した。13年3月着工した島根県のオフサイトセンターの建物は3階建て（一部4階建て）で、全体会議室、対応方針決定会議室、除染室などがあり、事態の進展予測や放射性物質の拡散予測の両システム、首相官邸〜原子力安全・保安院〜島根県庁〜鹿島町役場を結ぶテレビ会議システムなど、最新機材が配備されている。

　JCO事故の教訓から原子力発電所の安全性を一層高めるため11年12月に原子炉等規制法が改正され、翌年4月から従来の運転管理専門官制度に代わって原子力保安検査官制度が発足。また原子力災害対策特別措置法の制定により原子力防災専門官制度もスタートしたが、原子力防災専門官と原子力保安検査官4人が常駐する経済産業省原子力安全・保安院島根原子力保安検査官事務所も島根県原子力防災センターに併設した。開所式には澄田知事、青山町長など関係3市町長、中国電力などの関係者約60人が出席。澄田知事が佐々木宜彦原子力安全・保安院長とテレビ会談した。11月7日に行われた島根県原子力防災訓練で初めてオフサイトセンターが使用された。

### 活断層の長さは8キロ、追加調査でも変更なし

　原子力安全・保安院は3号機の安全審査に万全を期すため平成14年5月、中国電力に島根原子力発電所周辺の活断層の追加調査を指示した。中国電力が3号機増設の原子炉設置変更許可申請を国に提出した2日後の12年10月6日、鳥取県西部地震が発生し、また活断層の長さは15キロから18キロとする地形学者の見解も新たに示されたため、活断層の状態を精査するよう求めたものだ。追加調査は14年10月11日から約半年間かけて行われた。その結果は、活断層の長さは最大8キロとした平成10年の見解に変更はなかった。中国電力は15年5月9日、追加調査の結果を原子力安全・保安院へ提出した。

　追加調査は、平成10年に中国電力が「考慮すべき活断層」と推定した尾坂〜福原（松江市）を東西に延長した古浦沖から中海北部までの6地域。研究者から活断層存在の可能性を指摘された佐陀本郷では、10年のトレンチ調査地点から約150メートル北側までを含む幅広い範囲でボーリング調査などをした結果、「10数万年前の堆積物を含む地層はほぼ水平で考慮すべき活断層は存在しない」とした。最新機器を用いて音波探査した古浦沖、中海北部にも少なくとも10数万年前までの地層には活断層を示す変形はなかった、とした。この調査結果から中国電力は「10年当時の評価を変更する必要はない」と結論づけた。しかし中国電力は16年4月7日、活断層が見つからなかった尾坂〜佐陀本郷間2キロも耐震設計上は活断層があるとして、その長さの評価を8キロから10キロに変更。3号機増設の原子炉設置変更許可申請書の補正書を原子力安全・保安院に提出した。

### 着工を16年3月に延期

　中国電力は平成15年3月27日、15年度の供給計画を発表した。この中で活断層の追加調査や漁業補償交渉の遅れから、15年3月に予定した着工が事実上不可能になっていた3号機の着工時期を、16年3月に1年延期したことを明らかにした。22年3月の営業運転開始には変更はなかった。

### 漁業補償交渉が解決

　平成13年7月3日から始まった恵曇漁協と中国電力の漁業補償交渉は、2号機までと同様、手結・恵曇・古浦の3地区と、片句地区は別個に交渉が進められた。

　片句地区を除く交渉委員会と中国電力の交渉は数次にわたる交渉を経て、14年7月29日に大筋で合意した。片句地区は青山町長の斡旋で15年1

月18日に大筋合意に達した。同22日の恵曇漁協の交渉委員会常任委員会は、片句の交渉結果を全会一致で承認。2月2日には片句地区全戸から105人が出席し、片句原子力発電所対策協議会の総会が開かれ、無記名投票で賛否を問うた結果、投票権のある104人のうち賛成67、反対33の賛成多数で承認された。

これを受けて恵曇漁協は2月15日、正組合員218人（代理、委任状含む）、準組合員303人の計521人が出席して臨時総会を開催。議決権をもつ正組合員の挙手を求めた結果、賛成216反対2の賛成多数で了承され、妥結した。恵曇漁協と中国電力の調印式は3月24日、松江市内のホテルで行われた。

一方、御津漁協は14年3月3日から漁業補償交渉に入った。交渉委員会が中国電力と交渉に当たり、15年3月に妥結した恵曇漁協の補償内容を参考にして交渉を進め、5月11日、漁協臨時総会を開き、交渉結果を全会一致で承認。同月24日に松江市内のホテルで漁協と中国電力との調印式が行われた。

### 着工と運転開始さらに1年延期

3号機の敷地造成など準備工事にかかるため中国電力は平成15年5月30日、島根県に公有水面埋立許可申請を出した。海面の埋め立て面積は約7万平方メートル。漁業権を持つ御津、恵曇両漁協からは、漁業補償の妥結に併せ埋め立てに同意を得ていた。その後、中国電力は敷地予定地内に含めていた発電所西北側の宮崎鼻の買収交渉が不調に終わったため取得を断念し、原子力安全・保安院に敷地境界線の変更を申請することにしたのに伴い、いったん公有水面埋立許可申請を取り下げ、改めて11月10日、島根県へ再申請した。埋め立て面積に変更はないが、手続きが1からやり直しとなった。このため、3号機の着工を16年3月に延期していた中国電力は12月18日、着工と運転開始の時期をさらに1年延ばし、着工を17年3月、運転開始を23年3月にすると工事計画の変更を発表した。また同日、敷地境界線の変更に伴う原子炉変更許可申請書の補正書を原子力安全・保安院に提出した。翌16年2月9日、島根県は中国電力の公有水面埋立申請に対し工事中の水質汚濁防止対策に万全を期すことなどを条件に公有水面埋立免許を交付した。

### 準備工事を開始

公有水面埋め立て許可に次いで島根県から林地開発許可が出れば準備工事に着手できる中国電力は、平成16年2月20日、鹿島町議会に準備工事の計画概要を説明した。敷地造成は3月にもかかり、大体18年度末までの3ヵ年を予定。発電所敷地として新たに約20万平方メートルを造成（うち公有水面埋め立て約7万平方メートル）、防波護岸（延長490メートル）と防波堤（120メートル）、海上の東防波堤（160メートル）などを建設し、温排水の放水路・放水口は約130メートルを設置、併せて2号機用の約1,250メートルを付け替える。水中放水方式が採用され、2号機用も表層放水からこの方式に変更する。防波護岸や防波堤、放水路・放水口などは21年度半ばまでの整備を目指し、それら海域工事は海が荒れる冬場の11月から2月までは工事を行わない。工事期間中、請負業者が手結、深田地区に設置する作業員宿舎に200～1,000人が滞在。作業員数は23年3月予定の営業運転開始までピーク時には3,500人が想定され、議会側は交通安全や防犯対策など明るい環境づくりを求めた。

島根県は中国電力から15年6月に出ていた林地約24万4,000平方メートルの開発申請について、島根県森林審議会が「許可相当」と答申したのを受け16年2月23日、許可通知を出した。開発林地は中国電力所有地で3号機の本体工事、残土の処理場、宿舎建設地となる。

島根県から公有水面埋立免許、林地開発許可を受け準備工事に必要な手続きが整った中国電

力は発電所構内に設置していた島根調査事務所を廃止し、3月1日付で準備工事を進める島根原子力建設所を設置した。所長には横田徹調査事務所長が就任。29人体制で陸域工事を担当する第1土木課と、海域工事を受け持つ第2土木課を置いた。そして3月15日、準備工事に着手した。高東進副社長はじめ工事関係者約100人が出席して発電所集会室で安全祈願祭を営んだあと、海域工事の区域を示す高さ6メートルの灯浮標（とうふひょう）が海面に投入され、また陸域では重機で山の斜面を削り取る準備工事開始のセレモニーも行われた。

### 第2次公開ヒアリング開く

　3号機の原子炉設置変更許可申請に基づく原子力安全・保安院の第1次安全審査は平成16年4月15日に終わり、原子力安全委員会の第2次審査に回された。原子力安全委員会では、専門家でつくる原子炉安全審査会の詳しい審査に入った。第2次安全審査に入り7月21日、原子力安全委員会主催の第2次公開ヒアリングが鹿島町町民会館で開かれた。意見陳述人18人（鹿島町10人、松江市7人、島根町1人）から活断層や発電所トラブルの人為的ミスへの対応、情報公開、核燃料サイクルなどについて、さまざまな質問、意見が出たが、再質問は少なく議事は粛々と進んだ。原子力安全・保安院が回答に当たり、約280人が傍聴した。活断層については「4月に従来の長さ8キロから10キロに変更されたが、納得のいく説明がなかった」などとして3号機増設の中止を求める意見もあった。これに対し保安院は、変更は許容範囲だとして「地震による原子力災害はないと思われる」との見解を繰り返した。「公開ヒアリングを安全審査にどう生かすのか」と、ヒアリングそのものの意義に疑問を投げかける意見もあった。

### 着工を17年9月に3度目の延期

　原子力安全委員会の第2次安全審査の進行状況から中国電力は平成17年2月14日、3号機の本工事着工（原子炉建物の地盤掘削）を予定していた同年3月から半年遅れの9月とし、また運転開始は前年秋の台風で予想を上回る高波が観測され、護岸工事が高さ6.5メートルになるまで本工事に着手しないこととしたため9ヵ月遅れの23年12月に繰り延べたと発表した。3度目の予定延期となった。変更に伴い、原子炉設置変更許可申請書の補正書を原子力安全・保安院に提出した。

### 2．3号機増設申し入れと準備工事

　中国電力は、1年がかりで事前調査を終え、137.3万キロワットの3号機（改良沸騰水型軽水路、ABWR）の建設計画をまとめ、安全協定第4条に基づき島根県と鹿島町に事前了解の申し入れを行った。（この3号機は、既設の1・2号機合わせた出力を上回る国内最大級の原子力発電所で、1・2号機に3号機を加えた出力は265.3万キロワットとなる。）

　これを受けて、島根県原子力発電調査委員会は、3号機増設の事前了解については可と判断し、「増設に同意する答申」を知事に提出した。島根県では、電源開発基本計画組み入れについて、鹿島町と松江市、島根町に意見照会し了解を得た後、県議会の本会議に諮り賛成多数で可決した。

　その裏には、平成9年4月1日、第26回総合エネルギー対策推進閣僚会議で「要対策重要電源」に指定されたことがある。これにより新たに要対策重要電源立地推進対策交付金を受けることになった。（H9年度から5年間、総額9億円）

　また、別に平成9年度から新設された原子力発電施設等立地地域長期発展対策交付金も、毎年2億円が交付されることになったこと等が、地元の要望に沿うたものと思われる。

　島根県と鹿島町の事前了解を得た中国電力は、3号機増設の原子炉設置許可申請を平成

12年10月4日、通商産業大臣に提出した。これにより、原子炉の基本設計の安全審査をすることになり、工事計画第1回とする着工を認可した。その後、建設工事は順次進められ、現在ではほぼ完成している。

当初の建設工事費は約4500億円で、営業運転開始は平成21年4月を予定していた。ところが、許可申請の2日後、平成12年10月6日の金曜日午後1時30分、鳥取県西部地震が起きた。マグニチュード7.3を記録し、松江では震度5であった。

島根原子力発電所では、1、2号機ともに定期検査中であり、運転は休止していたこともあって施設に異常はなかった。

## 3．公開ヒアリング

ヒアリングは、国の電源開発調整審議会の前に、地域住民の理解と協力を得る目的で開かれる。これが終わると、電力会社は国に原子炉設置変更許可申請書を提出し、安全審査が行われる。

具体的には、通商産業省が最初にヒアリングを行い、その結果を見て、原子力安全委員会が再審査するダブルチェック方式になっている。原子力安全委員会は、安全審査に反映させるため、その過程で地元の意見を聴く第二次公開ヒアリングを行う。

平成10年11月11日の第一次公開ヒアリングは通商産業省主催で、3号機の増設計画に伴い地元住民の理解と協力を得るため、鹿島町町民会館で開催された。意見陳述人19人（鹿島町10人、松江市と島根9人）が、3号機増設の推進、反対それぞれの立場から、10分間の持ち時間で意見を述べた。

活断層問題に質問が集中し、1号機と2号機も合わせて耐震性について質したほか、温排水が及ぼす漁業への影響、定置網が流される危険性等の質問があり、中国電力側からその対応と十分な補償をすることで、ヒアリングは問題なく終了した。会場では約250人が傍聴した。

その後、原子力安全保安院の第1次安全審査が平成16年5月15日に終了し、原子力安全委員会の第2次審査に回された。

第二次公開ヒアリングは、平成16年7月21日、原子力安全委員会主催で、鹿島町町民会館で行われ、意見陳述人18人（鹿島町10人、松江市7人、島根町1人）からか、活断層問題、発電所トラブルの人為的ミスへの対応、情報公開、核燃科サイクルなどについて、さまざまな質問や意見が出され、これに対して、原子力安全保安院が回答にあたり、再質問は少なく2号機の時のような混乱はみられず議事は粛々と進んだ。傍聴者は280人であった。

## 4．本工事着工と営業運転開始時期変更

JCO事故の発生で中断していた、広域的地域振興計画策定に向けた国との事前協議が平成12年1月7日から再開された。

鹿島町は、事業の採択基準となっていた計画熟度（実現性）や、5年以内の着工見込みなどから認められなかった事業のうち、町づくりを進めるうえで重要な事業として、道路や隧道の新設・栽培漁業センターなど4事業を挙げ、復活を強く要望した。

特に道路は、古浦から国道431号線に接続し、出雲空港など県の西部方面へのアクセス道路として、また万一の原子力災害の際には町民の避難路にもなる有用な道路であることから、県の協力により、25項目が認められた。

島根県では、道路整備のほか、電線類の地中化など59の事業を盛り込んだ、広域的地域振興計画を経済企画庁に提出し、「島根原子力電源地振興計画」として了承された。

その後順次計画に沿い事業は執行されたが、

遅延した最大の理由は活断層が見つかったことである。

3号機は政府の、第26回総合エネルギー対策推進会議で「要対策重要電源」に指定されたことに伴い、中国電力は、3号機増設に伴う事前調査の追加調査に1年半から2年の予定で着手した。

この調査は、3号機建設予定地から半径30キロの範囲で陸域、海域でのボーリング100本による敷地内地質調査と、耐震設計を行うための活断層調査と、更に学界誌などで活断層の疑いが高いとされる地域を確認するため行われた。

中国電力の活断層調査では、宍道断層のうち七田断層の南溝武にある一部と、宍道断層の西側に当たる佐陀本郷の二カ所で行われ、掘削調査、いわゆるトレンチの結果、弥生から古墳時代の土器が十数点出て作業を中断し、町・県の教育委員会と協議の結果、記録を保存することになった。

政府は、原子力規制委員会の事務局である原子力規制庁に、独立行政法人原子力安全基盤機構（JNES）を統合し「原子力災害対策指針」を決定した。避難に備える「原子力災害対策重点区域」の目安を原発の半径10キロ圏から30キロ圏に拡大した。原子力規制委員会は平成24年9月19日に発足したが、独自に調査を行うほか、中国電力に対し再度の追加調査を実施するよう求めている。平成27年2月には、片句集落の南側にある宍道断層約22キロとして、断層の両端付近の2地点でボーリング調査を実施し断層の有無などを確認した。

活断層に伴う経過と概要は次のとおりである。

① 中国電力は、平成9年の事前調査の追加調査として1年半から2年間の予定で着手した。
② 平成10年4月の活断層調査で長さ最大8キロの活断層が見つかる。
③ 資源エネルギー庁調査団、活断層の現地調査の結果は、中国電力の調査は妥当と認めた。
④ 原子力安全保安院が追加調査を平成14年5月に指示した。
⑤ このことについて、原子力安全保安院へ、トレンチ、ボーリング調査・最新器による音波探査した結果、十数万年前の堆積物を含む地層はほぼ水平で考慮すべき活断層は存在しない。平成10年当時と評価を変更する必要はないと、報告した。
⑥ 平成16年4月、活断層が見つからなかった、尾坂～佐田本郷間の2キロもあるとし、その長さを8キロから10キロに変更し届け出た。
⑦ 中国電力は平成27年2月、原子力規制委員会の求めに応じ活断層の再々追加調査を開始した。

　ア、20キロの東端・美保関町下宇部尾の東端付近で地下約10メートルをくりぬき貫入岩などを採取し、断層の有無を調べる。
　イ、20キロの西端から3キロ西にある魚瀬町の女島でもボーリング調査で断層の有無等を調べる。（終了時期は未定）

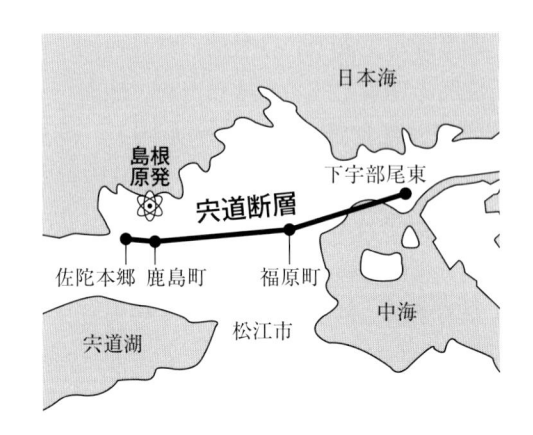

# 第10章　未来のために

　島根原子力発電所は、昭和49年3月29日に営業運転を開始してから、既に40年を超えた。平成25年7月には新しい規制基準が施行されて、原子力発電所の原則的な運転期限が運転開始以降40年と定められた。

　原子力規制委員会の厳しい審査を通過すれば最大で20年の延長が可能である。その場合、新しい規制基準へどう対応するか、また、特別点検を受けた上で運転期間延長の認可を得る必要もある。そのためには、長期間、更に1号機の出力は46万キロワットと小さいこともあって、多額の費用をかけて老朽化対策工事をしても大規模な安全対策への投資が必要である。

　このところ、原子力発電事業の環境はかなりな変化がみられ、これらの電力需給関係などをも踏まえ、総合的な視野に立って、平成27年4月30日に、島根原子力発電所第1号機は廃止されることになった。

　今後のことについて考えられることを3点だけ挙げる。

## 1．既存施設の安全保存

① 原子力建屋をどのような形で保存をするか
　　運転開始後40年以上経過しているので廃炉にするのは良いが、多額の費用を掛けて建屋を解体することは、困難であるので、見学可能な個所については残し、放射能汚染など危険な個所については、政府方針に従い処理し現状で維持をする。

② 核燃料廃棄物をどのような形で保存又は廃棄するか
　　高レベル放射性廃棄物については、現在アメリカもイギリスも引取らないのでその処分については、コンクリートで固め次の方法により処理する。
　ア、場内に隧道を掘り埋設する。
　イ、深海に投棄する。（日本海溝又は太平洋海溝）

## 2．クリーンエネルギー博物館建設

① 風車の建設
　　島根原子力発電所敷地内の山頂に、西北の風を利用した風力発電所を建設し、常時見学可能な施設とする。

② 太陽光発電所の建設
　　発電所敷地内の山肌、海岸堤防、建物等を利用した、太陽光発電所を建設する。

③ 海流発電所の建設
　　発電所前面の日本海（海流可能な場所）に海流発電所を建設し、海面ブイ建屋は見学可能なコースとする。

## 3．世界（日本）遺産として登録

　島根原子力発電所1・2・3号機は、全国、世界の原子力発電所の例に見られない、独特の特色を持っており、世界遺産もしくは日本遺産として登録し島根路の観光客誘致に努める。

① 1号機の特徴
　　沸騰水型・46万キロワット…国産技術の採用と国産化機器の導入（日立製作所との共同研究）

② 2号機の特徴
　　沸騰水型・82万キロワット…仝上

③　3号機の特徴

改良型沸騰水型・137.3万キロワット・着工（平成17年7月12日）・工事開始（平成18年8月10日）・営業運転未定。

・国、メーカー、電力会社で共同開発・原子炉内蔵型再循環ポンプ・改良型制御棒駆動機構・改良型中央制御盤。

・鉄筋コンクリート製原子炉格納容器など最新技術を採用し、安全性・信頼性の優れた原子炉である。

④　（H6.11.17）「原子力防災訓練」として、自治会代表が見学者として参加。

⑤　（H8.11.6）反原発団体などがもとめていた「住民の避難訓練」が初めて実現した。

[資料]

## ■ 島根原子力発電所設備概要

| 設備名 | | | 1 号 機 | 2 号 機 | 3 号 機（計画） |
|---|---|---|---|---|---|
| 定格電気出力 | | | 46万kW | 82万kW | 137.3万kW |
| 原子炉 | | 型　式 | 沸騰水型（BWR） | 同左 | 改良型沸騰水型（ABWR） |
| | | 定格熱出力 | 約138万kW | 約244万kW | 約393万kW |
| | | 圧　力 | 6.93MPa（70.7kg/cm$^2$g） | 同左 | 約7.07MPa（72.1kg/cm$^2$g） |
| | | 温　度 | 286℃ | 同左 | 約287℃ |
| | 燃料 | 燃料集合体 | 400体 | 560体 | 872体 |
| | | 装荷量 | ウラン重量約68t | ウラン重量約97t | ウラン重量約150t |
| | | 取替燃料 種類 | 9×9燃料 | 同左 | 同左 |
| | | 取替燃料 濃縮度 | 約3.6% | 約3.7% | 約3.8% |
| | | 1回の取替量 | 全体の約1/5 | 全体の約1/4 | 全体の約1/4 |
| | 制御棒 | 数　量 | 97本 | 137本 | 205本 |
| | | 制御材 | ボロンカーバイド又はハフニウム | 同左 | 同左 |
| | | スクラム速度 | 90%挿入時間5秒以下 | 75%挿入時間1.62秒以下 | 60%挿入時間1.44秒以下 |
| | 圧力容器 | 形　状 | 鋼製たて置円筒形 | 同左 | 同左 |
| | | 寸　法 | 内径　全高　厚さ　重量<br>約4.8m, 約19m, 117mm, 390t | 内径　全高　厚さ　重量<br>約5.6m, 約21m, 137mm, 600t | 内径　全高　厚さ　重量<br>約7.1m, 約21m, 170mm, 910t |
| 原子炉再循環ポンプ | | | 2,010kW×2台 | 4,540kW×2台 | 約830kW×10台 |
| 原子炉格納容器 | ドライウェル | 形　状 | フラスコ型（MARK-1） | まほうびん型（MARK-1改良） | 円筒型 |
| | | 寸　法 | 内径　全高　厚さ<br>約18m, 約32m, 16～50mm | 内径　全高　厚さ<br>約23m, 約37m, 24～70mm | 内径　全高　厚さ<br>約29m, 約36m, 2～6m |
| | | 空間容積 | 約3,300 m³ | 約7,900 m³ | 約7,400 m³ |
| | 圧力抑制室 | 寸　法 | 円環部中心線直径　円環内径<br>約30m　　　　　約8.1m | 円環部中心線直径　円環内径<br>約38m　　　　　約9.4m | 円高　　　　　内径<br>約19m　　　　　約29m |
| | | 保有水量 | 約1,800 m³ | 約2,800 m³ | 約3,600 m³ |
| 新燃料貯蔵庫 | | 容　量 | 120体 | 195体 | 320体 |
| 燃料プール | | 容　量 | 1,140体 | 3,518体 | 3,739体 |
| | | 寸　法 | 縦×横×深さ<br>約7m×約12m×約12m | 縦×横×深さ<br>14m×13.5m×約12m | 縦×横×深さ<br>17.9m×14m×約12m |
| タービン | | 種　類 | 衝動くし形・4流排気再生復水式 | 衝動くし形・6流排気再生復水式 | くし形・6流排気再生復水式（再熱式） |
| | | 出　力 | 約46.6万kW | 82万kW | 約137.3万kW |
| | | 回転数 | 1,800回転/分 | 同左 | 同左 |
| | | 蒸気流量 | 2,450t/h | 4,614t/h | 約7,300t/h |
| | | 軸の長さ | 約43m | 約54m | 約64m |
| | 復水器冷却管 | 寸　法 | 外径　　　長さ<br>2.54cm　　14.5m | 外径　　　長さ<br>3.175cm　　12.6m | 外径　　　長さ<br>2.858cm　　17.79m |
| | | 本　数 | 32,840本 | 41,700本 | 63,864本 |
| | 冷却水(海水)量 | 水　量 | 夏季　約30t/秒<br>冬季　約22t/秒 | 約60t/秒 | 約95t/秒 |
| | | 温度上昇 | 夏季：約7℃<br>冬季：約9℃ | 約7℃ | 7℃以下 |

| 設　備　名 | | 1 号 機 | 2 号 機 | 3 号 機（計画） |
|---|---|---|---|---|
| 原子炉給水ポンプ | | 電動給水ポンプ<br>3,850kW×3台 | タービン駆動給水ポンプタービン出力<br>6,550kW×2台<br>電動給水ポンプ<br>3,950kW×2台 | タービン駆動給水ポンプタービン出力<br>10,100kW×2台<br>電動給水ポンプ<br>6,550kW×2台 |
| 循環水ポンプ | | 1,300kW×3台 | 2,800kW×3台 | 約5,400kW×3台 |
| 発電機 | 種　類 | 3相交流同期式（水素冷却） | 同左 | 同左 |
| | 出　力 | 52万kVA | 87万kVA | 153万kVA |
| | 電　圧 | 18,000V | 15,500V | 22,000V |
| 主変圧器 | 種　類 | 屋外送油風冷式 | 同左 | 屋外導油風冷式二巻線式 |
| | 容　量 | 49万kVA | 84万kVA | 147万kVA |
| | 電　圧 | 1次…17,500V<br>2次…220,000V | 1次…15,200V<br>2次…220,000V | 1次…21,500V<br>2次…500,000V |
| 送　電　線 | | 22万V　　2回線（共用1ルート）[※1]<br>直径　34mm<br>材質　低ロス形アルミ覆鋼心耐熱アルミ合金より線 | | 50万V　　2回線<br>直径　28.5mm<br>材質　アルミ覆鋼心アルミより線 |
| 取水方式 | | 深層取水方式 | 同左 | 同左 |
| 取　水　口 | | 輪谷湾 | 同左 | 同左 |
| 放水方式 | | 表層放水 | 水中放水 | 水中放水 |
| 放　水　口 | | おど浜 | 発電所敷地前面の沖合 | 発電所敷地前面の沖合 |
| 排気筒の高さ | | 120 m | 120 m | 57 m |
| 主な特徴 | | ・国内の原子力機器メーカー（日立製作所）との共同研究により建設された国産第1号原子力発電所 | ・改良型格納容器の採用<br>・燃料取替の自動化<br>・制御棒駆動の高速化<br>・廃棄物のプラスチック固化処理など | ・改良型沸騰水型<br>・原子炉内蔵型再循環ポンプの採用<br>・改良型制御棒駆動機構の採用<br>・改良型中央制御盤の採用<br>・鉄筋コンクリート製原子炉格納容器の採用 |

※1　3号機増設工事に伴い、平成18年10月変更。

〈出典は、本文に記載〉

資料1

# 原発のないふるさとを

鳥取県気高郡連合婦人会講演記録・資料

昭和60年(1985)発行の「原発のない
ふるさと」(第3版)を一部更訂し掲載する。

これら講演、資料の中に今日からみると差別的表現ととられる箇所がありますが、次代背景と資料価値に鑑み、修正、削除は行わず原文のままの表記といたしました。

# はじめに

発刊のことば

いま子孫に何を遺すか

気高郡連合婦人会会長　村　上　小　枝

〝青谷町・長尾鼻が、原子力発電所の候補地に〟、地元紙日本海新聞に、ショッキングな記事を見たのは、4年前1979年6月のことでした。その年の3月に、スリーマイル島で、世界を震撼させた原発事故が起こった直後でした。

折しも、県立博物館で開かれた『私たちは原子力発電と共存できるのか』をテーマにした講演会（1979・6・16）に、会長、副会長ら役員4人で参加しました。講師の京都大学原子炉実験所、小出裕章氏は、まず「原発は人類と共存し得ない」と結論を述べてから、原発が抱える数々の危険性を指摘し、さらに、弱者にしわよせる原子力産業の差別構造は許せないと訴えました。

聴き終えたその時、私たちはこの問題に取り組む決意をかためたのでした。

「いのちとくらしとふるさとを守る」を、一貫した活動目標に掲げてきた気高郡連合婦人会が、この問題を避けて通ったなら、後日後悔する時が来るかもしれない、と直感したからでした。

その年の秋、小出氏を講師に『私たちは次代に何を遺すべきか』をテーマに、青谷の地で郡連合婦人会の大会を開きました。そして「私たちはきれいな農水産物がとれる豊かな自然を子孫に遺そう。自分たちの物質的繁栄のために、地球上の資源を使い切って、何十万年も毒性が消えぬ核廃物や、荒廃した環境をのこしてはならないのだ」と申し合わせました。

以来、私たちは「原発」「エネルギー」問題や、全国各地の原発立地点や候補地の攻防の状況などの関係書物を、仲間で情報交換し、つぎつぎ購読して学習を深めながら、できる限り運動の輪を広げるために、地域住民に参加を呼びかけて、共同学習の会を重ねました。

また一方で、講演の記録を、県連合婦人会の機関紙『鳥取県婦人新聞』に掲載する広報活動に、力をそそぎました。

電力会社の宣伝や、金の力に惑わされて、ウカウカと郷土を売り渡すことのないよう、正しい選択をするには、まず正しく識ることが大切です。そんな気高の婦人会の願いを込めて、この講演・記録集をまとめました。このささやかな小冊子を出版することが、原発を郷土に寄せつけぬ防波堤の1つになり、一人でも多くの人に読んで頂くことが、防波堤をより強くすることになると信じます。

一度狙ったら、決して諦めないという、巨大な力をむこうに、今後何年も続くであろう息の長い闘いの中で、講演・記録集の3人の講師、久米・小出・平井先生が、いつも私たちに話しかけ、力になって下さることでしょう。

発刊を祝して

生命とくらしを守るために

鳥取県連合婦人会会長　近　藤　久　子

『原発のないふるさとを』の発刊を心からおよろこび申し上げます。

　原発建設候補地に長尾鼻が、という情報が伝わるとただちに気高郡連合婦人会では原発の安全性、経済性等をめぐって極めて精力的な学習活動を展開されました。その内容は克明に私たちの機関紙『鳥取県婦人新聞』に載せられ、他郡市の会員もどれだけ啓発されたかしれません。せっかくの貴重な記録、散逸しないようにぜひまとめて出版し、広く学習や運動の資料に役立てることができれば、と願っていましたところ、このたびその夢が実現され、まことに嬉しく存じます。

　万一、事故がおこれば、他の災害とことなり、その被害は極めて広範囲に及び、しかもその残忍な爪あとは遠い未来にまで及ぶ、まことに惨酷な害をもたらすのですけれど、とかくうわべの豊かさだけに心を奪われ、面倒なことはよけて通りたがる人びとが多く、さらに偏見が先行し、その厚いカベで真実がさえぎられがちな中で、この種の問題を主体的にうけとめ、生命とくらしを守るために、学習を基礎に、組織的に運動するまでに意識を高められたことは並大抵な努力ではなかったはずです。住みよい社会をめざしてくらしをめぐるさまざまな問題に早くから積極的にとりくみ、健康を守るための総合的地区診断や公害工場の進出阻止等、数々の成果をあげてこられた輝しい活動の歴史にあらためて深く敬意を表します。

　島根につぐ原発候補地として長尾鼻が浮上しながら、電力会社がとりあえずあきらめざるを得なかったのも、気高郡連合婦人会の方々の手になるぼう大な反対署名の積み上げがあったからこそと思われます。

　このたびの出版を契機に、いっそう学習を深め、連たいを強め、運動推進につとめられることを祈ってやみません。

昭和58（1983）年10月

## 大会申し合わせ

◎私たちは、次の世代のために、地球上に限りある資源、エネルギーを節約するため
(1) 物を大切にする家庭教育と実践に努めよう
(2) くらしのムダを再検討し、つき合いの合理化と改革をはかろう
(3) 買わされる消費者から脱皮し、主体性を持った消費者になろう
(4) 税金のムダ使いを監視し、自主的な選挙で、政治家を選出しよう
(5) 人類が殺しあうために、ぼう大な資源と予算を使う核兵器を、廃絶させる運動を続けよう

◎私たちは、次の世代に、きれいな環境を残すため
(1) 俗悪なテレビ番組やCM、悪書自動販売機を組織の力で排除する運動を続け、積極的に、良い文化環境を育てる努力をしよう
(2) 合成洗剤や、安全性に疑いのある食品添加物を、使わない運動の輪をひろげよう
(3) 安全性に問題のある原子力発電所建設に反対しよう

◎私たちは、次の世代のために、女性差別や同和問題など、差別のない社会をつくりあげる努力をしよう

1979年11月25日

気高郡連合婦人会　大会

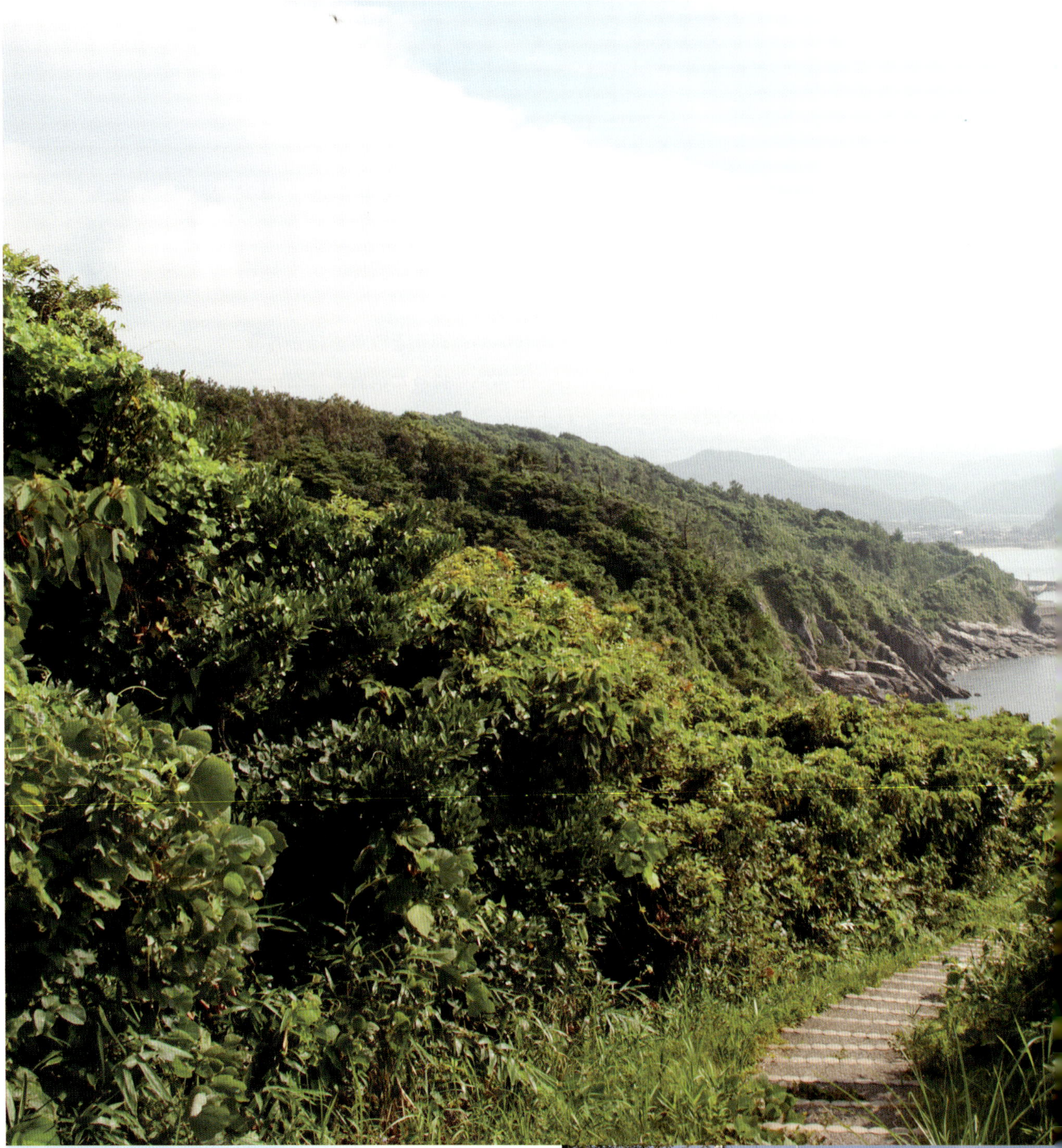

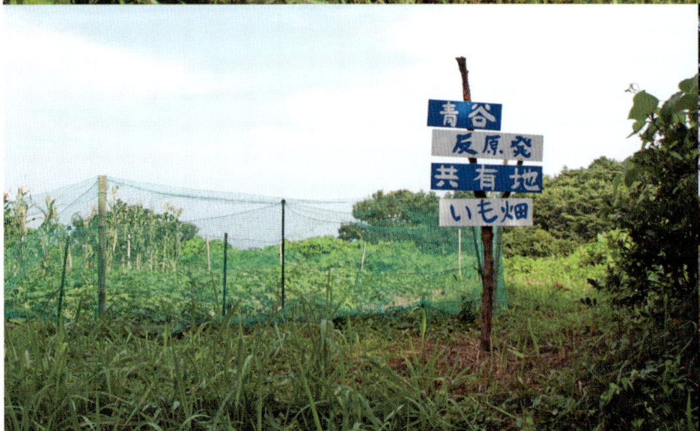
青谷
反原発
共有地
いも畑

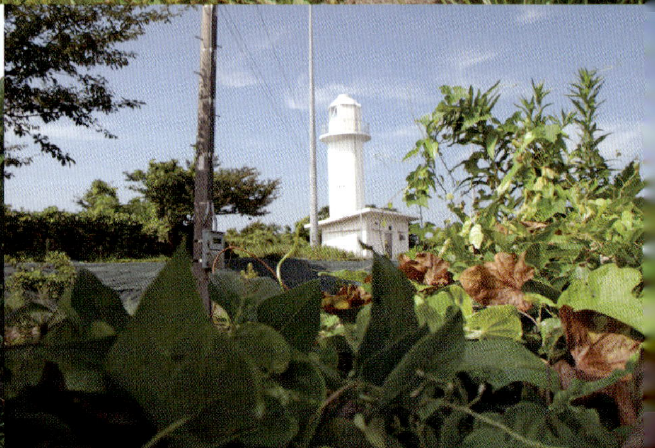

## 青谷原子力発電所 予定地
鳥取県鳥取市青谷町　長尾鼻岬（当時）

# 原子力発電を考える

大阪大学理学部 久米 三四郎

1. 山陰の地との関わり　243

2. 原爆と原発

- 原子力発電は火力発電　243
- ウランが〝燃える〟　244
- 原子爆弾の仕組み　244
- 爆発時間10万分の1秒　245
- 原発も結局は湯わかし　245
- 制御棒を上げたり下げたり　246
- 原発1日で原爆3発分　247

3. 死の灰のこわさ

- やっかいな死の灰　247
- 原爆も原発も死の灰は同じ　248
- 耳カキ1杯で肺ガン100万人　248
- 放射能と放射線　248
- 放射線の急性障害　249
- 晩発性のガンと遺伝　249
- 見分けつかぬ放射線障害　250
- 遺伝の危険性と社会差別　251
- 突然変異は微量でも起きる　251

4. 許容量の考え方

- 許容量とはしんぼう量　252
- 利益は一方、被害も一方　252
- 500ミリレムでガン1万人　252
- 引き下げられた許容量　253

- 自然放射線と推進派のトリック　253
- このサカナどこのサカナや？　254
- 電力会社のもう1つのゴマカシ　255
- 検診のレントゲンにも注意　255

5. 死の灰はもれる

- 死の灰は無毒にできない　256
- 毒性減るのに24万年　256
- 放射能は目に見えない　258
- 放射能は必ずもれる　258
- エントツは死の灰の捨て場　259
- 政府公認でタレ流し　259

6. 事故の危険性

- 原発の事故とは　260
- 逃げる間もない暴走事故　260
- カラだき事故と水素爆発　261
- まだ続くスリーマイル事故　261
- パイプのヒビ割れから大事故　262
- 鳥取県は地震が一番問題　262
- 「大事故は1億年に1回」のウソ　262
- 役に立たない避難計画　263

7. 結び

- 原発の危険手当て33億円　263
- カネかいのちか——住民の選択　264

## 1. 山陰の地との関わり

　私が原発にかかわった動機ですが、兵庫県と鳥取県の境にある香住、あそこに13年から14年ほど前ですが関西電力がはじめて原発を置こうとしまして、あの頃は民宿が登場しはじめた頃でして、その民宿の方々というか住民の方が大学の研究室へ来られて、「放射能の話をしてほしい」と依頼がありました。

　いまはすっかりさま変りいたしましたが、当時は違いまして、原子力発電バンザイの時でございました。「原爆は悪いけど原発はいいものだ」という風潮が強い時代でございまして、大学の先生がたが皆、「非常にいいものだ」と。それで「こんな田舎へもってくるのはしばらくの間で、あと少しすると大阪湾や東京湾にズラッと並ぶから心配せんでええ」（笑）。

　香住の方々が「どうも話の調子がよすぎる」と研究室へ来られまして、それが私がこうして住民の方々とお話するようになったきっかけでございます。

　それから次に浜坂にも「原発の」話が出て参りまして、そこの方々とも一緒にかなり長い間やってきました。鳥取県には3年ほど前だったと思いますが、鳥取市でもお話しました。そしてだんだん西へ来まして、今日は青谷・気高の皆さんとお話することになりました。そういう意味ではこの山陰両県は非常に印象深い地になっております。

　最近では原子力発電をめぐっていろんな問題、つまり、戦争との関係もございますし、また世界中で反原発の運動が盛んになってきております。そういうふうに世界中で原発をめぐってどんな事が起こってるか、というような事を、お話したいと思います。そして今後皆さんが原子力発電を考えたり、議論されるには、どうしてもしっかりしたとっかかりが必要だと思いますので。

　青谷や気高の人が何を一番心配なさっているか、ということは大体察しはつきますが、やはり、原発とは一体どういうものかということと、そのやっかいさはどうして出てくるのか、それはどの程度のものか、最後にそのやっかいなものをどうして無理に進めようとするのか、をお話したい。その合間に、推進派と反対派とどういう具合に意見が違っているかを折りまぜながら話していきたいと思います。

## 2. 原爆と原発

### 原子力発電は火力発電

　原子力発電所というのは火力発電でございます。火をたいて、それによって蒸気をつくりま

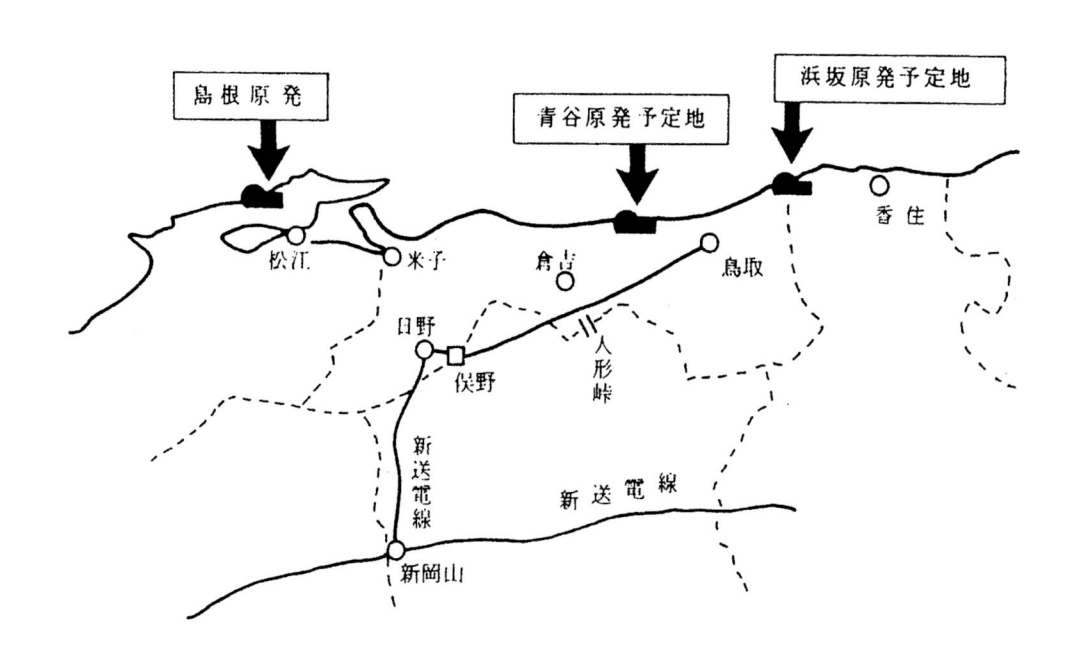

して、その蒸気の力で発電機を回す。こういう仕組みになっているのを火力発電と申します。原子力発電がほかの火力発電——石炭や石油と違いますのは、その火力の火、これを原子の火をつかってお湯を沸かす。ここが違うわけでございます。

　原子の火というのは独特な燃料がございまして、それを〝核燃料〟と呼んでいます。その核燃料を燃やして原子の火をつくり出すのでございます。

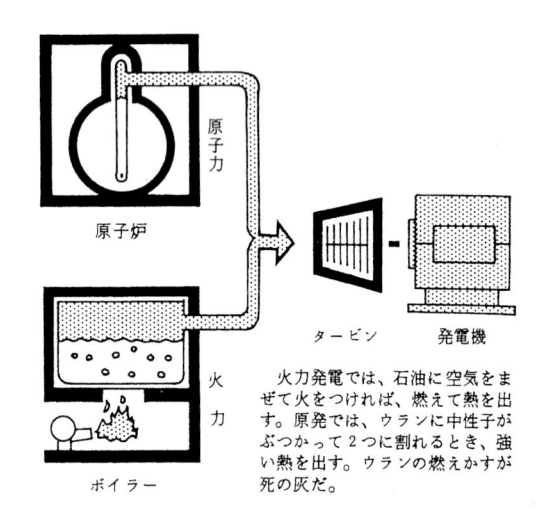

火力発電では、石油に空気をまぜて火をつければ、燃えて熱を出す。原発では、ウランに中性子がぶつかって2つに割れるとき、強い熱を出す。ウランの燃えかすが死の灰だ。

### ウランが〝燃える〟

　核燃料とはどういうものか。核燃料には現在のところウランというものを使っております。それと、現在はまだ使われていませんけれどもプルトニウム、そういうものもあります。

　これらは特別な性質をもっていまして、ウランとかプルトニウムは、あるきまった量——大体ドッジボールくらいの大きさと考えていいのですが——を一緒にしますと、人間が手を加えなくても燃えてまっ赤になって参ります。そして熱を出す。そういう性質がございます。これを原子の火と呼んでいます。

　核燃料というのはマッチで火をつけようとしてもあかんのです。そうじゃなくてある量以上を集めてやると自然に火がつく。ですから〝燃える〟といってもメラメラと焔をあげて燃えるのではない。原発でいえば棒がちょうど焼け火ばしのようにまっ赤になっている。それが原子の火の燃えている状況、とそういうふうに考えて下さい。

### 原子爆弾の仕組み

　原子爆弾が初めて私たちの目の前に登場したのが、日本人にとって忘れられない、ヒロシマ・ナガサキだったのでございます。

　原爆のカラクリを申します。右にあるのが原爆の図でございまして、右が広島に落とされた爆弾、〝広島原爆〟でございます。左が長崎に落とされたものです。形が一寸違いまして、長崎の方は形がずんぐりしてまして、英語で〝脂肪太りのおやっさん〟というあだ名がついています。広島は細っそりしているので〝リトルボーイ〟(少年)というあだ名がついております。

　で、この中に核爆薬が入っております。原子力発電所の場合は核燃料と呼びますが、こちらは人殺しが目的ですから核爆薬と呼びます。ただしモノは同じでして、広島に使った爆薬がウラン。現在原子力発電所に使っているものと同じものでございます。長崎のは、これがもう一つのプルトニウム。広島原爆をウラン爆弾、長崎原爆をプルトニウム爆弾ということもございます。

　原爆とはどういうものかというと、さきほども言ったようにウランやプルトニウムは一つにかたまるとまっ赤に燃える。その性質を利用しまして、はじめは爆弾の中で爆発したらいけませんから、仕切りをいれて二つに分けておきます。そしてお尻に普通の火薬を入れておいて、まずそれを爆発させます。まわりにはこの、普通の火薬が爆発したくらいでは壊れない、丈夫な鉄の容れものを使ってあります。で、これが爆発しても容れものは壊れないで、こちらのウランの塊まりをもう一つの塊まりの方にドーン

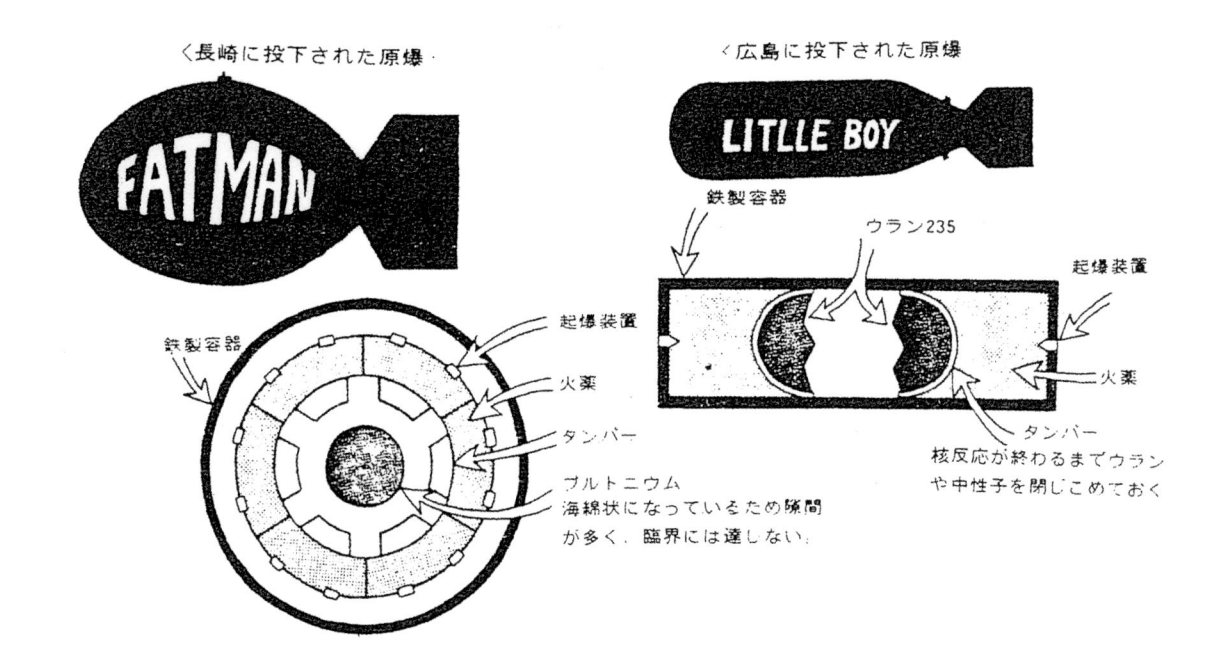

〈長崎に投下された原爆〉
FATMAN

鉄製容器
起爆装置
火薬
タンパー
プルトニウム
海綿状になっているため隙間
が多く、臨界には達しない

〈広島に投下された原爆〉
LITLLE BOY

鉄製容器
ウラン235
起爆装置
火薬
タンパー
核反応が終わるまでウラン
や中性子を閉じこめておく

と押す。そうすると分けてあったウランが一体になりますから、人間が手を加えなくても全体がまっ赤になって原子の火が燃えます。そしてそのエネルギーで今度は容れものが保たなくなりまして、次の瞬間、ピカ！ドン！と爆発したわけですね。広島の上空6,000メートルでこれが爆発しました。ピカというのはまっ赤にやけたその熱線で、大勢の人を焼き殺しましたし、ドンというのは爆風で、大勢の人をなぎ倒して殺したわけです。

ですが、これはスイカの切りみのように、二つじゃなく沢山に分けておいて、そのまわりに火薬を仕掛けてその火薬を爆発させます。そうすると核爆薬がみんな、まん中へむいて走ってきて、一つの塊りとなる。そしてまっ赤になって次の瞬間に爆発する。こういうことでございます。

原子爆弾というのは非常に簡単だということがおわかりになると思います。アメリカでもこのあいだ、ある学者が、『誰でも作れる原爆の本』というのを書いたそうでございます。

**爆発時間10万分の１秒**

原子力発電所も同じものを使います。爆弾の時には、これが火の玉の用にまっ赤になるまでにどれくらいの時間がかかるかというと、10万分の１秒。ですから普通の火薬が爆発してウランとかプルトニウムという核爆薬が一体になったと思ったら、まばたきも出来ない間にまっ赤になって、次の瞬間に全体が爆発してる。ですから実際には、普通の火薬が爆発するとほとんど同時に原爆そのものが爆発する。そういうことになっています。

ごく短い時間に、原子の火のエネルギーを一挙に出してしまう。そして人を殺す。原子力発電は人を殺すのが目的ではありませんから、もっとゆっくりそれをやろう、というわけです。

**原発も結局は湯わかし**

ここに原発の絵がありますが（図参照）、中国電力がいま使っているのも、こないだ敦賀で事故を起こした原子力発電もこのタイプで〝沸騰水型〟。お湯が沸騰する、というあの字の原発でございます。もう一つ、こちらはもっぱら

≪沸騰水型≫

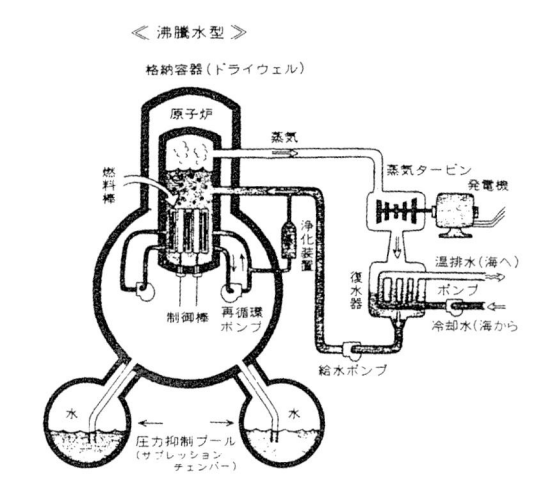

関西にきている型のものでございまして、何れもアメリカ生れの原発です。

　図の両方に、丸いところが見えますね。ここで蒸気をつくります。ボイラーです。ボイラーでお湯が沸いて蒸気ができる。その蒸気がこちらへ来て、ここにあるのはタービンといいまして、扇風機のような大きな羽根が何枚もついておりますが、こちらから来た蒸気が勢いよく当たるとグルグル回ります。回ると、発電機の、ここについてる磁石が回って電気が出ていく、とこういう仕組みでございます。

　それから『むつ』のような原子力船はどうなっているか、ついでに言うと、発電機のところにスクリューがついてる。タービンの羽根がグルグル回るとスクリューも回って、艦が進んだり後退したりすることになっております。ここに発電機がついてるかスクリューがついてるか、です。原子力発電に戻りまして、このお湯を沸かすところは普通の火ではボイラーと呼んでいますが、これは原子の火ですから原子炉と呼んでおります。原子の火のボイラーという意味であります。普通のボイラーは、窯の底から石油や石炭でたいているのですから、家庭の釜とおんなじです。原子の火は違いまして、火が水の中、さっきも言ったように焼け火ばしのようなものですから水の中に入れておいてやる。

そうすると水が熱くなる。その方がずっと効率がよろしい。外から見ると火の気は全然みえません。

　しかし結局は湯沸しでして、原子力発電というと皆さんなにか、ウランを採ってきて魔法の箱みたいなもんにいれて、スイッチを押すと殺人光線が出て電気になる――と、これはマンガの見過ぎでありまして（笑い）、この湯沸しに使ってる、それだけのものであります。

**制御棒を上げたり下げたり**

　その燃料、皆さんの絵には太い線で3、4本描いてありますが、実際はもっと沢山あるのでして、さっきの原爆の絵と核爆薬と同じものであります。

　爆弾の時には間があけてありましたが、原子力発電の時にはこの燃料の間に棒がつっ込んであります。その棒のことを制御棒と呼んでいます。島根原発の制御棒がさかさまに入っとった、とか、抜けた、とか新聞に出たあの制御棒です。

　で、これは何をするかというと、これが燃料と燃料の間につっ込んでありますと邪魔になって火が点かない。何本も何本もいれてございます。

　で、燃やしたい時には下の方に装置がついていて、棒が下がるようになっています。邪魔ものの棒を、ゆっくりゆっくり慎重に抜いていくとどっかで、ぎりぎりのところで、ちょうど燃え始めるところがある。そして特別な線――中性子が出てくるわけです。

　皆さんは、中性子爆弾というのを新聞でたびたび見ていますし、『むつ』が太平洋に出た時に、「中性子がもれた」、そして、「ストッキングにご飯粒をつめて一生懸命防いだ」、そんな話を覚えておられると思いますが、あの時出てきたヤツですね。ですから、『むつ』から中性子がもれたのは、制御棒を抜いた、そして原子

の火が燃え始めた、そういう事を意味しますね。

そうやってここへ中性子を感ずる装置を置いといて、実際に原発を運転するには危険で中へは入れませんから、外に運転室があってそこへ線をひいて、メーターに出るようにしてあります。そうしておいてゆっくりゆっくり制御棒を抜いていくと、どっかで、一寸、メーターに触れはじめます。「あっ、これは燃え始めた」、と外にいてわかるようにしてあります。

そうなるとその段階で引き抜くのをやめてほんとに、燃えるか燃えないか、という程度で燃やしていく。そしてこれが焼け火ばしのようになってお湯が沸いて、蒸気になって、電気をおこす。これが原子力発電所です。

今度は、原子の火を消したいなあと思ったら、制御棒を上げてやればよいわけですね。そうすると邪魔ものが入りますから、焼け火ばしのようなものが冷めてもとの色に還る。ですから、実際はもう少し複雑ですけれど、制御棒を上げたり下げたり、これが原子力発電を運転する事になるわけです。この時は爆弾と違いまして、何べんも燃したり、消したり、燃料がもえつきるまで、できます。

**原発1日で原爆3発分**

広島原爆は10万分の1秒で爆発しましたが、その同じウランが燃えるのにこちら（原発）では約8時間かかります。ここでいま、青谷・気高をねらってる原発ですと大型になります。100万キロワット以上のものが必ずやって参ります。

島根のヤツはまだ小そうございますけれども、あんなものではもうけにならん、というので大きなものになって参ります。

100万キロワットという大きなものになりますと、この中で8時間かかって、広島原爆1発分が燃えてる。ですから24時間、つまり1日かかって原爆3発分を燃やしている、と覚えておいて下さい。

## 3．死の灰のこわさ

**やっかいな死の灰**

原子力発電は制御棒を上げ下げするという非常に簡単なことで、皆さんにもやれそう、フロにも使えそうですけど、フロに使えんのは、原子の火が燃えると、ほかのものに変っていくからでございます。それは〝死の灰〟といわれているもので、広島・長崎で死の灰のためにものすごく現在も苦しんでいる人が多いのは、皆さんもご存知のとおりです。それからビキニ。マグロ・カツオを採っておった『第五福竜丸』という船が死の灰を被って、亡くなったり大ケガをされているわけです。そういうものが（原発でも）実はできて参ります。

それは、燃え方を原爆のように激しく燃すか、原発の火のようにゆっくり燃すか、に関係なくて、ウランやプルトニウムというのは燃えさえすれば、燃やした量に応じて、後に死の灰が出てきます。燃えた時間に関係なく、どれだけの量が燃えたかです。

もうおわかりですね。広島原爆の3発分が1日に燃えてるわけですから、青谷・気高原発が1日燃やしますと、広島にまき散らした死の灰3発分がたまってくる。1発でもあんな事になったんですから、3発分というと大変なこと

第五福竜丸

です。そのために、それが外へ出てこないようにするために大変な装置をつくる。

　皆さんのフロで使えんというのはそういう事でありまして、原発というのは非常に簡単で便利なのでありますけれども、その時できる死の灰が非常にやっかいなために、いつまでも反対をうける。皆さんが集まってこうして必配なさるのも、そこが大もとになっている。

### 原爆も原発も死の灰は同じ

　死の灰には区別がございませんで、広島でできた死の灰も、長崎でできた死の灰も、原子力発電所でできた死の灰も、全く同じものである、という事をはっきり覚えといて下さい。

　問題は、どれだけウランを燃やしたかですから、1日3発分だと1年に大体、1000発分の死の灰が原発のおなかいっぱいに出てくる。とんでもない危険なものだという事になります。

　もう1つ、いやらしい事があります。こうしてウランを燃やしていますと、死の灰だけではなくて実は、もっとやっかいなものが出来る。それが長崎爆弾に使われた、プルトニウムというものでございます。

　ウランは山にも海水にも残っています。しかしプルトニウムは、地球上には全然残っていない。長崎の爆弾はですからどうしたかというと、いまの原子力発電と同じようなものを作ってウランを燃やしました。そうすると次々にプルトニウムができてくるという、そういう性質を利用して長崎の爆弾をつくりました。ですから、原子力発電やってると、1つは死の灰、もう1つはプルトニウムができる。

### 耳カキ1杯で肺ガン100万人

　プルトニウムがなぜいやらしいかというと、第1に、そういう爆弾の材料になるということ。イラクの原子炉がなぜ爆撃されたかというと、原子炉ができると必ずそこに原爆の材料ができる。これでイスラエルを攻撃する原爆が作られたら、というのでイスラエルが先制攻撃をかけて爆破してしまった。そういう戦争につながるものが出来る、という事がひとつ。

　もう1つはこれが非常に猛毒で、耳カキ1杯分——大体1グラムですが——をそのまま飲んでも効果は薄いんですが、煙のように、こう、細かいチリにして、大勢の人に吸わせますと、100万人の人を肺ガンで殺すことが出来るという、人間が創り出したものの中では、最も猛毒だといわれているものでございます。発ガン物質ですね。

　それがどれくらいできるかというと、やはり100万キロワットぐらいの大型の原発になると、なんと1年に300キログラムです。1グラムで100万人殺せるわけですから、300キログラムで何人殺せるかは、後で計算して下さい。

　地球上の人を何べんも殺せるようなものが、1年で死の灰（原爆の）1000発分と、プルトニウム300キログラムが、これはもう、放っておいても、原発を運転している間に出来る。これが、処理でも設備にも、原子力発電に最後までつきまとう大きな問題でございます。

　電力会社のパンフレットなど見ますと、「原発の中には確かにやっかいなものができる」と非常に簡単に書いてありますが、どれくらいやっかいなものが、どれぐらい出来るかという事は書かないのが、ああいうパンフレットの特徴でありまして、皆さんもそこをしっかり押さえておきませんと、「何かまあヤイヤイ言ってるけど大した事やないな」と思ってしまう。

### 放射能と放射線

　死の灰やプルトニウムを総括して〝放射能〟と呼んでおります。放射能とは放射線を出す力そのものを言っておったんですが、この頃では放射線を出す力をもった物質も放射能と、専門家の人もそう呼んでおります。

248　資料1　原発のないふるさとを

放射線というのは目に見えない光線です。この部屋に出ているのは目に見える光線ですね。だが、エネルギーがもっと高くなると段々目に見えなくなる。こういうものを放射線と呼んでいます。

皆さんの身近かにあるのはレントゲンとかX線。いまでも病院ではX線科と書いてございますが、両方ともこれは、放射線という言葉とおんなじです。ただ、病院では、お医者さんが「息をとめて」と言う時だけジーッとスイッチが入って、後は放射線が出ない様に消してあるからいいんですけども、放射能というのはスイッチなんかついとらんですから、四六時中、放射線を出している。

### 放射線の急性障害

放射線というのは、お医者さんでも使うから役に立つ、と思っておいでかもしれませんけど、実はお医者さんのものでも当たるとまず害が出てくる。非常にやっかいなものでございます。で、それを放射線によってひき起こされる病気、というので放射線障害と呼んでいます。

放射線障害は大きく分けて、〝急性〟の障害と、後から、忘れた頃に出てくるという意味で〝晩発性〟の障害というのと、2つございます。

急性というヤツは読んで字の如くに大体、放射線を浴びてから2週間ほどの間に勝負がつく。亡くなる人は亡くなってしまうし、生き残る人でもケロイドなんかになって表へ出てくる。具体的には、髪の毛が抜ける、皮ふがボロボロになって、血を吐いて死ぬ。そういうので、これは私たちの体をつくってる細胞が死んでしまって、潰瘍状態なんですね。皮ふや内臓なんかの細胞がぐじゃぐじゃに崩れて血を吐いたりして死ぬ。こういう病気でございます。よく、皆さんが広島・長崎の写真をごらんになって目にされるのがこちらでございます。

### 晩発性のガンと遺伝

もう一つ、さらにやっかいなのに晩発性というのがありまして、放射線を浴びてから忘れた頃に出てくる。晩発性の害にも二つありまして、一つはガン。もう一つは遺伝的障害。すなわち、親が放射線を浴びたために、子供や孫に、困ったいろいろの障害がひきつがれていく、というこの二つがございます。

ガンと遺伝の障害の二つは、これはまるっきり違うようですけれども、この10年ほどの間

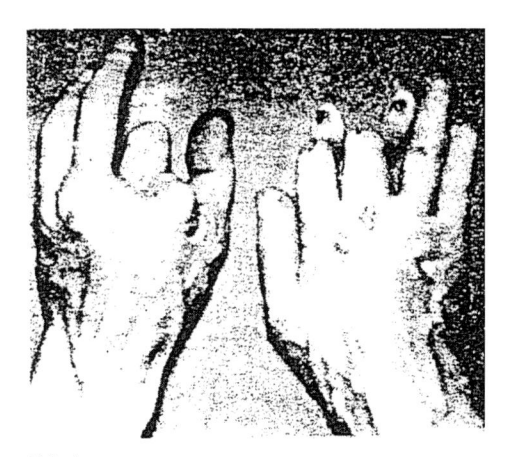

〔例1〕
エックス線の発見者レントゲン博士の助手の手。ひどい放射線障害で指がくねくね曲っている。

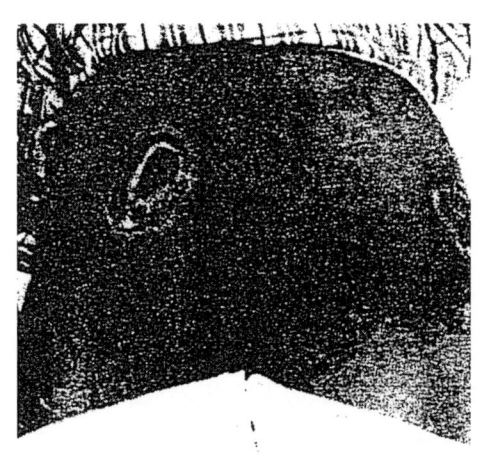

被ばく後53日、尻の放射線皮ふ炎

〔例2〕10年近く前、千葉の造船所で起きた放射線障害。検査用のイリジウムという放射能を知らずにひろった労働者がズボンのポケットに入れていたら、手や尻が放射性皮ふ炎でひどくただれた。

原子力発電を考える　249

にいろいろ調べられて、もとは一緒だ、ということになりました。それは、私たちの体をつくっている細胞は大きく分けて２種類ありまして、体をつくっている、胃だとか腸だとか肺だとか、そういう体をつくっている体細胞。それから、男の人も女の人も、子供をつくる上だけ役に立つ生殖細胞。男の人では精子になりますし、女の人では卵子になる。そういうものになるもとの細胞を生殖細胞というんです。

その２種類がございますが、これが放射線にあたって死んでしまえば、それはもう、さっき言った急性障害ですが、そうじゃなくて、死なない程度に浴びると、細胞は生き残るんです。けれども変化してしまう。それを〝突然変異〟といいます。

これは添加物の問題なんかで気高郡の婦人会さんは随分やってこられてご存知ですけれども、その突然変異した細胞がもとになって、体細胞の場合はガンになって増殖して参ります。生殖細胞の場合は増殖はしませんけれども変化した細胞はそのまま、子供にひき継がれていく、ということになって、突然変異した、困った性質が、子供・孫・またその子供という風に受けつがれていく。

要するに、ガンも遺伝の問題も、放射線にあたって突然変異するという点が、両方が共通していることがはっきりしてきた。ですから、放射線のやっかいなのは、発ガンと遺伝毒性ということが中心問題となってくるわけでございます。

**見分けつかぬ放射線障害**

そのあらわれ方で非常にやっかいなことは、放射線でできたガンと、例えばタバコを喫ってできたガンとは区別がつかんのですねえ。全然つきません。それから、放射線を浴びてからずうっと後の、忘れた頃に出てきますからこれも大変困る。

縁起でもない事言うようですけど、いま青谷に原発ができたとします。そうするとエントツから放射能が出てくるわけですから、それで皆さんがガンになったとして中国電力へ行ったとしても、「証拠もってこい」というわけですから、原発の放射線でガンになったというその証拠は全然ない。そこが一番問題なわけです。

どうやったらわかるかというと、疫学調査というのをやります。原発ができますねえ。そして気高・青谷の発ガン率というのを年々調べていってると、10年ぐらい経った頃からだんだん増えてくる。どうもガンで死ぬ人が増えていく、ということで、どうやらこれは原子力発電所ができたせいじゃないか、となる。

子孫の影響となると、これはチョットやソットではわかりません。皆さんが死んでしまったはるか先になってわかるわけで、こりゃもう、どうしようもありませんが、ガンの場合は数十年ぐらいの間にそれが出てまいります。

しかし、そうやって何となく、青谷や気高の人に、また鳥取県の人にガンが出てくるといっても、そのガンになった人の中で、誰がエントツから出た放射能でガンになったか、は金輪際、証明できません。

因果関係がはっきりしないままに残る。ここの所が一番やっかいな問題ですから、放射線障

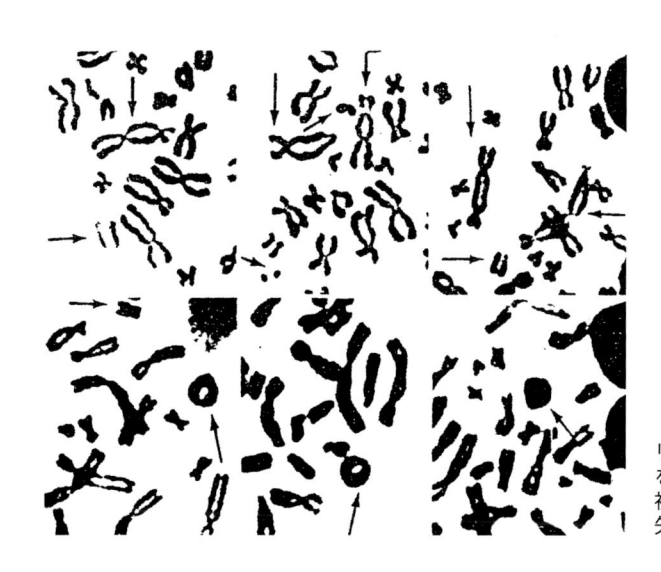

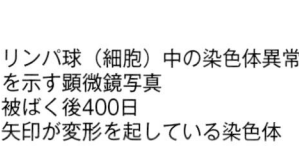

リンパ球（細胞）中の染色体異常
を示す顕微鏡写真
被ばく後400日
矢印が変形を起している染色体

母となる日を待ち
ある日突然
思いもよらぬ出来事が起こる。
それが遺伝障害である。

害のことをいう場合に、急性障害ももちろん大変なことですけれども、晩発性障害の方が問題にされるわけです。

ですから、これは浴びてしまったら〝一巻の終り〟ですから、その前にできるだけ浴びることをくいとめよう、と世界中が一致しているのはそのことでございます。この点をぜひ、皆さんは理解していただきたい。

### 遺伝の危険性と社会差別

この間、福井県の大飯町で原発が増設されるというので住民が反対したのですけれども、とうとう町が押し切ったという事がありました。その時、あるお医者さんが個人名でこういうビラを流されました。最近、福井県の若狭地方にガン患者が増えてきた、という事が書いてございます。これは、その先生だけでなくこの地方の何人かのお医者さんが同じことを言っておられて、「どうもガンの発生率が高くなってきた」と。

しかし誰が原子力発電所の灰にやられたかは解らないのですね。そして、こういう言い方をしては福井県の人には悪いですけれども、結局は、あとへは社会的な差別として全住民へのしかかってくるのです。

発電所の附近の人にガンが出るということはまた、遺伝的な欠陥もある場合がある、ということです。発ガン率が高くなったということは、当然、遺伝的な影響も受けている。そうすると、原発附近の人には結婚問題という形で非常に深刻な社会差別が出てくる。これは何と考えても、言葉でうち消しても、そういう問題だけはその地方の人に重くのしかかってくる。

実際にガンになられた方もならない人も、悲惨な、陰惨な形で放射能の影響というのが出てくる。特に遺伝毒であるという事があるために、一層、その陰惨さが増してくる。

### 突然変異は微量でも起きる

このガンや遺伝の問題で、もひとつやっかいなのは、急性障害というのはある程度以上の放射線を浴びないと、細胞がぐじゃぐじゃにやられるという、広島・長崎に多く見られたような障害は起こりませんが、ガンや遺伝障害の原因である突然変異は、どんなに少い放射線をあびた場合も、必ず、私たちの体の中につくられていく。ただ、私たちの体には何億という細胞がありますから、1つや2つやられてもガンになって出てくる率は減る。こういうことになるのですね。

原子力発電を考える　251

皆さんの中にも煙草好きの方がおられたら申し訳ありませんが、「煙草喫うたらいかん。肺ガンと関係ある」という事ははっきりしてるのに、「死んでもええ」というて喫うておられる方がある（笑い）。そういう人に限ってなかなか肺ガンにならん（大笑い）。

あれとおんなじで、発ガンの機構とかそういう確率の点ではクジやアテモノと一緒で、運の悪い人は一発でもやられるし、運のええ人はお尻から煙が出るほど喫うても肺ガンでは死なん（大笑い）。

でも、1日に50本喫う人でも、1本しか喫わん人でも、体内で肺ガンの原因が作られる、という点では同じです。だから体に対して絶体安全だという量はない、という事になってくる。この点は非常に大事なところでございます。

## 4．許容量の考え方

### 許容量とはしんぼう量

ところが世の中には〝許容量〟というものが出てきます。

この10月26日（1981年）の新聞に政府が出しましたし、たぶん電力会社も出すと思いますが、大きな紙面を買い切って、「原発から出る放射能など問題にならん」と、そういう図が出ております。ああいう図がでてくるのは許容量というものがあるからです。

どうして許容量というかというと、本当は体に対して安全な量というのは絶対にないのですけれども、原発をつくると電気が出てくるのでうるおう、と。だから少々の事はあってもしんぼうしよう、と。そのしんぼう量というものを許容量というわけです。体が許す、という量じゃなくて、人間が許す、そういう量であるわけです。この点を間違えないように。

しかしこれには1つ、おとし穴があるんですね。

### 利益は一方、被害も一方

国会かなんかで議論する時は、日本全土で利益と損害が重なるように議論します。しかし、実際には原発を作って利益を得る人と、それから死の灰を残される人とは社会的に分かれてしまうんですねえ。被害は一方だけ、利益は一方だけ、となる。それを全体をつっ込んで国全体で、バランスがとれてる、と。たとえそうであったとしても、非常にそこに問題が出てまいります。

本当に電気を使う山陽側で原発をやるんでしたら話はわかるのですけれども、電気は表（山陽）で使って原発は裏（山陰）へもってくる、というんでは、便利さとやっかいさを受ける者がそこで分れてくる。そうすると、「しんぼうしよう」というのは「する方はしんぼうだけしよう」という事になってくるので、各地で問題が出てくる。

### 500ミリレムでガン1万人

1年間にどれだけ放射線を浴びたか、というその「どれだけ」という量をミリレムという言葉で表わします。ここでもう、皆さん、いままで1回も聞いたことない言葉だというので、「もうアカン」（大笑い）とこうなってしまうんですが、そんな事ないんで、1メートルの1000分の1をミリメートルと言いますね。そんなもんです。

ただこれは、長さの単位でなくて、どれだけ体に悪い線を浴びたか、の単位なんです。それ

放射線障害の発生数

| 被ばく量<br>（年間・ミリレム） | 年間障害者数<br>（人口1億人につき） ||
|---|---|---|
| | ガン | 遺伝的障害 |
| 500 | 10000人 | 20000人 |
| 5 | 100人 | 200人 |
| 0 | 0人 | 0人 |

252　資料1　原発のないふるさとを

をちょうどメートルのように、体に対する放射線の影響を表わす単位としてレムというのがあって、それでは大き過ぎるので1000分の1＝ミリレムというわけです。

そういう単位で表わしまして、1年間にいくら浴びせてもよろしいか、というように決まるのです。1年間に500ミリレムという量が出てくるわけです。ところが、いまも言ったように、放射線は体にとってどんなに少なくても無害ではありません。で、1年間、500ミリレムという量を1億の人にずっと浴びせ続けたら、国民の間にどれだけガンや遺伝の問題が発生するか、というのがこの表です。（表参照）

これは私たち反対派がデッチあげた数字ではなくて、1972年にアメリカの一流の遺伝学者・医学者・生物学者20人ほどを集めて政府が計算させた結果でございまして、もしもこんな量を1億の人たち全部に浴びせ続けますと、1年間でガンで死ぬ人が1万人できるし、重大な遺伝的欠陥——外から見てわかるような欠陥、それから厄介な病気の中の幾つかは遺伝病である事が判っていますが——そういう重大な遺伝障害をもった赤ちゃんが2万人生まれてくる。こういう計算になってるわけでして、とても安全量とはいえないわけです。

なんでこんなものを認めているか、というと、日本は国会を通さないで、科学技術庁や通産省の告示という形で、皆さんの知らん間にすっと作ってるんですけれども、日本の国民全体がこんな放射線を受けることはまずない、だから表のようにはならんと、それだけでありまして、放射線のやっかいさというのは全然否定できない。

**引き下げられた許容量**

アメリカでは、1969年の頃に非常に住民運動が盛んになりまして、「500ミリレムなんてとてもしんぼうできない」というので反対運動をした結果、アメリカ政府はその100分の1の5ミリレムというのを、法律の方は下げるわけにはいかないけれども、原発をつくる時の目安としては一応5ミリレムを守るように、という基準を1970年代につくりました。

で、日本の電力会社は猛烈にそれに抵抗しましたが、結局は3年おくれて、そういうことにしました。10月26日の新聞をもっておられる方は見て下さい。その一番下のところに5ミリレムという数字の出ているのは、こういうところから出ている。

いま自慢そうに、100分の1に減らした、と言ってる人＝電力会社は、陰で猛烈に反対したのであります。日本はアメリカのようにはとてもやれん、これでええ。といって随分反対したことを、全然、表に出さずに、いまのこれを自慢そうに示しているのであります。

100分の1の5ミリレムとなると、ガンも1万人の100分の1の100人、遺伝障害は2万人の100分の1の200人、とこうなります。原子力発電でこれくらいの死の灰を浴びても、出てくるガンは1年にこれくらいだから、遺伝に害のある赤ちゃんはこれくらいだから、原発は便利なものだからしんぼうしよう、とこういう事になっておるわけです。が、「わしはそんなんイヤだ。ゼロにしよう」となると原発をつけないようにするしかない。

これでおわかりのように、許容量というのはそれを受ける人たちの考え方で決まってくる。ですから、国によってその値（あたい）が違ってくるわけで、住民意識の強いところはアメリカのように下がるし、そうでないところはいままでの値の使われるところもある。ぜひ、この許容量というものを考えていただきたい。

**自然放射線と推進派のトリック**

推進派は「放射線は自然の中にも100ミリレムぐらいあるんだ。それに比べると原発の5

ミリレムというのは問題にならん」と。「自然の100ミリレムの中で人間がこれまで生きてきて、どうってことないじゃないか。だからそれよりずっと低いのだから問題にならん」と。その論調が1つです。これは大きなトリックがあります。

〝自然〟というのは、宇宙線という、どこか分らん所からとんでくるものが3分の1ぐらい。それから壁の中、あるいは泥の中にウランが入っていてそれが出てくる。野菜の中にもあるカリ、あの中にも放射能はございます。そういうもので体の外からも内からも照らされます。

こいつは地球上に住んでる限りは、いまのところ避けようがありませんし、そういう環境の中でずっといままで生き続けてきたわけです。それはどういう事かというと、100ミリレム浴びてると、日本は1年に大体20万人ぐらいガンで亡くなっているのですが、その中の2000人ぐらいは自然の放射線で亡くなってることになります。

遺伝的の障害をもった赤ちゃんも生れてきますが、その中の4000人ほどは自然の放射線を浴びたために生れたのだ、と。それがバランスがとれた状態ですすんでいるために見かけ上は何もないように見えますけれども、実際は、自然といえども、そういう害をちゃんとつくり出している。

それを「自然にあるから」というと、皆さんは「安全なものだ」と思われて、さらに「それよりずっと低いから問題にならん」と、こういうふうに言ってるというトリックを知って下さい。

## このサカナどこのサカナや？

もう一つの論調は、自然にも100ミリレムあるのだから、その100分の5の、5ミリレムは大したことない、と。竹村健一さんという人が『私も原子力が恐かった』という本を書いて、「自然の（放射線）はカワラが頭に落ちたくらいだが、原発から出るのはハエが一寸とまった。そんなもんやのに住民がワイワイ騒いどる」、とこういう書き方をしてるんだそうで

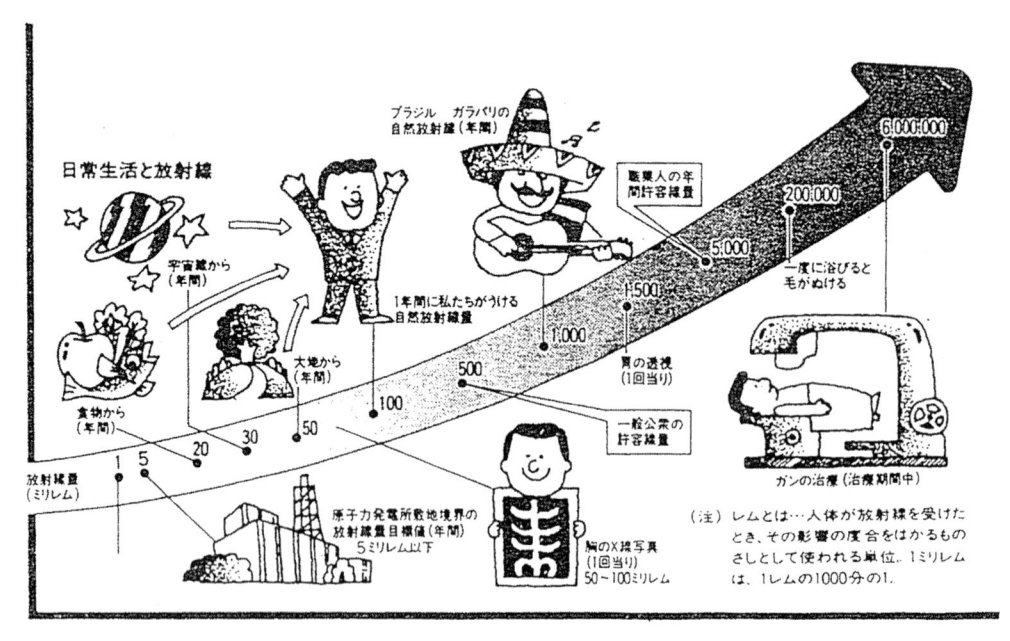

『日本海新聞』（1982年3月7日）に掲載された中国電力の原発推進の広告『今、なぜ原子力か』より。

が、そのインチキはこうです。

5ミリレムというのは確かに影響は少い、という事はわかりますね。しかし当たった人はガンになる。あるいは、その子供さんに不幸な結果が出てくる。当たらんかった人は「助かった！」。こういう事になる。ですから、当たった人は全体だから、全体が皆、こう、ハエがとまってチョット痛い、というのでなくて、やられる人は確実に殺される。クジ引きみたいなもんですね。

「大丈夫や」言うエライ先生に限ってその晩民宿へ泊ると、「このサカナ、どこのサカナや？」（大笑い）。それは何でかいうと、一寸かすったかすり傷というようなわけにはいかんのです。その先生が食べる、あるいは土産に持って帰って子供に食べさすと、ひょっとしてガンになるかも知れんのです、それは。そういう意味で、確率で低い、という事で、それを頭にハエがとまって払うようなもんや、とごまかしているのです。

だから例えば、死の灰が入ってない魚と、5ミリレム程度やけど入ってる魚を目の前に置いて、竹村さんも子供にどっち食べさすかというたら、入ってない方を必ず食べさす。これは親がやる当然の行為です。いくら少くても、うっかり引いたらその子にとって将来、不幸になるというヤツは食わさんのです。そこをごまかしてる。

放射線によるガンや遺伝というのはどうして出てくるのか。結局、最後は突然変異でどんなに少い線を浴びても突然変異は確実に起こる。ただ、起こり方が多いか少いかの違いという、そこをしっかりとつかまえておいて下さると、怪しげな理屈にだまされずにすむ。

**電力会社のもう一つのゴマカシ**

もう一つのゴマカシは電力会社のパンフレットや新聞広告に出ているもので、左下からズーッと右上に線が上ってる絵がかいてあって、左下の方には原子力発電所、右上にはガンの人が寝て放射線当ててる絵がある。そこへ何万という数が書いてあって、それと5ミリレム（原発の）とは比べものにならん、とこう書いてあります。

あれももの凄くインチキで、大体ガンの治療に当てる放射線というのは、ガンでもう後2～3ヶ月で死ぬかもしれん。けど、それを一寸でも延ばしたいというんで、他をやられることを覚悟してるんで、いまのガンをやっつけるために、10年先、20年先のガンをあきらめよう、とそういう事をやってるわけです。

ご婦人の方で乳ガンで放射線当てて、数年後にそこからまた別のガンが出来る、という例が幾つもあります。そんな、もう、のるかそるかの時に当てる線量と5ミリレムを比べて、同じ図にのせて「問題にならん」、という。こんなものを皆さんの税金で国の名前で新聞に載せるというのは、許し難い行為やと思います。

同じ載せるならもっと身近なものをのせる。レントゲンの場合も100ミリレムですから、それをずっとやってると、ちょうど自然のものと同じで、1枚撮る毎に年々2000人はガンで亡くなってる。それから当てたその子供さん、当てた子供の子供から4000人ほど、欠陥をもった赤ちゃんが生れているわけです。にもかかわらず、これまで何でそんな事してたか、というと、肺結核で死ぬ人が多かったからです。で、早く発見して治療して救おう、ガンで後で死ぬ人より結核で死ぬ人が多い時にはそれをやろう、という事だったわけです。

**検診のレントゲンにも注意**

最近、肺結核がだんだん治るようになって、レントゲンは小学校で1回、中学校で1回になっています。それ以上は浴びせない。特に子供には影響が非常に大きいですから、そういう

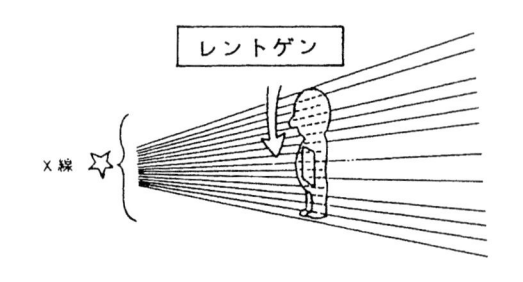

細胞にやたら当てる事はよくない。少々結核の発見が遅れても、小・中学校で1回ずつとなってる。ですからあんなとこへ100ミリレムと無神経に書くより、その100でさえ出来るだけ浴びせないようにしてるんだ、という注意をいれて、初めて政府が出すべきものなんです。

　それから胃ガン検診。私もおととい受けてきましたけど、40才過ぎると公務員は強制的にやらないかん。なんで40過ぎてからやるかというと、あれはもう、1000ミリレム近く浴びせるわけです。そうすると、40ですからガンは出たとしても大体20年あと、60から65才で出ますから、ま、その頃はもうあとあんまり残りがないわけですから（大笑い）。

　若い人にはなぜやらんかというと、若い人のガンは怖い。30代の人のはアッという間に死んでしまいます。若い人にどんどん検診で放射線当てると、ほんとのガンより浴びせて出来るガンの方が多くなるからです。で、平均寿命がだんだん延びて、公務員もいま45才からになってる。45才から強制的にやって25年経ってガンが出ても70才で、大てい平均寿命と一緒やから、ま、よかろう（大笑い）——と、こうなってる。

　みんなそういう均合いを保って医療業務をやってるわけで、無害だからやってるんでなくて、やむにやまれずやってる。それを原子力発電所のこんな数と比較している。ぜひとも皆さん、このところはよく討論しておいて下さい。そうするといろんなインチキにだまされずにすむ。

## 5. 死の灰はもれる

**死の灰は無毒にできない**

　それから死の灰やプルトニウムのやっかいさはまだあります。1つは、死の灰はそれを無毒にする手段をもっておればいいんですね。放射線にあたって病気になるわけですから、放射線が出てこないようなものに変えてやればよろしい。ところがそれが実は、私たちもそういう方法はないかと思って一生懸命やったんですけど、現在までのところ世界中でまだ、そういう原理が見つかっていない。

　放射線を出すものは、こんな（原発）装置で割合、簡単に作られるようになりましたけど、作ったものを放射線が出ないようにするという手段はないんです。あれば原子力発電のやっかいさはずいぶん減るわけですけれども、どんなにお金をかけてもいまのところそれを消す方法がない。で、どうするかというと、それはコンクリートの中へ閉じこめて、みんなの所へ出てこないようにする。

**毒性減るのに24万年**

　幸か不幸か、放射能には寿命がございます。ちょうど、買ってきた電球が寿命があるのと同じで、安物の蛍光灯ははよ暗くなるし、上等のは長うもつのと一緒で、蛍光灯の明るさがもとの半分の暗さになった時の時間を——放射能の時もおんなじです。死の灰をもってきて置いとくと、初めは勢いよく放射線が出ています。それが、時間が経つともとの強さの半分に減る。その期間を「半減期」と呼んでいます。放射能

《放射能の半減期の1例》

アルゴン40（空気にまざっている）……………… 2時間
ヨウ素131（甲状腺のガンに）…………………… 8日
クリプトン85（生殖腺の近くに蓄積）………… 10.7年
ストロンチウム90（白血病を引き起こす）……… 28年
セシウム137（生殖細胞を破壊）………………… 30年
プルトニウム239（ごく微量で肺ガンに）…… 2万4,000年
ヨウ素129（甲状腺を侵す）…………………… 1,600万年

には半減期がみなございまして例を3つあげておきます。

　短いヤツから、一つはヨウ素といいまして、これはスリーマイル島の時にも飛び出してきまして、周辺で赤ちゃんの死亡率が増えた、という話を聞いておられると思いますが、その原因はどうやら、事故でこのヨウ素が飛び出して、それをお母さんが吸って、それをお腹の赤ちゃんが吸って、発育不良になって死んでいった、という説がいま言い出されています。そういうヨウ素。やっかいですが、しかし、これは8日間で半分に減り、次の8日間でまたその半分に減る。ですから、いまスリーマイル島へ行っても、ヨウ素はもうほとんど残っていません。ですが、事故の直後は盛んに出ておったんですね。

　それからストロンチウム。これもスリーマイルでも出ましたけどあんまり出ていない。むしろ、核実験で米・ソがボーンとやったのが、成層圏にいまでもいっぱいあって地球に降ってくる。1961年から66年ぐらいの間にお母さんのお乳吸ってたり、ミルクをのんでたりしてた方には、ストロンチウムが骨へちゃんと入ってるわけです。ストロンチウムというのはカルシウムと似てまして、骨をつくる時入ってくる。大人の場合は骨ができてますから入らないんですけれども、赤ん坊や子供の場合はどんどん取り込まれていく。で若い方の骨には、だからずいぶん入ってるんですけれども、このストロンチウムは30年で半分。ですから墓場まで行って

身体に入った放射能は各器官にとどまり、
長い間まわりの細胞を破壊しつづける。

水晶体
水晶体は細胞分裂をしないので、放射線による障害は蓄積していく。白内障になる。

甲状腺
ヨウ素131〔半減期8日〕がたまる。甲状腺ガンなどをひきおこす。

肺
プルトニウム239〔半減期2万4千年〕などの微粒子が付着する。肺ガンをひきおこす。

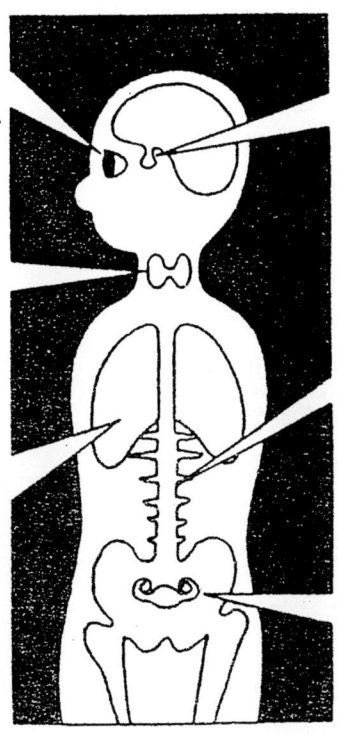

脳下垂体
イットリウム90〔半減期62時間〕がたまる。胎児に呼吸器障害をひきおこす。

骨髄
ストロンチウム90〔半減期28年〕などがたまっていく。白血病をひきおこす。

生殖腺
セシウム137〔半減期30年〕などがたまる。不妊、ホルモン障害、遺伝子突然変異などをひきおこす。

も仲々減らん。それから、初めにも言った、猛毒のプルトニウム。これは半分に減るのに何と、2万4000年ですから、1000分の1になるには24万年かかる。ちょうど類人猿がワアワア言いだしたのがいまから24万年前の頃ですから、いまつくったプルトニウムもそのくらい置いといてやっと毒がうんと減る、ということになる。その間、毒が外へ出ないよう閉じこめて置く、ということしかない。

だから、寿命の短いヤツは割合いよろしいのですけれども、永いヤツは、本当に、何千年、何百万年という間、外に出んように置いとかなければならない。それが非常にやっかいな点でございます。

**放射能は目に見えない**

もう一つやっかいなのは、そういう死の灰やプルトニウムが、お茶碗で食べるくらいパクパクたべないと害がない、というのではなくて、超微量、目に見えない程度の量でガンや遺伝障害が起こる。その一番ごついのがさきほどのプルトニウムでございまして、耳カキ1杯で100万人の人を殺すことができる。皆さんが掃除される時の、キラッと光るチリ、あれ1粒ぐらいが入ると肺ガンに確実になる。そういう極微量。皆さんのまわりに原子力発電所からやってくるのはもちろん目に見えません。

放射線というのは見えないわけですから、何か特別の道具をもってないと、どれくらいやられたか、というのは分らない。スリーマイル島周辺で、住民は浴びたに違いない。あの時変な臭いがした、味がした、と言いに行くんですけれども、「イヤ、うちのメーターにはそんなん出てへんかった」という事でつき放されているのであります。青谷・気高でもそういうことになっていく。

以上のやっかいな点をしっかり討論したり勉強していただきたい。でないと、忘れた頃に出てくる障害ですから、ついつい宣伝にだまされてしまいます。

**放射能は必ずもれる**

では、どうして、推進派といわれる人たちはこういうやっかいなものが出てくる原子力発電を使おうとするのか、といいますと、その人たちは外へ出てこないように技術で押しこめる事ができる、だから心配しないでいいんだ、とこう言っているんですが、私たち批判派はそうでなくて、完全に閉じこめるのはムリだ。

しかも炉にできてる量はベラ棒に多い量ですから、一寸もれても大変なことになる。だから大勢の人の目の前で使うことは出来ないというので反対しているのでございます。で、どういう風にもれてくるか、というと原発でのもれ方には、日頃運転している時と、事故の時とに分れると思います。

運転している時のことから言いますと、下の方に、燃料棒というものの絵がございます。これは差し渡しが1センチで長さ4メートルございます。太さ鉛筆ぐらいで、非常にヒョロ長いものでしてそれが炉の中に入っています。外か

ら光って見える覆いの中に、ペレットという錠剤のようなものをウランで作って、そのサヤの中に200個ほど詰めて、出てこないようにサヤの上下を溶接で封じてございます。

そういう棒を、この青谷をねらっている原発ですと5万本ほど中に入れるわけです。1ぺんに入れると倒れますから、200本宛を傘立てのようなものにさしまして、そういうものをまた数百個並べる。そして忘れんように制御棒を突っ込んでおく。原子力発電の火のところはそうなってる。

ウランが燃えるということはペレットが燃えてまっ赤になる事です。そして、後に死の灰とプルトニウムがたまっていきますから、この燃料棒から外に出ないはずなのですが、実際はそうはいきませんで、運転中に燃料棒に穴があいてきます。これはいまの技術ではどうしようもないんで、これは事故とは申しません。

そして、穴からお湯の中へ死の灰がもれて、お湯と一緒にグルグル回る。この時、お湯が回るだけならいいんですが、ポンプやバルブの所からどうしてももれてくる。

**エントツは死の灰の捨て場**

死の灰には、ガス状の死の灰と、ガスにならない死の灰と2つ混じっています。で、ガス状の死の灰は原発の中にいっぱいになると危険ですから、それをポンプで引張って、エントツから外へ捨ててるわけです。

島根原発へ見学に行かれた方は、ダンダラのエントツをご覧になったと思いますが、原発というのは煙を出さんのに、なんでエントツがいるかというと、それがガスの死の灰の捨て場所になっているわけです。これからも見学へ行かれたら尋ねてみて下さい。「原子の火には煙は出んのに、どうしてあんな高いエントツがいるんだ」と。どういう答が返ってくるか。これは非常に大事な質問です。大阪大学のあの男からの入れ知恵だ（大笑い）、という事になっとるそうですけど……。

それから、煙にならん部分を集めて、煮つめて、ナベの底へ残ったものはドラムカンへ詰める。これが太平洋へ捨てに行こうとしているドラムカンです。そのドラムカンが、1年に大体3000本ぐらい出来る、とされています。

今年の3月までに、日本全国の原発にドラムカンが24万本、たまりにたまってるわけです。それを来年ぐらいから太平洋に捨てに行こうとして、もの凄く現地から反対受けゆきづまっている。

そうやっても取り切れなかった分、ドラムカンへ入れた後も、どうやってもいろんなものが残ります。それは水で薄めて、パイプでひいて、海へ流れていく温排水の口にタレ流す。もちろん皆さんが見学へ行っても、見えんように、奥の方へ作ってあります。

**政府公認でタレ流し**

下の絵は何かというと、この間、事故を起こした敦賀の絵ですが、こうして日頃から正々堂々とタレ流しているので湾が何となく汚れている、というので、海底の泥を採った時に放射能が見つかった、というしるしです。これは貝から見つかった、というしるしです。そうやって、周囲10キロくらいは何となく湾が汚れてくる。この辺に民宿がありますから、エラそう

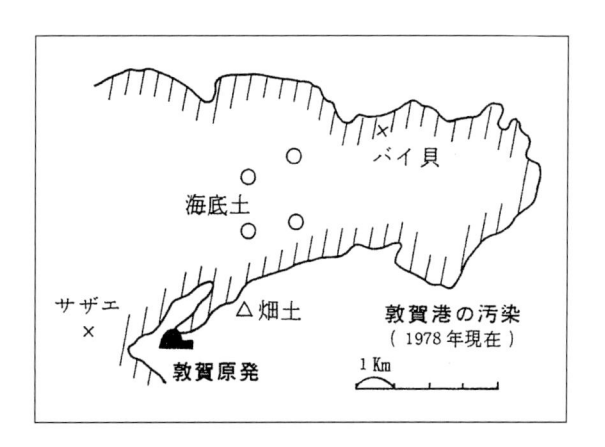

原子力発電を考える 259

な事を言う先生ほど、ここへ来ると「この魚どこのや？」と聞く事になるのでございます。

それから畑に──これは海から上ったのでなくて、エントツから出たのが流れていくうちに落ちた放射能が見つかってる。

どうしてこんなこと許してるかというと、さっき言うた5ミリレムというヤツ。許容量があるからでございます。それ以下だからいいのだという事で、政府公認で捨てる。

ですけど、敦賀の民宿へ行ってもあまりそういう事は言いたがりませんけれども、一寸親しくなっていろいろ聞くと、敦賀の人たちは〝この魚はたべない〟、ということになっております。

## 6. 事故の危険性

### 原発の事故とは

それから、事故の時はどうかというと、あの燃料棒からドッと放射能が出てくる、ということが事故です。

これは青谷の会場でもちょっと言いましたけれども、電力会社の人は、反対している住民に対して、「お前ら間違うとる。原子力発電所が爆発する、と言うて原爆と間違うてる」と言います。

これにまともに答えられませんと、その程度の反対か、とバカにする例が沢山ございますのでちょっと言うと、原子力発電に使ってる燃料は、原子爆弾に使ってる同じウランなのですけれども、原発には燃えが悪いウランを使っています。

ですから、もし間違って、制御棒をグッと抜きすぎるような事があっても、全体が原爆のように大爆発をおこすことはまずない、とされています。小爆発にとどまる、というのは事実です。これを知りませんと、原爆と感違いしている、とバカにしますので、皆さんも注意して下さい。

そしたら、原発にとって一体、〝事故とは何か〟、というと、それまでにすでに原爆の時のように、原子力発電のおなかいっぱいに死の灰、1000発分の死の灰ができているのですから、それが一挙に、どっと外へ出てくる、ということを大事故と呼んでいます。

### 逃げる間もない暴走事故

その出方を大きく分けて2つありまして、一つは暴走事故。

具体的には、制御棒を、ほんとはゆっくり抜いていかないかんですけれども、機械の調子が悪かった、あるいは運転する人がぼんやりしとった、という事で、ガーッと勢いよく抜いてしまう。そういうことが起こった時どうなるかというと、急に火が燃え上がりますから、格納容器まで噴きとばすほどの爆発は十分起こります。天上も吹っとびますから、死の灰が一挙に、ドーッと外へ噴き出す。これが一番やっかいで、アポロ事故と呼んでいます。

アポロの打ち上げとおんなじで、ドーンと死の灰も打ち上げられてくる。事故と同時に死の灰が飛んで参りますから逃げる間もないのでして、これは世界でも実験の段階ではおこっていますけれども、実物ではまだ起こっていません。

**カラだき事故と水素爆発**

もう一つの形はどうかというと、カラだき事故でして、皆さんの家でも水の入ってないフロをがんがんたくと、いっぺんに釜に穴があいてしまう。あれとおんなじです。

原子炉に入れてある水が何かの具合で抜けてしまう。そうすると釜の温度がどんどん上りまして燃料と蒸気とが一緒になって、猛烈に燃え上るというやっかいなことが起こります。その結果、燃料がグジャグジャに潰れて死の灰がどっと出ます。

同時に、水素ガスといういやらしいものが出てきます。これがスリーマイルの時、世界中がテレビの前でヒヤヒヤした、水素のあの大きな泡でございます。水素というのは軽いものですから原子炉のアタマへ上っていって、いっぱいになる。そしてもし爆発すれば全部ふきとんで大変なことになる。この爆発は、水素の爆発です。

同時に、死の灰が吹きとんで周囲に襲いかかる。そういう事になればこれは大変だ、というので世界中がヒヤヒヤした。あの水素というのは炉心から発生したのだという事を、しっかり覚えといて下さい。

青谷の長尾鼻に運悪く原発ができて、ある日水素が出た、というようなことを聞いたら一目散に、出来るだけ遠くへ逃げること。水素が出たというのは、中で大変な事が起こってるわけですから。しかし、暴走事故の時と違って、スリーマイルの時でも水素が出始めてから放射能が外へ出てくるまでに、大体、半日かかっていますから、その間に逃げる。ひたすら逃げるのです（笑い）。

そういう意味では水素が出たというのは、原子力発電にとって致命的な事故が起こったことを意味します。水素はカラだきになって温度が上って、燃料棒が崩れて出てきたという事をしっかりと覚えといて下さい。

**まだ続くスリーマイル事故**

カラだきはどうして起こったか。スリーマイルは沸騰水型とは型が違いますけれど、要するにバルブがございまして、本来なら閉じてなきゃいかん。皆さんとこの圧力釜の上にも弁がついてますね。たきすぎるとシューッと噴いて、ポンと落ちるあれ。あれがシューッと噴いたまんま止まってしまったんです。

で、閉まらんものですからそこから湯気がブーッと出た。ところが運転室では〝閉まった〟という風にメーターで見えてたんです。で、開きっ放しになってるのを知らんでジャンジャンやったものですから、ドーッと湯気が出てカラだきになって、ああいう事になってしまったんです。

実際には、燃料棒がグジャグジャになってお湯の中へ溶けて、そのお湯が噴き出してしまったものですから——現在、この中（格納容器）には3000トンもの水がいっぱい詰まってるんです。その中へ燃料棒にたまってた死の灰がドッと出てきている。皆さんはスリーマイル事故はもう終ってると思われてるかもしれませんけど、目下、事故は進行中でありまして、一寸のぞいてはすぐ飛び出す。決死隊が入って写真撮ってはまた飛び出す、という事をやって中の状況を監視しながら送っている。

ガス爆発

発電会社はこの水を始末して、川へ流したいんですけど、住民が「絶対に流させない」といって、周りにピケを張ってがんばっているので捨てられない。で、この中の機械が水の中ですのでだんだん腐ってきてる、という大変な状況になってきてるわけです。まだ、スリーマイルのあの時より、もっと大きな被害が出るかもしれないと心配されてまして、いったん燃料棒が崩れると大変なことになる。現在もスリーマイル島事故は続いてる、という事をぜひ忘れないでいただきたい。

### パイプのヒビ割れから大事故
　それ以外にカラだきはどうやって起こるかというと、パイプが折れてしまう。ヒビが入っているのを知らんで運転しておって、ボキッと折れる。そうするとそこからドーンと噴き出てカラだきになる。ヒビ割れができた、というと新聞に大きな記事になるのはそういう事でございます。
　「なんや、ヒビ割れぐらい」と皆さん思われるかも知れませんけど、それは大事故の隣り合わせの、大変なことです。ある日それがボーンと折れたら一ぺんにカラだきになってしまう。

### 鳥取県は地震が一番問題
　それから地震です。鳥取県は地震が一番問題ですから、私は鳥取県へは来ないやろと思うていたら、その鳥取へもってくるという。
　地震がなぜ怖いかというと、地震でパイプが折れる、これが怖いんですね。建物は丈夫に作るというのはいまの建築学で十分できるんですけど、こういうモノとモノをつないでるパイプは弱いわけですから、一寸の衝撃でボキッと折れる。どの程度の地震で折れるかは、実はまだわかっていない。
　本当は——みんなそうですね。例えば橋を造って、地震でつぶれる。そしたらもって丈夫にせないかん、とこうなるんです。そうやって建築学というのは進んできたんですが、幸か不幸か、原発ができてから大地震に遭った、ということが世界中でまだないんです。それで日本のような地震国は、世界中がたぶん、一回起こってくれたらええのになぁ（笑）、と思うて待ってるのかも知れません。
　地震が起こってももつと、「なるほど、いまの設計でよかった」。もたんかったら、「これからもっと丈夫にせないかん」とそういう事で、そのために日本でも、よりに選って地震のない所へもって行く。鳥取は特に地震の多発地帯で、ただでさえ地震でやっかいなところへ、ボキッと折れて上からバーッと放射能かぶせられたらたまりません。電力会社では、どうせ地震で家がつぶれるんだからええやろ、とそんなアホなこと言う人がありますけど、地震で倒れた上に死の灰が襲いかかるという事をぜひ皆さん考えていただきたい。

### 「大事故は1億年に1回」のウソ
　そういうことに対し推進派や電力会社の人びとは、「そんなこと起こらん」と。「カラだきになって死の灰が出てくるようなことは、自分ら

262　資料1　原発のないふるさとを

の計算によると1億年に1ぺんくらいしか起こらん。せいぜい30年の寿命（原子炉が）の間にそんな事は起こらん」と言いまくってきたわけです。

しかし2年ほど前のああいうこと「スリーマイル島原発事故」が起こって、その論拠は完全に崩れてしまった。いわゆる〝安全神話〟はつぶれてしまった。いまでは、大事故は絶対大丈夫、絶対安全、なんて言えなくなってしまった。なるべく起こらんように努力する、という風にしか言えなくなったんですね。

### 役に立たない避難計画

これまでは原発の周辺では、必ず防災計画というものができて、避難計画というものを作りました。けれども、それにはなんにも書いてなかったんです。

それが、スリーマイル島以降は、原発から10キロの範囲は特別区域に指定されて、そこの住民はもしもの時にはどこのクルマをどこへ集めて、どっち向いて逃げないかん、という事が書かれることになっています。でもそんな事書いても実際には実行できないんです。

なぜかというと、原発から出てきた死の灰はずーっと目に見えない雲になって流れるわけです。大体、7度か8度の（分度器の）開き角をとって、予定地（原発の）と皆さんの家の方角とを結んでみて下さい。どっちの方向へ風が吹いてきたら逃げないかんか、ということになるのですが、そういうひらき角ですから、遠くへいくほどひらいてくるわけです。

その範囲に死の灰がやってくる。風向きが変ると別の方にいく。スリーマイル島の時は3日間、出続けたわけですから、大体まんべんなくずーっと（笑）その辺に配給した、という形になっています。それも地上から見ていても全然わからん。

政府が出した避難計画の手引きをみますと、だから風下へ逃げるのは必ずしもよくない。つっ切って逃げるか、横に向いて逃げろ、と書いてあるんですが、その雲は目に見えんわけですから事故の時はどっち向いて逃げていいか（笑）。それに、こんな土地ですと風上は大体海ですから、海に飛び込んで（笑）逃げるかしないといかん。要は、目に見えん、臭いもしないものですから、どっちをどう向いて逃げればいいか分らない。

それに事故の時はパニックが起こりますからとてもそんな防災計画は役に立たん。

そういう事は判っているんですけど、でもスリーマイル事故までは、全くそんなもんいらん、となっとったのが、いまでは各地方自治体ともかなり真剣に、そういうものを考えるようになってきた。ということは、大事故は絶対起こらん、というのは崩れ去ってるということでございます。

## 7. 結び

### 原発の危険手当て33億円

以上、言いましたように、いろんなところで問題が出てきております。それに対して、一方は「許容量で大丈夫」「そんな事故は起こらん」とやっておるわけでして、私たちは「そんな事はない。少量だといっても長い間それが降り積れば大変なことになる」という事を主張しているのでございます。

最後は、なぜそんなやっかいなものを、どうしてやろうとしているのかという事ですが、結論だけ申しますと、まず、原子力発電をもちこんでこようとしている側は政府と電力会社でございますが、どういうことが口実となっているかというと、「石油がなくなる。石油がなくな

るとエネルギーはどうする？」「当分は原子力しかないじゃないか」という、これでやってきているわけであります。しかし、これはウソでありまして、決して原子力は石油の代替にはならない。そういう事がおいおいとはっきりしてきております。

受けいれる側、主として、気高や青谷の地方自治体をあずかっている町長さんや町議会でございますが——100万キロワットの原子力発電が１基まいりますと、大体33億円というお金が地方自治体へ交付金という形で入ります。その用途は原子力発電がくる周りに安全施設をつくるとか、公民館をつくるとか、電気料金を割引くとか、その他いろんな使い途がありまして、ことしの10月の値段で合計33億円配られます。ですから、200万キロワットもってくるとその倍ですね。これがたとえば青谷にできると青谷にそれだけ入る。

期間は、建設を始めてから運転開始の５年までの間。その間にそれを使わないかんですけど、年々割ってでもええし、一ぺんでもええし、それが出る。それから、青谷の周りの市町村には、市町村全部あわせてやっぱり33億円出ることになっている。

### カネかいのちか——住民の選択

大体、原子力発電所というのは２基が最低で、電力会社の予定では４基ぐらい置きたい。４基だと大体、150億円ぐらい入る。この魅力に地方自治体が耐えられないということが、一番大きな問題でございます。ですから各地とも、原発が安全かどうか、という議論はほとんど問題にならない。

そんなの（安全問題）は、国がやるから国へまかしとけ。とにかく金をやるというから金を取らんことには、赤字財政でどうにもやっていけん。原発がイヤだと言うんなら代りにどんなええもんがあるか言うてみい——と、こういう事を言って、反対派の人がたじろいでいる間に、原発が入ってくるというのが、最近の顕著な傾向です。

10年ほど前にはもっと気概に満ちとったんですがねえ。これからの花形は原子力や、と。いまはもう、どんな事いうても誰も信じないわけですから、どうせ危険手当や、と割切って、金をとるためには危険は覚悟せな取れん。それが30億に相当するか、60億円に相当するか。そういう生臭い議論で進んでいるという状況で、たぶん、こちらでもそういう事じゃないかと思います。

ですから、結局は、町民の皆さん方が、そういうもん（交付金）に頼らんでも自分たちでやっていくんだ、という事をはっきりさせるか、それとも少々の害はあってもしようがない、金の方をもらう事にする、ということにされるか、そういう事が恐らく最後には一番大きな問題点になろうかと思います。

1981年11月15日
気高郡連合婦人会学習会講演より
（記録　小泉　澄子）

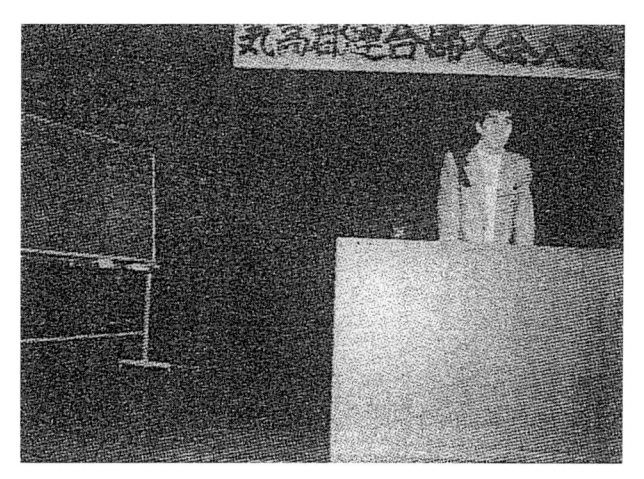

# 原子力発電の安全性

京都大学原子炉実験所　小 出 裕 章

### 1. 原発は危険だ

- ・危険だから大都会には建てない　268
- ・危険と引き替えにバラまかれる金　268
- ・青谷原発1日で広島原爆6発分　268
- ・死の灰は閉じ込められぬ　269
- ・3つのルートで死の灰が環境に…　269
- ・エントツから空にバラまく　269
- ・温排水に薄めて海にタレ流す　270
- ・原発の敷地にこつ然と現われる大河　270
- ・平常運転でも死の灰は必ず出る　270

### 2. 必ず起きる事故

- ・起こる時には起こってしまう　271
- ・スリーマイルで実証された原発事故　271
- ・非常にズサンな日本の安全審査　271
- ・敦賀事故に見る現実とタテマエ　271
- ・まだ序の口の原発の大事故　272
- ・国がひっくり返るケタ違いの大事故も　272
- ・一度も試されぬ緊急炉心冷却装置　272
- ・死の灰は作れても無毒にはできない　273
- ・死の灰の管理20万年から100万年　274
- ・解明されていない死の灰の管理法　274

### 3. エネルギーの浪費

- ・石油より先にウランがなくなる　274
- ・原発は石油の1割しか代替できぬ　275
- ・原発は大量の石油を浪費する　275
- ・引き合わない原発のエネルギー収支　275
- ・生み出すよりつぎ込むエネルギーが大　276
- ・エネルギーは無制限に使えない　276
- ・環境自体が持たなくなる　277
- ・西暦2000年には温排水で漁業全滅　277
- ・低い食糧自給率とエネルギー浪費反省　277

### 4. 弱者を踏み台に

- ・差別の上に立つ世界のエネルギー構造　277
- ・ウラン採掘の蔭に原住民の犠牲と汚染　278
- ・被曝要員の下請け労働者　278
- ・被曝基準にも下請け差別が　279
- ・モノ言わぬ子孫へおそろしいツケを　279
- ・悪どい電力会社、踏んだりけったりの住民　279

### 5. 結び

- ・「お国のために」谷中村の教訓　280
- ・やがては国も地球も滅びる　280

青谷の原発の話が大分進んできたということで、またうかがったのですが、鳥取の県議会で、青谷の原発が問題になっている。随分早く話が出てきたんだなあと、驚いているわけですが、実は昨日、青谷の現地を見せていただいて、新聞で県議会の記事を見た以上にびっくりしました。国道のつけ替え工事の話も、進められている。

　皆さんが全然知らないところで、話はどんどん進められている。皆さんも早く行動を起こさないと、知らない内にやられてしまうということになりますので、ぜひ注意をしていただきたい。

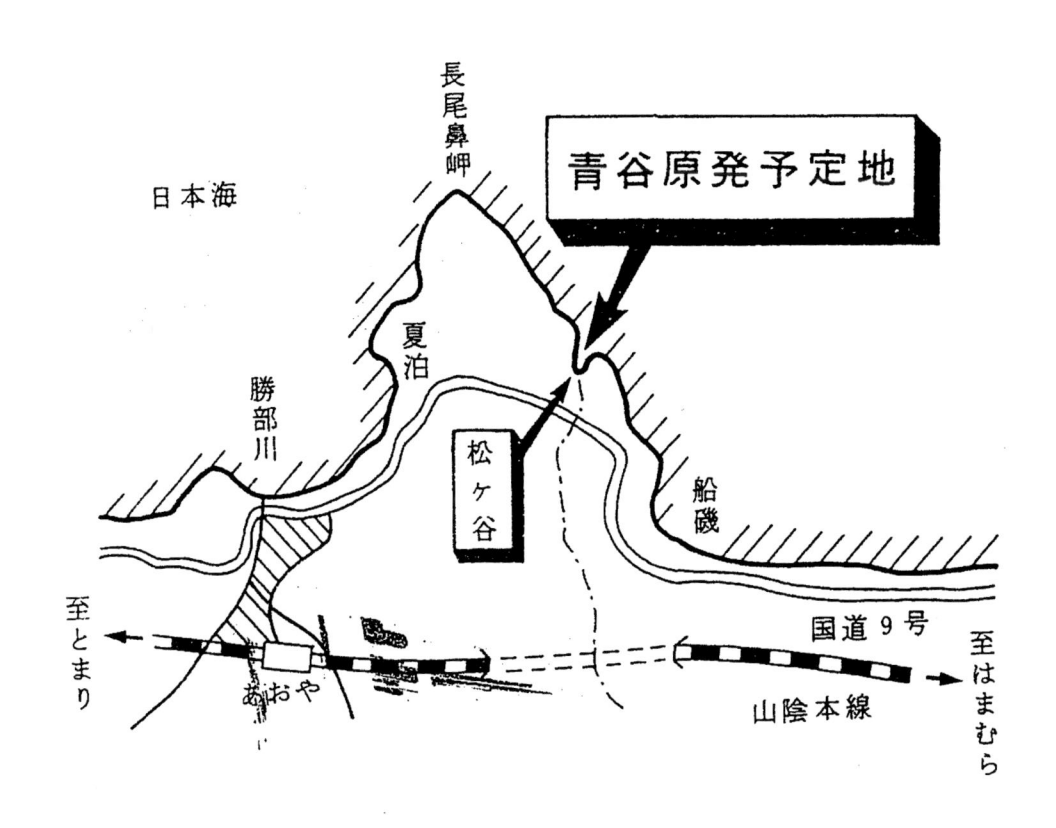

## 1. 原発は危険だ

### 危険だから大都会には建てない

今日は、原子力発電所がどういうものかというお話をするのですが、私は、原子力発電所が危険だということは、もうお話する必要はないのではないかと思っています。

私は、原発は危険だということは、ずっと言ってきていますけど、原子力発電を推進している人も、原発は危険だということは、知っているわけです。

それは、なぜ分るかというと、原子力発電をいうものは、都会には絶対建たない。電気を一番よく使う東京や大阪には、原発はない。日本全国を見ても、都会に建っている原発は、1つもない。すべて、過疎地といわれる非常に貧しいところに建っている。

それは、とりも直さず、原子力発電所を建てようとしている人たちが、原発は非常に危険だということを、知りながらやっているということの、一番いい証明だと思います。

最近、『東京に原発を』という本が出ました。非常に皮肉な題ですが、「本当に電気が必要なら、東京に建てろ」と、東京に住んでいる人自身が言っている。その人は、そういうことを通じて、原発というのは、非常に危険なんだということを訴えている。

### 危険と引き替えにバラまかれる金

原発が危険であるということの第2の理由は、原発を建てられる時に、いろんな形でお金がバラまかれます。

一つは、電源三法という法律があります。電源開発促進法という名前の法律がある。そういう法律を土台にして、原発を建てるところに、危険と引き替えに、国のお金をやる。

また、土地の所有者が土地を売る、漁民が漁業権を売れば、お金が使われる。あるいは、原発に賛成すれば、金をやるという買収の形や、

昔の宰相「貧乏人は麦を食え」
今の宰相「過疎地には原発を」

原発の視察に連れていくための大名旅行をするなど……。要するに、非常に貧しいところに、お金を沢山バラまく。

私は、お金がバラまかれること自体が、原発が非常に危険であることの証拠だと思う。

### 青谷原発1日で広島原爆6発分

では、なぜ原発は危険なのか。原子力発電所の目的は、電気を得るためですけれど、原子力発電が動く限り、死の灰ができる。それは絶対に避けられない。それが、危険なのです。

では、どれぐらい危険なのかといえば、そこの青谷に計画されている原子力発電は、110万キロワットといわれています。110万キロワットの原子炉が、3基か4基というふうにいわれています。

110万キロワットの原子炉が1日動けば、3.3

広島原爆　爆発の瞬間

キログラムのウランが燃えて、3.3キログラムの死の灰ができる。ヒロシマの原子爆弾は、600グラムのウランから、600グラムの死の灰が出た。ところが、青谷に計画されている原発が動くと、ヒロシマの原爆の6発分、非常に膨大な死の灰が出る。

万一それが、皆さんの住んでいるところに放出された場合には、非常に大きな被害が出ることになります。

（注）アメリカの国防省の当時の発表では、ウラン1キロ燃えて死の灰1キロ（広島原爆3発分）だったが、この講演時点では600グラム（6発分）、現在は750グラム（4発分）とさらに修正している。

### 死の灰は閉じ込められぬ

では一体、私みたいな「原発は危い」といっている人間と、「原発はやらざるを得ないんだ。何んとかなるだろう」といっている人たちと、どこが問題になっているかといいますと、このように膨大にできる死の灰を、閉じ込めることができるか、環境にバラ撒かないですむかどうかが、私たち専門家の間で、論争を起こしている点なのです。

本当に閉じ込めておけるならば、それほど危険はないが、本当に閉じ込めておけるのだろうかという点です。原子力を推進している人たちは、本当に閉じ込めておけると考えておられる。

皆さんは、中国電力からお話をおききになったことがあるかどうか分りませんが、電力会社の人は、はじめは「死の灰は絶対だしません」。ところが、しばらくして住民が事実を少しずつ知ってくると、「死の灰は、少しは出るが、非常に微量だから、心配ありません」という言い方をする。

恐らく、これから青谷に原子力発電を建てるとすると、中国電力の人が皆さんのところに来て、そういう言い方をするだろうと思う。「少しは出るだろうが、非常に微量だから心配要らない」と。

しかし、そうではないと私は思います。

### 3つのルートで死の灰が環境に…

死の灰が、皆さんのところに関係してくるのに、3つのルートがあります。

1つは、原発が何のトラブルもなく、非常にいい状況で運転されている時でも、死の灰は降ってくるし、海に流される。

つぎの段階は、何か事故があったらどうするかという心配が常にある。

3番目に、原発が非常に順調に動いて、事故もなかった。ところが、原発は20年ぐらいすると、ダメになってしまう。どの機械でもそうですが、20年、30年経って、原子力発電所が古くなってだめになっても、一度できてしまった死の灰は、なくならない。それが、やがて私たちのところにやってくる。

そういう、3つのルートです。

### エントツから空にバラまく

日常的に原子力発電所が、非常に順調に動いている時でも、原発の高いエントツ（決して煙の出ないこのエントツは、排気筒といっている）からは、死の灰を出している。

死の灰は、非常に危険ですから、なるべく高い所から出して、人が住んでいるところに来る時には、薄まってしまうという、それぐらいの

考えですが、一たん出てしまった死の灰は、決してなくならないわけですから、薄まるにしても、どこかで人間のところに来る。

### 温排水に薄めて海にタレ流す

もう一つは温排水。110万キロワットの原子炉というと、実は、330万キロワット分の熱が、原子炉の中ではできている。その内、電気にできるのは、3分の1の110万キロワットで、残りの3分の2は海に捨てている。

捨てないことには、原発は運転できない。捨てるというのは、海水を原子力発電の中に引き込んできて、海水を温めてまた海に戻すという作業をしている。

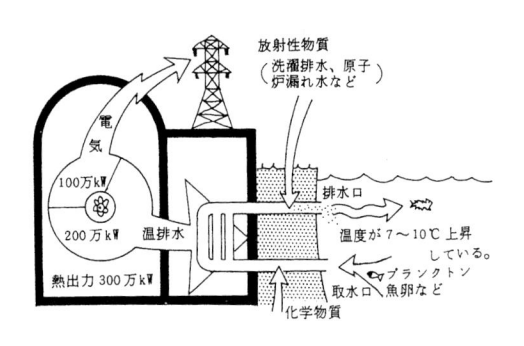

### 原発の敷地にこつ然と現われる大河

110万キロワットの原発ですと、1秒間に80トンの海水が、約7度も温度が上ってまた海に帰る。1秒間に80トンというと、千代川よりもっと大きい河が、原子力発電所ができると、その敷地にこつ然と現われる。

もちろん、原子力発電所というのは、1基で建てられることはなく、青谷の原発計画も、3基から4基といわれていますから、量も3倍から4倍。1秒間に300トン近い、しかも熱い河が原発の敷地にできる。

1秒間に300トンといえば、日本一の大河ですが、もし青谷に原発ができるとなると、日本一の、しかも熱い河ができてしまう。その河は、ただ熱いというだけでなく、その中に死の灰がある。

### 平常運転でも死の灰は必ず出る

原子力発電には、避けようがなく、死の灰ができてしまう。その避けようがなくできた死の灰は、原発の中に閉じ込めておくことができず、避けようがなく表にもれる。

それを原発では、捨てなければならない。一部は煙突から、一部は温排水という大きな河に、薄めて流している。

いまの国の法律では、死の灰で非常に汚れた水は、そのまま捨ててはいけないが、これを水をジャアジャア流しながら薄めてしまえば、捨ててもかまわないことになっている。ですから、原子力発電所には大きな河ができていますから、少しぐらい死の灰がでてきても、皆その河に流してしまえばよい。そういう法律なんですから。

ですから、熱い河というのは、本当は原発の中から出てきた熱の3分の2を捨てるためにあるといいましたが、実は、原子力発電所が停まっている時も、ぐるぐる河は流れている。もちろん、原子炉が停まっているから、河は熱くはありません。熱くはないけど、河だけは流れている。なぜ河を流しているかというと、死の灰を薄めて捨てるために流している。

だから、その河の役目は、明確に二つある。一つは、原子炉の中でできた熱の3分の2を捨てるため、一つは放射能を薄めて流すため。

原子力発電所は、非常にうまく運転されているという時でも、死の灰は、そういう形で皆さんの住んでいるところに出てくる。

## 2. 必ず起きる事故

### 起こる時には起こってしまう

　きわめて当然の事なんですけれども、この世の中に、絶対事故を起こさないというものは、何一つありません。別に事故を起こそうと思うわけではないけれども、事故というものは起こる。どんな機械でも、大ていは何かのハズミで事故を起こす。

　原子力発電所については、国が非常に厳重な安全審査というものをやっていて、「国がお墨つきを与えたんだから、大丈夫だ」といっている。しかし、私はだめだと思う。国がいくら厳重に安全審査をしても、事故というものは、起こるときには起こってしまう、というふうなことを前々からいってきた。

### スリーマイルで実証された原発事故

　そのことが一番はっきり現れたのは、1979年３月、スリーマイル島で、非常に大きな事故が起こった。

　では、アメリカでは、安全審査を何もしなかったかというと、アメリカは非常に厳重に安全審査をやっている。スリーマイル島の原子力発電所も、実は安全だというお墨つきを与えられて動いていた。ところが、思いがけない事故というものは、起こった。

　だから、日本の国でいくら厳重に安全審査をやったといっても、事故が起こる時には起こる。事故というものは、そういうものなんだということを、あの事故は示したんです。

### 非常にズサンな日本の安全審査

　ところで、日本の安全審査は、そんなに厳重にやっていません。

　例えば、アメリカでは、原子力発電所の規制を担当している役所には3000人ぐらいの職員がいて仕事をしている。日本の原子力発電所の規制をしている役所には、約100人しかいません。それぐらい、日本の国の原発のやり方には、いまだに力がこもっていない。

　さらに、安全審査のやり方についても、非常にズサンな審査しかされていない。要するに、電力会社が書類を出す。「こうこう、こうするつもりです」という書類を読んで、「アア、こうこう、こうすれば大丈夫だろう」といって、印が押される。

　こうこう、こうすれば、という仮定は、事故のときには成り立たない。こうこう、こうするつもりだったけれど、そうならなかったというのが、事故というものなんで、タテマエで安全審査が行われているわけです。

　決して、タテマエ通りにいかない時に、事故というものは起こるんで、そんな安全審査、いくらやってもだめなのです。

### 敦賀事故に見る現実とタテマエ

　敦賀の原子力発電所の事故は、ご存知と思います。絶対に死の灰が流れないといっていた普通の排水口から、死の灰が流れて出ていた。

　私が先日、敦賀原子力発電所に行った時にもらってきたパンフレットに、「原子力発電所の運転によって生じる気体、液体あるいは固体等の放射性廃棄物は、環境への影響を与えないよう、廃棄物処理装置で、放射能の除去または低減をします。したがって、放出される放射能は、極く少なく、常に測定監視して、無害であること

スリーマイル島原発（米国ペンシルバニア州）

を確認しています」とある。

放射能に、無害ということはまずない。「測定しています」というが、そうでないところから、やはり死の灰は、環境に出てくるということに問題がある。

決して、タテマエ通りにいかないというのが、事故なのです。

### まだ序の口の原発の大事故

「原子力発電で、事故は起きない」といわれているけれども、原子力発電所にも事故は起こる。事故が起こった時には、非常に大きな被害を生じる。

さいわい、スリーマイル島の事故でも、敦賀の事故でも、いまのところ、それほど大きな事故にはならなかった。じゃあ、原発で起こる事故というものは、せいぜいあの程度のものかというと、そうではない。

### 国がひっくり返るケタ違いの大事故も

もし原発で、本当に大事故が起こったら、どれぐらいの被害が出るか。アメリカの、原子力を推進している役所で、そういう計算をしたことが、何度もあります。一番新らしいデータは、5年ぐらい前に出た3000ページぐらいのくわしい報告書です。それによれば、原子力発電所で非常に大きい事故がおこった場合は、次の表のようになります。

10兆円ぐらいというのは、土地の補償金だけで、人間の補償は含まれてはいません。日本の国家予算は、20兆円ですから、それだけでも、膨大な金額です。

もし、本当に事故がおこったとしたら、非常にケタ違いの、国がひっくり返るぐらいの大事故になる。

| 即　死 | 1万3000人ぐらい |
|---|---|
| すぐ障害を受ける人 | 18万人ぐらい |
| 晩発性障害<br>（何十年も経ってガン等で倒れる人） | 13万5000人ぐらい |
| 遺伝的障害を受けて生まれてくる人 | 15万人ぐらい |
| 人が住めなくなる地域 | 1500平方キロ |
| 放射能を除去して人が住めるようにする地域 | 1万5000平方キロ<br>（中国地方全域ぐらいの広さ） |
| その土地の補償などにかかる金 | 10兆円ぐらい |

### 一度も試されぬ緊急炉心冷却装置

そういう大事故は、非常に起こりにくいとしても、起こった時には取り返えしがつかないから、原発はやめるべきだと私は思う。そういう事故は、いつかはおこるだろうと、私は思っています。

なぜなら、そういう事故にならないようにする安全装置が、原子力発電所にはついている。名前は、緊急炉心冷却装置という。これがあるから、先刻いったような事故は絶対起きないといわれているが、その安全装置が有効に動くかどうか、一度も調べられたことはありません。

実はいま、実験している段階です。青谷原発は、1基で110万キロワット（熱出力では330万キロワット）の原子炉ですが、実験しているのは、5万キロワットの非常に小さな、オモチャみたいな原子炉を使って、いま実験をしている。そういう段階です。

ところが、実際には原子力発電所だけは、どんどん建てられている。ですから、もし事故が起これば、実際の原子力発電所で、その装置の実験をしていることになる。失敗すれば、大きな事故になる。

私は多分、安全装置は動かないだろうと思っ

272　資料1　原発のないふるさとを

## 敦賀原発で放射能漏れ

一般排水路に流出 海草から平常値10倍

相次ぐズサンな管理 関係者衝撃

ています。その点に関しては、原子力を推進している人も、本当にうまくいくかどうか自信がない。だからこそ、原子力発電所は都会には建てられない。

さきほど、私が言った原発の大事故の数字は、アメリカの、人口が非常に少ないところに建てられた原発の事故の被害の数字ですが、もし都会に建てられていたら、その何十倍、何百倍の被害がでる。ですから怖い。

原子力を進めている人も、怖いんです。だから、原子力発電所は都会には建てられない。それが、原子力発電所で起こった事故の怖さです。

### 死の灰は作れても無毒にはできない

さいわい、事故は起こらなかったとしても、原子力発電所は、20年か30年経てば、古くなって使えなくなります。しかし、死の灰は残る。死の灰は、作ることはできても――いまでもどんどん作っているわけですが――その死の灰を消すことはできません。

私たち日本人は、かなり悲惨な公害を、いろいろ経験してきました。一番よく知られているのは、水俣病です。それは、有機水銀が人間の体の中に蓄積して、ああいう病気を起こしたのですが、いまの科学の力では、人間の体の中に、水銀が入らないようにすることは、不可能ではありません。やる気になればです。ただ、水俣病の場合は、企業がそういうことをサボったから、ああいう被害が起こったんです。

死の灰の場合は、お金を惜しまずに、死の灰を無毒化しようと考えて、どんなに沢山お金を使ってもダメです。決して死の灰をなくすこともできません。無毒にすることもできません。絶対にです。

原子力発電の安全性

### 死の灰の管理20万年から100万年

ただ、ひとことで〝死の灰〟といっていますけど、いろんな死の灰がありまして、それぞれ寿命を持っている。すぐに寿命が切れて、なくなってしまう死の灰も、実はありますが、一方、非常に永い寿命を持っていて、なかなかなくなってくれない死の灰もある。

人間の寿命は、せいぜい数十年ですが、死の灰は、数万年とか数十万年とか、そういう永い寿命を持った放射能がいくつもある。

ですから、原子力発電所を使って、20年ぐらい電気を起こしたとしても、できてしまった死の灰は、あるものは何十万年もなくなってはくれない。確実に危険なのです。

私たちのような仕事をしている者の間では、死の灰は大体20万年から100万年の間、隔離しておかなければならないということになっています。そうでないと、人間に被害がある。

20万年から100万年といっても、想像がつかないほどですが、それぐらい永い間、死の灰を閉じこめておかねばならない。私は、とてもそんなことできないというふうに思います。

### 解明されていない死の灰の管理法

「これから科学が進歩すれば、なんとかなるんじゃないか」という人がある。死の灰を、なんとか管理しようということは、何十年間、必死で研究しているわけです。

私は、原子力発電は、これ以上作るべきでないと思っていますが、すでに原子力発電は何基もできていて、死の灰はどんどんできている。その死の灰は、何十万年も管理がいるわけですが、その死の灰を何んとか安全に管理できるようにしなければいけないと強く思っていますが、いまのところ見つかっていません。

これから、本当にそういう方法が見つかるかどうか、非常に難しい。とにかく、時間の長さがベラ棒ですから、いまの人間が、その時間の長さにわたって、保証を与えることは、恐らくタテマエでそんなことが言えたとしても、現実問題としては困難です。

もし、20万年から100万年の間に、何らかのトラブルが起こった場合、私たちや、もしくは私たちの何十代も後の子孫に、悪い影響を与えることになる。

以上が、原子力発電所の死の灰が、私たちに関わってくる3つのルートですが、そのどれ一つをとってみても、非常に重要な問題ですし、いまの科学技術の段階で、「絶対に大丈夫だ」という保証を与えられない問題なのです。

少なくとも、そういう段階であるならば、私は原子力発電所はやるべきではないと思う。

## 3. エネルギーの浪費

### 石油より先にウランがなくなる

私は、そういう話をあちこちでしているわけです。すると、聴衆の人から「そんな危険なものなら、なんでやるのか」と逆に聞かれます。

推進派の人にいわせれば――推進派の人も、実は（原発が）危険だということは、認めているわけです――しかし、エネルギーが必要だから我慢をする。石油というものは、なくなってしまう。石油がなくなれば、つぎは原子力だ。

原子力は未来のエネルギーだと、推進派の人はいうわけです。が、それはウソです。

原子力のウランは、燃えるウランと燃えないウランがあって、燃えるウランはそのうちの150分の1だけです。地球上にウランは、大体300万トンとか500万トンとかいわれ、燃えるウランはその150分の1。それがどれぐらいもつかといえば、いまのまま原子力発電をやっていって、せいぜい20年、長くもっても30年。

石油は、後30年といわれています。石油が30年しかもたないというのは、30年前からいわれていた。何んとか新しい石油を見つけながら、後30年はもつでしょう。

「石油がなくなったらウラン」なんて……。石油がなくなる前に、ウランの方が先になくなる。

### 原発は石油の1割しか代替できぬ

大体、日本はものすごく石油を使っているのですが、その中で発電用に使っているのはせいぜい25パーセントぐらい、あとは化学工業用やガソリン等に使っている。

原子力発電所は、停めたり動かしたりという小回りがきかない。火力発電所は、その点停めたり動かしたりできます。その点で、すべての発電所を原子力発電所にしてしまうことはできない。やはり、全体の中で小回りのきく発電所も必要になる。

もしかりに、いまの発電所の50パーセントを、原子力発電所にしたとすれば——たぶん、そんなことはできないでしょうが——現在、石油の25パーセントが発電用に使われているのですから、そのうちの50パーセントが原子力発電所になった場合、発電用石油は半分になって10パーセント。つまり、原子力発電所が石油の代わりになれるとしても、全体のせいぜい1割。

「原子力が石油の代替になる」とよくいわれますが、そんなことはできない。どんなにがんばっても、せいぜい1割ぐらい。あとは、石油なんです。石油がなかったら、やっぱりダメなんです。

### 原発は大量の石油を浪費する

もっと悪いのは、原子力発電所は非常に石油を浪費しています。

原発1基つくるのに、4000億円とか5000億円とか、膨大なお金を使って鉄やコンクリートのお化けのような建物など、それらの資材をつくるにも、ウランを掘ったり、運搬するのも、石油を使って機械を動かしながらつくっている。ですから、原発をつくるのに要る非常に沢山の資材は、皆石油を使って生み出している。

原子力発電所をつくった後、運転するにも石油が要る。

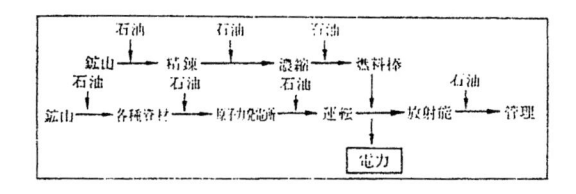

```
         石油   石油   石油
          ↓    ↓    ↓
鉱山─→精錬─→濃縮─→燃料棒
石油                        石油
 ↓                          ↓
鉱山─→各種資材─→原子力発電所─→運転─→放射能─→管理
                              ↓
                             電力
```

### 引き合わない原発のエネルギー収支

さきほど、ウランのうち燃えるウランは150分の1しかないといいましたが、原子力発電所の燃料にするには、燃えるウランの割合を、全体の30分の1ぐらいに高める「濃縮」という操作をしなければならない。

このウランの濃度を高める操作だけで、非常にバカバカしいほど、電力がいる。その上に出てきた死の灰を、何十万年も管理するのに、非常に沢山の資材がいる。

ですから、原子力発電を使ってエネルギーを生み出すのが、得か損か、実はよく分らないんです。発電すれば電気が出るのは確かだけれど、そのエネルギーを得るために、非常に沢山のエネルギーを使ってしまう。本当に、得にな

るのか損になるのか、いま一所懸命計算をしている。そんな状態です。

前にアメリカで、原発を推進している役所が、そんな計算をしたことがあるんですが、原発が30年間非常に順調に動いたという場合でも、たぶんつぎ込んだエネルギーの約4倍ぐらいしか、利用できるエネルギーは出ない。それには、何十万年にわたる死の灰の管理に要するエネルギーは、全然計算に入れない、非常に甘い計算になっている。

### 生み出すよりつぎ込むエネルギーが大

私は自分で計算しましたのですがせいぜい、原子力発電所の寿命は15年。順調にも動かない。最近でも、稼働率の平均は、せいぜい50パーセントぐらい。原子炉は年が経つにしたがって、稼働率が悪くなりますから、耐用年数15年、稼働率40パーセントで計算してみたら、つぎ込んだエネルギーの、倍ぐらいのエネルギーしか生み出せない。それに、死の灰の管理もやるとすれば、たぶん出てくるエネルギーは非常に少ない。

原子力発電所が建つのに5年ぐらいかかります。その間に非常に沢山の資材をつぎ込んで、後15年ぐらいで、少しずつ電気が出るという具合になるのですけれども、いまのように、次から次へと原子力発電所を建てていくと——あとから電気は出てくるわけですが——建てるためにまずモノがいるわけですから、つぎ込むエネルギーの方が、はるかに多いという状態になっている。

私の計算では、いま日本にある22基の原子力発電所が、いままでつくってきた電気よりも、はるかに多いエネルギーを、原子力発電所を建てるために、使ってしまっている。ですから、これからもどんどん原子力発電所を建てていくとすれば、エネルギーを使っちゃう方が、はるかに多いという状態になるのです。

ちゃんと計算してみれば、原子力はエネルギーを生む以上に、石油を浪費している。

### エネルギーは無制限に使えない

「エネルギーが必要だから、原子力を推進するんだ」という人には、じゃあ、一体どこまでエネルギーというものは、使えると思っているのかと、私は逆に聞くことにしているんですが、エネルギーを無制限に使うってことは、まずないでしょう。

日本は明治のはじめ頃から、大体この100年間に、200倍ぐらいのエネルギーを使っている。1960年と比べると、僅か20年間に5倍ぐらいのエネルギーを使っている。20年間に5倍というのは、1年間に8パーセントずつ多くなっているということです。

この調子で、エネルギーを前の年より8パーセント多く使い続けていくと、100年後には今の2200倍もエネルギーを使う計算になります。100年後というのは、そう遠いことではない。皆さんの孫の時代ですが、本当に2200倍ものエネルギーを得ることが、可能かといえば、不可能です。

現在、太陽から送ってくる熱（エネルギー）の、200分の1に相当する熱を、石油等を燃して使っている。ところが、もし100年後に今の2200倍になるとしたら、太陽から送ってくる熱の10倍ぐらいのエネルギーを、石油とか原子力を燃して得ようという。石油もそんなにな

い。ウランもありませんから、私はとてもそんなことありはしないと思います。

**環境自体が持たなくなる**

もし資源があるとして、エネルギーを沢山使えるとしても、できない。それは、太陽が送ってくる10倍ものエネルギーを、どんどん燃して使おうと思ったら、生きている環境自体がもたない。皆壊れてしまう。

すでに日本の都会は、異状気象になっている。人間の環境は、だんだん変化してきて、おかしなことになってきているのに、そんなになったら、とても人間住むことができません。

だから「エネルギーが足らないから、原子力を進めよう」というようなことでは、もうだめなんです。なんとかこれ以上エネルギーを使わなくても、生きていけれるような生活を考えよう、というのが私たちの考えです。

**西暦2000年には温排水で漁業全滅**

日本では、西暦2000年つまり20年後には、原発で１億キロワットの発電をやろうという計算があるのですが、それが実現するとすれば、大体１年間に1300億トンという温排水が出来ます。

それはどんな量かというと、日本の河川の流量をすべてたすと4000億トン。日本の年間の降水量は60億トン。ところが、原子力発電所が１億キロワットになったら、原発だけで1300億トンの温排水がいる。

火力発電所とか全部あわせると、たぶん6000億トンを越えてしまう、というふうにいわれています。つまり、日本に降ってくる雨の量を全部あわせた量より多いぐらいの、熱い河を日本はつくることになる。

最近、日本の近海漁業は、非常に汚されてどんどんだめになってきている。もし今のようなやり方で進めていくと、西暦2000年の頃には、日本中の近海漁業は全部だめになってしまう。

**低い食糧自給率とエネルギー浪費反省**

エネルギーが足りないというけれど、日本はいまでも食糧の自給率がものすごく低い。エネルギーがないどころか、食い物もない。それをいまエネルギーだけをないないといって、エネルギーだけを作ろうとしている。正気の沙汰ではない。

日本人はエネルギーを浪費しすぎると私は思う。1960年の頃は、いまの５分の１しかエネルギーを使っていなかった。それでは、いまの人はその５倍もしあわせかといえば、別にそうでもない。むしろ、何か大切なものを忘れてきているといえます。

## ４．弱者を踏み台に

**差別の上に立つ世界のエネルギー構造**

地球上にはいま、40億の人が生きている。

その中で、先進国といわれている日本、アメリカ、イギリス、フランス、西ドイツ、この５ヶ国の人口を合わせると５億。全地球の８分の１の人間が、全地球の半分ぐらいのエネルギーを使っている。あとの８分の７の人間が、残りの

原子力発電の安全性　277

半分を使っている。

　日本の人口は、1億1000万人。約40分の1ですが、大体8パーセントものエネルギーを使って、ぜいたくにくらしているという情勢です。

　私が、原子力を絶対許せないと思うのは、原子力というのは、弱い人間を踏み台にしなければできないということです。沢山の例があります。

**ウラン採掘の蔭に原住民の犠牲と汚染**

　ウラン鉱石は、日本には人形峠等で少し出ますが、ほとんど全部外国から買っている。一番沢山買っているのは、ナミビアという国で、人種差別で有名な、南アフリカという国が、武力で占領している国なんです。

　国連の中にナミビアの代表がいて、「いまナミビアから持ち出されているウランは、南アフリカの手で盗んだものだ」と、宣言している。その盗品を、日本は買って原子力発電に使っている。

　つぎに多いのが、オーストラリア。オーストラリアという国は、普通白人の国と思われていますが、昔から住んでいた原住民を、後から入ってきた白人が武力で占領して、住みやすいところから追い出し、砂漠のようなところに追いやった。ところが最近、原住民が細々とくらしている不毛の地に、ウラン鉱石が見つかると、白人はまた原住民を追い出した。そこで採れたものを、日本は買っている。

　同じことがアメリカでもある。アメリカは、インディアンの居住地に、ウランが沢山見つかって、そこからウランを採っていますが、最近の調査によると、非常に放射線でインディアンが汚染されている。そんな形で、非常に弱いところから、ウランは奪われている。

**被曝要員の下請け労働者**

　次に、原子力発電所自体が、非常に経済的に弱い過疎地をねらって建設される。

　原発にどんな人が働いているかというと、一番数が多いのは、下請け労働者です。危険な作業をするんですね。原子力発電で働く労働者は、死の灰を被曝する。

　原発労働者の被曝の実態は、政府や電力会社の発表によると、9割から9.5割が下請け労働者で、残りの1割たらずが電力会社の労働者。私は多分、もっとひどく下請け労働者の人は被曝していると思う。これは、非常にけしからんことだと思います。

　要するに、電力会社の社員は、危険な作業はいやだからなんで「危険な作業は下請けにやらせろ」という要求を、電力会社にしている。そういう状況の中で、危険な作業はどんどん下請け労働者にやらせている。

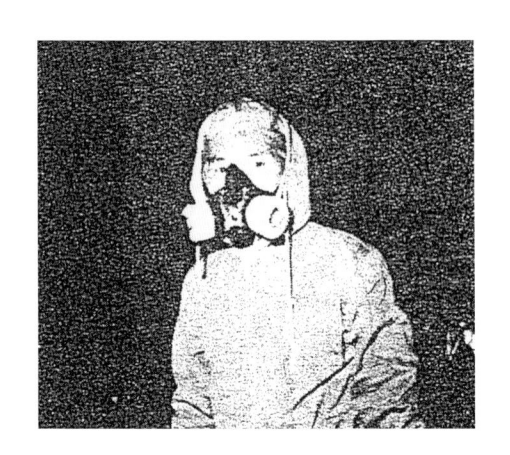

**被曝基準にも下請け差別が**

1年ぐらい前にやっとわかったんですが、被曝基準を、電力会社の社員は1日100ミリレム、下請け労働者は300ミリレムとしている。同じ人間ですよ。同じ人間なのに、下請けは3倍浴びてもいいと。

ところが、原発の中の汚染がひどくなってきて、それだけではすまなくなり、特に危険な作業の時には、下請けは1000ミリレムまで浴びてもよい、という基準を作った。このように、弱い者へのしわ寄せをしている。

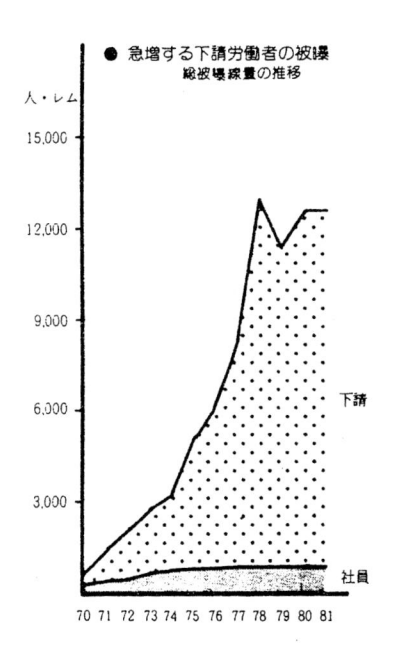

● 急増する下請労働者の被曝
総被曝線量の推移

**モノ言わぬ子孫へおそろしいツケを**

それから、これもずいぶんひどい話ですが、私たちは原子力発電を20年か、30年やって、電気をつくっても、死の灰というものは、永遠に管理していかねばならない。管理をサボったら、直ちに被害を受けるから、サボることはできない。私たちの子孫は、永遠に死の灰の管理をしながら、生きていかねばならない。

私たちは原子力を使って電気を作って、ほんの少し繁栄するでしょうが、そのツケは全部子孫の方にいく。ツケを負わされる子孫は、私たちが原子力を使用することについて、いま生まれてもいないし、発言力も権限もない。

野坂昭如という作家が、こう書いています。「原子力平時利用は、現在生きているわれわれが、未来の人類の生命財産、人間らしい生き方、人間にふさわしい自然環境を収奪、破壊することで、当面の文明を支えようという企みである」「われわれは、親の脛を囓って育った、そして今、子供の血をすすり、孫の骨をダシにして、繁栄とやらを楽しむ」。

まさに、その通りですね。原子力は、強者が力にまかせて、弱い者を踏み台にしてやっている。弱い者を踏み台にしてやっていると、私たち自身を蝕み、人間がだめになる。私は、原子力は危険だという問題以上に、そういう意味で原子力は許してはいけないと思う。

**悪どい電力会社、踏んだりけったりの住民**

青谷がねらわれているわけです。青谷といっても、気高町との境、むしろ気高町に近い。

一度原子力発電所にねらわれたら、非常にしつこい。少しぐらい反対しても、決してあきらめない。私は、各地の事例を知っています。

和歌山県の日高町に、関西電力の原子力発電所を建てる計画がある。一番はじめは、材木屋が土地を買いにきた。「材木工場を建てたい。土地を売ってくれ。建ったら皆さんを雇うから」「決して、他に土地を転売したりしません」ということだった。そこは漁村でした。海がだんだんダメになってきているし、働き場所ができていいだろうというんで、土地を売った。

そしたら、材木会社はその土地を関西電力に売ってしまった。住民は材木会社ができるというので土地を売ったら、原子力発電ができるというのでびっくりして、裁判に持ち込んだ。ところが、裁判では負けてしまいました。「材木会社の社長が言ったのは、口約束だった。契約書も何もないのはダメだ」というんです。結局、

原子力発電の安全性　279

土地は取られてしまった。着々、原子力発電所を建てる計画が進められている。

　おまけにもっと悪いことに、材木屋が住民を訴えた。

「住民がイチャモンをつけたから、すぐ売れなかった。何年か停止させられたために、損した分、3億円払え」というのです。住民側は、3億円なんてとても払えませんよ。先の裁判で意気消沈している処へ、今度また裁判で負けたらどうしようかと、非常に苦しい時に、関電がでてきて、「オレが仲に入って裁判を取り下げさせてやるから、原発には協力しろ」ということで、住民は脅かされたあげく、原発に協力させられる状態になった。

　それだけではない。漁業協同組合の幹部が、電力会社に言い含められてかどうか知らないが、2億8000万円の不正融資をしてコゲつかせた。そしたら、関電が3億円預金をしました。漁協はつぶれずに済んだが、関電が預金を引き出すといえば、漁協はつぶれます。いまや、漁協は関電の言いなりという状態です。

　土地もだまされる。
　海もなくなった。

## 5. 結び

### 「お国のために」谷中村の教訓

　現在、各地で原子力発電所がムリヤリ建てられていますが、実は、何も原子力発電所に限ったことではありません。

　谷中村というところがあります。足尾銅山鉱毒事件で有名になったこの村は、1907年、なくなっています。日清・日露戦争をするために、栃木県足尾銅山から非常に沢山の銅を掘ったため、川に鉱毒が流れて、下流一帯農作物は全然取れない。つぎつぎ病人が出て死ぬという、大変な被害をこうむったことがあります。

田中正造翁

　そういう被害が見えながら、国は何もしてくれなかった。「お国のためだから、我慢しろ」ということで、結局、最後には谷中村は廃村にさせられた。警官が手先になって、そこに住んでいた住民も、全部追い出されてしまった。ただ、その理由は「お国のため」という。実は、そういうことではなかったのですが——。

　実は、谷中村をつぶしたことによって、日本という国自体が「人間らしい国」として、つぶれていった。それは、谷中村をなんとかつぶさないように努力した、田中正造という、私が一番尊敬している人が言った。「谷中を潰すことで、国家は自己の破滅を実行した」。まさに、その通りです。

　弱い者を踏み台にして、自己の安泰をはかろうとすれば、必ず自分の方が滅びてしまう。そのことは、多くの人が言っています。

### やがては国も地球も滅びる

　私が尊敬しているもう1人の人に、宮沢賢治という人があります。皆さんは「雨ニモ負ケズ、風ニモ負ケズ」という詩で、ご存知と思います。この人の言葉に、

　「世界が全体、幸福にならないうちは、個人の幸福はあり得ない」。

こういうことを、私たちはこれから考えていかないと、やがては私たち自身が滅びてしまう。

宮沢賢治の言葉は、たぶん心が滅びることを言っているのでしょうが、滅びるのは心だけではない。

近い将来、地球という私たちが生きていける場所が、壊れてしまうということを、心にとめておいてほしいと思います。

1981年5月31日
気高郡連合婦人会学習会講演より
（記録　村上　小枝）

この子らのためにも原発をつくらせてはならない！
（1983年4月29日、長尾鼻で第2回反原発風船あげ）

# 原子力発電の経済性

九州大学工学部 平井孝治

### 1. 原発は石油の代替にならない

- 原子力発電は石油に依存　285
- 成り立たぬ原子力文明　285
- 発電は石油の用途の1／4　285
- 合わないエネルギー収支　286
- 計算外の核廃棄物の管理費　287
- ウランの寿命あと20数年　287
- 原発は借金地獄　288
- バカげた海のウラン採取　288

### 2. 電力は余りに余っている

- 原発40基分も余っている　288
- デマ宣伝の「電力不足」　289
- 伸びない電力需要　290
- 家庭用電力が頭打ち　290
- 素材型産業も落ち込む　290
- 電力を使わせる工作　291
- 「民生用」電力のゴマカシ　291

### 3. ではなぜ原発をつくるか

- 原発でもうかる仕掛け　291
- 核兵器認める日本政府　292
- 原発から核兵器生産へ　292
- 資源戦争と死の商人　293
- 景気刺激の目玉商品　293
- 高度な管理社会をめざす　293

### 4. 原発は電気料金を引き上げる

- 電気料金のしくみ　293
- 原発つくればもうかる理由　294
- 核燃料をため込む理由　294
- ばく大な原発の建設費　295
- 補償金をめぐる悲劇　296
- 揚水発電所は原発の受け皿　297
- 俣野川揚水の3倍の原発が　297
- 原発でハネ上がる電気料金　298

### 5. 〝死に損〟の原発災害

- 大事故起きても補償せず　298

## 1. 原発は石油の代替にならない

### 原子力発電は石油に依存

　原発の経済性を中心に、お話ししたいと思います。まず、原発は石油のかわりになり得るかということを考えてみたいと思います。

　原発は基本的には、石油依存型の発電です。つまり、いま、かりに原子力発電をやろうとすれば、建物を造らなければいけませんが、その建物は、原子力で建てているわけではない。例えば、原子炉の機械だとか、いろんなものは、石油エネルギーでつくります。

　ということは、〝原子力発電〟と言葉では言っているけれど、これは石油がなければできない技術なんです。車一つ動かすのも、原子力発電でやっているんではない。

　そういう意味で、原子力発電は基本的には、〝エネルギー〟とは、言いがたいところがある。

### 成り立たぬ原子力文明

　石油の場合ですと、石油を掘りだすのに、石油を使って掘りだしているわけです。したがって、掘りだせる石油の方が多ければ、石油生産をどんどん続けるわけです。石油を掘りだすときに、掘りだす石油の方が少なくなれば、誰もそんなムダなことしないわけですね。

　世界の現在の経済学のレベルでいいますと、「石油は最後の一滴まで使うだろう」となっていますが、そんなバカな話はありません。石油を掘りだすのに必要な石油の量が、掘りだせる石油の量より多ければ、やめちゃうんです。

　ところが、とにかく今日、掘りだせる石油の量の方が多いから、石油生産をやっているんです。そういう意味で、石油を使って石油を掘りだすように、ウランを使ってウランを掘りだすわけではない。

　というわけで、原子力発電は、もともと石油依存型の発電である。ですから、文明として考える場合には、そこにおのずから限界があるというわけです。例えば、石油文明という時には、こういう関係で石油が沢山掘りだせるから、文明として成立するんです。石炭文明もそうです。

　食糧文明でいえば、例えば、米を生産するのに、米を半年貯蔵しておいて、それをまき、それ以上の米がとれるから、米という農耕文明が成立するんです。ところが、かりに、米を作るのに、作り出せる米より沢山のモミをまかなきゃいけないなら、誰だってそんな生産しないんです。だからそこには、文明は成立しない。米をまいて、まいた量以上に米ができるから、その差額で、農業以外の人の生活を支えることができるんです。

　そういう意味で、ウラン文明、原子力文明というのは、もともと成立たない文明なんです。100万キロワット・クラスの原子炉を、15年間稼働させた場合、どれぐらいの石油がいるかといいますと、ドラムカンに換算して、ウランを濃縮するのに750万本。発電所の建設に250万本等、莫大な量が必要です。

### 発電は石油の用途の1／4

　いま、石油の使われ方を調べてみますと、大体、物を運ぶのにおよそ4分の1を使います。工業用原料に8分の1、工業用燃料に4分の1、家庭用燃料に8分の1。発電には大ざっぱ

石油でつくられたり動いているものを原発で代替することは不可能だ

石油の使われ方

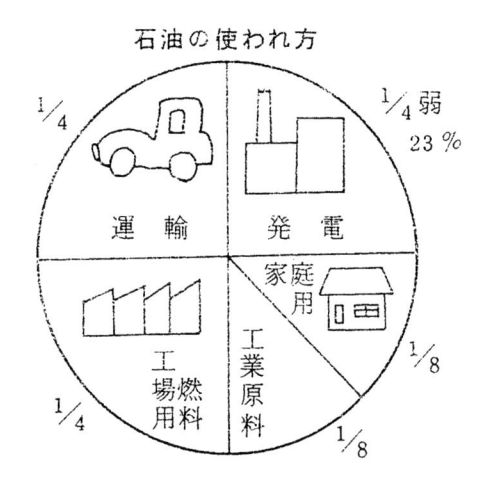

に言って4分の1、正確にいうと23パーセント使われている。

そこで、発電以外の別の用途を、ウラン・原子力で置き換えれるかを考えてみると、例えば薬品。ウランをどんなふうに処理しても、アスピリンだとか薬品になるわけがない。石油・石炭なら原料になり得る。

あるいは、家庭用の燃料を、一戸一戸の家庭で原子力発電でやるとか、物を運ぶのに、一台一台原発を積み込んだ運搬車なんて、できっこない。そんな、ナマやさしいものではないし、庶民の手に負えるものではない。

工業用原料になんとか使えないかと、日本、ドイツ、ソ連とかで研究しましたが、これもいろんな技術的な欠陥があって、ダメと分った。というわけで、もし原子力が、石油に代り得るとすれば、23パーセントの発電だけです。

しかも日本政府は、その23パーセントの中の3割、せいぜい7パーセントぐらいを、原子力で置き換えたいといっている。たったそれだけのことで、日本全国、原子力をめぐって、ケンケンガクガク議論をしなければならない状態です。

それでは何故、日本政府はがんばるのかということになるのですけれども、その話は後でしたいと思います。

## 合わないエネルギー収支

アメリカのエネルギー計算では、原子力はつぎのようなエネルギー収支になっています。軽水炉の原発——日本で原発といっているのは皆軽水炉のことです——100のものを作りだすのに、どれぐらいエネルギーを投入しなければならないか、という計算をしています。

昔は原子力というのは、100パーセントエネルギーを調達できると考えていたんですが、実はそうでなはい。いろんな格好で、エネルギーを投入しなければならないことが、だんだん分ってきた。

ウランを濃縮するためのエネルギー。発電所を建設するために、莫大なエネルギーがいる。そのエネルギーはどのぐらいかというと、100生産するためには、26投入しなければいけないということが分った。

ところが、この計算の前提になっていたのは、耐用年数30年で、稼働率80パーセントだった。経済ペースで動かしている原子炉で、30年なんて動いたためしがない。商業炉は苛酷な使い方をしますから、せいぜい15年ぐらいしか使えない。稼働率の点でも、当初は60～70パーセント確かに動くんですが、年が経つにつ

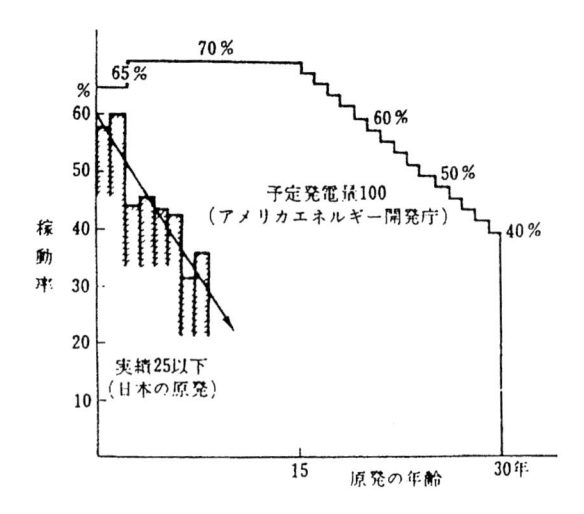

原発の稼働率は年と共に下がるので、実際にはアメリカのエネルギー計算の1/4しか電気を生まない

286　資料1　原発のないふるさとを

れて、だんだん稼働率が落ちてきます。

この表は（スライド）、原子力発電の稼働率の変化を示したもので、大部分こうなふうに年が経つと共に落ちてきますから、15年ぐらいでアウトになるだろうといわれている。

ただ1台だけ、イギリスから輸入した優秀なのがありますが……。軽水炉ではなく、コールダーホール型といい、稼働率60～70数パーセントと優秀ですが、他の軽水炉は皆落ちている。例えば、福島1号、美浜1号機等は、年間稼働率6～7パーセントという有様です。

というわけで、耐用年数は30年でなく、15年ぐらい。稼働率は80パーセントでなくて、平均40パーセントだということになると、できるエネルギーも半分の半分、トータルで4分の1、25ぐらいだといわれだした。26投入して、25ぐらい、せいぜいトントンである。

**計算外の核廃棄物の管理費**

つまり、エネルギー問題を解決するのには、何の役にも立たない。しかも、実際には、このエネルギー収支計算の中に、いろんな核廃棄物の管理費だとか、廃炉にした後のエネルギーの計算が、全然入っていない。

たまる一方の核のゴミどこにも捨て場がない

人類が、何万年にわたって管理しなければならないエネルギーの計算が算入されていないのは、そのやり方がまだ見つかっていない。どうしていいかわからないので、どのぐらいのエネルギーが必要か計算できない。というわけで、全然入っていない。それを入れなくても、なおかつトントンぐらい。

このことについては、反対派である私たちが言っているだけでなく、推進派の諸君がすでに指摘しています。原発で儲けようとしている人たち原子力産業会議が、「今日の軽水炉は、実証性もないし、経済性もない」と。実証性がないというのは、安全確保に確信がないということ。経済性がないとは、エネルギー収支が合わないということです。

とにかく、今やっている原発は、すでにエネルギー的に見たら、全然役に立たないということが、知られているんです。知らないのは、日本国民だけ。意外に思われるかもしれませんが、これは真実です。残念ながら……。

**ウランの寿命あと20数年**

原発は、（電力会社にとって）もうかりはします。貨幣価値的にはね。しかし、エネルギー問題の解決になるなんて思ったら、大間違い。少くとも、そんなええ加減なことでは、推進はとてもできません。

推進派の人たちは、そんなことちゃんと分っている。「エネルギー問題の解決のためにやるんだ」なんて、外には言いますよ。本心では、そんなこと思ってはいない。

しかも、燃えるウラン235の推定埋蔵量は、あと20数年ぐらいしかかりません。したがって、副産物であるプルトニウムを回収して、何とかしたいと考えているわけです。それで、うまいこといくかどうかは、また別問題。私は、ダメだと思っていますけれどもね。

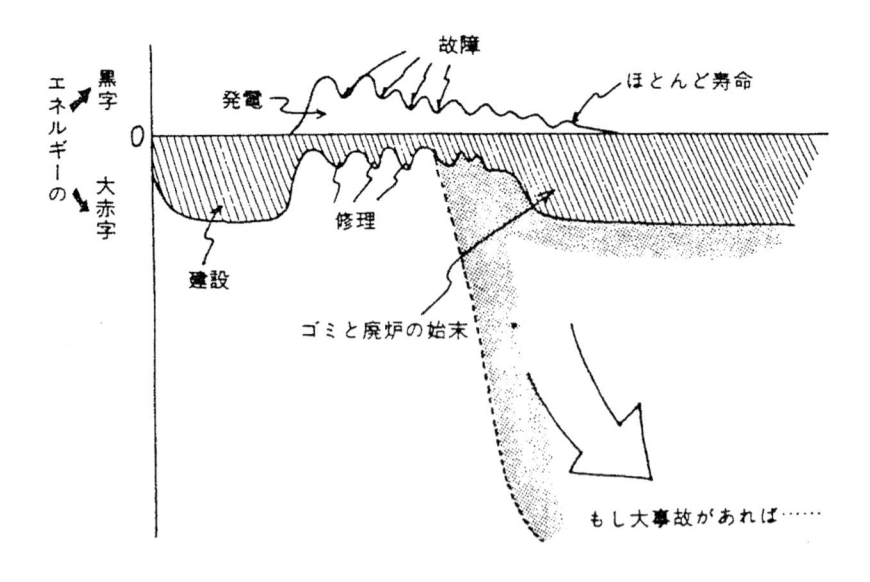

（とくに核のゴミのあと始末が大変だ‼）

原発は生み出すエネルギー（電力）より使うエネルギー（主に石油）の方が大きい

### 原発は借金地獄

さらに原発は、私に言わせれば、ある意味で〝借金地獄〟だと思っています。

どういう意味かと言いますと、原発が動きますと、核廃棄物ができてきます。これは、数百年から数万年も管理する必要がある。

管理するためには、エネルギーがいる。石油が本当になければ、原子力発電をまたやって、この廃棄物を管理するしかない。

廃物の管理をするために、また廃物が出てくることになる。つまり、廃棄物は非常に早いスピードで、どんどん、どんどん増えざるを得ない。

とにかく、こんなことを続けていては、しょうがないというわけです。

### バカげた海のウラン採取

「海水の中にもウランがある。ウラン235がなくなれば、そのウランを取り出せばいい」という話をする人がいる。たしかに、話としては面白そうです。「海水からウランを取り出して、原子力発電をやろうじゃないか」？。

ところが、そんなつまらないことは、やるべきではありません。なぜかといえば、海水からエネルギーを取り出すのに、莫大なエネルギーが必要です。つまり、いま、かりに取り出したとしても、そのウランでできるエネルギーよりも、海水からウランを取り出すエネルギーの方が多ければ、誰もやってはいけない。やるべきではないんです。

実はそのことは、専門家が計算すればすぐ分る。言葉の上では言いますけれども、実際にはそんなこと誰もやる人はいない。

## 2．電力は余りに余っている

### 原発40基分も余っている

いま、電力の供給設備が、どうなっているかということを、お話したいと思います。

いま、日本は、九電力体制になっていて、北海道電力から九州電力まで、9つの電力会社がある。正確には、もう1つ、沖縄電力という

[発電設備能力とピーク時需要]

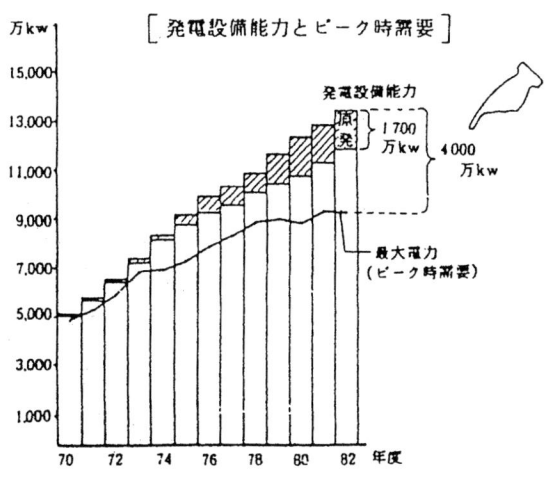

これだけ電気が余っている原発は1基もいらない

のがありますが……。九電力体制で考えた場合、設備の利用率。どの程度に発電設備を利用しているか。1970年が69パーセント。それが1980年では46.4パーセントに落ち込んでいる。つまり、70パーセント近く利用していたのが、今日では5割を切っている。この設備利用率は、まだまだ落ちそうです。

そこで、供給能力。どの程度供給する能力があるか。自社分とプラス卸業者、つまり、共同火力とか、公営水力とか、日本原電、電源開発株式会社とか、電力の卸業者、それから自家発（自分のところから発電している大きな会社）から各社は電気を受けている。したがって、自分のところで発電するものプラス受電するものを合せたものが、供給能力ということになる。供給能力は、1970年には4,982万キロワットであったものが、1980年には1億1,706万キロワット、とものすごい増え方をしています。

他方、電力のピークといいますか、一番電気が必要な時、8月の最大値を3つ取って平均したものを、「8月最大3日平均電力」といいますが、1970年が4,845万キロワット、1980年が7,736万キロワットということになっています。したがって、供給能力からピーク電力を引くと、一番沢山使う時で、どの程度余っているかが分る。それが、遊休能力です。遊休能力は、1970年が137万キロワット、1980年が3,970万キロワット（大型原発40基分）も余っている。これは、今日発電設備なんて、全然新設しないですむぐらい、非常に余っているということがいえる。

ピーク時余裕率は、70年は2.75パーセントしか余っていなかったのに、80年は33.9パーセントつまり、ムチャクチャ余っている。一番使う時ですらですよ。

### デマ宣伝の「電力不足」

これはね、皆さん方、電力会社から説明を受けた時、「電力が足らん足らん」といわれているはずなんです。ところが、私は、実はこの道の専門家のつもりなんですけれども、実際調べてみると、そうではない。余りに余っている。

なぜ、こういう説明の仕方をするかといいますと、受電分を削ってしまうんです。実際は、卸業者と毎年契約をしていて、6月は何キロワット、8月は何キロワットと受電の量が決まっているにもかかわらず、削ってしまう。削ると、自社分だけになり、トントンぐらいになって、「電力は余っていませんよ」なんてインチキをやる。実際は、卸業者から受ける電気の量を足さなければいけないのに、その量をは

電気事業連合会の広告

原発推進のため電力危機（停電）をあおるデマ宣伝

原子力発電の経済性　289

ずして、自社分だけを発表する。そうすると、余裕がないように見える。

しかし、電力会社や通産省のいろんなデータを拾いだしますと、なんと３分の１は余っている。ですから、今日では夏場のもっとも電力の必要な時ですら、原発だとか、巨大火電をとめている。とめられるんです。

例えば、島根１号炉は、今年の夏なんか動かないはずです。動かなくたって、十分やっていけれるんです。それぐらい余っている。にもかかわらず、原発をつくろうという。

### 伸びない電力需要

今度は、電気を使用する側が、どれぐらい電気を必要としているか。需要電力量を全国計を、昭和30年から５年毎に取って、５年間の平均伸び率を表にあらわしています。30年から35年は、13.53パーセントで増えています。35年から40年は11.26パーセント。40年から45年は13.51パーセント、とものすごい増え方です。

ところが、45年から50年は6.5パーセントに増え方が減ってきた。50年から55年はついに3.96パーセントと４パーセントを割り込みました。この間、電力を使う量が、そんなに増えなくなってきた。つまり、かつて高度成長の時代は、ワァッと増えた。例えば、各家庭が冷凍冷蔵庫や、カラーテレビを買い込む時代は、ワァッと増える。ところが、今日そういうのがなくなってきた。家庭で使う電力や大口電力の原単位が減りつつある。

電力需要量の全国計の平均増加率

| 年　度<br>（５年毎） | 30年度 | 35年 | 40年 | 45年 | 50年 | 55年度 |
|---|---|---|---|---|---|---|
| 平均増加率<br>（５年間） | 13.53% | 11.26% | 13.51% | 6.05% | 3.96% | |

### 家庭用電力が頭打ち

原単位というのは――。例えば、家庭で使う電力は、いまではほとんど伸びなくなった。

それは、皆さんが節電に努力をしているからではない。そうではなくて、例えば、冷凍冷蔵庫をいったん買う。普及率が100パーセントぐらいになる。日本全国の冷凍冷蔵庫の量は、それ以上増えっこありませんね。１台あればいい。

それを電気が余っているからといって、２台も３台も買う人はいません。例えば、中国電力の会長の山根寛作さんは、私の所得の何十倍もあるでしょう。彼は、私の収入の何十倍もあるからといって、冷凍冷蔵庫を何十台も買うわけはない。家電製品の普及率が100パーセント近くなれば、それ以上器械は増えません。だから、家庭で使う電力はそんなに増えない。

その上、冷凍冷蔵庫でいえば、出始めた時と今日では、１台当たりの消費電力量が半減している。つまり、器械の熱効率が優秀になってきている。だから、節電しようと思わなくても、自動的に節約できている。

電気料金は、単価が高くなっているから、上っていますが、家庭用の使用電力量キロワット時の方は落ちてきている。これが、原単位です。

### 素材型産業も落ち込む

さらに、大口電力でも、素材型産業――鉄・アルミなど材料をつくる産業の、消費電力量も落ちている。これは、一番電力をくう部門なんです。

例えば、アルミなど巨大な電力をくうものは、最近は統廃合が進んで、日本ではつくらない。石油製品あたりもそうです。つまり、そういう原材料のトン当たりの、消費電力量が落ち込んでいる。

いま、家庭用や大口の使用電力量が減っているにもかかわらず、５年間平均で増えているの

は、二つの要因がある。

一つは、業務用電力。デパート、スーパー、事務所、官庁、つまり、ビルみたいなところで使うのが、いぜんとしてものすごく伸びている。必要以上に冷房をしたりしているのを、皆さんもお気付きと思います。

もう一つは、大口の中でも、自動車産業などの組立て型産業や食品加工など加工型産業が、伸ばしている。

したがって、業務用電力と、組立て・加工型産業に使う電力を、押さえ込むことに成功すれば、これから先、電力は伸びっこありません。

### 電力を使わせる工作

ただし、いま各電力会社は、自分のところの設備が余って仕方がない。なんとかして使わせようと、努力しています。

例えば、住宅をつくる時には、必ず電気温水器をつけるように指導するとか、あるいは、ビルでは必要ないのに、大きな電力を引き込むよう指導するとか、いろんな工作をしています。つまり、電気が足りないのではなくて、わざわざ使わせるような工作を彼等はしています。

ですから、供給面をみても、需要面をみても、電力危機などという要素は、1つもありません。これはデータが如実に示している。ただし、そのデータは、国民には知らされていないという感じはもちろんあります。

### 「民生用」電力のゴマカシ

参考までに、家庭用と大口電力の比を見ますと、9電力については、家庭用19.7パーセント、大口が43.8パーセント。それから、自家発などを含めて、全国の電力については、家庭用が16.4パーセント、大口が52.7パーセント。

最近、電力会社の宣伝に、こんなのがあります。「家庭でものすごく電力を使うから、原発がいるんだ」。これ真っ赤なウソです。電力会

電力の用途

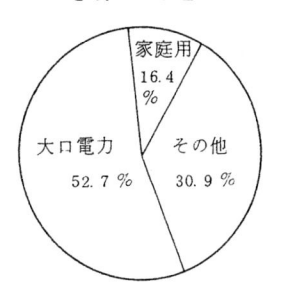

| | |
|---|---|
| 家庭用 | 16.4% |
| 大口電力 | 52.7% |
| その他 | 30.9% |

社がいうのは、「民生用電力が増えている」。

昔は〝家庭用〟といっていたが、最近はゴマカシがきかなくなって〝民生用〟といっている。民生用といえば、何か家庭で使っているように思うでしょう。ところがそうではないんで、業務用電力も含めていっている。

家庭用電力に限っていえば、全国計で16.4パーセントしかない。ないにもかかわらず、原発等々が必要なのは、まるでわれわれ家庭で使っている人間のゆえだ、といわんばかりの宣伝をしている。そうすると、何となく、「われわれの家庭の電気が停まると困るから、原発に賛成せないかんのかナァ」という気になる。その辺をうまく利用している。

## 3. ではなぜ原発をつくるか

### 原発でもうかる仕掛け

原発があるというだけで、料金収入が増える仕掛けになっている。そこで、料金が増えた分で、また、原発の建設資金をつくるというふうになる。その建設資金で原発を建てると、また料金収入が増えるようになっている。

原発を1つのサイクルにして、ドル箱をつくりだすという関係になっています。もっとも、電力会社だけがもうけているんではない。原発をつくることによって、いろんな産業がもうかることになっています。

**核兵器認める日本政府**

　実は国連の、この間ずっと出てきている決議案に、「核兵器の不使用、および核戦争の防止決議案」というのがあります。その全文は非常に簡単で、「核兵器の使用は、国連憲章違反であり、人道に反する犯罪である。したがって、核兵器の使用、または使用による威かくは、核軍縮が達成されるまでの間、禁止されるべきである」。

　ごくもっともな決議案なんです。これについて、日本政府は、昭和54（1979）年までは賛成していました。核兵器は使うべきではない、という立場をとっていました。

　1980年に入って、この決議案に棄権しました。なんともいえないという見解です。昭和56（1981）年には、ついにこの決議案に反対しました。つまり、戦争で核兵器を使うことも、やむを得ないという立場をとりました。

　これは本当のことなんです。政府はこの問題で、何回か国会で答弁しています。もっとも、新聞には大きな記事にはなっていません。非常に小さな記事です。とにかく、今日ではわれわれの国は、核兵器を使うことは、やむを得ないという観点に立っているんです。

**原発から核兵器生産へ**

　核兵器というと、内容的に三つに分けて考える必要があります。

　1つは核弾頭。日本は持っていないけれども、プルトニウムを持っていますから、いつでも作れます。原子力発電がありますから。

　もう1つは運搬手段。ミサイル、潜水艦等。日本の海上自衛隊は、核弾頭を運ぶことができるものを、現実に持っている。

　3つめは、3Cといわれる指揮・統制・通信（コンダクター・コントロール・コミュニケーション）。

　弾頭だけあっても、運べないと核兵器にならない。あるいは、それをコントロールし、情報を与えるシステムが必要です。この3つが一緒になって、はじめて核兵器の体系がつくられる。

　日本には、そういう意味で原理的には、全部そろっている。核弾頭は、原発をやっているから大丈夫。核の運搬手段は、ミサイル、核兵器搭載艦、潜水艦、戦略爆撃機なんでもある。3C関係は、日本は電子工学が発達していますから、十分です。

　というわけで、私たちの国は、核クラブ入り

プルトニウムでつくられた長崎の原爆

を達成しようと思えば、いつでもできる。さらに、日本の構想は、とにかく今は核兵器がないとダメなんだという考え方なんです。しかし、日本が核兵器を持つとは、言えないから、〝アメリカの核のカサ〟といっているわけです。

したがって、核兵器不使用ということに、日本は賛成できない。「少くとも、核があって世界の平和は保たれているんだ。したがって、核兵器を使うことは当然である。これが前提でないとダメなんだ」──と、日本政府は国際的には主張している。

そういう国際環境に、日本はいるわけです。現実の課題として、日本は核クラブ入りを果そうとしている。

**資源戦争と死の商人**

OPEC（石油輸出国機構）などの、資源ナショナリズム「オレとこ石油あるけど、渡してやらんぞ」というのに対抗するエネルギーとして、「石油を買わなくても、原子力があるから、やっていけるんだ」という言い方をしたい。

死の商人の原理といって、いま原子力開発をやったら、子孫が困ることはわかっているけれども、やむにやまれずやるんだ。

〝死の商人〟とは、武器（軍需品）を製造・販売して、巨利を得る商人のことで、売った武器で沢山の人が死傷するだろうが、当面の利潤を求めて、武器を売るわけです。

それと同じことが、原子力開発にもいえる。

**景気刺激の目玉商品**

いま、日本の経済を保つためには、かつての高度成長時代のように、経済を刺激するような新製品がない。

考えてごらんなさい。ないです。かつて、冷蔵庫、洗濯機が出たトタン、どこの家でも欲しいと思った。だけど、いま、ビデオなりマイコンなり出ても、どうしても欲しいなんて、思ったことはない。つまり、景気を刺激するような、大きな材料がない。

その代りに、経済のけん引車として、原発を持ってくる。民間設備投資の中で、住宅が一番です。これが断然トップで、つぎは今日では、電力が占めている。昔は、鉄鋼だとか、自動車だった。

そういう経済の引っぱり役として、原発を位置づける。

**高度な管理社会をめざす**

原発をやることによって、高度な管理社会をつくりたい。原発の事故が起こったときに、皆が仲よく、この事故をどうしましょうと、相談してた日には、事故はどんどん進む。

そういう時には、専門家がテキパキ指示をする。そういう高度な管理社会、技術社会に原発が適していることは、明白です。今日の技術体系というのは、だんだんそうなりつつあります。

このほか、いろいろ考えられますが、大ざっぱにいってそんなところが、安全性が確保されていない、経済的にもエネルギー収支としても合わないけれども、なおかつ（原発を）やりたい、という理由です。

## 4. 原発は電気料金を引き上げる

**電気料金のしくみ**

簡単に言いますと、電力会社は、供給を促進するような送電線だとか、発電設備だとか、巨大な設備を、持っていれば持っているほど、有利になるように設計されている。

それは、正式にいいますと、〝総括原価方式〟といいまして、電気料金の算定はつぎのようになっている。

「原価」といわれているもの。人件費、燃料費、修繕費、減価償却費、公租公課、購入電力料、その他の経費を全部足し算します。

```
総括原価 ＝ 適正原価 ＋ 事業報酬
              ├ A 減価償却費
              ├ B 営業費
              └ C 諸税等

★電力単価  ＝ 適正原価（円）＋事業報酬（円）
 （円／KW時）      販売予定電力量（KW時）
```

原発はカネ食い虫じゃ

　それに、電力会社のもうけをいくらにするかという「事業報酬」を足します。それを、使用量で割算した結果が、「単価」です。
　例えば、修繕費なんか、原発になりますと、1年で50億円ぐらい積み上げることができる。もっとも、出力や建ててから何年経ったかで、多少ちがってきますが。
　そういうわけで、コストを計算します。

**原発つくればもうかる理由**
　他方、「事業報酬」。利潤ですね。利益については、ちょっと言葉がむずかしいですが、「レート・ベース」といわれる資産の額かける8パーセントで、年々の報酬がきまります。
　この「レート・ベース」といわれる部分を、大きく算定すれば、報酬がふえるということです。「レート・ベース」とは、電気事業固定資産、要するに、電気を供給するルート、発電して送電して配電するために、必要な発電所・送電所・変電所・配電設備等々の固定資産に、8パーセントかけたものが、年々の利潤という計算をしている。だから、この「レート・ベース」が大きければ大きいほど、電力会社は有利だということになっている。
　そのほか、建設途上の資産。普通、民間会社は、施設を建設している段階では、何の報酬も入ってこない。当たり前です。稼働してないんですから。ところが、電気事業だけは、動かなくてもかまわない。帳簿上金額が出てきますと、建設資産の場合は、2分の1の評価になるので4パーセントになります——その4パーセント分は、確実に電気料金に積み上げることができるようになっている。ですから、電力会社は安泰なんです。
　普通、計画をたてて、資金を投下して、何千億円の資金が十何年も動かないってことになると、どの会社だって破産しますよ。ところが、電力会社だけはその心配がない。動かなくても、その間ちゃんと4パーセントの利潤は、認めているんですから。

**核燃料をため込む理由**
　それから、核燃料勘定というのがありまして、帳簿上買付け契約するだけで、これまた8パーセントの利潤を保障している。
　極端な例をいいますと、北陸電力や東北電力、北海道電力は、まだ1基も原発は稼働していませんが、核燃料を何百億円か持っている。会社の中にはありません。買付け契約をして、手付け金だけ打っている。
　そうすると、何百億かの核燃料を買った格好になって、帳簿につきます。その金額の8パーセントは年々の収入になる。北陸電力で400億円ですから、その金額の8パーセント、32億円がだまって転がりこんでくる。そういう事業になっているんです。ぬれ手に粟です。
　それから、運転資本というのがあって、営業費や燃料費の1.5ヶ月分を見込みます。ですから、どれだけ「レート・ベース」を大きくするかによって、電力会社の利潤がきまります。

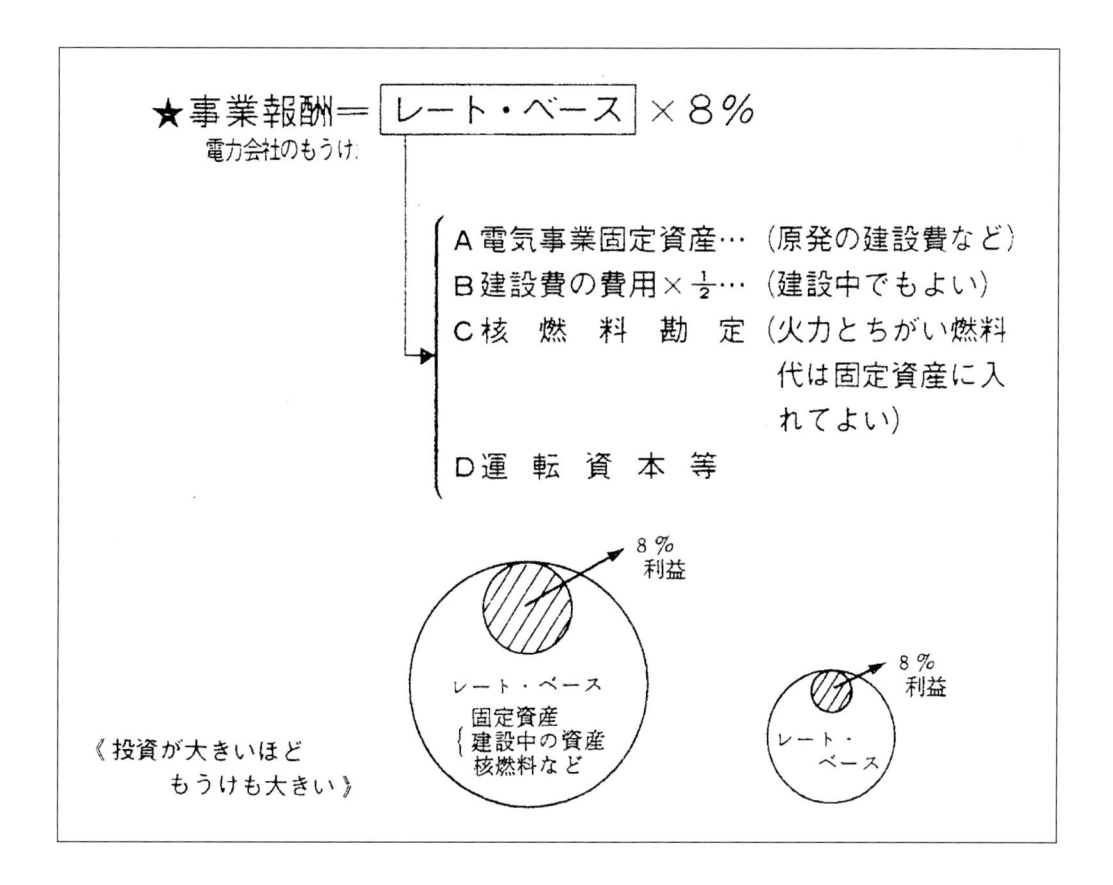

★事業報酬＝ レート・ベース ×8％
電力会社のもうけ

A 電気事業固定資産…（原発の建設費など）
B 建設費の費用×1/2…（建設中でもよい）
C 核燃料勘定（火力とちがい燃料代は固定資産に入れてよい）
D 運転資本等

8％利益

レート・ベース
固定資産 { 建設中の資産
核燃料など }

8％利益

レート・ベース

《投資が大きいほどもうけも大きい》

## ばく大な原発の建設費

　発電所の建設費は、どういう格好ではじきだすかというと、建設費を出力で割ります。つまり、キロワット当たり、何万円で建設できるかというのが、１つの指標になるわけです。

　九州電力の例でいえば、玄海１号と２号機がありますが、かつては１号機のときには、キロワット当たり83,200円だったのが、２号機では238,300円とハネ上がっている。年間上昇率21.48パーセント。フリー計算していますので平均にするともっと多い。

　それから、３号機はいま玄海ヒアリングといって、問題になっていますけれども、これは現在の段階で、キロワット当たり508,500円。実際建てられる場合には、当初計画の絶対倍になります。キロワット当たり100万円は越えちゃうでしょう。

　現在、豊北原発１号機は、立ち消えになってはいなくて、毎年建設費の洗い直しをしております。これが5,410億円もついています。5,000億円というのは、ものすごい金額なのです。普通、人口１万ぐらいの町の財政は、年間30から40億円。それが、原発１基で5,400億円。これは去年の見積りですから、たぶんことしは6,000億円になるでしょう。玄海原発３、４号機は、もう6,000億円の見積りをしています。

　そんなわけで、莫大な金を使う。また、その上昇率が非常に激しい。

　しかも、その建設費の中には、例えば、漁業権を放棄した人に、補償金を払いますね。最近では、これも何十億円という金額ですが、それも、もちろん、皆さん方の電気料金から取るわけです。

　まず補償金を払う。あるいは、地方自治体に協力金を払うでしょう。それは「総工事費」という名目になります。それを固定資産に計上し

## 建設単価の推移

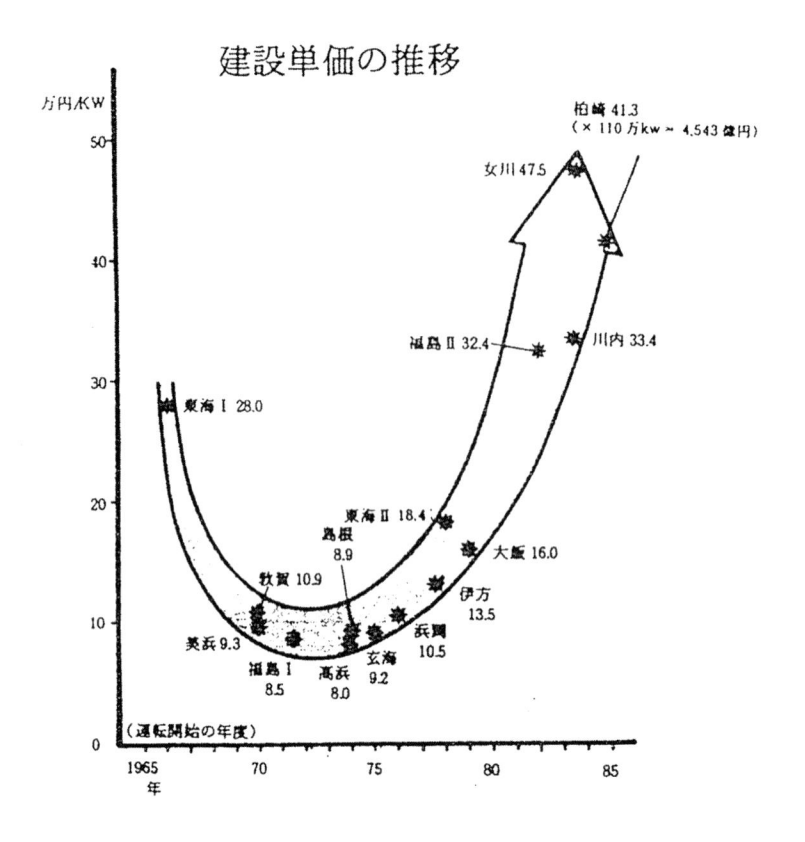

（グラフ：縦軸 万円/kW、横軸 運転開始の年度）

- 東海Ⅰ 28.0
- 美浜 9.3
- 敦賀 10.9
- 福島Ⅰ 8.5
- 高浜 8.0
- 島根 8.9
- 玄海 9.2
- 浜岡 10.5
- 東海Ⅱ 18.4
- 伊方 13.5
- 大飯 16.0
- 福島Ⅱ 32.4
- 川内 33.4
- 女川 47.5
- 柏崎 41.3（×110万kW＝4,543億円）

て、減価償却するという格好で、いくら巨額な補償金を払っても、電気料金から、必ず取り戻せるようになっているわけです。だから、平気で何十億円（補償金を）出すことになる。

**補償金をめぐる悲劇**

ついでに、補償金の配られ方をお話しますと、これは各地で見られる現象なんですが、最近は、漁民1人当たり2,000万円とか3,000万円という金額になります。2～3,000万円も漁民に入りますと、沢山入っていいようですが、そのために、人格が破たんしていった例が一ぱいある。

つまり、漁業権を放棄した地域に、何十億補償金が入ってくると、配分をめぐって、血で血を洗うような争いが起こる。例えば、漁獲高で分けるのか、あるいは組合員になって何年経っているとか、それぞれ自分に有利になるような基準を主張する。何百万円にかかわるのですから、それはもう、必死です。

その上で、入ってきた補償金を、どう使うかの問題。一ばん賢明なのは、家や土地を買うという方法。これは、モノが残ります。私が関わっている玄海町では、いままで水揚げで細々と生活していた人が、何千万円も手にして、仕事をせずにバクチをする。けれども、その人たちはまだマシです。バクチですっちゃうと、また働き出すから。

一番悪いのは、何千万円かを頭金にして、大きな船を買った人です。大きな船を買えば、もうかるだろうと思えば、大間違い。普通、船を大きくするというのは、大きくするだけの資金をため込むわけです。その間に自分の力がつくわけで、生産高が増えているはずです。

ところが、漁獲高が増えないまま、船だけが大きくなった。したがって、大きな船に見合う

だけの水揚げながい。燃料費だとか、維持費だとか、ローンだとか、方々に借金だけが増える。その結果、何千万円も抱え込んだ借金を返済するためには、どうするかということで、また、原発の増設をお願いしようということになり、電力会社から名目を作って金を引き出そうということになる。そうなりますと、あきらかに生活破たんということになってくる。人間、堕落してしまいます。

　もともと、身につかない金というものが、人を滅ぼすということが、よくありますね。

　例えば、宝クジに当たった。人にとやかくいわれるので、会社にもおれないとか。宝クジはまだいいんですが、何千万円も補償金が入ったら、どうにもならない。人間関係がドンドン切れていく。これが遺産相続なら、親が持っていたんだから、まだ根拠がある。

　ところが、これは電力会社がガバッと出したんだから、親、兄弟、親せき、黙っていない。「オレにもくれ」「俺とこ借金があるからなんとか立て替えてくれ」とか、当然そういう悪銭を、アテにすることになる。

　ということは、一生懸命働いている人が、バカに見える。つまり、労働を軽んじることになる。そういう悲劇が原発立地点では起きている。

**揚水発電所は原発の受け皿**

　原発には、水を揚げて発電するという余計な、発電設備がいる。

　電気の1日の使われ方は、夜間の午前1時から5時頃までの間の使用量は一様に低く、昼間の午後1時から5時頃までの間が、一番高い。原発なら原発で発電するのを、夜少くして昼多くできれば問題はないが、使用量のカーブに合わせて原発を発電すると、燃料棒が破損してしまうものですから、一定の出力を保つわけです。緊急時にはやむを得ず出力を落しますが。

　そうすると、夜余ってきます。夜余った電力で、水を汲み上げるわけです。そして、昼のピーク時の電力が必要なときに、これを降ろして水力発電をする。これを、揚水発電といいます。大体でいいますと、汲み上げるのに必要な電力を100とすると、下ろす時にできる電力は60ぐらいです。というわけで、原子力発電をやりますと、必ずこの揚水発電というのを、やらなければいけない。

　1959年、いまから20数年前、渇水で発電に困った時、国会でこういうことが、議論になった。ある先生がこういう提案をした。「水力発電をしてできた電気の一部で、水を汲み上げてそれで発電し、また汲み上げて発電すれば、エネルギー問題は、たちまちにして解決する」。

　これは、物理を学んだ人なら、アハハ……と笑うところです。〝エネルギー保存則〟というのがあって、こんなアホウなことは、成り立たんのです。つまり、下りてきた水を汲み上げようとすれば、それが生みだす電気以上に電気がかかる。だから、こんなアホなことは、誰もやらないんです。専門家にとって、思いもよらんのです。だけど、揚水発電というのは、専門家である彼等が、それをやろうとしているのです。

　ところが、原発というのは、いまいうようなシステムになっているものですから、巨大な揚水発電所が必要なのです。つまり、100万キロワットとか120万キロワットとか、巨大な揚水発電を要するんです。普通の水力発電で、100万キロワットといえば、大変なものなんです。乱開発につぐ乱開発をやらないと、そんな巨大な水力発電は、とてもできません。

**俣野川揚水の3倍の原発が**

　中国電力の現在一番巨大な揚水発電所は、いま建設中の俣野川揚水発電120万キロワット。島根原発1号は、46万キロワットですから、大体3倍です。こんな巨大な揚水発電所をつくっています。

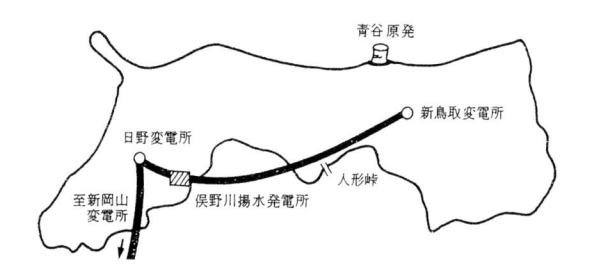

これは、昭和60年に営業運転開始。したがって、試運転が59年にあると考えています。総工事費1,632億円。これは、まったく莫大な事業です。全国各地の原発のあるところでは、必ず揚水発電をやっているわけです。

揚水発電の規模は、現在ある原発の大体3分の1ぐらいの出力になる。逆にいうと、揚水発電があると、その3倍ぐらいの出力を持った原発が（トータルで）あるはずだと考えていい。

そうすると、中国電力の場合、いま原発は46万キロワットの島根1号だけ。120万キロワットの揚水発電が必要だとは、一体何事か。言葉をかえていえば、その120万キロワットの3倍ぐらいの出力の原発を、近々建設したいんだ、ということになる。

これは、どこでもそうなんです。すぐ近くとは限りませんが、送電線で連けいされるようなところに、大体その3倍ぐらいの原発がある。だから、大ざっぱにいいますと、島根1号46万キロワットがありますね。それを除くと、100万キロワット・クラス最低3基ぐらいです。

で、どことどこになるだろうかは、私には分りません。皆さん方が、中国電力を問い詰めるしかない。そんな計画なら、やめろ、やめろと話をせざるを得ない。

とにかく、私どもは電力の需給関係を調べていまして、いつも同じパターンがあります。まず、揚水発電所を先につくっちゃうんです。どこでもそうなんです。それに見合う格好で、つまりその3倍ぐらいのクラスの原発が、その後を追いかけます。

大体、俣野川というのは、岡山、島根、鳥取の3県に源を発して、上のダムは岡山県、発電所は鳥取県にある。そのあたりは注目しなければいけませんし、建設中の揚水発電でも、電気料金には事業報酬をつみ上げることができる。

**原発でハネ上がる電気料金**

豊北1号機が、運転開始するようになれば、どのぐらいの電気料金の値上げになるか。

15年で償却するとして、減価償却費は、5,410億円かける14.23パーセントという計算になりまして、初年度は769億8,000万円。事業報酬は、8パーセントをかけて、432億8,000万円。つまり、巨大な設備をつくっておくと、これだけもうかる。

で、電気料金にハネ返るのは、足し算しまして、1年に1,200億円ぐらい。だから、1つの原発が動きだしますと、電気料金がパッとハネ上っちゃうから、たまりません。

このように、原発はいかに巨額であっても、減価償却を通じて費用は回収できる上に、それに上乗せして報酬を認められている。

## 5．〝死に損〟の原発災害

**大事故起きても補償せず**

原発が巨大な事故に出くわせば、損害賠償でとんでもないことになります。いまの原子力災害では、恐らく10兆円とかいうようなオーダーでの、補償をしなければいけないだろうといわれています。だから、いくらこんな格好で費用を回収しても、ひとたび巨大な事故を起せば、たちまちにして間に合わない。ところが、どんな大事故を起こしても、補償金に限度額を設けている。

建設費はもちろん高いし、修理費とか税金とか支払わされますから、原発は大変高くつくんです。

|  | アメリカ原子力委<br>ウォッシュ740報告<br>（1957年） | アメリカ原子力委<br>ウォッシュ740報告<br>（改訂）<br>（1965年） | アメリカ原子力規制委<br>ラスムッセン報告<br>（最終）<br>（1975年） | 日本の<br>原子力産業会議<br>（1960年） |
|---|---|---|---|---|
| 急性死者 | 3,400人<br>（24キロ以内） | 4万5,000人 | 3,300人<br>（その4倍） | 720人 |
| 急性障害 | 4万3,000人<br>（72キロ以内） | 10万人 | 4万5,000人<br>（その4倍） | 5,000人 |
| ガン死者 |  |  | 4万5,000人<br>（その3倍） |  |
| 甲状腺ガン |  |  | 24万人<br>（その3倍） |  |
| 遺伝障害 |  |  | 2万5,500人<br>（その6倍） |  |
| 要観察者 | 380万人 |  |  | 130万人 |
| 永久立ちのき人口 | 46万人 |  |  | 3万人 |
| 永久立ちのき面積 | 2,000平方キロ<br>（鳥取県の2／3） |  | 750平方キロ<br>（気高郡の5倍） |  |
| 農業制限面積 | 39万平方キロ<br>（ほぼ日本の面積） | 710万平方キロ<br>（米国の面積の8割弱） | 8,300平方キロ<br>（鳥取県の2.4倍） | 3万6,000平方キロ<br>（中国地方の面積） |
| 財産損害 | 2兆1,000億円 | 5兆1,000億円 | 4兆2,000億円<br>（その2倍） | 100億〜10兆円 |
| 当時の日本の国家予算 | 1兆2,000億円 | 3兆7,000億円 | 21兆円 | 1兆7,000億円 |

〔備考1〕ラスムッセン報告の（　）は不確かな上限（最大被害）を示す。
〔備考2〕空白の部分は報告書中に評価がないことを示す。むろん、これらの被害がゼロであることを意味しない。

　従来、電気料金の値上げのたびに、「電気代を安くするためには、原発をやらねばいかん」と、宣伝してきた。あれは、真赤なウソです。

　私は、電気料金、需給関係、原価計算とかをずっとやってきて、電力会社がいかにウソを言っているかということを、いろんなところで、書きまくっています。しかし、これについては、電力会社から公式な反論は、一度もきません。

　というわけで、事業報酬等々を含めまして、私たちの払う電気料金は、高くならざるを得ない。つまり、サイクルは、原発をやれば、建設費だとか、核燃料費だとか、電気料金が上がります。そして、回収した費用で、また原発をつくる。そのおかげでまたもうかる。またつくる——というサイクルになっている。

　私は、これをドル箱サイクルといっていますが、そんな仕掛けになっているということを、私は数年以前からあばいていることなんです。私たちは、このサイクルを断ち切らねばならない。

　とりわけ、青谷・気高の人たちにとっては、

電気料金の問題だけではありませんね。経済性の面からも、科学的に安全性の面からも、ありとあらゆる意味で、原子力が問題にならない厄介なものであることを強調して、私の話を終ります。

  1982年６月20日
    気高郡連合婦人会学習会講演より
      （記録　村上　小枝）

# 青谷も候補地だった!?
## あす「原発を考える集い」
### 鳥取

スリーマイル島の事故（アメリカ中の関電・居組原発や検討中という中電・青谷原発など動きの安全性問題が表面化している折、県内でも「原子力発電の実態を正確に報告、知ってもらおう」という「原子力発電の公害を考える集い」が十六日午後一時から鳥取市の県立博物館で開かれる。同集いを主催する原子力発電の公害を考える会（吉田逸男会長、会員五百人）によると、「県内でも計画かともみられ、県民に正確な実態認識を促したい」（吉田会長）という。

集いの主催は、同考える会のほか原水爆鳥取県民会議（北尾才智代表委員）、県婦翼（北尾才智議長）、県原爆被害者協議会（同口康光会長）、県連合婦人会（近藤久子会長）などが後援している。当日は、一般市民ら約五百人の参加を予定している。

日程は、午後一時の開会のあと映画「核」（四十分）を上映、その後京都大学原子炉実験所の小出裕章研究員が「スリーマイル島原発事故の実態」のテーマで講演する

原子力発電の公害を考える会長、吉田逸男県議（社会党）が十二日明らかにしたところによると、県内に関係（建設）する原子力発電所は、現在同会の資料によると「計画中一カ所、検討中一カ所が明らかになっている」という。

その一つは、去る四十五年十月に計画が明らかになった関西電力㈱・居組原子力発電所。鳥取県側の岩美郡岩美町東浜付近から兵庫県美方郡浜坂町居組にかけて関西電力が計画しているというもので、兵庫県では開発計画にも計画が載っているといわれる。現在、計画は休止状態という。

他の一カ所は、同会によると中国電力が気高郡青谷町長尾鼻に建設を検討したことがある、というもの。同会の話では、中電として「かつて候補地の一つとして検討したことがあるようだ」ということで、具体的には計画があったのかどうかも一般には明らかになっていないとみられている。

今度の集いは、こうした県内への関連計画なども含めて、同会などを中心に原子力発電の現状と実態を知ってもらうねらい。

バレたか

『日本海新聞』1979年6月15日

気高側から遠望した長尾鼻

原発建設

## 「青谷町も有力候補地」
### 警戒強める革新団体
### 県総評、自治労が対策委

政府は石油代替エネルギー開発のため、原子力発電所の増設を強力に進めようとしているが、山陰地方では中国電力による島根原発2号炉の増設計画に加え、最近気高郡青谷町長尾鼻も原発建設の有力候補地として浮上しつつあるといわれる。このため危機感を深めた県内の革新団体は、組織内に原発対策委員会を発足させたり、臨時大会で原発阻止の特別決議を予定するなどあわただしい動きとなった。

自治労県本部（原田正行委員長、八千人）はこのほど開いた執行委員会で原発対策委員会を設けることを決議、青谷原発に関する情報を集めたり、反対運動のための学習を始めた。十日に倉吉市厚生年金会館で開く臨時大会では同委員会の活動報告を予定している。一方、県総評（遠藤崇議長、三万八千人）は七日に倉吉市の県福祉文化会館で開く臨時大会の席上「県内で画策されている原発計画をあくまで阻止する」との特別決議を行う予定だ。このあと対策委員会を設置する方針である。

青谷原発の構想は一昨年六月「原発の公害を考える会」によって公開され、当時中電や青谷町関係者は否定したものの、"中電の机上計画にあるらしい"といううわさが根強く流れ続けた。さきに行われた島根原発2号炉の公開ヒアリング阻止闘争に県内から六百人の支援労組員が参加、また電産労組から講師を招いての学習会などによって「人ごとではない。早く対応策をとらねば」という空気が強まったもの。

県総評の特別決議案や、自治労、電産関係の情報を総合すると、青谷原発の構想は百十万キロワット三基、計三百三十万キロワットというわが国最大級のものらしい。現在建設中の日野郡江府町俣野の百二十万キロワット揚水発電所や、新岡山変電所ー日野変電所（日野郡溝口町畑池）ー新鳥取変電所（鳥取市松上）を結ぶ、五十万ボルトー二十二万ボルトの送電線、"新山陰幹線"と連動する構想だという。

原発は冷却用に大量の海水を必要とし、また地震に対する心配の少ないことが立地の条件だが、県内では日本海に突き出した安山岩の浴岩台地である長尾鼻が最適地ということになる。

革新団体では、米スリーマイル島の原発事故などで「原発の安全性」は崩壊し、死の灰や放射能によって県民は住めなくなることを強調、さらに県東部には鳥取大震災を起こした吉岡、鹿野という二つの活断層もあって危険極まりないことをあげ、原発計画はあくまで阻止する構えだ。

なお中電の原発は稼動中の島根1号炉、三月の電源開発調整審議会にかけられる同2号炉計画があり、山口県の豊北原発計画は地元の反対で三年来難航している。そのほか山口県の萩と鳥取県の青谷への立地を急がせていると観測している。

原発は冷却用に大量の海水を必要とするため水の位置からエネルギーとしてもたくわえ、昼間の電力需要のピーク時に発電させようという考えだ。また既設発電所だけでは県内の電力需要に遠く及ばないという事情が青谷への立地を急がせていると観測している。

原発建設の候補地の声があがっている長尾鼻
（左側は国道9号線）

『日本海新聞』1981年3月7日

## 「次代に何を遺すべきか」
### 広範囲な問題を抱えて討議
### 国際児童年を軸に気高郡婦人大会

国際児童年を軸にした大会を、十一月二十五日気高郡連合婦人会がひらいた。
（青谷町中央公民館）

午前は〝原子力エネルギー〟と題して京都大学原子炉実験所、小出裕章氏の講演があり、あらかじめ用意された資料の図解を確かめながら、エネルギーとは何か、原子炉とは何か、その基本について学習。午後は講師小出氏もまじえて新日本海新聞社・角秋勝治氏、県連婦会長・近藤久子氏、婦人新聞常任委員・小泉澄子ら四人が、郡会長・村上小枝の司会で「次代に何を遺すべきか」についてシンポジウムを行ったのち、大会申し合せ〟を読みあげ、全員一致で賛成した。

◇

―次代に何を遺すべきか―資源、環境、文化、健康、平和など、いま私たちが直面している物心両面の課題のすべてを包含する、と言っても過言ではない厚い、広いこのメインテーマ

◇

小出氏講演の詳しくは本紙「窓」に連載中であるが以上、きわめてクールで平易な語り口と、都市の電力のために過疎地に危険を強要し、または危険な修理作業はすべて下請けに廻すような、「弱い者を踏台にし

### 小出講師 原発の恐怖を身近かに学ぶ
### 内からの勇気ある訴え

なければ成り立たぬもの」には基本的に許せない、というその若々しやかな倫理観が、かつてない反響と感銘をよんだ。

村上会長は「私たちは平素〝安全〟だという一方的な情報ばかり流れてくるが、何が真実かはやはりたくさんの情報の中から自分たちで学習して選んでいかねばならない」ことを強調し、八幡副会長も閉会の辞の中で「原子力発電とは安全だと私も思っていたが、今日はつくずくその恐さがわかった。私たちは子孫のためにどう

「演題をみた時、こんな難しいことが私たちに解るだろうかと思ったが、平易でよく解った。いい講演だった」「核エネルギーなんて私らには縁遠い問題だと思っていたがそれは間違いだった。こんなに身近かなこんなに大事な問題だとは今の今まで知らなかった」「いろんな議論があっても心のどこかで私は原発は死の灰のことまで知らなかったから、これからは反対する」「これほど恐いものだとは思わなかった。こんなものを子供に絶対に遺してはならない。」等々、昼食後の休けいの合間をぬって、或いは大会終了後に、みんなが代るがわる寄ってきて右のような感想を伝えていく。私たちにしてもこれは予想外の反響であった。

しても反対しなければならない。そのためにも組織の拡大をはかろう」と結ぶなど、これまでにない盛上りをみた一日であった。

（小泉）

（講演要旨略）

（大会申し合わせⅣページに掲載）

『鳥取県婦人新聞』1979年12月9日

# 広まる噂「青谷原発」警戒強く

## "郷土危うし、"気高郡連婦学習会

## 農繁期押し住民らで満員

"青谷町に原発がくる"という噂を私たちがはじめて耳にしたのは二年ほど前のことであった。最近になって再びその内容に一層の真実味を増してひろがりつつある。先頃の敦賀日本原発の相次ぐ放射能もれと事故かくしが大きな社会問題として取沙汰されている折から気高郡連合婦人会では"郷土危うし"の危機感をつめ、五月三十一日、地元の青谷町中央公民館で会員ならびに住民一般に参加を呼びかけ学習会をひらいた。スライドを交えながら原子力発電の基本的な知識とその安全性について学んだあと、講師・小出裕章氏（京都大学原子炉実験所）と、土井淑平氏（共同通信社）を助言者にして、会場との質疑・意見や情報交換を主に話し合いを行なった。

◇

折しも農繁期のさ中、快晴に恵まれたこの日は参加者の出足が心配されたが、時が経つにつれて会場はほぼ満員となり、婦人会員に混って話し合いの最後まで熱心に耳を傾け、意見をのべる男性の姿も目立った。

会に先立って村上会長は次のように挨拶。

「二年前の六月、この青谷町が原子力発電所の有力候補地として挙がっているということを、私たちは地元紙の記事で読んだ。丁度スリーマイル島事故の直後でもあり、平素から"いのちと暮らし"をふるさとをまもる"ことを活動の基本に据

えている気高郡の連合婦人会としては『これはまず、学習してみよう』ということになり、同年十一月の郡大会にこの公民館で今日の講師でもある小出先生を迎えて、"私たちは次代に何を遺すべきか"というテーマで学習をした。

一方ではまさか、という人々が、何も知らない間にことが進められて後悔することのないように、住民の我々にもっと深めたいと思って今日の学習会を開き、研究のせた若いお母さんの姿もみられたが、何れもひき入れられるような真剣なまなざしと、一語も聴きもらすまいとする緊張した表情が印象的であった。

午後の話し合いでは、

①青谷原発が単なるうわさの段階ではなく、中国電力の青写真にハッキリあり、地質調査もすでに終っていること。

②敷地は青谷町と気高町に

またがり、距離的にはむしろ気高町に近い。

③原発の受け皿とみられる新しい送電線、変電所、揚水発電所等の施設計画が着々と先行、進められ散っている。

④長尾岬のつけ根を通っている現在の国道九号線を遠ざけ、トンネルでう廻させるつけ替え工事の計画が、最近急浮上している。

⑤すでに数年前から青谷、気高地区周辺で中国電力のさまざまな住民工作が行なわれ、最近特に動きが目立ってきた。（島根原発視察、電気教室などでの原発PR・等）

⑥中国電力の最近の新規採用者が青谷町、岩美町に偏っている。（岩美町も候補地の一つ）等々が情報交換の中で出し合われた。

小出氏の講演は淡々とした語り口ながら、原子力発電という一般には難解な内容を非常にわかり易く理解させることと、論旨が明快なことでかねてから気高郡の婦人会の間では定評がある。当日の会場には、中学生の母娘づれや幼児を膝に

のせた若いお母さんの姿も候補地として終ってほしいという強い願いを持っていたのだが、不幸なことにその不気味な噂は次第に輪郭をあらわしていたのだ"と言われることのないように、正しい学習のもとで、正しい判断と正しい行動がとれることを願っている」。

私たちはこの問題につい

## ふる里と命と暮らしを守ろう

（講演要旨略）

『鳥取県婦人新聞』1981年6月14日

# 青谷・気高で原発学習

最近、"長尾鼻岬が原発の候補地に"の根強いうわさが再燃している。気高郡では、十一月十五日、大阪大学理学部講師、久米三四郎氏を講師に迎え、青谷町と気高町の二会場で一般住民を対象に、原発学習会を開催した。

青谷町の「原子力発電について話しあう会」は、住民組織「青谷原発を考える会」の主催で、九時半から十二時まで、"原子力発電所がもし長尾鼻にできたら"と題する講演と質疑が時間いっぱい続いた。

気高町では婦人会と、町連合青年団が共催して、いま子孫に何を遺すか"をテーマに、国や電力会社が宣伝するように、「原発」ははたして安全でバラ色の未来を約束するものかどうか私たちの暮しや未来につづく子ども達のために、青谷気高原発のうわさを単なるデマとして見過ごしてしまっていいか、を学習した。

講師、久米三四郎氏は柔かな関西弁で、"原発"と"原爆"の共通点からとき進め、人間が辛抱しようとてもと体が許すというのではなく、原子の火、ウラン燃やして発電する原子炉の原理を非常にわかり易く解説

更には、"トイレなきマンションと異名される、その廃棄物処理方法は、現在の科学の総力を以ってしても解明されてはいない。百万 KW の原発一基から一年でヒロシマの千発分の死の灰が出来る。また、死の灰だけでなくプルトニウムというものができる。耳かき一ぱい一gで、百万人の人を肺ガンで殺すことができる。放射線障害については、原発から平常時、排気筒（ベントツ）からガス状の死の灰が排出され、排水溝から放射能物質が水でうすめて海に流されている。周辺の住民は常時、放射線を浴びているわけで、電線を売ったり使ったりして儲ける人と、放射線を浴びて被害をうける人と分れてしまうことに問題がある。もと

これまでにも起っている原発の暴走事故や、スリーマイル島での事故など、大事故が何時、何処で起るか計りしれぬ被害が予想される経済的にも安全面からも厄介なものを、政府・電力会社はどうして進めようとするのか。つきつめて行くと、プルトニウム→原爆の線が浮かび上がってくる。石油の代替えだというが原発は、石油の代わりにはならない。原発立地の町および周囲の町村には、何十億の交付金が出、地方自治体の住民の気概が決め手になると結ばれた。

最後に「子孫のために取り返しのつかぬ選択をすることのないように」との村上気高郡連婦会長の言葉で会を閉じた。

結局、そんなものに頼らないでやっていくんだといゆう住民の気概が決め手になる

許容量というのは、もと

『鳥取県婦人新聞』1981年12月27日

## 原子力発電を考える

大阪大学理学部　久米　三四郎　氏

（講演要旨略）

八束水から長尾鼻を望む

# 偽まんだらけです 代替エネルギー論

六月二十日、気高郡連合婦人会は午前に青谷町の中央公民館、午後は気高町浜村の船吟閣と二会場に分かれて〝原発問題を話しあう会〟をひらきました。中国電力が第二の原発立地として決定している山口県豊北町の町長選挙で、四月二十五日、原発反対の町長が再選され、豊北原発は当分手がつけられなくなったことから、代って長尾鼻が狙われる公算はますます強まる状態の中で、気をゆるめず更に学習を積み、本気でこの問題を考えようという目的でひらいた勉強会で、青谷・気高両町の連合婦人会、酒津漁協婦人部などの共催や後援で住民全戸数のちらしを作制し、広く参加を呼びかけました。

この日、気高会場で講師平井孝治先生（九州大学工学部）は午前中の疲れもみえず、〝原子力発電の虚像と実像〟のテーマでスライドやデータをまじえながら、一般に言われている、原発は石油の代替エネルギー、という宣伝がいかに虚構にみちたものかを経済性の面から一つひとつ説きあかしました。そのあらましをお伝えします。

◇

（講演要旨略）

## 原発こそ完全な石油依存型

### 平井講師、虚構宣伝ひとつずつ崩す

### 電力会社 弱者犠牲に利潤ねらう

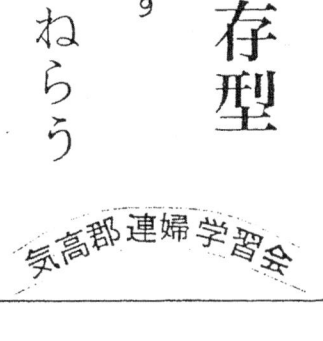

気高郡連婦学習会

原発でなく、自然のエネルギーをもっと見直そう（川内の風車）

平井講師
『鳥取県婦人新聞』
1982年7月18日

# 原発学習会を終えて

地区会長　岩田　玲子

私達の住む町にあの恐ろしい原子力発電所が来ようとは夢にも思っていませんでした。まさかという噂が本当に来るらしいという資料を頂いて、急拠地区婦人会の役員会を開きました。

そして例年八月に計画している宝木地区婦人学級を今年は各支部での原発学習会に変更し、宝木の小泉さんと私が各支部を訪問する事に決めました。

七月十七日の水兒をはじめとして八支部を訪問し終えたのは盆前の八月八日でした。その間、延百名以上の会員さんや熱心なおとしよりの方々とお会いしました。一日の疲れた体を休みよい町づくりのため、夜八時から十時すぎまで話し合いを、しはじめはどんな事かという気持で来られた

人も話し合いが進むうちに反対しなければ、とかわかった様でした。

そこで今年の宝木婦人会報第二号は原発特集号として発行しようと思いつき、各支部の方々に書いて頂きました。私達の町を守るために、婦人会員一人一人が手をつないで住みよい町づくりをするために、最後まで是非よんで頂きたく思います。そしてみんなが手をつないで、原発反対に進みましょう。

最後になりましたが、各支部員さん役員さん、重い映写機を運んで下さった方、講師としてご尽力下さった小泉さんに深くお礼を申し上げます。

# 特に危ない妊婦乳幼児

（富吉　吉村芳美）

夕方遅く、田の水あてから帰ると公民館が明るかった。なんだろう？？中で人声も聞えた。家に帰ると二男が「お母さん婦人会の人は公民館に寄る様に放送が有ったでー」と言います。何の話だろう？？私は夕食も食べず、とんで行きました。

婦人会長さんと、小泉さんの二人が来ておられました一生懸命に話しておられて原発計画が綿密にねり上げられ用意周到に実施に移されようとしているそうです。この危険な原発計画の、息の根を止めなければなりません。日本の原発なしで

十分にやっていけるそうで、二時間に渡って色々と聞かされ、話し合い、又スライドも見せて頂きました。これはまさに我が郷土、鳥取の危機です。死の灰の会長さん、小泉さん、二人の方は大変御苦労様でしたが、腹のすいたのも忘れ良い勉強させて頂きました。

した。

青谷、気高（長尾鼻）にす。私は初耳でした原発計画‼︎長尾鼻に山積される死の灰。百万キロワットの原発を一年間運転すると、原爆一千個分の死の灰がたまるそうです。原発で働く労働者の被爆。放射能は人間の細胞を破壊する、妊婦や幼児は特に危険。青谷・気高の娘は嫁にもらうな。美しい海水浴場も汚される以上の様な恐しい話を、こまかく話して聞かせて下さいました。先日の新聞にも出ており「大飯原発」福井県、地元は反発。この様に恐ろしい原発計画が綿密に実施移されようとしているそうです。4号機増設」福井県、地元は反発。

と支部長さんに小声で聞きますと「これを見て」とコピーしたものを下さいました。

『宝木地区婦人会報』1981年9月

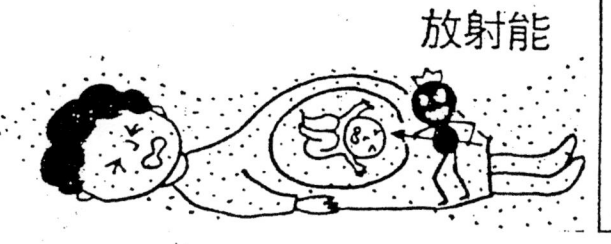

放射能

原発

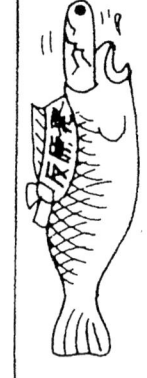

## われわれの安全誰が保証
### 怯まず進む気構えを

（宝木　小泉澄子）

話し合いに各支部へ出かけてみて、皆さんの声に大変勇気づけられました。とうかしいのでしょう。みすみす自分の、子の、孫の、そり分け上光と夏谷の両支部の反響は大きく、「すぐにでも反対運動を」とか「いのちのちがいで反対しよう」とか積極的な意見が多く、連日の疲れがふっとぶ思いがしました。

しかしある支部では、たまたま話し合いに加わって下さった数少ない男性から「こういう問題に関わると思想的におかしいと言われる」「暮しの中で電気の恩恵は受けておきながら、原発を自分の所につくるのは厭だというのは地域エゴ」「どんな企業でも公害はつきもの」などの意見が出た

のには驚きました。
危険なものを危険だというのが、なぜ思想的におかしいのでしょう。その通りかもしれません・しかし原発から出る死の灰というのは、他の公害とはれるというのでしょうか。企業に公害はつきもの——も、五十万年から百万年もの永い間毒性のなくならない死の灰がたまる一方になるのです。

いくのです。煮ても焼いても空や海や土を毎日ヶ々汚すばかりか、濃い死の灰がドラム管に何本も毎日溜って地獄の王といわれる位、猛毒なのです。こんなものが出てくるかも知れませんがトニウムというのは、別名ケタ違いの怖さをもっています。その中の一つ、プルて暮すのは、私たちはまっこうした危険と向き合っ

皆さんと手をとり合ってひるまず進みましょう。安心して暮せる青い空、安心して食物が食えるきれいな海と土、安心して子供が育てられる、汚染の少ないこの郷里をまもる力になりましょう。

地獄の王といわれる位、猛毒を批判するさまざまな声が出てくるかも知れませんが、今後も、私たち

また、地域エゴというのなら、私達田舎の、僅かな電力消費地に原発を押しつけ、作った電力だけをたてにげる大消費地区（都市）が地域エゴだなどと遠慮していても万一の場合、誰が私たちの安全を保証してくれるというのでしょう。この地域にガンや乳幼児の死亡が増えても誰が救ってくれるというのでしょうか。

### あまりにも知らなさすぎる

（常松　山崎久子）

原子力発電所の事故、故障は毎日の様に、新聞、テレビ等で報道されているがその原発が私達地元にも、事を運んでいる。みんなに話しを聞いたり、スライドを見せてもらうにつけ、一瞬映画でも見ているような錯覚を覚えました。

それにしても、あまりにも、一般の人は知らなさすぎる。しらない間に、行政は、電力会社は、どんどん建設が予定されているという原発のおそろしさを聞くにつけ、勉強会で色々と、原発のおそろしさを知り、何としても建設を阻止しなければならないと思った。知らないことは本当に恐しい。

私達の身近にせまっている危機感を、ひしひしと感じた。

### 釣り・海水浴みんなだめ

（宝木　一会員）

原発が青谷に予定されていると聞いて、ただ漠然と困ったものだなと、ぼんやりしていましたが、学習会において、詳しく話を聞いたり、スライドを見せてもらい、一瞬映画でも見ているような錯覚を覚えました。

毎年、子供達が楽しみにしている海水浴、お父さんの大好きな釣り、楽しみが奪われるだけでなく、魚貝類農作物等そしてすべて汚染されると人体にまですべて汚染されるとなると、どうやって生活していくのか？本当にこんな事が現実におこりうるんだろうか頭の中は不安と恐怖でいっぱい。

子供達の将来のために、そして私達みんなの生活を守るために、断乎として原発には反対しなければならない。

## 町民こぞって反対運動を!!

（夏谷 居川そめ子）

私は婦人新聞を読んでいます。その新聞で私達の町に原子力発電所ができるらしいと知らされました。

それ以前に、私は旅行して、敦賀発電所附近を通ったことがありました。バスのガイドさんの説明をきいた時、原発とは恐しいものだ、と感じたのです。

その後に婦人新聞をよみつけて視ました。私の部落NHKの特別番組を視て、原発の怖さがますますはっきりしてきました。フランスの原発反対運動も、八月二六日の、新潟の巻町の住民が反対デモをするニュースも視ました。

私たちの所でも、電力会社が原発をつくると発表した。

こんな具合に、世の中全体が家庭電力を少しでも多く使うように仕向けながら言っていました。こんなデモをやるまでにぎくしゃく止めなくては、とテレビをニラミつけて視ました。私の部落全国の電気がまに合わないからは嫁にもらわない、というような形にするのではないかと思うのです。

かりです。

この夏、私の家を改築し発が出来ていた、というようないつの間にか原発が出来ていた、というような事があってはなりません。電気工事の配線はこちらが注文するのですが、何Wをつける事まで言わなかったのです。電気屋さんにまかせてしまったのです。町をあげて声を大にして何もつけないようにしましょう。私たち会員も、署名運動でもあれば先に立ってやりましょう。部落差別をなくしょうと町報にも載っていますがなく、これは私が節約を心がけなければ、と思いました。原発ができれば町差別もおこります。私達の役員さんはよく部落懇談会に出かけられますが、各部落でこんな話（原発のある所からは嫁にもらうな、という差別）もって頂いて、こぞって反対運動をしましょう。

## 喜んでいては大変！

（奥見沢 一会員）

下さった皆様が日頃のお疲れにもかかわらず多数お集まり下さって、ほんとうにうれしゅうございました。

最後の土曜日の夜、小泉さん岩田さんのお二人をお迎えして学習会を開きました。そしてお二人をはじめ、参加してばらしいと思います。

父、岩田さんの発想もすをひらき、すっ早く情報をキャッチして。でもせっかくな大切な問題を東部公民館で通り一ぺん開かれたとしましても、なかなか部落のすみずみまで浸透しなかったと思いました。御苦労様でした。

この頃よく聞く言葉に、「これからの政治は男性にさあ大変。学習をしたればこそ事の重大さに恐怖をいだいております。

私達婦人も政治の動きに目こそ事の重大さに恐怖をいだいております。

みんなで守ろうこのふるしましょう。

## 〝怖い〟の一語を積極的に反対を

（夏谷 一会員）

先日、原発のスライドを見せて頂き、人体への影響、その大切な人体に大なる悪影響を及ぼす原発、今こそ皆で考えねばならない大問題ではないでしょうか。原発とは、一言でびっくりしましたざっと知りびっくりしましたらしい事を、まざまざと知りびっくりしました。原発とは、一言で表現するならば、「こわい」。ただこの、一言です。あの原発の生活を不安から守るためには、原発を作らないように、個人個人の問題とし、一致団結して、声を大にして叫びたいと思います。

一人でも多くの人々に、原発のことをよく知ってもらい、手をとり合って、積極的に原発反対に立ち上りたいと思います。

誰もが感じる事だと思います。

今日の高度成長した世の中人間の頭脳は素晴らしいもので、合理化、機械化、便利化されている反面、また人間の体に、危険な事物も多くある事を忘れてはならないと思います。原発とはまさにそのとおりだと思います。人間にとって、体の健康が最大の望みであり最大の幸福だと思います。

長いものにはまかれろ、時代の流れを放っておいてよいものでしょうか。我々

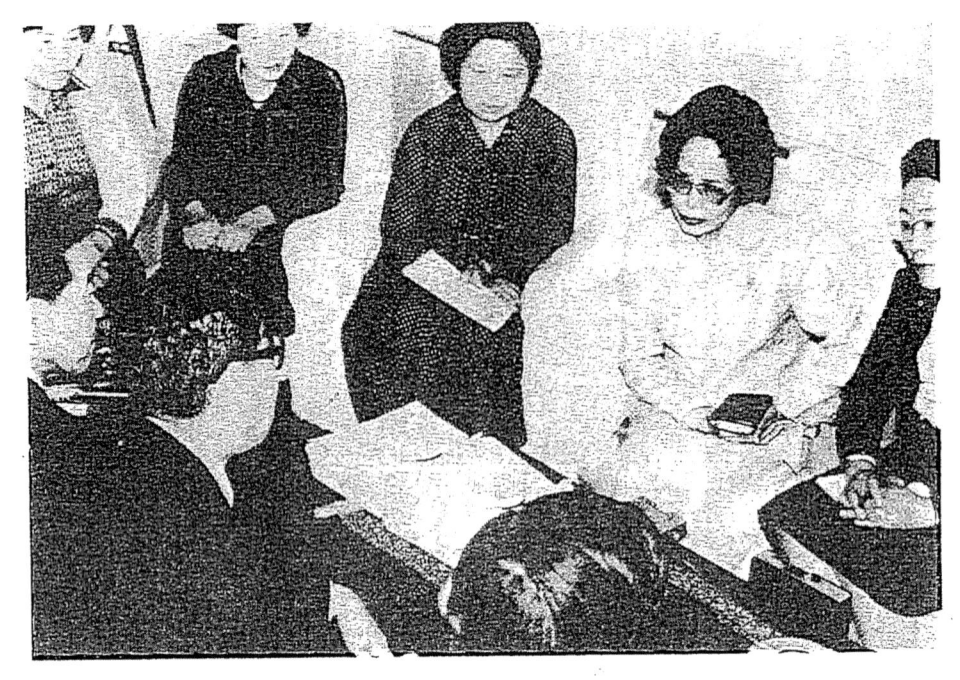

河合中電鳥取支店長に青谷原発反対を申し入れる村上会長ら

## 九千三百人の反対署名提出

### 青谷原発はゴメンだ！

**中電・県に申入れ**

気高郡連合婦人会

中国電力の青谷・気高（長尾鼻）原子力発電所建設計画は、三年程前から取りざたされてきたが、最近、それがたんなる噂でないことを裏付ける数々の情報により、にわかに現実性がつよまってきた。

気高郡連合婦人会は、二月下旬から青谷・気高原発設置計画に反対する署名運動に取り組んできたが、四月二十日、会長村上小枝ら代表八人が中国電力鳥取支店を訪れ、九千二百九十八人の署名簿を提出して、「原発計画を断念」するよう強く申し入れた。

ひき続き一行は鳥取県庁へ行き、上京中の平林知事に代わって植谷商工労働部長に会い、署名簿の複写を提出、「中電の原発計画を受けいれないよう」陳情した。

『鳥取県婦人新聞』 1982年5月2日

# 青谷・気高（長尾鼻）原子力発電所設置計画に反対する署名をお願いします‼

私たちの郷土が原発候補地に狙われています！
中国電力は私たち住民が知らない間に、青谷町長尾鼻（青谷・気高町境）に原発設置計画を着々進めています。

原発は郷土の自然を永遠に奪い去り、恐ろしい人体破壊をもたらします。

最近の日刊紙（一月十四日付山陰中央新報・中国新聞）は、いよいよ五十七年度が重要な段階になると報じています。

原発計画は公表されてからでは遅いのです。
"いのちとくらしとふるさとを守る"を、一貫した活動目標に掲げてきた私たち気高郡連合婦人会が、今ここで何もしないのは、子孫に対し大罪を犯すことになるのではないでしょうか。

皆さん、いまこそご一緒に、長尾鼻原発設置反対運動に立ち上りましょう‼

一九八二年二月

取り扱い団体　気高郡連合婦人会

---

## 長尾鼻原発問題
## 気高郡連婦の取りくみと経緯

（1）

"青谷の長尾鼻が原子力発電所の候補地に、日本海新聞に、ショッキングな記事を見たのは、三年前の六月のことでした。

丁度、その三月にスリーマイル島で、世界を震撼させた原発事故が起った直後でした。私たちは、それまで電力会社の人から何べんも聞かされていた〝原発に百万年に一基が一日で出来るプルトニウムは耳かき一杯で、百万人をガンで殺せるという地球上で最大の猛毒物質であり、長崎の原爆はこれが原料であった。平常時でも、排気筒や温排水から放射能が出て環境を汚染する″とその恐しさを強調。

さらに原子力開発体制の差別構造について「原発の燃料ウランはオーストラリアやナミビアの原住民から奪い取ったものであり、ウラン鉱石の鉱滓は、野づみされ周辺の住民に白血病やガンが多発している。また原発内部の下請け、孫請けの労働体制の差別構造。さらには、私たちが二十年程の繁栄のために、何十万年間も廃棄物の管理を押しつけられる子孫は、いま何んの発言力も持たぬ最も弱い者ではないか」と弱者へしわ寄せする原発〟は許せないと訴えた氏の、技術者としてだけでなく、深い倫理観に根ざした講演は、聴く者の胸をうつものでした。

〝生命とくらしとふるさとを守る〟を、一貫した活動目標に掲げてきた気高郡連合婦人会が、この問題を避けて通ったなら、後日後悔をする時が来るかもしれない。

今年の郡大会には、会員全部でこの問題を考えるため、この講師を青谷に迎えて学習会をしようと、仲間と相談しながら帰途についたのでした。

青谷原発のウワサに対応して54・6・14日、県立博物館で「私たちは原子力発電と共存できるのか」を、テーマに映画と講演会が開かれ、副会長ら役員を誘い四人で出席しました。

講師京都大学原子炉実験所、小出裕章氏はまず「原発は人類と共存し得ない」と結論を述べてから、原子力発電の本質的な危険性を説明し「いくら優秀な技術でも、人為ミスは本質的には防止できないし、事故が起きた場合の被害が、あまりにも大き過ぎる。出力百万瓩の原発一基が一日動けば、三㎏の死の灰＝広島の原爆の五発分ができる。その処理方法の解決もついていない。また死の灰と同時にできるプルトニウムは耳かき一杯で、百万人をガンで殺せるという地球上で最大の猛毒物質であり、長崎の原爆はこれが原料であった。平常時でも、排気筒や温排水から放射能が出て環境を汚染する」とその恐しさを強調。

さらに原子力開発体制の差別構造について「原発の燃料ウランはオーストラリアやナミビアの原住民から奪い取ったものであり、ウ

中国電力株式会社
松谷健一郎社長殿

# 申し入れ書

私たち気高郡連合婦人会は、"青谷町長尾鼻が原発候補地に"のウワサが出た三年前から、原発について学習を重ねてきました。この問題がたんなる噂でないことを立証する数々の情報により、青谷・気高原発計画が事実であることを確信し、つぎの理由で青谷・気高原発設置反対運動に立ち上る決意をしました。

① 原発の事故は想像を絶する大事故につながる危険性をはらんでいる。
② 原発から環境にもれる放射性物質による環境および人体破壊の問題。
③ 原発労働者の被ばくの問題。
④ 放射性廃棄物（死の灰）の処理方法が解明されていない。
⑤ 原発は遺伝障害や何十万、何千万年間の死の灰の管理など子孫に恐ろしいツケを遺す。

以上は日本をふくめ世界中で起っている幾多の事例で証明されています。私たちの郷土に計りしれぬ災いをもたらすおそれのある青谷・気高原発の設置を断念していただくよう署名をそえて申し入れます。

一九八二年四月二〇日

鳥取県気高郡連合婦人会

---

## 取り組みと経緯（2）

役員会で協議を重ねた結果、昭和54年十一月、青谷町中央公民館に、小出氏を迎えて開いた郡大会は「私たちは次代に何を遺すべきか」をテーマにし、「私たちはきれいな農水産物がとれるゆたかな自然を子孫に遺そう。自分たちの繁栄のために、地球上の資源やエネルギーを使い切って、何十万年も毒性の消えない原発廃棄物や、荒廃した環境をのこしてはならないのだ」と申し合わせました。

閉会の挨拶に、副会長の八幡さんの「原子力発電がどんなものかよく分った。もしそんな事態になったら皆で一生懸命反対しましょう」の言葉が印象的でした。

"原発"、"エネルギー"、という広範な分野にわたる問題を、私たちはとにかく学習を深めるためにつぎつぎに関係書物を購入して回し読みました。また問題の輪を広げるため、小出氏の講演要旨を婦人新聞に掲載するなど、学習・広報活動を続けながら、心の底では、"どうかこれが、たんなる噂であってほしい"と願い続けてきたのでした。

しかし、不幸せなことにこの不気味なうわさは、昨年初め再び輪郭を鮮明にして浮揚してきたのです。

それまで"長尾鼻原発計画"の最大のネックといわれていた、そのそばを走る国道九号線を、山際につけるバイパス工事が急速に具体化してきました。

一方中電側は、"原発の受け皿三点セット"といわれる工事を着々進めている
・五〇万ボルトの送電線、二〇〇万㎾の巨大な容量の日野変電所、一二〇万㎾の俣野川揚水発電所の三つの工事が、昭和六十年完成の計画で建設中である。
▼すでに長尾鼻の地形、地質は調査済みである。
等々、私共住民の心も凍るような情報の数々でした。高知県では、窪川町長との講演会記録を婦人新聞に掲載した"原発特集"を、郡内全会員に配布する等々。

会は、"青谷原発"の問題に議論が集中、"空を海を土を汚してはならないのだ"と皆で確認し合いました。五十六年度、郡連婦は積極的に啓発活動を進めました。

・学習会 京都大学小出裕章氏（5月）郡連婦主催 立教大学服部学氏（5月）大阪大学久米三四郎氏（11月）他団体と共催
・原発関係書の共同購入
・パネル展示
・スライド上映と懇談会
・郡連婦役員による原発問題座談会記録、窪川町反原発運動の坂本三郎氏の講演会記録を婦人新聞に掲載した。"原発特集"を、郡内全会員に配布する等々。

"原発"、私たちはとにかく学習を深めるためにつぎつぎに関係書物を購入して回し読みました。また問三月末の郡連婦代議員総コールが成立した頃でした

青谷の海岸から長尾鼻を望む

## 取り組みと経緯
### （3）

　せぬ段階に当面し、私たちは〝長尾鼻に原発はごめんだ〟という強い住民の意志を表明するために、署名運動に立ち上ったのです。

　その間、県議会における平林知事の答弁は「原発の県内立地については、要請があれば積極的に取り組むべきだ」(56・7・3読売)「原発は必要」(10・1毎日、山陰中央)と県内誘致に積極的と受けとれる県の姿勢がうかがえる上、今年に入って一月十四日、山陰中央、中国新聞が掲載した、中電山根会長の発言「57年度中に新規立地のメドをたてたい。その候補地として、人口が少なく、心理的に住民に受け入れられ易いという条件で、日本海側を選ばざるを得ない」まさに郷土の危機〝青谷原発〟は、現実性を帯びて重くのしかかってきたのです。

　二月十四日、郡連婦役員研修会の全体討議で、青谷原発をめぐる問題が提起され、〝署名運動を〟の動議が満場一致で成立しました。いま、一刻の猶予もゆる

されてしまってからでは、もはやいくら反対しても、もはや原発計画は、一たん公表ら予想していたことでした。で真相の片鱗もつかみ得ぬであろうことは、兼ねてか裡にことが運ばれて、推進側にとって極秘中の極秘のですから、われわれ一介の主婦がかけ合ったところは、公表されるまでは陰密

　もとより、原発立地計画長と会談したところでは、中電側は〝青谷原発計画はない〟と終始否定をし続ける姿勢でした。

　私達が当日中電鳥取支店はいらん！〟と異口同音に言いながら、進んで署名して下さった住民の人びとの強い郷土愛と連帯意識をじかに感じながら、この運動に対する厚い支持と理解、協力にはげまされ、四月二十日までに、九二九八人の署名を集めることができました。

　私たちは、運動中、〝原発はいらん！〟と異口同音に

　私たちは今回の中電側の言い分に過ぎないとのとこの例がはっきり示すところであります。

　私たちは今回の中電側の言い分にまどわされず、警戒をゆるめることがあってはならないのは言うまでもありません。

　青谷・気高（長尾鼻）原子力発電所設置反対運動は、今後何年も続くであろう運動を、私たち住民一人ひとりが、しっかり肚を据え心を合わせてがんばっていきたいと思います。

（村上）

以上、『鳥取県婦人新聞』1982年5月2日

# 「原発」はいりません！ 住民こぞって署名協力

## 反原発に火と燃えた
### 家族ぐるみ署名も

あれはいつ頃の事だったでしょうか。何ということなく買って帰った岩波新書の"原子力発電"を読んでという火のような思いで頑張り読けました。

その危険性のあまりの大きさに驚いたのは。

しかしその頃はまだ、私たちの郷土が原発に狙われようなどとは、ましてこの様に反対のための署名運動にほん走しようなどとは、夢想だにしなかったことでした。

それが一昨年あたりから建設予定地として、青谷長尾鼻という具体的な地名が耳に入るようになり、私たちの危機感は日に日につのり続けました。学習会も何回かひらき、学習会に集まれなかった人たちのためには、二、三人が組になって毎晩のようにスライドを持ってあちこちの部落へ出かけ、子孫のためにも原発を絶対につくらせない運動をとよびかけたり話し合ったりしました。さすがにこの時は相当疲れましたが、いま何かしなければという思いで頑張りました。

そして今年の二月、気高郡の婦人会が役員研修会をひらいた時、遂に会員のひとりから「署名運動を！」という積極的な意見が出て、にわかに運動が燃え上がりました。障害はいろいろあるかも知れないけれど、とにかくやれる事は何でもやるんだという思いが私たちの心を固めさせました。

署名用紙の届くのを待ちうけて隣近所は言うに及ばず、思いつく限りの場所へ一軒一軒の家へ、しらみ潰しに足をはこびました。一人でも多く、一人でも多くと思いはただそれだけです。

「あっ、その事はきいていますか。原発なんか絶対に来てもらっては困ります」と言いながら、家族みんなで署名に応じて下さる家が多くあります。しばらく考えている人でも、持参したこの問題について話し合ってる人にも協力をたのみました。大ていは「手伝えんかの場合、このあたりは"暴走事故などに入るので全員即死の範囲に入るのですよ」と説明すると「そんな危険があるとは知らなかった」と驚きながら喜んで下さる人もたくさんありました。

中には男の人で「原発ができたらそこで働けると思っているのに」という人もあって、私は原発の下請け労働者の被曝の状況やその怖さについて時間をかけて説明しました。"闇に消されてくる原発被曝者"や"原発ジプシー"で読んだ内容も一心をこめて話しました。「一度島根を見学した時は原発ってリモコン操作の様な仕事がほとんどに思えたのにそうですか。そんな事でしたか」その人も家族中の署名をしてくれました。

私たちだけでは範囲は限いことを！原発が出来ればこの先どんな事がはじまるか解ったものではありません。

この原稿を書いている日にも、あのスリーマイルの二号炉がまたまた冷却水流出事故を起こして、異常事態宣言が出されたというニュースが報ぜられました。まさにそれは、今日はわが身、明日はわが身、と身の毛がよだつ気がするのです。

（永尾華子）

署名期間中、国はいよいよ放射性廃棄物の処理に困ったとみえて科技庁が、「低レベルの廃棄物は家庭のゴミなみに埋め立てや焼却処理ができるよう、法改正を考えている」という事が新聞に出ました。何と恐ろし

---

314　資料1　原発のないふるさとを

# 激励で成果予想以上

## 安全処理できぬ代物

青谷、気高に原発設置のうわさが流れて久しいが、私たち婦人会は何回も原発の安全性について勉強してきた。その結果、推進する側は、石油に代るエネルギーだとか、原発はきれいで安全だとか、石油は三十年もすればなくなるとか言うが、石油埋蔵量三十年云々は二十数年も前から言われていることであり、電力はオイルショック以来のびないことであり、何も知らない人も多い中で、これだけの署名が集まるだろうかと不安もあったが、幾度か夜、家々をまわって原発の恐ろしさを説明し、部落みんなの署名をもらったし、婦人会のない他の町村の人々にも説明して、署名ばかりか「しっかりやってよ」とはげまされた時は、大そう力強くうれしかった。

また、ウランを燃やした後に残る物質は、何万年たっても人類には消滅しないし、いまの科学ではどうにも安全に処理できる代物ではないという。

この様に危険との上ない原発を設置して、私たちやむ孫子の末まで、安心して住むことのできない郷土にすることは、何があっても絶対にしてはならないと、郡の役員研修会で署名運動をすることが決議された。

すぐ署名用紙が届けられた。小さい部落に対し、割の如く全国的に拡がってきた。反核の決議をする市町村もぼつぼつ増えている現在、反核も反原発も、同じ視点で、危険なことは危険だとはっきり言えて行動できる社会にしなければならないし、その世論をつくっていく主役は私たちである

はじめ案じたより沢山の署名が集まり、用紙がま

（H・Y）

## 命と暮しは女の願い

青谷町が原発予定地にとの話を聞いて以来、私達は色々と先生方のお話も聞き研究も進めてきました。それは今迄以上に原発の恐しさを皆で話し合ったこと、またある支部長さんからは「今日の知事さんの放送で署名をして貰うことが困難だし、家の主人も歩くのを厭がりますので用紙を返します」等と情ない電話もかかってきました。丁度テレビに写っていた、いつも何事もなげにおだやかなその顔を恨めしく眺めた事でした。

でも心から賛成して下さり、喜んで迎えて下さった人達も沢山ありました。応援しますからがんばって、の声に励まされて、また毎日夜歩きをしています。

「今日の政見放送で、平林知事さんは原発についての項で、そんな話は聞いていない、といっておられたから、一部の人達が騒いでいるだけだ。そんな事に婦人会が踊らされてどうなるのか。デマを流して何も知らない人達を巻きこまないでほしい」等ときついお叱りを受けたこともありました。彼らは「今日の知事さんの放送で署名をして貰うことが困難だし、家の主人も歩くのではないでしょうか・婦人会だからこそ、すべての人達の安全なくらしを守りたいと願うのではないでしょうか。右も左も、何色も私達には関係ないのです。命とくらしを守る婦人会の合言葉のもとに、おそいかかろうとする危険や、押し寄せてくる荒波を喰い止めたいと一心なのです。

美しいふる里の自然と、愛する私達の家庭の平和を守りつづける、ほんの一握りのささやかな願い。明るい希望と、たゆみない努力をもって大きく輪を広げてゆきたいと思っています。

ます、危い事を嫌い、悪い

（F・N）

まだ足りない感じがした。昨年は各部落で、夜、勉強会をして原発のおそろしさを皆で話し合ったこと、少しづつでも口コミで話していたこと等で、署名運動は予想以上のもり上りであった。

反核の運動もいま、野火の如く全国的に拡がってきた。反核の決議をする市町村もぼつぼつ増えている現在、反核も反原発も、同じ視点で、危険なことは危険だとはっきり言えて行動できる社会にしなければならないし、その世論をつくっていく主役は私たちである

さて、かかってみると中々大変でした。昼間は殆ど留守ですし私達も出掛けることも多いので、夜な夜な署名簿を持って歩き回るのですが折も折、知事選の最中のことでした。

ことを悪いといって平和な日々を願うことが片寄ったというものなのでしょうか女だからこそ、愛する子供達や次の世の人々の平和願い、美しいこの土地と安全な環境を残したいと思う人達だからこそ・婦人会ではないでしょうか・婦人会だからこそ、すべての人達の安全なくらしを守りたいと願うのではないでしょうか。右も左も、何色も私達には関係ないのです。

## こわさ知らぬ人もいた　真実求める目もとう

かねがね私も気になっていたところでしたから郡の連合婦人会が原発反対の署名運動を始められたと聞いた時、これは私も一つお役に立たなければ、と思いました。一番の地元が誰も力を入れずにいる事は許されない事だと思ったからでした。

各部落に入って見て感じた事が二つありました。第一は意外に原発のこわさを知らない人達が多かったという事でした。純農村でも旅館街でもそういう人達に何人か出会いました。最も驚いたのは、町に大きい金がおりるさあなどかな、といったり、ぬくい水が出りやあ魚がえっと寄って来るわいな、など電力会社が聞いたら喜んで涙を流しそうな科白を吐いた人がいた事でした。年とった人だから知らない、若い人だから知っている、という事ではなかったのです。その人個人のものの見分けようという心の持ち方だと思いました。

しかし前記の様に署名にいい物はご免だといい続ける人の上にも平等に降って来ますし、死の海になります。先々週にもどなたかが書いておられましたが私も全く同感でした。お金で私達の命は売られてはたまりません。誰にもそんな権利は無い筈です。

青谷町と気高町の境に京阪神の産業廃棄物を埋めた谷がありますがそこへ降った雨水が海に流れ出しわかめや貝が枯れたりしていると聞きました。原発のおそろしさをはっきりと知ったら誰でも自分や子孫の命を犠牲にしてまで電力会社に協力しようという人はいない筈です。

"安全運転を条件にして"という言葉はもう死語になりました。神様のなさる事ではありません。要は人間のする事なのです。人間を畏れるものです。(K.M)

いい顔をしなかった人のいた事も事実ですがやはり大部分は本当に好意を持って来ますし、はげましてくださったり、原発のこわさを知らせる機会を持とうとしない事ですけれど本当の事を知られたら困ると思っているのかも知れません。

第二は"国や県がする事なら悪い事ではない"と思っている人がいた事でした。それに、大会社のする事や公けのする事には何の疑問も持たず、何でも彼でも反対するのは"アカ"と同じだ、という空気もありました。これは全く無知がさせる事だと思いました。知らないという事程こわいものはない、と今度程つくづく感じた事はありません。いい知ろうとする気持ちを持たない人達といい替えた方がいいのです。

しかし子や孫の為にも金輪際こんなおそろしい物はご免だといい続ける人の上にも平等に降って来ますし、死の海になります。

賛成した人達の上にだけ放射能が降って来るならいいのです。しかし子や孫の為にも金輪際こんなおそろしいいい物はご免だといい続ける人の上にも平等に降って来ますし

かねがね私も気になっていたのです。その人個人のがいいでしょう。

以上、『鳥取県婦人新聞』1982年4月4日

夏泊から青谷方面を望む

# つくろう!! 厚い世論のカベ

中国電力が、気高郡の青谷町と気高町にまたがる長尾鼻岬に、原子力発電所立地を計画していることが表面化してから、四年以上経過しました。

この間、中電は長尾鼻への原発立地に向けた住民工作を、水面下に着々と進めてきています。

島根原発見学に、住民を招待したり、電力懇談会、対話週間などに名を借りた県内の各界代表者への接近、小・中・高校の生徒や先生への〝副読本〟や〝教師用教材〟の無償配布、地元新聞やテレビを利用した活発な原発PR…など、数え上げればキリがありません。

## 盛り上がる住民運動

こうした中電の動きに対抗して、〝いのちとくらしとふるさとを守る〟を一貫した活動目標に掲げてきた尾鼻町と気高町にまたがる「気高郡連合婦人会」は、いち早く昭和54年11月、郡婦人大会で原子炉実験所、小京都大学原子炉実験所、小出裕章氏から〝原子力は人類と共存し得ない〟ことを学んだのでした。

一部の人たちの〝デマだ〟〝ウワサに過ぎぬ〟というのを消し工作とはウラハラに、力を申し出る人達も続出し短期間に集まった署名は、九、二九八人。私たち郡連婦代表者八人は、四月二十、中電と県庁に署名簿を提出し、郷土に原発を設置しないよう陳情したのでした。

同じ時期、青谷町に「青谷原発設置反対の会」（57年三月）が発足。また、それより早く、鳥取に「反原発市民交流会・鳥取」が、倉吉に「反原発市民交流会・倉吉」が、昨年七月には米子に「鳥取県西部原発反対の会」が結成される等、県下に市民運動が盛り上っています。

そうした市民団体の連携により、四月二十八日には長尾鼻原発計画に反対する県内各界の「共同アピール」が発表されるなど、一原発はお断りだ！」という反原発の世論が、県内に浸透しつつあります。

## 次期原発をめぐる情勢

こうした県内住民運動の盛り上がりで、中電側は今すぐ長尾鼻の計画を進めることは、ちょっと難しい状況になってきました。

最近の新聞報道などによると、中電の次期原発候補地として、山口県上関（かみのせき）町や、萩市の名が上っており、特に上関町が有力候補地として、今春にも中電の立地決定・公表の段取りになるのでは…との観測も流れています。

もし、今回長尾鼻への原発立地が回避されるとした

米子に「鳥取県西部原発反対の会」が結成される等、た県内の住民運動による先制攻撃の〝成果〟を、県下に市民運動が盛り上っ強固につくり上げていかねてています。ばなりません。

しかし、私たちはこれで安心してはならないのです。かりに今回、上関町が次期原発の候補地に指名されたとしても、中電の長尾鼻に潜航した水面下の住民工作が相変らず続けられているからです。

昨年秋、鳥取市での電力懇談会で中電副社長が「鳥取県にも原発をつくりたい」と明言したように、中電は長尾鼻に原発を建設する大方針を崩していません。

## 〝原発お断り〟世論の壁を！

私たちは、今後長期にわたって、地元をはじめ全県下で〝原発反対〟の運動を息長く続け、中電に原発立地のスキを与えない態勢を強固につくり上げていかねばなりません。

原発は、立地決定までが「勝負」なのです。

カネやモノに目がくらん、われわれの郷土を原発に売り渡すようなことが絶対にないよう、全県下に「原発はお断り！」の世論ならず、二番バッター三番バッターが長尾鼻に原発はお断りそうではありませんか！

（名賀緒　華）

『鳥取県婦人新聞』1982年4月10日

# 中電の煙幕 〝十年間は……〟にゴマ化されまい

## 中国電力の原発計画

| | 昭52 54 56 58 60 62 64 ??? 66 68 70 72 74 76 |
|---|---|
| ①島根1号 | 運転中　　　　　　　　　　　　　　廃戸へ |
| ②島根2号 | 着手　着工　　運転開始 |
| 第3の原発 ③青谷?（57年度中に立地決定） | 決定　約13年　　運転開始 |
| ④第4の原発（時期未定） | ???　　約13〜15年　??? |

「10年間は長尾鼻に原発はありません」

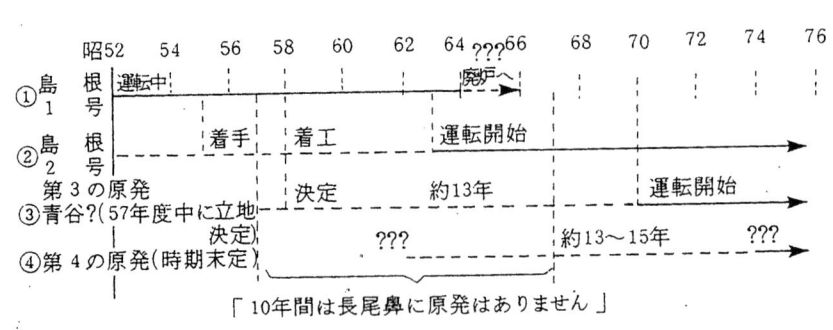

「長尾鼻に原発はゴメンだ！」住民の強い訴えを集めて、気高郡連合婦人会が「青谷・気高（長尾鼻）原発設置計画に反対」する九二九八人分の署名簿を、県と中国電力に提出し、設置計画を断念するよう申し入れをしたことは、本紙五月二日号一、三面に掲載したとおりである。

当日は、中電鳥取支店に赴く私たちを、十数人の報道陣のカメラが待ちかまえていて、面くらったのであるが、このことは〝長尾鼻原発問題〟が、如何にこの地方の社会の重要関心事であるかを示すものであろう。

中電への申し入れ、県の陳情は、それら取材陣が所狭しと詰めかける中での会談であった。前回でも述べたように、私たちが〝長新報〟と、中電側の言い分をそのまま、まことしやかに、尾鼻原発立地計画〟の有無

### マスコミが中電のお先棒を

ところが、当日のテレビが〝今〟、一週間先、一ケ月先〝は〝今〟ではないのである。

②〝十年間は長尾鼻に原発計画はありません〟の真意（朝日新聞）「中電の今後発計画もない」相について解説すると、原発は、①立地決定②着工③運転開始──の手順

〝十年間……〟の真相

青谷・気高原発計画の有無について、中電側の答えは〝今のところ長尾鼻に計画はありません〟〝今後十年間は、絶対原発は作りません〟とくり返す。

しかし、私たちはこうした発言を真当に信用して安心したり油断してしまっては大へんなことになる。

①〝今のところ〟とは、あくまでも〝今〟、一週間先、一ケ月先〝は〝今〟ではないのである。

②〝十年間は長尾鼻に原発計画はありません〟の真意は、ことし中に長尾鼻に立

に掲載した。これでは、読者は「十年間はないと言っているのに、何で騒ぐのか」と調子にいって十三〜十五年は、問題から意識をそらせることになる。結果的に中電側の陽動作戦のお先棒を、マスコミがかついだい期間かかるのである。

当日、中電鳥取支店長の〝十年間長尾鼻に原発計画なし〟という発言は、例えば、ことし中に長尾鼻に立地決定されたとしても、原発が稼動するのは十年以上も先のことになるわけであって、〝十年間長尾鼻に原発計画なし〟と報道されると読者はあたかも〝十年間、立地の計画も決定もない〟と誤解し、安心してしまう。これは、そういう誤解を故意に与え、県民を油断させるために、計算されたデマ宣伝の一種であると考えられる。

に掲載した。これでは、読者は「十年間はないと言っているのに、何で騒ぐのか」と調子にいって、原子力発電所は、立地決定から電力にならせるまでには非常に長い期間かかるのである。

『鳥取県婦人新聞』1982年6月6日

## 豊北町では、反原発町長再選

県豊北町の町長選で、反原発の町長が再選された。「ものであろう。

豊北原発」が当分日の目を見れなくなった現段階で、中電は"青谷"をあきらめるどころか、豊北町の代りに浮上してくることは、時間の問題だといわれている

現に、野草社（出版社・東京）がこのたび初めて「日本列島の原発立地点」として「青谷」を掲載したことは「ものであることを、立証するんに行なわれているという訓を生かし、次は失敗できお上や大企業が"ない"と言ってるからと、無邪気に信用していては、"知らぬ"に信用していては、"知らぬ"から、中電の候補地であることは疑う余地がない。

青谷・気高原発計画は、①レッキとした青写真がある事実②関連施設設計画（送電線、変電所、揚水発電所）が先行して進んでいるという事実③島根原発視察などの招待旅行、住民相談に「豊北では受け入れ体制ができていないのに、出て行って失敗した。この教

は原発必要論、原発推進論をくり返している事実など一段と巧妙に深く、私たちの眼の届かないところで進められることだろう。

計画が公表されたときには、すでに手遅れであるという全国各地の例を無にせぬよう、私たちの郷土に原発を寄せつけないために、長期にわたって監視と警戒の手をゆるめるわけにはいかないのである。

### 一層の監視と警戒を…

山口県豊北町長選に敗れた中国電力、山口支店長の談に「豊北では受け入れ体制ができていないのに、出て行って失敗した。この教訓を生かし、次は失敗できぬ」と、日本海新聞（4・27）に出ている。

今後、電力会社の工作は一段と巧妙に深く、私たちの眼の届かないところで進められることだろう。

豊北町の町長選で、反原発の町長が再選された。「豊北原発」が当分日の目を見れなくなった現段階で、中電は"青谷"をあきらめるどころか、豊北町の代りは地元民ばかり"になりかねない。

県議会以来、県知事の答弁は原発必要論、原発推進論をくり返している事実など

私たちが行動した日から五日後の四月二十五日、中国電力の原子力発電所建設予定地になっている、山口中央でも注目されている間工作、原発宣伝が県内で盛

（写真上）　船磯の海岸で遊ぶ子供たち
（写真下）　長尾鼻の境界に立てられた標識

# 青谷原発 反対の会結成

## 学習会など運動強化へ
### 地元で大会

"原発・反対"に立ち上がった青谷原発設置反対の会結成大会

「長尾鼻に原発はゴメンだ」―。

中国電力の原子力発電所建設計画のうわさに揺れる青谷町で二十日夜、「青谷原発設置反対の会」の結成大会が開かれた。会場には気高郡三町をはじめ鳥取や倉吉市など約百三十人が出席。原発反対団体の代表者らが"原発の危険性"を強調するなか、出席者たちは真剣な表情で講演に聴き入っていた。

この日午後七時半から開かれた結成大会では、規約を設けたあと、▽原発学習会を三週間に一回の割合で開く▽当面はスライド"原発"ねらわれる長尾鼻"の上映を中心に、各地区などで学習会活動を展開▽原子力発電についての正しい知識と情報を、チラシ、パンフレットなどを作製することで町民に広くPRしていく―などの具体的な諸活動を決めた。

このあと、反原発市民交流会・鳥取の長谷川修代表や、このほど立地条件が、県内では日本海に突き出し安山岩の溶岩台地である長尾鼻に一致するため、"反原発"四千人の署名をまとめた村上小枝気高郡連合婦人会長らが、原発の怖さなどを次々と紹介。「青谷原発設置に一致団結して反対しよう」と呼びかけた。

出席者たちからは「もっと幅広い情報交換を積極的にしてほしい」など、厳しい指摘が出された。ある主婦は「国の内外でいろんな原発事故のニュースを見るたびに、不安が募る。先祖から受け継いだ"財産"をきれいなままで残したいもの。便利だけでは済まされない問題だ」と意気盛んに話していた。

青谷原発構想は五十四年六月、中電の山根寛作会長が中電の記者会見で「五十七年度中に新規立地の目途を立てたい」と発言、候補として「数地点で折衝している」ことを明らかにしている。地元住民はこの発言を重視し、とくに同会長は「人口が少なく、心理的に住民が受け入れやすいという条件で、日本海側を選ばざるを得まい」と言っていることに対し危機感を抱いている。

一方、ことし三月の気高町議会で谷口竹雄同町議が青谷原発設置に反対の意向を表明、地元・青谷町の山根健町長も反対の意を表明しており、町議会、青谷原発設置反対の会を含めた今後の動向が注目される。

なお、この日決まった同会の役員は次の通り。

【代表】吉田通(歯科医)【代表代行】大谷義夫(鳥大名誉教授)中原昭則(薬剤師)大橋勝也(医師)石田勝也(医師)高橋捨巳(青谷いそづり組合長)石井正(前青谷郵便局長)池田玲子(青谷地区婦人会長)小谷正美(青谷町連合青年団長)【事務局長】石井克一

『日本海新聞』1982年3月22日

原発が来れば磯釣りもできなくなる（夏泊で）

## 長尾鼻原発計画

### 青谷町議会も反対決議
### 知事、国に意見書送る

「長尾鼻に原発はゴメンだ」―。このほど開かれた気高郡青谷町議会は、全員一致で青谷原発反対意見書を決議、吉田巌議長が二十七日に西尾副知事を通じて平林知事に手渡し、三十日には総理大臣、通産大臣、科技庁長官など国の主要機関に郵送した。

青谷原発に関する意見書はまず「原発建設が国の発展につながる重要課題として取り組まれていることは認識している」と断ったうえで、長尾鼻原発のうわさで「町民の不安が日増しに高まっている」ことをあげている。次いで昨年同議会が行った長尾開発の方向に関する決議にもあるように「町民の憩いの場として開発するのが町産業発展につながる最善の施策である」と再確認し、今後に「かかる事情を十分に考慮し、長尾鼻への原発建設計画を推進しないよう強く要望する」という内容だ。

この意見書はさる二十四日の町議会に山田始、滝茂雄、房安徳雄、見生康徳の四議員が提出。三月定例議会冒頭には山根健町長も施政方針演説で「現段階における一つの光として原子力を認識するが、青谷への立地は位置的にも構造的にも町民にとって安全であるという確証のない現在、全く考慮する余地はない」と述べている。

長尾鼻一帯は、風光明美で、磯(いそ)釣り場としても有名であり、同町は"中規模観光レクリエーション基地"の建設を目指し、昨年日本観光開発財団(本社・東京)に四百万円で調査を依頼した。

吉田巌議会議長は「町としては現在、長尾鼻に"レクリエーション施設"を計画している。同計画の青写真もほぼ出来ている」とし、原発建設に反対の意向を表明してきた。

住民運動の盛り上がり、町議会の決議などで、長尾鼻原発をめぐる動きは、一頓挫きたしくなってきた。

谷原発設置反対の会(吉田通代表)が結成されたほか、気高郡連婦人会(村上小枝会長)も原発建設に反対する署名運動を展開中で、最終的には気高郡内から八千人の署名を集めることにしている。

日に、住民百三十人が集まり、青

構想によると一帯を▽自然保護と育成管理地域▽公園・レクリエーション施設▽スポーツ施設▽福祉施設▽住宅地域▽農業地域―などとして整備する考えだ。

長尾鼻原発についてはさる二十

『日本海新聞』1982年3月30日

夏泊港

遺伝障害など日常的な危険の代償として、協力金・補助金などの名目で、多額のカネがばらまかれますが、「親にはカネ、子孫には放射能」といわれているように、危険性だけは私たちの世代のみならず子や孫の世代、さらに続く悠久の世代にまで深い傷あとを残してよいのでしょうか。全国でも有数の美しい自然と住みよい環境を持つ、私たちのふるさと鳥取県を危険な原発の「死の灰」で汚してよいのでしょうか。

私たちは、中国電力の青谷・気高原発建設計画をとうてい認めることができません。青谷・気高への新規立地に反対することをここに表明します。

一九八二年四月二八日

## 共同アピール署名人

- 逢坂 豪（鳥取市／鳥取大学助教授）
- 青戸秀郎（米子市／米子高等学校教員）
- 青山征洋（鳥取市／元鳥取育英会議所副理事長）
- 赤木三郎（鳥取市／鳥取大学教授）
- 飛近 勉（大栄町／赤碕高等学校教員）
- 足鹿 覚（米子市／無職）
- 芦谷みすず（用瀬町／鳥取本の会会長）
- 足羽 精（西伯町／無職）
- 足立範雄（米子市／教育研究室）
- 足立光正（鳥取市／鳥取県教組委員長）
- 有田みち子（米子市／鳥取大学教授）
- 安藤 隆（岸本町／西部生協専務理事）
- 生田正則（日野町／日野産業高等学校教員）
- 池沢源蔵（鳥取市／鳥取県総評東部地区評議会議長）
- 池田清子（青谷町／青谷地区婦人会会長）
- 池田 悦（青谷町／前青谷郵便局長）
- 石井 正（青谷町／ふるさとの環境を守る会事務局長）
- 石井 香（鳥取市／県立中央病院医師）
- 石賀 悠（倉吉市／倉吉市立高等学校教師）
- 石田陽也（倉吉市／倉吉市農業委員）
- 石田繁幸（倉吉市／鳥取県生協労連委員長）
- 石田正義（三朝町／鳥取女子短期大学教授）
- 石田弥壽夫（鳥取市／鳥取大学教授）
- 石田助次（淀江町／西部地区教育年部長）
- 石飛 茂（米子市／無職）
- 石飛誠一（倉吉市／県立厚生病院内科医長）
- 石間とよ子（鳥取市／前鳥取市連合婦人会）
- 伊谷周一（鳥取市／鳥取県民主商工会連合会会長）
- 伊谷ます子（鳥取市／教員）
- 市川 長一（境港市／鳥取県ハイヤー・タクシー労組委員長）
- 市川 修（米子市／鳥取大学医学部教官）
- 一橋義則（米子市／鳥取大学医学部教官）
- 伊東武彦（鳥取市／鳥取大学教員）
- 伊澤武彦（青谷町・明倫小学校PTA会長）
- 井上英穂（鳥取市／県保険加入者代表）
- 今石久明（米子市／鳥取大学助教授）
- 井元 敏（米子市／大山乳業農業協同組合組合長）
- 入江浩（車伯町／ふるさとの環境を守る会副会長）
- 岩田武彦（岸本町／会計事務局長）
- 岩田 博（鳥取市／鳥取県弁護士会）
- 岩見久子（岩美町／鳥取大学教員）
- 上田郁須雄（鳥取市／鳥取県弁護士会）
- 植田郁丞（境港市／境高等学校教員）

中国電力に共同アピールを提供

# 中国電力の青谷・気高原子力発電所建設計画に反対する共同アピール

すでに昨年三月、一部のマスコミで報道された、中国電力の青谷・気高原発建設計画の公表が現実のものになるおそれが強まっています。

スリーマイル島原発の大事故につづいて、日本原電敦賀発電所の一連の事故隠しで一時停滞をしていた原発増設の動きが、最近急に活発になってきています。

中国電力もこの例外ではなく、今年一月の年頭記者会見で、会長自ら「原子力発電には特に力を入れ、島根2号炉はもちろん、新規立地についても出来れば年内にメドをつけたい」「今は一基でも二基でも早く作るのが先決。立地条件よりは、人口が少なく、心理的に住民に受け入れられやすいという条件で日本海側しかない」などと発言しています。

また、広島県で行なわれた「電力懇談会」で中国電力の幹部は、「長尾鼻も候補地の一つ」と明言しています。私たちは、この原子力発電所建設計画について、またこの計画を推進する電力会社に対し、多くの疑問と大きな危険を感じざるを得ません。

スリーマイル島のような、あるいはそれ以上の大事故が再び起らない保証はあるのでしょうか。また、原発からは通常運転中でも放射能が大気や海水に吐き出されていることは、電力会社もまた認めるところです。近年、多くの人によって、原子力発電が、石油の代替にならず経済的にわあないものであることが明らかにされてきています。燃料となるウラン資源も、二〇年後には枯渇するともいわれています。

わが鳥取県は、農業や水産業が産業の大きな位置を占めていますが、原発と農業・水産業は両立しません。原発から吐き出される放射能は農産物に大きな影響を与えます。過去、原発事故で広い範囲において牛乳が汚染され、大量に廃棄された例もあり、米・野菜・果樹などに放射能が蓄積されるおそれがあります。水産業においても原発から吐き出される温排水で、二〇年後には枯渇するともいわれています。沿岸の魚介類が汚染され、放射能が周辺海域の生物に蓄積するなどの危険もあります。

また、海岸線は一部国立公園に指定されているように美しい景観をもっています。観光客は敏感に汚染地を避けるからです。さらに何よりも周辺住民の健康を日常的におびやかすことが重大です。住民は絶えず事故と放射能の危険にさらされ、十五年の寿命といわれる原発が大量の放射能を内部に残したまま廃炉となり、周辺地域が荒廃してゆくのは明らかなことです。高レベルのものはアメリカの政府機関の報告でも最低一、○○○年間管理しつづける必要があるといわれております。放射性廃棄物にいたっては捨て場に困り、廃炉を処分する技術のメドも立たず、周辺地域には急性障害、晩発性障害（ガン、白血病など）、のように半減期が二万四千年の長さに及ぶものもあります。

|  |  |
|---|---|
| 上原 正人 | (米子市/鳥取大学教官) |
| 上村 文乃 | (米子市/主婦) |
| 須藤 達夫 | (大栄町/鳥取県農協婦人相談協) |
| 須藤 綾子 | (大栄町/鳥取県農協評議員) |
| 遠藤 盛丸 | (米子市/岸本町) |
| 遠藤 義男 | (米子市/鳥取大学名誉教授) |
| 遠藤 秀樹 | (米子市/鳥取大学助教授) |
| 遠藤 道 | (青谷町/震災を見聞する会事務) |
| 大谷 秀次 | (米子市/鳥取大学校医) |
| 大場 秋夫 | (米子市/教師) |
| 大橋 耕吉 | (米子市/私狭トラック組合) |
| 大村 武 | (鳥取市/鳥取大学教官) |
| 岡崎 三夫 | (米子市/鳥取県新生活運動協議) |
| 岡田 明 | (岩美町/私協会会長) |
| 岡田 修 | (鳥取市/鳥取大学助教授) |
| 岡田 明一 | (鳥取市/船岡漁協組合長) |
| 岡村 明生 | (鳥取市/八頭郡連合婦人会会長) |
| 岡本 弥 | (郡家町/鳥取県農協組合長) |
| 小串 功 | (倉吉市/倉吉医師会事務局) |
| 小椋 李 | (船岡町/鳥取県農業高校教員) |
| 沖田 満寿雄 | (鳥取市/八頭郡連合婦人会会長) |
| 落合 義孝 | (船岡町/中部地区水協事務所) |
| 尾崎 義男 | (鳥取市) |
| 尾西 幸男 | (米子市/岸本町) |
| 景山 隆範 | (鳥取市/中部地区原水協事務所) |
| 笠 洋文 | (船岡町/岸本町/日野川の環境を守る会事務局) |
| 笠木 健 | (米子市/鳥取大学医技短大教官) |
| 片本 勝利 | (鳥取市/米子工業高等専門学校) |
| 柏木 克夫 | (鳥取市/地本委員長) |
| 加藤 早苗 | (米子市/勤労者の地本委員長) |
| 加藤 俊行 | (鳥取市/助教授) |
| 加藤 武之 | (米子市) |
| 金沢 瑞廣 | (青谷町/日本キリスト教団米子教会牧師) |
| 鎌谷 慶治 | (倉吉市/生協) |
| 亀谷 廣治 | (船岡町/大山孔業高農同組) |
| 加茂 篤代 | (米子市/西部生協理事) |

| 加茂 甫 | (米子市/鳥取大学医学部教授) |
| 河口 夏光 | (倉吉市/鳥取県原水協老協議) |
| 河野 正人 | (倉吉市/会長) |
| 神波 尚典 | (東郷町/鳥取県総評事務局長) |
| 北尾 勲 | (米子市/教師) |
| 北尾 英津子 | (米子市/公害から健康を守る会) |
| 北尾 莉 | (岩美町/鳥取県農協剛会長) |
| 岸 保子 | (米子市/鳥取県農協婦人相談協) |
| 岸 武 | (米子市/元鳥取商大教授) |
| 岸田 秀務 | (関金町/元鳥取商大教授) |
| 岸野 駿悟 | (米子市/弁護士) |
| 君信 秀 | (米子市/関金町/鳥取大学教授) |
| 国岡 義蔵 | (気高町/会福議の会会長) |
| 桑沢 敏人 | (鳥取市/鳥取県労働者協議) |
| 持 実 | (気高町/岩美高等学校教員) |
| 小泉 澄 | (阿原町/元気高町連合婦人会会) |
| 小 惠 | (倉吉市/大山陰地方本部) |
| 小谷 久子 | (鳥取市/全水山陰地方本部) |
| 小谷 名香 | (鳥取市/岩美高等学校教員) |
| 小西 和 | (鳥取市/市委員会支部鳥) |
| 小林 春敏 | (気高町/鳥取市生活改善推進) |
| 小林 秀 | (鳥取市/市委員会支部鳥) |
| 駒井 弘行 | (鳥取町/甲府地区改善者連合会) |
| 湖山 久夫 | (鳥取市) |
| 近郷 弘伸 | (気高町) |
| 西郷 啓彦 | (米子市/全国林体連合会長) |
| 斉藤 祐司 | (米子市/日本科学者会議鳥取支) |
| 斎藤 義雄 | (船岡町/鳥取市全国民連合会長) |
| 酒巻 清 | (柏村/船岡町/鳥取学校教員) |
| 坂本 幸昭 | (柏村/金鳥地本委員長) |
| 桜井 徳 | (倉吉市/倉吉西高等学校教員) |
| 桜田 憲昭 | (倉吉市/全金鳥取地本委員長) |
| 佐々木 行徳 | (倉吉市) |
| 佐々木 泉 | (倉吉市/食点の農業を守る会副会長) |

| 椎名 徳 | (鳥取市/鳥取大学教授) |
| 坂村 孜 | (倉吉市/県立厚生病院医師) |
| 塩田 滋 | (米子市/鳥取自然保護の会会長) |
| 清水 大秀 | (米子市/鳥取おもと子剣場館会長) |
| 清水 増夫 | (米子市/頁) |
| 清水 敏 | (米子市/剣道校員) |
| 岩本 久代 | (鳥取市/アートシャマ鳥取グル) |
| 庄司 教則 | (鳥取市/金社設員) |
| 白井 和 | (鳥取市/鳥取県更生婦人運盟長) |
| 進 則雄 | (鳥取市/米子西高等学校教員) |
| 陶原 文江 | (倉吉市/全駐省鳥取県支部委員) |
| 水津 俊幸 | (鳥取市/酒ノ伴醸婦人会同人) |
| 杉原 隆 | (鳥取市/新日本人の会古吉支) |
| 杉崎 義 | (倉吉市/所長) |
| 須尾 久 | (倉吉市/西部地区救援者相談所) |
| 鈴木 豊 | (鳥取市/根雨高等学校教員) |
| 砂田 晋 | (鳥取市/鳥取こども学関連) |
| 瀬川 隆 | (鳥取市/鳥取女子短大教授) |
| 瀬尾 幸恵 | (米子市/鳥取女子短大教授) |
| 高垣 和 | (鳥取市/鳥取大学教員) |
| 高口 静 | (鳥取市/鳥取西工業高等学校教) |
| 高階 勝久 | (鳥取市/鳥取大学教員) |
| 高城 昭 | (米子市/鳥取西工業高等学校教) |
| 高橋 悍 | (鳥取市/鳥取文化財保護の会長) |
| 高橋 精子 | (東郷町/鳥取文化財保護の会長) |
| 高橋 義 | (気高町) |
| 高橋 勝夫 | (米子市/青谷町/弁護士) |
| 高橋 抬己 | (鳥取市/青谷町/弁護士) |
| 高橋 致也 | (米子市/習頭町連合青年団長) |
| 高橋 達弘 | (米子市/小鴨農事実行組合副会長) |
| 高撰 達 | (倉吉市/大山の自然を守る会副) |
| 高撰 希夫 | (倉吉市/小鴨農事実行組合副会長) |
| 高見 祀江 | (倉吉市) |
| 高見 雅雄 | (倉吉市) |
| 滝本 武寛 | (倉吉市/八頭郡事業実行組合専務) |
| 武田 実 | (国府町/八頭郡事業実行組合専務) |
| 竹本 三郎 | (鳥取市/元鳥取市連合婦人会会長) |

| 多田 豊 | (鳥取市/鳥取大学教官) |
| 田中 国秋 | (青谷町/鳥取県約労者山店連盟) |
| 田中 秀治 | (青谷町/鳥取県約労者山店連盟) |
| 田中 華蔵 | (青谷町/鳥取地区労働者協議会) |
| 田中 智恵子 | (青谷町/鳥取大学教員) |
| 田中 政 | (鳥取市/鳥取大学教員) |
| 田中 之一 | (鳥取市/東部信州馬協者相談所) |
| 田辺 征夫 | (鳥取市/副組合長) |
| 田辺 達夫 | (中山町/鳥取大学校医教員) |
| 谷川 寿葉子 | (気高町/鳥取県委員協同組合) |
| 谷口 豊 | (倉吉市/倉吉東高等学校教員) |
| 谷口 昭 | (倉吉市/倉吉東高等学校教員) |
| 谷口 征治 | (気高町) |
| 千韻 窟 | (気高町/八頭郡船岡漁協会長) |
| 月原 祥武 | (気高町/八頭郡船岡漁協会長) |
| 辻 薪 | (米子市/鳥取県の団体協議会会長) |
| 土井 公子 | (東伯町/歯科医師) |
| 土井 浜 | (倉吉市/元倉吉工業高等学校教) |
| 徳 博 | (倉吉市/日赤病院医師) |
| 永井 清 | (鳥取市/倉吉市農協婦人会会長) |
| 徳永 和 | (鳥取市/日赤病院医師) |
| 長尾 俊郎 | (境港市/米子野鳥保護の会会員) |
| 長井 武雄 | (境港市/会員) |
| 永川 健 | (会長町/米子の技術会代表) |
| 中川 伸作 | (米子市/政研究会代表) |
| 中崎 正 | (米子市/有鴎同人) |
| 中島 文子 | (鳥取市/有鴎同人) |
| 中島 正孝 | (鳥取市/鳥取女子短期大学助教) |
| 中島 宮英代 | (気高町) |
| 中島 邦彦 | (青谷町/倉吉都連合婦人会副会) |
| 中島 二三夫 | (鳥取町) |
| 中田 正人 | (鳥取市) |
| 中田 正子 | (鳥取市/弁護士) |
| 中谷 幸雄 | (官谷町/部落解放同盟東部地協) |
| 長谷 駿 | (鳥取市/大山乳業農協東部地協) |
| 長戸 昇一 | (青谷町/青谷こども学関連会長) |

中野俊夫（倉吉市／部落解放同盟中部地協書記長）
中野恵文（鳥取市／鳥取大学助教授）
中原昭則（青谷町／深刻師）
中原広光（気高町／気高町連合青年団団長）
永見進（米子市／境水産高等学校教員）
中村昭一（郎家町／東部畜産農協組合長）
長本善夫（鳥取市／国労米子地本委員長）
中森横夫（米子市／鳥取大学教員）
中山精一（鳥取市／定有堂書店主人）
中山和子（鳥取市／商業）
中山明慶（米子市／鳥取大学助教授）
奈良敏行（鳥取市／商業）
西村和信（米子市／部落解放同盟西部地協議長）
西田秀吉（鳥取市／鳥取大学助教授）
西田良平（鳥取市／鳥取大学助教授）
西村和子（倉吉市／県立厚生病院医師）
野口誠（倉吉市／関葉区）
野口善範（鹿野町／県立厚生病院医師）
野藤吉恵（倉吉市／山東農協婦人部長）
野村正大（米子市／鳥取民俗学会代表理事）
乗本吉郎（米子市／島根大学講師）
長谷川桂（用瀬町／日本キリスト教団用瀬教会牧師）
黎鮫（西伯町／私я日／丸委員長）
波多野頌二郎（名和町／米子東高等学校教員）
波辺昭雄（名和町／山陰マスコミ・文化共闘議長）
浜辺優（倉吉市／船協漁協理事）
浜原昌宏（鳥取市／船協漁協組合長）
林田巌（鳥取市／鳥取大学教官）
林原まさき（名和町）
林原渡子（米子市／米子市連合婦人会会長）
原田康二（鹿野町／前山東農協婦人第長）
日地康武（米子市／鳥取大学医学部教官）
平尾公二（米子市／皆生薫選学校教官）
市尾厘雄（鳥取町／漆刻師）
福田啓子（鳥取市／鳥取県農労協退長）
富士一郎（鳥取市／鳥取県農労協議員）

宮居潤一郎（鳥取市／鳥取大学教授）
宮内常義（鳥取市／商業）
南久仁（米子市／新日本婦人の会県本部会長）
水本定洋（米子市／鳥取大学助教授）
宮平修（鳥取市／日本キリスト教団鳥取教会牧師）
三浦将二（鳥取町／米子南薫業高等学校教師）
丸山陽三（米子市／西部鳥取文化団体協議会会長）
圓岡正孝（淀江町／西部農業高等学校教員）
松本憲二郎（鳥取市／開好七段）
松尾由英子（鳥取市／鳥取女子短期大学教授）
松田陽吉（米子市／米子工業高等学校教員）
松田陽昭（倉吉市／全進鳥取地区委員長）
松浦興一（倉吉市／小鴨財産区管理会副会長）
松浦高徳（倉吉市／部落解放同盟鳥取県連合長）
埠田茜（鳥取市／鳥取県民主商工会連合会）
埠田茂雄（米子市／会社員）
埠田昭（倉吉市／原水禁中部地区運長）
前田善（赤碕町／部落解放同盟中部地協青年部長）
前田博（気高町／会社員）
前田豊（鳥取市／会社員）
前田光夫（鳥取市／鳥取商業高等学校教授）
前田樹（三朝町／岡山大学温泉研究所教）
本間弘次（智頭町／会社役員）
本城隆徳（青谷町／母木フィッシングクラブ会長）
綱川一昭（気高町／県立厚生病院医師）
川本紫（智頭町／医師）
祝部紀琪（気高町／気高町立気高図書館長）
古田恵紹（米子市／元高等学校校長）
船越元昭（米子市／万福寺庄長）
藤野横章（東郷町／自治労鳥取県本部委員）
藤田正行（東伯町）
藤枝弘文（東伯町／元気高郡連合婦人会会長）
藤井啓（鳥取市／鳥取大学教官）
藤井徒（倉吉市／中部共に育つ教育をすすめる会会長）

三宅俊一郎（境港市／医師）
都田重久（境港市／境商工業高等学校教員）
宮田和夫（鳥取市／鳥取大学助教授）
宮田三秋（米子市）
三好革一（倉吉市／自由律俳人）
三好小枝（気高町／船協漁協組合）
村上通夫（大山町／元大阪教育大学教授）
村田逝英（大山町／鳥取大学助教授）
宣山節（鳥取町／西伯郡連合婦人会会長）
持田与志子（西伯町／鳥取県松坪中部地区評）
宣本邦枝（鳥取町／元気高町連合婦人会）
森下冷子（東郷町）
森本茂（気高町）
森本幸育（鳥取町）
森友則（国家町）
八木俊雄（中山町／鳥取県農協鳥取支部支長）
安田雅樹（鳥取市／鳥取大学助教授）
矢部洋一（倉吉市／縦城農業高等学校教授）
山形富子（鳥取市／県立厚生病院医師）
山川武英（鹿野町／鹿野町地区労働者協議会）
山崎茅（鳥取町）
山崎崎生（中山町）
山下育夫（運輸労連鳥取県連委員）
山下清（米子市／牧師）
山田三（倉吉市／詩人）
山田育夫
山田博子（鳥取市／鳥取大学医学部教官）
山田梅子（鳥取市／部落解放同盟鳥取中部地協議員）
山田菜（鳥取市／鳥取大学老人クラブ会）
山名立雄（米子市／人形劇団こうま座理事長）
山西修洋（東伯町／青谷薫高等学校）
山摂邦男（鳥取市／母と女教師の会運営委）
山本鈴子（岩美町／岩美町農業高等学校教員）
山本剛（青谷町／青谷農業高等学校）
山本珠子（米子市）
山本珠嶽（用瀬町／婦人民主クラブ米子支部人民主連合婦人会会長）
横谷英賀之助（鳥取市／鳥取県共済農協連合会会長）
横山兼作（鳥取市／鳥取大学教授）
横山隆嶽（東伯町／由良育英高等学校教員）
横山寿男（鳥取市／鳥取県原爆被害者協議会事務局長）
横山充（青谷町／会平務局長）
横尾力（気高町／知農協理事）
芳尾昭（鳥取市／大本教育谷支部長）
吉田甲（岩美町／全林野大阪地方鳥取支会議幹事鳥取県共闘会議議事務局長）
吉田逮男（岩美町／園科医）
吉田進（青谷町／園科医）
吉田筆（青谷町／園科医）
吉田篤（鳥取市／習谷町農協会議長）
吉田英（鳥取市／元習頭町農協会議長）
米原徳太郎（鳥取市）
眞屋秀雄（鳥取市／日本キリスト教団青谷教会牧師）
涌谷清（日吉津村／医師）
ロバート・タヒューン
渡辺兼直（米子市／詩人）

（アイウエオ順）

共同アピールを県に提出

# 「原発風船」を上げます。ご協力下さい。
## 風船の届く所必ず「死の灰」も届く

鳥取県内の反原発住民4団体は、10月24日（日）、長尾鼻岬の入口で、風船五〇〇個を一斉にあげることにしています。

風船を拾った方は、風船につけてあるハガキに、拾った場所、日時など印刷してある質問項目（四つ程）にご記入の上、最寄りのポストに投函して下さるようご協力をおねがいいたします。

風船の届くところには、必ず死の灰が届きます。原発は放射能（死の灰）を周辺にまき散らし、処理のできない放射性廃棄物のツケを子孫に押しつけるばかりか、経済的にも引きあわない危険で短命なエネルギーです。

原発がなければ私たちの生活が成り立たないような宣伝をし、札束を使って人心をまどわせつつ、原発推進を強行する電力会社等のやり方に、強い憤りを覚えます。

この風船あげは、広く県内外の人びとに、中電の長尾鼻原発計画を認識してもらうと同時に、万一長尾鼻原発が建設された場合の、周辺への影響調査の意味を持っています。

今回を手はじめとして、この風船あげは中電が長尾鼻原発計画を断念するまで10年かかろうが20年かかろうが、やり続けられます。

この反原発風船あげを成功させるために、住民団体では、当日行動への参加を呼びかけるとともに、資金カンパも要請しています。

『鳥取県婦人新聞』1982年10月17日

1982年10月24日、長尾鼻で第1回反原発風船上げ

# 第1回 反原発・風船あげの報告

　中国電力が長尾鼻に計画している原発立地を断念させるため、私たち県内の反原発住民4団体は、昨年10月24日、気高郡青谷町の松ケ谷付近（国道9号線駐車場）からハガキ付き風船500個をあげました。

　当日は、低気圧が日本海を東進し、長尾鼻から海の方向に強い風が吹き抜けるという悪条件でしたが、青谷町との町境の気高町松ケ谷の松林で21個、鳥取市湖山町で1個、岩美郡福部村で1個、八頭郡佐治村で1個、の計24個の風船が回収されました。

　風船が届く所には確実に"死の灰"（放射能）が届きます。原発からは平常運転中でも微量の"死の灰"が環境にもれ続けていますし、ひとたび大事故が起きたら大量の"死の灰"が一挙に周辺にまき散らされます。

　今回の風船あげで、南西ないし西の風の場合、①気高町に大量の"死の灰"が降り注ぎ、②さらに1時間以内に鳥取市もスッポリと"死の灰"のカサの下に入り、③"死の灰"の影響は岩美郡や八頭郡にも及ぶ——ということがわかります。

　私たちは、中電が長尾鼻への原発計画を完全にあきらめるまで、10年かかろうが20年かかろうが、この風船あげを毎年1回のペースで続けていきたいと思います。今後とも皆様のご協力をお願いします。

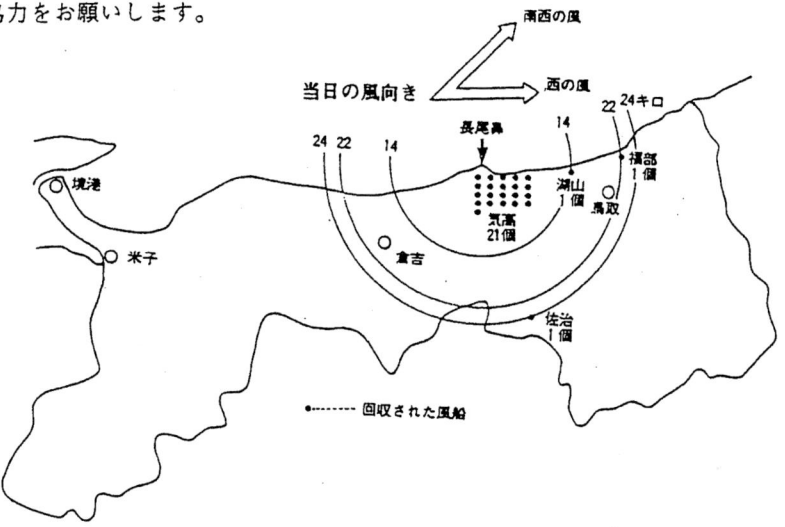

---

**風船あげの日時・場所・条件**

日時＝1982年10月24日　午前10時半〜11時半
場所＝鳥取県気高郡青谷町松ケ谷付近（国道9号駐車場）
天気＝うすぐもり（気温16.9度）
風向＝南西ないし西の風
風速＝5.7〜9.0 m/秒
　　　　　　　　　（以上、鳥取地方気象台の観測）

**風船の回収場所と日時**

① 岩美郡福部村浜湯山　（1982年10月24日　午前11時27分）
② 八頭郡佐治村加茂　　（1982年10月26日）
③ 鳥取市湖山町の鳥取空港付近松林
　　　　　　　　　（1982年10月29日　午後3時15分）
④ 気高郡気高町松ケ谷の松林
　　　　　　　　　（1983年3月20日　午前10時〜11時半）

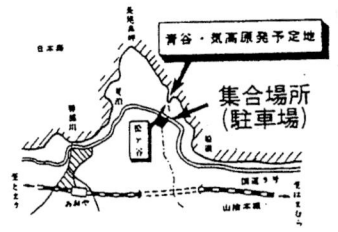

1983年4月

青谷原発設置反対の会
反原発市民交流会・鳥取
反原発市民交流会・中部
鳥取県西部原発反対の会

### 地元町議会も反対決議

こうした地元とその周辺での原発立地阻止の運動の高まりを背景に、青谷町議会は三月二十四日、長尾鼻への原発立地に反対する意見書を全会一致で議決し、二十七日、県知事と県会議長に、また、三十日には総理大臣、通産大臣、科学技術庁長官に提出した。この意見書提出に先立ち、青谷町の山根町長、気高町の谷口町長も、三月定例町議会で、地元への原発設置に反対する意向を、それぞれ公式に表明している。

原発立地のカギを握る地元の夏泊漁協（青谷）や船磯漁協（気高）は、中電の計画が潜伏段階にあるため、公式の態度決定や言動は慎重に避けているが、原発への警戒と反対の意思は強く、船磯漁協は組合長はじめ全理事が前述の共同アピールに名前をつらねて反対の態度を明らかにした。

中電は、長尾鼻原発の受け皿の揚水発電所、新奈雲電所・送電線の建設に膨大な先行投資を行ない、地元住民を、休むひまなく島根原発や敦賀原発に招待し、潜航して住民工作と原発PRをすすめている。これに呼応して平林県知事は、二年前から、"原発必要論"、"原

発誘致論"を公然とぶち上げている。だが、私たちはこの美しい郷土に原発が死の灰にまみれた土足で踏み込むことを決して許さない。

（鳥取支局　Y）

『反原発新聞』1982年6月20

原発建設予定地の長尾鼻・松ケ谷

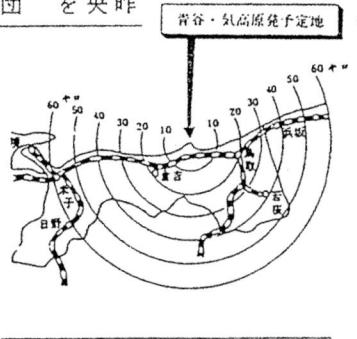

# 中国電力の原発計画を封じ込める
## 鳥取県で広がり深まる住民運動

鳥取県気高(けたか)郡青谷町と気高町の境界に位置する長尾鼻岬が中国電力の原発候補地として狙われていることは、本紙第二十九号、三十号で簡単に報告済みだが、昨年初めて中電の原発計画の青写真や住民工作の全容をつかみ、急ぎ、立地阻止の運動を構築した。そして、ことし年頭、中電幹部が記者会見で、「新規原発立地のメドは年内につけたい」「立地点は人口が少なく心理的に住民に受け入れられやすい日本海側」と発言したことが報道され、私たちの郷土危うしの危機感は、いっそう深まった。だが、いまや鳥取の原発立地阻止の運動は地元と県下全域に波及し定着し、その力を押しとどめることはもはやできない勢いである。

### 原発設置反対の会の結成

一月、町民有志による「青谷原発を考える会」が主催して、久米三四郎氏(阪大)の講演会を開き、ことし三月二十一日には、考える会を発展させた「青谷原発設置反対の会」を結成。これは町民有志が、政党や労組に頼らず独自につくった個人参加の住民組織で、その正式な旗上げは長尾鼻原発を阻止する最強力な橋頭堡ができたことを意味する。

中央公民館で開かれた右の結成大会には百人以上の地元住民が参加。歯科医の吉田通氏を代表に十一人の役員を選び、月二回の定例学習会、地区ごとの学習会、町民への情宣活動、資料の整理と紹介、青谷町に原発を建設させないための諸活動などをすすめていくことを確認した。

### 地元婦人会の署名運動

長尾鼻をはさむ青谷・気高両町の六婦人会八百人で組織している気高郡連合婦人会は、昨年六月の二回、青谷町の中央公民館に小出裕章氏(京大)を招いて独自に講演会を開き、昨年十一月には、連合青年団と共催して久米三四郎氏の講演会を久米町の老人福祉センターで持ったほか、婦人会員自らが講師となって、スライドを使い、地区ごとの学習会を行なっている。

その気高郡連合婦人会は、草の根の住民運動の一環として、ことし二月下旬から原発設置反対の署名運動を展開、わずか二ヵ月間で、郡内三町の有権者の半数を超える九千二百九十八人の署名を集めた。四月二十日、この署名を中電と県に提出して、原発設置の断念を訴えている。連合婦人会長の村上小枝さんらの話では、署名運動の手応えは予想以上で、住民の圧倒的多数が原発設置に反対との確信を深めたという。

この共同アピールは、県内の農業、漁業、労働、教育、医療、福祉、宗教、文化など各方面の第一線で活躍している人物を幅広く網羅して結集した郷土を守る統一戦線ないしは政治的立場を超えて結集した県下の原発立地に反対する点において、イデオロギーや党派の一線を超えて結集した反原発の県民運動的性格を持っ

### 県内各界の共同アピール

四月二十八日には、県内各界各層の代表者ら三百十一人の「青谷・気高原子力発電所建設計画に反対する共同アピール」が発表された。アピール署名人代表らは、中国電力、県知事、県会議長、青谷・気高両町の町長と町会議長にアピールを提出し、それぞれとの交渉のなかで、美しい自然環境と農林漁業を重要な産業基盤とする県内への原発立地は絶対に認められないことを強調した。

### 県下全域の市民運動

地元青谷・気高両町の住民運動と連帯すべく、すでに昨年から、鳥取市と倉吉市を中心に、市民運動組織「反原発市民交流会」が、それぞれ独自に活動を始めている。この六月には米子市でも結成大会が行なわれ、これで県下の東部、中部、西部に市民運動の母体がそろうことになる。労組関係では、自治労が昨春、いち早く県下の東部、中部、西部に原発対策委員を配置した。県評は昨年九月の定期大会で、青谷・気高原発設置反対を運動方針の主要な柱とすることを決定、各地評・地区労・単組や、民間共闘などで原発学習会に積極

つ。中電の動き次第では、いつでも再結集し、広範で強力な運動体を構築する母体となりうることは、いうまでもない。

的に取り組んでいる。

地元婦人会の署名提出に続き、県下全域に原発立地の話に最初は半信半疑だった地元青谷町の住民が、原発立地の噂の出た三年前の七九年十一月と、中電の具体天から降ってわいたような原発立地の話に最初は半信半疑だった地元青谷町の住民が、ついに立ち上がった。昨年十

# 原発を許さない長期の態勢を

## ──長尾鼻の再浮上と北条町への立地を警戒し──

長尾鼻が中国電力の原発候補地になっているとの情報をキャッチし、この計画を封じ込めるべく、県内の広汎な世論に訴えつつ、原発立地阻止の闘いに立ちあがってから早くも四年目の新年を迎えました。

さいわい、地元青谷・気高両町の住民運動とこれに連携する市民運動の力によって、とりあえず、長尾鼻への立地を未然に食いとめることができました。私たちは過去の経験を振り返り、気をゆるめることなく引き続き、今後長期にわたって、長尾鼻の再浮上を含む県内への原発立地に警戒と監視の眼を光らせていきたいと思います。

長尾鼻が中国電力の原発候補地になっているすが、地元漁民を中心に隣接の島根県・益田市などを巻き込む住民運動で、未然にしめ出しました。そこで、中電は一九七七年六月、同じ山口県・豊北町を指名し計画を公表しましたが、ここでも漁民を中心に強力な住民運動が起き、反対派から町長が立ち、つけ入る余地を与えませんでした。

「豊北町がダメなら青谷」というわけで、一九八〇年から八一年にかけて私たちの郷土の長尾鼻が有力候補地として浮上してきたことは周知の通りです。山口県・萩市も候補地の一つとして、同時に名前が出ており、中電は長尾鼻と萩を両てんびんにかけていたようです。

青谷原発設置反対の会の結成、気高郡連合婦人会の署名運動、県内各界の共同アピール、東・中・西の市民運動──と盛り上がる反原発運動に押されて、中電は一昨年以降、長尾鼻を保留、山口県・萩市と上関町にホコ先を向け、誘置のおぜん立てが早く整ったとみた上関町に集中攻撃を仕掛けて現在に至っています。

◎運動を持続し警戒と監視を!!

私たちは、とりあえず、長尾鼻への指名を阻止できたことを、この間の県内世論の盛り上がりと活動の成果として確認し、住民・市民運動の力にその気になれば阻止できます。原発は県内稼動・建設準備中の島根1、2号の他に、日本海側の田万川、豊北（以上山口県）、島根半島（島根県）、長尾鼻（鳥取県）の四ヶ所が候補地としてとりあげられています。

と同時に、国と中電の原発推進の大方針が変らぬ限り、また、県民が油断しつけ入るスキを与えるならば、いつでも、また、長尾鼻が再浮上してくる可能性があります。

長尾鼻だけではなく、中電はもともと東伯郡北条町にも火電立地の青写真を持っており、現下の状況では今後もし同町に発電所立地があれば、火電ではなく原発と判断されます。

また私たちは、島根原発への核燃料輸送、さらには、岡山県境の人形峠の動燃のウラン濃縮工場にも眼をむけてゆかねばなりません。

電力会社は一度原発の候補地としてねらった所は簡単にはあきらめません。三重県・熊野市などでは、十余年にもわたって住民運動が続き、電力会社はいまなお原発立地工作をしつように行っています。私たちもこれを教訓にし、長期戦の態勢で、県内への立地を断じて封じていく決意です。

一九八四年一月

◎田万川→豊北→青谷→上関

中電の当初の原発立地の青写真によると、現在稼動・建設準備中の島根1、2号の他に、日本海側の田万川、豊北（以上山口県）、島根半島（島根県）、長尾鼻（鳥取県）の四ヶ所が候補地として、中電がまずねらったのは山口県・田万川町で

『原発おことわり』（反原発市民交流会・鳥取発行）第7号 1984年1月25日

# 原発反対の歩み

| | 気高郡連合婦人会の取り組み | 県内外のおもな動き |
|---|---|---|
| 1979年（昭和54年） | 6月16日<br>原子力発電の公害を考える会など主催<br>映画と講演会<br>「私たちは原子力発電と共存できるのか」<br>　講師：京都大学原子炉実験所<br>　　　　小出　裕章　氏（県立博物館にて）<br>会長（村上）副会長（中嶋、八幡）新聞委員（小泉）出席。<br>11月18日〜12月16日<br>小出氏の講演記録を3回にわけて鳥取県婦人新聞に掲載。上の部を郡大会資料に配布。<br>11月25日<br>気高郡連合婦人会大会で「原発」問題を共同学習<br>講演とスライド<br>「私たちは次代に何を遺すべきか」<br>　講師：京都大学原子炉実験所<br>　　　　小出　裕章　氏<br>　　　　（青谷町中央公民館にて）<br>「私たちは次の世代にきれいな環境をのこすため、原子力発電所建設に反対しよう」と申し合わせる。<br>11月〜<br>・『原発ジプシー』『原子炉被曝日記』『原発死』『働かない安全装置——スリーマイル島事故と日本の原発』『核燃料再処理工場——その危険性のすべて』など、原発関係書物を役員有志回し読みして学習。 | 3月28日<br>スリーマイル島原発事故発生<br>「原発安全神話」崩壊<br><br>6月15日<br>日本海新聞に<br>「青谷も候補地だった?!　あす原発を考える集い」の記事 |
| 1980年（昭和55年） | ・『死にすぎた赤ん坊』『核文明の恐怖』『原子力発電』『プルトニウム』『原子力を考える』など関係書物を、役員有志情報交換しながら購読学習。<br>2月28日<br>広島通産局主催「電気料金値上げ問題公聴会」に、県連合婦人会を代表して、村上（郡連婦会長）が出席。電気料金大巾値上げ反対と、原子力に頼るエネルギー政策に反対する意見を陳述。<br>11月16日<br>気高郡連合婦人会大会で申し合わせ<br>「いのちと環境を守るため、安全性に問題のある原子力発電所の建設に反対しよう」 | 7月1日<br>6月定例県議会で自民党代表質問<br>「本県は東西に長い海岸線を持ち、原発の立地が可能な場所もあろうかと思う」<br>平林知事答弁<br>「今日石油にかわる代替エネルギーとして身近にあるのは原子力だ。（原発は）関係者から相談があれば、県として積極的に考える」<br>7月25日<br>第4次鳥取県総合開発計画の審議会<br>原発問題に論議が集中、理事者側は原発の検討を主張。 |

| | 気高郡連合婦人会の取り組み | 県内外のおもな動き |
|---|---|---|
| 1981年（昭和56年） | 3月30日<br>気高郡連合婦人会の代議員総会<br>青谷原発問題に議論が集中、「空を海を土を汚してはならないのだ」と一同確認する。<br><br>4月27日<br>鳥取県反原発交流会主催<br>講演会<br>「町長をリコールした窪川町の反原発運動」<br>　　講師：高知県自然保護連合　坂本　三郎　氏<br>　　　　（鳥取市福祉文化会館にて）<br>に気高郡連婦役員5人出席。<br>5月～6月<br>県婦人新聞に、原発問題座談会「見過すまいいのちと郷土の危機」および「窪川町長リコール」講演記録を掲載した「原発特集」を編集し、気高郡連合婦人会全会員に配布。<br>5月24日<br>6人の実行委員会主催<br>「原子力発電問題についての学習会」<br>　　講師：立教大学助教授　服部　学　氏<br>　　　　（青谷町中央公民館にて）<br>の実行委員に近藤県婦連会長、村上郡婦連会長ら参加。<br>5月31日<br>気高郡連合婦人会主催<br>講演とスライド<br>「原子力発電の安全性について」<br>　　講師：京都大学原子炉実験所<br>　　　　小出　裕章　氏<br>　　　　（青谷町中央公民館にて）<br>青年団、区会にも呼びかける<br>6月～<br>・『原発はなぜこわいか』『東京に原発を！』『原子力発電とはなにか』を回し読み。<br>　スライド（原発——労働問題）を購入貸出し。<br>6月26日<br>気高町瑞穂校区で草の根原発学習会（スライドと話し合い）<br>7月～8月<br>宝木校区婦人会の主催により各支部と酒津地区で草の根原発学習会（スライドと話し合い）<br>7月5日～8月2日<br>県婦人新聞に、郡連婦主催学習会の小出氏の講演記録を3回にわけて掲載。 | 1月28日<br>島根原発2号炉ヒアリング<br>機動隊厳戒の中で決行、反対派は徹夜で阻止闘争。<br>3月7日<br>日本海新聞「原発建設、青谷町も有力候補地」中国新聞「中電第3原発、候補地に長尾鼻（鳥取）も浮上」<br>3月7日<br>鳥取県総評が青谷原発反対を特別決議<br>3月8日<br>窪川町長解職投票、リコール成立<br>　　解職賛成　6,332票<br>　　解職反対　5,848票<br>3月19日<br>島根原発2号炉に恒松知事同意<br>3月～4月<br>鳥取に反原発の市民グループ誕生、浜坂の岡田一衛氏を招いて学習会。<br>のちに「反原発市民交流会・鳥取」として正式に旗上げ。<br>4月18日<br>日本原電の敦賀発電所で放射能もれ発覚、汚染騒ぎ<br>4月19日<br>窪川町長選<br>原発推進派の藤戸進氏返り咲く<br>　　藤戸氏　6,764票<br>　　野坂氏　5,865票<br>7月2日<br>6月定例県議会で平林知事答弁<br>「原発の県内立地については、要請あれば積極的に取り入れるべきだ」<br>8月19日～20日<br>反原発市民交流会主催<br>講演会<br>「くらしとエネルギー」<br>　　講師：鹿児島大学理学部<br>　　　　橋爪　健郎　氏（鳥取と倉吉で）<br>この講演会を契機に「反原発市民交流会・中部」も旗上げ。<br>9月22日<br>鳥取県総評定期大会で「青谷・気高原発計画阻止」を運動方針の主要な柱に |

332　資料1　原発のないふるさとを

|  | 気高郡連合婦人会の取り組み | 県内外のおもな動き |
| --- | --- | --- |
| 1981年（昭和56年） | 11月1日〜3日<br>　青谷町連合婦人会が青谷町文化祭に原発パネルを展示。<br>11月15日<br>　気高町連合婦人会と気高町合青年団の共催講演会<br>　「いま子孫に何を遺すか―原子力発電を考える」<br>　　講師：大阪大学理学部　久米　三四郎　氏<br>　　（気高町老人福祉センターにて）<br>11月29日<br>　気高郡連合婦人会大会で<br>　スライド『原発―ねらわれる長尾鼻』を上映、原発パネルを展示。昨年に続き、原発建設反対を再度申し合わせ。<br>12月6日<br>　鳥取県連合婦人会大会で<br>　原発パネルを会場ロビーに展示。 | 9月30日<br>　9月定例県議会で平林知事答弁<br>　「石油に代わる代替エネルギーとして原発は必要だ。安全性や地元の同意が前提だが、（原発は）忌避しがたい」 |
| 1982年（昭和57年） | 2月1日<br>　気高郡連合婦人会の新旧役員会<br>　・『原発ジプシー』『原発死』『原子力発電とはなにか』など原発問題学習書籍を共同購入し役員にあっせん。<br>2月14日<br>　気高郡連合婦人会の役員研修会<br>　スライド『原発―ねらわれる長尾鼻』を上映。午後の全体会で長尾鼻原発をめぐる情勢が話し合われ、「青谷・気高原発設置に反対する署名運動を」の動議が出て満場一致で決議。<br>2月〜4月<br>　気高郡連合婦人会が署名運動を展開。<br>3月〜4月<br>　県内各界代表の共同アピール集約に協力。<br>3月7日〜6月6日<br>　久米三四郎氏の講演記録「原子力発電を考える」を県婦人新聞に9回シリーズで連載。<br>4月20日<br>　「青谷・気高原子力発電所設置計画に反対する署名」9,298人の署名簿を作成し、会長村上小枝ら代表8人中国電力鳥取支店を訪れ、支店長に署名簿を提出、「青谷・気高原発計画を断念するよう」申し入れる。<br>　ついで鳥取県庁に行き、上京中の平林知事に代って植谷商工労働部長に会い、署名簿の複写を提出、「中電の原発計画を受け入れないよう」陳情。 | 1月14日<br>　山陰中央新報、中国新聞に中国電力山根会長談として<br>　「57年度中に新規立地のメドを立てたい。その候補地としては日本海側を選ばざるを得ない」<br>3月20日<br>　青谷町で「青谷原発設置反対の会」結成大会。<br>3月24日<br>　青谷町議会が「青谷原発に関する意見書」を全会一致で決議。<br>　同意見書は3・27平林知事と広田県会議長に提出。3・30総理大臣、通産大臣、科学技術庁長官あて郵送。<br>4月25日<br>　山口県豊北町長選。<br>　反原発派の藤井町長再選。<br>5月24日<br>　県議会の自民党代表質問「原発を誘致せよ」と知事に迫る。<br>6月19日<br>　鳥取県西部原発反対の会結成、平井孝治氏が講演。<br>6月21日<br>　読売新聞に「中国電、萩に原発計画」<br>　豊北町長選を境に、中電の次の原発立地工作の重点は山口県（萩と上関）に移る。 |

| | 気高郡連合婦人会の取り組み | 県内外のおもな動き |
|---|---|---|
| 1982年（昭和57年） | 4月27日<br>　気高郡連合婦人会の代議員総会で署名運動の経過および中電への申し入れ、県に陳情した4・20の行動を報告。今後とも原発を郷土に寄せつけない運動を続けようと申し合わせ、原発関係費用を予算化する。<br>4月28日<br>　県内各界代表が「中国電力の青谷・気高原子力発電所建設計画に反対する」共同アピールを発表。署名を添えて県、県議会、中電鳥取支店、気高・青谷両町役場に申し入れる。近藤県連婦会長、村上郡連婦会長参加。<br>6月20日<br>　気高郡連合婦人会主催（気高町連合婦人会共催、酒津漁協婦人部後援）<br>　講演会<br>　「原子力発電の虚像と実像」<br>　　講師：九州大学工学部　平井　孝治 氏<br>　　　　（気高町浜村たつもと旅館にて）<br>　開催に先立ち郡内全戸にちらしを配布し、参加をよびかける。<br>9月19日～10月17日<br>　県婦人新聞に平井孝治氏の講演記録を4回シリーズで掲載。<br>10月24日<br>　原子力発電を考える気高町民の会（準）<br>　気高町中央公民館にて、会員多数参加。<br>11月28日<br>　気高郡連合婦人会大会で申し合わせ<br>　「子孫に禍いをのこす長尾鼻原発建設計画に反対する運動を根気よく続けよう」<br>12月2日<br>　省資源県民運動県大会の「天然資源を汚染から守る」の分科会で、「原発」を問題提起（気高・山崎）。<br>・『原子力の経済力』『核よ驕るなかれ』『ルポ原発列島』『われわれは原発と共存できるか』などの書物を役員有志情報交換しながら各自購読、学習。 | 6月25日<br>　東部地評『誇りの海』上演。<br>7月24日～26日<br>　県内反原発市民グループ<br>　青谷で第1回反原発合同合宿。<br>10月21日<br>　日本海新聞に<br>　「地元の理解得られれば鳥取県にも原発、電力懇談会で中電副社長ら表明」<br>10月24日<br>　県内反原発市民グループ<br>　長尾鼻で第1回反原発風船あげ。<br>10月25日<br>　中国新聞に「中電第二原発、上関町（山口）が最有力に」<br>　上関での立地工作強まり、反対運動も起きる。<br>10月26日<br>　県内反原発市民グループ<br>　「反原発の日」の統一ビラまき |
| 1983年（昭和58年） | 2月20日<br>　気高郡連合婦人会の役員研修会<br>　講義<br>　「ふるさとを守るために」<br>　　講師：浜坂火力原子力発電所設置反対町民協議会<br>　　　　岡田　一衛 氏 | 2月26日～27日<br>　映画『原発はいま』上映。<br>4月24日<br>　上関町長選<br>　反原発派の向井氏惜敗。 |

|  | 気高郡連合婦人会の取り組み | 県内外のおもな動き |
|---|---|---|
| 1983年（昭和58年） | ・『経済評論別冊市民のエネルギー白書』『ウラルの核惨事』『ジョン・ウェインはなぜ死んだか』『反原発マップ』などの書籍を役員有志情報交換しながら各自購読学習。<br>3月26日<br>気高郡連合婦人会の代議員総会<br>原発設置に反対する運動を推進することを確認し、運動費用を予算に計上。<br>4月29日<br>県内反原発市民グループ<br>第2回反原発風船あげに郡婦連の会員参加。<br>10月22日<br>講演・記録集『原発のないふるさとを』（第1版）を出版。<br>10月23日<br>気高郡連合婦人会主催<br>講演会<br>「生命をおびやかす原子力発電」<br>　講師：埼玉大学教授　市川　定夫　氏<br>　　（気高町中央公民館にて）<br>気高町連合婦人会が共催。青谷では青谷原発設置反対の会の主催で青谷町連合婦人会が後援。 | 4月29日<br>第2回反原発風船あげ。<br>5月13日～14日<br>島根原発2号炉2次ヒアリング<br>反対派初参加の「島根方式」論議呼ぶ。<br>7月23日～25日<br>第2回反原発合同合宿。<br>8月21日～22日<br>広島で中国地方反原発・反火電等住民運動市民運動連絡会議結成大会<br>鳥取からも反原発市民グループ参加。<br>8月27日～28日<br>京都で反原発全国集会<br>県内の反原発市民グループ多数参加。 |
| 1984年（昭和59年） | ・『遺伝学と核時代』『恐怖の2時間18分』などの書物を役員有志情報交換しながら購読学習。<br>4月5日<br>講演・記録集『原発のないふるさとを』（第2版）を出版。<br>5月26日<br>婦人の10年推進鳥取県協議会主催<br>講演会<br>「核はここまで来ている」<br>　講師：プルトニウム研究会<br>　　　　　高木　仁三郎　氏<br>　　（農協中央会倉吉事務所にて）<br>に郡婦連会員も参加。<br>5月27日<br>第3回反原発風船あげに、郡婦連も実行委メンバーとして参加。<br>10月24日<br>和光大学教授生越忠氏の長尾鼻の地盤調査に関する記者会見に、村上郡婦連会長も同席。 | 3月25日<br>青谷原発設置反対の会が結成3周年を記念して講演会<br>「地震にもろい現代」<br>　講師：鳥取大学助教授　西田　良平　氏<br>　　（青谷町中央公民館にて）<br>4月29日～30日<br>岡山県・奥津町で中国地方反原発・反火電等住民運動市民運動連絡会議。<br>5月27日<br>第3回反原発風船あげ。<br>6月29日<br>上関町議会が原発立地事前調査の請願を採択。<br>7月28日～29日<br>第3回反原発合同合宿。<br>8月18日～19日<br>高教組主催、講演会<br>「いのちをおびやかす原子力発電」<br>　講師：埼玉大学教授<br>　　　　　市川　定夫　氏（倉吉と鳥取で） |

|  | 気高郡連合婦人会の取り組み | 県内外のおもな動き |
| --- | --- | --- |
| 1984年（昭和59年） | 10月28日<br>　郡婦連主催<br>　講演会<br>　「積木細工の上の原発計画」<br>　　講師：生越　忠　氏<br>　　　　（気高町老人福祉センターにて）<br>12月4日<br>日本海テレビに科学技術庁企画の原発推進番組「見城美枝子のエネルギー・フューチャー」の放送中止申し入れ。抗議の9団体に郡婦連も参加。 | 8月25日<br>ベルギー沖でウランを積んだ仏貨物船沈ぼつ。<br>10月3日〜5日<br>和光大学教授生越忠氏が長尾鼻で地盤調査。<br>10・25〜28県下5会場で連続講演。<br>10月15日<br>上関町長が原発立地事前調査を中電に申し入れ。<br>12月初旬<br>上関町で中電がボーリング調査開始。 |
| 1985年（昭和60年） | 1月11日<br>日本海テレビに「ケント・ギルバード」の放送中止を再度申し入れ。抗議の11団体に郡婦連も参加。<br>日本海テレビは1・12放映強行、直ちに抗議声明。 | 1月26日〜27日<br>上関町で中国地方反原発・反火電等住民運動市民運動連絡会議が反原発集中行動と交流会。<br>鳥取からも反原発市民グループ参加。 |

# 参考資料一覧

- 緑の会『原子力発電とはなにか』『東京に原発を』(野草社＝新泉社発売)
- 小野周監修『原発はなぜこわいか』(高文研)
- 久米三四郎『原子力発電は安全か』(日本消費者連盟)
- 市川定夫『放射能は微量でもあぶない』(日本消費者連盟)
- 槌田敦『石油と原子力に未来はあるか』(亜紀書房)『石油文明の次は何か』(農文協)
  『資源物理学』(NHKブックス)
- 室田武『原子力の経済力』(日本評論社)「原子力発電の経済性を問う」(『原子力工業』1981年9月)
- 中尾ハジメ『スリーマイル島』(野草社＝新泉社発売)
- 西尾漠編『反原発マップ』(五月社)
- 西尾漠『原発・最後の賭け』(アンヴィエル)
- 安齋育郎編『図説・原子力読本』(合同出版)
- 安齋育郎『原発と環境』(ダイヤモンド社)
- 飯島宗一『広島・長崎でなにが起ったのか』(岩波ブックレット)
- 荒畑寒村『谷中村滅亡史』(新泉社)
- 宇宙はてない社『げんぱつのえほん③てんごくのおきゃくさま』『おひさまの会』No.1
- 自主講座原子力グループ『原子力発電ここが問題だ』『太平洋を核のゴミ捨て場にするな』
  『再処理工場ここが問題だ』『つくるな！第2再処理工場』
- 反公害輸出通報センター『公害を逃すな！』(1982年10月号)
- 原子力資料情報室『原発黒書』
- 現代の差別と汚染を考える教育労働者の会『反核だから反原発』
- 新潟県高教組『悪魔の火を消そう！』
- あげな原発いらんばい！福岡の会『原発と電気料金』
- 原子力はごめんだ！関西連絡会『熊取原子炉を許さない府民の会』
- 島根原発公害対策会議他『原発』
- 鳥取県総評『原子力発電反対闘争のために』(第3版)
- 反原発新聞鳥取支局『もし長尾鼻に原発が来たら・・・』
- 日本はこれでいいのか市民連合『私達はどのような危険な状態にいるのか』

　この講演・記録集に挿入した写真の一部は新日本海新聞社、山陰中央新報社、反原発新聞鳥取支局から提供を受けました。また、他の写真・カット・図表は、以下の単行本・論文・パンフレットから勝手ながらコピーにて利用させていただきました。この場を借りて感謝申し上げます。

## 新版
## 編　集　後　記

　1983年10月22日、気高郡連合婦人会が講義・記録集『原発のないふるさとを』を、出版しましたところ、県内の新聞はもとより、全国の新聞に紹介されて、その反響の大きさに、私たち自身面喰らう思いでした。

　北海道・青森・新潟・石川・福井・兵庫・山口などの各県の、いずれも原発に狙われている所から、本の注文が殺到しました。また、10年・15年の歳月をたたかっている人たちから、資料や手記も寄せられてきました。

　経済大国の繁栄の蔭にしわよせられた、全国各地の過疎地の住民が、さらに「原発」という重い課題を背負わせられている現実を、改めて実感し、強い衝撃を覚えました。

　「これ以上、日本の何処にも原発を建てさせないために、ガンバッテ下さい。私たちもガンバリます」――各地の反原発運動の人たちと、メッセージを交しながら、私たちのところの運動が、まだ序の口であることを、痛感しています。　　　　　　　　　　　（村上　小枝）

　講演とか討議とかを聴いてそれを原稿にしていく過程の中で、いちばん労力を使うのは何といっても〝テープ起こし〟です。講師の「話し言葉」をそのまま録音したものを、一言一句、間違いなくノートに聴き写していく丹念な作業です。これがきっちり出来てはじめて、スペースにあわせて、どこをどう省き、どこをどう詳しく原稿に書きこむかがきまります。

　幾度も幾度も、テープを巻いたり戻したりしながら書き進んでいく孤独なその作業は、毎晩、深夜に及びます。1時間半の講義を「起こす」のに、一介の主婦に過ぎない私では7日～10日もかかります。時として、どんなにしても聴き取れない言葉があったり、そうした場合に限って自分のメモも取れていなかったりして、この苦しさは経験した者でなければ分って頂けないでしょう。

　しかし今回の『原発のないふるさとを』を出版するに当って、私にはそうしたテープ起こしの作業が全然、負担に思えないばかりか、むしろ愉しくさえありました。反原発運動の小さな力の一つになり得たら――という思いが、私をそうさせたのだと思います。

　　　　　　　　　　　　　　　　　　　　　　　　　　　　　　　（小泉　澄子）

---

**原発のないふるさとを**

発　　　行　1983年10月22日（第1版）
　　　　　　1984年4月5日（第2版）
　　　　　　1985年2月15日（第3版）
編集・発行　鳥取県気高郡連合婦人会

人間自然科学研究所刊
『太陽の国 IZUMO』より

資料2

# 日本の改革は司法改革から

中坊　公平　著

〈第3部〉著者略歴

## 中坊　公平 （なかぼう　こうへい）

昭和4（1929）年生～平成25（2013）年没。京都市生まれ。京都大学法学部卒。元日弁連会長。新しい日本をつくる国民会議特別顧問。菊池寛賞受賞者。森永ヒ素ミルク中毒事件、豊田商事事件、豊島産廃不法投棄事件など多くの事件に関わり活躍した。住宅金融債権機構、整理回収機構の社長を歴任。司法制度改革審議会に参加し、法科大学院や裁判員制度の導入に尽力。マスコミからは、「平成の鬼平」とも呼ばれた。

## 私の司法改革

### 金権弁護士を法で縛れ

中坊　公平（弁護士）

特権の上にあぐらをかき、口先だけで人権擁護を叫ぶ独善集団。
まず弁護士改革なくして司法改革はありえない。

　私はこの8月、3年間務めた住管機構（住宅金融債権管理機構。今年4月より整理回収機構）の社長を退任し、今は大阪で一人の弁護士としての活動に戻っております。
　私も今年70歳。本来ならば「平成の鬼平」という名誉あるあだ名も返上して、孫に屈まれ隠居生活といきたいところですが、私にはまだ、やり残したことがある。それが「司法改革」です。私はこれに、残された弁護士人生を賭けるつもりでおります。
　「司法改革」といわれてもみなさんにすぐにぴんとこないかもしれません。同じ改革でも、政治改革や行政改革に比べるとマスコミの扱いも地味です。政治のここがいかん、行政はこうあらねばという問題意識は多くの人が共有していると思いますが、司法のどこに問題があり、どう改めるべきなのか、あまり興味をもたれていないのが現状です。しかし私は、司法のあり方を正すことこそが、日本にとって今もっとも大事なことだと思っています。司法改革抜きにして、21世紀の日本像は描けないのです。
　まずは、私が近年関わった裁判の中で特に印象深かった1件をお話ししましょう。
　平成2年9月、大阪・新地の小さなスタンドバーの入っている木造の建物が原因不明の火災で焼けました。家主は、建物が焼失（焼失といっても焼けたのは全部ではありません）してしまったのだから賃貸契約そのものが成り立たなくなる、とバーのママに対し賃借部分の明け渡しを求める裁判を起こした。私がそのバーに20年来通っていた縁から、うちの事務所の若い弁護士が裁判を担当することになったのですが、1審では賃借した建物そのものがなくなったと見なされて敗訴してしまう。私はこれじゃいかんと、同じく常連だった何人かの年寄り弁護士たちに声をかけ弁護団を結成しました。言うなれば「たそがれ弁護団」ですな。
　1審判決はママさんに対し、火事が起きて以降の家賃を払った上で立ち退きなさい、という苛烈なものでした。しかしママさんは昭和40年に賃貸契約を結んだ時に数百万円の権利金を払い、以来何十年も店だけを生きるよすがとして、60歳をこえるその年まで頑張ってきたわけです。店を奪われたら彼女は路頭に迷うしかありません。しかも火事自体、不審火の疑いが残る。当時は地上げ目的の放火を請け負う「焼き屋」なる人々がいて、手口としてはネズミにガソリンをかけ、火をつけて建物に飛び込ませたりしたそうですがね。まあ証拠は残りません。いずれにしても釈然としない火事でした。
　そんな背景に配慮をしめすことなく、裁判所は立ち退き料も何もなくただママに出ていきなさいという。一方大家は店子を全部追い出したので建物を取り壊し、土地を売り払って莫大な利益を得ることができる。もちろん火災保険もおりる。1審判決はそんな不条理を権力の名において許すものだったのです。
　しかしそれで、世間は納得しますか。あまりに市民感情とかけ離れた判決ですよ。だからわれわれたそがれ弁護団は、大石内蔵助になった気持ちでご公儀に弱者の論理を訴えようと思った。こんなこと言ったらなんですけれど、皆年寄りですから今さら裁判所によく思われよう、なんて色気もない。「老人力」を発揮できる立場にいたわけです。

私は控訴審で大阪高裁に提出した意見陳述書の中で、次のように訴えました。
「私は正直言いまして、1審判決を前にした時に体が震えるような怒りを覚えました。余りにも非情な判決ではないかと。（略）建物が火災にあったとき、ママは自宅でスヤスヤ寝ていたのです。もちろん火災に遭うことに何の過失もありません。このように全く罪のない者が、事実上死を意味するような罰を、権力の名において、判決において受けなければならない。はたしてこれが、本当に司法を実質的に考えたときに許されることでしょうか。私は決してそうではないと信じるのであります。（略）確かにこの事件は小さな事件であります。しかしそこで今問われているのは司法の信頼であり、司法のいう正義が問われているのだと思っております（後略）
　果たして大阪高裁は我々に逆転勝利の判決を下し、今年、最高裁もそれを支持してくれました。
　それでも私は、1審判決を読んだ時の怒りが今もおさまっていない。単に「いや、不運でしたな」で片付けられていいことと、それ以上のものがある場合の見極めが、裁判所と市民感情とであまりに乖離していると思うのです。「市民の、市民による、市民のための司法」であらねばならんのに、裁判所が市民感情を持ち合わせていないのでは話になりません。私はその原因に、今の司法制度そのものを見るのです。
　しかし責められるべきは裁判所だけではない。私たち弁護士にまず問題があるのです。

**弁護士は自らの仕事のパイを広げよ**
　私は常々、弁護士改革こそ司法改革の登山口だ、と訴えています。それは弁護士がわが国の法曹人口2万人の九割ちかく（弁護士1万7千人、裁判官2千人、検察官千人）を占めていることももちろんありますが、弁護士が市民と司法とを結ぶ接点、司法全体を富士山とすれば裾野の存在だからです。弁護士のあり方は司法のあり方を決定的に規定します。弁護士改革なくしては裁判を市民の側に引き戻すことはできない。そして私は、おのれが弁護士であるからこそ、今の弁護士のあり方に大いに疑問を抱いているし、自己批判をしなけりゃならんと思っています。
　この7月に、内閣直属の機関として「司法制度改革審議会」がスタートしました。その目的は設置法に謳われている通り、まさに「21世紀の社会で司法が果たすべき役割を明らかにする」ことであり、私も委員の一人として名を連ねています。10月に開かれた4回目の会合で私が述べたこととあわせて、私の弁護士改革のビジョンを申し上げましょう。
　弁護士は何かにつけて自らの存在を「在野法曹」と定義します。確かに少なくとも裁判所や検察と比べたら権力者ではないし、その存在基盤は市民の側に置かれていると言えるのかもしれない。しかし「在野法曹」なる言葉が観念的なお題目に陥っていて、本音の部分では官の側、権力の側に振れてはいないか。つまり「お大師様の前の土産物屋」と揶揄されるように、裁判所の前に店を構え、立ち寄るお客だけをあてにする存在になり下がっているきらいがあるのです。また、口では人権、人権と言いながら腹の中では金儲け主義に陥っている弁護士が多くいるのも事実です。
　弁護士は法律事務の独占を認められています。そして弁護士会の自治もまた、保障されている。しかしその特権に見合うだけの役割を果たしているでしょうか。
　まず、弁護士自身の情報をちゃんと市民に向けて発信すべきでしょう。例えば私は、弁護士会の構成員、つまり弁護士個人個人がどういう分野を得意としていて、弁護士仲間からどんな評価を受けているかなどを、市民にはっきりと

提示するべきだと考えます。A弁護士は不動産関係に強く、Bは離婚訴訟の経験が豊富だ、というように。またCは非行が多いとか、依頼者からの苦情が多いなどと。

報酬についての情報もしかりです。私は平成２年から４年にかけて日弁連（日本弁護士連合会）の会長を務めていた時に、市民委員を招いて弁護士の報酬の透明化を推進しました。それまで着手金、成功報酬、相談料などの報酬規定は弁護士会が作っていた。しかし仕事を独占した上で報酬も自分たちで決めるということで、いったい世間に対して説得力をもちますか。

また、一部の弁護士は、法曹人口を増やすことに抵抗してきました。国民７千人につき弁護士が１人、という我が国の現状はいくらなんでもひどい。もちろん裁判官も検察官も足らない。私は、一説に弁護士が百万人いるともいわれるアメリカが適切かどうかはともかく、法曹人口３万人のフランスは参考になると考えています。総人口がフランスの倍の日本だったら６万人、つまり今の３倍という計算になります。私の日弁連会長当時に年間の司法試験合格者は５百人になり、その後７百人、近々千人になります。徐々に増えてきてはいますが、それでも充分な数の弁護士を得るまでの道程は遠い。

依然として弁護士人口が増えることに強い懸念を抱いている弁護士たちの論理は、私からみれば、今我々が飯を食えているからこそ弁護士法１条に謳われた「基本的人権を擁護し、社会正義を実現する」という使命に力を傾けることができる、弁護士人口が増えて１人当たりのパイが減ったらその余裕もなくなるではないか、というものです。

しかし私に言わせれば、そんな発想では到底来世紀の弁護士像は描けない。小さいパイにたくさんたかると分け前が減る、なんてケチ臭いこと言わないで、パイを大きくする方法を今考えるべきではないか。そしてその方法とは、弁護士が積極的に社会的活動の場に出ていくことであり、また公益的な職務へ目を向けることだと私は思います。今あるパイを仲間内で仲よく分けあって腹を満たしているままでは、弁護士はやがて独善の集団に陥るしかない。

弁護士が積極的に社会に飛び込んで、そこに活動の場を求めていきやすくするために、私は弁護士法30条（兼職及び営業等の制限）の改正を訴えています。今の法律では、弁護士は議員以外の公職にはほとんど就けないし、国立大学の先生にもなれない。これでは社会的活動といってもおのずから限界がある。

私は、弁護士はもっと社会の中で「使える」存在だと思うのです。自分で言うのは口幅ったいですが、私程度でも住管機構という株式会社の社長として、退任する直前の今年６月には毎日40億のお金を回収していた。しかも公正で透明な手続きによってです。国民に２次負担をかけないために住専法の改正を提案し、それについて国会の大蔵委員会に出向いて答弁もしてきた。言葉だけじゃなく、弁護士はこんなことができるぞと、行動でもって示してきたつもりです。

## 法曹一元と陪審制の意義

弁護士法１条の１項には「弁護士は、基本的人権を擁護し、社会正義を実現することを使命とする」とあります。その２項では「弁護士は、前項の使命に基き、誠実にその職務を行い、社会秩序の維持及び法律制度の改善に努力しなければならない」としています。私はこの「職務」とは単に受任事件を処理することではなく、具体的に地域社会の法的需要にこたえ、その利益のために奉仕することを含むものと理解しています。この趣旨を明確にするために、必要ならば同項の改正も考えてよいと思います。

この公益への奉仕とは、具体的には当番弁護士、国選弁護人などの人権擁護活動や、法律相

談などのプロ・ボノ（無料奉仕）活動などを指します。そしてもちろん、弁護士の裁判官への任官もそこに含まれる。すなわち裁判官を弁護士経験者などから選任する、いわゆる「法曹一元」の実現です。

法曹一元は司法改革において最も古く、そして新しい課題です。現在の裁判所は中央集権型の官僚組織であり、地域社会に基盤をもっていない。裁判官はその土地その土地にしっかりと根をおろすことのないまま、数年ごとに各地への転勤を繰り返す。それはユーザーたる市民に顔を向け、地域社会のために裁判を行うにはおよそ似つかわしくない制度です。ましてや裁判官が官僚組織中央の意向をうかがい、自分の昇進に気を使うようになっては、裁判の独立は揺らぎ、裁判官の良識は市民感情からかけ離れ、またぞろ変な判決が出てきかねない。

その点で法曹一元は、裁判官の非官僚制を保ち、また弁護士の公益的職務への参加の１つの手段にもなるという、一挙両得の制度なのです。しかしこれには最高裁の根強い反対がある。ピラミッド形の中央集権、そして司法研修所を出たばかりの若者を判事補からじっくり育てていくキャリアシステムが確立されている今の形を壊したくないということなんでしょうが、私はなんとしても実現するべきだと思っています。

「裁判に時間がかかりすぎる」との声があります。私に言わせれば複合汚染です。裁判官や弁護士の数が不足していることに加え、審理の仕方に問題がある、制度不備もある、といった具合に。弁護士のほうでも、集中審理ができる事務所態勢や、仕事の仕方の変革が必要です。そうしないと審理の充実どころか、陳述書に頼って証人の数を制限したり、尋問時間を極端に制限したりと、促進に偏った審理を横行させることになります。審理は形骸化し、当事者にも傍聴者にも、法廷で何をしているのかさっぱり分からない裁判になる。

それに、日本でも陪審制度を導入したあかつきには、刑事事件でも民事事件でも、短期間で結論を出すために集中審理でやらなければならないのです。法廷において陪審員が理解できるように、充実した弁論や証人調べが必要ですが、もちろん私は、迅速と適正のために、証拠開示などの制度改革も必須だと前々から考えていました。

陪審制は、市民と司法との間の距離を縮めるため、また裁判所の判決を市民の良識に沿ったものにするために非常に有効な手段です。現在の裁判の大きな穴は、証拠から事実を認定する際に、ただ裁判官の自由心証にのみ拠っているところにあります。判決が10あれば10、集められた証拠を総合して判断するにこれこれの事実が認定できる、それに反する証拠は採用しない、そう書いています。今やその形以外の判決にはまずお目にかかれない。

そうやって認定した事実の上に立って法律を適用する作業があるわけですが、その、一番重要な、証拠から事実を認定する過程は最後まで裁判官の頭の中にしまい込まれたまま。もちろん彼らは良心に従ってやってはいるでしょう。でも法律の専門家であることと、正しい事実認定ができることとは、本来何の関係もないのです。一般社会での経験に乏しい、難しい司法試験に受かったというだけの彼らの判断が、果たして市民にとって全面的に信頼するに足るものだと断言できるでしょうか。

法律の素人でも、ある事実があったかどうかの判定はできるはずです。この証人は嘘言うとるなとか、これはほんまのこっちゃとか、むしろ素人の方が分かるとさえ言えるんじゃないですか。アメリカでは被告の人権と陪審員の人種構成との関係が評決に影響を与えるのではないか、と長く問題になってきましたが、それでも陪審制を頑として守ってきた背景には、まさに

その市民の判断への信頼が根底にある。ところが日本では万事につけお上依存でしょう。判事様が決めたことだからしゃあない、と。それではいつまでたっても司法が市民のものにはならないのです。

アメリカでは、被告人が無罪を主張する場合に陪審法廷を開催し、有罪を認める場合には、早期に刑をどのようなものにするかの手続きに移行する制度になっていると聞き及びます。仮にこのような制度を我が国でも導入するとしたら、被告人が正しい選択を行うため、当然、弁護人による助言が不可欠です。それには全国津々浦々で弁護士が活動しなければならない。過疎地での活動が経済的に困難であれば、弁護士会や公の支援で、公的な事務所を作って、その活動を確保しなければならない。こうした公的な事務所に、使命感を持った弁護士が大勢いることが大事ですね。

法律扶助制度や法律相談にしても、全ての弁護士が担うとともに、公的な事務所を作ってその活動を支えていくことが必要でしょう。

今の弁護士の中で、どれだけ多くの人がこうした公益的な活動に意義を見出すか。私は、これは義務化してでもやってもらわなければならんと思っています。

**弁護士になってはいけない者たち**

弁護士という職業はある特性ゆえ、非常に高い基準での自己規制が要求されます。その特性とはお医者さんやお坊さんと同じで、ありていに言えば人の不幸を飯のタネにしているということです。お医者さんは人の病気、お坊さんは人の死、そして弁護士は人のトラブルを金に換えることで職業として成り立っている。我々のお客さんはハナから弱みを抱え、「先生、助けてください」とやって来るのだから、依頼者と被依頼者が対等の関係にはなりにくい。つまり弁護士がその弱みにつけ込んでお金儲けに走ろうと思えばできる、という危険性を常に孕んでいるわけです。

だから私は、弁護士はプロフェッショナルでなければいけないと考えています。決してビジネスオンリーの職業であってはならない。報酬もお布施、つまり依頼者の感謝の意の表明であると考えるべきです。そう言うと弁護士だって霞を食って生きているわけじゃない、きれいごとを言うなと反発されそうですが、私は自分の経験からして弁護士はお布施で、充分飯を食っていけると思う。金は追い求めるから逃げるんであって、無欲でやっていればいろいろな形でお布施はあるのですよ。

あとで述べますが私が森永訴訟の弁護団長を無報酬で引き受けた時、大企業と国を相手に回してこんな大々的な裁判を闘ったら、アカ弁護士のレッテルを貼られ、今後の企業相手の仕事に差し支えるかも知れへんなとちょっとためらった。でも実際には顧問先は2、3軒減っただけで、ほとんどは残っていただいた。

今ではあまり言われなくなってしまったようですが、かつて医者や学校の先生は聖職とされていました。同じように私は、弁護士もまた聖職であれと言いたい。もちろんそれは聖職であることからくる責任を自覚し、それにふさわしく我が身を律せよ、ということです。聖職だから社会に対してふんぞり返る、という意味では決してありません。

司法修習生を見ていると、時に暗澹たる思いに駆られることがあります。たかだか司法試験に受かっただけの彼らが、「公共的使命を腹の底から考えている弁護士などいるはずがない」と決めてかかっているのです。全部そうだとは思いたくないんですが、お金万能主義の風潮が修習生に染みついてしまっているのでしょうか。

それではダメなんです。私は国民の一人として、そんな人には司法に関わってもらいたくないと思う。社会の片隅にまで法による正義を行

き渡らせるために貢献する気概と情熱を持った人を、一人でも多く法曹に迎えることは、未来に対する私たちの責任なのです。

　ではどうすべきか。病根は深いと見ています。司法試験に合格してからでは遅い。その前の法曹を志す段階が重要です。そこの段階で法曹の責務や使命とは何かをじっくり考えてもらって、公的な役割を果たす気持ちのない人はやめてもらうべきです。私が、大学での教育の再評価とその役割の再構築を軸として、法曹養成のあり方を根本的に変えなければいけないと主張するのは、そういう思いからです。

　また、中には俺はたくさん金を稼ぎたいから難しい司法試験に挑み、弁護士になるんだ、それのどこが悪いという人もいるかもしれない。でも私はそういう弁護士を否定する。人の不幸に関与する職業からは、金だけを目的にする人間を排除しなければならないと考えるのです。

　と、今でこそ信念をもって言えますが、昔、そう30年くらい前までは私もいわゆるビジネス弁護士でした。法廷技術には自信があって裁判もあまり負けないし、お金もぎょうさん儲かった。昭和45年には、戦後最年少の40歳で大阪弁護士会の副会長にもなった。まあ、私が一番有頂天になっていた時代です。

　その高くなった鼻をいっぺんにへし折られ、また裁判で勝つだけではない、ましてや金ではない弁護士という職業のもつ幸福に気づかされたのは、昭和48年に就任した森永砒素ミルク中毒事件の被害者弁護団長の経験を通じてでした。今の私に至る原体験であり、そして法とは、裁判とは何なのか、に改めて思いを致すことになる、いわば「遅く来た青春時代」だった。

**森永訴訟で私が学んだこと**
　この裁判は、砒素化合物の入ったミルクが飲んだがために、20年近くも後遺症に苦しんできた被害者とその家族が、企業と国に損害賠償を求めたものです。私は被害者のお宅を1軒1軒訪ね歩く過程で、企業や国を批判したり、他者に救いを求めるより、「母乳の出ない女が母親になるべきではなかったんです……」とひたすら自分を責めることで、納得という救済を得ようとする被害者の母親たちの存在を知った。

　なぜ被害者の母親がいわれなき自責の念にかられなければならないのか。それは世間が冷たいからですよ。僕ら弁護団が損害賠償の請求額を1人当たり一律1千万円とした時、被害者の会から1千万円は多過ぎる、千円にしてくれという声が上がった。世間様から、不幸に乗じて金儲けしようとしている、と見られるのがたまらんというわけです。この構図は昭和60年、豊田商事の破産管財人を引き受けた時にも見られた。被害者たちは詐欺商法に引っ掛かっただけじゃなく、世間から、欲ボケじじいと欲ボケばばあの末路だ、という心ない声が浴びせられる。2重の苦しみを負ってしまうのです。

　我々森永訴訟の弁護団は、もちろん裁判に勝ち、被告の法的責任を明らかにしたいと思って活動しました。しかし被害者の方々にとって責任の所在うんぬんという形式より重要なのは、やはり恒久的な救済策であり、しかもそれを早急に実現することだった。やがて、法廷での我々の主張と、法定外での被害者たちの思いがかみ合わなくなってきました。そして私は、より明確な責任の追及を求めていきり立つ弁護団の若い弁護士たちと、弁護団への不信感を募らせる被害者の会との間で板挟みにあいノイローゼになり、本当に苦しんだ。ご飯を口に入れてもそれが途端に砂に変わるような気がし、全く喉を通らずブワッと吐き出してしまう。駅のホームに立っていて、入ってくる列車にスーッと飛び込みたくなる衝動にかられもした。まさに極限まで追い込まれたのです。

　ちょうどその頃、大阪空港騒音公害訴訟の最終口頭弁論に、応援弁論をしに行く機会があり

ました。そこで弁護団長の木村保男さんが分厚い最終準備書面を指して言った言葉を私は終生忘れないでしょう。「裁判長、この最終準備書面には私たちの命が込められているのです。」私はそれを聞いて本当に泣けた。涙が止まらなかった。木村さんも私も、それぞれの事件に命をかけて取り組んでいること、そしてそれは単に裁判で勝つより、金儲けをするより、はるか高い次元にある弁護士という職業のもつ幸福なのだ、ということを実感できたのです。

弁護士は、依頼者との関わりにおいて常に一線を画し、第三者として適切なアドバイスをする立場であるべきだ、というのが一般的な考え方です。それは確かに一面の真理だと思う。しかし依頼者と同じ目線でものを見、同じ心情に浸って彼らの気持ちを理解しなければ、真の弁護活動はできないのではないか、と私は森永訴訟をはじめとする現場経験を通して痛感します。そしてつとに指摘されているように、法の支配が確立される社会には、依頼者の権利のために精力的に活動する独立した弁護士の存在が不可欠なのです。

しかし依頼者の権利のためには何をやってもよいということではない。少なくとも弁護士の自律的な行為規範の問題としていえば、どこかで一線を引かなければならないこともまた事実。弁護士とは常にそのジレンマを抱え、してよいこといけないことを厳密に精査しながら行動すべき職業であることを、深く肝に銘じなければならないと思います。

さて、私なりの弁護士のあるべき姿をお話ししました。弁護士改革を登山口とし、21世紀の司法は変わっていかなければなりません。現在の司法制度は金属疲労を起こして久しい。長すぎる裁判もそう、市民と縁遠い存在になってしまったこともそうです。

そもそも司法は、社会の中で本来どういう役割を果たすべきか。私はそれは船で言えばアンカー（錨）の役割だと思っています。民主主義は時として熱狂や暴走を引き起こす。だからそれを防ぐ仕組みがビルトインされなければならない。司法は民主主義社会の安定装置なのです。立法や行政からはやや引いた立場で、社会を合理的に運営し、安定させることができるのです。

加えて、社会を透明化させる作用があります。法廷という公開の場で、一つの基準、すなわち法律に基づいて審理をし、判決を導き出すという司法の仕組みは、その過程においても透明だし、結果として社会を洗浄して濁りを防ぎ、クリアーなものとすることができる。あれほど意味がない、意味がないと言われながら裁判の公開原則が貫かれている意義も、まさにそこにあります。

しかしながら今の日本社会は透明ではない。濁っていてすべてのプロセス、結果が見えにくい。それはかつて私が「２割司法」と表現したように、司法の機能が充分に働いていないからです。その中で行政だけがぬけぬけとおのれの意図を貫徹している、それが現代日本です。

今こそ司法は、その透明化作用、ディスクローズする力を発揮しなければならない。私は住管機構の社長に就任した時、これから毎月記者会見を開くと宣言しました。そうしたらお役人さんたちが、そんなこととんでもない、中坊さんおやめなさい、調子いい時はそれでもいいけど、不利な立場になったらどうするんですかと言う。でも私は、まずいことを隠すから国民は怒るんであって、ありのまま見せれば必ず納得してくれると考えていたのです。仮に旧住専七社の不良債権処理のため、国民に更なる負担をかける結果になったとしても。私の住管機構社長としての姿勢はまさに、ディスクローズの力に立脚したものだったのです。

### 裁判の本質は奈辺にあるのか

　私が今、公的に司法改革に関わっている舞台として、先程も述べた「司法制度改革審議会」があります。審議会の委員13人のうち、法曹関係者は3人だけです。広島高裁の長官をやっておられた藤田耕三さん、元名古屋高検検事長の水原敏博さん、それに私。あとは学者さんが数人と、経済界や諸団体などの、つまり民間の人。この人選は、今回の審議会の目指すものがまさに「利用する側からの司法改革」であるという理念に基づくものでしょう。

　昭和37年から2年間、今回と同じく内閣直属の「臨時司法制度調査会」が設けられ、法曹一元化が検討されたことがありました。しかしこの時のメンバーは裁判官、検察官、弁護士に国会議員。その議員もほとんどが弁護士出身だった。つまり当事者同士が利害の対立を抱えたままいたずらに議論を闘わせ、結局何も決まらないまま終わってしまったのです。

　昭和45年の裁判所法一部改正の際には「今後、司法制度の改正にあたっては、法曹三者（裁判所、法務省、弁護士会）の意見を一致させて実施するように努めなければならない」という附帯決議が行われました。つまり、司法に関することは法曹三者が合意した上で国会へ持ってこい、というわけです。

　これが、法律を作ることと法曹三者との関係を、妙な形で規定してしまった。司法は独立した存在だからみだりに立法権が介入するのはよくない、だからまず司法の枠内で法曹三者の合意があるべきだ、それはもっともなことではあるのですが、法曹三者の独善を許す趣旨のものではなかったはずです。当事者が互いの主張を唱えて譲らず、全く妥協点を見いださないという構図。結果として改革が先送りになってしまった。つまり法曹には自己改革能力が欠けていたと言わざるを得ません。

　その意味で今回、民間に比重を置いた審議会のメンバー構成としたこと自体は、私も大いにいいことだと思っています。

　しかしながら、法律の素人、あるいは現場をご存じでない方が大半を占める審議会においては、大きな落とし穴に陥る危険性があることも指摘しなければならない。つまり、ともすれば事務局主導型の審議会になってしまいかねない、ということです。

　審議会の事務局には最高裁、法務省、弁護士会に加え、大蔵省や文部省などから人が出ている。つまり法曹三者と官僚、というお定まりの構造になっているわけです。審議会の委員たちがそれぞれ利用者の声と言えば聞こえはいいが、思いつきの意見を尋ねられるがまま述べるにとどまり、最終的には法曹、官僚主導の結論に導かれてしまうのではないか、という危惧を私は抱いています。

　だからこそ私のような委員、素人ではなく、かつ自分の出身母体――私の場合は日弁連ですが――の利害から離れた立場でものを言える人間の存在価値は大いにあると思っています。スケジュールは全て審議会の日程を中心に組み、老骨を捧げるつもりです。

　裁判の本質とは何か。私はこれまでこの問いをいろんな立場の法曹にぶつけてきました。最高裁の判事に聞いたこともあります。しかし何だ青臭い質問を、と思われたのか知らないが、まともに答えてくれる人はあまりいなかった。たまに答えてくれた人があっても真実の発見だろう、などという。しかし私に言わせれば、真実なんて裁判においても結局のところ分かりはしないですよ。本当に殺したのか殺してないのかなんて、最終的には当人以外には絶対知り得ない。

　私は、数々の現場経験を踏まえ、裁判の本質は「納得」というところにあると思っています。真実を最終的に決定するものではないし、まして勝ち負けでもない。心に、体に傷を負った人

が判決をもらうことでどれだけ納得できるか、救われるか。つまるところ裁判の価値はその一点に収束すると思います。

　人を納得へ導く司法。そのために裁判官は市民の心と離れてはならないし、弁護士も自己変革していかなければならない。私は「Our Town, Our Count, Our Lawyers」（我々の町、我々の法廷、我々の法曹）という言葉が非常に好きなのですが、まさに市民が司法を「我々の」ものと思え、双方が同じ価値を共有できるようにすることこそが、司法改革の目的だと思っています。

　　　　　（『文藝春秋』平成11年12月号より）

〈提言〉
日中、信頼回復への道
（太陽の國IZUMOより）

平成10年2月19日、島根県八束郡鹿島町の恵曇漁港に中国からの「集団密航」がありました。

その中に、李雪梅さんという25歳の妊婦が含まれていました。出入国管理法違反（不法入国）の罪に問われた李さんは、日本に来たのは中国の人口抑制策の下では2人目の子供を出産できず、「第2子出産のための緊急避難だ」と主張。

7月22日、松江地方裁判所で1審判決があり、長門栄吉裁判官は検察側の懲役1年の求刑に対し、密入国行為は有罪としながらも「心情に値する」として刑の免除を言い渡し、松江地検が同判決を不服として控訴していた。

刑事裁判では同被告側は「被告や胎児の生命、身体に差し迫った危険があったための行為で、同情から結果を聞いた。併せて難民申請の更新手続きを取った。

難民認定は、国籍のある国で社会的、政治的に迫害される恐れがある外国人本人が出向いて直接確認することが条件。李被告はこれが、生活保護などの面で日本人と同じ待遇が受けられる保護制度。

法務省によると、日本への密航者が出産を理由に難民申請したのは初めて。入管によると、今年は8月末現在、全国で八十四件の申請に対し八件が認定された。しかし年間五十件から二百五十件程度の申請があった平成六年から昨年にかけて、毎年一件の認定にとどまり、厳しい審査結果が出ている。

日本で第二子を出産するため、二月に島根県鹿島町に集団で密入国したとして、一審で入管難民法違反罪ながらも刑を免除された中国人李雪梅被告（三七）が申請していた難民認定について、広島入国管理局は二十九日までに、中国で出産による迫害を裏付ける具体的な証拠がないとして、申請を不認定とした。同被告は合法的に国内に滞在できなくなり、入管に再審査を求め異議申し立てする意向を固めた。

同被告は、今後の仮放免申請の結果や控訴審に関係なく、八月三十一日に島根県内で出産し、十月末まで在留期限の切れる女児ともに強制退去させられる可能性もある。担当の水野彰子弁護士は「不認定の理由があいまいで納得しかねる」と不満を表した。

〈見出し〉
妊婦の難民申請認めず
鹿島の中国人集団密入国
広島入国管理局「迫害の裏付けなし」

（山陰中央新報　1998年9月30日付）

情は同情に値し、酌量すべき余地は大きい」と「刑免除」の判決を言い渡しました。李さんは、判決直後、出産を理由に広島入国管理局から1ヵ月間の仮放免の許可を得、島根県内の身元保証人に引き取られました。これに対し、松江地方検察庁は判決を不服として、8月1日、理由を明らかにしないまま控訴。

その後、8月31日、李さんは松江市立病院で女児を出産。女児は日本国籍は取れませんでした。

弁護士の水野彰子弁護士は、国に李さんの難民認定（国籍のある国で社会的・政治的に迫害される恐れがある外国人が生活保護などの面で日本人と同じ待遇が受けられる保護制度）を申請していました。しかし、9月29日、広島入国管理局（法務省）は申請を不認定としました。これにより、10月末で在留期限が切れ、女児ともに強制退去させられる可能性が出てきました。このため、李さんは10月1日、不認定に異議申し立てをしました。

強制送還の対象となった後も仮放免は認められていたため、李さんは島根県を出て、東京都内のボランティアグループの寮に身を寄せていました。その後、病気になり入院、女児を児童相談所に預けました。ところが、平成11年1月8日、病院で診察を受けた後、ボランティアの付添人に「外の空気を吸ってくる」と言い残したまま、「日本語も話せない、所持金もない」という状態で失踪。女児は児童相談所に預けられたままとなりました。毎月行う更新手続きの期日である1月20日になっても行方知れずで、28日には仮放免の期限も切れました。

2月15日、広島高裁松江支部（角田進裁判長）で、被告人不在のまま控訴審の初公判が行われました。その中で、弁護側は「この先の身の振り方に不安を抱き、将来を悲観した」と失踪の理由を説明、就労目的の逃走ではないことを強調しました。裁判は即日結審し、判決は4月26日の予定でしたが、4月19日、「判決を直接言い渡すべき被告人が不在」ということで、無期延期となりました。

戦前、中国に日本軍が侵攻、そして敗戦の混乱時に、大陸には多くの日本人「残留孤児」が残されました。当時の厳しい政情と衣食住が極度に欠乏する中、中国の人々は自分の子供と偽って日本人の孤児を育ててくださいました。また、官憲の皆様も日本人の子供と知りながら、それを公にされませんでした。「戦争中、中国で残虐な行為を働いた日本人の子供とわかれば、どんな迫害に遭うかわからない。また成長した後、正業に就くことも難しくなる」との思いから、中国人の子供として育てていただいたはずです。

このような歴史的経緯と、近年、地域レベルでも姉妹都市縁組み等たくさんの方々の努力と費用をかけ、官民あげて国際親善が推進されている現状を考えれば、衣食住の満ち足りた現在の島根県で誕生した女児のいる李雪梅さんに対して示した島根県司法当局（松江地検・裁判所・弁護士界）の対応は、国際親善に対するこれまでの努力を無にするものです。それにとどまらず、「人間としての基本的要件を備えていない」と言われても仕方がありません。

有罪か無罪か、刑の執行か免除かを論ずる以前に、日本の地で生を享けた女児の将来について思いをめぐらせたことがあったでしょうか。母親が法廷の場に立たされたということ自体が、その子にとって、中国に帰ろうと日本で生きようと、あるいは世界のどこで生活しようと「国を捨てた密航者の子供」というレッテルが生涯つきまとうことを意味します。また、その女児が将来出産する子供もまともな人生を歩むことが不可能になります。

憲法の根本的精神である「基本的人権の尊重」の意味を体得していれば、李雪梅さんを裁判にかけられないはずで、仮に起訴されたとし

ても、それを受理してはならず、弁護側も最初に「子供の将来を考えれば、この問題は法定で扱うべきではない」と主張すべきではなかったでしょうか。

特権意識だけ肥大化し、自分の発言や行為が相手や周囲そして国際関係にどのような影響を及ぼすか考えることもできない、人間性の欠落した人々の集団「島根県司法界」です。戦後の経済発展の過程でエコノミックマニアルといわれ世界で孤立化が進む中にあって、今回の対応により、国家の要である司法界の実態が全国・世界に発信されてしまいました。

このように司法界の言動が一般社会と乖離する要因はいろいろありますが、なかでも社会との接点である弁護士界に大きな問題があるように思われます。独占禁止法に違反した弁護料の協定料金制度、弁護士会に所属しなければ弁護活動が不可能な閉鎖性、徒弟制度としての「いそうろう弁護士制度」、一度資格を取れば一生審査がない「終身弁護士免許」。きわめつけは、島根県の弁護士会は、「非合法な利益供与」として、裁判所内に弁護士事務所「待合室」という私的利益の提供を受けているという事実です。

これらにより、司法界内部の癒着が進み、裁判制度が司法界に属する人達の権益と金儲けの道具になっているのが実態です。このため、裁判官、弁護士同士の馴れ合い体質を生み、かつ顧問弁護士制度を通じて政・官・財が癒着、社会を蝕む根源的理由となっています。

このような司法界の現状を放置すれば、島根県民・日本人全てが世界の人々に非人間的集団とみなされてしまいます。国民がこういうことを見過ごすことが戦争勃発の遠因となってきたことは歴史が示す通りです。世界唯一の平和憲法を持つ日本は、この点を最も重要視すべきではないでしょうか。

ここに、「国籍法を改正し、李雪梅さんの女児に日本で初めての２重国籍実現」を提言します。成人に達するまで２重国籍を認め、制約のない生活環境を保証すべきです。

成人に達した後、子供本人に国籍選択権を行使させるのが、基本的人権を標榜する国家の本来のあり方で、はないでしょうか。これを機会に、日本でも国籍について非論理的な「血統主義」から「出生地主義」へ転換・２重国籍実現を提唱いたします。

アメリカでは国内で生まれた子供はアメリカ国籍を取得できる「出生地主義」を取っています。これに対して「血統主義」の日本では、父親だと思われる人が外国籍の場合、日本国内で産まれた子供でも日本国籍を取得できません。最近、ドイツでは血統主義から出生地主義へ転換し２重国籍を認めようという議論が高まり、すでにフランスやベルギーでは帰化における２重国籍を容認しています。そんなことをすると、海外から膨大な数の人々が日本に押し寄せ、国内秩序が混乱すると危惧する人々がいます。

しかし、「出生地主義」への転換は、日系企業のアジアでの発展が急速に進み、食糧の70パーセント以上、エネルギーの95パーセントを輸入に依存、高齢化が進む日本が世界で生きていく上で必要不可欠ではないでしょうか。双方の文化を理解する人が日本国内に出現し「架け橋」として活躍するようになれば、最近世界的に話題になっている『文明の衝突』でハーバード大学のハンチントン教授が述べているような日本の孤立化と滅亡の回避につながります。

過去の歴史を踏まえることなく、「外国人が増えれば国内秩序が混乱する」ということばかりを強調するような、ものごとを長期的、多面的、根源根元的に考えることのできない不見識な人々や、たとえわかっていても自己保身から何も発言せず、行動にも移せない無責任な人々が、日本では司法界を筆頭に支配的な地位に就いています。その弊害が子供の問題をはじめ、

現在起きている深刻な社会問題の元凶になっているといっても過言ではありません。

第2次大戦中、ドイツの一般大衆は、時の政府がユダヤ人に対して残虐行為を働いていたことをそれとなく知っていたにもかかわらず、何も行動を起こさなかったことが、人類史上例のない大量虐殺につながったのは周知のことです。

同様のことは、日本でも起きました。戦前、支配的な地位にある人たちの不見識と無責任を国民が放置した結果、軍部の暴走を許し、経済的困窮に陥り、満州事変、第2次世界大戦へと突入、最近大きな問題になっている「731細菌部隊」に代表されるような非人間的な行為の末に、人類史上唯一の被爆国となってしまいました。

今を生きる日本人・島根県民の義務と責任において、この運動を進めることは、李雪梅さんの子供の未来への道を拓き、日中信頼回復、そして世界の中で信頼される国（小渕総理のめざしておられる「有徳国家」）への第1歩と確信します。法治国家である以上、社会改革は司法界から始まるしかありません。とめどなく不祥事が続くのは、今までこの部分にメスが入れられなかったからにほかなりません。

これを機会に新しい日本をつくるべく議論の輪を広げ、未来への道筋を見つけようではありませんか。世界的な激動期の今起ち上がらなければ手遅れになります。

※記名・無記名問いません。
　ご意見等を次のアドレスまでお願いします。
　asyura@green.hns.gr.jp
　──最大の加害者は最大の被害者である──

## 資料３

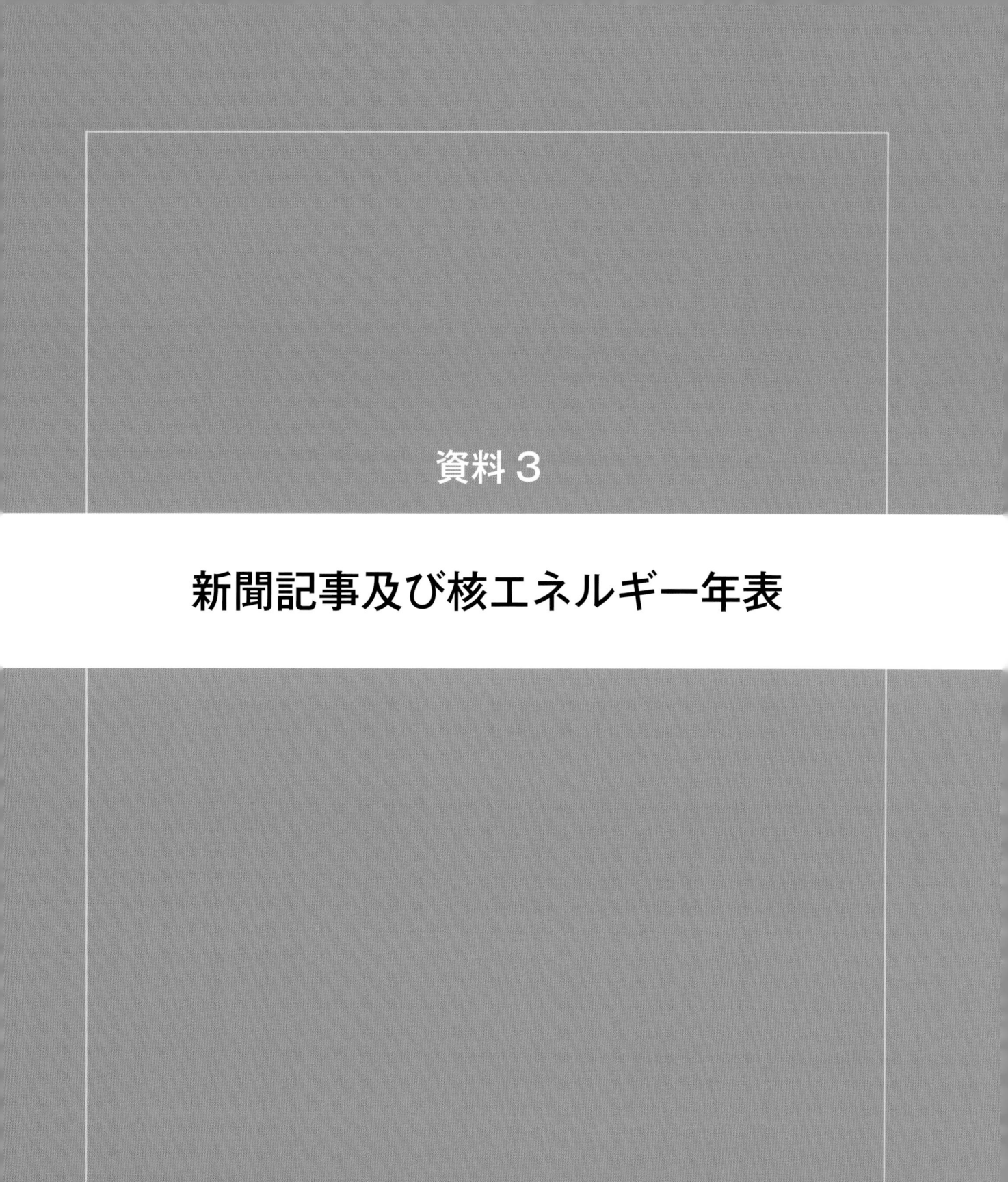

# 新聞記事及び核エネルギー年表

◆震災直後の福島民報寄贈　一般財団法人・人間自然科学研究所（松江市乃木福富町、小松電機産業内）がこのほど、東日本大震災の発生直後に発行された福島県の地元紙「福島民報」を、松江市西津田6丁目の市立中央図書館に寄贈した。

震災発生翌日の2011年3月12日から1カ月分の新聞で、福島で水管理システムを運用する小松電機産業社員が当時、現地を訪れた際に住民から譲り受けた。資料として活用してもらおうと、図書館に託した。

館内で寄贈式があり、津波が車や漁船を押し流す様子や原発事故が大きく扱われた紙面を、小松昭夫理事長が広げて披露した。

同館は11年6月15日以降の福島民報を所有しており、吉田紀子館長は「震災直後の情報も利用者に提供できる」と感謝した。求めに応じて館内で閲覧できるようにするという。

吉田紀子館長（左から2人目）らに、寄贈した福島民報を披露する小松昭夫理事長（中央）

（山陰中央新報　2015年4月15日付）

# 福島民報

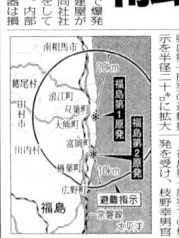

2011（平成23）年 3月13日 日曜日

## 福島第一原発で爆発

### 放射性物質 拡散か

### 東日本大震災 燃料一部溶融

### 県内死者・不明530人超

被害拡大、全国1700人上回る

### 格納容器 爆発でない 枝野官房長官

### 原発周辺 6万1千人避難指示

（福島民報　2011年3月13日付）

# 福島民報

2011（平成23）年 3月14日 月曜日

## 県民12万人避難

## 第一原発3号機も「炉心溶融」

### 東日本大震災 水素発生、爆発の恐れ

東日本大震災で、県は十三日、避難指示が出た東京電力福島第一原子力発電所から半径二十キロ内の避難対象者は約八万人で、周辺の地域で自主的に避難した人を含め約十二万人としたと発表した。一方、東電は、福島第一原発三号機の原子炉の冷却機能が失われたとして原子力災害対策特別措置法に基づく「緊急事態」を国に通報し、午前五時一五分に「炉心溶融」が起きているとみられる一二七〇人の見方を示した。

県によると、区域外にある公共施設などに十三日正午現在、三万三六九九人が避難を完了した。

県は問日、福島第一原発三号機により水素爆発が発生した場合、原発周辺の三本松市の職員らが被ばくしている可能性があると発表。周辺の皆さんに影響はない、と強調した。

### 県内死者・不明1400人超

### 宮城の死者「万人単位」

東日本大震災の三日目、発生から七十二時間を上回り死者が一気に増え、宮城県警は同日午後、県内の死者は「万人単位」になるとの見通しを示した。福島県内でも十三日夜までに死者・行方不明者が千四百人を超えた。

### 被ばく者111人に

### M9.0に修正、世界最大級

気象庁はマグニチュード（M）について、八・八から九・〇に世界観測史上最大級に修正した。

（福島民報 2011年3月14日付）

# 原発3号機も爆発

## 東日本大震災

## 2号機は空だき
### 福島第一 炉心溶融か

**福島民報** 2011（平成23）年 3月15日 火曜日

十四日午前十一時一分、大熊町の東京電力福島第一原子力発電所3号機が水素爆発し、東電によると、自衛隊員を含む十一人が負傷した。原子炉圧力容器や原子炉格納容器は健全だという。経済産業省原子力安全・保安院は発令から半径二十キロ内の住民約六百人に屋内退避を要請した。東電は同日、同原発2号機で冷却用海水注入のポンプの燃料が尽きて一時「空だき」になったと明らかにした。原子炉内の燃料が溶けた可能性があり、同日夜、「炉心溶融」の状態と判断した。原子炉建屋二階部分が破れた。

1号機も12日、3号機も十四日、水素爆発が起きており、2面に関連記事、2・5・7・12〜16面に関連記事

## 県内死者・不明2000人超
### 全国は5千人上回る

### 20キロ圏、屋内退避

### 危険レベルでない 長官

### 東北電力、計画停電へ

### きょうは実施せず

### 統一選延期で合意 3面記事

（福島民報 2011年3月15日付）

# 高濃度放射能漏れ

## 屋内退避 30キロに拡大
### 福島第一原発 2号機損傷、4号機爆発
### 東日本大震災

## 県内死者500人超す
### 全国死者・不明1万人

## 放射線量、極めて危険
### 3、4号機敷地内

## 静岡で震度6強

（福島民報　2011年3月16日付）

## 科学の誤用と過信 背景
### 福島原発事故 益川博士が指摘

きょうで発生から4年となる福島第1原発事故は科学技術の在り方を重く問い掛けた。その教訓は生かされているだろうか。ノーベル賞受賞者の益川敏英さん(75)=京都市=が3・11に合わせ、中国新聞のインタビューに応じた。

「福島の教訓を生かさなければ」と語る益川さん（撮影・荒木肇）

**(6面にインタビュー詳報)**

ことしは被爆70年でもある。原発事故と原爆投下はともに未完成の技術が暴走した結果だとして「科学の誤用や過信、さらに政治の動きが原因となって悲惨な状況がもたらされた」と分析。今こそ研究者の社会的責任や倫理観が問われていると強調した。

益川さんは2008年にノーベル物理学賞を受けた。ことし11月に長崎市で開かれるパグウォッシュ会議の日本側の中心を担うなど核兵器廃絶に向けた運動を続けている。

（論説委員・東海右佐衛門直柄）

（中国新聞　2015年3月11日付）

# 未来への責任どう果たす

## 物理学者 益川敏英さん

### 核と科学者

危機感を感じている――。3・11から4年を経た今、日本を代表する物理学者の実感だという。ノーベル賞を受けて6年余り。益川敏英さん(75)は京都産業大などで研究活動を続ける一方、科学技術の未来を憂う。原爆投下から70年たっても道筋の見えない核兵器廃絶に加え、戦争反対への思いを積極的に口にするのも、科学者としての良心ゆえだろう。福島と広島・長崎の教訓をもとに、どのように考えたらいいのかを聞いた。
（聞き手は論説委員・東海右佐衛門直柄、写真・荒木肇）

――福島第1原発事故は人間が核エネルギーをコントロールできないことを浮き彫りにしました。

科学者から見れば原発は商業ベースに乗っていない技術です。だからあんな事故が起きたといまだに伝えられていません。私は原発の専門家ではないのですが、一人の科学者としてよく分かっている人たちで原発を100パーセント安全と確信している人は少ないでしょう。何か起きた時はその時になって考えるという事故前の対応から何も変わっていない。この考えは今も続けるべきではなのですね。

電力会社は「原発を使わないと電気代が大幅アップだぞ。それでもいいか」と言う。一般市民はしぶしぶ容認しないといけないと思ってしまう。一方で核エネルギーを100パーセント制御する技術はまだ確立されていないということは伝えられていません。今回の原発事故も、未完成の技術の暴走を食い止められなかった側面があると感じています。もちろん科学界だけの責任ではありません。

――事故前の日本の「安全神話」が厳しく追及されたのでは。

いま再稼働させようとしている人たちで原発を100パーセント安全と確信している人は少ないでしょう。何か起きた時はその時になって考えるという事故前の対応から何も変わっていない。この福島の前にも東海村臨界事故がありました。けれど国や電力会社も安全だと言い続けた。科学者として安全のために万全を期するか、いかに事故を少なくさせるか、という視点の人も多かった。今なお原発に関わっている科学者は、事故をもう少し違う論理を自分の問題と捉えていない。矛盾する論理が要る、と考えています。インタビューに応じているのしています。今私はそんな思いがあるからです。

――「違う論理」とは……。

倫理観です。原爆が広島と長崎に投下されて後10年後、世界の著名な科学者11人が署名した「ラッセル・アインシュタイン宣言」が出されました。科学が倫理を忘れてしまうといかに悲惨な状況をもたらすのか。宣言は痛切に反省

――原発の再稼働について否定的なのですね。

再生可能エネルギーで賄えという声もある一方で、量的には限界があるのも現実です。自然エネルギーは不安定で、万全ではないと思います。矛盾するようですが、私は「原発技術をもっと使おう」という考えではありません。化石燃料はあと300年とされます。当然、人類はもっと長く生きるでしょう。だからこそ今のうちに石油を使いまくって後は知らんよ、ということは倫理的に許されません。いずれ人類は原発に頼らざるを得なくなるかもしれない。だから科学者は安全に使うための研究は続けるべきだと思うのです。当面は再稼

働を急ぐ前に、安全に使うための技術を確立する。それが福島の教訓だと考えています。

――核と人類のありようがまさに問われています。推進役を務める11月のパグウォッシュ会議ではどんな議論になるでしょうか。

時代をめぐる今日のさまざまな問題について世界にアピールしたい。時代は変わり、核兵器については超大国だけではなく途上国にも核技術が拡散しています。地域紛争や核テロのリスクも増している。時代に即した運動が必要だと感じています。

――若い科学者に思いをどう継承するかも大切ですね。

その通りです。昔の若手の研究者は平和運動に触れてきました。私も米原子力潜水艦の佐世保入港について勉強し、講演会などへよく出かけたものです。そこから自分の研究がどう使われるのかについて社会的責任を感じてきました。

大学での研究成果を防衛装備などに生かせという声も出ています。その点をどう考えますか。

――東京大にもそんな動きがあるようですね。私は科学界がなめられているんだと思う。もともと日本の研究者は軍事利用に加担してはならないという意識が強かった。そんな動きは以前ならすぐにつぶされていたでしょう。でも、軍事と民生の区別が付きにくくなり、若い研究者には抵抗感が弱まっているのかもしれない。さらにいえば研究費の問題も背景にはあるでしょう。研究者はすぐに成果を上げることが求められる。そうしな

いとポストがもらえないのです。現代の研究者にはそうした想像力が弱いんです。核兵器を生み出した科学界が自責の念を抱えて核会議を開いてきた意義を、若い世代に伝えたい。

――平和問題について積極的に発言する原点は、自身の戦時下の体験があると聞いています。

大戦末期、名古屋の自宅に米軍の焼夷弾が落ちたのです。たまたま不発で助かったのです。周囲の家はほとんど燃えました。両親はリヤカーに家財道具と私を載せて、死に焼け野原の中を逃げていくらい思い出しています。子どもだから背筋が凍るくらい分からなかったのですが中学生くらいに思い出して、背筋が凍りました。戦争に反対というよりよく分かっていなかったのですが中学生くらいに思い出して、背筋が凍りました。戦争に反対というより、大嫌いなんです。真面目なこと言うに生き残った人間の責務としてはエネルギーが要ります。けれど代を語ることのできる世代は私たちが最後。戦争は私たちが最後に語ることのできる世代はエネルギーが要ります。けれどなきゃならんと思うのです。

---

ますかわ・としひで 名古屋市生まれ。名古屋大で理学博士号取得。73年、未発見の究極の粒子（クォーク）の存在を予言し、「CP対称性の破れ」現象を解いた「小林・益川理論」を発表。それが実証され、08年にノーベル物理学賞を共同受賞した。京都産業大益川塾塾頭、京都大名誉教授。

---

**パグウォッシュ会議** 核兵器廃絶を目指す科学者の世界的組織。1954年の米ビキニ水爆実験をきっかけに、57年にカナダ・パグウォッシュ村で初会議が開かれた。ことしは11月に長崎市で大会があり、核不拡散、北東アジアの非核化、さらに福島の原発事故などをテーマに議論する。95年にノーベル平和賞を受賞し、PTBT）などの成立に影響を与え、読みました。昔、私も一字一句精読しました。核によって人類が滅びるかもしれないと危機感にあふれた文章と同じように、今回の原発事故の暴走を食い止められなかった側面があると感じています。もちろん科学界だけの責任ではありません。

> 科学者から見れば原発は商業ベースに乗っていない技術です。

（中国新聞　2015年3月11日付）

# 核エネルギー年表

※日本の原子力発電所事故は、レベル4以上を呼ぶが、この年表に限ってレベル0-も含めて事故と記載する。

| 年 | 日本の核エネルギーの動き | 世界の核エネルギーの動き |
|---|---|---|
| 20億年前 | | ○世界で唯一の天然原子炉はガボン共和国のオートオゴウェ州オクロに約20億年前に形成された。核分裂は数十万年続いていた。現在もウラン鉱床として稼働している。(注1) |
| 1164年<br>(長寛2年) | ○三朝温泉発見。 | |
| 1895年<br>(明治28年) | | ○ドイツ、レントゲンがX線発見。 |
| 1896年<br>(明治29年) | | ○フランスの物理学者アンリ・ベクレルがウラン塩化物を研究。(注2) |
| 1898年<br>(明治31年) | | ○キュリー夫妻ラジウム発見。(注3) |
| 1916年<br>(大正5年) | | ○アインシュタイン「一般相対性原理」 |
| 1923年<br>(大正12年) | ○関東大震災　○アインシュタイン来日 | |
| 1934年<br>(昭和10年) | ○ワシントン、ロンドン条約破棄 | ○ドイツ、総統兼首相にヒットラー |
| 1939年<br>(昭和14年) | ○第二次世界大戦　○ノモンハン事件<br>○岡山医科大学三朝温泉療養所発足。 | ○第二次世界大戦始まる<br>○レオ・シラードがアインシュタインの署名を得て、ルーズベルト大統領に核連鎖反応の実現への協力とヒトラーの核保有の危険性を訴えた。 |
| 1940年<br>(昭和15年) | ○日独伊三国軍事同盟 | |
| 1941年<br>(昭和16年) | ○ゾルゲ事件　○大政翼賛会<br>○日ソ中立条約　○マレー沖海戦<br>○南方作戦発動、真珠湾攻撃、太平洋戦争始まる | ○イギリスのMAUD委員会からアメリカに、ウラン爆弾が実現可能なことを伝える報告書が届く。 |
| 1942年<br>(昭和17年) | ○ドーリットル空襲　○ミッドウェー海戦<br>○ガダルカナル島の戦い | ○原子爆弾開発プロジェクト、マンハッタン計画開始。<br>○シカゴ大学エンリコ・フェルミが実験炉で核分裂の連鎖反応を行うのに成功した。 |
| 1943年<br>(昭和18年) | ○アッツ島の戦い　○学徒出陣<br>○岡山医科大学放射能泉研究所に改組。 | |
| 1944年<br>(昭和19年) | ○レイテ作戦・フィリピンの戦い | ○ノルマンディー上陸 |
| 1945年<br>(昭和20年) | ○硫黄島の戦い<br>○沖縄戦・占守島の戦い | |

(注1) 天然原子炉は、ウラン鉱脈が減速材の地下水に囲まれて形成される。
(注2) ベクレル (Bq) 放射性物質が1秒間に崩壊する原子の個数の単位。
(注3) キュリー (Ci) ラジウムが1秒間に崩壊する原子の個数。放射能の単位。

| 年 | 日本の核エネルギーの動き | 世界の核エネルギーの動き |
|---|---|---|
| 1945年<br>(昭和20年) | ○東京大空襲 (3.10)<br>○午前8時15分広島にB-29（エノラ・ゲイ）から濃縮ウラン型原爆（リトルボーイ）が投下された。(8.6)<br>○ソ連軍、対日参戦 (8.8)<br>○午前11時2分長崎にB-29（ボックスカー）からプルトニウム爆縮型原爆（ファットマン）が投下された。(8.9)<br>○ポツダム宣言受諾 (8.14)<br>○宮城事件、玉音放送 (8.15)<br>○降伏文書調印 (9.2)<br>○日本は原子力に関する研究が全面禁止となる。 | ○オッペンハイマー率いるロスアラモス研究所で3個の原爆が完成。そのうちの1個を使ってアラモゴードの砂漠で世界最初の核実験が行われた。(7.16) |
| 1946年<br>(昭和21年) | ○天皇の人間宣言・焼け跡<br>○農地改革（～1950年まで）<br>○日本国憲法公布（1947年5月施行） | |
| 1949年<br>(昭和24年) | ○下山・三鷹・松川事件<br>○新制大学発足にともない岡山大学放射能泉研究所として引き継がれる。（昭和26年に温泉研究所に改称） | ○ソビエト連邦が原爆を開発。 |
| 1950年<br>(昭和25年) | ○朝鮮戦争　○レッドパージ　○特需景気<br>○警察予備隊創設 | |
| 1951年<br>(昭和26年) | ○サンフランシスコ条約調印。 | ○アメリカの実験炉EBR-1から原子力発電は始まる。<br>○アメリカ、ネバダ州の砂漠にネバダ核実験場が設置され以降928回の実験が行われた。 |
| 1952年<br>(昭和27年) | ○メーデー事件<br>○サンフランシスコ条約が発効し原子力に関する研究が解禁となる。 | ○イギリスが原子爆弾を開発。<br>○アメリカで人類初の多段階熱核反応兵器実験。<br>○カナダ、オンタリオ州チョーク・リバー研究所事故。操作ミスで制御棒が引き抜かれ放射性物質が外部に漏れた。(12.12) レベル5（1993年まで稼働） |
| 1953年<br>(昭和28年) | ○バカヤロー解散　○皇太子外遊<br>○ソ連中国からの引き上げ | ○ソ連が水素爆弾を開発。<br>○イギリスがマラリンガで核実験。 |
| 1954年<br>(昭和29年) | ○洞爺丸遭難<br>○原子力研究開発予算が国会に提出された。 | ○国連で原子力にかかわる国際会議、ジュネーブ会議が開かれた。<br>○アメリカが水素爆弾を開発。ビキニ環礁で実験。放射能降下物事故で日本の漁船第五福竜丸を含む千隻近くの漁船、島民が被ばくした。<br>○アメリカで最初の原子力潜水艦が進水。<br>○原子力発電所は、ソ連のオブニンスク原子力発電所が世界初となった。 |

| 年 | 日本の核エネルギーの動き | 世界の核エネルギーの動き |
|---|---|---|
| 1955年<br>（昭和30年） | ○保守合同<br>○人形峠でウラン鉱の露頭発見。<br>○原子力基本法が成立。(12.19) (注4) | ○アメリカ、カリフォルニア州サンディエゴで核爆雷の実験が行われた。<br>○ソ連水爆実験。 |
| 1956年<br>（昭和31年） | ○神武景気　○日ソ国交回復<br>○原子力委員会が設置された。初代委員長は、当時読売新聞社主の正力松太郎。(1.1)<br>○日本原子力研究所（現・独立行政法人日本原子力研究開発機構）が設立され茨城県那珂郡東海村に設置。 | ○メルボルン五輪<br>○IBMがハードディスクを開発<br>○イギリスのコールダーホール商用原子力発電所1号炉、黒鉛減速炭酸ガス炉（GCR）は西側諸国の中で初めての商用原子力発電所となった。(2007年老朽化のため解体) (注5) |
| 1957年<br>（昭和32年） | ○勤評反対闘争・ジラード事件<br>○原子力平和利用懇談会発足。(4.29)<br>○科学技術庁が発足。初代長官は、「原子力の父」と呼ばれた正力松太郎。(5.19)<br>○日本原子力発電株式会社が電気事業連合会加盟の9電力会社及び電源開発の出資で設立。(11.1)<br>○〈研究炉〉原研JRR-1日本原子力研究開発機構、濃縮ウラン軽水炉。茨城県東海村。(1968年廃炉) (注6) | ○アメリカの原子力発電所は、ショッピングポート発電所、加圧水型原子炉（PWR）が初めてとなる。(1982年閉鎖)<br>○旧ソビエト連邦ウラル地方「チェリャビンスク65」という当時の秘密都市で原子爆弾用プルトニウム生産するプラントで起こった爆発事故。現在でも放射能汚染が続く。レベル6 (9.29)<br>○世界初の原子炉重大事故。イギリス北西部ウィンズケール原子力工場での原子炉火災事故。軍事用プルトニウムの生産過程中、炉心で黒鉛減速剤の加熱により火災が発生。ヨウ素131が周囲を汚染した。現在に至っても危険な状態にある。(10.10)<br>○イギリスがクリスマス島で核実験。 |
| 1958年<br>（昭和33年） | ○アジア大会開催　○売春防止法<br>○フラフープ　○ロカビリー | ○イギリスが水素爆弾を開発。 |
| 1959年<br>（昭和34年） | ○伊勢湾台風　○皇太子結婚 | ○サンタスザーナ野外実験所燃料棒溶融事故。カリフォルニア州ロスアンゼルス郊外シミバレーにあったナトリウム冷却原子炉の燃料棒が溶融。詳細は不明。(1960年に解体) (7.13) |
| 1960年<br>（昭和35年） | ○安保条約反対闘争　○チリ地震津波<br>○浅沼社会党委員長刺殺　○ダッコちゃん | ○ベトナム戦争　○OPEC結成<br>○フランスが原子爆弾を開発。 |
| 1961年<br>（昭和36年） | ○釜ヶ崎大暴動<br>○〈研究炉〉近畿大学研究炉（UTR-KINKI）濃縮ウラン軽水炉（日本初大学所有の研究炉）、大阪府東大阪市。<br>○〈研究炉〉立教大学研究炉（RUR）濃縮ウラン水素化ジルコニウム炉、神奈川県横須賀市。(1961年廃炉)<br>○〈研究炉〉五島育英会研究炉（MITRR）武蔵工業大学濃縮ウラン水素化ジルコニウム炉、神奈川県川崎市。(1961年廃炉) | ○ケネディ大統領誕生<br>○ソ連有人宇宙衛星打ち上げ<br>○アメリカ有人宇宙衛星打ち上げ<br>○ベルリンの壁建設<br>○SL-1事故。アメリカのアイダホフォールズにあった海軍軍事用試験炉で原子炉の暴走があったと考えられる。詳細は不明。この事故で制御棒の設計は改良され放射線汚染の対処方が開発される。(1.3) |

(注4) 原子力基本法の方針は「民主・自主・公開」の原子力三原則。
(注5) 炭素からなる黒鉛は、減速能を持ち常温で固体。プルトニウム239の生成効率が高い為核兵器用プルトニウム製造に使用。
(注6) 軽水炉の軽水は、通常の水。軽水は、中性子吸収能も大きい為濃縮ウラン燃料を用いて中性子数を増やす必要がある。

| 年 | 日本の核エネルギーの動き | 世界の核エネルギーの動き |
|---|---|---|
| 1961年<br>(昭和36年) | ○〈研究炉〉日立研究炉（HTR）濃縮ウラン軽水炉、神奈川県川崎市。（1962年廃炉） | ○ソビエト海軍初のホテル級原子力潜水艦K-19蒸気漏れ事故。<br>○ソ連・人類史上最大規模の水爆実験。 |
| 1962年<br>(昭和37年) | ○北陸トンネル開通<br>○〈研究炉〉原研JRR-2日本原子力研究開発機構、濃縮ウラン重水炉、茨城県東海村。（1970年運用停止）<br>○〈研究炉〉原研JRR-3日本原子力研究開発機構、天然ウラン重水炉（国産1号炉）(注7)、茨城県東海村。<br>○〈研究炉〉東芝研究炉（TTR-1）濃縮ウラン軽水炉、神奈川県川崎市。（1962年休止） | ○キューバ危機 |
| 1963年<br>(昭和38年) | ○ケネディ暗殺　○吉展ちゃん事件<br>○島根原子力発電所候補地調査始まる。<br>○〈研究炉〉原研JPDR日本原子力研究開発機構、濃縮ウラン軽水炉、茨城県東海村。この動力試験炉で日本初の発電がおこなわれた。これを記念して毎年10月26日は原子力の日とした。（1976年運転終了、1996年解体）（10.26） | ○通称部分的核実験禁止条約（PTBT）が締結、発効された。<br>○フランスのサン＝ローラン＝デ＝ゾー原子力発電所に於ける燃料溶融事故。<br>○アメリカ・パーミット級原子力潜水艦「スレッシャー」ニューイングランド沖で原子炉緊急停止、沈没した。（4.10） |
| 1964年<br>(昭和39年) | ○東京オリンピック　○新潟地震<br>○〈研究炉〉京都大学研究炉（KUR）濃縮ウラン軽水炉、大阪府熊取町。(注8) | ○中国が原子爆弾を開発。<br>○フランスの原子力発電所は、シノンA1号炉（GCR）が最初。 |
| 1965年<br>(昭和40年) | ○日韓基本条約調印<br>○〈研究炉〉原研JRR-4日本原子力研究開発機構、濃縮ウラン軽水炉、茨城県東海村。 | ○ソ連の原子力砕氷艦「レーニン」原子炉の暴走。2年後に原子炉を北極海に投棄。<br>○アメリカ・スキップジャック級原子力潜水艦「スコーピオン」核兵器2個を搭載し大西洋で沈没。（5.22） |
| 1966年<br>(昭和41年) | ○ビートルズ来日<br>○日本電源東海（GCR）運転開始。（1998年運転終了） | ○アメリカ・B-52戦略爆撃機がスペイン南部沿岸で空中衝突。4個の水爆が海と陸に落下。内2個の水爆が爆発。（1.17）<br>○エンリコ・フェルミ1号炉。アメリカデトロイトの郊外にあった高速増殖炉試験炉で、原子炉の炉心溶融事故が発生した最初の例。（10.5） |
| 1967年<br>(昭和42年) | ○美濃部革新都政　○ミニスカート | ○中国が水素爆弾を開発。 |
| 1968年<br>(昭和43年) | ○三億円事件　○日本初の心臓移植<br>○〈研究炉〉原研JMTR日本原子力研究開発機構、濃縮ウラン軽水炉、茨城県大洗町。 | ○フランスが水素爆弾を開発。<br>○ハワイ沖でゴルフ型ソ連潜水艦が沈没。核ミサイル3発搭載。<br>○ノヴェンバー級ソ連原子力潜水艦。液体金属冷却材の硬化事故で乗組員9名死亡。<br>○アメリカ、ラスベガス近郊で地下核実験が行われ衝撃で地上に断層が出来る。 |

(注7) 重水は水素の同位元素重水素からなる水。吸収能が小さく天然ウランや多様な物質を核燃料として使用できる。
(注8) 研究炉は原子炉の核の特性の研究、教育目的、放射線や中性子線の照射実験に使用される。

| 年 | 日本の核エネルギーの動き | 世界の核エネルギーの動き |
|---|---|---|
| 1969年<br>(昭和44年) | ○アポロ11号月面着陸　○安田講堂攻防戦 | ○スイス・ボー州リュサンの研究用ガス冷却地下原子炉で炉心燃料の一部が溶融、放射性物質が漏れた。(1.21) |
| 1970年<br>(昭和45年) | ○大阪万博　○よど号事件<br>○三島由紀夫割腹<br>○日本電源敦賀原子力発電所1号機(BWR)運転開始。(注9)<br>○関西電力美浜原子力発電所1号機(PWR)運転開始。(注10) | |
| 1971年<br>(昭和46年) | ○ドル・ショック　○スモン訴訟<br>○東京電力福島原子力発電所第1-1号機(BWR)運転開始。(2012年廃止)<br>○〈研究炉〉東京大学研究炉(弥生)濃縮ウラン空気冷却高速中性子源炉、茨城県東海村。(注11) | ○中国が国連に参加<br>○アメリカ、アラスカのアムチトカ島で最大の地下核実験を行い、各国からの抗議がおきた。グリーンピースこの実験を契機に発足。 |
| 1972年<br>(昭和47年) | ○浅間山荘事件　○札幌五輪　○沖縄復帰<br>○テルアビブ空港乱射事件<br>○中国国交正常化<br>○グアムから横田庄一帰国　○連合赤軍<br>○関西電力美浜原子力発電所2号機(PWR)運転開始。 | ○ウォーターゲート事件　○ミュンヘン五輪<br>○セイロンがスリランカに国名変更<br>○アポロ計画最後の打ち上げ |
| 1973年<br>(昭和48年) | ○石油危機　○金大中拉致事件<br>○大洋デパート火災<br>○江崎玲於奈にノーベル賞　○巨人V9<br>○関西電力美浜発電所美浜1号炉において核燃料棒が折損する事故が発生した。事実は内部告発で明るみに出た。 | ○アメリカ・バーモント州のバーモントヤンキー原子力発電所。検査時の人的ミスで炉心の一部が臨界。 |
| 1974年<br>(昭和49年) | ○田中金脈問題　○小野田少尉帰還<br>○長嶋引退　○ニクソン辞任<br>○佐藤栄作にノーベル賞<br>○電源三法が成立した。<br>○関西電力高浜原子力発電所1号機(PWR)運転開始。<br>○東京電力福島原子力発電所第1-2号機(BWR)運転開始。(2012年廃止)<br>○原子力船「むつ」放射能漏れ事故。(以降16年間日本の港を彷徨、1993年原子炉撤去)(9.1)<br>○中国電力島根原子力発電所1号機(BWR)運転開始。 | ○アメリカとソ連は地下核実験制限条約(TTBT)を締結した。(発効は1990年)<br>○インドが原子爆弾を開発。 |
| 1975年<br>(昭和50年) | ○第一回サミット　○天皇訪米<br>○広島カープ初優勝<br>○山陽新幹線岡山博多間開通<br>○国際婦人年 | ○ベトナム戦争終結 |

(注9) (PWR) は、加圧水型原子炉。炉心内の液体冷却材が沸騰しておらず液体状態の原子炉。
(注10) (BWR) は、沸騰水型原子炉。炉心内の液体冷却材が沸騰していて蒸気と液体の混合状態の原子炉。
(注11) 高速中性子炉。高速中性子はウラン235に吸収されやすく、プルトニウム239に変わるので燃料の増殖が容易。また、核燃料から発生する超ウラン物質を核分裂させることが出来、高レベル放射性廃棄物の消滅処理への利用が検討される。

| 年 | 日本の核エネルギーの動き | 世界の核エネルギーの動き |
|---|---|---|
| 1975年<br>(昭和50年) | ○関西電力高浜原子力発電所2号機（PWR）運転開始。<br>○九州電力玄海原子力発電所1号機（PWR）運転開始。 | |
| 1976年<br>(昭和51年) | ○ロッキード事件<br>○関西電力美浜原子力発電所3号機（PWR）運転開始。<br>○中部電力浜岡原子力発電所1号機（BWR）運転開始。(2009年運転終了)<br>○東京電力福島原子力発電所第1-3号機（BWR）運転開始。(2012年廃止) | ○コンコルド就航　○モントリオール五輪<br>○アメリカ・コネティカット州のミルストン原子力発電所1号機事故。臨界は炉心スクラムで止まった。 |
| 1977年<br>(昭和52年) | ○日航機ハイジャック事件　○有珠山爆発<br>○青酸コーラ事件　○王756号本塁打<br>○四国電力伊方原子力発電所1号機（PWR）運転開始。 | |
| 1978年<br>(昭和53年) | ○日中平和友好条約　○成田空港開港<br>○日本電源東海原子力発電所第2号機（BWR）運転開始。<br>○中部電力浜岡原子力発電所2号機（BWR）運転開始。(2009年運転終了)<br>○東京電力福島原子力発電所第1-4号機（BWR）運転開始。(2014年廃止)<br>○東京電力福島原子力発電所第1-5号機（BWR）運転開始。(2012年廃止)<br>○東京電力福島第一原子力発電所3号機事故は、日本で初の臨界事故とされる。弁の操作ミスで、炉内圧力が高まり制御棒が抜ける沸騰水型原子炉の弱点を示した事故。7時間半臨界が続いた。(11.2) | ○原子炉を搭載したソ連海洋探察衛星「コスモス954号」カナダ北部に墜落。広範囲に放射能が飛散。(1.24) |
| 1979年<br>(昭和54年) | ○日本坂トンネル事故<br>○関西電力大飯原子力発電所1号機（PWR）運転開始。<br>○関西電力大飯原子力発電所2号機（PWR）運転開始。<br>○原子力機構ふげん（ATR）運転開始。(2003年運転終了)<br>○東京電力福島原子力発電所第1-6号機（BWR）運転開始。(2014年廃止)<br>○鳥取県気高郡青谷町<br>「青谷町も候補地だった？」が地元紙に掲載される。(6.15) | ○サッチャーイギリス首相誕生（女性初）<br>○スリーマイル島原子力発電所事故。炉心溶融事故。設備保全の不備、人的ミスが重なって起きた。この事故を機に米国原子力発電安全運転協会（INPO）が結成された。(3.28) レベル5 |
| 1980年<br>(昭和55年) | ○1億円拾得事件　○新宿バス放火事件<br>○富士見産婦人科病院乱診事件 | ○モスクワ五輪（日本不参加）<br>○天然痘撲滅宣言（WHO） |
| 1981年<br>(昭和56年) | ○神戸ポートピア<br>○福井謙一にノーベル賞 | ○スペースシャトル「コロンビア」初飛行<br>○IBMパソコンに進出 |

| 年 | 日本の核エネルギーの動き | 世界の核エネルギーの動き |
|---|---|---|
| 1981年<br>(昭和56年) | ○夕張炭鉱ガス惨事<br>○九州電力玄海原子力発電所2号機(PWR)運転開始。 | |
| 1982年<br>(昭和57年) | ○「逆噴射」で日航機羽田沖墜落<br>○ホテルニュージャパン火災　○三越事件<br>○東京電力福島原子力発電所第2-1号機(BWR)運転開始。<br>○四国電力伊方原子力発電所2号機(PWR)運転開始。 | |
| 1983年<br>(昭和58年) | ○大韓航空機墜落　○三宅島大噴火<br>○戸塚ヨットスクール　○おしん<br>○山陰地方に集中豪雨 | ○チャーリー1型ソ連原子力潜水艦。原子炉に浸水。16名死亡。 |
| 1984年<br>(昭和59年) | ○グリコ、森永事件<br>○東北電力女川原子力発電所1号機(BWR)運転開始。<br>○東京電力福島原子力発電所第2-2号機(BWR)運転開始。<br>○九州電力川内原子力発電所1号機(PWR)運転開始。 | |
| 1985年<br>(昭和60年) | ○日航ジャンボ機墜落　○豊田商事<br>○ロス疑惑<br>○東京電力福島原子力発電所第2-3号機(BWR)運転開始。<br>○東京電力柏崎刈羽原子力発電所1号機(BWR)運転開始。<br>○関西電力高浜原子力発電所3号機(PWR)運転開始。<br>○関西電力高浜原子力発電所4号機(PWR)運転開始。<br>○九州電力川内原子力発電所2号機(PWR)運転開始。<br>○原子力機構もんじゅ(FBR)着工。 | ○ハレー彗星76年ぶりに大接近<br>○ソ連エコー2型原子力潜水艦K-431　ウラジオストック近郊の修理工場で燃料棒交換中に原子炉が爆発。10名死亡、被ばく290名。<br>○ソ連ウラジオストック近郊で冷却水漏れとメルトダウン事故が起きた。詳細不明。 |
| 1986年<br>(昭和61年) | ○三原山再噴火 | ○ソビエト連邦下のウクライナ共和国チェルノブイリ原発4号機が爆発、炎上し放射性物質が大気中に放出された。放射性物質は気流の影響で広い範囲で被ばくをもたらした。(4.26) レベル7 (注13)<br>○ソ連エコーII級原子力潜水艦一次冷却回路に別の元素が入った事故。<br>○バミューダ諸島沖でヤンキー級ソ連原子力潜水艦K-219に事故が起こり火災により沈没。核ミサイル34基も海没した。 |
| 1987年<br>(昭和62年) | ○地価の異常　○利根川進にノーベル賞<br>○日本電源敦賀原子力発電所2号機(PWR)運転開始。 | ○中距離核戦力全廃条約が締結された。<br>○スウェーデン・オスカーシャム原子力発電所3号機。試験中に臨界状態となる。 |

(注13) チェルノブイリ原子力発電所事故で直接的な死者は9,000人に及んだ。さらに事故処理に従事した作業員85万人のうち5万5,000人が死亡したと発表された。これを機に国際的情報交換の重要性が認識され、世界原子力発電事業者協会が結成された。

| 年 | 日本の核エネルギーの動き | 世界の核エネルギーの動き |
|---|---|---|
| 1987年<br>(昭和62年) | ○東京電力福島原子力発電所第2-4号機（BWR）運転開始。<br>○中部電力浜岡原子力発電所3号機（BWR）運転開始。 | ○ブラジル・ゴイアニア被ばく事故ゴイアニア市の閉鎖されていた病院から放射線源が盗まれ、危険性の認識のない市民が被ばくにあった。 |
| 1989年<br>(平成元年) | ○消費税スタート　○昭和天皇死去<br>○吉野ヶ里遺跡　○幼女誘拐殺人事件<br>○北海道電力泊原子力発電所1号機（PWR）運転開始。<br>○中国電力島根原子力発電所2号機（BWR）運転開始。<br>○東京電力福島第二原子力発電所3号機事故。原子炉再循環ポンプが壊れ、炉心に金属粉が流れ出した。(1.1) レベル2 | ○ベルリンの壁崩壊<br>○ノルウェー沖でマイク級ソ連原子力潜水艦K-278に火災発生、沈没した。核兵器2個が海没。 |
| 1990年<br>(平成2年) | ○国際花と緑の博覧会　○バブル崩壊<br>○東京電力柏崎刈羽原子力発電所2号機（BWR）運転開始。<br>○東京電力柏崎刈羽原子力発電所5号機（BWR）運転開始。<br>○東京電力福島第一原子力発電所3号機事故。主蒸気隔離弁を止めるピンが壊れ原子炉圧力が上昇、自動停止した。(9.9) レベル2 | ○東西ドイツ統一<br>○ヒトゲノムプロジェクト開始 |
| 1991年<br>(平成3年) | ○雲仙普賢岳で火砕流<br>○北海道電力泊原子力発電所2号機（PWR）運転開始。<br>○関西電力大飯原子力発電所3号機（PWR）運転開始。<br>○関西電力美浜発電所2号機事故。蒸気発生器の伝熱細管が破断、一次冷却水が漏れ非常用炉心冷却装置が作動した。(2.9) レベル2<br>○中部電力浜岡3号機。誤信号で原子炉給水量が減少。自動停止した。(4.4) レベル2<br>○中部電力浜岡3号機制御棒が3本抜けた事故。(5.31) | ○ソビエト連邦解体　○湾岸戦争勃発 (注14)<br>○南北朝鮮、国連同時加盟<br>○第一次戦略兵器削減条約（START1）を締結。 |
| 1992年<br>(平成4年) | ○佐川献金疑惑・竹下「ほめ殺し」 | ○バルセロナ五輪<br>○マイクロソフトWindoWs3.1発売 |
| 1993年<br>(平成5年) | ○細川連立内閣誕生　○北海道南西沖地震<br>○天皇沖縄訪問　○皇太子結婚<br>○東京電力柏崎刈羽原子力発電所3号機（BWR）運転開始。<br>○中部電力浜岡原子力発電所4号機（BWR）運転開始。<br>○北陸電力志賀原子力発電所1号機（BWR）運転開始。 | ○EU発足<br>○ロシア連邦とムスク州ゼヴェルスクのトムスク－7再処理コンビナートでの爆発事故。(4.6) レベル4 |

(注14) 核廃棄物を使った兵器が「湾岸戦争」で使われた。アメリカ軍の「劣化ウラン弾」と呼ばれる弾頭は、ウラン235の濃縮過程を経てほぼウラン238だけになったものを成型した。この放射性廃棄物の硬度は非常に高く戦車などの装甲を簡単に貫通し戦車内部で爆発した。「劣化ウラン弾」の放射線被ばくはイラク兵のみならず多国籍軍のアメリカ兵にも及んだ。

| 年 | 日本の核エネルギーの動き | 世界の核エネルギーの動き |
| --- | --- | --- |
| 1993年<br>(平成5年) | ○関西電力大飯原子力発電所4号機 (PWR) 運転開始。 | |
| 1994年<br>(平成6年) | ○松本サリン事件　○村山内閣発足<br>○東京電力柏崎刈羽原子力発電所4号機 (BWR) 運転開始。<br>○四国電力伊方原子力発電所3号機 (PWR) 運転開始。<br>○九州電力玄海原子力発電所3号機 (PWR) 運転開始。 | ○リレハンメル冬季五輪<br>○フランス・リュビ級原子力潜水艦。トゥーロン近くで水蒸気爆発。 |
| 1995年<br>(平成7年) | ○阪神大震災　○地下鉄サリン事件<br>○東北電力女川原子力発電所2号機 (BWR) 運転開始。<br>○動力炉・核燃料開発事業団高速増殖炉もんじゅナトリウム漏洩事故。二次主冷却系の温度計の鞘が折れナトリウムが洩れ燃焼した。(12.8) レベル1 | ○マイクロソフトWindows95出荷開始 |
| 1996年<br>(平成8年) | ○O-157　○住専<br>○豊浜トンネル岩盤崩落事故<br>○東京電力柏崎刈羽原子力発電所6号機 (ABWR) 運転開始。 | ○アトランタオリンピック<br>○イギリス狂牛病騒動 |
| 1997年<br>(平成9年) | ○ペルー日本大使公邸人質事件<br>○神戸小学生殺人事件<br>○山一証券、北海道拓殖銀行破綻<br>○東京電力柏崎刈羽原子力発電所7号機 (ABWR) 運転開始。<br>○九州電力玄海原子力発電所4号機 (PWR) 運転開始。<br>○動力炉・核燃料開発事業団東海再処理施設アスファルト固化施設で火災発生、爆発。(3.11) レベル3 | ○羊の体細胞からクローンを作製<br>○ダイアナ妃事故死　○香港返還<br>○アメリカの地下核実験場で初の臨界前核実験が行われた。 |
| 1998年<br>(平成10年) | ○長野オリンピック<br>○和歌山カレー毒物混入事件<br>○サッカーW杯日本初出場<br>○〈研究炉〉原研HTTR日本原子力研究開発機構、二酸化ウラン黒鉛炉、茨城県大洗町。<br>○東京電力福島第一原子力発電所第4号機の定期点検中制御棒のうち34本が15センチ抜けた。(2.22) | ○マイクロソフトWindows98発売<br>○インドによる潜在核融合増幅兵器実験。<br>○パキスタンが原子爆弾を開発。 |
| 1999年<br>(平成11年) | ○初の脳死臓器移植 | ○ユーロ導入<br>○フランス、ボルドーの近くルブレイエ原子力発電所で洪水のため1、2号機の全電源喪失が起こった。(12.27) |

| 年 | 日本の核エネルギーの動き | 世界の核エネルギーの動き |
|---|---|---|
| 1999年<br>(平成11年) | ○北陸電力志賀原子力発電所1号機事故。定期点検中沸騰水型原子炉（BWR）の弁操作を誤り炉内温度が上昇、制御棒が3本抜け無制御臨界になる。この事故は幹部会で隠蔽が決定。2007年公表された。日本で二番目の臨界事故とされる。(6.18) レベル1-3とした。<br>○東海村JCO核燃料加工施設臨界事故。臨界事故としては日本で3番目、作業員2名死亡。(9.30) レベル4 | |
| 2000年<br>(平成12年) | ○南北朝鮮首脳会談<br>○雪印乳業食中毒事件<br>○高速バス乗っ取り<br>○不明少女9年ぶりに発見<br>○日比谷線脱線 | ○バレンツ海でオスカーⅡ型ロシア原子力潜水艦「クルクスK-141」が炉心に約2トンの核燃料を搭載したまま沈没。118名全員死亡。(注15) |
| 2001年<br>(平成13年) | ○アメリカ同時テロ事件発生<br>○アメリカ連邦準備理事会（FRB）が利下げ<br>○ヨーロッパ中央銀行（ECB）が利下げ<br>○中国が世界貿易機関（WTO）に加盟 | ○アップル社iPod発売<br>○第一次戦略兵器削減条約が定めた廃棄が完了。 |
| 2002年<br>(平成14年) | ○アメリカ格付け会社が日本国債を格下げ<br>○不良債権処理が加速する<br>○島根県原子力防災センター（緊急事態応急対策拠点施設）開設。<br>○東北電力女川原子力発電所3号機（BWR）運転開始。 | ○ユーロが現金通貨として流通<br>○ふたご座流星群観測　○スイス国連加盟<br>○モスクワ条約で核兵器の配備数を定めた。 |
| 2003年<br>(平成15年) | ○ブッシュ大統領減税案を発表<br>○アメリカがイラクでの戦闘終了を宣言<br>○日本の新発国債の利回りが史上最低水準 | ○世界人口63億人<br>○ベルギーで脱原子力法が成立。原子炉7基を2025年までに全廃。 |
| 2004年<br>(平成16年) | ○関西電力美浜発電所3号機で二次冷却系タービン発電機付近の配管破損で高温高圧の水蒸気が噴出。熱傷で作業員5名が死亡。(8.9) レベル0＋ | ○アテネ五輪　○スマトラ沖地震<br>○国際決済銀行（BIS）が新自己資本規制を決定<br>○FRBが利上げ（4年ぶり）<br>○G7財務相、中央銀行総裁会議に中国初参加 |
| 2005年<br>(平成17年) | ○平成の大合併で50市町誕生<br>○東北電力東通原子力発電所1号機（BWR）運転開始。<br>○中部電力浜岡原子力発電所5号機（ABWR）運転開始。<br>○中国電力島根原子力発電所3号機（ABWR）着工。 | ○パキスタンでM7.6の地震<br>○中国が人民元を切り上げ<br>○ECBが利上げ（5年ぶり） |
| 2006年<br>(平成18年) | ○日銀「0金利政策」を解除<br>○「いざなぎ景気」を越え景気拡大が戦後最長<br>○北陸電力志賀原子力発電所2号機（ABWR）運転開始。 | ○モーツァルト生誕250年<br>○サッカーW杯ドイツ開催<br>○太陽系から冥王星を除外（IAU決議）<br>○北朝鮮が核実験を実施。(10.9) |

(注15) SSBNのオスカーⅡ型（ロシア名アンテイ型）は、攻撃型原子力潜水艦。24基の核ミサイルを搭載している。排水量1万8,000トン、全長158m、全幅18m、主機PWR二基、蒸気タービン駆動。戦略爆撃機、弾道弾搭載原子力潜水艦（SSBN）、大陸間弾道弾（ICBM）の三つは核兵器の三本柱（トライアド）と言われた。

| 年 | 日本の核エネルギーの動き | 世界の核エネルギーの動き |
|---|---|---|
| 2007年<br>(平成19年) | ○防衛「省」に昇格　○郵政民営化<br>○新潟県中越地震に伴う東京電力柏崎刈羽原子力発電所の事故。外部電源用の油冷式変圧器から火災、放射性物質が漏れた。震災後の高波で使用済み核燃料プールの冷却水が一部流失した。(7.16) レベル0- | ○アメリカ格付け会社がサブプライムローン担保の証券を大量に格下げ<br>○サブプライムローンがらみの損失でフランスBNPパリバが傘下ファンドを凍結<br>○FRBが利下げ（4年ぶり） |
| 2008年<br>(平成20年) | ○福田首相突然の退陣<br>○ノーベル物理学賞に南部、益川、小林の三氏・ノーベル化学賞に下村氏<br>○電源開発大間原子力発電所（ABWR）着工。 | ○リーマン・ブラザーズが経営破綻<br>○アメリカ金融安定化法を可決<br>○FRB史上初の実質ゼロ金利政策を導入<br>○トリカスタン原子力発電所事故。フランスのアヴィニョン北部トリカスタン原子力発電所に於いてウラン溶液が近くの河川に溢れ出す事故があった。(7.7) |
| 2009年<br>(平成21年) | ○衆議院選挙で民主党が大勝、政権交代<br>○北海道電力泊原子力発電所3号機（PWR）運転開始。 | ○アメリカ大統領にオバマ氏就任<br>○G20首脳会議、景気対策で合意<br>○アメリカGMが破綻<br>○オバマ大統領は核兵器軍縮政策の目標に「核なき世界」核兵器保有国の協調による核廃絶を掲げ、その年のノーベル平和賞を受賞した。しかしアメリカ、ロシア、中国いずれも核兵器の保有を言明している。<br>○北朝鮮が核実験を実施。(5.25) |
| 2010年<br>(平成22年) | ○参議院選挙で民主党大敗、ねじれ国会<br>○日銀「0金利政策」復活<br>○東京電力福島第一原子力発電所2号炉緊急自動停止。(6.17)<br>○東芝・日立・三菱重工・東京電力などの電力各社を交えた合弁会社、国際原子力開発が設立。 | ○ギリシャ政府はEUなどに金融支援を要請<br>○FRB量的緩和第2弾（QE2）を発表<br>○アメリカ合衆国とロシア政府は第4次戦略兵器削減条約に署名した。<br>○アメリカによる「Zマシン」を使った臨界前核実験。(注16) |
| 2011年<br>(平成23年) | ○ニューヨーク外為市場で円が最高値更新<br>○東京電力東通原子力発電所1号機（ABWR）着工。<br>○東北地方太平洋沖地震により東京電力福島第一原子力発電所で圧力容器内の水位が低下。炉心高温時に本来働くべき緊急炉心冷却システムが動かず水蒸気爆発の可能性が高くなった。回避のため、放射性物質を含む水蒸気を大気中に放出。燃料棒の一部が溶解、敷地境界域で高濃度の放射線を観測。周囲20kmの住民に避難指示が出された。経済産業省原子力安全・保安院は暫定評価をレベル7とした。(3.11) | ○チュニジアでジャスミン革命、中東諸国に拡大・アメリカ軍がウサマ・ビンラディン容疑者を殺害<br>○アメリカNRCは、ウェスティングハウス（東芝の子会社）による第3世代新型加圧水型原子炉AP1000の設計を許可。<br>○ムルマンスクで修理中のデルタ級のロシア原子力潜水艦エカテリンブルクK-84に火災発生20時間燃え続けた。<br>○ロシア・トヴェリ州カリーニン原子力発電所4号機が完成、運転を開始した。 |

(注16) 核爆発を伴わない「Zマシン」による実験は、強力なX線を発生させ、超高温、超高圧の核爆発に近い状況を再現しプルトニウムの反応を見るものである。

| 年 | 日本の核エネルギーの動き | 世界の核エネルギーの動き |
|---|---|---|
| 2012年<br>(平成24年) | ○山中伸弥ノーベル賞<br>○衆議院選挙で自民党圧勝、第二次安倍内閣始動 | ○「Windows8」発売開始<br>○ロンドン五輪<br>○国連総会で核兵器廃絶決議は184か国の賛成で決議された。それまでも19年間連続で決議は採択されている。<br>○中国で福島原発事故以降停止していた原子力発電所の新規建設許可を再開した。<br>○UAEが原子力発電所の建設に着工した。 |
| 2013年<br>(平成25年) | ○東証と大証が経営統合<br>○富士山が世界文化遺産に登録<br>○和食がユネスコ無形文化遺産に<br>○特定秘密保護法成立<br>○j-PARC放射性同位体漏洩事故ハドロン実験施設で装置誤作動により漏洩した放射性同位体が人的なミスで管理区域外へ漏洩した。(5.23) レベル1 | ○北朝鮮が核実験を実施。(2.12)<br>○アメリカは30年ぶりに新規原子炉建設に着工した。 |
| 2014年<br>(平成26年) | ○消費税8％<br>○サッカーW杯ブラジル大会<br>○集団的自衛権行使容認の閣議決定<br>○御嶽山噴火<br>○赤崎、天野、中村三氏にノーベル物理学賞 | ○西アフリカでエボラ出血熱発生<br>○ロシアはクリミヤ危機に核の使用準備をしていたことを示唆した。<br>○韓国は2035年までに現在稼働中の原子炉23基に加え計画中の11基、さらに5-7基を運転させる長期エネルギー基本計画を決定した。<br>○フランスは2025年までに原子力発電依存比率の50％までの低減を目指す法案を可決した。 |
| 2015年<br>(平成27年) | ○18歳選挙権成立<br>○中国電力島根原子力発電所1号機(BWR)廃炉決定。 | |

核エネルギー年表は、核エネルギーの動きを中心に構成したため動きのない年は記載していない箇所があります。

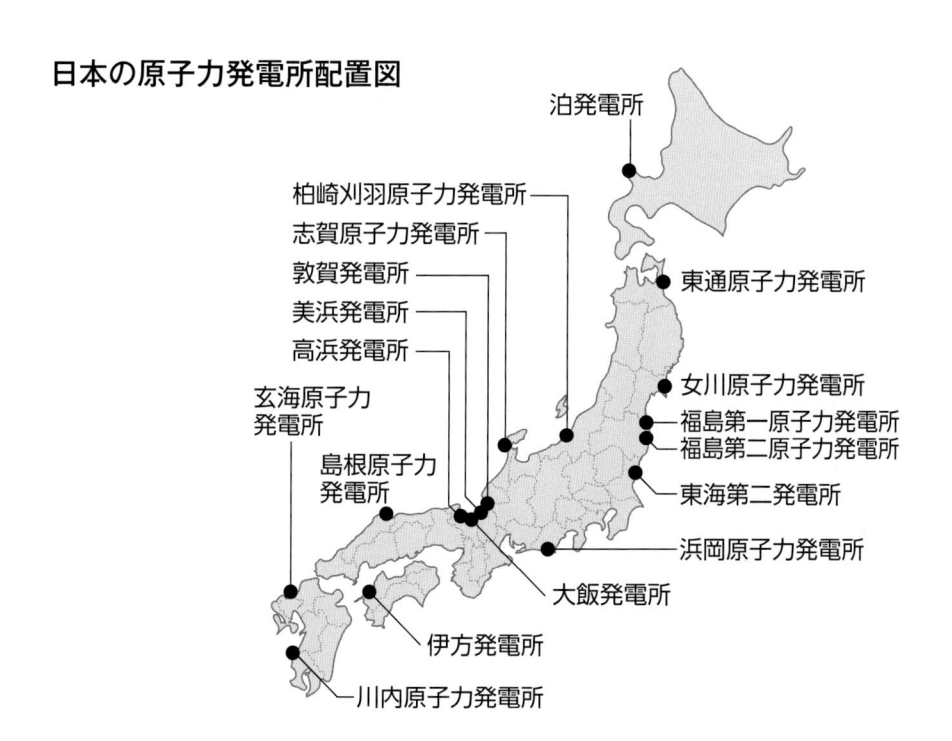

## 日本の原子力発電所配置図

- 泊発電所
- 柏崎刈羽原子力発電所
- 志賀原子力発電所
- 敦賀発電所
- 美浜発電所
- 高浜発電所
- 玄海原子力発電所
- 島根原子力発電所
- 東通原子力発電所
- 女川原子力発電所
- 福島第一原子力発電所
- 福島第二原子力発電所
- 東海第二発電所
- 浜岡原子力発電所
- 大飯発電所
- 伊方発電所
- 川内原子力発電所

# あとがき

　本書は、本文である「島根原子力発電所」と資料1「原発のないふるさと」、資料2「日本の改革は司法改革から」の3編と参考資料によって構成されています。

　「島根原子力発電所」は、山本謙氏が分散していた資料を長い歳月をかけて集め、現在に至るまでの状況を分析、考察されました。

　資料1の「原発のないふるさと」は、鳥取県気高郡（現・鳥取市）の連合婦人会の活動記録と資料です。今から30数年前、「青谷原発」計画があることを新聞報道で知った婦人会が、原発とは何か、それをわが町に迎えるということはどういうことか、「いのちとくらしとふるさとを守る」という目標を掲げ、研究者による講演会、また各地で学習会を開き、まとめたものです。この活動の輪が広がり、功を奏し、いま鳥取県に原発はありません。元の冊子が少なくなり、価値ある記録が消えてしまうことから、このたび収録いたしました。

　資料2は、論文「日本の改革は司法改革から」（元日弁連会長・中坊公平著）と、人間自然科学研究所が発行した「太陽の國IZUMO」に収録された「日中信頼回復への道」（小松昭夫著）です。全ての事象、活動の原点は法であることから、その著を転載しました。

　著者、鳥取県連合婦人会、米子プリント社 難波收社長、三和書籍 髙橋考社長、出版に尽力されたすべての方々に、深い感謝の意を表します。八雲立つ出雲から、人類の未来を拓く新たな流れが始まることを願っています。

2015年8月15日
編集者　古　浦　義　己

## 島根㊅発電所　原発 その光と影

発行日　2015年9月2日　　初版1刷発行

著　者　山本　謙

発行者　髙橋　考

編　集　古浦義己

企　画　一般財団法人
　　　　人間自然科学研究所　小松昭夫
　　　　〒690-0046
　　　　島根県松江市乃木福富町735-188
　　　　松江湖南テクノパーク内
　　　　ＴＥＬ 050-3161-2490
　　　　ＦＡＸ 050-3161-3846

発行所　三和書籍 有限会社
　　　　〒112-0013
　　　　東京都文京区音羽2-2-2
　　　　ＴＥＬ 03-5395-4630
　　　　ＦＡＸ 03-5395-4632

印　刷　有限会社 米子プリント社

ⓒHuman, Natue & Science Institure Foundation Printed in Japan 2015
ISBN978-4-86251-185-0

# 一般財団法人 人間自然科学研究所　関連書籍

| | |
|---|---|
| 日中韓英4ヵ国語<br>**中國古典名言録**<br>学苑出版社・発行人　小松昭夫 | 数千年にわたって引き継がれた人類の至宝である中国古典から、今日的課題である平和、環境、健康に関する624件の名言を厳選、日中韓英4ヵ国語で編纂。高い評価を得た一冊。 |
| 日中英3ヵ国語<br>**新版 論語**<br>人間自然科学研究所 | 1988年、ノーベル賞受賞者がパリに集まり、「人類が21世紀に生存していくには2500年前を振り返り、孔子から知恵を汲み取らなければならない」と宣言した。21世紀を生きる、人類に向けた指針。 |
| **魔法の経営**<br>ベンチャービジネスの雄<br>小松昭夫に学ぶこれからのビジネス<br>三和書籍・早川和宏 著 | 小松電機産業が21世紀を見据えた事業を強力に推進できるのは、高い理念と実績に裏打ちされた余裕があるからだ。不可能と思えるものを可能にする「天略」経営で、高収益体質の企業に鍛え上げた小松昭夫流「魔法の経営」を紹介する。 |
| **母なる中海**<br>汽水湖は21世紀文明の子宮<br>ダイヤモンド社・森 清 著 | 干陸賛成と絶対反対。思惑がらみの議論の中に、本書の主人公・小松昭夫は地球環境と生命の本質を考える「もう一つの提案」をぶつけた。中海本庄工区の事業が中止された今、先見性に満ちた発言が輝きを放つ。 |
| あなたが動く、時代が変わる<br>**太陽の國IZUMO**<br>地球ユートピアモデル事業<br>人間自然科学研究所 | 竹島独島の地球共生・縁結びの女性像、世界の戦争犠牲者を記録するメモリアルタワー、映像とITを駆使した総合平和戦争記念館など、人間自然科学研究所の構想と、それを貫く理念の原点が、ここにある。 |
| 治水の偉人「出雲三兵衛」<br>**周藤彌兵衛** 小説<br>**清原太兵衛** 児童文学<br>**大梶七兵衛** 漫画<br>　　　　　　各セット<br>人間自然科学研究所 | 300年前、56歳から一念発起、岩山をくりぬき、97歳で意宇川の川違え工事を完成させ、102歳の天寿を全うした周藤彌兵衛。佐陀川を開削し松江市の基礎を築いた清原太兵衛。簸川平野に用水を引き、穀倉地帯に変えた大梶七兵衛。3人の生き方を小説、児童文学、漫画で、全世代に届けます。 |
| 韓国語漫画「治水の偉人」<br>**周藤彌兵衛**<br>**清原太兵衛**<br>**大梶七兵衛**<br>語文閣 | 治水の偉人「出雲三兵衛」の漫画が、「水」が大きなテーマとなっている韓国で出版された。治水事業を通じて社会変革に挑んだ、江戸時代の先人の志は時代を超え、海を越えて人々の胸を打つことの証である。 |
| **悠久の河**<br>今人舎・村尾靖子 著 | 300年前の松江市八雲町（意宇の郷日吉村）の周藤彌兵衛翁の物語。 |
| **天略**<br>三和書籍・早川和宏 著 | 中古トラック一台と納屋を改造した事務所から始めた小松電機産業の経営理論と実践。 |
| **対立から共生へ**<br>中国学苑出版社・張可喜、魏亜玲 著<br>　　　　　　李点点 編 | 新華社通信元東京代表が著す、北京からみた日本人代表・小松昭夫の平和実践。 |
| **朝鮮半島と日本列島の使命**<br>人間自然科学研究所 | 核大国の結節点にある朝鮮半島と、日本、在日、朝鮮、韓国国民は何を成すべきか。 |